Toxikologie

Herausgegeben von
Hans-Werner Vohr

Beachten Sie bitte auch weitere interessante Titel zu diesem Thema

Eisenbrand, G., Metzler, M., Hennecke, F. J.

Toxikologie für Naturwissenschaftler und Mediziner
Stoffe, Mechanismen, Prüfverfahren

2005
Softcover
ISBN: 978-3-527-30989-4

Bender, H. F.

Das Gefahrstoffbuch
Sicherer Umgang mit Gefahrstoffen nach REACH und GHS
Dritte, völlig neu bearbeitete Auflage

2008
ISBN: 978-3-527-32067-7

Greim, H., Snyder, R. (Eds.)

Toxicology and Risk Assessment: A Comprehensive Introduction

2008
ISBN: 978-0-470-86893-5

O'Brien, P. J., Bruce, W. R. (Eds.)

Endogenous Toxins
Targets for Disease Treatment and Prevention
2 Volumes

2009
ISBN: 978-3-527-32363-0

Smart, R. C., Hodgson, E. (Eds.)

Molecular and Biochemical Toxicology

2008
ISBN: 978-0-470-10211-4

Toxikologie

Band 1: Grundlagen der Toxikologie

Herausgegeben von
Hans-Werner Vohr

WILEY-VCH Verlag GmbH & Co. KGaA

Herausgeber

Prof. Dr. Hans-Werner Vohr
Bayer HealthCare AG
Immunotoxicology
Aprather Weg
42096 Wuppertal

Bibliografische Information der Deutschen Nationalbibliothek
Die Deutsche Nationalbibliothek verzeichnet diese Publikation in der Deutschen Nationalbibliografie; detaillierte bibliografische Daten sind im Internet über http://dnb.d-nb.de abrufbar.

Satz K+V Fotosatz GmbH, Beerfelden
Druck und Bindung Strauss GmbH, Mörlenbach
Umschlaggestaltung Adam Design, Weinheim

Printed in the Federal Republic of Germany

Gedruckt auf säurefreiem Papier

ISBN 978-3-527-32319-7

Für Heide

Inhaltsverzeichnis

Toxikologie Band 1: Grundlagen der Toxikologie. Herausgegeben von Hans-Werner Vohr

ISBN: 978-3-527-32319-7

Vorwort

„Warum noch ein Toxikologiebuch?" wird mancher fragen. Tatsächlich gibt es sehr gute Bücher, die die Grundlagen der Toxikologie und auch Pharmakologie in die Tiefe gehend beschreiben. Da die Toxikologie ein sehr weites und komplexes Feld ist, führt dies zu recht umfangreichen Werken oder zu Büchern, die sich nur mit einem Teilaspekt der Toxikologie befassen. Will man ein Lehrbuch herausgeben, das Dozenten den Studierenden empfehlen können und in dem sie vielleicht auch selbst noch Kapitel finden, die für sie von Interesse sind, weil sie auch das eigene Arbeitsfeld tangieren, so steht man vor der Herausforderung, auf der einen Seite alle Fachrichtungen der Toxikologie ansprechen, sich auf der anderen Seite aber kurz fassen zu müssen, ohne oberflächlich zu erscheinen. Ein gutes Lehrbuch sollte außerdem der Kollegin/dem Kollegen nicht nur in den ersten Berufsjahren als Nachschlagewerk dienen, sondern ihr/ihm bei speziellen Problemen auch Hilfestellungen bieten. Dabei bestand der Anspruch an das vorliegende Lehrbuch von Anfang an darin, dass diese Hilfe unabhängig vom Arbeitsumfeld, wie Universität, Behörde oder Industrie, ausgewogen sein soll. Dank der Kollegen, die dieses Konzept mit Begeisterung aufgenommen und unterstützt haben, ist dieser Anspruch in hervorragender Weise umgesetzt worden. Es mag schon sein, dass es an einigen Stellen Lücken gibt, die man hätte schließen können, oder dass tatsächlich nicht sämtliche Felder der Toxikologie abgedeckt wurden, aber um das oben angegebene Ziel zu erreichen, müssen solche Kompromisse eingegangen werden. Die einzelnen Kapitel enthalten eine Vielzahl von Hinweisen auf weiterführende Literatur, so dass genügend Informationen für vertiefende Studien zur Verfügung stehen.

Zudem wurden Arbeitsgebiete der Toxikologie aufgenommen, die üblicher Weise eher in Büchern der speziellen Toxikologie zu finden sind, wie Ökotoxikologie, Immuntoxikologie, Toxikologie der Kampfstoffe, um nur einige zu nennen. Sämtliche Kapitel in den beiden Bänden sind von erfahrenen und angesehenen Kollegen geschrieben worden, wodurch das vermittelte Wissen in jedem Teilgebiet fundiert und auf dem neuesten Stand ist. Ich kann mich an dieser Stelle nur bei allen Kollegen herzlich für die tolle Zusammenarbeit bedanken, die es ermöglicht hat, dieses attraktive Werk in einer angemessenen Bearbeitungszeit fertig zu stellen. Dabei hoffe ich, dass sie es mir nicht verübeln, dass ich manchmal etwas hartnäckig nachhaken musste, wohl wissend, dass die Bei-

Toxikologie Band 1: Grundlagen der Toxikologie. Herausgegeben von Hans-Werner Vohr

ISBN: 978-3-527-32319-7

träge für die beiden Bände ganz und gar neben der täglichen Arbeit erstellt werden mussten. Somit an dieser Stelle nochmals meinen herzlichsten Dank!

Besonders bedanken möchte ich mich auch bei dem Kollegen D. Schrenk, der nicht nur ein Kapitel in Band II übernommen hat, sondern überhaupt den Anstoß für das Werk gegeben hat. In der weiteren Entwicklung genannt sei der Wiley-VCH Verlag, der die Idee für die Bücher von Anfang an mit großem Interesse aufgenommen und verfolgt hat. Hier danke ich insbesondere Herrn Dr. Weinreich und Frau Dr. Nöthe, die mit großem Engagement das Konzept und die Aufteilung der Bände mitentwickelt, die Umsetzung begleitet und mich nach Kräften unterstützt haben. Der Dank gilt natürlich auch allen anderen helfenden und unterstützenden Händen bzw. Köpfen beim Verlag, die zum Gelingen beigetragen haben.

‚Last but not least' danke ich meiner Frau, die manche krumme Formulierung glattgezogen hat und mir immer mit Rat und Tat zur Seite stand, wobei sie manchmal auch fast seelsorgerische Fähigkeiten entwickelt hat.

Wuppertal im Oktober 2009 — Hans-Werner Vohr

Autorenverzeichnis

Maria Blettner
Johannes Gutenberg-
Universität Mainz
Universitätsmedizin
IMBEI
55101 Mainz

Gerd Bode
Herzberger Landstraße 93
37085 Göttingen

Hermann M. Bolt
Leibniz-Institut für Arbeitsforschung
an der TU Dortmund
Ardeystraße 67
44139 Dortmund

Ellen Fritsche
Institut für umweltmedizinische
Forschung
AG Toxikologie
Auf'm Hennekamp 50
40225 Düsseldorf

RWTH Aachen
Universitätshautklinik
Pauwelsstraße 30
52074 Aachen

Klaus Golka
Leibniz-Institut für Arbeitsforschung
an der TU Dortmund
Ardeystraße 67
44139 Dortmund

Aniko Horvath
Charité Universitätsmedizin Berlin
Klinische Pharmakologie
und Toxikologie
Garystraße 5
14195 Berlin

Regine Kahl
Universität Düsseldorf
Klinikum
Institut für Toxikologie
Postfach 101007
40001 Düsseldorf

Eckhard von Keutz
Bayer HealthCare AG
PH PD P Toxicology
Aprather Weg
42096 Wuppertal

Alfonso Lampen
Bundesinstitut
für Risikobewertung (BfR)
Abteilung Lebensmittelsicherheit
Thielallee 88–92
14195 Berlin

Toxikologie Band 1: Grundlagen der Toxikologie. Herausgegeben von Hans-Werner Vohr

ISBN: 978-3-527-32319-7

Iris Pigeot
Universität Bremen
Bremer Institut für Präventions-
forschung und Sozialmedizin
Linzer Str. 10
28359 Bremen

Elke Roßkamp
Querstraße 10
14163 Berlin

Gabriele Schmuck
Bayer HealthCare AG
PH PD P Toxicology
Aprather Weg
42096 Wuppertal

Richard Schmuck
Bayer CropScience AG
Alfred-Nobel-Straße 50
40789 Monheim

Ralf Stahlmann
Charité Universitätsmedizin Berlin
Klinische Pharmakologie
und Toxikologie
Garystraße 5
14195 Berlin

Helga Stopper
Universität Würzburg
Institut für Toxikologie
Versbacherstraße 9
97078 Würzburg

Hans-Werner Vohr
Bayer HealthCare AG
Immunotoxicology
Aprather Weg
42096 Wuppertal

Wim Wätjen
Universität Düsseldorf
Institut für Toxikologie
Universitätsstraße
40225 Düsseldorf

Hajo Zeeb
Johannes Gutenberg-
Universität Mainz
Universitätsmedizin
IMBEI
55101 Mainz

1
Einführung in die Toxikologie

Hans-Werner Vohr

1.1
Historie

Sobald man jemandem erzählt, dass man Toxikologe ist bzw. in der Toxikologie arbeitet, kommt fast unvermeidlich der Hinweis auf Paracelsus (1493–1541). Paracelsus wurde als (Aureolus) Theophrastus Bombastus von Hohenheim 1493 in Egg bei Einsiedeln geboren und starb 1541 in Salzburg (siehe Abb. 1.1). Er war Arzt („... Großen Wundartzney als von Einsiedlen, des lants ein Schweizer.") und wurde berühmt, weil er für eine ganzheitliche Betrachtung von Krankheiten bzw. deren Ursachen eintrat. So hat er versucht, verschiedene Fächer wie Alchemie, Astrologie, Theologie und Philosophie bei seinen Heilverfahren mit einzubeziehen. Von Kollegen wurde er angefeindet für seine Einstellung „Die Wahrheit müsse nur deutsch gelehrt werden". Im Gegensatz zu

Abb. 1.1 Bild von Paracelsus.

Toxikologie Band 1: Grundlagen der Toxikologie. Herausgegeben von Hans-Werner Vohr

ISBN: 978-3-527-32319-7

seinen Kollegen hat er aufgrund dieser Einstellung auch zahlreiche Bücher in deutscher Sprache geschrieben, zu einer Zeit, als Latein als wissenschaftliche Sprache vorrangig herrschte. Im Zusammenhang mit der Toxikologie kennen viele natürlich seinen Ausspruch: „Alle Ding' sind Gift und nichts ohn' Gift; allein die Dosis macht, das ein Ding' kein Gift ist."

Allerdings ist die Geschichte der Toxikologie wesentlich älter. Sie ist eng verknüpft mit dem Wissen über Heilkräuter, Drogen und Antidote, wie sie bereits in den ägyptischen Hochkulturen einige Tausend Jahre vor Christi Geburt beschrieben wurden. Und oft wurde das Wissen um die Giftigkeit eines Stoffes benutzt, um freiwillig und unfreiwillig Leben zu beenden. Neben Ägypten muss man sicherlich auch China erwähnen, wo knapp 3000 Jahre vor Christus bereits Werke über medizinisch bedeutsame Pflanzen, Zubereitungen und Drogen erschienen sind. Der Bogen lässt sich dann weiterspannen über Indien und Griechenland (Hippocrates, Theophrastos) bis zum römischen Reich, in dem um die Zeitwende herum das Werk „De Medicina" von Aurelius Cornelius Celsus auch eine Liste mit Giften und Antidoten enthielt. Interessant in diesem Zusammenhang ist, dass Celsus in diesen Büchern der Hygiene und den Desinfektionsmitteln viel Platz eingeräumt hat, einem Wissen, das leider in den folgenden Jahrhunderten wieder verloren gegangen ist. Erst Ende des 15. Jahrhunderts wurde das Werk von Papst Nikolaus V. „wiederentdeckt". Der Originaltext kann in Latein, aber auch in englischer Übersetzung im Internet nachgelesen werden [1].

So bildet dieses Werk sozusagen die Basis nicht nur für die moderne Medizin, sondern eben auch der Toxikologie. Ob das Pseudonym „Paracelsus" darauf hindeuten sollte, dass er bei seinen Studien durch Celsus beeinflusst wurde und so den wissenschaftlichen Grundstein für die Toxikologie als selbstständige Disziplin legen konnte, ist sehr umstritten. Es könnte auch ganz einfach die Übertragung des Namens ins Griechisch-Lateinische sein (lat. *para:* bei; *celsus:* hoch), was man dann etwa mit „auf der Höhe wohnend" übersetzen könnte.

Auf dem weiteren Weg zu dem wissenschaftlichen Aufgabenfeld der Toxikologie, wie wir sie heute als eigenständiges Fachgebiet verstehen, müssen aber auch noch Namen wie Ramazzini, Pott, Plen(c)k, Bernard und Orfilia genannt werden. So begründete Bernadino Ramazzini (1633–1714) das Fachgebiet der Arbeitsmedizin (*De morbis artificum diatriba:* Über die Krankheiten der Handwerker) in Abb. 1.2 gezeigt, wie Joseph Jakob Plen(c)k (1739–1807) das der forensischen Toxikologie (*Elementa medicinae et chirurgiae forensis:* Anfangsgruende der gerichtlichen Arztneywissenschaft).

Dem Londoner Chirurg Sir Percival Pott (1713–1788) gelang zum ersten Mal der Nachweis eines beruflich bedingten Krebsleidens. Er beschrieb 1775 die auffallende Häufung von Skrotalkrebs (Hodensackkrebs) bei Schornsteinfegern und erkannte, dass diese Krankheit durch Ansammlung großer Mengen von Ruß im Scrotum verursacht wurde. Der „Umweltfaktor" Ruß in Kombination mit mangelnder Hygiene führte zu dem gehäuften Auftreten von Tumoren an der (Hoden)haut. Durch diese Arbeiten war zum ersten Mal eine chemisch induzierte Kanzerogenese beschrieben worden.

DE
MORBIS ARTIFICUM
DIATRIBA
BERNARDINI RAMAZZINI
IN PATAVINO ARCHI-LYCEO
Practicæ Medicinæ Ordinariæ
Publici Professoris,

ARCHI-LYCEI
MODERATORIBUS
D

MUTINÆ M DCC.

Abb. 1.2 De morbis von Ramazzini.

Das 1885 von dem französischen Physiologen Claude Bernard (1813–1878) veröffentlichte Buch zur Experimentalmedizin (*Introduction à l'étude de la médicine experimentale:* Einführung in das Studium der experimentellen Medizin) stellte zum ersten Mal Tierversuche als Möglichkeit vor, Zielorgane für toxische Substanzen zu ermitteln (*target organ toxicity*). Durch seine berühmten Untersuchungen an Fröschen konnte er die Blockade der neuro-muskulären Synapsen durch das Pfeilgift Curare nachweisen.

Mit dem Spanier Mateo-José Bonaventure Orfila (1787–1853) ist dann durch die Veröffentlichung seines Werkes *Traité des poisons or Toxicologie générale* (1813) der Weg der Toxikologie als eigenständige Wissenschaft endgültig geebnet worden.

1.2 Definitionen

Auch wenn sich die Toxikologie in den letzten Jahrzehnten außerordentlich gewandelt hat, stimmt die klassische Definition der Toxikologie als Lehre von den Giften und den Gegengiften unter Berücksichtigung der Dosis, d.h. der Menge eines Stoffes, die innerhalb einer bestimmten Zeit aufgenommen wird (Exposition), bis heute unverändert.

Die Bestimmung der Dosis und der exakten Exposition ist bei genauer Betrachtung nicht ganz einfach. Neben der Aufklärung des Zielorgans spielen für toxikologische Beurteilungen auch die Fachgebiete der Toxikokinetik, Toxikodynamik und des Metabolismus eine entscheidende Rolle.

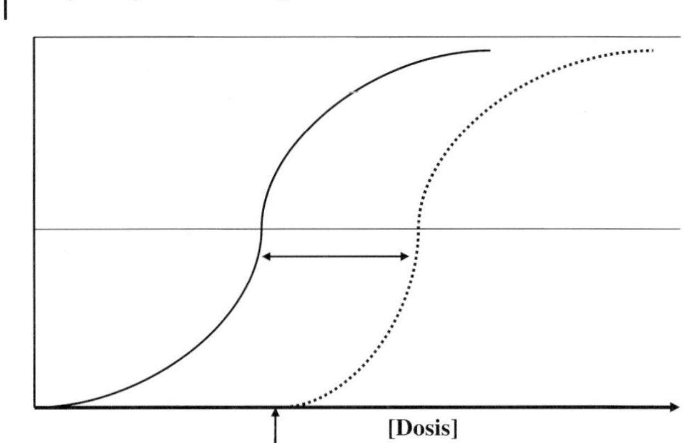

Abb. 1.3 Bestimmung des NOEL in der Toxikologie.

Heute untersucht die Toxikologie gesundheitsschädliche Auswirkungen von chemischen Substanzen oder Substanzgemischen auf Lebewesen, insbesondere auf den Menschen. Die Toxikologie befasst sich mit quantitativen Aussagen über Art und Ausmaß von Schadwirkungen. Dazu gehören das Wissen um die zugrunde liegenden schädlichen Wechselwirkungen zwischen den chemischen Stoffen und dem Organismus bzw. Zielorgan (Wirkmechanismen), den Expositionsweg, die Kinetik, die Expositionshöhe und -dauer sowie die Empfindlichkeit der exponierten Spezies.

Aus diesen Daten (Hazard) kann dann das Risiko (Gefährdung der Gesundheit) beim Kontakt mit einem chemischen Stoff abgeschätzt werden. Die Toxikologie geht dabei davon aus, dass es für jeden Stoff einen Grenzwert gibt, bei dem das Risiko einer Gefährdung gleich Null ist. Einzige Ausnahme dieser Annahme sind heute krebserzeugende (kanzerogene) und erbgutverändernde (mutagene) Substanzen, für die im Allgemeinen kein so genannter *No-Effekt-Level (NOEL*; siehe Abb. 1.3), sondern nur ein Richt- oder Grenzwert bestimmt wird. Damit soll das Risiko auf ein gesellschaftlich akzeptiertes Maß reduziert werden.

Aus dieser Rolle heraus leistet die Toxikologie wichtige Beiträge bei der Entwicklung von Schutz- und Vorsorgemaßnahmen an Arbeitsplätzen sowie im privaten Bereich. Toxikologen beraten Ärzte bei der Erkennung und Behandlung von Vergiftungen und sie erheben Daten zur Langzeitexposition schädlicher Stoffe in der Umwelt (Epidemiologie). Die Toxikologie ist somit ein Gebiet, auf dem Wissenschaftler aus sehr unterschiedlichen Fachrichtungen, wie Biologie, Chemie, Medizin, Biochemie, Physik u.a., zusammen arbeiten. Aus dem Gesamtgebiet haben sich im Laufe der Zeit diverse Fachrichtungen herausgebildet. Die wichtigsten sind in Abb. 1.4 dargestellt.

Toxikologie von Pflanzenschutzmitteln

Nahrungsmittel-Toxikologie

Klinische Toxikologie

Regulatorische Toxikologie

Arzneimitteltoxikologie

Veterinärtoxikologie

Toxikologie

Forensische Toxikologie

Analytische Toxikologie

Arbeitsplatz-Toxikologie

Molekulare Toxikologie

Ökotoxikologie

Umwelttoxikologie

Toxikologie von Industriechemikalien

Abb. 1.4 Übersicht der verschiedenen Fachdisziplinen in der Toxikologie.

1.3
Toxikologie heute

Durch spektakuläre Unfälle in der Industrie, von denen einige in der Tabelle 1.1 aufgeführt sind, wurde das Interesse der Bevölkerung an toxikologischen Fragen geweckt und die Menschen für schädliche Einflüsse aus der Umwelt sensibilisiert. Umwelt- und zunehmend auch der Klimaschutz rückten immer mehr in den Fokus der Gesellschaft und damit auch der Politik. Auf diese Weise kamen auch die so genannten Altstoffe, d. h. Substanzen, die nicht nach den heute üblichen Standards toxikologisch untersucht wurden, aber seit Jahrzehnten in Verkehr sind, in das Blickfeld. Diese Sensibilisierung der Bevölkerung führte zu gesetzlichen Regelungen, durch die solche Altstoffe toxikologisch neu bewertet und eventuell vorhandene Datenlücken geschlossen werden müssen. In einer ersten Runde wurden Altstoffe erfasst, die ab 1981 auf den Markt kamen (Risikobewertungen gemäß Altstoffverordnung (EWG) Nr. 793/93). Diese Verordnung wurde Ende 2006 durch eine neue Verordnung ((EG) Nr. 1907/2006) des Europäischen Parlaments und des Rates zur Registrierung, Bewertung, Zulassung und Beschränkung chemischer Stoffe (REACH) ersetzt. Diese wurde am 29. 05. 2007 in einer korrigierten Form im Amtsblatt veröffentlicht und bezieht sich jetzt auch auf Substanzen, die vor 1981 in den Verkehr gebracht wurden. Da einer umfassenden toxikologischen Untersuchung solcher Altstoffe aber der ebenfalls inzwischen in der EU gestärkte Tierschutz entgegensteht, wird intensiv an alternativen Methoden (*in silico*; *in vitro*) geforscht.

Aber auch in Deutschland gab es Ereignisse, welche die Bevölkerung für toxikologische Fragestellungen zunehmend sensibilisiert haben. Einer der größten Altlasten-Fälle war sicher der in Dortmund-Dorstfeld. Hier wurde ein Gelände einer ehemaligen Kokerei (1962 geschlossen) von der Stadt erworben und 1979

Tab. 1.1 Wichtige Ereignisse (Unfälle), die zu einer Sensibilisierung der Bevölkerung bezüglich toxikologischer Fragestellungen geführt haben.

Wann	Wo	Was
10. 07. 1976	Seveso (Italien)	Bei der Firma Industrie Chimiche Meda Società Anonima (ICMESA) kam es bei der Produktion von 2,4,5-Trichlorphenol aus 1,2,4,5-Tetrachlorphenol und Natriumhydroxid zu einer Überhitzung des Kessels, was schließlich zur Freisetzung der Reaktionsprodukte führte. Durch die relativ hohen Temperaturen entstand relativ viel TCDD, was neben anderen Symptomen bei den betroffenen Menschen zu Chlorakne führte. Besonders eingeprägt haben sich aber die Bilder Hunderter verendeter Tiere auf den Weiden.
03. 12. 1984	Bhopal, Zentralindien	Auf dem Gelände des US-Chemiekonzerns Union Carbide Corporation (UCC) in Indien drang aus ungeklärter Ursache Wasser in einen Tank mit Methylisocyanat (MIC), das dort zur Herstellung des Pflanzenschutzmittels Sevin gelagert war. So kam es zu einer exothermen Reaktion, bei der der gesamte Tankinhalt der giftigen Reaktionsprodukte in die Atmosphäre geraten ist. Mehrere Tausend Menschen starben bzw. wurden z. T. erheblich verletzt.
26. 04. 1986	Tschernobyl (Ukraine; damals Sowjetunion)	Durch Planungs- und Bedienungsfehler kam es im Block IV des Kernkraftwerks von Tschernobyl zum GAU (größter anzunehmender Unfall; Kernschmelze und Explosion des Reaktors). Da das Dach des Reaktors bei der Explosion abgesprengt wurde, entzündete sich das Graphit, was dazu führte, dass große Mengen radioaktiver Materie in die Atmosphäre gelangten und mit der Luftströmung weit nach Westeuropa getragen wurden. 400 000–800 000 (je nach Quelle) so genannte „Liquidatoren" erstickten das Feuer und kapselten den Reaktor mit einem „Sarkophag" ein. Mehr als 50 000 (WHO-Angaben) der Liquidatoren starben direkt an den Folgen der Strahlung. Von den Überlebenden leiden 90% noch immer unter z. T. schwersten Strahlenschäden. Wie viele Menschen weltweit insgesamt direkt oder im Laufe der Zeit an den Folgen der Strahlung umgekommen sind bzw. Gesundheitsschäden davongetragen haben, ist umstritten. Schätzungen gehen aber immer in den 5-stelligen Bereich.
01. 11. 1986	Basel (Schweiz)	Bei den Löscharbeiten einer Lagerhalle für Pflanzenschutzmittel des Chemieunternehmens Sandoz im Schweizer Kanton Baselland liefen zusammen mit dem Löschwasser tonnenweise Chemikalien in den Rhein. Tiere und Pflanzen im Rhein starben, die Uferbepflanzung wurde großflächig vernichtet. Der rot gefärbte „Giftstrom" floss den Rhein hinunter, tote Fische trieben bis zum Niederrhein. Die dem Rhein anliegenden Wasserwerke mussten ihre Wasserversorgung teilweise für mehrere Tage abstellen.

als Bauland freigegeben. 1980 werden 216 Häuser auf das Gelände gebaut, das als unbedenklich eingestuft worden war. Schon bald nach dem Bezug der Häuser klagten die Bewohner über Geruchsbelästigungen im Haus, Kopfschmerzen, Hautveränderungen, Schlafstörungen oder Konzentrationsstörungen. Das damalige medizinische Institut für Umwelthygiene in Düsseldorf (MIU) wurde mit der Begutachtung beauftragt und stellte verschiedene toxische Stoffe in relativ hohen Konzentrationen fest, u. a. Benzpyren von mehr als 0,5 mg je Kilogramm Erdreich und Benzol. Der Boden im Kern- und Randbereich des Baugebiets wurde daraufhin bis in eine Tiefe von 7 Metern ausgetauscht. Viele Einwohner zogen trotzdem weg. Für Entschädigungen und Sanierungen wurden insgesamt über 100 Mio. DM ausgegeben. Als direkte Folge entstand ein Umweltamt in Dortmund und ein Altlastenkataster betroffener Städte.

Diese ganzen Entwicklungen haben auch zu neuen oder veränderten Arbeitsfeldern in der Toxikologie geführt; Immuntoxikologie, *In-vitro*-Modelle der Toxikologie, Altstoffbewertungen nach REACH, *Endocrine Disruptor, Developmental Neuro- and Immunotoxicology*, um nur einige Stichworte zu nennen, die in den einzelnen Kapiteln weiter ausgeführt sind.

Insgesamt stehen heute nicht mehr nur die Erkennung und Bestimmung toxikologischer Befunde im Vordergrund, sondern verstärkt der Aspekt der Gefahren- und Risikoabschätzung sowie die neuen Arbeitsfelder. Somit kann die Toxikologie heute auch als die Lehre über die Verhinderung gesundheitsschädlicher Wirkungen definiert werden.

Schwerpunkte toxikologischer Forschung:

- Die Erforschung der Effekte von Stoffen auf den menschlichen, tierischen und pflanzlichen Organismus sowie deren Mechanismen.
- Qualitativer und quantitativer Nachweis von Giftstoffen und die Entwicklung entsprechender Methoden hierfür.
- Identifikation und Quantifizierung von Gefahren aus der beruflichen Exposition.
- Aufklärung der Exposition von Umweltschadstoffen und Risikobewertung daraus; Festsetzung von Grenz- und Richtwerten.
- Erstellung von Vorschriften für den sicheren Umgang mit gefährlichen Gütern, Giften und Schadstoffen.
- Beratung und Entwicklung von Gegenmaßnahmen bei Vergiftungen; Entwicklung von Antidoten.
- Der sichere Gebrauch von Toxinen bei der Entwicklung von Pharmaka oder Pflanzenschutzmitteln.

Wie schon in Abb. 1.4 dargestellt, steht mehr und mehr die Beurteilung von gesundheitlichen Risiken sowie die Beratung im Fokus der Arbeit eines Toxikologen. Das spiegelt sich auch in den aufgeführten Fachdisziplinen wieder, besonders natürlich bei der Umwelttoxikologie und der regulatorischen Toxikologie. Aber gerade solche beratende bzw. bewertende Tätigkeit setzt ein fundiertes Wissen toxikologischer Zusammenhänge und Vorgänge voraus. Leider führt der politische Druck manchmal auch zur Überregulation bei toxischen Substanzen, die einmal in das Bewusstsein der Bevölkerung gerückt sind/wurden. Solche Beispiele sind in diesen beiden Bänden mehrfach angesprochen und dargestellt. Es liegt in der Verantwortung eines gewissenhaften Toxikologen, mögliche gesundheitliche Gefahren nicht zu verharmlosen, aber auch nicht zu dramatisieren.

1.4 Stoffklassen

Auch, wenn die Übergänge in einigen Fällen fließend sind, kann man doch zwei Stoffklassen unterscheiden, die von toxikologischer Bedeutung sind. Da sind zum einen die natürlichen Stoffe, die man wiederum in *geogene* und *biogene* einteilen kann, sowie die künstlichen, also anthropogenen Stoffe.

Zu den *geogenen* Giften werden Metalle, Schwermetalle, einige Stäube, Radionukleotide und Gase gezählt. Zu den *biogenen* Giften gehören Substanzen, die Tieren oder Pflanzen meist einen Selektionsvorteil verschaffen, in dem sie Konkurrenten behindern oder zerstören oder Fressfeinde vergiften. Diese unterteilt man wieder in solche, die von Bakterien (Bakteriotoxine), Pilzen (Mykotoxine), Pflanzen (Phytotoxine) oder Tieren (tierische Toxine) produziert werden. Viele dieser Toxine waren Ausgangspunkt für die Entwicklung von Pharmaka oder Pflanzenschutzmitteln. Besonders bei Pharmaka ist in den letzten Jahren aber ein Trend hin zu körpereigenen Proteinen zu erkennen. So werden u. a. monoklonale Antikörper, Enzyme, Zytokine und ähnliche – meist biotechnologisch hergestellte – Proteine besonders für den humanen Pharmabereich entwickelt. Diese so genannten *„biologicals"* stellen die Toxikologen heute vor ganz neue Probleme, die durch die klassische Toxikologie der kleinen Moleküle nicht mehr zu lösen sind.

Bei den Pilzen sind Schimmelpilze von besonderem Interesse für Mediziner und Toxikologen. Sie können Allergien auslösen, zu Intoxikationen und/oder zu Infektionen (Mykosen) führen.

Bekannte Mykotoxine sind Aflatoxin, Fumonisin, Ochratoxin, Penicillin und Trichothecene.

Wurden bis in das 18. bzw. 19. Jahrhundert hinein im Handwerk, in der Agrarkultur und Medizin überwiegend mehr oder weniger saubere Extrakte tierischer und pflanzlicher Herkunft (Naturstoffe) eingesetzt, so änderte sich das mit der Weiterentwicklung der Chemie als selbständiges naturwissenschaftliches Fach. Erkenntnisse von Justus von Liebig begründeten den Aufbau der Agrarchemie und der organischen Chemie, somit auch der Pharmazie. Sein Wirken förderte außerdem die Kenntnisse in der anorganischen Chemie. Die erste Synthese eines natürlichen Farbstoffs, des Indigos, markierte 1878 den Beginn der industriellen Nutzung der Chemie während der aufblühenden Industrialisierung in Deutschland. Durch die weitere Entwicklung kam der Mensch mit einer ständig steigenden, heute praktisch unüberschaubaren Menge an synthetischen Produkten in Kontakt. Das reicht von den Lifestyle-Noxen (Drogen,

Ernährung) über Industriechemikalien, Agrarchemikalien (Pestizide, Düngemittel), Baustoffe und Bauhilfsstoffe (besonders auch durch den Do-it-yourself-Bereich), Reinigungs- und Desinfektionsmittel bis hin zu den Pharmazeutika und Kosmetika. Die fortschreitende Entwicklung führt zu immer komplexeren Produkten, wie z. B. hochspezifischen Kunststoffen, der Nanotechnologie oder zu rekombinanten Arzneimitteln (*biologicals*). Dies ist eine Entwicklung, der sich auch die Toxikologie ständig anpassen muss.

So müssen einerseits die verschiedenen Produkte für die unterschiedlichsten Anwendungen untersucht und beurteilt, andererseits aber auch die diversen Effekte auf den Organismus bestimmt werden. Dazu gehören akute, subchronische, chronische Toxizität, Teratogenität, Embryotoxizität, Immuntoxizität, Allergenität, Pseudoallergenität, Reproduktionstoxizität, Mutagenität, Gentoxizität, Kanzerogenität, Neurotoxizität (inkl. Verhaltensänderungen), Reizwirkung (Haut, Auge, Schleimhaut) sowie spezifische Organtoxizität (z. B. Niere, Leber, Herz, Lunge).

Dieser enormen Vielfalt der klassischen und modernen Toxikologie wurde in den beiden vorliegenden Bänden Rechnung getragen. Während der erste Band die Grundlagen der Toxikologie aus heutiger Sicht darstellt, befasst sich der zweite Band mit den speziellen Substanzklassen. Dabei wurde insbesondere Wert darauf gelegt, dem Leser die verschiedenen Fachgebiete in der Toxikologie auch speziell im Zusammenhang mit gesetzlichen Vorgaben sowie kritischen Beurteilungen von Befunden näher zu bringen, ihm somit also nicht nur eine theoretische Betrachtungsweise, sondern eben eine angewandte Toxikologie zu bieten.

1.5 Entwicklung der molekularen Toxikologie

In den letzten Jahren hat sich besonders ein Begriff in der Naturwissenschaft eingebürgert, und zwar der Begriff *in silico*. Prinzipiell werden darunter alle computergestützten Modelle von Vorhersagen biologischer Reaktionen verstanden und zwar unabhängig davon, ob sie nun rein auf bekannte Daten zurückgreifen, um daraus Modelle zu entwickeln, oder ob sie auf Gewebeproben behandelter Tiere beruhen, die dann mit molekulartoxikologischen Methoden aufgearbeitet und analysiert werden. Zu den letzteren gehören besonders Protein- oder RNA/DNA-Chip-Analysen, also *Proteomics* und *Toxikogenomics*.

Bei diesen Techniken werden entweder die Protein- oder die RNA/DNA-Muster behandelter Zellen bzw. Gewebe (*in vitro* oder *ex vivo*) mit den entsprechenden Kontrollen verglichen. Die Induktion oder Repression bestimmter Gene durch eine Substanzexposition soll dann Vorhersagen toxikologischer Eigenschaften ermöglichen. Mehrere Hundert (Proteine) bis etliche Tausend (RNA/DNA)-Genexpressionen können heute mit diesen Methoden in einem Ansatz analysiert werden. Entsprechend aufwendig und komplex ist aber auch die Auswertung und Interpretation auf diese Weise gewonnener Daten. Die anfänglichen Hoffnungen, hier ein einfaches Werkzeug zur Verfügung zu haben, mit dem einmal langwierige und teure toxikologische Untersuchungen ersetzt werden könnten, haben sich bislang nicht erfüllt. Hierzu müssen zukünftig noch weit mehr Ringstudien und Validierungen auf den verschiedenen Arbeitsfeldern der Toxikologie durchgeführt werden, was aber nicht heißen soll, dass nicht auch heute schon *Proteomics*- und *Toxicogenomics*-Analysen als Labormethoden für mechanistische Fragestellungen oder zur Bestätigung von Befunden herangezogen werden.

1.6
In-vitro-Toxikologie

Wie vorher schon beschrieben, hat sich die Europäische Gemeinschaft in den letzten Jahren in ein Dilemma manövriert. Einerseits müssen nach der REACH-Verordnung alle Altstoffe, die auf dem Markt sind, in den nächsten Jahren nach heutigen Richtlinien neu bewertet werden, andererseits soll zunehmend auf Tierversuche verzichtet werden (u.a. Tierversuchsverbot für Bestandteile von Kosmetika). Datenlücken, die sich bei der Bewertung von Chemikalien nach REACH ergeben, müssen durch toxikologische Untersuchungen entsprechend aktuellen Richtlinien geschlossen werden. Dieses würde eine Vielzahl von Tierversuchen nach sich ziehen. Bei ca. 30 000 zu bewertenden Chemikalien wäre der Einsatz von Versuchstieren auch bei vorsichtigen Schätzungen enorm hoch. Die von der EU geforderte und z.T. schon beschlossene (Kosmetikverordnung) Vermeidung bzw. Verringerung von Tierversuchen steht dem allerdings zu 100% diametral entgegen. Aus diesem Dilemma kann man nur durch Entwicklung und Anerkennung von Alternativmethoden, insbesondere *In-vitro*-Methoden herauskommen. Die Entwicklung bzw. Anerkennung solcher Methoden für die Europäische Gemeinschaft hat das *European Centre for the Validation of Alternative Methods* (ECVAM) in Ispra, Italien, übernommen.

Obwohl verschiedene *In-vitro*-Methoden bei toxikologischen Untersuchungen heute schon routinemäßig, insbesondere für mechanistische Fragestellungen, bei vergleichenden Screenings und in der Forschung eingesetzt werden, haben sie es in die regulatorische Welt, d.h. als von Behörden voll akzeptierte Ersatzmethoden, bisher nur sehr begrenzt geschafft. Diese Methoden werden in den einzelnen Kapiteln ebenfalls kurz vorgestellt.

Insgesamt muss man zum jetzigen Zeitpunkt konstatieren, dass einfache, robuste und zuverlässige *In-vitro*-Methoden, die komplexere Endpunkte als Zelltod bestimmen, für den regulatorischen Einsatz kaum zur Verfügung stehen. Metabolismus, Verteilung in den Organen, Proteinbindungen, Interaktionen mit Rezeptoren, Enzymen, Hormonen, Blutfaktoren usw. sind *in vitro* nur schwierig und mit großem Aufwand, dann auch meist nur ansatzweise, nachzustellen. Insofern ist momentan nicht klar, wie die EU aus dem oben genannten Dilemma in nächster Zeit herauskommen wird, zumal in der EU anerkannte Alternativmethoden auch noch vom Rest der Welt akzeptiert werden müssen. Ein Beispiel für solche Schwierigkeiten ist der jüngste Streit zwischen EU und Amerika um Anerkennung der *In-vitro*-Bestimmung von hautreizenden Eigenschaften mittels künstlicher humaner 3D-Haut. Der in Europa validierte und anerkannte Test wird von Amerika wegen unzureichender Datenlage momentan noch abgelehnt.

1.7 Literatur

http://penelope.uchicago.edu/Thayer/E/Roman/Texts/Celsus/home.html

2
Toxikokinetik

Gerd Bode

2.1
Einleitung

Die Pharmakologie und Toxikologie befassen sich mit der Frage, was eine *Substanz mit einem Organismus* macht. Welche erwünschten und unerwünschten Wirkungen treten im Körper nach Substanzaufnahme auf? Die Pharmako- und Toxiko-Kinetik (kinesis = Bewegung) versucht zu beantworten, was der *Körper mit der Substanz* macht. Wie wird eine Substanz aufgenommen, im Körper verteilt, welche Stoffwechselvorgänge zerlegen eine Muttersubstanz in Metaboliten und wie werden diese Stoffe dann ausgeschieden. Toxikokinetik beschreibt damit Charakteristika einer Substanz in Bezug auf ihre Resorption, Verteilung, Speicherung, ihre metabolische und exkretorische Elimination, wie schematisch in Abb. 2.1 dargestellt.

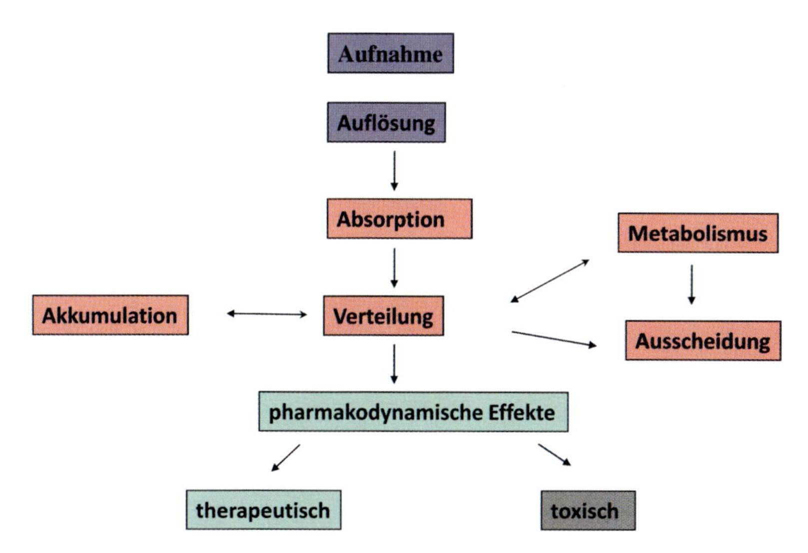

Abb. 2.1 Was macht der Körper mit einer Substanz? Weg von der Aufnahme, zum Wirkort und Ausscheidung.

Toxikologie Band 1: Grundlagen der Toxikologie. Herausgegeben von Hans-Werner Vohr

ISBN: 978-3-527-32319-7

Die Ziele der präklinischen Arzneimittel-Toxikologie sind die Identifizierung der toxischen Wirkungen, der Targets, der Art und des Schweregrades der substanzinduzierten Schädigung, die Bewertung der unerwünschten Nebenwirkungen zunächst am Tier und dann die Extrapolation der Befunde von *In-vitro-* oder *In-vivo*-Versuchen auf den Menschen.

Im klassischen Tierversuch werden meist drei unterschiedliche Dosen verabreicht. Hierbei sollte die hohe Dosis toxische Wirkungen aufweisen und die niedrige Dosis nebenwirkungsfrei sein (NOAEL = *No Observed Adverse Effect Level*). Die mittlere Dosis bewegt sich zwischen diesen beiden, oft unter Verwendung eines Faktors.

Nun unterscheiden sich Tiere und Menschen durch Art und Schnelligkeit ihres Stoffwechsels.

Substanzmengen, die z. B. in $g\ kg^{-1}$ Körpergewicht für die verschiedenen Spezies angegeben werden, erlauben nicht den tatsächlichen Vergleich der Substanzexposition. Diese Substanzexposition ist von vielen weiteren Faktoren abhängig. Die Schnelligkeit des Stoffwechsels ist häufig mit dem Körpergewicht und Körpergröße korreliert, Nager sind oft besser in der Lage, inkorporierte Substanzen zu detoxifizieren. Verantwortlich für die Entstehung einer toxischen Wirkung sind die bio-chemischen Reaktionen in Abhängigkeit von der Konzentration und der Verweildauer einer Substanz am Target, am Rezeptor. Da dieser Wirkort in der Regel schlecht zugänglich ist, verwendet man als pragmatische Orientierung die Blutkonzentrationen der Substanzen als Surrogat.

Während über Jahrhunderte die Regel von Paracelsus galt, dass die Dosis aus einer Substanz ein Gift macht, vergleichen wir heute Blutkonzentrationen, die wir durch Analyse von Blutentnahmen von Tier und Mensch gewinnen. Diese Daten sind die Basis der Toxikokinetik. Abbildung 2.2 zeigt die Berechnung des Sicherheitsfaktors.

Berechnung des Sicherheitsfaktors (= SF)

$$SF = \frac{\text{nicht toxische Plasmakonzentration (NOAEL) im Tier } (c_{max} \text{ oder AUC})}{\text{therapeutische Plasmakonzentration beim Menschen } (c_{max} \text{ oder AUC})}$$

Abb. 2.2 Berechnung des Sicherheitsfaktors, des Produktes aus *Non Observed Adverse Effect Level* (NOAEL) beim Tier und der therapeutischen Plasma Konzentration beim Menschen (AUC = *Area-under-the Curve*).

2.1.1
Pharmako- und toxikokinetische Parameter

Wichtigste toxikokinetische Größe ist die Fläche unter der Konzentrations-Zeit-Kurve, der *Area-under-the Curve* (AUC), die ein Abbild der Konzentrationsverläufe im Plasma liefert, also eine Quantifizierung der bioverfügbaren Menge darstellt und damit unabhängig von der Applikationsart ist (siehe Abb. 2.3 und 2.4). Die AUC ist der Quotient aus M (= die in den systemischen Kreislauf gelangte Menge) geteilt durch CL, der totalen Clearance.

$$\mathrm{AUC} = \mathrm{M} : \mathrm{Cl} \qquad (1)$$

Als weitere Größen seien skizziert:

Die absolute Bioverfügbarkeit F resultiert aus dem Vergleich der gemessenen AUC nach aktueller Applikationsart geteilt durch die AUC nach i.v. Gabe (als der 100% Bioverfügbarkeit).

$$\mathrm{F} = \mathrm{AUC} : \mathrm{AUC\ i.v.} \qquad (2)$$

Das Verteilungsvolumen V ist ein Proportionalitätsfaktor zwischen der im Organismus vorhandenen Menge M einer Substanz und seiner Plasmakonzentration c:

$$\mathrm{M} = \mathrm{c} \times \mathrm{V} \quad \text{oder} \quad \mathrm{V} = \mathrm{M} : \mathrm{c} \qquad (3)$$

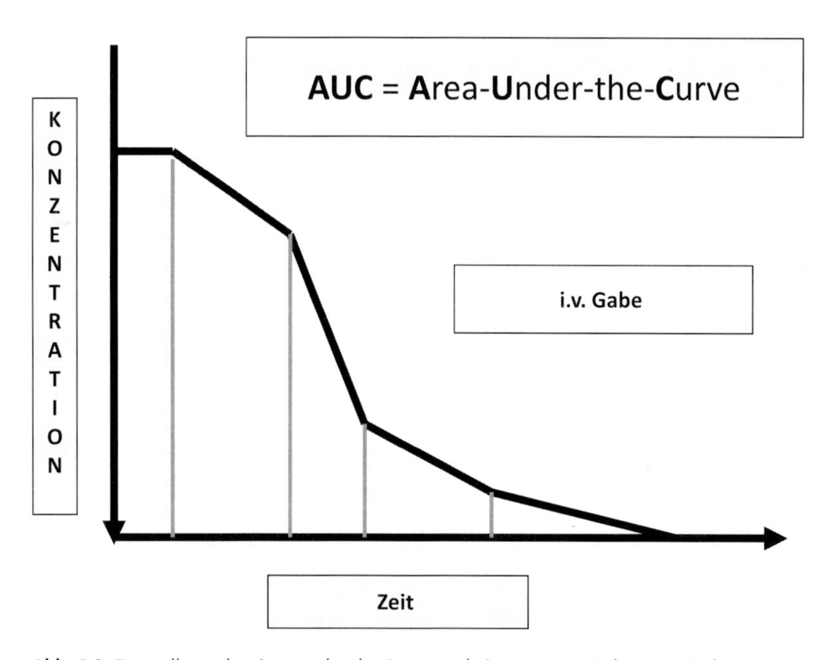

Abb. 2.3 Darstellung der *Area-under-the-Curve* nach *intravenöser* Gabe einer Substanz.

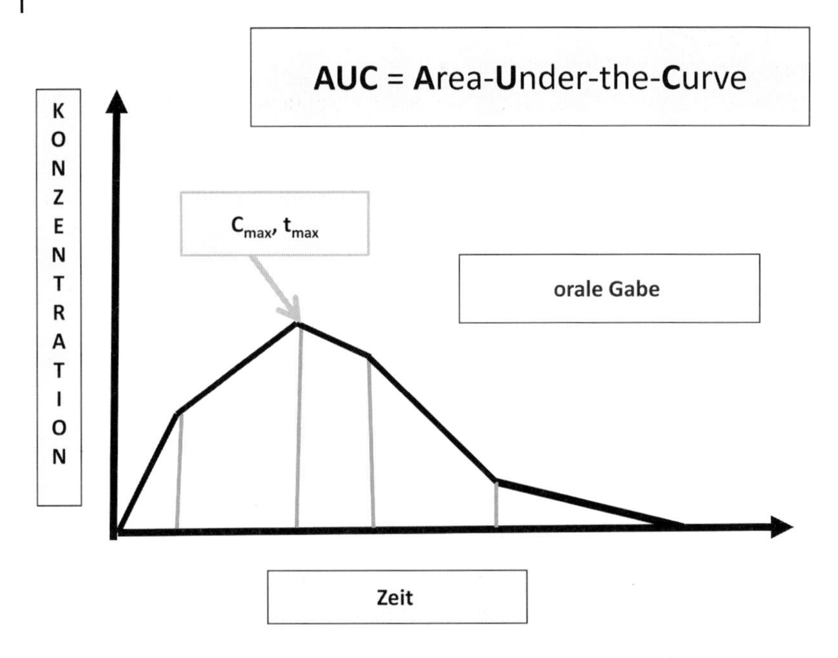

Abb. 2.4 Darstellung der *Area-under-the-Curve* nach *oraler* Gabe einer Substanz.

Die Clearance Cl ist ein Proportionalitätsfaktor zwischen Ausscheidungsgeschwindigkeit und Plasmakonzentration.

$$Cl = M : (t \times c) \quad \text{oder} \quad Cl = M : AUC \tag{4}$$

Die Halbwertszeit ist ein hybrider pharmako-kinetischer Parameter. Er ist abhängig von der Eliminationsleistung des Organismus, aber auch von der Verteilung einer Substanz. Ist die Eliminationsfähigkeit, d.h. die Clearance, groß, so reduziert sich die Plasmakonzentration rasch. Die Abnahme der Plasmakonzentration ist jedoch umso langsamer bei gleichbleibender Clearance, je größer das Volumen ist, aus dem die Substanz eliminiert werden muss.

Für die Abhängigkeit der Halbwertszeit $t\frac{1}{2}$ vom Verteilungsvolumen und der Clearance gilt:

$$t\tfrac{1}{2} = \ln 2 \times V : CL \tag{5}$$

2.1.2 Pharmako- und toxikokinetische Methoden

Für die Ziele der Kinetik (= Darstellung der Absorption, Distribution, Metabolismus und Exkretion) bedarf es meist der Kombination von unterschiedlichen *In-vitro-* und *In-vivo-*Methoden, die im Folgenden kurz skizziert werden.

2.1.2.1 Absorption

Bei oraler Gabe erfolgt die Aufnahme einer Substanz im Gastro-intestinal Trakt und hier vorwiegend im Duodenum, Jejunum und Ileum, meist weniger im Colon, da der Dickdarm eine deutlich kleinere Oberfläche besitzt durch den Mangel an Falten und Zotten [1].

Substanzen unterliegen unterschiedlichen Mechanismen, durch die sie die Intestinalwand passieren können und systemisch in den Organismus gelangen [2] (siehe Abb. 2.5).

Es gibt Moleküle, die sich entlang einem Konzentrationsgradienten bewegen, also durch die Lipidschicht oder durch Poren passiv diffundieren. Es gibt erleichterte Diffusion mit Affinität zu Carriern und aktive Diffusion. Die passive transzelluläre Absorption ist allgemein die häufigste Form.

Eine Vielzahl von *In-vitro*-Methoden zur Erfassung der Membran Permeabilität steht heute zur Verfügung. Zelluläre Assays, die die absorptive intestinale Fähigkeit widerspiegeln, sind am beliebtesten. Hier sind besonders die CACO-2 Zellen zu erwähnen [3]. Diese Zellen entstammen einem humanen Colonkarzinom, sie sind einfach in Kulturen zu handhaben und sind vergleichbar mit den morphologischen und biochemischen Eigenschaften der intestinalen Enterozyten. Diese Zellen exprimieren viele Enzyme, die für den Metabolismus wichtig sind. Spezifische Enzyme, z. B. Cyp 3 A werden nur von bestimmten Klonen der CACO-2 exprimiert.

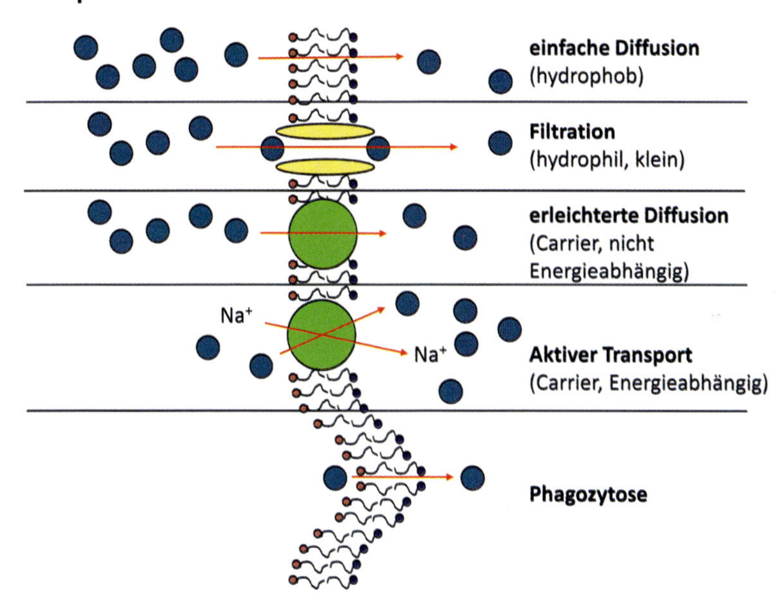

Abb. 2.5 Resorptionsmechanismen, vor allem in der Intestinalwand.

Bei den nicht Zell basierten *In-vitro*-Methoden werden meist künstliche Membranen und Filter eingesetzt. Ein Beispiel ist PAMPA (*parallel artificial membrane permeation assay*), bei dem Filter mit immobilisierten künstlichen Membranen (Phospholipid Membranen auf hydrophoben Filtern) Verwendung finden [4].

In situ-perfundierte isolierte intestinale Segmente oder Messung der Gallengangssekretion an anästhetisierten Ratten sind weitere Methoden. Die letztere, um hepatobiliäre Ausscheidung zu erfassen.

Für die Analytik und Messung der Konzentrationen von Muttersubstanz und Metaboliten bedient man sich der HPLC-Methoden (*High Performance Liquid Chromatography* = HPLC): Die Hochleistungsflüssigchromatographie ist eine analytische Trennmethode, bei der die stationäre Phase häufig fest ist, die mobile Phase flüssig. Der Unterschied zur normalen Flüssigchromatographie ist die hohe Trennleistung, die durch sehr kleine, druckstabile Packungsteilchen ($<10\ \mu m$), pulsationsarme Pumpen, hohe Drücke (bis 400 bar), entsprechende Injektionssysteme und miniaturisierte Detektoren erreicht wird.

Bei diesen bioanalytischen Assays existieren eine Reihe von Modifikationsmethoden wie HPLC UV, Fluoreszenz Assays, HPLC MS/MS (Massenspektrometrie), sowie Gaschromatographie und Radioimmun-Assays.

Die Massenspektrometrie als analytisches Verfahren möchte Aussagen über Massenspektren, absoluten Massen und relative Häufigkeiten von Teilchen, u. a. von Isotopen sowie von Molekülen bzw. deren Fragmente gewinnen. Die Massenspektrometrie beruht auf der Eigenschaft elektrischer und magnetischer Felder, Ionen nach ihrem Verhältnis aus Ladung und Masse, ihrer kinetischen Energie und ihrem Impuls zu trennen. Die Massenspektrometrie liefert eine Häufigkeitsverteilung von Massen in einem Teilchengemisch in Abhängigkeit von der Massenzahl. Die Maxima der Verteilung entsprechen den Stellen der größten Schwärzung.

Bei der Gaschromatographie (GC) ist die mobile Phase ein Gas. Die GC trennt und analysiert Vielstoffgemische nach Verdampfen. Nach unterschiedlich langen und stoffspezifischen Retentionszeiten treten die einzelnen Komponenten im Gasstrom getrennt aus der Säule und werden durch einen Detektor registriert.

Bei dem Radioimmunassay quantifiziert man z. B. Proteine, Hormone und Arzneistoffe durch eine Antigen-Antikörper-Reaktion. Die zu bestimmende Substanz ist das Antigen. Ihre Konzentration lässt sich durch den Zusatz einer bestimmten Menge des radiomarkierten Antigens bestimmen. Markiertes und nicht markiertes Antigen konkurrieren um die Bindung des spezifischen Antikörpers. Vom markierten Antigen wird nun umso weniger gebunden, je mehr nicht markiertes Antigen vorhanden ist. Durch Messung der Radioaktivität des Antigen-Antikörper-Komplexes lässt sich somit die Konzentration des gesuchten Stoffes ermitteln.

2.1.2.2 **Distribution**

Nur Protein ungebundene Substanzen können Membranen passieren und mit dem Wirkort interagieren und so den erwünschten therapeutischen Effekt induzieren. Das Ausmaß der Proteinbindung im Plasma oder Gewebe kontrolliert das Verteilungsvolumen und beeinflusst auch die hepatische oder renale Clearance.

Für die Erfassung der Verteilung werden Methoden wie Ultrafiltration, Equilibrium Dialyse, Ultrazentrifugation usw. eingesetzt. Bei der Ultrafiltration setzt man semipermeable Membranen ein, die die freie Substanz von Makromolekülen durch Nutzung eines Druckgradienten trennt, der die kleinen Moleküle durch die Membran zwingt.

Die Untersuchung der *In-vivo*-Verteilung bedient sich der Quantitativen Whole Body Autoradiography (QWBA) und der Quantitativen Gewebsverteilung (QTD).

Die Ganzkörperautoradiographie analysiert die Gewebsverteilung radiomarkierter Substanzen in Laboratoriumstieren, meistens Ratten. Diese Methode hat die *wet-tissue dissection techniques* weitgehend abgelöst. Nach Substanzgabe werden die Tiere tiefgefroren, in Ganz-Körpergewebsschnitte zerlegt und die Radioaktivität auf Filmen durch Schwärzung dokumentiert (siehe Abb. 2.6). Die Terminierung der Tiere erfolgt in unterschiedlichen Abständen zur Applikation, so kann man über 24 Stunden gut die Verteilungsänderungen der Substanz verfolgen.

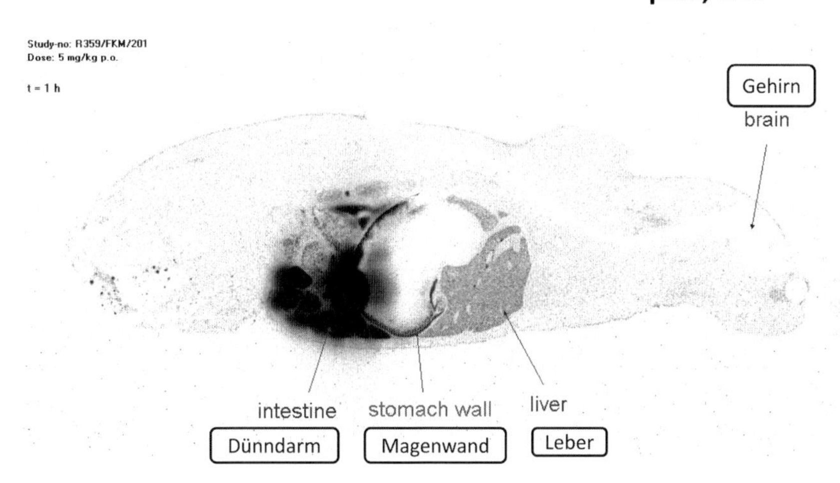

Abb. 2.6 Autoradiografie. Die Schwärzung zeigt die Konzentration und Verteilungslokalisation einer radiomarkierten Substanz im Körper der Ratte 1 h nach oraler Applikation.

Besondere Methoden stehen für die Untersuchung der Blut-Hirn-Schranke zur Verfügung. Es werden primäre Kulturen der Hirnkapillarendothelien (oft vom Schwein), Kokulturen von mikrovaskulären Rinder-Endothelien mit Ratten Astrozyten, immortalisierte humane cerebro-mikrovaskuläre Endothelien u. a. eingesetzt.

Für den Nachweis der Plazentagängigkeit von Substanzen bedient man sich meist eines *In-vivo*-Versuches. Hierbei erhalten schwangere Ratten radiomarkierte Substanzen, Blut oder Gewebe werden dann auf den prozentualen Gehalt von Radioaktivität untersucht.

Vergleichbar ist die Methodik für den Nachweis der Sekretion einer Substanz über die Milch. Auch hier werden laktierende Ratten eingesetzt und die Radioaktivität in Blut und Milch bestimmt.

Für den Einsatz auch beim Menschen stehen *In-vivo*-Methoden für die Erfassung der Verteilung zur Verfügung. Beispiele sind die Positron Emissions Tomografie (*Positron Emission Tomography* = PET) oder die Mikrodialyse. PET ist eine sensitive und spezifisch funktionale nicht invasive 3-D bildgebende Methode, die rasch und direkt die totale Radioaktivität ermittelt, die von einer radiomarkierten Substanz mit einem Positron-emittierenden Radionuklid ausgeht. Der Vorteil ist, dass man den ganzen Zeitverlauf quantitativ in Tier und Mensch ohne Invasion ermitteln kann.

Mit der Mikrodialyse kann man ungebundene Substanzen und Metaboliten in extrazellulärer Flüssigkeit von bestimmten Geweben und Organen ermitteln, indem man dünne Dialyse-katheter in die Gewebe positioniert.

2.1.2.3 **Metabolismus**

Die Elimination von Substanzen aus dem Körper erfolgt zu $\frac{3}{4}$ aller Substanzen durch den Stoffwechsel, $\frac{1}{3}$ wird eliminiert durch die Niere und nur zu einem geringen Teil durch die Galle [5]. Die Metaboliten werden durch unterschiedliche Studien erfasst. Zur Verfügung stehen *In-vivo*-Biotransformationsmethoden, perfundierte Organe, Organgewebsschnitte, primäre Hepatozyten, Homogenate, 9000 g Kulturüberstand-Fraktionen (supernatant (s9)), Mikrosomen, Zytosole und z. B. auch rekombinante Enzyme. Diese Proben werden durch geeignete chromatografische Systeme wie HPLC untersucht. Hierbei wird meist mit online Detektion der Radioaktivität, überwiegend mit ^{14}C, gearbeitet und das metabolische Profil im Plasma oder Geweben als Prozentsatz der Gesamtradioaktivität dargestellt.

Zum Studium der Details und Diskussion der Pros und Kontras der verfügbaren Methoden bediene man sich der Lehrbücher zur allgemeinen Pharmakologie und Toxikologie [6, 7] mit detaillierten Beschreibungen der Methoden. Auch [8] vermittelt einen guten Überblick zur Kinetik.

2.2 Toxikokinetik im regulatorischen Umfeld

Die ICH Guideline S3A wurde von den ICH Topic Leaders entwickelt (Autor war Topic Leader für Europa, EFPIA), 1993 zur Kommentierung in den Amtsblättern veröffentlicht und schließlich im Juni 1995 zur Implementierung freigegeben. Diese Guideline ist heute im Internet der European Medicines Agency zu finden [9].

Diese „*Note for Guidance*" befasst sich ausschließlich mit dem Thema Toxikokinetik für pharmazeutische Substanzen für den humanen Gebrauch.

Der Begriff „ Toxikokinetik" wird definiert „*as the generation of pharmacokinetic data, either as an integral component in the conduct of non-clinical toxicity studies or in specially designed supportive studies, in order to assess systemic exposure*".

Die Betonung liegt auf der limitierten Verwendung dieser Daten für die Interpretation von toxikologischen Ergebnissen aus präklinischen Sicherheitsstudien mit dem Ziel, die Relevanz dieser Resultate für die klinische Sicherheit zu erläutern. Wichtig ist vor allem, dass nicht alle Details der Pharmakokinetik (also umfangreiche Daten zur Absorption, Distribution, Metabolismus und Ausscheidung=ADME) gefordert werden, sondern vorwiegend Daten, die die lokale und systemische Belastung der Testmodelle beschreiben, wie dies in der folgenden Box „Exposure" beschrieben wird:

Exposure

„Exposure is represented by pharmacokinetic parameters demonstrating the local and systemic burden on the test species with the test compound and/or its metabolites. The area under the matrix level concentration-time curve (AUC) and/or the measurement of matrix concentrations at the expected peak-concentration time C_{max}, or at some other selected time C (time), are the most commonly used parameters. Other parameters might be more appropriate in particular cases."

Gefordert werden Daten zu lokalen oder systemischen Substanzkonzentrationen in einer Matrix und dies können Blut, Plasma, Serum, Urin oder andere Flüssigkeiten sein wie z. B. Liquor oder Kniegelenksflüssigkeit. Es geht sowohl um die Muttersubstanz als auch um Metaboliten, insbesondere, wenn es sich um humane und aktive Metaboliten handelt. Da unerwünschte Wirkungen abhängig sein können von der Substanz Konzentration, von der anflutenden Schnelligkeit oder von der Dauer der Belastung, sind die wichtigsten Parameter die Fläche unter der Kurve (*Area-under-the Curve*=AUC) als Ausdruck der Gesamtheit und Dauer einer Exposition und zum anderen die Spitzenkonzentration einer Belastung, C_{max}, zu einer bestimmten Zeit, t_{max}. Dies sind Mindestangaben, die natürlich erweitert werden können.

Die Richtlinie S3A möchte ein Verständnis dafür vermitteln, mit welchen Strategien toxikokinetische Daten geschaffen werden können. Es soll gezeigt werden, wie hilfreich es ist, diese Daten aus präklinischen Studien zu generieren, direkt aus den aktuellen Studien, entweder von allen Tieren oder falls die Blutentnahmen schwierig und der Blutverlust belastend ist, aus Satellitengruppen (z. B. in einer 4-Wochenstudie jeweils 10 Tiere/Gruppe/Geschlecht und als Satellitengruppe jeweils 5 Tiere/Gruppe/Geschlecht). Wenn erforderlich, können auch separate Studien durchgeführt werden, diese sollten dann aber die Hauptstudien im Design widerspiegeln. Der Integration von kinetischen Parametern in die jeweils aktuelle Studie wird jedoch der Vorzug gegeben und mit dem Ausdruck *„concomitant toxicokinetics"* beschrieben, dies auch, weil dadurch Tiere eingespart werden können.

Integrierte, konkomitante Kinetikdaten helfen am besten, toxische Befunde zu verstehen und zu interpretieren; sie stellen einen wesentlichen Bestandteil dar, die Risiko/Benefit Bewertung für den Menschen zu optimieren. Selbstverständlich sind andere pharmakokinetische Informationen (Bioverfügbarkeit, Halbwertzeit, Proteinbindung usw.) auch für die Gesamtbewertung wichtig.

Da aber nicht alle Daten rechtzeitig zur Verfügung stehen, die Entwicklung eines Pharmakons einen dynamischen Prozess darstellt, ist die Empfehlung, Aussagen treffen zu können zur AUC, C_{max} und C_{time} eine Minimalforderung, die, wenn die Sicherheitsdaten akzeptabel sind, erste Applikationen am Menschen erlauben.

Sobald humane Daten vorliegen, sollte stets eine Rückkoppelung zur Präklinik erfolgen. Im Endeffekt muss stets überprüft werden, ob die Tiere einer Substanz exponiert waren, ob die Tiermodelle prädiktiv für den Menschen sind, ob ein vergleichbares Spektrum an Wirkungen, Nebenwirkungen und Metaboliten-Muster vorliegt. Jede neue Information sollte genutzt werden, die bisherigen Daten zu überprüfen und dann eine Strategie zu entwickeln, die ein optimales Design von präklinischen Studien und klinischen Trials ermöglicht. Durch eine solche *Step-by-step*-Strategie und eine *Case-by-case*-Entscheidung erreicht man das Ziel einer Risiko/Sicherheits-Bewertung am besten.

S3A beschreibt primäre und sekundäre Ziele:

Primäre und sekundäre Ziele der S3A

The primary objective of toxicokinetics is:

- To describe the systemic exposure achieved in animals and its relationship to dose level and the time course of the toxicity study.

Secondary objectives are:

- To relate the exposure achieved in toxicity studies to toxicological findings and contribute to the assessment of the relevance of these findings to clinical safety.
- To support (Note 1) the choice of species and treatment regimen in non-clinical toxicity studies.
- To provide information which, in conjunction with the toxicity findings, contributes to the design of subsequent non-clinical toxicity studies.

Das **primäre Ziel** ist die Beschreibung der systemischen Belastung der Tiere durch die Substanz, die Exposition im Vergleich zu den gegebenen Dosen und die Angabe, wie Blutkonzentrationen auf und abgebaut werden.

Als **sekundäre Ziele** werden die toxischen Befunde in Beziehung gesetzt zu den Expositionsdaten, hier dann überprüft, ob die *In-vivo*-Informationen Relevanz für humane Konditionen haben. Die Frage nach der relevanten Spezies wird hier angesprochen, und ob das Behandlungsschema im Tier klinische Bedeutung hat. Eventuell sind dann Anpassungen an Dosis, Frequenz oder Zeitabstände erforderlich.

Für die präklinische Sicherheitsbewertung gibt es unterschiedliche Endpunkte, deren Interpretation durch Kinetik-Daten erleichtert werden können. Toxikokinetik Informationen werden daher erwartet für folgende Studientypen:

Toxizitätsstudien mit einmal und mehrfacher Substanzgabe zur Erfassung akuter, chronischer, verzögerter, reversibler oder irreversibler Schädigungen; ferner Studien zur Erfassung des teratogenen, karzinogenen, mutagenen oder immunogenen Potenzials.

S3A versorgt den Wissenschaftler mit einigen **hilfreichen Empfehlungen** für eine reibungslose Akzeptanz der Daten durch die kontrollierenden Behörden:

2.2.1
GLP

Wenn Sicherheitsstudien nach den Prinzipien der Guten Labor Praxis (GLP) durchgeführt werden, sollten die Kinetikdaten ebenfalls unter GLP Bedingungen generiert werden oder diesen Bedingungen weitgehend gleichen. Die Mindestforderung besteht in einer transparenten Dokumentation und Archivierung der Daten.

2.2.1.1 Quantifizierung

Die Exposition der Tiere muss quantifiziert werden, um Unterschiede zwischen den in der Präklinik eingesetzten Tier-Spezies und dem Menschen zu erkennen. Auch Geschlechtsunterschiede werden beobachtet, beim Menschen meist seltener als vor allem bei Ratten. Im Allgemeinen werden die Expositionsdaten im Plasma ermittelt, im Serum oder in anderen Flüssigkeiten ist dies auch möglich. Ein Vergleich der Muttersubstanz und der Metaboliten bei den Testmodellen wird angestrebt; in seltenen Fällen, wenn der Verdacht einer Akkumulation von einer Substanz gegeben ist, können auch Gewebskonzentrationen ermittelt werden.

2.2.1.2 Dosiswahl

Die Selektion der Dosen richtet sich in der Regel nach der Verträglichkeit. Ziel ist nicht die Induktion einer Mortalität, sondern einer erkennbaren Schädigung, die ein Überleben während der geplanten Experimentierphase erlaubt. Unabhängig von den Toleranzkriterien sollte man immer Speziesunterschiede in der Pharmakologie, Ausmaß der adversen Effekte und schließlich erwartete humane therapeutische Dosen und Expositionen in Betracht ziehen. Die in der Pharmakologie durchgeführte Suche nach den erwünschten Effekten sollte man auch nutzen, um die im Tier erkennbare Exposition durch eine Substanz zu belegen. Hier besteht auch die Möglichkeit, dass die Pharmakodynamik die Expositionsdaten ersetzen. Die Dosiswahl sollte immer begründet werden und in den Dossiers für die IND (*Investigational New Drug*) oder dem *Common Technical Document* erläutert werden.

2.2.1.3 **Speziesunterschiede**

Die Quantifizierung einer Exposition erlaubt in der Regel Schlussfolgerungen, wie der Körper die Substanz verarbeitet:

- Ist die Dosis/Konzentrationskorrelation linear oder nicht-linear?
- Ist ein nichtlinearer Verlauf Ausdruck einer Sättigung des Clearance Prozesses?
- Hat eine Substanz bei den eingesetzten Tiermodellen oder beim Menschen eine besonders lange Halbwertzeit, sodass es zu einer Zunahme der Exposition kommt? Wann tritt ein steady-state ein?
- Werden Induktionen der metabolisierenden Enzyme, die zu einer Verminderung der Exposition über die Zeit führen, oder Akkumulationen (Blut oder bestimmte Gewebe) beobachtet?

In der Regel ist es erstrebenswert, dass bei Erkrankungen beim Menschen eine Exposition über 24 Stunden erfolgt. Manche Substanzen erreichen schnell hohe maximale Konzentrationen mit einem raschen Abfall während des Dosierungsintervalls. Dies kann besonders leicht bei Nagern mit ihrer intensiven Stoffwechselaktivtät geschehen. Unter diesen Bedingungen erfahren Nager während des 24-stündigen Intervalls so genannte *drug holidays*, d. h. die Tiere sind stundenweise nicht exponiert und eine eventuell leichte substanzinduzierte Toxizität kann sich erholen und wird nicht erkannt. Unter solchen Bedingungen ist eine Frequenzerhöhung der Substanzgabe während des Behandlungsintervalls in Betracht zu ziehen, statt Einmalgabe über den Tag Gabe von zwei oder drei Dosen.

2.2.1.4 **Zeitpunkte für Blutentnahmen**

Die Regel heißt: So oft wie möglich, aber nicht so oft, dass unnötiger Stress und Schaden eintreten können. Wichtig ist, dass man eine Vorstellung gewinnt von der Struktur des kinetischen Profils. Die Analyse des Profils erleichtert die Begrenzung der Blutentnahmen auf die wichtigen Zeitpunkte, vor allem auf den Zeitpunkt der maximalen Konzentration, in nachfolgenden Studien. Zur Erfassung des Profils sollte man alle verfügbaren Studien mit ihren Daten nutzen, also frühere Toxizitätsstudien, Pilot- oder *Dose-range-finding*-Studien, auch Erkenntnisse mit Vergleichssubstanzen oder anderen Vertretern derselben Klasse.

Welchen Beitrag leistet die Toxikokinetik für die Selektion der einzusetzenden Dosen? Im Vordergrund der Dosisselektion steht die Verträglichkeit einer Substanz in den Testspezies. Diese Toleranz kann durch die primäre Pharmakodynamik limitiert sein, z. B. eine hypotensiv wirkende Substanz muss noch einen mit der normalen Sauerstoff Versorgung einhergehenden Kreislauf ermöglichen, ähnlich sieht die Situation bei insulinartigen Wirkungen aus. Die Dosisbegrenzung kann auch durch eine induzierte Toxizität begründet sein. Eine Blutdrucksenkende Substanz führt, insbesondere bei Hunden, zu enormen Herzfrequenzerhöhungen, die zu nicht tolerablen Myokardschäden führen können, aber für den Menschen, der nicht vergleichbar reagiert, ohne klinische Bedeutung sind. Andererseits sollte die Substanz-Belastung ausreichend hoch sein, damit das Ziel der Toxizitätsprüfungen, das Potenzial für adverse Effekte zu erkennen, erreicht werden kann. So sollte die niedrige Dosis auf der einen Seite eine nicht toxische Dosis sein (NOEL = *No Observed Effect Level*; oder NOAEL = *No Observed Adverse Effect Level*, also keine Toxizität, also keine adversen Effekte, aber noch pharmakologische Wirkungen), andererseits sollte diese niedrige Dosis der maximalen Exposition im humanen therapeutischen Bereich liegen oder diesen leicht übertreffen. Dieses Ziel ist naturgemäß oft nicht bei den ersten präklinischen *In-vivo*-Sicherheitsstudien erreichbar, sondern erst dann, wenn humane Daten verfügbar sind. Die Wahl der mittleren Dosis versucht dann ein Mehrfaches der niedrigen Dosis einzusetzen. Die hohe Dosis schließlich sollte Toxizität zeigen bei einem Vielfachen der niedrigen oder humantherapeutischen oder pharmako-dynamischen Dosis.

Kinetikdaten helfen auch in Fällen, wo es Limitierungen bei der Aufnahme einer Substanz gibt. Wenn die Absorptionsmechanismen erschöpft sind, wenn trotz Erhöhung der Dosis die Exposition nicht zu steigern ist, dann sollte die niedrigste Dosis, die zu einer Maximal-Konzentration führt, als höchste Dosis gewählt werden. Die Limitierung liegt in der Absorption begründet und sollte nicht durch eine Steigerung der Ausscheidung erklärbar sein, dann bleibt die Wahl für höhere Dosen offen.

Schließlich kann die hohe Dosis durch die maximal akzeptablen Volumina oder Gramm Mengen, insbesondere bei oraler Gabe, begrenzt sein. Ein Beispiel nennt die ICH Guideline für Kanzerogenität [10], in der eine *Limit dose* empfohlen wird: Danach ist es nicht nötig, im Tiermodell eine höhere Dosis als 1500 mg kg^{-1} Tag^{-1} zu verabreichen, wenn kein Hinweis auf eine Gentoxizität vorliegt und wenn die maximal empfohlene Human-Dosis nicht höher als 500 mg Tag^{-1} beträgt. Bedauerlich ist hierbei, dass ein Bezug zur Kinetik/Exposition nicht vorgenommen wird. Ansonsten wird immer wieder in S3A darauf hingewiesen, dass Kinetikdaten hilfreich sein können, auch in Situationen, in denen ein Mangel an einer Dosislinearität vorliegt.

2.2.1.5 **Kinetikdaten von Kontrolltieren**

S3A weist darauf hin, dass Kinetikdaten von Kontrolltieren häufig nicht nötig sind. Dieser Meinung von 1995 würden wir heute widersprechen. Die EMEA

Guideline [11] erläutert, dass es in einer Reihe von Fällen Hinweise darauf gibt, dass es zu einer Kontamination von Kontrolltieren mit der verabreichten Substanz gekommen ist. Die Quelle der Verunreinigung blieb oft unbekannt. Gerade in wichtigen Langzeitstudien, wie Kanzerogenitätsstudien, wurden Expositionsdaten ermittelt, die eine transparente und dosislineare Belastung nicht dokumentieren konnten. Die EMEA „*Guideline on the evaluation of control samples in nonclinical safety studies: Checking for contamination with the test substance*" [11] empfiehlt daher, dass Blutproben von Kontrolltieren genommen und gemeinsam mit den Proben der behandelten Tieren analysiert werden sollten. Im Detail wird gefordert, dass die Kontrollproben von Nicht-Nagern in derselben Art gesammelt und analysiert werden sollten, wie die der Behandlungsgruppen, und dass bei Nagern Kontrollproben entnommen werden sollten zumindest im Bereich der t_{max} Zeitpunkte. Interessant bei der retrospektiven Erforschung der Gefahren von Substanzkontaminationen war, dass dieses Risiko der Belastung von Kontrolltieren unabhängig von der Art der Substanzapplikation war, also nicht nur bei dermaler Applikation, sondern auch bei oraler oder intravenöser Verabreichung. Auf jeden Fall sollte für die finale Akzeptanz einer kontaminierten Studie versucht werden, die Ursache der Kontamination zu eruieren. Handelt es sich um eine *In-vivo-* oder *Ex-vivo*-Kontamination? Kann bei *small molecules* nur die Muttersubstanz in Spuren oder höheren Konzentrationen nachgewiesen werden, oder auch Metaboliten? Bei *biotechnology-derived products (biologics)* erfolgt die Entwicklung von Antikörpern als Beleg für eine *In-vivo*-Exposition. Wie ernst das Risiko einer Kontamination von den Arzneimittelbehörden gesehen wird, erkennt man auch daran, dass die Kontaminationsdaten und deren Bewertung für die Validität einer Studie nicht nur in den individuellen Berichten dokumentiert, sondern kritisch auch in dem *Common Technical Document* in den *Written Summeries* und dem *Nonclinical Overview* beleuchtet werden.

2.2.1.6 **Faktoren, wichtig bei der Interpretation von Expositionsdaten**

Die Schwierigkeit der Extrapolation von Tierergebnissen auf den Menschen ist in den Speziesunterschieden zu sehen. Das Metaboliten-Muster kann erheblich bei unterschiedlichen Spezies differieren. Abbildungen 2.7 und 2.8 zeigen die sehr differenten qualitativen und quantitativen Muttersubstanz und Metaboliten Profile derselben Substanz bei Ratte und Minipig. Ziel ist es immer, ein Tiermodel für die Sicherheitsbewertung einer Substanz für den Menschen einzusetzen, das ein möglichst ähnliches Metaboliten Profil wie der Mensch zeigt.

Zu hinterfragen ist, ob die identifizierten Metaboliten aktiv sind, ob sie im Tier und Mensch auftreten und falls ein humaner Hauptmetabolit nicht in den Testspezies nachweisbar ist, dann muss er synthetisiert und in den wichtigen Spezies getestet werden. Sollte eine Toxizität unerwartet in spezifischen Organen auftreten, sollte man auch daran denken, dass die Muttersubstanz oder ihre Metaboliten sich im Gewebe anreichern können. Als plausibles Beispiel sei an die Melaninbindung erinnert, die zu einer Anreicherung von bestimmten Substanzen im Pigmentepithel der Retina führen kann und, obwohl Präsenz allein

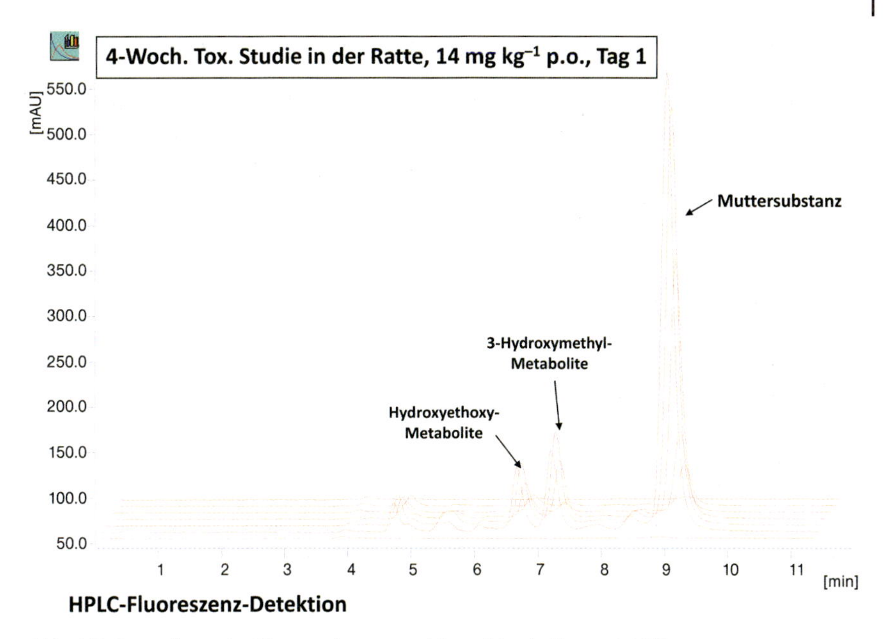

Abb. 2.7 Darstellung der Muttersubstanz und ihrer Metaboliten mit Hilfe der HPLC-Fluoreszenz-Methode bei der Ratte nach oraler Gabe.

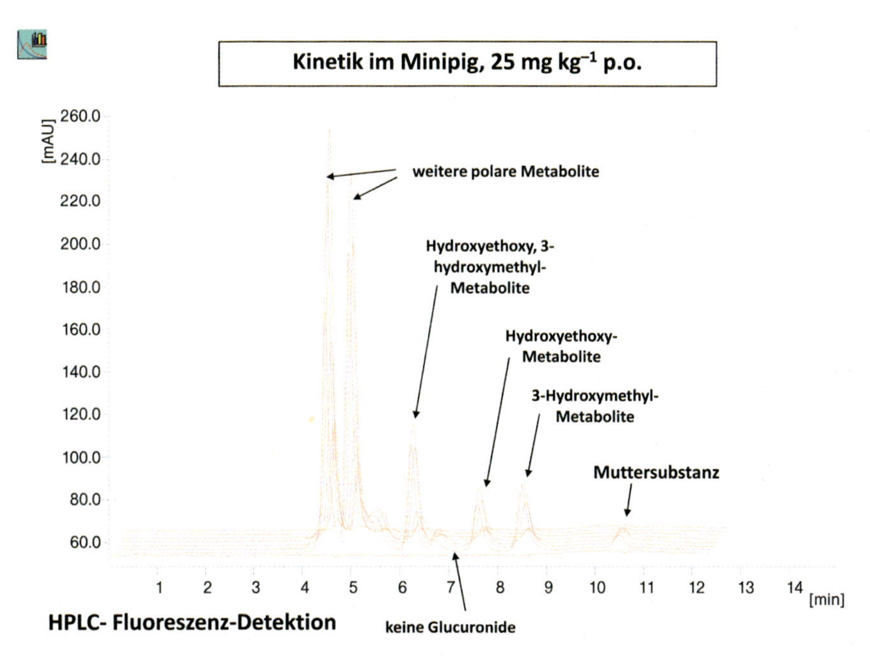

Abb. 2.8 Darstellung der Muttersubstanz und ihrer Metaboliten mit Hilfe der HPLC-Fluoreszenz-Methode beim Minipig nach oraler Gabe.

nicht ein Beweis für eine Toxizität ist, doch zu unerwünschten Reaktionen führen kann.

Die Spezies, und vor allem bei Nagern auch die Geschlechter, unterscheiden sich ferner durch kinetische Eigenschaften wie der Proteinbindung, der Aufnahme ins Gewebe, der Bindung und Internalisierung von Rezeptoren und der Geschwindigkeit der Stoffwechseländerungen. Bei der Proteinbindung muss man unterscheiden zwischen einer freien und einer gebundenen Komponente, denn nur die freie Fraktion kann pharmakodynamische oder auch toxische Wirkungen induzieren.

2.2.1.7 Alternativen für die Verabreichung einer Substanz

Die Kinetik und die Erfassung der Exposition können auch die Wahl der Applikationsart erleichtern. Sicherheitsstudien zielen darauf ab, die möglichen toxikologischen Targets zu exponieren. Bei einer inhalativen, topischen oder parenteralen Verabreichung ist die Blutkonzentration im Endeffekt das entscheidende Kriterium. Haben wir es z. B. mit einer reizenden, in kleinen Gefäßen zu inflammatorischen Prozessen mit evtl. nachfolgenden Thrombosen führenden Substanz zu tun, dann kann man bei der Maus die Substanz auch intraperitoneal geben in dem Wissen, dass eine systemische Exposition im ausreichendem Maße erfolgt und beim Menschen mit einem größeren Gefäßdurchmesser lokal inakzeptable Schäden nicht auftreten.

Andererseits können Expositions-Daten beim Wechsel von Applikationsarten, z. B. beim Wechsel von oraler auf intravenöse Gabe Warnhinweise dafür liefern, ob mit dem Wechsel der Verabreichungsart ein höheres Risiko auftritt, ob also der Sicherheitsabstand sich ändert. Diese Entscheidung ist mit den einfachen Kriterien der Bestimmung von AUC oder C_{max} oft möglich, vorausgesetzt, dass keine Änderung des Metaboliten-Musters und deren Aktivität sich ergeben. Bleibt anderseits die systemische Exposition vergleichbar, dann müssen keine neuen Studien durchgeführt werden, sondern es ist nur eine lokale Verträglichkeitsprüfung erforderlich.

2.2.1.8 Determination von Metaboliten

Der Fokus in den frühen Sicherheitsstudien ist die Beschreibung der systemischen Belastung durch die Muttersubstanz. Insbesondere bei Speziesunterschieden in der Toleranz sind oft die Analysen der Metaboliten hilfreich für das Verständnis.

Die Bestimmung der Metaboliten ist besonders essentiell für Prodrugs, wenn nicht die Muttersubstanz, sondern ein Metabolit die erwünschte Wirkung ausübt, also dieser Metabolit die primäre aktive Einheit darstellt.

Ferner verbessert das Wissen um Metaboliten die Interpretation der Befunde, wenn erst durch einen Metaboliten ein Einfluss auf die Pharmakodynamik oder unerwartete Toxizität verursacht wird. Schließlich kann die systematische Exposition bei Substanzen, die schnell und intensiv metabolisiert werden, manchmal nur abgeschätzt werden, wenn die Muttersubstanz nicht bestimmbar ist und Konzentrationsbestimmungen nur für die Hauptmetaboliten vorliegen.

2.2.1.9 Statistische Bewertungen der Kinetik-Daten

Die Erfahrung lehrt, dass es große intra- und interindividuelle Unterschiede von Kinetik-Daten gibt. Meist haben wir es auch in den präklinischen Studien mit einer begrenzten Anzahl von Tieren zu tun. Da ist es tröstlich zu wissen, dass aus diesen Gründen nicht ein hoher Level der Genauigkeit erwartet wird. Angabe des Mittel- und Medianwertes sowie der Standardabweichungen reichen oft aus; hilfreich können Werte von individuellen Tieren insbesondere bei Langzeitstudien zu unterschiedlichen Zeitpunkten bei der Interpretation sein. Dies gilt besonders für Nichtnager Studien.

2.2.2 Analytische Methoden

Für die analytischen Methoden wird eine ausreichende Präzision gefordert. Die Nachweisgrenzen sollten dargelegt, Kreuzreaktionen eruiert werden. Die Wahl zwischen Razemat oder einer Mischung von Enantiomeren sollte begründet werden.

Analytische Methoden werden oft optimiert während der Entwicklung eines Präparates, wünschenswert ist, wenn die klinischen und präklinischen Proben mit denselben Methoden analysiert werden.

Eine besondere Bedeutung haben die Unterschiede von Verunreinigungen, und insbesondere genotoxischer Impurities, in verschiedenen Batches während der Entwicklungszeiten erhalten. Diese Thematik wird in einer EMEA Richtlinie ausführlich dargestellt [12], basierend auf Diskussionen in der Safety Working Party mit zweimaliger Veröffentlichung in den Amtsblättern und finaler Implementierung in 2007. Es wird dort realisiert, dass es oft schwer ist, genotoxische Verunreinigungen zu eliminieren. Für die Gefahr, dass solche Substanzen nach repetierter Gabe Tumoren induzieren könnten, wird ein Konzept entwickelt mit der Definition einer täglichen Human-Exposition, unter der ein Risiko für den Menschen vernachlässigbar erscheint. Es wird eine *Threshold of Toxicological Concern* (TTC) eingeführt und als akzeptables Limit für genotoxische Verunreinigungen ein Wert von 1,5 $\mu g \, Tag^{-1}$ angegeben.

2.2.3 Berichterstattung

Erwartet wird für kinetische Daten eine ausführliche transparente Darstellung in den einzelnen Berichten. Daran erinnert sei, dass Kinetik-Daten eine integrative Information darstellen sollten. Eine Bewertung der Ergebnisse kann in den individuellen Reports vorgenommen werden; ein eher komplexes und eventuell multidisziplinäres Assessment dieser Resultate ist schließlich für die experimentellen Studien und deren Bedeutung für den Menschen erforderlich in den *Written Summeries des Common Technical Dossiers* und im *Non-clinical Overview* sowie einer möglichen Überlappung mit den Ausführungen im Qualitätsteil und klinischem Teil des CTDs.

2.3 Präklinische Studien und Toxikokinetik

2.3.1 Studien mit Einmalgaben

Unter dem Begriff der *„single dose studies"* läuft eine Reihe von präklinischen Studien, die unterschiedliche Ziele verfolgen.

Die klassischen Toxizitätsstudien mit Einmalgaben orientieren zu einem sehr frühen Zeitpunkt in der Entwicklung eines Medikamentes über das grobe Ausmaß einer Toxizität, in manchen Fällen mit Beobachtungen von Mortalitäten. Zu diesem Zeitpunkt sind oft noch keine bioanalytischen Methoden verfügbar. Man kann aber Blutproben sammeln, um diese, wenn die Methodik für die Analysen erarbeitet worden ist, nachträglich messen zu lassen. Für die chemische Klassifizierung von Substanzen (*Acute class Toxicity*) sind Blutentnahmen allerdings meist nicht erforderlich.

Für das von der FDA (Food and Drug Administration = Arzneimittelzulassungsbehörde der Vereinigten Staaten) propagierte Prinzip: *„Single dose in animals supporting single dose in man"* sollten Blutproben entnommen werden, da es sich um sehr frühe Studien handelt, die den raschen Übergang von Tier auf den Menschen ermöglichen. Vergleichbare Anforderungen werden von den Konzepten der beschleunigten Entwicklung der EMEA oder EFPIA gestellt.

2.3.2 Toxizitätsstudien mit wiederholter Gabe

Diese Studien identifizieren und bewerten unerwünschte Wirkungen von verabreichten Substanzen nach wiederholter Gabe. Sie sind die Basis für die erste Sicherheitsbewertung für den Menschen und informieren über Art, Schweregrad sowie Reversibilität der adversen Effekte.

Diese Studien sollten im Design die Erfassung kinetischer Daten beinhalten. Kinetik sollte ein integrativer Bestandteil solcher Studien sein. Ziel ist es dabei, zumindest Auskunft zu geben über die AUCs und C_{max} bei den verschiedenen Dosen, Applikationsarten, selektionierten Spezies und Geschlechtern bei unterschiedlich langen Expositionszeiten von Wochen bis Monaten: meist von 4 Wochen bis zu 6 Monaten bei Nagern oder 4 Wochen bis zu 6–12 Monaten bei Nichtnagern.

Typische Endpunkte sind neben der quantitativen Analyse Fragen nach der Dosislinearität, der AUC, welche Form hat die AUC, gibt es *„drug holidays"*, sind die adversen Effekte C_{max} oder AUC abhängig, muss man mit einer Induktion oder Akkumulation rechnen, gibt es Hinweise auf eine bestimmte Organaffinitäten, usw.?

Immer wieder muss gefragt werden, ob die eingesetzten Tierspezies relevant und für den Menschen prädiktiv sind. Sollte es speziesspezifische Effekte geben, so hilft die Kinetik, die bessere Tierspezies auszuwählen.

Ziel ist es, ein relativ komplexes Bild vom Umgang des Organismus mit der Substanz zu erhalten. Das heißt aber nicht, dass man in jeder Studie ein Maximum an Information erarbeiten muss. Das komplexe Bild kann das Resultat eines Mosaiks sein, dass sich aus Ergebnissen aus verschiedenen Studien zusammensetzt. Pragmatisch ist die Probenentnahme zu Beginn und am Ende einer Studie, also z. B. in Woche 1 und Tag 28 bei einer 4-Wochenstudie, oder Woche 1 und Tag 90 bei einer 3-Monatstudie; oder Woche 4 und 24 bei einer 6-Monatsstudie. Unterschiedlich verhalten sich die Experimentatoren in bezug auf die *Steady-state*-Bedingungen, manche nehmen Proben am Tag 1 und am letzten Tag, andere warten den Beginn des *steady-states* ab, also nach 3–5facher Gabe und vergleichen diesen Wert mit den Ergebnissen des letzten Behandlungstages, um vor allem Induktionen und Akkumulationen aufzuspüren.

Die Ziele, die man mit Kinetikdaten erreichen möchte, sollten klar definiert sein. Es sollte unterschieden werden, ob man ein Profil erstellen möchte, oder ob man bei bekanntem Profil nur überprüfen möchte, ob zu anderen Zeitpunkten die AUC oder C_{max} sich ändern. Beim Erstellen eines Kinetikprofils sind in der Regel 4–8 Probenentnahmen verteilt über 24 Stunden erforderlich. Wenn dieses Profil zu relevanten Zeitpunkten überprüft werden soll, dann genügen für dieses Monitoring 1–3 Matrixproben über 24 Stunden verteilt. Der Aufbau der Kinetikinformation ist also ein *Step-by-step*-Prozess, bekannte Daten können dazu beitragen in neuen nachfolgenden Studien die Zahl der Matrixproben zu reduzieren. Andererseits kann man in neue Studien spezifizierte Zeitpunkte und Fragen einbauen, um schon aufgetauchte Probleme zu klären.

2.3.3
Genotoxizitätsstudien

Zum Nachweis von DNA Schäden oder anderen Störungen der Replikation wird in der Regel eine Testbatterie, bestehend aus zwei *In-vitro-* und einem *In-vivo*-Versuch, durchgeführt. Immer dann, wenn der *In-vitro*-Versuch ein fragliches oder positives, der *In-vivo*-Versuch dagegen ein negatives Ergebnis erbringt, ist es hilfreich zu belegen, dass eine systemische Exposition des Tiermodells tatsächlich vorgelegen hat, also der *In-vivo*-Versuch bei stattgefundener Exposition negativ war.

2.3.4
Karzinogenitätsstudien

2.3.4.1 Dosisfindungsstudien

Karzinogenitätsstudien sind die teuersten und längsten Sicherheitsstudien, bei denen die Kinetik die richtige Dosiswahl unterstützen kann. Dies gilt insbesondere, wenn keine Vergleichsdaten verfügbar sind. Diese Situation ist dann gegeben, wenn eine neue Spezies eingesetzt wird, wie z. B. die Maus, oder wenn die Art der Applikation sich ändert, wenn also die Substanz z. B. statt mit der Schlundsonde mit dem Futter verabreicht wird. Hier ist in entsprechenden Fällen nicht nur ein Monitoring sondern auch ein Profiling erforderlich. Als Zeitpunkte der Matrixproben werden der Beginn und das Ende der Behandlung empfohlen. Da meist 4-Wochen Kinetikdaten aus den Studien nach wiederholter Gabe vorhanden sind, kann zu diesem Zeitpunkt ein Monitoring die Gesamtbewertung erleichtern.

Ziel der hohen Dosiswahl ist es, eine Belastung einzusetzen, die zu einer minimalen Toxizität oder maximalen Toleranz (MTD Prinzip) führt; es sollte eine systemische Exposition gegeben sein, die mit einer Überlebenszeit von zwei Jahren im Falle der Langzeitstudien vereinbar ist. Die systematische Exposition sollte während dieses Zeitraumes möglichst gleich bleiben. Daher muss man überprüfen, ob die Testsubstanz z. B. eine besonders lange Halbwertszeit aufweist oder ob sich z. B. durch altersbedingte oder toxische Reaktionen die Clearance durch Nephrotoxizität oder Hepatotoxizität verschlechtert und sich höhere Konzentrationen einstellen, die dann vermehrt Tumoren induzieren.

Natürlich sollten auch zu niedrige Expositionen vermieden werden, die sich durch eine Autoinduktion der metabolisierenden Enzyme ergeben könnten. Als Regel sollte versucht werden, Dosen einzusetzen, die ein Vielfaches der menschlichen Exposition darstellen. Dies ist bei den speziesspezifischen Unterschieden nicht immer möglich. In solchen Fällen muss man mit der Kombination von toxischen und kinetischen Argumenten die Dosiswahl verteidigen.

2.3.4.2 Karzinogenitätshauptstudien

Die Art der Behandlung, die Wahl der Spezies oder des Stammes sollte mit Daten der Pharmakodynamik, Pharmako- und Toxikokinetik begründet werden. Die Wahl der Spezies ist aber limitiert, es werden bei Karzinogenitätsstudien nur Nager eingesetzt, weil man eine lebenslange Exposition (also maximal zwei Jahre) herbeiführen möchte. Ratte und Maus sind die Standartspezies, nur selten kommt der Hamster zum Einsatz. Wenn die Teststrategie für die Erfassung des karzinogenen Potenzials einer Substanz die Kombination einer Langzeitstudie an der Ratte mit einer 6-Monatsstudie z. B. an transgenen Mäusen vorsieht, dann kann man für die Ermittlung der Kinetikdaten auch Tiere des Wildtyps benutzen.

Die Richtlinie ICH S3A empfiehlt nun die Entnahme von Matrixproben an wenigen Zeitpunkten, aber es wird nicht als essentiell angesehen, Matrixproben auch noch nach Ablauf von sechs Monaten zu entnehmen.

Der Autor widerspricht dieser Empfehlung, denn es kann hilfreich sein, auch noch Proben nach 12 und 24 Monaten verfügbar zu haben, da mit dem Alter oder durch die Substanz induziert Schäden an den ausscheidenden oder am Metabolismus beteiligten Organen auftreten können, die zu höheren Expositionen führen und damit eine höhere Frequenz von Tumoren erklären können.

Kinetikdaten sind schließlich unverzichtbar für die Wahl der hohen Dosis von Substanzen, die gut toleriert werden und bei denen eine minimal toxische Dosis als Orientierungsgrenze nicht bestimmbar ist. Hier gilt der nicht wissenschaftlich fundierte, aber pragmatische Grundsatz der ICH Guideline S1C [10], dass die hohe Dosis in Kanzerogenitätsstudien dem 25fachen der humanen AUC entsprechen sollte.

2.3.5 Toxizitätstudien der Reproduktion

Mit diesen Experimenten sollen Störungen der Reproduktion, das Auftreten von Missbildungen, Verhaltensänderungen während der Schwangerschaft, der Geburt oder im postnatalen Umkreis erfasst werden. Wie bei anderen präklinischen Sicherheitsstudien helfen Kinetikdaten, die Spezieswahl, das Studiendesign, die Dosiswahl und -frequenz zu erleichtern. Hier sind die Erwartungen an die Qualität limitiert und die Daten müssen nicht vor dem Start von Studien von schwangeren oder laktierenden Tieren stammen. Dies mag zu einem späteren Zeitpunkt erforderlich sein, um unerwünschte Resultate zu erklären und als nicht humanrelevant zu deklarieren. Die Wahl der Dosen in diesen Studien richtet sich meist nach der maternalen Toxizität. Hilfreich werden Kinetikdaten dann, wenn keine Toxizität oder keine Zeichen der gewünschten Pharmakodynamik erkennbar werden. Der Einsatz von Satellitentieren für die Expositionsdaten ist oft unerlässlich.

Für Fertilitätsstudien sind meist Daten aus den Studien mit wiederholter Gabe nützlich. Für schwangere oder laktierende Tiere, die in den Embryo-fetalen und peri-postnatalen Studien beobachtet werden, können sich die Expositionskonzentrationen infolge Änderungen des Verteilungsvolumens oder des Metabolismus ändern. Durch toxikokinetische Methoden lassen sich Expositionen der tragenden Tiere, der Embryos und Feten sowie Neugeborenen erfassen. Die fetale Exposition wird jedoch meist durch gesonderte Studien zum plazentaren Transfer sowie Überprüfungen zur Sekretion in die Milch ermittelt.

2.3.6 Immuntoxikologische Studien

Ähnlich wie bei der Bewertung des Risikos von unerwünschten Resultaten in anderen Organen sollte auch für die Bewertung des immuntoxischen Potenzials eine Dosis/Exposition-Beziehung ermittelt werden. Auf dieser Basis ist dann auch ein Sicherheitsfaktor über der zu erwarteten klinischen Dosis/Exposition möglich. Nach der Richtlinie der amerikanischen Umweltbehörde EPA [13] als auch der harmonisierten Guideline für Pharmaka [14] sind zur Bestimmung möglicher immuntoxischer Effekte neben den Standardversuchen der Toxikologie, wie Histopathologie der lymphoiden Organe, spezifische Untersuchungen vorgesehen. Zu diesen zählen auf jeden Fall Analysen der Subpopulationen immunkompetenter Zellen mittels Durchflusszytometrie und als Funktionstest eine T-Zellen abhängige Immunreaktion (TDAR) gegen Schaferythrozyten (Plaque-Assay) oder das Nacktschnecken Hämoglobin KLH (*„keyhole limpet hemocyanin“*). Aber auch die Aktivität der Makrophagen (Phagozytose) oder Natürlichen Killerzellen (NK-Zellen) können funktionell untersucht werden.

Neben vielen anderen Parametern ist die Kenntnis über die Disposition einer Substanz relevant für die Entscheidung über die Durchführung bzw. Komposition des Immunscreenings (*additional immunotoxicity testing*). Wenn z. B. eine Substanz, Muttersubstanz oder ihre Metaboliten, in Zellen des Immunsystems angereichert werden, sollte man mindestens einen TDAR-Test durchführen, wie z. B. den Plaque-Assay, bei dem Schaf-Erythrozyten der eingesetzten Tierart ca. 5 Tage vor Ende des Versuches (optimale Antwort muss vorher nachgewiesen werden) verabreicht werden und die Immunreaktion in Form von Antikörperproduktion ermittelt wird. Da ein TDAR-Test, besonders bei Verwendung von Inzuchtstämmen, stammesabhängig sein kann, sollten zu Vergleichszwecken die relevanten Expositionsdaten herangezogen werden. Für Primaten gilt schließlich, dass man mit einer hohen interindividuellen *Response*-Rate rechnen muss. Serienmatrixproben ermöglichen die Ermittlung der Summe von Antikörper-Reaktionen bezogen auf die AUC-Werte. Wegen der besseren Übertragbarkeit auf den Menschen sollten deswegen bei Nagerstudien zur Immuntoxikologie auch möglichst mit Auszuchtstämmen gearbeitet werden.

2.3.7
Sicherheitspharmakologie

In sicherheitspharmakologischen Studien [15, 16] wird untersucht, ob wichtige Körperfunktionen durch die Gabe von Substanzen beeinträchtigt werden können. Im Vordergrund stehen lebenswichtige Funktionen. Die so genannte *Core Battery* fokussiert sich auf die Überprüfung von Funktionen des Herzens, der Atmung und des Zentralnervensystems. Im Gegensatz zu den primären und sekundären pharmakodynamischen Reaktionen müssen die Ergebnisse aus den sicherheitspharmakologischen Studien durch Kinetikdaten untermauert werden, damit eine adäquate Bewertung der unerwünschten Befunde und eine Berechnung des Sicherheitsabstandes möglich wird. Ferner sollten die Testungen zu einem Zeitpunkt durchgeführt werden, die der maximalen Konzentration entspricht. Deshalb sollte die C_{max} vor dem Start sicherheitspharmakologischer Studien bekannt sein und wenn möglich auch die Funktionsprüfung im aktuellen Experiment zu diesem Zeitpunkt durchgeführt werden.

Auch bei diesen funktionellen Sicherheitsprüfungen ist die Wahl der Spezies bedeutsam. Allerdings werden Sicherheitstudien relativ früh in der Entwicklung einer Substanz durchgeführt, also zu einem Zeitpunkt, bei dem oft Vergleichsdaten zum Metabolismus nicht verfügbar sind. Hier sollte retrospektiv, wenn ein komparativer Metabolismus bekannt wurde, überprüft werden, ob die erhaltenen Daten relevant für den Menschen sind. Neben der Muttersubstanz sollten auch die Hauptmetaboliten, die eine systemische Exposition im Menschen erreichen, getestet werden.

Diskutiert werden müssen auch die Testung von Isomeren oder des finalen Produktes, insbesondere wenn zu erwarten ist, dass die systemische Exposition deutlich höher sein könnte, weil aktive Exzipiens wie Penetration Förderer, Liposomen oder andere Änderungen, die durch einen Polymorphismus zu erklären sind, wirksam sein könnten.

Betrachtet man die Bedingungen unter denen das Potenzial zur Verlängerung der QT-Zeit (= gesamte intraventrikuläre Erregungsdauer; als Surrogat für das Risiko von Arhythmien einschließlich Torsade-de-Pointes) *in vivo* überprüft wird, so gilt auch dafür, dass man das Ausmaß der verzögerten ventrikulären Repolarisation in Beziehung setzt zu den Konzentrationen von Muttersubstanz und Metaboliten im Tiermodell und Mensch. Zu den relevanten nicht klinischen und klinischen Informationen gehören daher die Plasmakonzentrationen bei Tier und Mensch. Der Versuch, akzeptable Sicherheitsabstände für die QT-Verlängerung für *In-vitro*-Untersuchungen wie hERG oder *In-vivo*-Studien meist an wachen Hunden von 100 und 30 einzuführen, scheiterten an amerikanischen Regulatoren.

2.4 Neue Herausforderungen in der Toxikokinetik

2.4.1 Biotechnology-derived products (biologics)

Wie geht man mit der Forderung nach Information über Expositionen mit Biotech Produkten um? Bei diesen Produkten handelt es sich um Proteine oder Peptide, die meist „humanisiert" oder „human" sind. Aufgrund der oft starken Immunogenität dieser Arzneimittel ergeben sich vielfältige Probleme für die Toxikologie als auch für die Pharmako- und Toxikokinetik. Aus diesem Grunde wurde für diese Substanzklasse eine eigene Richtlinie entwickelt [17]. Sie behandelt die spezifischen Schwierigkeiten und betont für die Toxikokinetik, dass *„immune-mediated clearance mechanisms"* das kinetische Profil und damit die Bewertung erheblich beeinträchtigen können. Oft besteht auch eine Diskrepanz zwischen der Exposition und dem Nachweis der Pharmakodynamik, die verzögert und verlängert ablaufen kann.

Neben vielen Vorsichtsmaßnahmen bleibt die Forderung, wo immer möglich, Angaben zur systemischen Exposition in Sicherheitsprüfungen zu machen. Hierbei sollte der rasche Metabolismus (Degradation zu kleinen Peptiden und Aminosäuren) berücksichtigt werden; klassische Transformationstest wie für *„small molecules"* sind daher nicht erforderlich. Für den Einsatz radiomarkierter

Substanzen als Ersatz für das Maß der Exposition gilt, dass die biologischen Eigenschaften erhalten bleiben sollten und dass die Bindung oft schwach ist. Auf die fragliche Sinnhaftigkeit der Untersuchung von radioaktiven Peptiden, die rasch recycelt werden können und im biologischen Pool nicht differenzierbar sind, wird hingewiesen.

Aber eine Vorstellung sollte schon entwickelt werden über die Verhältnisse zur Absorption, Disposition und Clearance im relevanten Tiermodell und sollte vor Erstanwendung beim Menschen zur Prädiktion der Sicherheitsabstände, basierend auf Exposition und Dosis, verfügbar sein.

2.4.2
Experimente mit juvenilen Tieren

Behörden und Industrie anerkennen, dass viele Medikamente nur für erwachsene Patienten, aber nicht für die pädiatrische Bevölkerung entwickelt werden. Der heranreifende Organismus kann sich aber vom Erwachsenen in Bezug auf seine Toleranz, Resistenz und Kinetik unterscheiden, oft ist eine spezifische Risiko/Nutzen Bewertung erforderlich. Der Einsatz von juvenilen Tieren für die nicht klinische Sicherheits-Bewertung wird in der EMEA Guideline [18] beschrieben.

Bezüglich kinetischer Daten wird betont, dass es oft schwierig ist, ein volles kinetisches Profil von diesen kleinen Tieren zu gewinnen. Der Ausweg ist, an wenigen Zeitpunkten Blutproben zu entnehmen, dieses Blut zu poolen, um die Minimal-Forderungen, nämlich Kenntnisse zur AUC, und C_{max} zu erhalten. Der Einsatz von Satellitengruppen sollte bedacht werden. Der Nachweis von Art und Höhe der Exposition steht im Vordergrund, erst wenn weiter Bedenken bestehen, können Daten zur Absorption, Verteilung, Metabolismus und Ausscheidung (ADME) wertvoll werden.

2.4.3
Antikrebstherapie

In einer neuen ICH Guideline für Antikrebsmedikamente [19] wird eine limitierte Information zur Kinetik gefordert. Dazu gehören Angaben zu den maximalen Konzentrationen, der AUC und der Halbwertzeit, die sich aus den nicht klinischen Studien ergeben und Hilfestellung bieten können für das Design der Studien in der klinischen Phase I. Angaben zur Absorption, Verteilung, Metabolismus und Ausscheidung (ADME) sollten normalerweise parallel zur weiteren klinischen Entwicklung untersucht werden. Damit unterscheiden sich diese Empfehlungen eigentlich nicht von dem ohnehin bereits etablierten Vorgehen.

2.4.4
Pharmakokinetik

Im ICH Prozess wurde parallel zur Guideline für Toxikokinetik die Guideline S3B [20] entwickelt, insbesondere auf Wunsch der Japaner. Hier wird noch einmal betont, wie wichtig Kenntnisse zu ADME und wie hilfreich nicht nur „*single dose tissue distribution studies*" sind, sondern auch Ergebnisse nach wiederholter Substanzgabe. Dieses Vorgehen wird empfohlen bei folgenden Bedingungen:

1. Wenn das Risiko einer Akkumulation besteht bei Substanzen, deren Halbwertzeit verlängert ist, insbesondere wenn diese zweimal länger als ein Dosisintervall beträgt.
2. Wenn Konzentrationen im *steady-state* wegen einer unvollständigen Elimination höher sind als nach Einmalgabe.
3. Wenn histopathologische Läsionen entdeckt werden, die nicht zu erwarten waren, und deshalb der Verdacht besteht, dass es in bestimmten Organen und Geweben zu einer Anreicherung unter repetierter Gabe kommen kann.
4. Wenn die Substanz für eine lokal-spezifisch ausgerichtete Verabreichung entwickelt wird.

Das Design solcher Experimente sollte sich nach den Studien richten, durch die es zu dem Verdacht der Akkumulation gekommen war. In der Regel wird man radiomarkierte Substanzen einsetzen. Repetierte Gabe über eine Woche sollte meist ausreichen. Falls sich kein *steady-state* nachweisen lässt, sind auch längere Testzeiten bis maximal 3 Wochen möglich.

Dieser ICH Vorschlag betrifft eher seltene Fälle, kann dann aber durch die multidisziplinäre Kooperation von Pharmakologen, Toxikologen und Pharmako-Toxikokinetikern rasch die Probleme aufdecken.

2.4.5
Wann sollten Kinetikdaten verfügbar sein?

Die interdisziplinäre Guideline [21] erläutert, wann welche Studien vor der Erstanwendung einer Entwicklungssubstanz beim Menschen verfügbar sein sollten. Für toxikokinetische Daten gilt, dass Kenntnisse der systemischen Exposition in den *In-vivo*-Versuchen sowie Angaben zur C_{max} und t_{max} vorhanden sein sollten. Dies ist als eine Mindestanforderung anzusehen. Weitere unterstützende Daten sind immer willkommen und können die präklinische Entwicklungsstrategie verbessern. Dies gilt besonders für die Spezieswahl und die Erstellung der Kriterien, dass die eingesetzten Spezies prädiktiv für den Menschen sind.

2.5 Schlussbetrachtungen

Induktion von Zeichen der Toxizität, Quantifizierung der lokalen und systemischen Exposition sowie Demonstration der Ähnlichkeit des Metabolitenprofils sind essentielle Komponenten der präklinischen Sicherheitsbewertungen von in der Entwicklung befindlichen Medikamenten.

Die Toxikokinetik beschränkt sich zunächst auf die Kreation von Daten, die der AUC-Berechnung dienen und die maximale Konzentration zu einem definierten Zeitpunkt angeben. Diese Parameter sind die Mindestvoraussetzungen, die vor der Erstanwendung beim Menschen relevant sind für die Erteilung einer IND (*Investigational New Drug*).

Aber weitere Fragen sind zu beantworten:

- Wie gelangt eine Substanz in den Körper?
- Welche Resorptionsformen (passive Diffusion, aktiver Transport, Hilfe durch Carrier Moleküle, Phagozytose) werden genutzt?
- Welcher Prozentsatz wird z. B. intestinal absorbiert?
- Muss mit einem enterohepatischen Kreislauf gerechnet werden? Werden also Muttersubstanz und Metaboliten zwar durch die Galle in den Dünndarm ausgeschieden, dann aber wieder rückresorbiert (wie in Abb. 2.9); dies kann zu einer erheblichen Steigerung der Exposition führen.
- Wie verteilt sich die Substanz im Körper, in welche Kompartiments (Blut? Interzellulärer und intrazellulärer Raum? usw.) über welchen Zeitraum?

Exkretion

Gallen-Exkretion und Enterohepatischer Kreislauf

- **Phase-II-Metaboliten („Konjugate") = meistens Moleküle, werden bevorzugt über die Galle ausgeschieden.**
- **Glucuronide können in das Intestinal-Lumen mittels bakterieller Glucoronidasen rückresorbiert werden.**
- **Muttersubstanz und Metaboliten (Phase I) können in das Intestinal - Lumen rückresorbiert werden.**

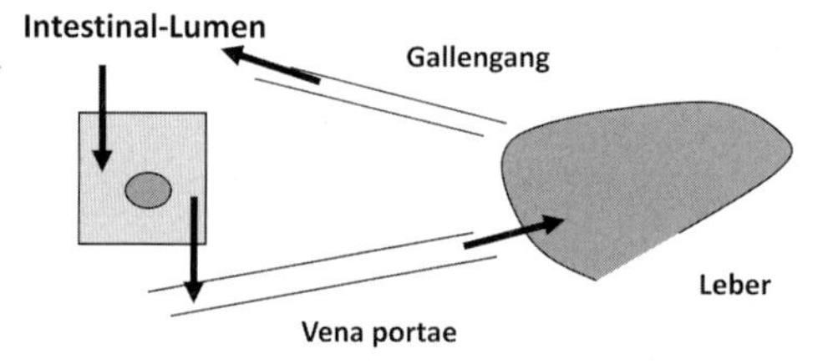

Abb. 2.9 Erläuterung des enterohepatischen Kreislaufs einer Substanz: Die Substanz wird durch die Galle in den Dünndarm ausgeschieden, dann aber wieder rückresorbiert für eine systemische Verfügbarkeit.

- Wie steht es mit der Bioverfügbarkeit nach oraler Gabe?
- Gibt es einen *First-pass*-Effekt? Bei enteraler Absorption kann es zu lokalem Metabolismus in der Darmwand oder in der Leber kommen, dadurch geht ein Teil der Muttersubstanz der systemischen Verfügbarkeit verloren. Die pharmakodynamische oder toxische Wirkung kann reduziert werden oder u. U. können reaktive Metaboliten in hohem Maße in der Leber auftreten und nicht erwartete Toxizität induzieren.
- Was macht die Muttersubstanz und was bewirken die Metaboliten bzgl. pharmakodynamischer oder adverser toxikologischer Effekte?
- Wie erfolgt die Exkretion über Urin, Galle, Atmung?
- Welche Halbwertzeit besteht bei den verschiedenen Spezies?
- Erfolgt für den Transport eine Bindung an Erythrozyten und Proteine, insbesondere Albumine? Welche Unterschiede gibt es in der Proteinbindung bei den Testspezies im Vergleich zum Menschen?
- Wann ist die Whole-Body-Autoradiografie wichtig?
- Welche enzymatischen Transformationen finden statt und welche Cytochrom-P450-Subtypen, die für die Entgiftung und Ausscheidung vor allem lipophiler Substanzen wichtig sind, werden angeregt oder reduziert?
- Muss mit der Bildung reaktiver Epoxide gerechnet werden, die eine Erklärung für die Entstehung von lokalen Tumoren sein können?
- Wie findet der Transfer von toxischen Stoffen über protektive Membranen statt, wie z. B. Bluthirnschranke, Plazenta usw.?

Metabolismus
***First-pass*-Effekt**

- **Metabolismus vor Ort**

- **z. B. Absorption im Darm**

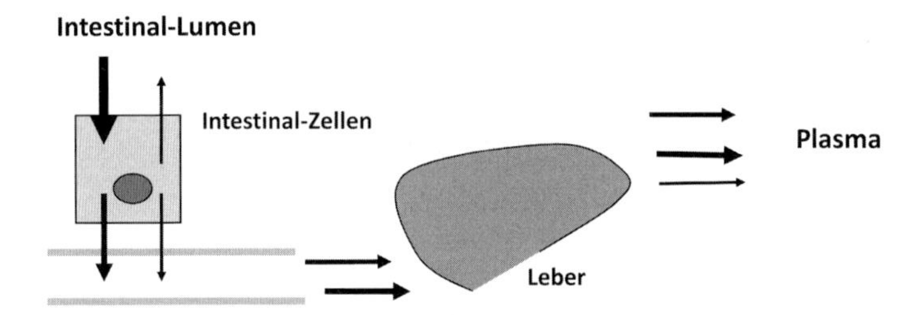

Abb. 2.10 Erläuterung des *First-pass*-Effektes durch einen Metabolismus vor Ort, im Darm oder Leber, bevor die Muttersubstanz systemisch verfügbar wird.

- Wo muss mit der Sekretion von toxischen Substanzen gerechnet werden, z. B. Milch bei Laktation oder Sperma, insbesondere bei Prüfung von genotoxischen Onkologika?

Diese Fragen komplettieren die kinetische Charakteristik einer Substanz, diese Probleme werden mit den Methoden der Pharmakokinetik untersucht und spielen heute schon eine wesentliche Rolle in frühen Entwicklungsphasen. Es sind aber streng gefasst keine typischen toxikokinetischen Endpunkte, obwohl viele Ergebnisse aus den Toxizitätsstudien zu erarbeiten sind. Die folgende Liste führt die Unterschiede zwischen Pharmakokinetik und Toxikokinetik auf.

1. Pharmakokinetik:
   alle Daten zur chemischen Veränderung der aktuellen Substanz und ihrer Metaboliten, wie
   - ADME
   - orale Aufnehmbarkeit
   - Plasma Halbwertszeit
   - Clearance
   - Verteilungsvolumen
   - Hauptverweildauer
   - Protein Bindung: ungebunden und freie Fraktion
   - Fließgleichgewicht usw.

2. Toxikokinetik
   - alle kinetischen Daten der nicht klinischen Sicherheitsstudien mit Fokus auf AUC, C_{max} and t_{max}

Der frühe Einschluss dieser Methoden z. B. bei der Wahl der Spezies kann die Sicherheitsbewertungs-Strategie erheblich erleichtern. Bei der Wahl der Nager-Spezies spielt dies eine geringere Rolle, weil sie traditionsgemäß als Routine eingeplant werden. Die Wahl der Nichtnager, der so genannten zweiten Spezies, kann aber z. B. durch Erkenntnisse der relevanten Cytochrom-P450-Enzyme beim Menschen im Vergleich zu Hund, Primaten oder Mini-Pigs entscheidend sein und den Weg zu einer richtigen und dann auch schnellen Weiterentwicklung öffnen.

Weitere Strategien sind in der Entwicklung. Die FDA sammelt Erfahrungen mit dem Prinzip: „*Single dose in animals supporting single dose in man.*“ Hauptaspekt ist hierbei die frühe Kenntnis der Exposition im Menschen. Ähnlich sind die Konzepte der EMEA, die z. B. in den Guidelines [22–24] zur Diskussion stehen.

2.6 Zusammenfassung

Die Detektion von erwünschten Wirkungen und unerwünschten Nebenwirkungen, also die Aktivitäten in der Pharmakologie und Toxikologie, werden heute komplettiert durch Daten der Kinetik. Durch diese multidisziplinären Untersuchungen erfahren wir, wie eine Substanz die Funktionen und Organe eines Organismus verändert und wie der Körper mit diesen Fremdstoffbelastungen umgeht. Diese präklinischen Untersuchungen stellen einen wichtigen Bestandteil der Nutzen/Risiko Bewertung von Medikamenten zum humanen Gebrauch dar.

Die Pharmakokinetik untersucht die Probleme und Speziesunterschiede bei der Absorption, Distribution, Metabolismus und Exkretion (ADME). Die Toxikokinetik ermittelt vor allem die systemischen und lokalen Expositionen, die „*Areas-under-the Curve*", die Höhe und den Zeitpunkt der höchsten Konzentrationen der selektierten Matrix (meist Plasma) unter den verschiedenen Dosierungen und Behandlungszeiten bei den selektionierten Tiermodellen; dies alles mit dem Ziel, die Prädiktion der zu erwartenden Effekte und Reaktionen im Patienten zu optimieren.

Dieses Prinzip hat sich bewährt, die Integration kinetischer Informationen in die toxikologische Evaluierung wird allgemein gefordert, sowohl für Substanzen aus der chemischen Synthese als auch für Produkte, die durch die Biotechnologie gewonnen werden. Strategien, die Medikamenten Entwicklung zu erleichtern und zu verkürzen, werden von der EMEA und der FDA angeboten und befinden sich in der Probephase. Pharmako-/Toxikokinetische Informationen werden die präklinische Sicherheitsbewertung weiter wesentlich unterstützen.

2.7 Fragen zur Selbstkontrolle

1. ***Was ist Toxikokinetik?***
2. ***Wie unterscheiden sich Pharmako- und Toxikokinetik?***
3. ***Welches sind die essentiellen Parameter für die Toxikokinetik?***
4. ***Welche kinetischen Daten müssen vor Erstanwendung beim Menschen vorliegen?***
5. ***Erklären Sie den Unterschied zwischen Profiling und Monitoring.***
6. ***In welchen Toxizitätsstudien sind Kinetikdaten erforderlich?***
7. ***Zu welchen Zeitpunkten sollten Matrixproben in den unterschiedlichen Sicherheitsstudien genommen werden?***
8. ***Wie kann ich die Toxikokinetik zur optimalen und schnelleren Entwicklung einer Substanz nutzen?***
9. ***Welche Definitionen gelten für Bioverfügbarkeit, Clearance, Verteilung, Halbwertzeit?***

2.8 Literatur

1 Daugherty AL, Mrsny RJ (1999), Regulation of the intestinal paracellular barrier. PSTT 2/7:281–287
2 Mertsch K (2006), Absorption – in vitro Tests – cell based. In H-G Vogel et al., Drug Discovery and Evaluation: Safety and Pharmacokinetic Assays, page 437–451, Springer Verlag, Berlin Heidelberg New York
3 Artursson P and Borchardt RT (1997), Intestinal drug absorption and metabolism in cell cultures: CACO-2 and beyond. Pharm Res 14:1655–1658
4 Kansy M, Senner F, Gubernator K (1998), Physicochemical high throughput screening: Parallel artificial membrane permeation assay in the description of absorption processes. J Med Chem 41: 1007–1010
5 Williams JA, Hyland R, Jones BC et al. (2004), Drug-drug interactions for UDP-glucuronosyltransferase substrates: a pharmacokinetic explanation for typically observed low exposure (AUCI/AUC) ratios. Drug Metab Dispos 32:1201–1208
6 Aktories, Förstermann, Hofmann und Starke (2005), Allgemeine und spezielle Pharmakologie und Toxikologie, 9. Auflage, Urban und Fischer Verlag, München Jena
7 Vogel H-G et al. (2006), Drug Discovery and Evaluation: Safety and Pharmacokinetic Assays, Springer Verlag, Berlin Heidelberg New York
8 Goodman und Gilman (1998), Pharmakologische Grandlagen der Arzneimitteltherapie, MacGraw-Hill
9 EMEA/Non-clinical guideline/ICH/S3A, Note for Guidance on Toxicokinetics: A Guidance for assessing systemic Exposures in Toxicology Studies/CPMP/ICH/384/95
10 ICH Guideline für Cancerogenität, ICH S1C(R)
11 Evaluation of Control Samples for Nonclinical Safety Studies: Checking for Contamination with the Test Substance/CPMP/SWP/1094/2004
12 EMEA Website unter CPMP/SWP/5199/02, EMEA/CHMP/QWP/251344/2006: Guideline on the Limits of Genotoxic Impurities
13 EPA (OPPTS 870.7800; Immunotoxicity)
14 Immunotoxicity studies for Human Pharmaceuticals (ICH S8)/CHMP/ICH/167235/04
15 Safety pharmacology studies for human pharmaceuticals (ICH S7A) CPMP/ICH/539/00
16 The nonclinical Evaluation of the potential for delayed Ventricular Repolarization (QT Interval Prolongation) by Human Pharmaceuticals (ICH S7B) CPMP/ICH/423/02
17 Preclinical safety evaluation of biotechnology-derived pharmaceuticals (ICH S6)/CPMP/ICH/302/95
18 EMEA „Guideline on the Need for non-clinical Testing in juvenile Animals of Pharmaceuticals for paediatric Indications“ (EMEA/CHMP/SWP/169215/2005)
19 ICH Guideline für Antikrebsmedikamente (Nonclinical Evaluation For Anticancer Pharmaceuticals, ICH S9, draft step 3 von 2008)
20 EMEA/Non-clinical guideline/ICH/Pharmakokinetik ICH Guideline S3B = Note for Guidance on Pharmacokinetics: Repeated Dose Tissue Distribution Studies/CPMP/ICH/385/95
21 http//*www.emea.europe.eu* CPMP/ICH/286/95 – „Note for guidance on non-clinical safety studies for the conduct of human clinical trials for pharmaceuticals“; ICH Topic M 3 (R1)
22 Development of a CHMP Guideline on the Non-Clinical Requirements to Support Early Phase I Clinical Trials with Pharmaceutical Compounds/EMEA/CHMP/SWP/91850/06 Release for consultation Mar 2006
23 Position Paper on the non-clinical safety studies to support clinical trials with a single micro dose/CPMP/SWP/2599/02
24 FDA „Guidance for Industry, Investigators, and Reviewers Exploratory IND Studies, 2006“

3
Fremdstoffmetabolismus

Wim Wätjen und Ellen Fritsche

3.1
Einleitung

Lebewesen sind täglich einer Vielzahl von Fremdstoffen bzw. Xenobiotika (gr. *xenos*: fremd; *bios*: Leben) ausgesetzt. Diese Substanzen beinhalten Umweltchemikalien, mit der Nahrung aufgenommene Pflanzeninhaltsstoffe oder auch Pharmazeutika. Allein bei dem Konsum von Pflanzen wird unser Organismus mit zehntausenden von Pflanzenmetaboliten konfrontiert, die in der Regel ein Molekulargewicht von 500 Dalton nicht überschreiten. Fast alle Tiere bzw. Mikroorganismen sind in der Lage, solche Stoffe aufzunehmen, zu metabolisieren und die meist inaktiven Transformationsprodukte auszuscheiden. Dazu befähigt sie ein seit ca. 2,5 Milliarden Jahren existierendes und seitdem weiter entwickeltes Fremdstoff metabolisierendes Enzymsystem (FME). Dieses Enzymsystem katalysiert in einer ersten Phase (Phase I) den Einbau bzw. die Demaskierung funktioneller Gruppen in Fremdstoffen sowie endogenen Substraten, erhöht damit die Wasserlöslichkeit dieser Verbindungen und schafft die Voraussetzung für eine Konjugation des Fremdstoffes mit polaren Kopplungssubstanzen in der Phase II des Fremdstoffmetabolismus (FM). Diese Modifikationen sind nötig, um lipophile Fremdstoffe effektiv ausscheiden zu können (siehe Abb. 3.1) und ihre Akkumulation im Organismus zu verhindern. Ob sich das FME vor ca. 2,5 Milliarden Jahren wirklich zur Ausscheidung von Xenobiotika entwickelte, bleibt spekulativ. Eine andere Hypothese beschreibt die frühesten Funktionen einiger Enzyme des FME als zelluläre Mechanismen zur Entgiftung von Sauerstoff. Die Weiterentwicklung der Enzymsysteme wird als Folge der evolutionären Trennung von Tier- und Pflanzenreich vor ca. 1,8 Milliarden Jahren erklärt. Tiere mussten in der Lage sein, sekundäre Pflanzeninhaltsstoffe wie z. B. Blütenpigmente, chemotaktische Schreck- und Lockstoffe sowie Phytoalexine zu metabolisieren. Diese Theorie wird von der Beobachtung unterstützt, dass es eine „explosionsartige" Vermehrung der tierischen Cytochrom-P450 (CYP)2-Familie, der jetzt größten CYP-Familie des Fremdstoffmetabolismus, vor etwa 400 Millionen Jahren gab, als die ersten Tiere begannen, das Land zu besiedeln, und anfingen, sich von Landflora zu ernähren.

Toxikologie Band 1: Grundlagen der Toxikologie. Herausgegeben von Hans-Werner Vohr

ISBN: 978-3-527-32319-7

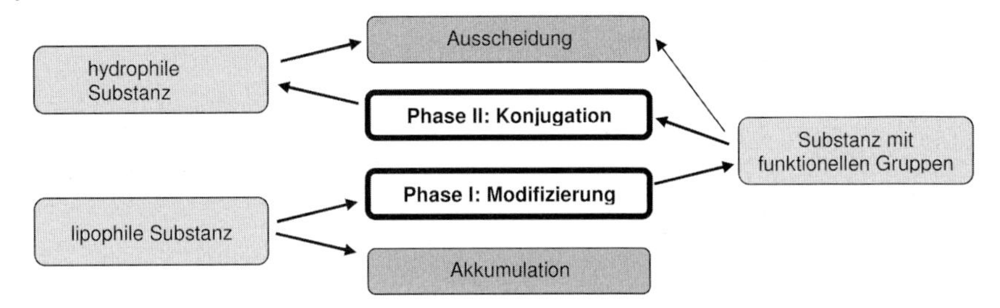

Abb. 3.1 Ausscheidung von Fremdstoffen (schematische Darstellung). Während hydrophile Stoffe direkt eliminiert werden, müssen lipophile Substanzen vor ihrer Ausscheidung in hydrophilere Metabolite überführt werden. Polycyclische aromatische Kohlenwasserstoffe wie z. B. das Benzo(a)pyren werden zunächst in der Phase I oxidiert, die polaren Intermediate in der Phase II konjugiert und als hydrophile Metabolite ausgeschieden. Fremdstoffe mit funktionellen Gruppen, wie z. B. das Phenol, können direkt durch Phase-II-Enzyme in hydrophile Metabolite überführt und eliminiert werden. Einige funktionalisierte Phase-I-Metaboliten können auch hydrophil genug sein, renal ausgeschieden zu werden. Bestimmte lipophile Substanzen, wie z. B. das Tetrachlorodibenzo(*p*)dioxin werden kaum metabolisiert und akkumulieren im Fettgewebe.

Um seinem Zweck als universelle Entgiftungsmaschinerie nachzukommen, muss das FME die besondere Eigenschaft besitzen, eine sehr große Anzahl von Substraten unterschiedlichster chemischer Struktur zu metabolisieren. Zudem muss es in der Lage sein, neue, unbekannte Substanzen zu verstoffwechseln. Diese Anforderungen schließen eine „Ein Enzym – ein Substrat"-Situation, wie sie von klassischen biochemischen Stoffwechselwegen bekannt ist, aus. Die Evolution hat diese Aufgabe gelöst, indem sie das FME aus „promiskuitiven" Enzymen zusammengesetzt hat, die eine sehr geringe Substratspezifität aufweisen. Dies erklärt auch die teilweise Überlappung zwischen endogenen und exogenen Substraten bei FME: So metabolisiert z. B. das CYP1B1 nicht nur polycyclische aromatische Kohlenwasserstoffe, sondern auch die aus mehreren konjugierten Ringen bestehenden Östrogene. Solche Substratüberlappungen stellen eine Schnittstelle zwischen dem Fremdstoff- und dem endogenen Metabolismus dar und können z. B. endokrine Effekte von Xenobiotika erklären.

Die Enzymaktivitäten des FME sind interindividuell sehr unterschiedlich. Diesen Unterschieden liegen genetische Variationen, so genannte genetische Polymorphismen, zugrunde, welche die Expression oder die Aktivität von Enzymen modulieren können. Von einem Polymorphismus spricht man, wenn Mutationen mit einer Häufigkeit von mehr als 1% in einer Bevölkerungsgruppe zu finden sind. Einige Polymorphismen des FME haben klinische Relevanz, da sie Enzymaktivitäten entweder stark beschleunigen oder auch – wie z. B. bei Null-Allelen – eliminieren. Solche Genveränderungen können sowohl vor Xenobiotika assoziierten Erkrankungen schützen als auch das Risiko einer Population für solche erhöhen. In diesem Kapitel werden basale Funktionen und wichtige Polymorphismen des FME erläutert, und die Bedeutung des FME für die Toxikologie dargestellt.

3.2 Chemische Reaktionen der Phase I

Die chemischen Reaktionen des FME der Phase I beinhalten hauptsächlich oxidative Prozesse, aber auch Reduktionen. Ziel der Phase-I-Reaktionen ist es, den lipophilen Fremdstoff durch Einführung bestimmter Gruppen zu funktionalisieren und damit eine Interaktion mit den Enzymen der Phase II zu ermöglichen. Diese Reaktionen werden von den Cytochrom-P450 (CYP)-Monooxygenasen, Flavin haltigen Monooxygenasen (FMO), Monoaminoxidasen (MAO), Cyclooxygenasen (COX), Dehydrogenasen, Reduktasen sowie Epoxidhydrolasen (EH) katalysiert. Quantitativ überwiegen im Organismus die CYP-Reaktionen. Bei der Oxidation von Fremdstoffen durch CYP-Enzyme, welche zu den Hämproteinen gehören und somit Eisen im katalytischen Zentrum besitzen, stellt die Einführung eines Sauerstoffatoms in den Fremdstoff die Schlüsselreaktion dar. Nach der Bindung des Fremdstoffs wird ein Elektron vom Reduktionsäquivalent NADH oder NADPH durch die CYP-Reduktase auf das CYP übertragen, was zur Reduktion des dreiwertigen Eisens zur zweiwertigen Form führt. Dieses Fe^{2+} bindet molekularen Sauerstoff (O_2). Nach einer weiteren Elektronenübertragung wird schließlich unter Spaltung des molekularen Sauerstoffs ein Sauerstoffatom (O) auf den Fremdstoff übertragen, während das reduzierte zweite Sauerstoffatom (O) mit zwei Protonen zu Wasser reagiert. Schließlich dissoziiert der oxidierte Fremdstoff vom Enzym, welches nun wiederum im Ausgangszustand mit dreiwertigem Eisen vorliegt (siehe Abb. 3.2).

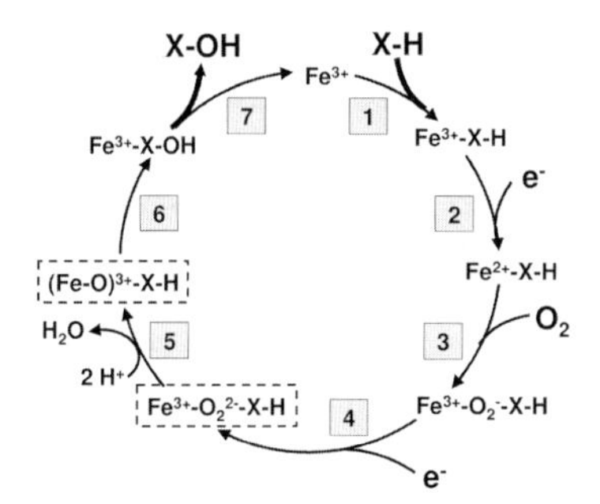

Abb. 3.2 Der katalytische Cyclus des Cytochrom-P450. Die Bindung des Substrats (X-H) unterstützt den Übergang des Hämin-Eisens von der *Low-spin-* in die *High-spin-*Konfiguration (1). Die folgende Reduktion des Hämins zu Häm wird durch die Cytochrom-P450-Reduktase katalysiert (2). Nach Bindung von molekularem Sauerstoff an das Häm (3) wird der Komplex durch einen zweiten Ein-Elektron-Reduktionsschritt aktiviert. Das Elektron wird dazu entweder durch die CYP-Reduktase oder durch Cytochrom-b5 geliefert (4). Die heterolytische Spaltung der O-O-Bindung geschieht unter Wasserabspaltung durch zwei Protonen des wässrigen Milieus (5). Der angenommene Zwischenkomplex hat hohes Sauerstoffübertragungspotenzial und führt zur Oxygenierung des Substrats (6). Das Reaktionsprodukt wird vom Enzym freigesetzt (7). Die Intermediate (gestrichelte Kästchen) sind hypothetisch, da sie instabil und somit analytisch schwer nachweisbar sind.

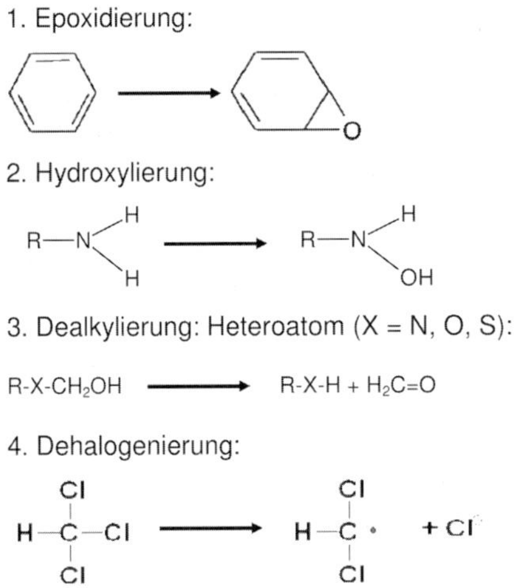

1. Epoxidierung:

2. Hydroxylierung:

R—NH₂ → R—NH(OH)

3. Dealkylierung: Heteroatom (X = N, O, S):

$R\text{-}X\text{-}CH_2OH \longrightarrow R\text{-}X\text{-}H + H_2C{=}O$

4. Dehalogenierung:

$HCCl_3 \longrightarrow HCCl_2^{\bullet} + Cl^-$

Abb. 3.3 Durch CYP katalysierte Reaktionen. 1. Doppelbindungen aliphatischer oder aromatischer Kohlenwasserstoffe werden epoxidiert, hier Oxidation von Benzol zum Benzolepoxid. 2. Die Hydroxylierung eines primären Amins zum Hydroxylamin. 3. Die oxidative Dealkylierung 4. Reduktion von Chloroform.

Beispiele einzelner solcher Oxidationsreaktionen sowie eine Reduktion sind in Abb. 3.3 dargestellt. Obwohl Phase-I-Reaktionen die erste Stufe des körpereigenen Entgiftungssystems darstellen, kann es durch CYP-Aktivität zur „Aktivierung“ von an sich inerten Fremdstoffen kommen, da z. B. Epoxide – typische Produkte einer CYP-vermittelten Phase-I-Reaktion – hochreaktive Verbindungen darstellen. Solche „Giftungsreaktionen“ gewinnen besonders dann an Bedeutung, wenn eine hohe Exposition gegenüber dem Fremdstoff vorliegt, sodass die Phase-II-Kapazitäten nicht zur raschen Detoxifizierung ausreichen. Des Weiteren spielen allelische Varianten, die die Enzymaktivität von Phase-I-Reaktionen beeinflussen, eine Rolle bei der Balance zwischen Giftung und Entgiftung.

3.2.1 Cytochrom-P450

Die große Gruppe der CYP-Enzyme setzt sich beim Menschen aus derzeit 18 bekannten Familien zusammen. Zu einer Familie, die mit der ersten Zahl klassifiziert wird (z. B. CYP1), gehören CYP-Enzyme mit einer Sequenzhomologie von mehr als 40%. Innerhalb dieser Familien werden CYPs mit Homologien von mehr als 55% durch einen Buchstaben in (beim Menschen 43) Unterfamilien gruppiert (z. B. CYP1A). In diesen Unterfamilien werden einzelne Isoenzyme zusammengefasst und durch eine weitere Zahl (z. B. CYP1A1) definiert. Da es hohe genetische Variabilitäten innerhalb der CYP-Enzyme einer Spezies gibt, werden die verschiedenen Allele durch ein Sternchen und folgende Nummerierung identifiziert (z. B. CYP1A1*1). Dabei ist das *1-Allel in der Regel der Wildtyp und alle weiteren Allele (*2, *3, etc.) werden in der Reihenfolge ihrer Entdeckung durchnummeriert. Bisher sind beim Menschen 57 Isoenzyme bekannt, die Anzahl variiert jedoch erheblich zwischen einzelnen Spezies. Angesichts der sehr hohen Sequenzhomologien und der großen Anzahl der CYP Enzyme erleichtert diese 1987 von Daniel Nebert [1] eingeführte Nomenklatur die Zuordnung einzelner CYPs erheblich.

Die CYP-Enzymaktivitäten des menschlichen Körpers sind nicht dem Hauptentgiftungsorgan Leber vorbehalten. Fast alle Zellen sind in der Lage, in gewissem Umfang Xenobiotika zu metabolisieren. Da sich die Expression der meisten CYP-Enzyme – und damit ihre Aktivität – Organ und Substrat spezifisch induzieren lässt, unterscheidet man dabei zwischen basaler und induzierbarer Aktivität. Die Leber besitzt zwar die höchsten basalen CYP-Aktivitäten, jedoch sind auch in vielen extrahepatischen Organen CYP-Enzyme basal exprimiert (siehe Tab. 3.1) oder lassen sich induzieren. Die Fähigkeit zur Enzyminduktion entspricht der Adaptation des Organismus an seine entsprechende Umwelt, mit dem Ziel, Fremdstoffe möglichst effizient zu entsorgen. Subzellulär sind die CYP-Enzyme als Enzymkomplexe mit der CYP-Reduktase im endoplasmatischen Retikulum (ER), vor allem im glatten ER lokalisiert. Diese Membranfraktion kann durch Homogenisierung von Zellen oder Gewebe und anschließender Zentrifugation bei 100 000 g gewonnen werden. Bei dieser Prozedur bilden sich aus den gewonnenen Membranen Vesikel, die Mikrosomen genannt werden (Mikrosomenfraktion).

Zum Großteil sind die spezifischen Mechanismen der CYP-Enzyminduktion bekannt. Es gibt zelluläre Sensoren, so genannte nukleäre Rezeptoren, welche Xenobiotika mit bestimmten Strukturmerkmalen binden. Zu diesen gehören unter anderem der Arylhydrokarbon-Rezeptor (AhR), der Konstitutive-Androstan-Rezeptor (CAR) sowie der Pregnan-X-Rezeptor (PXR). Die Bindung des Stof-

Tab. 3.1 Die Expression von CYP-Enzymen in verschiedenen Geweben des Menschen.

Organ/Gewebe	CYP							
	1A1	1A2	2A	2B	2C	2D6	2E1	3A
Leber	++	+++	+++	+++	+++	+++	+++	+++
Lunge	++	ND	ND	+++	ND	ND	++	+++
Dünndarm	++	ND	ND	ND	+	+	ND	+++
Haut	++	ND	ND	ND	ND	ND	ND	+
Niere	+	ND	ND	ND	ND	ND	ND	+++
Gehirn	++	ND	ND	ND	+	+ +	+	++
Vaskuläres Endothelium	++	ND	ND	ND	ND	ND	++	++
Lymphozyten	+++	ND	ND	ND	ND	ND	ND	ND
Brustdrüse	+++	ND	ND	ND	ND	ND	ND	ND
Plazenta	+++	0	0	0	0	0	+	++

ND, nicht genügend Daten vorhanden; +++, starke Evidenz basierend auf mRNA- und/oder Protein-Expression (und oft auf Enzymaktivität); ++, Hinweise basierend auf mRNA-Expression, katalytischen Aktivitäten oder Kreuzreaktionen mit Antikörpern; + preliminäre Evidenz auf katalytischen Aktivitäten oder Kreuzreaktionen mit Antikörpern basierend; 0, nicht vorhanden. Modifiziert nach [2].

fes führt zu einer Translokation des Rezeptors in den Zellkern, die mit Abspaltung und Dimerisierung von entsprechenden Kofaktoren einhergeht. Hier kommt es schließlich zu einer Bindung des Rezeptors an bestimmte Motive der DNA. Diese so genannten „responsiven Elemente" (z. B. XRE: „Xenobiotic responsive element") liegen zum Teil in der Promoterregion der entsprechenden CYPs. Der Rezeptor-Ligand-Komplex fungiert hier als Transkriptionsfaktor, da seine Bindung zu einer transkriptionellen Aktivierung der Genexpression führt.

CYP-Enzyme des FM (Fremdstoff-Metabolismus) gehören zu den Familien 1–3, auf welche dieses Kapitel näher eingehen wird. Im Gegensatz zu diesen Enzymen, welche zusätzlich zu endogenen auch exogene Substanzen verstoffwechseln, sind die CYP-Enzyme der übrigen Familien ausschließlich für den endogenen Metabolismus von Bedeutung. Zu ihren Substraten gehören Steroide, Fettsäuren, Retinsäure und auch Vitamine wie das Vitamin D. Im Folgenden werden die wichtigsten Vertreter der CYP-Familien 1–3 beschrieben:

3.2.1.1 **Die CYP1-Familie**

Zu dieser Familie gehören CYP1A1, 1A2 sowie 1B1. Während das CYP1A2 das Leber spezifische Enzym der CYP1-Familie darstellt, sind CYP1A1 und CYP1B1 auch extrahepatisch exprimiert. Die Expression dieser Familienmitglieder wird durch den AhR (Arylhydrokarbon-Rezeptor) kontrolliert. Der AhR bindet hauptsächlich polycyclische aromatische Kohlenwasserstoffe (PAHs), die in seine Bindungstasche von maximal 14 Å × 12 Å × 5 Å passen. Zu diesen gehört als Ligand mit der höchsten bisher bekannten Affinität das Formylindolo(3,2b)carbazol, welches ein Tryptophan-Fotoprodukt ist, ferner das als „Dioxin" bekannte 2,3,7,8-Tetrachlorodibenzo(*p*)dioxin (TCDD), koplanare polychlorierte Biphenyle (PCBs) sowie Inhaltstoffe des Tabakrauchs wie das Benzo(a)pyren (B(a)P). Für einen vollständigen Überblick über die bisher bekannten AhR-Liganden wird an dieser Stelle auf die Übersichtsarbeit von Denison und Nagy [3] verwiesen. Der durch den Fremdstoff aktivierte AhR transloziert in den Zellkern, dimerisiert dort mit seinem Partner ARNT (Arylhydrocarbon Receptor Nuclear Translocator) und bindet dann an XREs der DNA, was zur Induktion XRE regulierter Proteine führt. Die nukleäre Translokation des AhR nach Belastung von Zellen mit 2,3,7,8-Tetrachlorodibenzo(*p*)dioxin ist in Abb. 3.4 dargestellt.

Die Enzyme der CYP1-Familie haben hohe Affinitäten zu großen, planaren Molekülen, dabei bevorzugt das CYP1A1 polycyclische aromatische Kohlenwasserstoffe und das CYP1A2 sowie das CYP1B1 aromatische Amine, die Substratspezifität ist jedoch überlappend. Der Metabolismus von B(a)P ist in Abb. 3.5 dargestellt und zeigt, dass es durch CYP1-Aktivität sowohl zu einer Entgiftung als auch zur Giftung von B(a)P kommen kann. Das Besondere an CYP1A1/1B1 ist, dass diese Enzyme bisher in fast allen extrahepatischen Organen nachgewiesen werden konnten. Da sie auch in Lymphozyten basal exprimiert sowie induzierbar sind, werden sie als Biomarker für eine Belastung mit PAHs herangezogen. Die generelle CYP1-Aktivität kann über die Ethoxyresorufin O-Deethylierung gemessen werden. Während es für CYP1A1/1B1 keine spezifischen

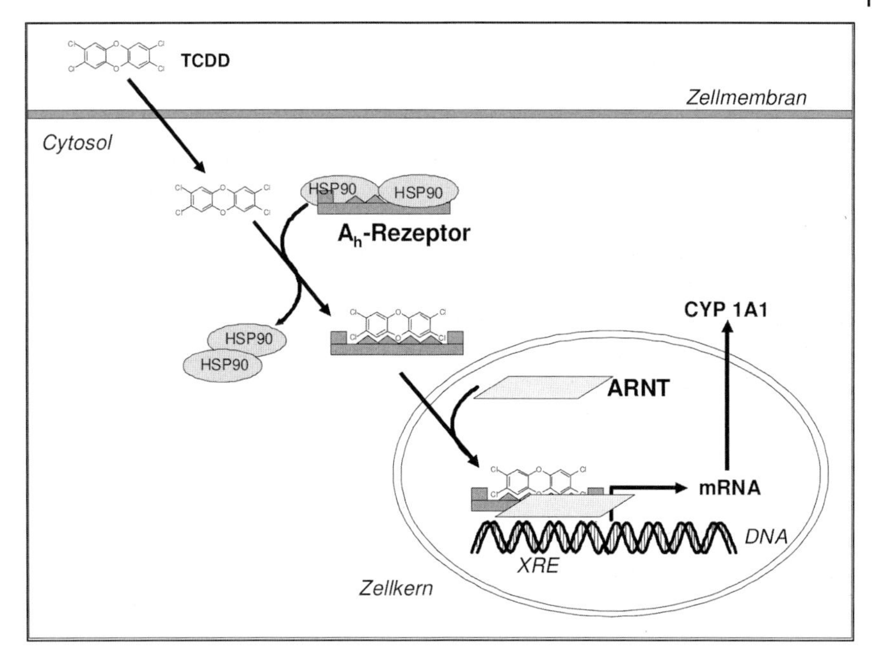

Abb. 3.4 Ah-Rezeptor-Aktivierung durch TCDD (schematische, vereinfachte Darstellung). Erläuterung im Text.

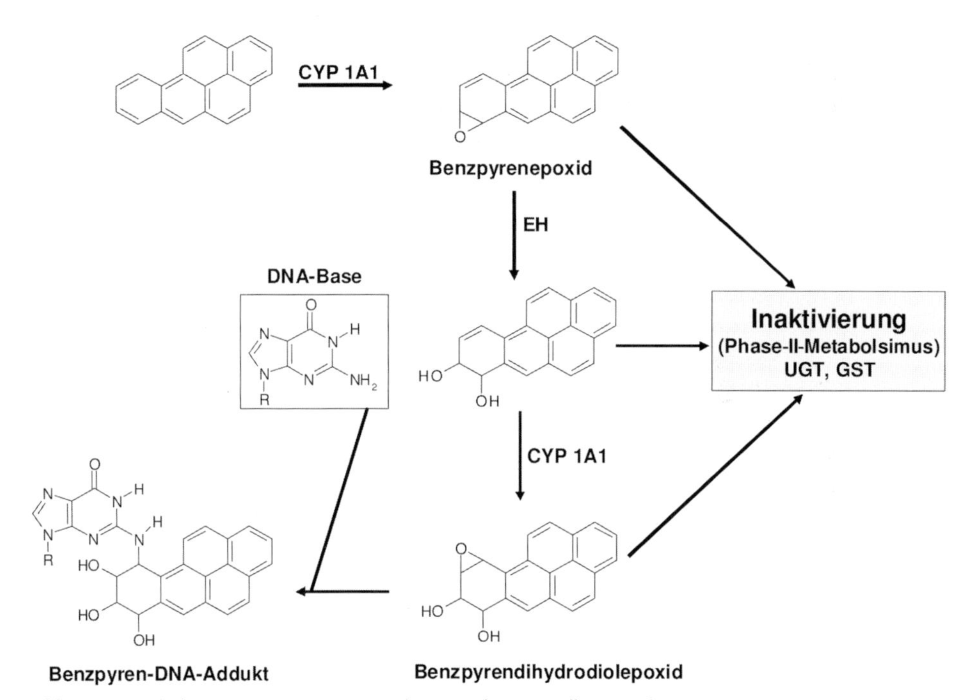

Abb. 3.5 Metabolismus von Benzpyren (schematische Darstellung). Erläuterung im Text.

Markersubstrate gibt, lässt sich für die Bestimmung der CYP1A2-Aktivität das Koffein nutzen.

Alle drei Gene der CYP1-Familie sind polymorph exprimiert. Im Gegensatz zum fehlenden Phänotyp der CYP1A1-Polymorphismen, variiert die CYP1A2-Aktivität der Leber zwischen verschiedenen Individuen um den Faktor 60. Obwohl einige *Single Nucleotide Polymorphisms* (*SNPs*) im CYP1A2-Gen identifiziert worden sind, konnten bisher in den CYP1A2-Phänotypen (hohe, mittlere und niedrige Aktivität) entsprechende genotypische Korrelate nicht identifiziert werden. Im Gegensatz dazu wurden *SNPs* des CYP1B1 mit höherer Enzymaktivität identifiziert, welche die mögliche Assoziation zwischen Kopf-Hals-Tumoren und CYP1B1-Polymorphismen erklären könnte.

3.2.1.2 **Die CYP2-Familie**

Die CYP2-Familie ist die größte CYP-Familie der Säugetiere. Zu ihr gehören die Unterfamilien CYP2A, CYP2B, CYP2C, CYP2D und CYP2E.

Die wichtigsten Vertreter der CYP2A-Familie des Menschen sind die leberständigen CYP2A6- und 2A7-Enzyme (beide machen <5% des Leber-CYPs aus) sowie das extrahepatisch exprimierte CYP2A13. CYP2A6 ist das Hauptenzym der 7-Hydroxylierung von Cumarin, welches daher als Modellsubstrat zur Messung der CYP2A6-Enzymaktivität herangezogen wird. Ebenso setzt es Nikotin zu Cotinin um und ist somit das einzige bisher bekannte Nikotin metabolisierende Enzym der Leber. Des Weiteren ist CYP2A6 an der Aktivierung einiger Prokarzinogene wie Aflatoxin-B1, 6-Aminochrysen sowie im Tabakrauch enthaltener Nitrosamine beteiligt. Die Induktion von CYP2A6 durch Rifampizin und Phenobarbital wird durch den Preganan-X-Rezeptor PXR und den Peroxisomen-Proliferator-aktivierten Rezeptor-γ-Koaktivator-1 (PGC-1) vermittelt. Obwohl das CYP2A7 eine 97%ige Sequenzhomologie zu CYP2A6 aufweist, ist das Aktivitätspotenzial dieses Enzyms unklar, da bisher kein CYP2A7-Substrat identifiziert worden ist. Im Gegensatz dazu scheint das unter anderem im Respirationstrakt identifizierte CYP2A13 das effizienteste CYP-Enzym für die Aktivierung des Tabak spezifischen Karzinogens, 4-(Methylnitrosamino)-1-(3-pyridyl)-1-butanon (NNK) zu sein.

Beim Menschen existieren verschiedene CYP2A6-Allele, von denen einige (CYP2A6*2, *4, *5) keine Enzymaktivitäten haben. Eine mögliche Schutzwirkung solcher CYP2A6-Allele vor Xenobiotika induzierten Erkrankungen, wie z. B. Tabakrauch induzierten Tumorerkrankungen, ist bisher noch nicht geklärt.

Das CYP2B6 des Menschen metabolisiert Antitumormittel wie Cyclophosphamid, Pestizide wie Methoxychlor, PCBs sowie einige Pro-Karzinogene wie das Aflatoxin-B1 und Tabakrauch spezifische Nitrosamine.

Phenobarbital (PB) ist der bekannteste Induktor des CYP2B und involviert den Rezeptor CAR. PB führt, ohne an den Rezeptor selbst zu binden, zur nukleären Translokation des CAR, welcher im Zellkern mit dem RXR heterodimerisiert und schließlich über ein distales *„phenobarbital-responsive enhancer module"* CYP2B induziert. Die Gruppe der strukturell sehr unterschiedlichen

PB-ähnlichen CYP2B-Induktoren ist sehr groß und umfasst unter anderem Medikamente, Pestizide, Lösemittel und ortho-substituierte, nicht koplanare PCBs. Bislang wurde die Bedeutung des CYP2B6 für den Metabolismus des Menschen unterschätzt, da man annahm, dass dessen Expression in der Leber vernachlässigbar ist. Neuere Studien zeigen jedoch, dass das CYP2B6 2–10% des menschlichen Leber CYPs ausmacht. Zudem variiert die Enzymexpression interindividuell um den Faktor 20–250.

Ca. 20% des menschlichen CYPs bestreiten die CYP2C8-, CYP2C9- und CYP2C19-Enzyme. Sie metabolisieren eine große Zahl von Pharmazeutika, wie z. B. nichtsteroidale Antiphlogistika (NSAIDs), Antidiabetika, orale Antikoagulantien, Protonenpumpenblocker und Antidepressiva. CYP2C8, CYP2C9 und CYP2C19 sind nicht nur in der Leber, sondern auch extrahepatisch, z. B. im Dünndarm (2C9, 2C19) oder in der Lunge (2C8), exprimiert und können – zumindest in der Leber – durch Phenobarbital oder Rifampizin induziert werden. Über das vierte Mitglied der CYP2C-Familie, das CYP2C18, ist bisher wenig bekannt.

In der CYP2C-Familie gibt es klinisch relevante Polymorphismen, so die CYP2C9*2- und CYP2C9*3-Allele, welche mit reduzierter enzymatischer Aktivität assoziiert sind. Auch die CYP2C19*2- und CYP2C19*3-Allele gehen mit eingeschränkter Enzymaktivität einher, während das CYP2C19*17-Allel ultraschnelle Metabolisierer hervorbringt. Die klinische Relevanz für die langsamen CYP2C19-Metabolisierer wird an der verminderten Ausscheidung und damit höheren Plasmakonzentration des Protonenpumpenblockers Omeprazol deutlich, welcher in Patienten mit diesem Phänotyp höhere Wirksamkeiten entfaltet.

Ein für den Metabolismus von Arzneistoffen ebenfalls sehr bedeutsames CYP-Enzym ist das CYP2D6. Es sind mittlerweile mehr als 200 Stoffe bekannt, die zum Teil ausschließlich durch CYP2D6 verstoffwechselt werden. CYP2D6 bevorzugt dabei Substrate, welche einen basischen Stickstoff 5–7 neben der Oxidationsstelle besitzen. Zu diesen gehören u. a. neben Herz-Kreislauf-Medikamenten viele im zentralen Nervensystem wirksame Pharmaka wie Analgetika, Antitussiva, tricyclische Antidepressiva und Antipsychotika. In diesem Zusammenhang ist es von besonderem Interesse, dass CYP2D6 nicht nur in der Leber, sondern auch in peripheren Organen, wie z. B. dem Herzen und dem Gehirn, exprimiert wird. Generell scheint die extrahepatische Expression jedoch niedrig zu sein, sodass die Rolle von CYP2D6 im peripheren Metabolismus von Arzneistoffen nicht eindeutig geklärt ist.

In den 1970er Jahren fielen in klinischen Studien Patienten auf, welche adverse Reaktionen gegenüber dem Sympatholytikum Debrisoquin sowie dem Antiarrythmikum Spartein zeigten. Die adversen Reaktionen waren auf eine Unfähigkeit der Patienten zurückzuführen, diese Substanzen oxidativ zu verstoffwechseln. Spätere genetische Analysen identifizierten eine große Anzahl von CYP2D6-Polymorphismen (44 Allele), welche für interindividuelle Unterschiede im Arzneimittelstoffwechsel verantwortlich gemacht werden können. Durch das zusätzliche Vorhandensein von Genduplikationen ergab sich für das CYP2D6 die Einteilung in langsame, normale, schnelle sowie ultraschnelle Metabolisierer.

Im Gegensatz z. B. zur CYP1-Familie metabolisiert das CYP2E1 kleine Moleküle wie Ethanol, Paracetamol oder Benzol. Bei der Oxidation entstehen häufig toxische Intermediate, was besonders am Beispiel des Paracetamols gut demonstriert ist (siehe untenstehendes Fallbeispiel). CYP2E1 ist nicht ausschließlich in der Leber, sondern auch in extrahepatischen Organen exprimiert und wird durch viele seiner Liganden induziert. Der Mechanismus der Induktion ist bei diesem CYP nicht endgültig geklärt, es werden transkriptionelle, posttranskriptionelle sowie posttranslationelle Mechanismen diskutiert.

Fallbeispiel: Paracetamoltoxizität beim Alkoholiker

Paracetamol ist das Medikament, das bei Überdosierung Leberschäden verursacht. In einigen Schätzungen wird davon ausgegangen, dass in den USA Paracetamol für 26 000 Krankenhausaufenthalte und mehrere 100 Todesfälle pro Jahr verantwortlich ist [4]. Eine Leberschädigung setzt normalerweise erst bei einer massiven Überdosierung ein (ca. 10 g Paracetamol), jedoch können bei chronischem Alkoholkonsum in seltenen Fällen auch geringere Dosen schon zum akuten Leberversagen führen. Diese Sensibilisierung kann man u. a. auf eine Induktion von CYP2E1 zurückführen, welche zu einer verstärkten Bildung des hepatotoxischen Metaboliten NAPQI führt.

3.2.1.3 Die CYP3-Familie

Der Hauptanteil des hepatischen CYP des Menschen setzt sich aus Mitgliedern der CYP3A-Familie (3A4, 3A5 und 3A7) zusammen, wobei das CYP3A4 mit 30% der gesamten Leber-CYPs dominiert. Während das CYP3A7 nur in der Fetalphase in der Leber exprimiert wird und nach der Geburt herunter reguliert wird, steigt die hepatische CYP3A4 Expression nach der Geburt stark an. Neben der hepatischen Expression ist auch das extrahepatische Vorkommen der CYP3A-Familie gut dokumentiert; die CYP3A4/3A5-Isoenzyme sind in Teilen des Respirations- sowie des Gastrointestinaltrakts exprimiert und können in diesen Organen induziert werden. Die strukturelle Bandbreite der CYP3A4-Substrate ist sehr groß. So nimmt das CYP3A4 am Metabolismus verschiedenster Pharmaka wie Makrolidantibiotika, Steroidhormone, Calciumantagonisten vom Dihydropyridin Typ, Fungizide sowie Antikonvulsiva teil. Auch toxikologisch ist das CYP3A4 von Bedeutung, da es Prokarzinogene wie das Benzo(a)pyren-7,8-Dihydrodiol oder das Aflatoxin-B1 zu aktivieren vermag. Obwohl das CYP3A4 basal bereits einen großen Teil des Leber-CYPs ausmacht, lässt es sich durch pharmakologische Induktoren wie Phenobarbital, Dexamethason, Pregnenoloncarbonitril und Rifampizin bis auf 60% des gesamten Leber-CYPs induzieren. Der CYP3A4-Promotor enthält verschiedene Response-Elemente für Transkriptionsfaktoren (C/EBPγ, C/EBPβ, HNF4γ, HNF3γ, CAR und PXR), welche die CYP3A4-Expression und -Induktion regulieren. Diese Vielfalt an regulatorischen Sequenzen kann möglicherweise die große Variabilität der Expression humaner CYP3A-Enzyme erklären. CYP3A-Enzymaktivitäten lassen sich jedoch nicht nur steigern, sondern durch Pharmaka oder Naturstoffe auch effektiv hemmen. Beispiele solcher extrem potenten Inhibitoren sind Azol-Fungizide und Grapefruitsaft. Sowohl die Steigerung als auch die Hemmung von CYP3A4-Enzymaktivitäten führen bei dieser großen Substratbreite zu unerwünschten pharmakologischen Wechselwirkungen. So kann die gleichzeitige Einnahme von CYP3A4-Induktoren (z. B. Antikonvulsiva oder Tuberkulostatika) mit Kontrazeptiva (z. B. Ethinylestradiol) zum Versagen der empfängnisverhütenden Wirkung der „Pille" führen, da das induzierte CYP3A4 das Kontrazeptivum rasch zu unwirksamen Plasmakonzentrationen metabolisiert. Umgekehrt werden nach Trinken eines Glases Grapefruitsaft durch Hemmung des CYP3A4-Metabolismus verschiedene pharmakokinetische Parameter wie die C_{max} (maximale Plasmakonzentration) oder die AUC (Fläche unter der pharmakokinetischen Kurve) verschiedener Pharmaka, wie z. B. Nifedipin, bis zum Fünffachen gesteigert. Das Trinken von Grapefruitsaft ist daher im Beipackzettel vieler Arzneimittel als Warnhinweis aufgeführt. Wegen dieser großen Substratbreite sowie seiner ausgeprägten Expression ist das CYP3A4 das wichtigste Enzym des Arzneimittelstoffwechsels.

Bisher wurden mehr als 30 verschiedene CYP3A4-Allele identifiziert. Es gibt jedoch keine eindeutige Zuordnung zu ausgeprägten Phänotypen der polymorphen CYP3A4-Enzyme.

Fallbeispiel: Kontrazeptive Therapie bei Tuberkulosepatientin
Als starker Enzyminduktor (CYP3A4, 2C9, 2C19) beschleunigt das Tuberkulosemedikament Rifampizin den Stoffwechsel zahlreicher anderer Medikamente, z. B. Herzglykoside, Barbiturate, Antikoagulantien und Corticosteroide. Bei Patientinnen, die dieses Medikament gleichzeitig mit der „Antibabypille" einnahmen, kam es zu einer Erhöhung der Rate an Geburten. Durch CYP-Induktion wurde das hormonelle Kontrazeptivum schneller abgebaut und die Wirksamkeit stark herabgesetzt.

3.2.2
Flavin haltige Monooxygenasen (FMO)

FMO sind, ähnlich wie die CYPs, membranständige Enzyme, welche Oxidationsreaktionen von Fremdstoffen katalysieren. Ihr Sauerstoffübertragungspotenzial ist jedoch deutlich geringer als das der CYPs. Obwohl die FMO den CYPs funktionell sehr ähnlich sind, unterscheidet sich der enzymatische Mechanismus der FMO von den CYPs in den folgenden Punkten (siehe Abb. 3.2 und 3.6 für den Vergleich zwischen CYP- und FMO-abhängigen Oxidationsreaktionen):

1. FMO binden den Sauerstoff vor dem Substrat.
2. NADPH bindet an die prosthetische Gruppe der FMO und reduziert diese zum $FADH_2$ ohne Beteiligung einer eigenen Reduktase.

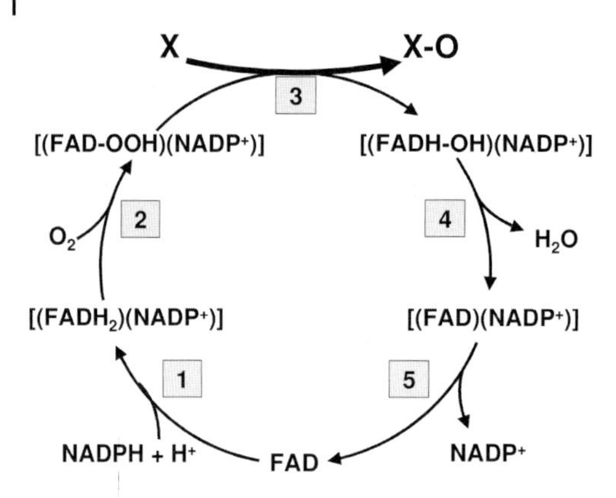

Abb. 3.6 Enzymatischer Mechanismus der FMO. Erläuterung im Text.

3. Der molekulare Sauerstoff reagiert mit der prosthetischen Gruppe zum Hydroperoxid und überträgt dann ein Sauerstoffatom auf das Substrat.
4. Erst danach kommt es zur Abspaltung von Wasser.
5. Die Freisetzung des $NADP^+$ rekonstituiert das Enzym.

Über die strukturellen Anforderungen von FMO an ihre Substrate ist relativ wenig bekannt. FMO metabolisieren ein breites Spektrum an Substraten, welche chemisch in der Regel als weiche Nukleophile klassifiziert werden können, die meist ein N- oder S-Heteroatom tragen. Zu diesen gehören Nikotin, Phenothiazin-Derivate oder Cimetidin. Die Produkte der FMO-Reaktionen sind somit meist N- oder S-Oxide, die normalerweise ein geringeres pharmakologisches und toxikologisches Potenzial als ihre Ausgangssubstanzen haben. Eine zentrale Rolle kommt den FMO bei der Verstoffwechselung von tertiären Aminen zu. Dies wird beim so genannten „Fishodor-Syndrom" deutlich. Charakteristisch für dieses Syndrom ist der Geruch von Menschen nach verrottetem Fisch. Dieser rührt von dem stark nach verdorbenem Fisch riechenden Trimethylamin, welches zum einen durch Fischkonsum mit der Nahrung aufgenommen wird und zum anderen ein Metabolit des Cholins, also eine endogene Substanz, ist. Trimethylamin wird durch die FMO3 zu dem geruchsneutralen N-Oxid metabolisiert. Genetische Defekte der FMO3 führen zur Ausscheidung des nicht oxidierten Trimethylamins über den Urin, den Schweiß und die Atemluft, welches somit für den unangenehmen Körpergeruch der Patienten verantwortlich ist.

Die FMO1-5-Gene des Menschen liegen als Gencluster auf Chromosom 1. Die Enzyme haben untereinander Aminosäurehomologien von 50–60%. Während die FMO2 die Haupt-FMO in der Niere und die FMO3 die Haupt-FMO in der Leber darstellt, werden die FMO1 in Leber, Niere und Darm und die FMO4 und FMO5 auf niedrigem Niveau in verschiedenen extrahepatischen Organen exprimiert. Bisher wurde angenommen, dass FMOs durch Xenobiotika nicht induzierbar sind. Kürzlich wurde nun gezeigt, dass die mRNA der FMO2 und -3 in der Mausleber durch TCDD AhR abhängig reguliert werden können. Ob dies auch für die FMO des Menschen gilt, ist bisher nicht bekannt, da es bei den FMOs ausgeprägte Speziesunterschiede gibt.

Neben dem oben erwähnten *SNP* in der FMO3, welche für das „Fishodor-Syndrome" verantwortlich ist, gibt es weitere Punktmutationen der FMO1–3, welche ihre Enzymaktivitäten beeinflussen. So haben die meisten Menschen – ausgenommen eine kleine Population subsaharischer Afrikaner – eine nonsense Mutation in der FMO2, welche zu einem nicht funktionalen Enzym führt.

3.2.3
Monoaminoxidasen (MAO)

Im Gegensatz zu den mikrosomalen CYP-Enzymen und den mikrosomalen FMO sind die zwei Monoaminoxidasen (MAO-A und -B), in der äußeren mitochondrialen Membran lokalisiert. Diese Flavoproteine sind bis auf wenige Ausnahmen in fast allen Geweben des Menschen exprimiert. MAO metabolisieren biogene Amine wie Serotonin, Dopamin und Noradrenalin. Auch Fremdstoffe mit ähnlichen strukturellen Charakteristika werden von MAO umgesetzt. Die von MAO katalysierte chemische Reaktion ist die oxidative Desaminierung (siehe Abb. 3.7). Die Menge des bei dieser Reaktion entstehenden Wasserstoffperoxids kann toxikologisch relevant sein. Bei der Therapie des Morbus Parkinson mit dem Dopamin-Vorläufer L-DOPA wird postuliert, dass es durch den verstärkten Abbau von Dopamin über die MAO und die damit verbundene Genese von schädigenden Konzentrationen von H_2O_2 nach einigen Jahren zu einer Progredienz der Erkrankung bei den Patienten kommt.

Weiterhin können durch den MAO-Metabolismus toxische Metabolite entstehen. Ein Beispiel für eine solche Aktivierung ist das zur Erzeugung des Parkinsonismus in experimentellen Systemen verwendete 1-Methyl-4-phenyl-1,2,3,6-tetrahydropyridin (MPTP). MPTP wird durch MAO (sowie CYP2D6) in Gliazellen zu 1-Methyl-4-phenyl-2,3-dihydropyridin (MPP^+) metabolisiert und blockiert in dopaminergen Neuronen spezifisch die mitochondriale Atmungskette. Diese spezifische Zellschädigung dopaminerger Neurone rührt von der selektiven Aufnahme von MPP^+ durch Dopamin-Transporterproteine in diese Zellen.

Therapeutisch verwendete Hemmstoffe der MAO sind Tranylcypromin und Moclobemid.

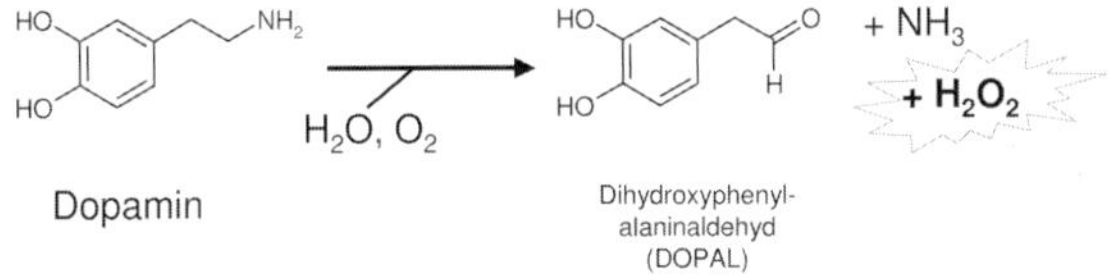

Abb. 3.7 Die durch MAO katalysierte Desaminierung von Dopamin. Gezeigt ist hier die MAO-B-vermittelte Umwandlung von Dopamin in Dihydroxyphenylalaninaldehyd (DOPAL), Ammoniak und Wasserstoffperoxid.

3.2.4
Cyclooxygenasen (COX)

Die Arachidonsäure (AA) metabolisierenden Cyclooxygenasen (COX-1 und COX-2) sind mikrosomale Hämproteine. Sie sind die Schlüsselenzyme der Prostaglandinsynthese, da sie die AA zu Prostaglandin H_2 (PGH_2) oxidieren, welches die Vorstufe für weitere Prostaglandine, Leukotriene sowie Thromboxan darstellt. Der Metabolismus zum PGH_2 verläuft in zwei Stufen über die Bildung von Prostaglandin G_2 (PGG_2, siehe Abb. 3.8). Im ersten Schritt, der Cyclooxygenasereaktion, werden zwei Sauerstoffmoleküle in die AA eingebaut. In der Peroxidasereaktion, dem zweiten Schritt der Biotransformation, wird dann die Peroxidfunktion des im ersten Schritt gebildeten PGG_2 zu einem Hydroxylrest reduziert. Während dieser Reduktionsreaktion können Xenobiotika kooxidiert und somit zu DNA-reaktiven Verbindungen aktiviert werden. Die Voraussetzungen für die Aufnahme des Sauerstoffs aus dieser Reaktion sind eine hohe Lipophilie des Fremdstoffs sowie ein geringes Redoxpotenzial der Substanz. Phenolische Verbindungen, aromatische Amine sowie einige PAHs erfüllen diese Voraussetzungen.

COX werden ubiquitär in den meisten Organen exprimiert, wobei zwischen der konstitutiv aktiven COX-1 und der induzierbaren COX-2 unterschieden wird. Die Induktion der COX-2 durch Fremdstoffe ist vor allem durch die AhR-Liganden TCDD, FICZ und B(a)P gut beschrieben. Die Induktion scheint je-

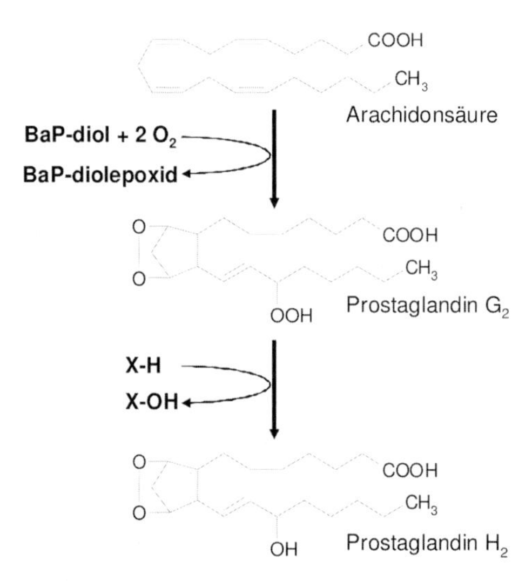

Abb. 3.8 Von Cyclooxygenasen katalysierte Reaktionen der Arachidonsäure zu PGH_2. In einer ersten Cyclooxigenasereaktion wird die Arachidonsäure zu PGG_2 oxidiert. In der zweiten Peroxidasereaktion entsteht das PGH_2. Während dieser können Xenobiotika kooxidiert werden.

doch nicht auf dem direkten Wege durch AhR-Translokation und -Bindung an XREs (siehe Abschnitt 3.2.1.1) zu erfolgen, sondern involviert *src*-Kinasen und das CREB-Element des COX-2-Promoters. Kürzlich wurde ein funktionell relevanter COX-2-Promotorpolymorphismus identifiziert, welcher zur verstärkten Prostaglandinbiosynthese in Monozyten führt.

3.2.5
Dehydrogenasen und Reduktasen

Die toxikologisch bedeutsamsten Dehydrogenasen sind die Alkohol- und Aldehyddehydrogenasen, da sie den vom Menschen in großen Mengen konsumierten Ethanol verstoffwechseln. Ethanol wird hauptsächlich von der leberständigen Alkoholdehydrogenase (ADH) zum Acetaldehyd, dem eigentlich toxischen Metaboliten, verstoffwechselt. Extrahepatische ADHs sowie das hepatische CYP2E1 tragen nur in geringem Maße (CYP2E1 2–8%) zum Ethanolstoffwechsel bei. Der entstehende Acetaldehyd wird dann weiter durch die Aldehyddehydrogenase (ALDH) zu Essigsäure metabolisiert. Der geschwindigkeitsbestimmende Schritt ist dabei die Dehydrogenierung durch die ADH, da dieses Enzym schnell substratgesättigt ist. Methanol wird analog zum Ethanol metabolisiert, wobei das Zwischenprodukt Formaldehyd zur Ameisensäure dehydrogeniert wird. Da die Ameisensäure im Gegensatz zur Essigsäure nicht in physiologische Stoffwechselvorgänge eingebunden ist, wird sie wesentlich langsamer abgebaut und stellt das eigentliche toxische Agens der Methanolvergiftung dar. Weil die ADH eine höhere Affinität zu Ethanol als zu Methanol besitzt, wird Ethanol als Antidot bei einer Methanolvergiftung eingesetzt. Da Ethanol durch die ADH metabolisiert wird, verhindert dies die Metabolisierung von Methanol und damit die Bildung der Ameisensäure, Methanol kann über die Atemluft eliminiert werden. Fomepizol ist ein nicht kompetitiver Hemmstoff der ADH, diese Substanz wird heute als Antidot bei einer Methanolvergiftung dem Ethanol vorgezogen.

Eine wichtige Rolle im Chinonmetabolismus spielt die NAD(P)H-Chinon-Oxidoreduktase (NQOR; vormals DT-Diaphorase). Dieses in zwei Isoformen (NQOR-1 und -2) vorliegende Flavoprotein benötigt entweder NADPH oder NADH als Kofaktor, welcher das Enzym reduziert, sodann abdissoziiert und damit die Bindung des Substrats ermöglicht. Das Substrat wird nun vom Enzym reduziert und als reduziertes Produkt ebenfalls abdissoziiert. Diese Reaktion ist eine Zwei-Elektronen-Übertragung, wodurch das Entstehen radikalischer Zwischenprodukte vermieden wird. Trotz der hauptsächlich detoxifizierenden Eigenschaften der NQOR kann sie auch zur Toxifizierung von Chemikalien beitragen. Beispielsweise können Nitroaromaten zu aromatischen Hydroxylaminen reduziert werden, woraufhin nach Konjugation an der Hydroxylgruppe reaktive Zwischenprodukte entstehen können. NQOR sind durch Antioxidantien sowie durch AhR-Liganden wie TCDD und PAHs induzierbar.

Unter den vielen identifizierten NQOR-*SNPs* zeigt das NQOR1*2 Allel stark verminderte NQOR1-Enzymaktivität. Träger dieses Allels haben eine erhöhte

Suszeptibilität gegenüber Benzol induzierter Knochenmarkstoxizität, welche sich als aplastische Anämie und Leukämie manifestieren kann.

3.2.6
Hydrolasen

Zu der Gruppe der Hydrolasen gehören die Esterasen, wie z. B. Paraoxonasen (A-Esterase), Cholinesterasen (B-Esterase) und Epoxid-Hydrolasen. Erstere sind für die Toxikologie von Organophosphaten (z. B. Parathion (E605), Chlorpyrifos) besonders bedeutsam. Während Organophosphate ihre Toxizität über eine Hemmung der Acetylcholinesterase oder der Neuropathy Target Esterase (ebenfalls eine B-Esterase) ausüben, tragen Paraoxonasen zum detoxifizierenden Metabolismus von Organophosphaten bei. Beim Menschen sind drei Paraoxonasen (PON1–3) bekannt, welche unterschiedliche Affinitäten zu verschiedenen Organophosphaten haben. Ein PON1-Polymorphismus scheint für die Toxikologie von Bedeutung zu sein, da PON1*Arg*192 Paraoxon deutlich schneller umsetzt als PON1*Gln*192.

Epoxid Hydrolasen (EH) hydrolysieren Epoxide zu Dihydrodiolen. Da Epoxide meist sehr reaktiv sind und daher eine Gefährdung für zelluläre Makromoleküle darstellen, sind die EH als Entgiftungsenzyme bedeutsam. Fünf Klassen von EH wurden identifiziert. Von diesen metabolisieren zwei Klassen Xenobiotika: eine lösliche (sEH) und eine mikrosomale-EH (mEH). Die sEH favorisiert dabei trans-substituierte Epoxide wie das *trans*-Stilbenoxid. Prinzipiell sind die sEH jedoch für den Metabolismus endogener Substrate bekannt. Im Gegensatz dazu werden die mEH hauptsächlich mit dem FM assoziiert und haben ein breites Substratspektrum. Neben dem Markersubstrat *cis*-Stilbenoxid werden Pharmazeutika wie Epoxidderivate von Antiepileptika wie Phenytoin und Carbamazepin, sowie Epoxidderivate von PAHs, 1,3-Butadien, Benzol, Aflatoxin-B1, Chrysen, Nitropyren, Naphthalen und Anthracen als Substrate akzeptiert. Der Metabolismus durch mEH dient jedoch nicht immer der Detoxifizierung, sondern kann auch Prokarzinogene aktivieren. So können die Produkte der durch mEH metabolisierten epoxidierten PAH, wie z. B. das aus dem B(a)P-7,8-Oxid gebildete B(a)P-7,8-Diol, einer erneuten CYP vermittelten Epoxidierung zu den vicinalen Diolepoxiden unterliegen, die wie das B(a)P-7,8-Diol-9,10-Epoxid als ultimative reaktive Karzinogene für die PAH induzierte Karzinogenese verantwortlich sind. Auch das 7,12-Dimethylbenz(a)anthrazen wird durch mEH aktiviert, was sich an einer geringeren Tumorrate in mEH-defizienten-Mäusen im Vergleich zu Kontrolltieren zeigte.

Lösliche und mikrosomale EH sind in allen bisher untersuchten Geweben des Menschen exprimiert. Die sEH des Nagers sind durch Peroxisomen-Proliferatoren induzierbar, der Mechanismus der Induktion ist jedoch nicht weiter untersucht. Beim Menschen sind jedoch keine Induktoren für die sEH bekannt. Auch die mEH des Nagers sind durch Xenobiotika wie Nitrosamine oder Tetrachlorbiphenyle induzierbar.

Polymorphismen der mEH wurden beschrieben, scheinen jedoch relativ geringen Einfluss auf katalytische Aktivitäten des Enzyms zu haben.

3.3
Chemische Reaktionen der Phase II

In der Phase II des Fremdstoffmetabolismus kommt es unter Energieverbrauch zu einer Kopplung von bestimmten Kosubstraten mit Xenobiotika, welche funktionelle Gruppen besitzen (Konjugationsreaktion). Das Tripeptid Glutathion wird hierbei an elektrophile Gruppen in Xenobiotika gekoppelt, andere Kopplungspartner wie UDP-Glucuronsäure, Acetyl-Coenzym-A, 3′-Phosphoadenosin-5′phosphatsulfat, S-Adenosylmethionin, oder Aminosäuren wie Glutamin werden an nukleophile Gruppen der Xenobiotika konjugiert. In der Regel kommt es hierbei zu einer starken Erhöhung der Polarität der Verbindung, d.h. die Wasserlöslichkeit steigt und das modifizierte Xenobiotikum kann über die Galle oder die Nieren ausgeschieden werden. Bestimmte Kopplungsreaktionen (z.B. Methylierungen, N-Acetylierungen) führen zumeist jedoch nicht zu einer Erhöhung der Polarität, sondern fungieren als Maskierung für funktionelle Gruppen.

Glucuronidierung, Sulfatierung, Acetylierung und Methylierung benötigen aktivierte Kofaktoren, wohingegen die Kopplung mit Aminosäuren und Glutathion eine Aktivierung der Xenobiotika voraussetzt. Eine schematische Übersicht der Reaktionen, Enzyme und Kofaktoren im Phase-II-Metabolismus ist in Abb. 3.9 gezeigt.

3.3.1
Glutathion-S-Transferasen (GSTs)

Glutathion-S-Transferasen (GSTs) konjugieren Xenobiotika mit dem Tripeptid Glutathion (GSH, γ-Glutamylcysteinyl-glycin). Dies ist die wichtigste Entgiftungsreaktion für metabolisch gebildete Elektrophile sowie für aufgenommene elektrophile Verbindungen. Durch diese Kopplungsreaktion bewirken GSTs einen Schutz gegenüber der potenziellen Genotoxizität dieser Verbindungen (siehe Abb. 3.5 und 3.10). Diese Enzyme fungieren des Weiteren indirekt als Schutzmechanismus gegen reaktive Sauerstoffspezies, die z.B. durch das Redoxcycling von Chinonen entstehen. GSTs werden aber auch in Zusammenhang mit Resistenzentwicklungen bei Zytostatikatherapie gebracht. Eine Überexpression von GST-A-Enzymen kann bei bestimmten Tumoren zu einer Inaktivierung von Zytostatika führen.

Viele Elektrophile reagieren mit dem nukleophilen Schwefelatom des in hoher Konzentration (ca. 10 mM) in Leberzellen vorhandenen GSH (Reaktion von GSH mit weichen Elektrophilen nach dem Konzept von Pearson). Hierbei kommt es zur Bildung von GSH-Konjugaten (Thioetherbindung). Es reagieren jedoch nur „weiche Elektrophile“ spontan mit dem „weichen Nukleophil“ GSH. Die Geschwindigkeit dieser spontanen Reaktion wird durch die GST stark erhöht (Herabsetzung der Dissoziationskonstante der SH-Gruppe, Bildung des Thiolat-Anions).

Aus diesem Grund stellen Glutathion-S-Transferasen eine überaus wichtige Klasse der FME dar, sie können in der Leber speziesabhängig bis zu 10% der

Glucuronidierung (UDP-Glucuronosyltransferasen, UGT)
aktivierte Glucuronsäure (UDP-α-Glucuronsäure, UDPGA)
→ Phenole, Alkohole, aromatische und aliphatische Säuren, aromatische Amide und Amide, Thiole

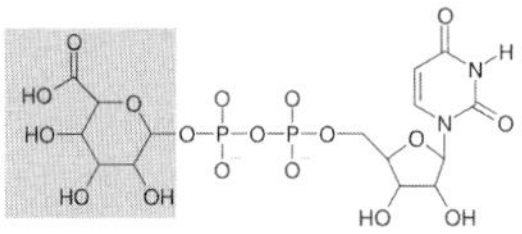

Sulfatierung (Sulfotransferasen, SULT)
aktiviertes Sulfat (3'-Phopho-adenosin-5'-phosphosulfat, PAPS)
→ Phenole, Alkohole, aromatische Amine

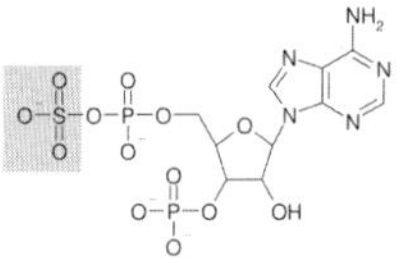

Acetylierung (N-Acetyltransferasen, NAT)
aktiviertes Acetat (Acetyl-CoA)
→ Amine, Hydrazine, Aminosäuren, Phenole, Catechole, aliphatische und aromatische Amine

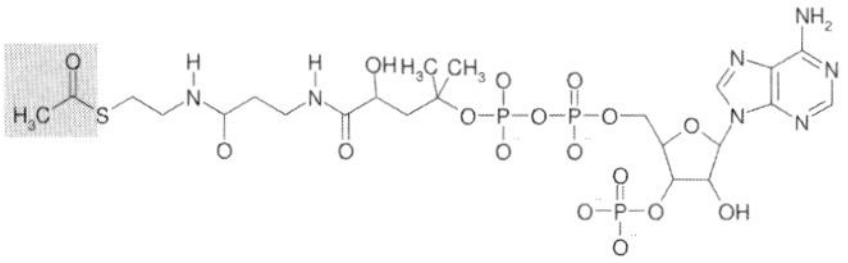

Methylierung (Methyltransferasen)
aktiviertes Methionin (S-Adenosylmethionin, SAM)
→ Phenole, Thiolgruppen, Metalle

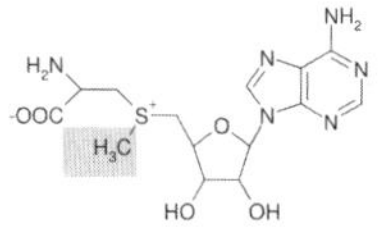

Aminosäurekonjugation (Acyl-CoA-Aminosäure-Acyltransferasen)
Glutamat, Glycin, Taurin
→ aromatische und aliphatische Carbonsäuren

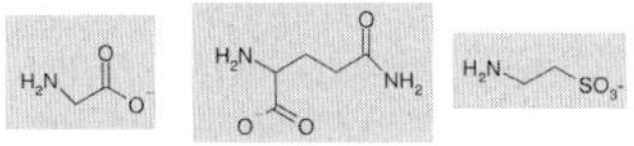

Glutathionkonjugation (Glutathion-S-Transferasen, GST)
Glutathion (γ-Glutamylcysteinyl-glycin, GSH)
→ elektrophile Zentren (Epoxide, Alkyl-, Allyl- u. Benzylhalogenide, Chinone)

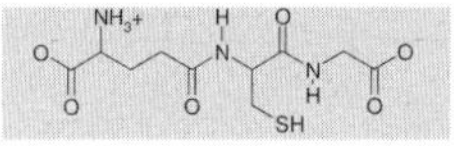

Abb. 3.9 Schematische Übersicht des Phase-II-Metabolismus. Reaktionen, Enzyme, Kofaktoren und Substrate im Phase-II-Metabolismus. Die jeweils übertragenen Gruppen sind grau unterlegt.

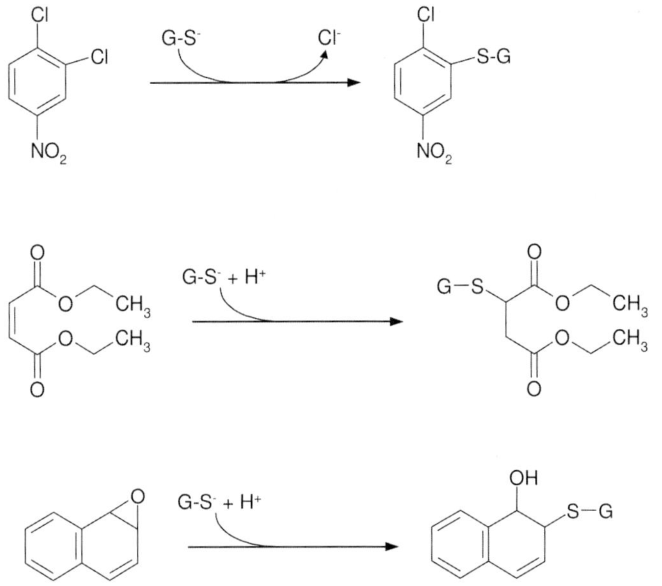

Abb. 3.10 Reaktionen der GST. Glutathion-S-Transferasen katalysieren verschiedenste Reaktionen, z. B. nukleophile Substitutionen an aromatischen Kohlenstoffen oder Additionen an eine Kohlenstoff-Doppelbindung oder an ein Epoxid (unter Ringöffnung).

löslichen Proteine ausmachen. Auch in anderen Geweben (Darm, Magen) wurden GSTs in hoher Konzentration nachgewiesen.

Die Konjugation mit GSH (MW: 307 g mol^{-1}) führt zu einer starken Erhöhung der Hydrophilie und einer raschen Ausscheidung des Xenobiotikums. Vor der Ausscheidung findet in der Regel jedoch eine Modifikation der angelagerten GSH-Gruppe statt. Durch Abspaltung des Glutamats durch die γ-Glutamyltranspeptidase und des Glycins durch die Aminopeptidase M spart der Organismus diese Aminosäuren ein; das verbliebene Cystein-Addukt wird durch die N-Acetyltransferase N-acetyliert. Dieser Abbau findet hauptsächlich in der Niere statt, da dort die γ-Glutamyltranspeptidase und die N-Acetyltranferase in hoher Konzentration vorhanden sind. Das Xenobiotikum wird dann als so genanntes Mercaptursäurekonjugat über den Harn ausgeschieden. Die Ausschleusung der konjugierten, stark polaren Metaboliten aus der Zelle erfolgt über aktive Transporter. Dies ist von großer Bedeutung, da die Glutathion-S-Transferasen zum Teil einer Produktinhibierung unterliegen.

GSTs sind dimere Enzyme, die sich in der Zusammensetzung ihrer Untereinheiten unterscheiden können. Durch diese Variabilität bilden sich Enzyme mit jeweils geänderter Substratspezifität. GSTs werden in verschiedene Familien zusammengefasst. Zurzeit sind sieben zytosolisch lokalisierte, eine mitochondrial lokalisierte und drei membranständige mikrosomale GST-Familien bekannt. Sie

Tab. 3.2 Humane Glutathion-S-Transferasen mit Relevanz für den Fremdstoffmetabolismus (modifiziert nach [8]).

α (Alpha-)	GSTA1	Chlorambucil
	GSTA2	Cumolhydroperoxid
	GSTA3	Δ^5-Pregnan-3,20-dion
	GSTA4	4-Hydroxynonenal
	GSTA5	(nicht bekannt)
μ (my-)	GSTM1	Benzpyrendiolepoxid
	GSTM2	Aminochrom
	GSTM3	BCNU
	GSTM4	CDNB
	GSTM5	CDNB
π (pi-)	GSTP1	Acrolein
σ (sigma-)	PGDS	PGH_2
θ (theta-)	GSTT1	CH_2Cl_2, Ethylenoxid
	GSTT2	Cumolhydroperoxid
ξ (zeta-)	GSTZ1	Dichloroacetat
ω (omega)	GSTO1	Dehydroascorbinsäure
	GSTO2	Dehydroascorbinsäure
κ (kappa)	GSTK1	CDNB

besitzen eine breite und zum Teil überlappende Substratspezifität für Substanzen mit elektrophilen Gruppen (siehe Tab. 3.2).

Die Nomenklatur für Glutathion-S-Transferasen besteht aus der Abkürzung „GST“, der ein Kleinbuchstabe der Speziesbezeichnung (z. B. h: human, r: Ratte, m: Maus) vorgestellt wird, es folgt ein Großbuchstabe, der die GST-Familie kennzeichnet. Das zu dieser GST-Familie gehörende Isoenzym wird durch eine Ziffer identifiziert und die jeweiligen Untereinheiten eines Enzyms mit einer durch Bindestrich abgetrennten Ziffer. So codiert die Bezeichnung hGSTM1–2 für das Heterodimer der beiden humanen GST-Untereinheiten 1 und 2 der μ-Familie. Für die GSTT1, welche kleine Substratmoleküle metabolisiert, ist ein für die Arbeitsmedizin relevanter Polymorphismus beschrieben. Personen mit der Deletionsvariante GSTT1*2 sind defizient für die Kopplung von Molekülen wie z. B. CH_3Br mit GSH (siehe untenstehendes Fallbeispiel).

Fallbeispiel: Methylbromid-Entwesung von Gebäuden
Zwei Arbeiter vergifteten sich aufgrund unzureichender Schutzausrüstung akut mit Methylbromid. Expositionsdauer und -intensität waren bei beiden Personen gleich, trotzdem entwickelten sich bei einem Patienten Symptome einer schweren Vergiftung, während bei dem anderen Patienten nur eine vergleichsweise milde Symptomatik auftrat. Diese Unterschiede lassen sich durch Polymorphismen in der GSTT1 erklären. Beim ersten Patienten zeigte sich eine GSTT1-Aktivität in Erythrozyten, während beim zweiten Patienten keine entsprechende GSTT1-Enzymaktivität gemessen werden konnte. Hier

scheint die GSTT1 eine toxifizierende Rolle zu spielen. Man nimmt an, dass nicht die durch das hochreaktive Methylbromid selbst hervorgerufenen Methylierungen von Proteinen, welche bei Patient 2 in höheren Konzentrationen zu finden waren, die neurotoxische Wirkung verursachen, sondern die durch Umsetzung durch die GSTT1 letztendlich gebildeten Metaboliten Methanthiol, Formaldehyd und Schwefelwasserstoff [5].

Substrate für die GST besitzen ein elektrophiles Zentrum und haben im Allgemeinen eher hydrophobe Eigenschaften. Die durch GST-vermittelten Konjugationsreaktionen können in folgende Reaktionstypen eingeteilt werden:

1. Nukleophile Substitution Elektronen ziehender Substituenten am Kohlenstoffatom → 1-Chlor-2,4-dinitrobenzol (Modellsubstrat)
2. Nukleophile Addition von Glutathion → Epoxide (z. B. AflatoxinB1-8,9-epoxid)
3. Reduktion von organischen Hydroperoxiden → Cumolhydroperoxid
4. Isomerisierung von C–C-Doppelbindungen (*cis-trans*-Umlagerungen) → 4-Maleylacetoacetat.

Für den Nachweis der GST-Aktivität wird als Substrat meist 1-Chlor-2,4-dinitrobenzol (CDNB) verwendet, ein Breitspektrumsubstrat, welches von allen GST-Klassen (Ausnahme: θ-Familie) umgesetzt wird.

Die GST spielt eine wichtige Rolle bei der Toxikologie von Paracetamol. Bei der Aufnahme großer Mengen Paracetamol kommt es zur Bildung eines reaktiven Chinonimins (N-Acetyl-para-Benzochinonimin, NAPQI), die GST addiert hier Glutathion an die aktivierte Doppelbindung. Bei geringen Konzentrationen an Paracetamol ist der GST-vermittelte Metabolismusweg jedoch im Vergleich zu Glucuronidierung und Sulfatierung zu vernachlässigen. Da bei hohen Paracetamoldosen die Bereitstellung von GSH den limitierenden Faktor für die Toxizität darstellt, wird als Antidot die GSH-Vorstufe N-Acetylcystein (NAC) eingesetzt.

Die Konjugation von Xenobiotika mit Kosubstraten in der Phase-II des Fremdstoffmetabolismus ist jedoch nicht in allen Fällen gleichbedeutend mit einer Inaktivierung der Substanz. In bestimmten Fällen kommt es erst durch diese Kopplung zu einer Giftung. Insbesondere die Reaktionen der GST (und auch die der Sulfotransferasen SULT) können reaktive Metaboliten generieren. So stellt z. B. die Konjugation mit GSH den ersten Schritt der metabolischen Aktivierung zahlreicher nephrotoxischer chlorierter Alkane und Alkene (z. B. 1,2-Dibromethan, Dichlorethan, Hexabutadien) dar (siehe Abb. 3.11). Dichlorethan bildet mit GSH ein Monokonjugat, welches das typische Strukturelement des stark alkylierenden Schwefel-Losts (Senfgas, β,β'-Dichlordiethylsulfid) besitzt. Wenn das daraus entstehende Episulfonium-Ion nicht durch ein weiteres GSH-Molekül abgefangen wird, kann es mit DNA-Basen z. B. unter Bildung des Guanin-Adduktes reagieren.

Neben reaktiven Episulfonium-Ionen können auch Thioketene als weitere reaktive Spezies aus GSH-Konjugaten gebildet werden. Trichlorethen z. B. addiert

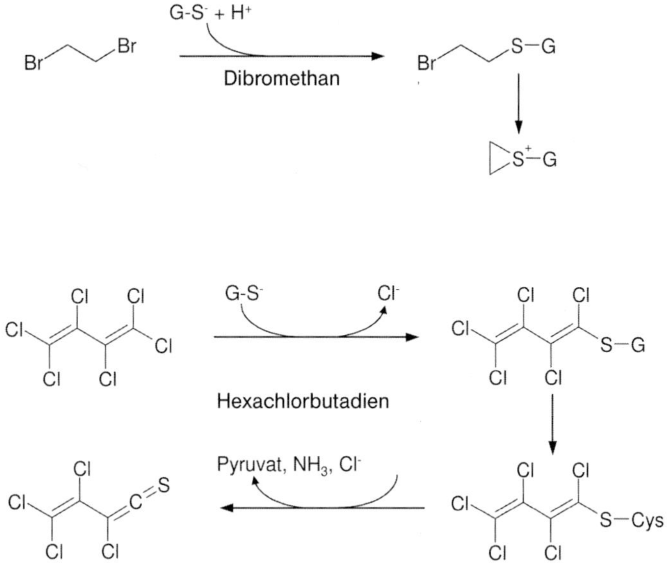

Abb. 3.11 Erhöhung der Toxizität durch Konjugation mit GSH. Metabolische Aktivierung von 1,2-Dihalogenalkanen durch Konjugation mit Glutathion: Bildung eines reaktiven Episulfonium-Ions am Beispiel 1,2 Dibromethan. Auch Hexachlorbutadien wird durch die GST metabolisiert, das entstandene Glutathionaddukt wird dann zum Merkaptursäurederivat abgebaut. In der Niere kann jedoch durch eine hohe β-Lyase-Aktivität aus dem intermediär entstehenden Cysteinkonjugat ein reaktives Thioketen gebildet werden. Das Thioketen kann Makromoleküle acylieren und wird für die starke Nephrotoxizität von Hexachlorbutadien verantwortlich gemacht.

GSH mit anschließender Elimination von HCl. Der für GSH-Konjugate typische Abbau führt über das Cysteinkonjugat zur Mercaptursäure. In der Niere kann jedoch durch die hohe β-Lyase-Aktivität aus dem Cysteinkonjugat Dichlorcystein ein Thioketen gebildet werden. Die kovalente Bindung dieses Elektrophils an Makromoleküle findet wegen der intensiven Anreicherung und des schnellen Abbaus der Glutathionkonjugate fast ausschließlich in der Niere statt. Der gleiche Aktivierungsmechanismus wird für die stark nephrokanzerogenen Substanzen Hexachlorbutadien (siehe Abb. 3.11) und Dichloracetylen angenommen.

3.3.2
UDP-Glucuronosyltransferasen (UGT)

UDP-Glucuronosyltransferasen (UGTs) koppeln Xenobiotika mit aktivierter Glucuronsäure (UDP–Glucuronsäure, UDPGA). Sie sorgen durch diese Kopplung für eine starke Erhöhung der Hydrophilie und beenden die biologische Wirkung des Fremdstoffs.

Tab. 3.3 Beispiele verschiedener Klassen von Glucoroniden.

	Stoffklasse des Fremdstoffes	Substanzbeispiele
O-Glucuronid		
Ethertyp	Alkohol	Trichlorethanol
Estertyp	Carbonsäure	o-Aminobenzoesäure
N-Glucuronid	Carbamat	Meprobamat
	aromatisches Amin	2-Naphthylamin
	Sulfonamid	Sulfadimethoxin
S-Glucuronid	aromatisches Thiol	Thiophenol
	Dithiocarbaminsäure	Diethyldithiocarbamat
C-Glucuronid	1,3-Dicabonylverbindungen	Phenylbutazon

Glucuronidierungsreaktionen sind mit verschiedenen funktionellen Gruppen möglich. Glucuronidiert werden vorzugsweise elektronenreiche O-, N- oder S-Heteroatome (siehe Tab. 3.3). Daher sind Alkohole und Phenole, Carbonsäuren, aliphatische und aromatische Amine und Thiole Substrate für UGTs. Bei der Übertragung des Glucuronosylrestes auf alkoholische und phenolische Hydroxylgruppen entstehen Ether-Glucuronide, aus Carbonsäuren die entsprechenden Ester-Glucuronide. In bestimmten Xenobiotika wie Phenylbutazon können Kohlenstoffatome vorhanden sein, die hinreichend nukleophil sind, um C-Glucuronide zu bilden. Zu den Pharmaka, die glucuronidiert werden, zählen auch Paracetamol, Morphin, Amitryptilin (phenolische Hydroxylgruppen) sowie Probenecid und Ibuprofen (carboxylische Hydroxylgruppen).

Der Kofaktor UDPGA wird durch die Enzyme UDPG-Pyrophosphorylase und UDPG-Dehydrogenase aus Glucose-1-phosphat gebildet, die Plasmakonzentration beträgt 200–350 μM. Für die Superfamilie der Glykosyltransferasen sind als Kofaktoren neben der UDP-Glucuronsäure auch weitere aktivierte Zucker wie z. B. UDP-Glucose oder UDP-Galactose möglich.

UDP-Glucuronosyltransferasen besitzen eine sehr große enzymatische Kapazität, ein limitierender Faktor der Glucuronidierungsrate kann jedoch die Verfügbarkeit der Kofaktoren sein. Dies ist z. B. bei der Überdosierung von Paracetamol der Fall. Zudem werden die Spiegel von UDPGA unter Hungerbedingungen verringert, was die Toxizität dieses Analgetikums verstärken kann.

Die Nomenklatur der UDP-Glucuronosyltransferasen besteht aus der Abkürzung „UGT", der ein Kleinbuchstabe der Speziesbezeichnung (z. B. h: human, r: Ratte, m: Maus) vorgestellt wird, es folgt eine Ziffer, welche die UGT-Familie kennzeichnet, die Subfamilie wird durch Anfügen eines Buchstabens bezeichnet (A/B), das zu dieser UGT-Familie gehörende Isoenzym wird durch eine Ziffer gekennzeichnet. Für den Menschen sind zwei Unterfamilien der UDP-Glucuronosyltransferasen wichtig: UGT1 und UGT2. Diese sind in vielen Geweben, besonders in der Leber, vorhanden und subzellulär im endoplasmatischen Retikulum lokalisiert. UGTs der Klasse 1 bevorzugen planare Substrate wie 1-Naph-

Tab. 3.4 Übersicht: Humane UDP-Glucuronosyltransferasen (adaptiert nach [6–8]).

UGT	Gewebe	Substanzbeispiel
UGT1A1	Leber, Dünndarm, Kolon	Bilirubin, 17β-Estradiol
UGT1A3	Leber, Dünndarm, Kolon	Ibuprofen
UGT1A4	Leber, Dünndarm, Kolon	Trifluorperazin, Amitryptilin
UGT1A5	Leber	n.bek.
UGT1A6	Leber, Dünndarm, Kolon, Magen	1-Naphtol, Serotonin, Ibuprofen
UGT1A7	Ösophagus, Magen, Lunge	Octylgallat
UGT1A8	Kolon, Dünndarm, Nieren	Antharchinone, Furosemid
UGT1A9	Leber, Nieren, Kolon	Propofol
UGT1A10	Magen, Dünndarm, Kolon	1-Naphtol, Furosemid
UGT2A1	olfaktorisches System	Valproinsäure, Ibuprofen
UGT2A2	n. bek.	n. bek
UGT2A3	n. bek.	n. bek.
UGT2B4	Leber, Dünndarm	Codein
UGT2B7	Nieren, Dünndarm, Kolon	Zidovudin, Morphin, Codein, Valproinsäure, Ibuprofen, Diclofenac
UGT2B10	Leber, Dünndarm, Prostata	n. bek.
UGT2B11	Prostata, Brustdrüsen	4-Nitrophenol
UGT2B15	Leber, Dünndarm, Prostata	S-Oxazepam
UGT2B17	Leber, Prostata	Androgene, Eugenol
UGT2B28	Leber, Brustdrüse	17β-Estradiol, Testosteron

n. bek.: nicht bekannt

thol, während Klasse 2 UGTs auch nicht planare Substanzen wie z. B. Morphin konjugieren. In den UGT-Familien existieren verschiedene Isoenzyme mit zum Teil überlappender Substratspezifität. Die Enzyme vermitteln nicht nur die Ausscheidung von Fremdstoffmetaboliten, sondern auch die Ausscheidung von endogenen Stoffwechselprodukten, z. B. hydroxylierten Steroidhormonen, Bilirubin aus dem Häm-Abbau und fettlöslichen Vitaminen (siehe Tab. 3.4). Mutationen in der UGT1A1 verursachen das so genannte Crigler-Najjar-Syndrom, eine Störung im Bilirubin-Stoffwechsel, welche zur Hyperbilirubinämie führt.

Neben der überwiegend vorhandenen Monoglucuronidierung können Substrate auch an zwei funktionellen Gruppen glucuronidiert werden (z. B. Bilirubin: Bisglucuronid). In einigen Spezies (z. B. Mensch, Hund) können auch zwei Glucuronsäuren hintereinander an eine funktionelle Gruppe gekoppelt werden (z. B. 5α-Dihydrotestosteron: Diglucuronid).

Die Carboxylgruppe der Glucuronsäure liegt bei physiologischem pH-Wert in der ionisierten Form vor, die an Glucuronsäure gekoppelten Xenobiotika sind daher gut wasserlöslich. Des Weiteren werden Glucuronsäurekonjugate von verschiedenen Anionentransportern erkannt, die eine rasche Sekretion über Galle oder Niere ermöglichen.

Die Reaktionsprodukte sind allerdings nicht immer chemisch stabil. Zum Beispiel werden viele in der Leber glucuronidierte Xenobiotika, die über die Galle in den Dünndarm ausgeschieden werden, durch -Glucuronidasen im Darm wieder gespalten. Das nicht mehr konjugierte und dadurch wieder lipophilere Xenobiotikum kann danach erneut über die Pfortader in die Leber aufgenommen werden, was zu einem Kreisprozess führt. Dieser so genannte „enterohepatische Kreislauf“ kann zu einer beträchtlichen Verzögerung bei der Elimination von Substanzen führen.

Durch verschiedene Xenobiotika (Phenobarbital, 3-Methylcholanthren, 2,3,7,8-Tetrachlordibenzo-*p*-dioxin) können bestimmte UGTs induziert werden. Es sind auch Inhibitoren z. B. für UGT2B7 (Fluconazol) und UGT1A4 (Hecogenin) beschrieben. Einige Inhalationsnarkotika, wie z. B. Diethylether, können mit der Phase-II-Elimination über UGTs wechselwirken, indem sie den UDPGA-Spiegel der Leber absenken. Im Vergleich zu den CYP-Enzymen sind bei den UGTs jedoch relativ wenige relevante Arzneimittelwechselwirkungen beschrieben. Das UGT1A1*28 Allel hat Bedeutung für die Toxizität von Irinotecan, einem in der Krebstherapie eingesetzten Topoisomerase-I-Inhibitor, indem der aktive zytostatische Metabolit konjugiert wird. Polymorphismen der UGT2B15 haben Bedeutung für die Wirkdauer des Schlafmittels Oxazepam. In bestimmten Fällen kann es durch Glucuronidierung auch zu einer Zunahme der Wirkstärke von Arzneimitteln kommen. Die pharmakologische Wirkung von Morphin kann durch Glucuronidierung der aliphatischen Hydroxylgruppe (6-OH) stark erhöht werden, eine Glucuronidierung an der phenolischen Hydroxylgruppe (3-OH) zeigt diesen Effekt nicht. Verschiedene UGTs wie UGT1A1, UGT1A3, UGT1A6 und auch UGT2B7 können die Glucuronidierung an Position 3 von Morphin katalysieren, die wirkungsverstärkende Konjugation an Position 6 wird jedoch nur durch UGT2B7 katalysiert. Eine Zunahme der Toxizität von Xenobiotika durch Glucuronidierung ist auch für das Blasenkanzerogen 2-Naphthylamin beschrieben. Diese Substanz gelangt nach N-Hydroxylierung und N-Glucuronidierung über das Blut in die Niere und schließlich in die Blase. Das Glucuronid ist im Harn aufgrund des niedrigen pH-Wertes jedoch instabil und hydrolysiert zum Hydroxylamin. Dieses bildet unter Wasserabspaltung ein reaktives Nitreniumion, das für die Bildung von Blasentumoren verantwortlich gemacht wird.

Ein ähnliches Beispiel stellt Acetaminofluoren dar: Diese Substanz induziert in der Ratte in hoher Inzidenz Tumoren, während Meerschweinchen gegenüber ihrer tumorauslösenden Wirkung resistent sind. Die Begründung hierfür liegt im unterschiedlichen Stoffwechsel. In der Ratte wird Acetaminofluoren durch Cytochrom-P450 am Stickstoff oxidiert, die gebildete Hydroxamsäure kann zu einem Glucuronid umgewandelt werden, welches nicht stabil ist und in der Blase zum reaktiven Nitreniumion zerfällt. Im Gegensatz dazu findet im Meerschweinchen die Hydroxylierung an einer anderen Position statt, nämlich am aromatischen Ringsystem. Dadurch können keine instabilen Glucuronide entstehen und es kommt nicht zur Tumorbildung.

3.3.3 Sulfotransferasen (SULT)

Sulfotransferasen sind zytosolische Enzyme, die Xenobiotika mit aktiviertem Sulfat (3′-Phopho-adenosin-5′-phosphosulfat, PAPS) koppeln. Es wird hierbei eine Sulfonatgruppe übertragen. Die von den Sulfotransferasen gebildeten Sulfonsäureester liegen bei physiologischem pH-Wert in ionisierter Form vor und sorgen so für eine starke Erhöhung der Hydrophilie. Der Kofaktor wird in der Zelle aus Sulfat und ATP gebildet, hierbei sind die zwei Enzyme ATP-Sulfurylase und APS-Phosphokinase beteiligt. Da das benötigte Sulfat zum überwiegenden Teil aus dem Abbau schwefelhaltiger Aminosäuren stammt, steht es in der Zelle nur beschränkt zur Verfügung und limitiert so die Menge an PAPS. PAPS ist in Leberzellen in vergleichsweise geringen Konzentrationen vorhanden (4–50 μM), wird jedoch schnell nachsynthetisiert (bis zu 100 nmol $\times$ min^{-1} $\times$ g^{-1} Leber). Bei hohen Dosen an Xenobiotika kann sich daher die Kapazität der Sulfotransferasen aus Mangel an Kosubstrat erschöpfen. Die Xenobiotika werden dann glucuronidiert, da die UGTs ein ähnliches Substratspektrum besitzen und einer viel geringeren Kofaktor abhängigen Limitierung unterliegen.

Die Sulfatierung konkurriert demnach mit der Glucuronidierung um die Substrate. Die Art der Konjugation wird dabei durch die unterschiedlichen Enzymkinetiken bestimmt. Fremdstoffe in geringer Konzentration werden sulfatiert, während bei höheren Konzentrationen die Glucuronidierung überwiegt. Sulfotransferasen werden im Gegensatz zu UGTs bei CYP-Induktion in der Regel nicht koinduziert. Interindividuelle Unterschiede in der Kinetik der Sulfatierung von Fremdstoffen können durch genetische Defekte in den Syntheseenzymen von PAPS bedingt sein.

Sulfokonjugate werden häufig über den Urin ausgeschieden, da die Grenzmolmasse für die glomeruläre Filtration mit dieser Kopplungsreaktion seltener erreicht wird. Die molare Masse des Fremdstoffes wird durch Sulfatierung nur um 80 im Vergleich zu 307 bei der Glucuronidierung erhöht. Die geringe metabolische Kapazität der Sulfotransferasen bei hohen Substratkonzentrationen kann zu einer Verlangsamung der Ausscheidungsgeschwindigkeit führen. Die bei niedrigeren Substratkonzentrationen gebildeten stabilen Sulfonate werden weder in der Niere noch im Darm rückresorbiert, die bei höheren Substratkonzentrationen bevorzugt gebildeten Glucuronide unterliegen dagegen häufig einem enterohepatischen Kreislauf oder können durch den niedrigen pH-Wert in der Niere und Harnblase teilweise hydrolysieren und ins Blut zurückdiffundieren.

Sulfonierung kann auch zu einer Erhöhung der Toxizität eines Xenobiotikums führen. Am häufigsten geschieht das bei der Sulfonierung an OH-Gruppen, da das so stabilisierte Sulfat eine gute Abgangsgruppe darstellt. Dies führt zur Bildung von reaktiven Carbeniumionen (siehe Abb. 3.12).

Sulfotransferasen existieren in zwei verschiedenen Klassen. Die zytoplasmatisch lokalisierten, löslichen Enzyme katalysieren Konjugationen von Fremdstoffen und niedermolekularen körpereigenen Molekülen. Die Nomenklatur der

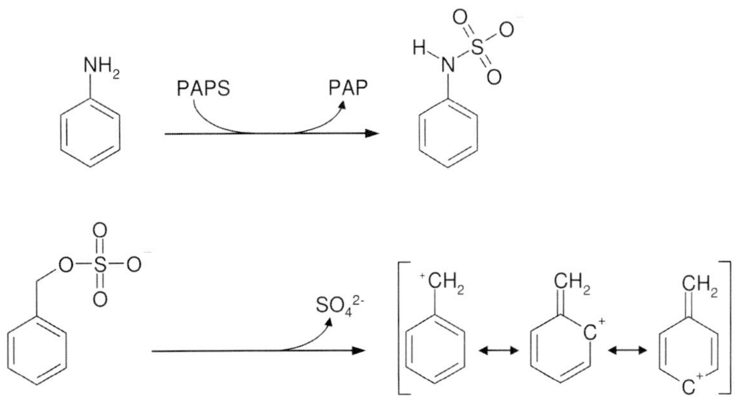

Abb. 3.12 Metabolisierung von Anilin zum entsprechenden Sulfamat, Bildung von Carbeniumionen nach Abspaltung von Sulfat als Abgangsgruppe.

Tab. 3.5 Übersicht: Humane zytosolische Sulfotransferasen (modifiziert nach [8]).

SULT1A1	Leber, Placenta	4-Nitrophenol, Acetaminophen
SULT1A2	Leber, Blasentumoren	4-Nitrophenol
SULT1A3	Dünndarm, Kolon	Dopamin, albutamol
SULT1A4	Leber, Pankreas, Kolon, Gehirn	Dopamin
SULT1B1	Kolon, Leber, Leukozyten	4-Nitrophenol
SULT1C2	Nieren, Magen, Schilddrüse	4-Nitrophenol
SULT1C4	Nieren, Eierstöcke,	4-Nitrophenol, Bisphenol A
SULT1E1	Leber, Endometrium, Dünndarm	17β-Estradiol
SULT2A1	Leber, Nebennieren, Dünndarm	17β-Estradiol, DHEA
SULT2B1_v1	Plazenta, Prostata, Haut	Pregnenolon
SULT2B1_v2		Cholesterol

Sulfotransferasen besteht aus der Abkürzung „SULT", es folgt eine Ziffer, welche die SULT-Familie kennzeichnet, die Subfamilie wird durch Anfügen eines Buchstabens bezeichnet (A/B), das zu dieser SULT-Familie gehörende Isoenzym wird durch eine Ziffer gekennzeichnet. Neben den zytosolisch lokalisierten SULT, die in Tabelle 3.5 aufgeführt sind, existieren noch membrangebundene Sulfotransferasen im Golgi-Apparat, die in verschiedenen endogenen biologischen Effekten involviert sind und für den Fremdstoffmetabolismus keine wesentliche Rolle spielen.

3.3.4
Acyl-CoA-Aminosäure-Acyltransferasen

Eine weitere Möglichkeit, die Hydrophilie von Xenobiotika zu erhöhen, besteht in der Konjugation mit bestimmten Aminosäuren, z. B. Glycin oder Glutamin. Substrate sind hierbei Stoffe mit einer Carboxylgruppe. Gallensäuren sind endogene Substrate für eine Konjugation mit Glycin oder Taurin. Die Konjugation von Benzoesäure mit Glycin (Bildung von Hippursäure) wurde als erste Biotransformationsreaktion im Jahre 1842 beschrieben.

Bei der Konjugation von Carbonsäuren mit Aminosäuren wird im Gegensatz zu den anderen Kopplungsreaktionen nicht das Kopplungsagens, sondern der Fremdstoff aktiviert. Im ersten Schritt wird die Carbonsäure vor der eigentlichen Kopplung unter Katalyse von ATP-abhängigen Säure-CoA-Ligasen in einen Coenzym-A-Thioester umgewandelt. Die Aminosäurekonjugation von aromatischen Carbonsäuren tritt in Konkurrenz mit der Glucuronidierung dieser Verbindungen. Während durch Glucuronidierung von carbonsäurehaltigen Xenobiotika auch potenziell toxische Acylglucuronide entstehen können, stellt die Konjugation mit Aminosäuren eine Detoxifizierung dar. Im Allgemeinen ist die Aminosäurekonjugation eine Reaktion mit hoher Affinität und geringer Kapazität, d.h. bei niedrigen Substratkonzentrationen wichtig. Der jeweils beschrittene Metabolismusweg hängt sowohl von der Substanz wie auch von der untersuchten Spezies ab.

3.3.5
N-Acetyltransferasen (NAT)

Die N-Acetylierung ist ein wichtiger Weg im Stoffwechsel von Aminen, Hydroxylaminen, Hydrazinen und Sulfonamiden. Des Weiteren besitzt diese Reaktion eine Bedeutung bei dem Umbau der durch die GST gebildeten Glutathionkonjugate zu Mercaptursäurederivaten.

Acetyl-Coenzym-A (Acetyl-CoA) ist das „aktivierte" Kosubstrat der hierfür verantwortlichen N-Acetyltransferasen (NAT). Diese zytosolischen Enzyme sind in Leber und anderen Geweben zu finden.

Im Gegensatz zu den vorher besprochenen Konjugationsreaktionen kommt es bei der Acetylierung nicht zu einer Erhöhung der Polarität. Die Bedeutung dieses Biotransformationsschrittes liegt vielmehr in der Inaktivierung der biologischen Wirkung durch Maskierung von funktionellen Gruppen. Hierbei ist jedoch auch die jeweilige Aktivität zellulärer Deacetylasen, die die Acetylgruppen wieder abspalten können, zu beachten.

Es existieren zwei Isoenzyme der N-Acetyltransferasen mit ähnlichen katalytischen Eigenschaften: NAT1 und NAT2. Die NAT1 wird in vielen Geweben exprimiert (Leber, Darm, Nieren, Lunge und Leukozyten), wohingegen die NAT2 hauptsächlich in Leber und Darm (jedoch nicht in Leukozyten) gefunden wird. Die beiden Enzyme haben teilweise überlappende Substratspektren, werden aber unabhängig voneinander reguliert.

Substrate für die NAT1 sind z.B. *p*-Aminobenzoesäure, Sulfamethoxazol und Sulfanilamid. Substrate für die NAT2 sind Pharmaka wie das Hydrazin Isoniazid und die Arylamine Procainamid, Aminoglutethimid und Dapson. Des Weiteren werden verschiedene Umweltgifte durch die NAT2 umgesetzt: Arylamine (Benzidin, 2-Naphthylamin, 2-Aminofluoren) und heterocyclische Amine (Pyrolyseprodukte von Fleisch).

Für die NAT2 existiert ein genetischer Polymorphismus, der sich in der Acetylierungsgeschwindigkeit des Tuberkulosemedikamentes Isoniazid zeigt. Langsame Acetylierung erhöht die Gefahr neurotoxischer Nebenwirkungen. Es ist ein langsamer, ein intermediärer und ein schneller Acetylierertyp bekannt (*slow, intermediate, rapid metabolizers*). Der langsame Acetylierertyp tritt gehäuft im Mittleren Osten auf, in Europa sind intermediäre Acetylierer verbreitet, in Ostasien trifft man überwiegend auf den schnellen Acetylierertyp. Die Wildtyp-NAT2 bringt den schnellen Acetylierertyp hervor, der langsame und der intermediäre Acetylierertyp wird durch Mutationen in verschiedenen Allelen des NAT2 Gens verursacht.

Der genetische Polymorphismus der NAT2 stellt bei Exposition gegenüber Fremdstoffen einen Prädispositionsfaktor für bestimmte Tumoren dar. So beeinflusst der Acetylierertyp die Suszeptibilität für Blasen- und Darmkrebs durch aromatische Amine. Während langsame Acetylierer eher Blasenkrebs nach Exposition gegenüber aromatischen Aminen entwickeln, haben schnelle NAT2-Acetylierer dagegen ein höheres Risiko für durch heterocyclische aromatische Amine ausgelösten Darmkrebs. Langsame Acetylierer acetylieren im Vergleich zu schnellen Acetylierern pro Zeiteinheit weniger aromatische Amine. Dies führt dazu, dass alternativ eine oxidative Metabolisierung stattfindet. Dies kann z. B. bei aromatischen Aminen zur Bildung von hochreaktiven Arylnitreniumionen führen, die mit der DNA von Harnblasenurothelzellen reagieren. Somit stellt die N-Acetylierung hinsichtlich des Blasenkrebsrisikos durch aromatische Amine einen Schutzfaktor dar. Dahingegen sind die durch Acetylierung der heterocyclichen aromatischen Amine im Colon entstehenden N-Acetoxyarylamine hochreaktiv und bilden DNA-Addukte. Hier ist also die Acetylierung ein Risikofaktor.

3.3.6 Methyltransferasen

Eine weitere für den Fremdstoffmetabolismus ungewöhnliche Kopplungsreaktion ist die Methylierung von Xenobiotika. Hier werden funktionelle Gruppen maskiert und die Lipophilie der Substanz im Allgemeinen erhöht. Substrate sind alkoholische oder phenolische Hydroxylgruppen, primäre, sekundäre und tertiäre Aminogruppen sowie Thiolgruppen. Metalle (Hg, As, Se) können ebenfalls methyliert werden.

Es existieren verschiedene Enzyme, die Methylierungen katalysieren, z. B. Catechol-O-Methyltransferase (COMT), Histamin-N-Methyltransferase, Nicotinamid-N-Methyltransferase. Beim Menschen sind über 30 Methyltransferasen bekannt.

Als „aktiviertes“ Kosubstrat für die Methylierungsreaktionen fungiert S-Adenosylmethionin (SAM).

Für den Fremdstoffwechsel ist die Methylierungsreaktion in quantitativer Hinsicht zumeist nur von untergeordneter Bedeutung. Durch Maskierung von funktionellen Gruppen wird eine Konjugation durch andere Phase-II-Enzyme und damit eine Exkretion eher verhindert. Eine Ausnahme stellen N-Methylierungen von Pyridinringen dar, z. B. die Methylierung von Nikotin. Die Methylierung des Pyridinstickstoffs des Nikotins durch die Nikotin-N-Methyltransferase ergibt ein N-Methylnikotiniumion (quarternäres Stickstoffatom), welches durch seine positive Ladung an Polarität gewinnt und so besser ausgeschieden werden kann. Die O-Methylierung von Phenolen und Catecholgruppen katalysiert die COMT, Substrate sind hauptsächlich Neurotransmitter wie z. B. Dopamin. Dieses Enzym besitzt eine große Bedeutung bei Morbus Parkinson. Eine detoxifizierende Rolle spielt die Methylierung von Schwefelwasserstoff. Aus dem toxischen H_2S, welches im Darm durch anaerobe Bakterien gebildet wird, entsteht durch S-Methyltransferasen das Methylthiol und Dimethylsulfid, deren Toxizität im Vergleich zur Ausgangssubstanz geringer ist. Eine Erhöhung der Toxizität im Vergleich zur Ausgangsverbindung hingegen stellt die Methylierung von Metallen dar (Hg, As).

3.4 Zusammenfassung

Die Biotransformation von Substanzen durch Enzyme des Fremdstoffmetabolismus hat eine große Bedeutung für die Elimination von lipophilen Fremdstoffen, die ansonsten im Organismus akkumulieren würden. Diese Fremdstoffe werden zunächst durch Enzyme der Phase-I funktionalisiert, d. h. es werden durch Oxidation funktionelle Gruppen in das Molekül eingeführt. Wichtige Enzyme hierfür sind die Cytochrom-P450-Monooxigenasen (CYP), andere an Reaktionen der Phase-I beteiligte Enzyme sind z. B. Cyclooxigenasen (COX), Flavin haltige Monooxygenasen (FMO) und Monoaminoxidasen (MAO). Die Fremdstoffe können nun in der Phase-II des Fremdstoffmetabolismus mit hydrophilen Substanzen konjugiert und danach ausgeschieden werden. Enzyme der Phase-II sind UDP-Glucuronosyltransferasen (UGT), N-Acetyltransferasen (NAT), Sulfotransferasen (SULT) und Glutathion-S-Transferasen (GST). Neben der entgiftenden Rolle durch die Ausscheidung von potenziell toxischen Fremdstoffen wird zum Teil durch bestimmte Enzyme des Fremdstoffmetabolismus auch eine Giftung von Fremdstoffen bewirkt. Dies geschieht z. B. durch die CYP, wenn reaktive Epoxide gebildet werden oder durch die SULT, die häufig zur Bildung reaktiver Carbeniumionen führt. Der Fremdstoffmetabolismus findet größtenteils in der Leber statt, aber auch in anderen Organen sind fremdstoffmetabolisierende Enzyme aktiv.

Fremdstoffmetabolisierende Enzyme unterscheiden sich hinsichtlich Vorkommen und Aktivität in unterschiedlichen Spezies, aber auch innerhalb einer Spezies kann dies stark variieren. Dies ist zum einen durch Enzympolymorphismen bedingt, zum anderen auch durch die Tatsache, dass viele FME durch Xenobiotika induziert werden können. Unterschiede im Fremdstoffmetabolismus können einen bedeutenden Parameter für die Toxizität bestimmter Xenobiotika darstellen.

3.5 Fragen zur Selbstkontrolle (Exercises)

1. *Wie ist ein genetischer Polymorphismus definiert?*
2. *In welchen Formen liegt das Eisen der prosthetischen Gruppe des CYP während seines katalytischen Cyclus vor? Wie nennt man die prosthetische Gruppe in Abhängigkeit vom Zustand des Eisens?*
3. *Welches ist der toxische Metabolit des Ethanols und durch welches Enzym entsteht er/wird er detoxifiziert?*
4. *Welche molekularen Mechanismen liegen der Aktivierung von Prokarzinogenen durch CYP-Metabolismus zugrunde?*
5. *Was ist das „Fishodor-Syndrom" und welche Störung liegt diesem Syndrom zugrunde?*
6. *Erläutern Sie anhand des Metabolismus die Toxizität von Paracetamol.*
7. *Nennen Sie zwei Beispiele, bei denen die Glutathion-Konjugation zur Giftung führt.*
8. *Welche Konjugationsreaktion führt am häufigsten zu einer Toxifizierung des Substrates? Durch welches Beispiel lässt sich der Mechanismus beschreiben?*
9. *Warum besteht bei langsamen Acetylierern, die gegen aromatische Amine exponiert waren, ein erhöhtes Harnblasentumorrisiko?*
10. *Welchen Einfluss besitzt die Glucuronidierung auf die Wirkung des Morphins?*
11. *Warum lässt sich die Gesamt-Glutathiontransferaseaktivität nicht mit 1-Chlor-2,4-dinitrobenzol als einzigem Substrat nachweisen?*
12. *In welchen Parametern und wie unterscheiden sich Sulforansferasen und Glucuronyltransferasen?*

3.6 Literatur

1 Nebert DW (2006), Encyclopedia of Life Sciences, doi: 10.1002/9780470015902.a0006143
2 Pelkonen O and Raunio H (1997), Metabolic activation of toxins: tissue-specific expression and metabolism in target organs. Environ Health Perspect 105 (4): 767–774
3 Denison MS and Nagy SR (2003), Activation of the aryl hydrocarbon receptor by structurally diverse exogenous and endogenous chemicals. Ann. Rev. Pharmacol. Toxicol. 43:309–334
4 Nourjah P, Ahmad RS, Karwoski C, Willy M (2006), Estimates of Acetaminophen-Associated overdoses in the United States. PD Safe 15:398–405
5 Garnier R, Rambourg-Schepens MO, Müller A, Hallier E (1996), Glutathione transferase activity and formation of macromolecular adducts in two cases of acute methyl bromide poisoning. Occup Environ Med 53(3):211–215
6 Kiang et al. (2005), UDP-Glucuronosyltransferases and clinical drug-drug interactions. Pharmacol Ther 106:97–132
7 Miners et al. (2006), In vitro-in vivo correlation for drugs and other compounds eliminated by glucuronidation in humans. Biochem Pharmacol 71:1531
8 Parkinson und Ogilvie (Ed.: CD Klaassen) (2008), Biotransformation of Xenobiotics in: Casarett & Doulĺs Toxicology. 7. Auflage, MacGraw Hill Medical

4
Toxikodynamik

Hans-Werner Vohr

Während die Toxikokinetik beschreibt, was der Organismus mit einer Substanz macht (Resorption, Verteilung, Speicherung, metabolische und exkretorische Elimination), beschreibt die Toxikodynamik, was ein Stoff mit dem Organismus macht. Dazu zählen die Fragen:

- Welche Wirkungen werden durch die Substanz im Körper verursacht?
- Wie werden diese Wirkungen ausgelöst?

Daraus ergeben sich die Aspekte, die hier besprochen werden müssen. Zunächst ist festzuhalten, dass viele toxische Wirkungen in gewissen Bereichen dosisabhängig (zeitlich und quantitativ) auftreten. Diese Wirkungen können prinzipiell an allen Körperorganen auftreten und alle Körperfunktionen betreffen. Somit müssen in der Toxikodynamik eine Vielzahl von Körperfunktionen analysiert werden. Der erste Teil des Kapitels beschäftigt sich daher mit Dosis-Wirkungsbeziehungen.

Bei der Frage der zugrundeliegenden Mechanismen der beobachteten Wirkungen können wiederum zwei grundlegende Interaktionen der Stoffe mit den Organen unterschieden werden, erstens solche, die über Rezeptoren vermittelt werden, und solche, die Wirkungen auf andere Weise ausüben. Der zweite Teil beschäftigt sich dann mit den Mechanismen, die einen Stoff „toxisch" werden lassen. Hier werden sowohl die Interaktionen mit Rezeptoren, als auch andere Mechanismen (Membraneffekte, Transportkanäle, Ionenkanäle, Enzymhemmungen usw.) behandelt.

4.1
Dosis-Wirkungsbeziehungen

Bezogen auf die Zeitspanne zwischen Exposition und Einsetzen der Schadwirkungen (Latenz) lassen sich zwei Wirkungen unterscheiden: die *akute Wirkung* (Sekunden bis wenige Tage nach der Exposition) und die *chronische Wirkung* (Wochen bis Jahre nach Exposition).

Toxikologie Band 1: Grundlagen der Toxikologie. Herausgegeben von Hans-Werner Vohr

ISBN: 978-3-527-32319-7

Ein Beispiel für akute toxische Wirkungen wären Lungenödeme nach Toluol-Exposition, solche für chronische Wirkungen wären Lungenfibrosen bzw. Lungenkrebs nach Asbest- oder Tabakrauchexposition.

Es gibt aber auch Substanzen, die sowohl akut als auch chronisch toxische Wirkungen induzieren können, wie z. B. die Totalherbizide Diquat und Paraquat (vgl. auch Kapitel 12).

Eine weitere Einteilung lässt sich aufgrund des Umfangs der Schädigung vornehmen:

- die *lokale Wirkung* (nur direkt exponierte Körperteile werden geschädigt) und
- die *systemische Wirkung* (nach der Resorption wird der Gesamtorganismus geschädigt).

Beispiele für lokale toxische Reaktionen sind Irritationen bzw. Verätzungen der Haut oder der Schleimhaut.

Schließlich kann man noch danach unterscheiden, ob eine Substanz einen dauerhaften Schaden verursacht oder nicht:

- die *reversible Wirkung* (nach der Elimination wird der Normalzustand wie vor der Noxe erreicht, dauerhafte Schäden treten nicht auf) und
- die *irreversible Wirkung* (selbst nach vollkommener Elimination der Noxe bleiben Schäden zurück oder entwickeln sich mit der Zeit).

Beispiele für reversible Wirkungen sind viele moderne Narkotika, Kohlenstoffmonooxid-Intoxikationen oder Haut-Irritationen, während ätzende Substanzen und Kanzerogene natürlich irreversible Schäden verursachen.

Allerdings muss bei all diesen Einteilungen darauf hingewiesen werden, dass in sehr vielen Fällen die Grenzen nicht absolut zu ziehen sind. Denn allein die Dosis macht, dass ein Ding kein Gift ist (frei nach Paracelsus, 1493–1541). Besonders natürlich müssen bei der Entwicklung von Pharmaka diese Grenzen zwischen erwünschter Wirkung und unerwünschter, eventuell irreversibler Nebenwirkung (Toxizität) genau bestimmt werden. Den Dosisabstand zwischen der gewünschten Wirkung auf den Patienten und möglichen unerwünschten Nebenwirkungen nennt man Sicherheitsabstand, bei Pharmaka spricht man hier auch von der „therapeutischen Breite“ der Substanz. Die Abb. 4.1 illustriert diese Verhältnisse. Die Dosis-Wirkungsbeziehungen werden hier, wie in der Toxikologie üblich, halblogarithmisch dargestellt. Dadurch erhält man einen linearen Abschnitt im Bereich der halbmaximalen Wirkstärke. Aus solchen Kurven lässt sich dann einfach die dazugehörige oder die dem entsprechende Dosis ermitteln. Ist der Endzustand Letalität als Wirkung gewählt, so können für jede Substanz die Dosen ermittelt werden, bei denen 50% der Tiere sterben, die so genannten LD_{50}-Werte. Sie erlauben einen guten Vergleich der akuten Toxizität einer Substanz, wobei selbstverständlich darauf geachtet werden muss, dass die verglichenen Werte zumindest in der gleichen Spezies (meist Ratte) erhoben wurden.

Ähnliche Sicherheitsabstände werden auch für Biozide bestimmt. Nur wird dort der Sicherheitsabstand definiert durch die Grenzen zwischen einer guten

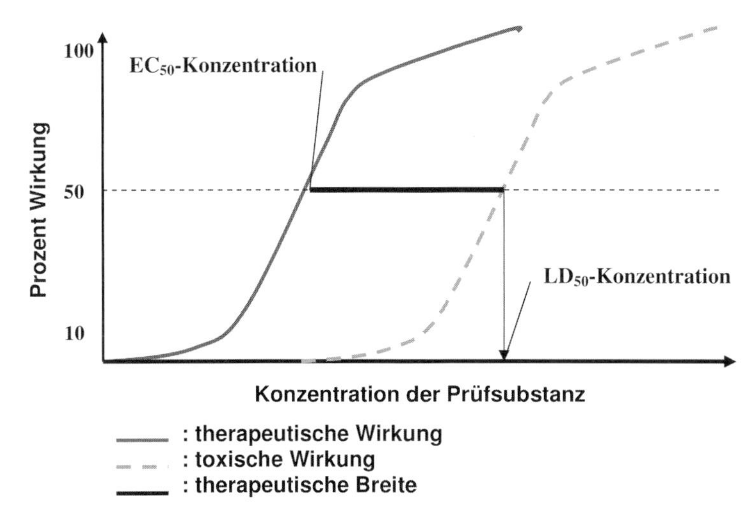

Abb. 4.1 Bestimmung der Effektivdosis und der letalen Dosis.

Wirkung auf die zu bekämpfenden Schädlinge und keinerlei Beeinflussung der Gesundheit (*No Effekt Level = NOEL*) des Menschen. Bei der entsprechenden Risikobeurteilung müssen auch sehr empfindliche Personen, wie z. B. Kleinkinder, ältere Menschen, Allergiker usw., in die Berechnungen der Sicherheitsabstände einbezogen werden (vgl. hierzu auch Kapitel 9).

Aus dem eben Gesagten ergibt sich aber auch, dass es keine absolut identische Wirkkonzentration oder umgekehrt keine absolute toxische Konzentration eines Stoffes geben kann. Wird eine Substanz X einem Menschen mit 50 kg Körpergewicht (Kgw) verabreicht und dieselbe Menge der Substanz einer Person mit 100 kg Körpergewicht, so ergibt sich bei gleichmäßiger Verteilung im Körper im ersten Fall rechnerisch eine doppelt so hohe Konzentration pro kg Körpergewicht. Es ist deswegen wichtig, alle Dosierungen auf das Körpergewicht zu beziehen, und bei Kindern auch die Körperoberfläche zu berücksichtigen.

In der Toxikologie kann sich die „Wirkung" eines Stoffes auf ein Individuum beziehen („...bei zunehmender Dosis zeigte Patient X vermehrt Herzrhythmusstörungen..."), oder – weitaus häufiger – auf ein Kollektiv („...5 von 27 Patienten (18,5%) reagierten mit Kopfschmerzen und Völlegefühl auf die Substanz...").

Das bekannteste und einfachste Beispiel für die Bestimmungen solcher „kollektiven Wirkstärken" ist die Messung der akuten Toxizität, wie sie lange Zeit an Kollektiven von drei Ratten ermittelt wurde. Hierfür wird jeweils drei Männchen und drei Weibchen eine mittlere Dosis einer Substanz verabreicht (normalerweise 200 mg kg^{-1} Kgw) und die klinischen Symptome sowie Letalität bestimmt. Stirbt in dem Ansatz mehr als ein Tier, wird die Dosis um Faktor 8 erniedrigt (auf 25 mg kg^{-1}) oder um Faktor 10 erhöht (auf 2000 mg kg^{-1}). Aus den Befunden werden die LD_{50}-Werte interpoliert und die Einteilung der Stoffe in „sehr giftig" (T+; $LD_{50} < 25$ mg kg^{-1}; Beispiel Kaliumcyanid;), „giftig" (T; $25 < LD_{50} < 200$ mg kg^{-1}; Beispiel Arsen) und „gesundheitsschädlich" (Xn; $200 < LD_{50} < 2000$ mg kg^{-1}; früher auch mindergiftig; Beispiel Glykol) vorgenommen. Diese akute Toxizität muss für alle Stoffe bestimmt werden, mit denen der Mensch in Kontakt kommt oder kommen könnte, also alle Lebensmittelzusatzstoffe, Kosmetika, Kunststoffe, Biozide, Waschmittel, Klebstoffe usw. Je nach Kontaktmöglichkeit kann, neben der systemischen, auch eine Prüfung auf dermale und/oder inhalative akute Toxizität bestimmt werden müssen.

Zu solchen toxikologischen Grundprogrammen gehören auch noch Tests auf korrosive (ätzende) und reizende sowie sensibilisierende Eigenschaften an Haut und Schleimhaut. Auch diese Tests müssen für jeden Stoff durchgeführt werden (OECD TG 404, 405 [1, 2]; *in vitro*: TG 430, 431 [3, 4]), mit denen umgegangen wird, die eine gewisse Produktionsgrenze übersteigen (Tonnage pro Jahr), oder die in den Verkehr gebracht werden.

Weltweit gibt es zum Umgang und Transport von Industriechemikalien zahlreiche Richtlinien, die vorschreiben, wann welche toxikologischen Untersuchungen vorgenommen werden müssen. Viele dieser Richtlinien wurden erst in den letzten Jahren veröffentlicht, sodass „ältere" Chemikalien, die seit Jahren auf dem Markt sind, z. T. nicht so umfangreich untersucht worden waren. Aus diesem Grund wurde bereits 1993 in der EU beschlossen, alle Industrie-Chemikalien, die ab 1981 auf den Markt gekommen sind, nochmals toxikologisch – abhängig auch von der Jahresproduktion der jeweiligen Substanz – zu bewerten. Dieses wurde unter der „EG-Altstoffverordnung" bekannt und 1997 mit einer „Allgemeinen Verwaltungsvorschrift (AVV) zur Durchführung der EG-Altstoffverordnung" in deutsches Recht umgesetzt. Auf besonderen Druck einiger skandinavischer Länder wurde inzwischen gefordert, dass EU-weit alle Altstoffe, also auch die, welche vor 1981 auf den Markt kamen, toxikologisch bewertet werden sollen. Dieser Vorgang ist mit dem Begriff REACH verknüpft (siehe Box).

REACH

Der Begriff REACH steht für „Anmeldung, Prüfung und Zulassung von Chemikalien" (*Registration, Evaluation and Authorisation of Chemicals*). Seit 1999 arbeitet die Europäische Kommission an diesem neuen Chemikalienrecht, das rund 30 000 Chemikalien betreffen würde, über die bisher keine ausreichende toxikologische Bewertungen vorliegen. Diese Verordnung umfasste bereits im Entwurf ca. 1200 Seiten Text, in dem die Herstellung und Vermarktung von Chemikalien geregelt wird. Hersteller und Importeure von Chemikalien sollen darin verpflichtet werden, Sicherheitsdaten für Chemikalien vorzulegen, die mögliche Auswirkungen auf Mensch und Umwelt beurteilen. Auf diese Weise sollen die gefährlichsten Chemikalien erkannt und allmählich aus dem Verkehr gezogen werden.

Am 29. Oktober 2003 wurde der Gesetzentwurf der Europäischen Kommission dem Europäischen Parlament zur Beratung übergeben. Ende 2005 wurde der Entwurf mit zahlreichen Änderungen vom Europäischen Parlament beschlossen und an den Ministerrat weitergeleitet. Je nach Produktionsmenge (Tonnage pro Jahr) bzw. möglichem Gesundheitsrisiko (kanzerogen, mutagen oder fortpflanzungsgefährdend) sollen die ersten Substanzen bereits drei Jahre nach Inkrafttreten der Verordnung (EU Nr. 1907/2006 vom 18. Dezember 2006) [5] vollständig bewertet und registriert sein. Um dieses Ziel zu erreichen, müssten Hunderte toxikologische Tests durchgeführt werden, was in gewissem Konflikt mit Bestrebungen des Tierschutzes steht. Deswegen wurde der Druck weiter erhöht, möglichst schnell validierte Alternativmethoden zu den bisherigen *In-vivo*-Tests zu entwickeln. Für ätzende und reizende Substanzen stehen solche Methoden bereits zur Verfügung (OECD TG 430, 431 und 435) [3, 4, 6] für andere Endpunkte dagegen sind sie noch nicht in Sicht [7]. Wahrscheinlich wird es für komplexere Endpunkte auch auf absehbare Zeit keine zuverlässigen Alternativmethoden geben.

4.2 Wirkmechanismen

Bei den Wirkmechanismen kann man unspezifische und spezifische Interaktionen von Substanzen unterscheiden. Zu den unspezifischen gehören solche, die aufgrund der chemischen Eigenschaften der Substanzen Wechselwirkungen mit Zellbestandteilen zeigen. Demgegenüber gibt es Wechselwirkungen, die spezifisch über Rezeptoren, Membranproteine oder Enzyme stattfinden, oder auch Transportvorgänge spezifisch blockieren oder aktivieren.

4.2.1 Spezifische Wirkmechanismen

4.2.1.1 Rezeptoren

Rezeptoren sind biologische Makromoleküle mit Bindungsstellen für Signalmoleküle, Liganden. Beim Menschen können vier Rezeptortypen unterschieden werden:

1. Ligand gesteuerte Ionenkanäle,
2. G-Protein gekoppelte Rezeptoren,
3. Rezeptoren mit Tyrosinkinase-Aktivität,
4. DNA-Transkription regulierende Rezeptoren.

Nach Bindung des Liganden wird über eine Signaltransduktionskette eine Änderung zellulärer Eigenschaften ausgelöst. In den meisten Fällen kann man am Rezeptor eine Bindungsstelle, welche die Affinität zum Rezeptor vermittelt, und die Signal auslösende Aktivität (intrinsische Aktivität) unterscheiden. Ein be-

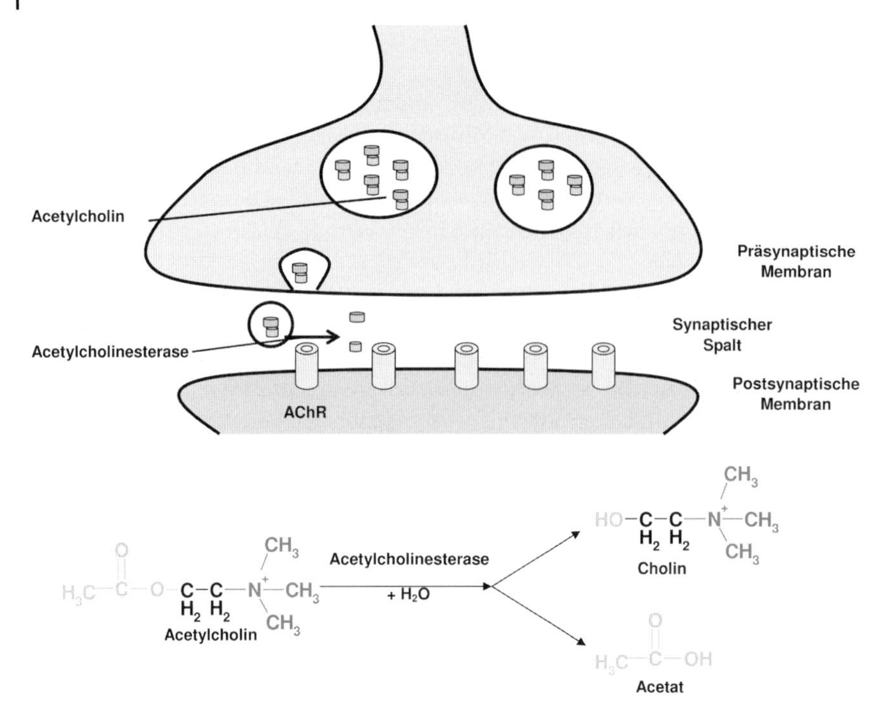

Abb. 4.2 Der Acetylcholinrezeptor in der postsynaptischen Membran des synaptischen Spalts.

kanntes Beispiel für einen solchen Rezeptor ist der Acetylcholinrezeptor (AChR), der die Nervenimpulsübertragung auf die quergestreifte Muskulatur, die motorische Endplatten und in diversen Arealen des ZNS vermittelt (siehe Abb. 4.2). Man unterscheidet zwei Rezeptoren, einmal solche, welche durch Nikotin (nikotinerg) und denen, die durch Muscarin (muscarinerg) stimuliert werden können. Nikotinerge Rezeptoren (nAChR) sind Ionenkanäle, also ionotrop, während die muscarinergen Rezeptoren (mAChR) G-Protein gekoppelt, also metabotrop wirken.

Muscarinerge Rezeptorwirkungen äußern sich u. a. in erhöhter Sekretion von Magensaft, Erniedrigung der Herzfrequenz, Kontraktion der glatten Muskulatur (Darm, Bronchien, Drüsen) sowie Dilatation der Blutgefäße.

Substanzen, die eine ähnliche Ladungsverteilung im gleichen Abstand (ca. 0,5 nm) besitzen wie Acetylcholin, können am Rezeptor binden und gleiche Wirkungen induzieren.

Solche Moleküle nennt man Agonisten. Neben Muscarin (ein Alkaloid aus dem Fliegenpilz; s. o.) ist ein weiteres Beispiel für einen solchen Agonisten der Carbaminsäurecholinester, das Carbachol (siehe Abb. 4.3).

Aufgrund der quartären Ammoniumgruppe tritt die Substanz nicht über die Blut-Hirn-Schranke und wirkt daher überwiegend auf die Muskelendplatten. Carbachol ist gegenüber der Acetylcholinesterase stabiler als Acetylcholin und

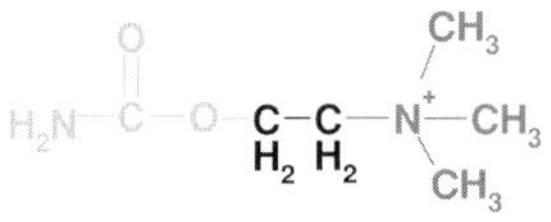

$H_2N-C(=O)-O-CH_2-CH_2-N^+(CH_3)_3$

Abb. 4.3 Struktur des Carbachols.

zeigt dadurch eine starke parasympathikomimetische Wirkung. Es kann oral oder auch lokal (subkutan, intramuskulär) eingesetzt werden, vor allem bei Verdauungsproblemen und beim Glaukom. Neben der Wirkung auf den Muskeltonus werden Speichelfluss und Magensaftsekretion angeregt. Wirkungen auf das Herzkreislaufsystem (Blutdruckabfall) setzen erst bei höherer Dosierung ein. Durch die parasympathische Übererregung nach Carbachol erklären sich, neben dem Blutdruckabfall, auch die weiteren Nebenwirkungen, wie Schweißausbruch, Übelkeit, Erbrechen, Speichelfluss und verstärkter Harndrang.

Die Einzeldosis besteht bei oraler Verabreichung im Durchschnitt aus 2 mg pro Person, d. h. um 0,033 mg kg^{-1} (therapeutische Dosierung). Die LD_{50} bei der Ratte liegt bei 40 mg kg^{-1}. Aufgrund der Befunde an verschiedenen Spezies kann man für den Menschen ähnlich hohe toxische Dosierungen vermuten. Die „therapeutische Breite" dürfte für Carbachol somit weit über Faktor 100 liegen.

Myasthenia gravis

Myasthenia gravis (MG) ist eine organspezifische Autoimmunerkrankung, bei der Autoantikörper gebildet werden, die spezifisch für die Acetylcholinrezeptoren sind. Indem sie an den Rezeptoren binden, verhindern sie die Signaltransduktion. Das Acetylcholin hat damit keine Wirkung an der motorischen Endplatte. Der Beginn der MG äußert sich meist an den Augenlidern. Es fällt den Patienten schwer, die Augen ganz zu schließen. Die Augenlider hängen tief. Bei einigen Myasthenikern bleiben die Symptome auf die Augen beschränkt, in den meisten Fällen ist die Krankheit aber progressiv, d. h. es werden zunehmend Gesichts- und Extremitätenmuskulatur in Mitleidenschaft gezogen.

Therapeutisch werden neben Immunsuppressiva auch Acetylcholinesterasehemmer verabreicht, um den Abbau des Transmitters zu verlangsamen.

Wie bei vielen Autoimmunerkrankungen ist die MG sowohl abhängig vom genetischen *background*, als auch alters-geschlechtsspezifisch (am häufigsten erkranken junge Frauen und ältere Männer). Die Ursachen sind nicht genau bekannt, aber Substanz induzierte Fälle wurden beschrieben (z. B. nach D-Penicillamin-Gabe).

Agonisten ohne quartäre Ammoniumgruppe überwinden die Blut-Hirn-Schranke und können daher nur lokal eingesetzt werden. So kann z. B. das Pilocarpin nur bei der Behandlung des Glaukoms benutzt werden.

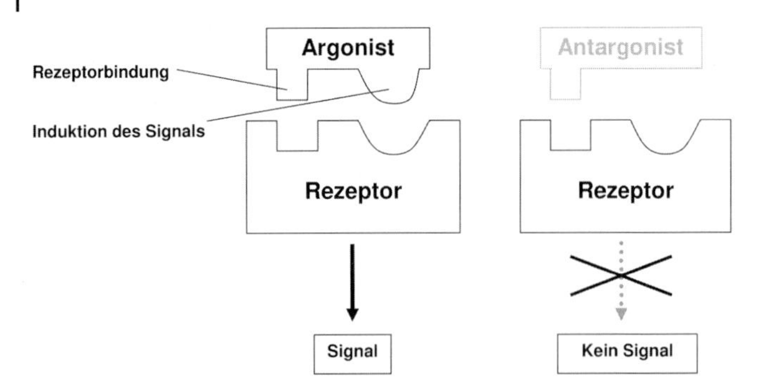

Abb. 4.4 Wirkungen von Agonisten und Antagonisten am Rezeptor.

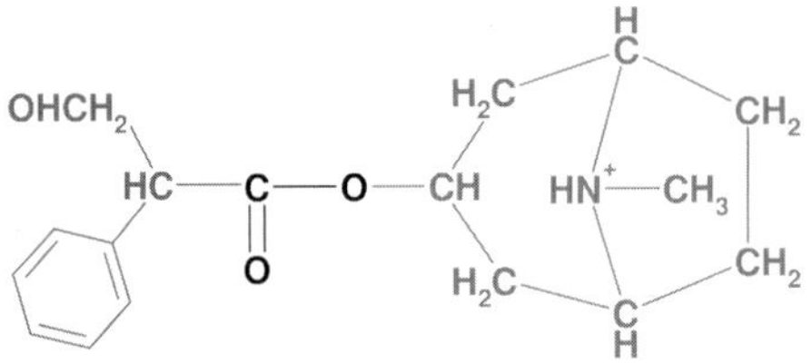

Abb. 4.5 Struktur des Atropins.

Es gibt auch Substanzen, die mit hoher Affinität an Rezeptoren binden, aber keine Signale in der Zelle induzieren. Solche Antagonisten (siehe Abb. 4.4) blockieren dadurch die Wirkungen der natürlichen Liganden. Der wohl bekannteste Antagonist cholinerger Rezeptoren dürfte ein Alkaloid aus der Tollkirsche (*Atropa belladonna*), das Atropin, sein (siehe Abb. 4.5).

Akut parasympathisch Vergifteten (z. B. mit E605) gibt man Atropin, das die Bindungsstelle am Acetylcholinrezeptor irreversibel blockiert, aber nicht zur Weiterleitung der Erregungsimpulse führt. Dadurch unterbricht Atropin den ausgelösten Dauerreiz, wodurch das sympathische System die Oberhand gewinnt, den Blutdruck wieder steigen lässt, das Herz zum raschen Schlagen anregt, die Peristaltik bremst und Schweißausbrüche reduziert. Bei Überdosierung von Atropin kann es dann aber vorkommen, dass während der Rezeptorblockade soviel neue Acetylcholinesterase synthetisiert wird, dass deren Menge ausreicht, das freie Acetylcholin umzusetzen. Eine vorsichtige, individuelle Anpassung der Atropingaben wäre daher sehr sinnvoll, um solche überschießenden Reaktionen zu verhindern. Das ist allerdings in akuten Notfallsituationen nicht einfach umzusetzen.

Der wohl bekannteste Antagonist für den nAChR ist Curare, das Pfeilgift aus der Rinde verschiedener tropischer Pflanzen. Der aktive Bestandteil ist das d-Tubocurare. Curare oder d-Tubocurare werden heute in der Medizin nur noch wenig eingesetzt, synthetische Substanzen mit Curarewirkung gibt es aber zahlreich (Relaxantien in der Chirurgie).

Bei dem Begriff Rezeptor denkt man zunächst einmal an membrangebundene Komplexe wie den besprochenen AChR. Neben mAChR wäre ein weiteres, wichtiges Beispiel für einen G-Protein gekoppelten Rezeptor der Noradrenalin-Rezeptor, während der Insulinrezeptor ein Beispiel für einen Rezeptor mit Tyrosinkinaseaktivität darstellt. Andererseits gibt es aber auch zahlreiche zytosolische Rezeptoren, die ebenfalls Ziele von toxischen Substanzen sein können.

In diesem Zusammenhang sei z. B. auf den Ah-Rezeptor verwiesen, der spezifisch aromatische Kohlenwasserstoffe bindet und mit der DNA in Wechselwirkung tritt. Dioxin hat eine hohe Affinität zu diesem Rezeptor und beeinflusst damit agonistisch eine Reihe von Stoffwechselwegen verschiedener Organe. Aber auch antagonistische Wirkungen z. B. im Thymus werden diskutiert. Zahlreiche antagonistische Wirkungen können nicht direkt, sondern über Hemmung der entsprechenden Enzyme verursacht werden. Das gilt zum Beispiel. für viele Pflanzenschutzmittel und chemische Kampfstoffe. Da hierüber aber in den Kapiteln 12, 13 und in Band II, Kapitel 9 ausführlich geschrieben werden wird, soll es an dieser Stelle bei diesem Hinweis bleiben.

Sehr wichtige intrazelluläre Rezeptoren sind außerdem alle diejenigen, welche die DNA-Transkription regulieren. Hierzu gehören z. B. die Steroidrezeptoren. Gerade in den letzten Jahren sind Substanzen, die (sexual-)hormonähnliche Effekte über Steroidrezeptoren vermitteln können, als „endokrine Disruptoren" in die Schlagzeilen gekommen (siehe Box).

Endocrine Disruption

1992 haben Colborn und Clement [8] berichtet, dass in der Umwelt vorhandene Substanzen in der Lage seien, in das endokrine System von Mensch und Tier einzugreifen, ohne direkte toxische Wirkung zu entfalten. Damit wurde der Begriff *„endocrine disruptors"* geboren. Sie wurden auf einem Workshop der EU in Weybridge 1996 als „Stoffe exogener Herkunft, die adverse Effekte auf die Gesundheit eines Organismusses oder seiner Nachkommen in der Folge von Veränderungen der endokrinen Funktion hervorrufen können", bezeichnet. Tatsächlich wurden aber in den Folgejahren fast ausschließlich Substanzen mit östrogener oder seltener auch androgener Wirkung beschrieben. Bis heute ist es in der Fachwelt sehr umstritten, ob und inwieweit Umweltchemikalien solche Hormonwirkungen *im Menschen* hervorrufen können. Interessanterweise befasst sich die Mehrzahl der Arbeiten mit Verweiblichungseffekten, die durch östrogenartige Substanzen in der Umwelt auftreten können, während es nur sehr wenige Publikationen gibt, die sich mit androgenen Effekten von Umweltsubstanzen befassen.

Auch zunächst plausibel erscheinende Ergebnisse können bei genauerer Betrachtung der Umstände wieder in Frage gestellt werden. So berichteten Purdom et al. 1994 [9] über Feminisierungserscheinungen männlicher Regenbogenforellen (*Oncorhynchus mykiss*), die im Auslauf britischer Kläranlagen in Käfigen gehalten wurden. Es konnte aber durch diese Studie nicht gezeigt werden, dass die Wirkungen tatsächlich auf den Einfluss von Umweltchemikalien zurückzuführen waren, also nicht einfach auf schlecht geklärten, relativ hochkonzentrierten Östrogen- und Gestagenmengen (z. B. aus Anti-Baby-Pillen) beruhten.

Bisher haben diesbezügliche Befunde an Tieren (Schnecken) nur bei einer einzigen Gruppe von Chemikalien zum Verbot (bis 2008) geführt, bei den Organozinnverbindungen (TBT=Tributylzinnoxid), die insbesondere in Schiffsfarben als *Anti-Fouling* verwendet werden und dadurch auch in die Nahrungskette gelangen können.

Je nach Interaktion einer Substanz mit einem Rezeptor unterscheidet man „Konzentrationsgifte“ von „Summationsgiften“.

Bei den Konzentrationsgiften nimmt die Wirkstärke in Abhängigkeit von der Konzentration der toxischen Substanz in der Umgebung des Rezeptors zu, bis eine Sättigung erreicht ist. Entsprechend nimmt die Wirkung am Rezeptor bei Reduktion der Konzentration wieder ab.

Bei den Summationsgiften induziert die toxische Substanz eine irreversible Schädigung der Rezeptoren, sodass die Wirkung auch nach Absetzen der Substanz bestehen bleibt. Dieser Schaden kann im Laufe der Zeit teilreversibel sein (z. B. durch Reparaturmechanismen bzw. Neusynthese), bleibt aber nach geringer Dosierung zunächst unbemerkt. Wird die Substanz dann nochmals verabreicht bzw. aufgenommen, werden weitere Rezeptoren geschädigt, die Effekte somit „aufsummiert“, sie kumulieren zu einer „Lebensdosis“. Besonders bei krebserregenden Stoffen werden solche Mechanismen als Erklärung zugrunde gelegt. Dabei ist die Wirkung nicht absolut auf Rezeptoren beschränkt. So werden Alkylanzien, die hochreaktive Alkylgruppen auf Proteine oder Nukleinsäuren (DNA, RNA) übertragen, ebenfalls als Summationsgifte bezeichnet.

4.2.1.2 **Enzyme**

Substanzen können auch mit Enzymen interagieren. Wenn wir in dem Beispiel der cholinergen Rezeptoren bleiben, hat man mit der ACh-Esterase ein sehr gut untersuchtes Enzymsystem. Es gibt viele toxische Substanzen, die die ACh-Esterase hemmen, wie Insektizide und Kampfstoffe (z. B. Phosphorsäureester, einige Carbamate). Hier sei auf die entsprechenden Kapitel in diesem Buch (Kapitel 9, 12–14) und Band II verwiesen.

Aber auch Pflanzenprodukte, wie bestimmte Alkaloide, können die ACh-Esterase reversibel hemmen. Ein bekanntes Beispiel ist das Physostigmin (Eserin; siehe Abb. 4.6) aus der Calabarbohne (*Physostigma venenosum*).

Aufgrund der muscarinartigen, zentralnervösen Wirkung wird es systemisch bei Atropinvergiftungen und lokal zur Behandlung des Offenwinkelglaukoms eingesetzt.

Andere Enzyme, mit denen toxische Substanzen spezifisch in Wechselwirkung treten können, sind z. B. Polymerasen, Synthetasen und mitochondriale Enzyme. Bei den Letzteren ist sicherlich die Hemmung der Cytochrom-c-Oxi-

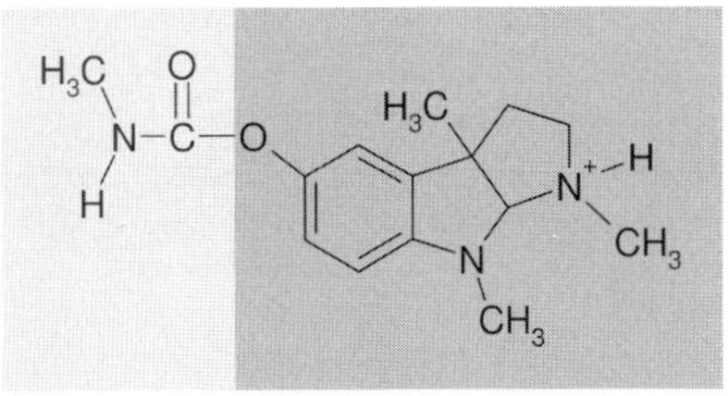

Abb. 4.6 Struktur des Physostigmins (grau markiert ist der Säurerest, der auf das esteratische Zentrum des Enzyms übertragen wird).

dase der mitochondrialen Atmungskette durch CN^--Ionen (Verdrängung der Fe^{3+}-Ionen) das bekannteste Beispiel. Die CN^--Ionen können vom HCN (Blausäure oder Cyanwasserstoff) stammen, entstehen aber auch aus cyanogenen Glykosiden (Amygdalin). Dadurch wird Sauerstoff nicht mehr von den Zellen verwertet, wodurch es zu hypoxischen Krämpfen, Rotfärbung der Haut, Bewusstlosigkeit und schließlich zum Atemstillstand kommt. Therapeutisch muss sofort eine Entgiftung durch Infusion von $Na_2S_2O_3$ ($CN^- + S \rightarrow$ Rhodanase $\rightarrow {}^-SCN$) sowie eine Förderung der Hämoglobinbildung mit 4-Dimethylaminophenol (4-DMAP) eingeleitet werden. Typische hypoxische Spätschäden nach Cyanvergiftungen sind neurologische Ausfälle, Myocardnekrose und Parkinsonismus.

4.2.1.3 **Weitere spezifische Wirkungen**

Weitere spezifische Angriffspunkte für toxische Substanzen können das Zytoskelett, Ionenpumpen und Zellmembranen sein. Allerdings sind hier die Übergänge zu den „unspezifischen" Wechselwirkungen manchmal fließend.

Ein Beispiel für eine spezifische Wechselwirkung mit dem Zytoskelett bildet das Colchicin, das an das Tubulin der Mitosespindel bindet und damit die Zellteilung in der Metaphase blockiert. Es ist dadurch ein starkes Zellgift. Colchicin (siehe Abb. 4.7) ist das Hauptalkaloid der einheimischen Herbstzeitlose, des Wiesensafrans (*Colchicum autumnale*).

Was in der Zytodiagnostik sehr gut genutzt werden kann, führt bei Mensch und Tier zu schweren Vergiftungen. Eine Vergiftung tritt mit einer Latenzzeit von 2–6 Stunden auf und führt u. a. zur Beeinträchtigung der Phagozytose, zur Schädigung von Nervenzellen, Übelkeit, heftigem Erbrechen, bis hin zu blutigen, schleimigen (choleraähnlichen) Durchfällen. Im weiteren Verlauf kann es zu Blutdrucksenkung, Tachykardie, Temperaturabfall, Atemstillstand und Herzversagen (aufsteigende Lähmung der glatten und quergestreiften Muskulatur) kommen. Als Sofortmaßnahmen müssen das Gift aus dem Magen-Darmtrakt entfernt (Erbrechen), dieser in der Klinik gereinigt (Spülungen), der Kreislauf stabilisiert und Wärmezufuhr durchgeführt werden.

Versuche, Colchicin in der Krebstherapie einzusetzen, scheiterten an der allgemeinen Toxizität der Substanz. Es wird aber auch heute noch bei schweren, akuten Gichtanfällen gegeben. Hier nutzt man die Hemmung der Phagozytose

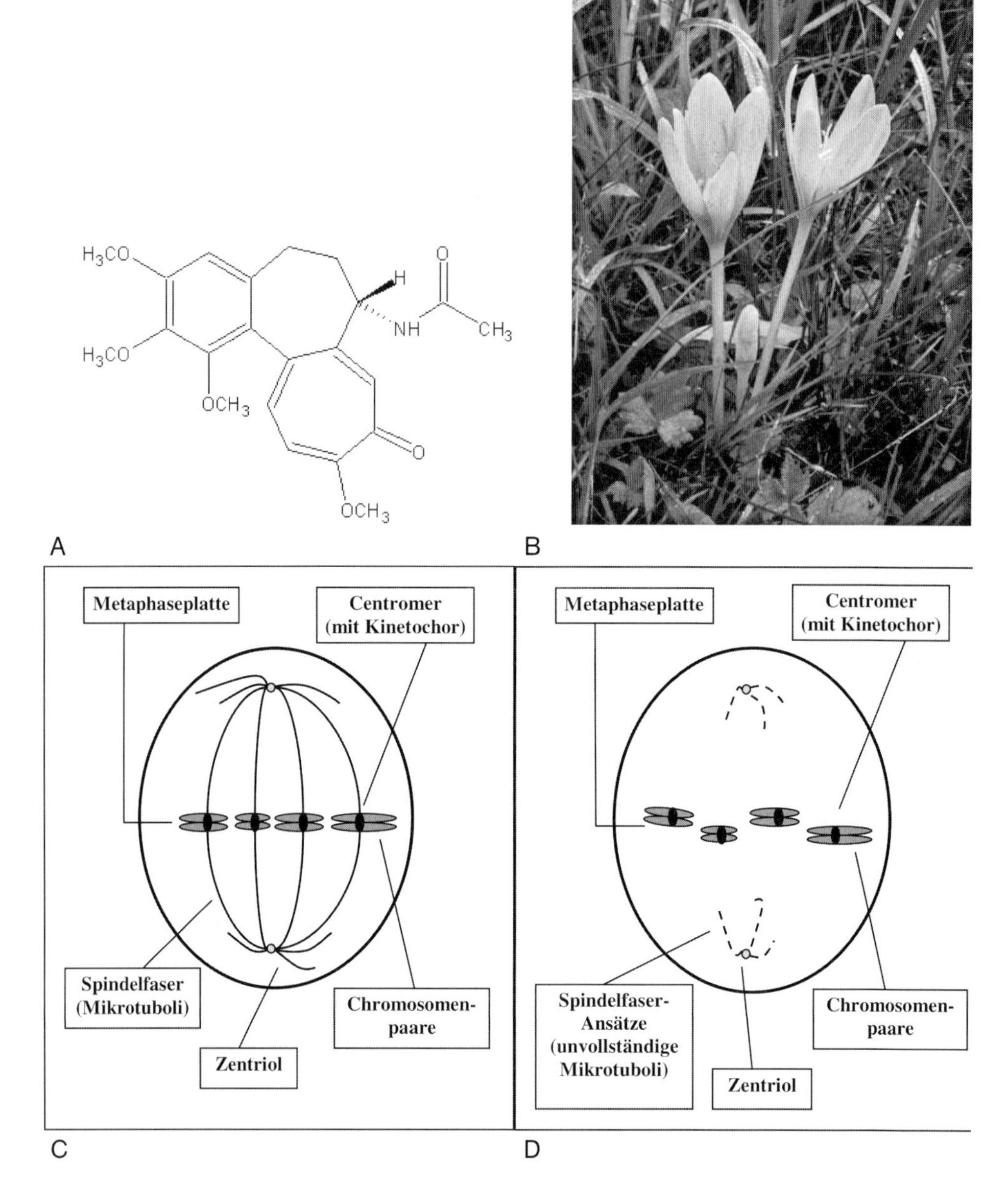

Abb. 4.7 Strukturformel des Colchicins (**A**) und Herbstzeitlose (**B**) (Wiesensafran; Copyright Eva Marbach). Wirkung von Colchicin während der Zellteilung (**C** und **D**).

A

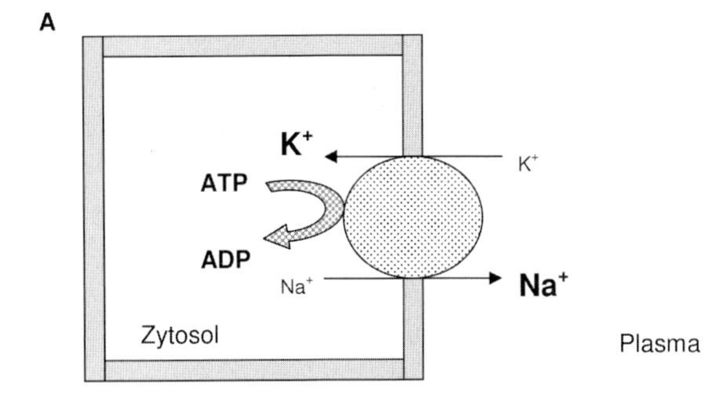

B

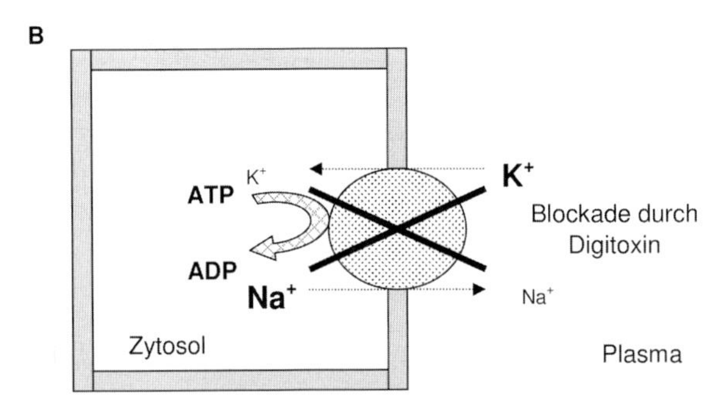

Abb. 4.8 Hemmung der Na^+-K^+-ATPase durch Digitoxin.
A Normalzustand; **B** Ionengradient nach Blockade.

der Urat-Kristalle (Salze der Harnsäure) in die neutrophilen Granulozyten sowie die Inhibition der Beweglichkeit der Leukozyten aus, die ansonsten zur Freisetzung von Entzündungsfaktoren führen. Außerdem wird bei der Phagozytose Laktat freigesetzt, welches zur Herabsetzung des pH-Wertes führt. In diesem sauren Milieu würden sich verstärkt Urat-Kristalle bilden, was ebenfalls durch die Phagozytose-Blockade verhindert wird. So kommt die erwünschte entzündungshemmende und schmerzstillende Wirkung zustande. Allerdings kann diese Therapie nur unter streng kontrollierter ärztlicher Aufsicht durchgeführt werden.

Digitoxin aus dem roten Fingerhut (*Digitalis purpurea*) ist ein Beispiel für die spezifische Blockade einer membrangebundenen Ionenpumpe über Hemmung der Na^+/K^+-ATPase. Diese Hemmung führt zu einem Ungleichgewicht des transzellulären Kationengradienten bis hin zum intrazellulären K^+-Verlust und Na^+-Anstieg (siehe Abb. 4.8). Es kommt zu einer massiven Beeinflussung des Aktionspotenzials am Herzen. Was für das gesunde Herz zu schweren Nebenwirkungen (Vorhofflimmern, Extrasystolen, Kammerflimmern und Änderungen der Refraktärzeiten) führt, kann für Patienten mit Herzinsuffizienz durch Steigerung der Schlagarbeit und erhöhter Pumpleistung eine geeignete Therapie darstellen.

Digitoxin wird deshalb als Antiarhythmikum (Herzglykosid) mit allerdings sehr geringer therapeutischer Breite (siehe Abb. 4.1) eingesetzt. Es muss sehr vorsichtig dosiert werden, da ansonsten die kardiotoxischen Wirkungen sehr gefährlich werden können. Deswegen werden Herzglykoside heute immer seltener eingesetzt. Nach einer „Blütezeit" direkt nach dem zweiten Weltkrieg werden Herzglykoside zunehmend durch andere Wirkstoffe unterstützt (u. a. Vasodilatantien und Diät bei Herzinsuffizienz) oder ganz ersetzt.

Substanzen können den Transport von Ionen, Stoffwechselprodukten und Signalmolekülen zwischen Membranen verhindern, womit oft die Einteilung zwischen den spezifischen und unspezifischen Wechselwirkungen aufgeweicht wird.

Relativ spezifisch ist z. B. die Cocain-Wirkung im Sympathikus. Cocain verhindert die neuronale Rückresorption von Noradrenalin an der präsynaptischen Membran, die Ganglien werden betäubt, sie werden unempfindlich gegenüber Reizen. Aufgrund dieser Wirkung wurde Cocain medizinisch auch als Lokalanästhetikum benutzt. Orale Aufnahme führt in geringen Dosen zu den zentralnervös stimulierenden, euphorisierenden Eigenschaften der Substanz, während höhere Dosen zu ähnlichen Vergiftungserscheinungen führen, wie man sie von Atropin kennt: Hervortreten der Augäpfel, Pulsbeschleunigung, Pupillenerweiterung, verstärkte Darmbewegung. Bei längerer, höherer Dosierung (Suchtverhalten) kommt es zu Lähmungserscheinungen, betäubenden Wirkungen auf den Magen-Darmtrakt, damit Verschwinden des Hunger- und Durstgefühls, was zur typischen Auszehrung bei cocainabhängigen Patienten führt.

Bei Todesfällen nach intravenöser Applikation kann oft auch ein anaphylaktischer Schock nicht ausgeschlossen werden.

Andere Wechselwirkungen mit Membranen sind eher unspezifisch und gehören deswegen schon in den nächsten Abschnitt.

4.2.2
Unspezifische Wirkungen

Unspezifische, toxische Wechselwirkungen mit Zellen oder Zellbestandteilen sind so vielfältig, dass sie an dieser Stelle nicht ausführlich besprochen werden können. Es werden nur einige wenige Beispiele die grundsätzlichen Mechanismen und Wirkungen verdeutlichen. Reaktive Verbindungen, durch UV-Licht aktivierte Substanzen, freie Radikale oder reaktive Metaboliten können verschiedene Wechselwirkungen mit Proteinen, aber auch mit Nukleinsäuren eingehen. Wichtig für die Art der Interaktion mit Zellbestandteilen sind die elektrophilen, lipophilen oder hydrophilen Eigenschaften der entsprechenden Substanzen.

Sehr lipophile Substanzen werden in die Phospholipid-Doppelschicht von Zellmembranen eingebaut und können sie stabilisieren, d. h. die Beweglichkeit der Moleküle in der Membran nimmt ab. Es konnte gezeigt werden, dass eine Diät mit gesättigten Fettsäuren bei Ratten zu einer verminderten Aktivierbarkeit der Immunzellen geführt hat. Dieses führt man darauf zurück, dass sich die „immunologische Synapse", die sich für die Signalvermittlung zwischen den

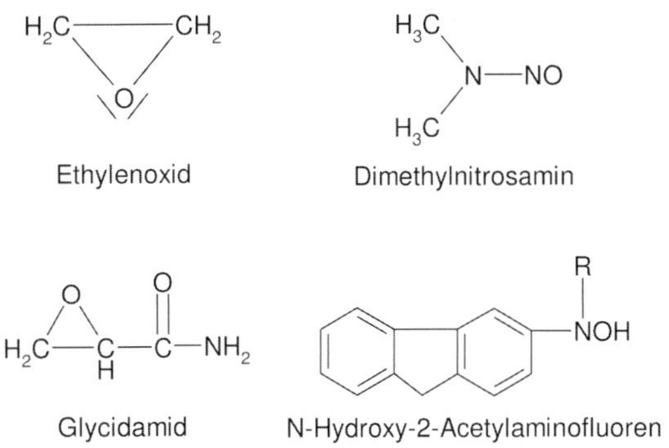

Ethylenoxid

Dimethylnitrosamin

Glycidamid

N-Hydroxy-2-Acetylaminofluoren

Abb. 4.9 Beispiele von Substanzen, die unspezifisch mit Zellbestandteilen wie Proteinen und DNA reagieren.

Zellen bilden muss, nur schwer aufbauen kann, da die Bewegung der Moleküle in den Zellmembranen eingeschränkt ist.

Auch Erregungsleitungen zwischen Membranen können durch Einlagerungen bestimmter lipophiler Substanzen erschwert werden. Es kann dadurch zu Bewusstseinsstörungen, Verlust der Schmerzempfindung, Kreislaufproblemen, Atemdepression bis hin zum Tod kommen. Beispiele hierfür sind einige Narkosegase wie Halothan oder Chloroform (siehe Band 2, Kapitel 7).

Weiter oben wurden schon reaktive Substanzen erwähnt, die kovalente Bindungen mit Targetmolekülen eingehen bzw. reaktive Gruppen auf diese übertragen. So übertragen z. B. „Alkylanzien“ hochreaktive Alkylgruppen auf Proteine oder Aminosäuren. Sie können so wichtige Enzyme verändern und damit inaktivieren oder auch mutagen wirken (Alkylierung von DNA oder RNA). Beispiele hierfür wären Ethylenoxid, Dimethylnitrosamin (DMNA), Glycidamid oder N-Hydroxy-2-Acetylaminofluoren (siehe Abb. 4.9).

Obwohl diese Substanzen nochmals in den entsprechenden Kapiteln weiter unten behandelt werden, sollen die Beispiele hier kurz erläutert werden.

Ethylenoxid ist ein sehr reaktives farbloses Gas, das zur Polymerisation neigt. Aufgrund der alkylierenden Eigenschaften ist es stark reizend, organtoxisch und mutagen. Anwendung findet es als Insektizid oder Desinfektionsmittel durch Begasung. Grenzwerte liegen bei 1 ppm.

Dimethylnitrosamin ist eine sehr giftige und kanzerogene, leicht flüchtige, gelbe Flüssigkeit. DMNA ist besonders im Nebenstrom des Zigarettenrauchs enthalten, womit insbesondere die Gefahr für Passivraucher begründet wird.

Glycidamid ist ein Epoxid (siehe auch weiter unten in diesem Buch), das als Stoffwechselprodukt aus Acrylamid gebildet und für dessen kanzerogene Wirkung verantwortlich gemacht wird. Im Vordergrund steht aber wohl eher die Bindung an cysteinhaltige Proteine, wobei die Bindung an Nervenfasern (besonders Nervenendungen) von toxikologischer Bedeutung ist, da sie für die toxischen Effekte im Tier und beim Menschen (Arbeitsplatz) verantwortlich ist. Aus epidemiologischer Sicht ist außerdem die Bindung an Hämoglobin von Interesse. Die Messung solcher Addukte dient manchmal als Marker für die Belastung von Bevölkerungsgruppen mit Glycidamid bzw. Acrylamid.

Für die kanzerogene Substanz *N-Hydroxy-2-Acetylaminofluoren* (Derivat des 2-Acetylaminofluorens, eine Standardsubstanz für genotoxische Untersuchungen) wurde 1994 beschrieben [10], dass sie in Leberzellen einen Detoxifizierungsmechanismus induziert, der solche genotoxischen Substanzen aus der Zelle herausschleust. Hierbei handelt es sich um den *„multidrug resistance transporter" mdr-1* bzw. das P-Glykoprotein. N-Hydroxy-2-Acetylaminofluoren bildet mit Guanin Addukte, die die mutagene Wirkung der Substanz erklären.

Radikale sind Atome oder Moleküle mit einem oder mehreren ungepaarten Elektronen.

Sehr viele Moleküle bilden während der Metabolisierung kurzfristig Radikale, sie entstehen durch energiereiche Strahlung z. B. in der Haut, oder werden von spezialisierten Zellen bei der Immunabwehr gebildet (siehe Box „Radikale und Antioxidantien"). Radikale können dann mit Lipiden oder Proteinen reagieren. Neben den unspezifisch toxischen Wirkungen im Körper spielen UV-induzierte Radikale besonders bei der Ausprägung von fototoxischen Reaktionen (Fotoirritation, Fotoallergie, Fotomutagenität) in der Haut eine sehr große Rolle. UV-Licht absorbierende Substanzen in der Haut oder in Hautzellen werden dabei „radikalisiert" und binden dann an körpereigene Proteine bzw. Nukleinsäuren, oder sie sind direkt zytotoxisch.

Radikale und Antioxidantien

Radikale sind äußerst reaktionsfähige, kurzlebige chemische Spaltprodukte, die sofort mit anderen Molekülen weiterreagieren. Hohe Temperaturen oder energiereiche Strahlung (UV oder Röntgen) können Spaltungen von Molekülen erzwingen, durch die ein Elektronenpaar so aufgetrennt wird, dass jedes Bruchstück ein negativ geladenes Elementarteilchen enthält. Einige Radikale werden aber auch biochemisch in bestimmten Zellen wie Makrophagen und neutrophilen Granulozyten produziert (insbesondere Sauerstoffradikale wie Wasserstoffperoxid), die dann durch Phagozytose aufgenommene Proteine denaturieren, oder zur Schädigung von Bakterien nach außen abgegeben werden können. Diese Sauerstoffradikale werden durch die NADPH-Oxidase gebildet. Sie besteht aus membrangebundenen Komponenten, die Cytochrom-b558 und ein 45-kD Flavoprotein enthalten. Dabei wird zunächst ein Superoxid-Anion (O^{2-}) gebildet, das durch sekundäre Prozesse in die reaktiven Sauertoffradikale H_2O_2, OH und HOCl umgewandelt wird. Die Erhöhung/Zunahme der Sauerstoffradikal-Produktion bei aktivierten Phagozyten kann man durch Blockade der Entgiftungsenzyme (Superoxid-Dismutase, Katalase und Glutathionperoxidase) in der Zelle messen. Die dabei zu beobachtende rasche Zunahme der Radikale wird auch als *„oxidative burst"* bezeichnet. Selbstverständlich kann diese nur einmal gemessen werden, da dabei die Phagozyten selbst beschädigt werden.

Freie Radikale (verschiedene Sauerstoffspezies) entstehen auch bei der Atmung. Besonders dieser Aspekt führte durch die Diskussion über schädigende Wirkungen von Radikalen vor einigen Jahren zu einem Boom bei der Vermarktung so genannter „Radikalfänger", also von Antioxidantien wie den Vitaminen A (β-Carotin) und E, Selen sowie Flavonoiden und Catechinen. Die protektive Wirkung durch Aufnahme reiner Antioxidantien ist aber sehr umstritten. Es gibt zahlreiche Studien, die positive, aber auch negative Wirkungen solcher Supplementationsversuche zeigen. Da u.a. auch den Phenolen im Rotwein antioxidative Wirkung zugesprochen wird, sind sogar schon Rotweinpillen auf den Markt gekommen.

Zum Abschluss noch zwei bekannte Beispiele für Radikale, die toxische Reaktionen auslösen können:

Tetrachlorkohlenstoff (CCL_4) wird in der Leber durch CYP 2E1 dehalogeniert, wodurch das Trichlormethyl-Radikal entsteht. Dieses Radikal kann dann mit Lipiden unter Bildung von $CHCl_3$ weiterreagieren. Nach der Lipidperoxidation kommt es zu Membranschäden, Zellzerstörungen, Nekrosen, die sich nach massiver Vergiftung als CCl_4-Hepatitis klinisch manifestieren (mehr zu halogenierten Kohlenwasserstoffen ist in Band 2, Kapitel 7 und 8 nachzulesen).

Die meisten der auf dem Markt befindlichen Chinolone (Antiinfektiva) absorbieren UV-Licht. In der Haut der Patienten entstehen so reaktive Foto-Produkte (Radikale) durch „Absprengen" des Halogenatoms am C8-Molekül der Stammstruktur. Diese Radikale sind lokal zellschädigend, was zu fotozytotoxischen Effekten, also sonnenbrandähnlichen Fotoirritationen, führt. Aus diesem Grunde wird auf dem Beipackzettel vor Sonnenlichtexposition während der Behandlung gewarnt. Nur Chinolone, die nicht am C8-Atom halogeniert sind (z. B. Moxifloxacin), zeigen diese Reaktion nicht.

4.3 Zusammenfassung

Während die Toxikokinetik Resorption, Verteilung, Speicherung sowie die metabolische und exkretorische Elimination einer Substanz beschreibt, behandelt die Toxikodynamik die Wirkung der Substanz auf den Organismus, d.h. die Frage: Welche unerwünschten Wechselwirkungen mit Organen, Zellen, Zellbestandteilen treten auf und wie werden diese Wirkungen ausgelöst? Substanzwirkungen sind in gewissen Bereichen dosisabhängig (zeitlich und quantitativ) und können prinzipiell an allen Körperorganen auftreten und alle Körperfunktionen betreffen. Bei Arzneimitteln, die bewusst dem Körper zugeführt werden, muss zwischen der therapeutischen Wirkung und der unerwünschten Nebenwirkung unterschieden werden (therapeutische Breite).

Bei den zugrundeliegenden Mechanismen der beobachteten Wirkungen können zwei grundlegende Interaktionen der Stoffe mit den Organen unterschieden werden. Erstens solche, bei denen die Stoffe spezifisch mit Rezeptoren, Enzymen oder Komplexen interagieren, und zweitens solche, bei denen sie unspezifisch mit Zellbestandteilen, Proteinen und Nukleinsäuren reagieren. Während manche Substanzen hochspezifische Interaktionen bewirken, sind bei vielen anderen die Übergänge eher fließend (Membraneffekte, Inhibition oder Aktivierung von Transport- oder Ionenkanälen usw.), eine eindeutige Zuordnung nicht möglich. Sie können sich bei unterschiedlicher Dosierung auch ändern.

4.4 Fragen zur Selbstkontrolle

1. ***Wie unterscheidet sich die Toxikodynamik von der Toxikokinetik?***
2. ***Welche 4 Rezeptortypen kann man beim Menschen unterscheiden?***
3. ***Was ist die therapeutische Breite einer Substanz und wie wird sie bestimmt?***
4. ***Was ist Myasthenia gravis?***
5. ***Welche Unterschiede gibt es bei den Acetylcholinrezeptoren?***
6. ***Wie werden Agonisten und Antagonisten definiert?***
7. ***Was verbinden Sie mit der Herbstzeitlose (Wiesensafran)?***
8. ***Welche drei Substanzeigenschaften sind wichtig für unspezifisch toxische Wirkungen?***
9. ***Wieso können Radikale toxisch wirken?***
10. ***Was sagt Ihnen der Begriff „Endocrine Disruption"?***

4.5 Liste der Substanzen

- Acetylcholin
- Atropin
- Carbachol
- Cocain
- Colchicin
- Digitoxin
- Dimethylnitrosamin
- Ethylenoxid
- Glycidamid
- Moxifloxacin
- N-Hydroxy-2-Acetylaminofluoren
- Physostigmin
- Tetrachlorkohlenstoff

4.6 Literatur

1 OECD Guidelines for the Testing of Chemicals, Test No. 404: Acute Dermal Irritation/Corrosion, adopted April 2002
2 OECD Guidelines for the Testing of Chemicals, Test No. 405: Acute Eye Irritation/Corrosion, adopted April 2002
3 OECD Guidelines for the Testing of Chemicals, Test No. 430: In Vitro Skin Corrosion: Transcutaneous Electrical Resistance Test (TER), adopted April 2004
4 OECD Guidelines for the Testing of Chemicals, Test No. 431: In Vitro Skin Corrosion: Human Skin Model Test, adopted April 2004
5 Richtlinie 2006/121/EG des Europäischen Parlaments und des Rates vom 18. Dezember 2006 (REACH Nr. 1907/2006)
6 OECD Guidelines for the Testing of Chemicals, Test No. 435: In Vitro Membrane Barrier Test Method for Skin Corrosion, adopted July 2006
7 Lahl U (2005), 5th World Congress on Alternatives and Animal Use in the Life Science, August 21st–25th 2005, Berlin. Strategie zur Minimierung von Tierversuchen unter REACH; Bundesministerium für Umwelt, Naturschutz und Reaktorsicherheit; http://www.bmu.de/files/pdfs/allgemein/application/pdf/proceed_22.08.2005_de.pdf
8 Colborn T, Clement C (1992), Chemically induced alterations in sexual and functional development: the wildlife/human connection. Princeton Scientific Publishing, Princeton
9 Purdom C, Hardiman P, Bye V, Eno N, Tyler C, Sumpter J (1994), Estrogenic effects of effluents from sewage treatment works. Chem Ecol 8:275–285
10 Schrenk D, Gant TW, Michalke A, Orzechowski A, Silverman JA, Battula N and Thorgeirsson SS (1994), Metabolic activation of 2-acetylaminofluorene is required for induction of multidrug resistance gene expression in rat liver cells. Carcinogenesis 15:2541–2546

4.7 Weiterführende Literatur

1 Forth W, Henschler D, Rummel W, Starke K (2001), Allgemeine und spezielle Pharmakologie und Toxikologie. Urban & Fischer (Elseviergruppe), Amsterdam
2 Niesink RJM, Vries J, Hollinger MA (1996), Toxicology. Principles and Applications. CRC Press, London
3 Strubelt O (1996), Gifte in Natur und Umwelt. Spektrum Akademischer Verlag, Heidelberg

5
Toxikologie der Organe und Organsysteme

Regine Kahl, Gabriele Schmuck und Hans-Werner Vohr

5.1
Leber

5.1.1
Aufbau und Funktion

Fremdstoffe erreichen die Leber entweder über die Pfortader mit dem aus dem Darm abfließenden venösen Blut oder über die Leberarterie mit dem Blut aus dem systemischen Kreislauf. Die Verzweigungen von Pfortader und Leberarterie verlaufen zusammen mit den Gallengängen, in denen die Galle in umgekehrter Richtung abfließt (*portale Trias*). Im terminalen Verzweigungsbereich vereinigen sich Pfortader und Leberarterie zu Kapillaren, die als *Sinusoide* bezeichnet werden und an den Leberzellbalken vorbeiführen; hier findet der Stofftransport statt. Die Leberzellbalken ordnen sich traubenförmig um die portale Trias an; mit der Entfernung von ihr sinkt der Sauerstoffgehalt in den Sinusoiden, und die metabolische Funktion der Hepatozyten geht von der Zellatmung auf die Glykolyse über. Die Enzyme des Fremdstoffmetabolismus sind in der Zone niedrigerer Sauerstoffkonzentrationen angereichert. Das venöse Blut sammelt sich in einem terminalen Ast der Lebervenen und fließt in die untere Hohlvene ab. Bei lichtmikroskopischer Betrachtung der Leber fällt diese *Acinus*-(Trauben-) Struktur nicht ins Auge; vielmehr erscheint die Leber eingeteilt in hexagonale Läppchen, in deren Zentrum der terminale Ast der Lebervene und in deren Ecken die periportalen Felder liegen. In der Toxikologie bezieht man sich auf dieses Läppchenmodell der Leber, wenn man beispielsweise von einer zentrilobulären Nekrose, spricht.

Toxikologie Band 1: Grundlagen der Toxikologie. Herausgegeben von Hans-Werner Vohr

ISBN: 978-3-527-32319-7

Klinische Zeichen eines Leberschadens
Ein Leberschaden äußert sich durch den Ausfall der vielfältigen Stoffwechselfunktionen der Leber. Durch den Zusammenbruch der Proteinsynthese kommt es zum Abfall des Serumalbumingehaltes. Auch die Synthese der Gerinnungsfaktoren II, VII, IX und X findet nicht mehr statt und Gerinnungsstörungen treten auf. Der Blutzuckergehalt kann nicht mehr aufrechterhalten werden, es kommt zur Hypoglykämie. Da die Harnstoffsynthese ausfällt, steigt die Ammoniakkonzentration im Serum; eine Eintrübung der Gehirnfunktionen ist die Folge (hepatische Enzephalopathie). Die Störung der Gallebildung und/oder des Galletransports äußern sich im Übertritt von Bilirubinglucuroniden („direktes Bilirubin") ins Serum und dem Auftreten einer Gelbsucht (Ikterus). Das normalerweise in die Galle ausgeschiedene Enzym Alkalische Phosphatase (ALP) taucht vermehrt im Serum auf. Dazu kommen die Folgen des Integritätsverlustes der Zellmembran: Leberenzyme treten ins Serum über; man misst einen Anstieg der Glutamat-Oxalacetat-Transaminase (GOT, im angelsächsischen Sprachgebrauch Aspartat-Aminotransferase=AST) und der Glutamat-Pyruvat-Transaminase (GPT, im angelsächsischen Sprachgebrauch Alanin-Aminotransferase=ALT). Die γ-Glutamyltransferase (GGT) ist normalerweise in der Galle gegenüber dem Serum angereichert, ihre Konzentration im Serum steigt aber nicht nur bei Gallestau, sondern bei praktisch allen Leberschäden an. Referenzwerte für die wichtigsten klinisch-chemischen Leberfunktionsproben im Serum sind: GOT < 22 U l^{-1}, GPT < 18 U l^{-1}, GGT < 28 U l^{-1}, ALP < 180 U l^{-1}, Gesamtbilirubin < 1 mg dl^{-1} (17 µmol l^{-1}).

Die Leber kommt über das Pfortaderblut als erstes Gewebe mit den im Darm resorbierten Stoffen in Berührung und kann aufgrund ihrer hohen Stoffwechselaktivität gefährliche Chemikalien schon während der ersten Leberpassage (*first pass*) abbauen. Diese Dienstleistung für den Gesamtorganismus hat ihren Preis: Fremdstoffe, die metabolisch aktiviert werden können, durchlaufen diese „Giftung" in erster Linie in der Leber und wirken so hepatotoxisch. Die Zone des Leberläppchens mit der höchsten Cytochrom-P450-Aktivität – der zentrilobuläre oder perivenöse Bereich – ist deshalb meist Hauptlokalisation der toxischen Leberschädigung.

Im Zusammenspiel mit der Niere hat die Leber eine wichtige Funktion in der Regulation des Säure-Base-Haushalts. Bei Beeinträchtigung der Harnstoffsynthese in der Leber kann sich eine Alkalose, also eine Verschiebung des Blut-pH-Wertes in den basischen Bereich (> 7,44), entwickeln (siehe Abb. 5.1).

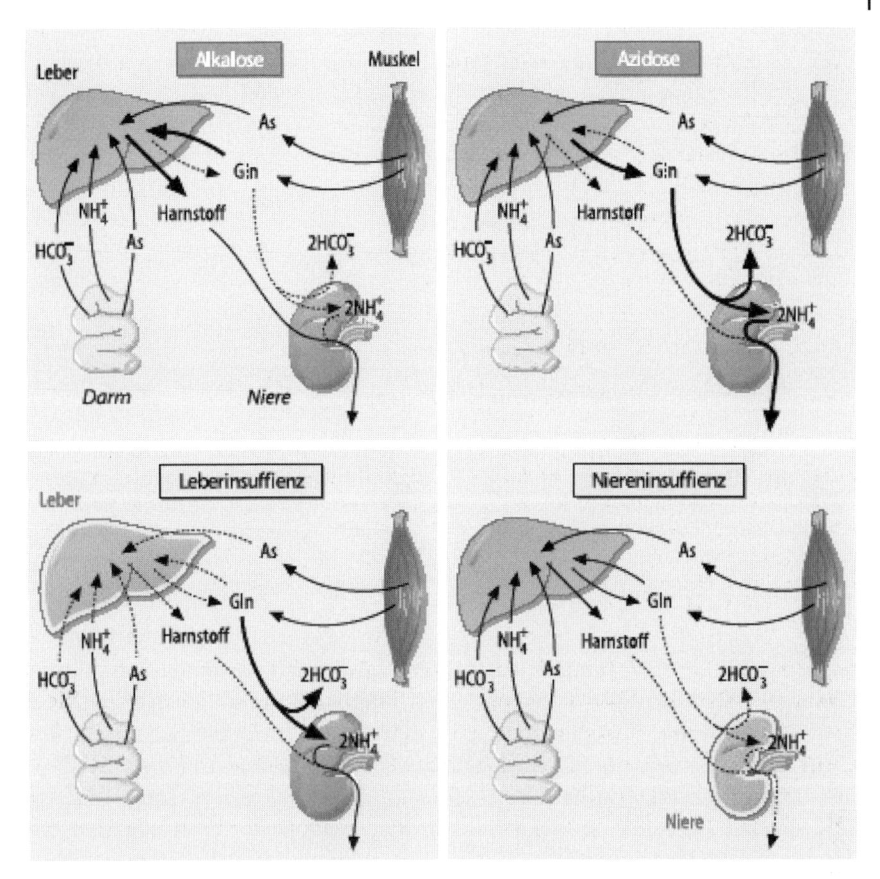

Abb. 5.1 Kooperation von Leber und Niere in der Regulation des Säure-Basen-Haushaltes. Die Leber erhält u. a. aus Darm und Muskel NH_4^+, HCO_3^- und Aminosäuren (u. a. Glutamin). Bei Alkalose ist die Glutaminase der Leber aktiviert, die Leber baut Glutamin ab und bildet aus NH_4^+ und HCO_3^- Harnstoff. Die Niere scheidet den Harnstoff, jedoch kein H^+ aus. Bei Azidose wird die Glutaminase in der Leber gehemmt, die Harnstoffsynthese gedrosselt und die Leber produziert Glutamin. Das Glutamin wird durch die bei Azidose stimulierte Glutaminase in der Niere zu NH_3 abgebaut, das mit H^+ als NH_4^+ ausgeschieden wird. Bei Leberinsuffizienz ist die Harnstoffsynthese in der Leber beeinträchtigt und es entwickelt sich eine Alkalose. Bei Niereninsuffizienz sind renaler Glutaminabbau und renale H^+-Ausscheidung beeinträchtigt und es kommt zur Azidose. Quelle: [1].

5.1.2
Akute Leberschädigung

5.1.2.1 Akuter zytotoxischer Leberschaden

Toxische Schädigung der Leberparenchymzellen (Hepatozyten) macht sich histologisch als degenerative Zellveränderung mit Schwellung der Zelle und der Zellorganellen, als Nekrose, als Apoptose oder als Fettspeicherung (Steatose) bemerkbar. Klinisch reicht das Erscheinungsbild von „stummen" Transaminasen-

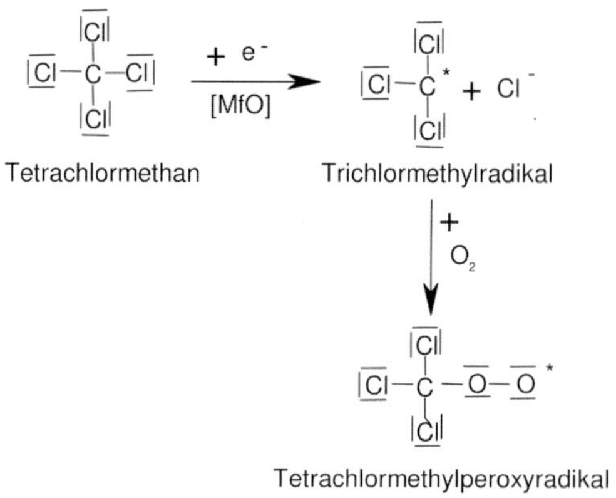

$CCl_4 \xrightarrow[\text{[MfO]}]{+\,e^-} {}^{*}CCl_3 + Cl^-$

Tetrachlormethan — Trichlormethylradikal

$\downarrow + O_2$

$CCl_3{-}O{-}O^{*}$

Tetrachlormethylperoxyradikal

Abb. 5.2 Metabolische Aktivierung von Tetrachlormethan. Tetrachlormethan wird durch das lokalisierte Cytochrom-P450-2E1 (CYP2E1) zum Trichlormethylradikal reduziert. Dieses reagiert mit dem Sauerstoff der Luft zum Trichlormethylperoxyradikal, welches zuerst an seinem Bildungsort im endoplasmatischen Retikulum eine radikalische Kettenreaktion auslöst, die sich von dort über die Membranstrukturen der ganzen Zelle ausbreitet. MfO: mischfunktionelle Oxidasen (Mixed function oxidases).

anstiegen bis hin zum fulminanten Leberversagen mit Transaminasenanstiegen bis zum 1000fachen des Referenzwertes, Ikterus, Gerinnungsstörungen und hepatischem Koma. Charakteristisch ist eine Latenz zwischen Aufnahme des Giftes und Auftreten der ersten hepatotoxischen Symptome von etwa 24 Stunden. Vorherrschende Mechanismen eines akuten zytotoxischen Leberschadens sind die Lipidperoxidation, die kovalente Modifikation von Proteinen und die Hemmung der Proteinsynthese.

Tetrachlormethan (Tetrachlorkohlenstoff) kann als Prototyp des Auslösers einer Lipidperoxidation betrachtet werden. Toxisch ist jedoch nicht die Muttersubstanz Tetrachlormethan, sondern ein reaktiver Metabolit, das Trichlormethylradikal, welches durch das im endoplasmatischen Retikulum lokalisierte Cytochrom-P450-2E1 (CYP2E1) gebildet wird und zuerst an seinem Bildungsort eine radikalische Kettenreaktion auslöst, die sich von dort über die Membranstrukturen der ganzen Zelle ausbreitet (siehe Abb. 5.2). Die mitochondriale ATP-Bildung sistiert, der Funktionsverlust von Membranpumpen führt zu einem Anstieg der freien zytosolischen Calciumkonzentration und damit zu einer Aktivierung kataboler Enzyme. Die Proteinsynthese wird gehemmt, und in der Folge kommt es durch das Fehlen von Apolipoproteinen zu einer Fettakkumulation, da die Triglyceride nur in der Transportform VLDL (*very low density lipoprotein*) aus der Leberzelle ausgeschleust werden können.

Auch bei der Paracetamolvergiftung findet eine metabolische Aktivierung in der Leber (in meist geringerem Ausmaß auch in der Niere) statt, die Oxidation zum N-Acetyl-p-benzochinonimin (NABQI) durch CYP2E1, CYP1A2 und weitere Vertreter der Cytochrom P450-Familie (siehe Abb. 5.3). Der reaktive Metabolit NABQI kann durch die Glutathion-S-Transferase in ein harngängiges Gluta-

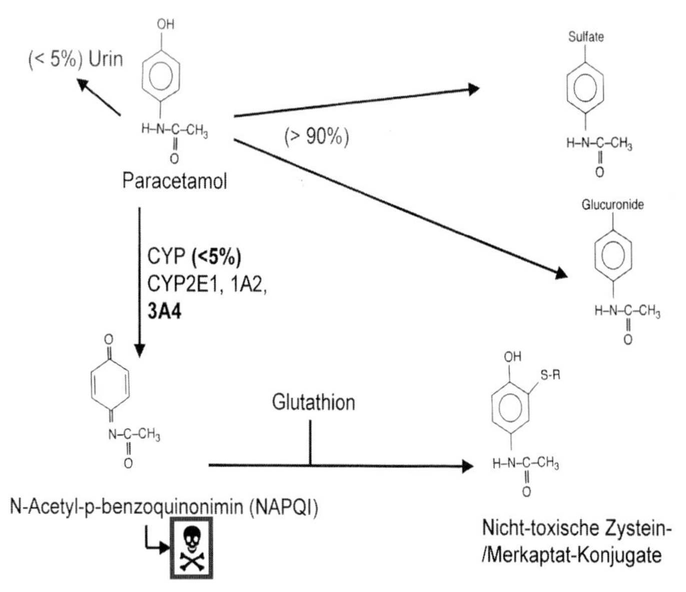

Abb. 5.3 Metabolische Aktivierung von Paracetamol (mit freundlicher Unterstützung von PD Dr. A. Weber). Paracetamol wird zu > 90% in der Leber glucuroniert bzw. sulfatiert, ein kleiner Anteil von <5% unterliegt der Oxidation zum N-Acetyl-p-benzochinonimin (NABQI) durch CYP2E1, CYP1A2 und weitere Vertreter der Cytochrom P450-Familie. Der reaktive Metabolit NABQI wird durch die Glutathion-S-Transferase in ein harngängiges Glutathionkonjugat umgewandelt. Nur wenn bei Überdosierung die zellulären Glutathionvorräte erschöpft sind, reagiert es stattdessen mit den Proteinen der Leberzelle.

thionkonjugat umgewandelt werden, wenn jedoch die zellulären Glutathionvorräte erschöpft sind, reagiert es statt dessen mit den Proteinen der Leberzelle und führt zu einer komplexen Störung der Thiol-, ATP- und Ca^{2+}-Homöostase. Paracetamol ist bei bestimmungsgemäßem Gebrauch ein wirksames und sicheres Analgetikum und Antipyretikum; erst bei einer Überdosierung um das 20fache der Einzeldosis (500 mg), also bei Aufnahme von 10 g Paracetamol muss beim gesunden Erwachsenen mit einem Leberschaden gerechnet werden. Rechtzeitiger Ersatz des verbrauchten Glutathions durch Gabe des Glutathionpräkursors N-Acetylcystein ist bei der Paracetamolvergiftung eine lebensrettende Maßnahme.

Das Gift des Knollenblätterpilzes, α-Amanitin, ist ein potenter Inhibitor der RNA-Polymerase II, die die Synthese der *messenger*-RNA katalysiert, und unterbricht auf diesem Wege die Proteinsynthese. Die Leber wird zum Hauptzielorgan, weil das α-Amanitin einem enterohepatischen Kreislauf unterliegt, d.h. nach Ausscheidung mit der Galle immer wieder aus dem Darm in die Leber gelangt. Eine Reihe von Arzneimitteln führt zu einem zytotoxischen Leberschaden, an dessen Entstehung eine allergische Komponente beteiligt ist. Das bekannteste ist das Allgemeinanästhetikum Halothan (2-Brom, 2-chlor, 1,1,1-trifluorethan). Die Halothanhepatitis kommt dadurch zustande, dass während des

Halothanabbaus die Trifluoracetylgruppe kovalent an Proteine bindet und so zum Vollantigen (Hapten-Carrier) wird. Manche Fremdstoffe führen bevorzugt zu einer Fettspeicherung im Hepatozyten (Steatose), die mit zytotoxischen Symptomen einhergehen kann. Die akute Steatose tritt in zwei Erscheinungsformen auf, als makrovakuoläre (großtropfige) oder als mikrovesikuläre (kleintropfige) Steatose. Die makrovakuoläre Steatose beruht auf der Synthesehemmung der VLDL-Apoproteine, der mikrovesikulären Steatose liegt eine Störung der β-Oxidation der Fettsäuren zugrunde. Sie kann ein bedrohliches Krankheitsbild darstellen, wie tödlich verlaufene Fälle nach Einnahme des Antiepileptikums Valproinsäure bei Kindern und nach Einnahme von Antibiotika vom Tetrazyklintyp bei schwangeren Frauen zeigen.

5.1.2.2 Intrahepatische Cholestase

Von dem akuten zytotoxischen Leberschaden kann die akute intrahepatische Cholestase, die Störung der Gallebildung oder des Galletransports in der Leber, abgegrenzt werden. Hierbei kommt es bevorzugt zu einem Anstieg der Alkalischen Phosphatase (ALP) und des Serumbilirubins. Zu den Stoffen, die eine Cholestase hervorrufen, gehören das Arzneimittel Chlorpromazin, das Sexualhormon Estradiol und sein in hormonalen Kontrazeptiva eingesetztes Derivat Ethinylestradiol. Allergische Reaktionen in der Leber manifestieren sich oft als cholestatische Hepatitis. Begleitende zytotoxische Symptome machen sich durch mäßige Anstiege der Transaminasen um den Faktor 5–10 bemerkbar. Die Ausheilung einer cholestatischen Hepatitis dauert oft Monate, und eine akute Cholestase kann in einen chronischen Zustand übergehen.

5.1.3 Chronische Hepatotoxizität

5.1.3.1 Fettleber und Leberzirrhose

Wird der akute zytotoxische Leberschaden überlebt, so darf man dank der guten Regenerationsfähigkeit der Leber mit einer vollständigen Ausheilung rechnen. Bei wiederholter oder chronischer Exposition kann es jedoch zu einem chronischen zytotoxischen Leberschaden kommen. Alkoholabusus ist der häufigste Grund für ein solches Geschehen. Der Verlauf einer alkoholtoxischen Lebererkrankung führt von der Fettleber zur Leberzirrhose und auf dem Boden der Leberzirrhose eventuell zum hepatozellulären Karzinom. Das Stadium der Fettleber ist in der Regel nicht mit Beschwerden verbunden und wird meist nur zufällig durch einen Anstieg von GGT und GOT entdeckt. Dieses Stadium ist rückbildungsfähig. Erst wenn im Zuge von Regenerationsvorgängen Bindegewebswucherungen die Läppchenstruktur zerstören und Bindegewebssepten zwischen Zentralvene und periportalem Feld ausgebildet werden, ist der irreversible Zustand der Leberzirrhose erreicht. Klinische Symptome können lange Zeit fehlen; wenn sie dann schließlich doch auftreten, spricht man von einer Dekompensation der Zirrhose. Sie kann sich in den Zeichen der hepatischen

Enzephalopathie und des Pfortaderhochdrucks äußern. Durch die Umwucherung der Pfortader mit Bindegewebe steigt der Druck in den Sinusoiden und ein Teil der ins Interstitium gepressten Flüssigkeit gelangt in die Bauchhöhle und verursacht eine Bauchwassersucht (Aszites). Außerdem fließt das rückgestaute Blut in Kollateralgefäße und überlastet deren Wände, sodass es zu Blutungen kommen kann. Bei einer Ruptur gestauter Venen in der Speiseröhre erbricht der Patient Blut und kann an der Blutung versterben.

5.1.3.2 **Lebertumoren**

Der häufigste Typ eines Lebertumors ist das hepatozelluläre Karzinom. Im Tierversuch an Mäusen und Ratten haben sich zahlreiche Stoffe als hepatokarzinogen erwiesen; diese Befunde sind jedoch wegen der hohen Spontaninzidenz von Lebertumoren bei der Maus und wegen der ausgeprägten Empfindlichkeit einiger Maus- und Rattenstämme nur begrenzt auf den Menschen übertragbar. Das Schimmelpilzgift Aflatoxin B_1 ist in tropischen Ländern mit begünstigtem Schimmelpilzwachstum eine häufige Ursache für Leberzellkrebs beim Menschen (siehe Abb. 5.4). Aflatoxin B_1 wird metabolisch zum 8,9-Epoxid aktiviert und kann ein Addukt mit dem N^7 der DNA-Base Guanin bilden. Dieses Addukt wird nach Ausschneiden aus der DNA durch Reparaturenzyme über die Niere ausgeschieden und kann im Urin nachgewiesen werden.

Leberadenome sind mit der Einnahme von hormonalen Kontrazeptiva in Zusammenhang gebracht worden, hohe Östrogendosis und lange Anwendungsdauer erhöhen das Risiko. Auch androgene Substanzen wie die Anabolika gelten als Verursacher für Leberadenome. Leberadenome sind gutartige Tumoren, werden aber lebensgefährlich durch Ruptur mit Blutung in die Bauchhöhle.

Das Hämangiosarkom, ein bösartiger Tumor, der von den Endothelzellen der Sinusoide ausgeht, ist eine beim Menschen sehr seltene Tumorform. Umso auffallender war das gehäufte Auftreten solcher Tumoren bei Beschäftigten in der PVC-Produktion. Es stellte sich heraus, dass Arbeiter, die beim Reinigen der Polymerisationsgefäße gegenüber hohen Konzentrationen des PVC-Monomers

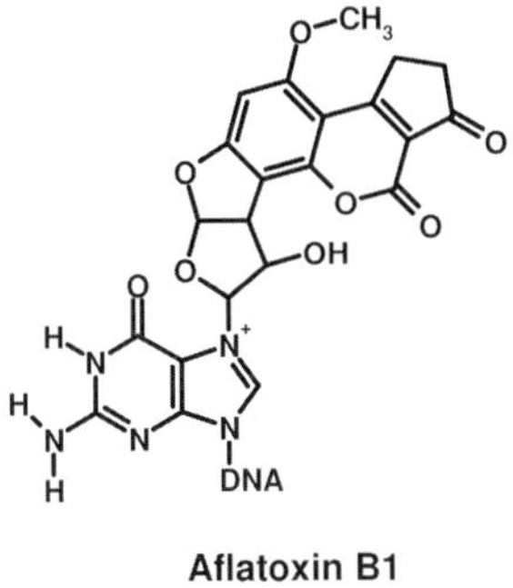

Aflatoxin B1

Abb. 5.4 Addukt von Aflatoxin B_1 mit dem N^7 der DNA-Base Guanin.

Vinylchlorid exponiert waren, besonders betroffen waren. Im Tierversuch konnte die kanzerogene Wirkung des Vinylchlorids nachgestellt werden. Auch hier geht eine metabolische Aktivierung der Bildung eines DNA-Adduktes voraus.

5.1.3.3 Vaskuläre Leberschäden

Vinylchlorid kann an den Blutgefäßen der Leber außer dem Hämangiosarkom noch weitere Schädigungen hervorrufen; man spricht von der Vinylchloridkrankheit. Erscheinungsformen sind einerseits ein Pfortaderhochdruck durch eine Fibrose der Leberkapsel und eine Verdickung der Pfortaderäste, andererseits eine Peliosis hepatis, eine durch Untergang des Gitterfasernetzes der Sinusoide zustandekommende Anhäufung von „Blutseen". Ein Pfortaderhochdruck kann auch durch langdauernde Vitamin A-Überdosierung entstehen. Eine weitere Form der toxischen Lebergefäßschädigung ist die „Endophlebitis obliterans", eine konzentrische Einengung der Zentralvenen mit zentrilobulärer Nekrose, die durch Bindegewebswucherung in einen zirrhoseähnlichen Zustand übergehen kann. Verursacht wird dieses Krankheitsbild vor allem durch die Pyrrolizidinalkaloide aus Pflanzen der Gattungen *Crotolaris, Senecio* und *Heliotropium*, die in der Volksmedizin zur Teezubereitung verwendet werden.

5.2 Niere

5.2.1 Aufbau und Funktion

Die funktionelle Einheit der Niere ist das Nephron. Eine Niere besitzt ca. 1 Million Nephrone; diese bestehen aus dem Glomerulum, das als Blutfilter einen praktisch eiweißfreien Primärharn bildet, und dem Tubulus, in dem die Natriumrückresorption und ein Teil der Wasserrückresorption erfolgen. Im anschließenden Sammelrohr wird weiterhin Wasser rückresorbiert und letztlich der Harn auf ein Hundertstel des primären Ultrafiltrates konzentriert (siehe Abb. 5.5). Die Harnkonzentrierung hängt von dem Gradienten des osmotischen Drucks im Interstitium ab, der durch den Verlauf des Tubulus von der Nierenrinde zum Nierenmark und wieder zurück aufgebaut wird (Haarnadelgegenstromprinzip). Die glomeruläre Filtrationsrate (GFR) beträgt ca. 120 ml min^{-1}, also ca. 180 l pro Tag; nur ca. 1% davon werden als Harn ausgeschieden. Fremdstoffe werden glomerulär filtriert, sofern sie wasserlöslich sind. Im Tubulus können Fremdstoffe aus dem Blut in den Harn sezerniert werden, aber auch entsprechend ihrem Konzentrationsgradienten aus dem Tubuluslumen rückresorbiert werden, wenn sie eine dafür ausreichende Lipophilie besitzen.

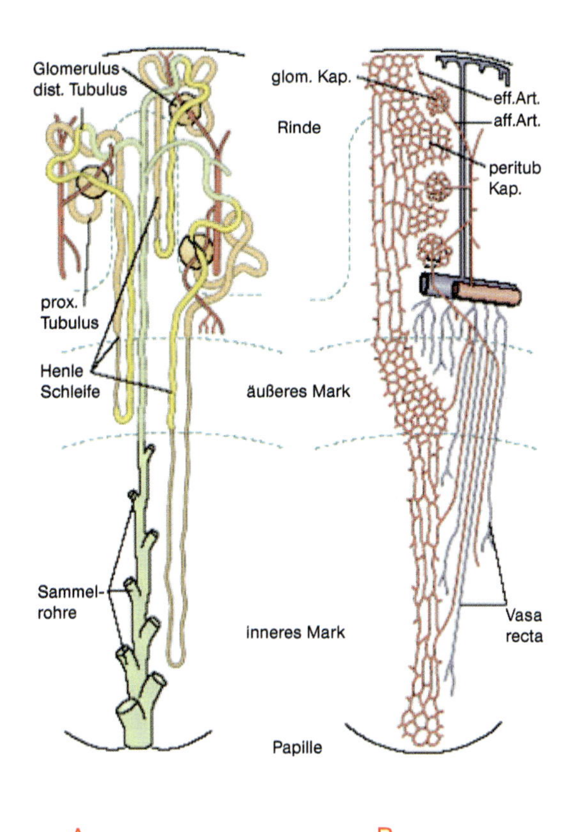

Abb. 5.5 Strukturelle Organisation der Niere. **A** Dargestellt sind 3 Nephrone und das Sammelrohrsystem. Oberflächliche Nephrone haben kurze Henle-Schleifen, tiefe (juxtamedulläre) Nephrone dagegen lange Schleifen, die bis ins innere Mark reichen. An die Glomeruli schließen sich die proximalen Tubuli, die Henle-Schleifen und die distalen Tubuli an, die über die Verbindungsstücke in das Sammelrohrsystem münden; **B** Anordnung der Gefäße in der Niere: Aus den Aa. interlobulares gehen afferente Arteriolen ab, die in das glomeruläre Kapillarknäuel münden. Von hier wird das Blut über efferente Arteriolen in das peritubuläre Kapillarnetz geleitet. Beachte, dass juxtamedulläre Glomeruli über efferente Arteriolen in markwärts ziehende Vasa recta münden. Quelle: [1] (nach [2]).

Klinische Zeichen eines Nierenschadens

Bei der Niereninsuffizienz ist die glomeruläre Filtrationsrate (GFR) vermindert und es kommt zur Retention harnpflichtiger Substanzen. Klinisch gebräuchliche Nierenfunktionsparameter sind der Kreatiningehalt des Serums mit Normwerten bis zu 1,24 mg dl^{-1} (110 µmol l^{-1}) und der Harnstoffgehalt des Serums mit Normwerten bis 50 mg dl^{-1} (8,3 mmol l^{-1}). Beim akuten Nierenversagen kommt es innerhalb von Tagen zum völligen Sistieren der Urinproduktion (Anurie) mit einem massiven Anstieg der harnpflichtigen

Substanzen im Blut (Urämie). Bei der chronischen Niereninsuffizienz sinkt die GFR über einen Zeitraum von Monaten bis Jahren allmählich irreversibel ab. Bei einer toxisch bedingten Niereninsuffizienz liegt der Angriffspunkt in der Regel im Tubulusepithel. Ein Frühzeichen ist die Ausscheidung von Enzymen des Tubulusepithels wie der N-Acetyl-β-glucosaminidase (NAG). Eine tubulointerstitielle Nephropathie führt zum Verlust der Fähigkeit zur Harnkonzentrierung und -ansäuerung; Polyurie und metabolische Azidose resultieren. Eine toxische Schädigung des Glomerulums äußert sich als nephrotisches Syndrom. Dabei kommt es durch den Verlust der Filterfunktion des Glomerulums zu einer Proteinurie (>3,5 g Eiweiß/1,73 m^2 Körperoberfläche pro Tag) und zur Ausbildung von Ödemen infolge des verminderten osmotischen Drucks des Plasmas.

5.2.2
Fremdstoffmetabolismus in der Niere

Die Ausstattung der Niere mit Enzymen des Fremdstoffmetabolismus ist neben dem Heranführen großer Stoffmengen in Folge der hohen Organperfusion und neben der Akkumulation im Tubulusepithel durch die im Zuge der Harnkonzentrierung erreichten hohen Stoffkonzentrationen im Tubuluslumen einer der Gründe der organotropen Wirkung nephrotoxischer Stoffe. Die Lokalisation des Nierenschadens korreliert mit dem Ort der metabolischen Aktivierung.

Fallbeispiel: Fremdstoffmetabolismus in der Niere

Eine 38-jährige Frau kommt in die Notaufnahme und gibt an, vor 12 Stunden 30 Tbl. Benuron® genommen zu haben. Dies entspricht einer Aufnahme von 15 g Paracetamol. Sie klagt über Übelkeit, Erbrechen und Oberbauchbeschwerden. Die Laborbefunde im Serum zu diesem Zeitpunkt ergeben folgendes Bild: GPT 190 U l^{-1}, GOT 198 U l^{-1}, Gesamtbilirubin 2,1 mg dl^{-1}, Kreatinin 0,8 mg dl^{-1}, Harnstoff 15 mg dl^{-1}. Es liegen zu diesem Zeitpunkt also Zeichen einer Leberschädigung, aber keine Zeichen einer Nierenschädigung vor. Eine Antidottherapie mit N-Acetylcystein wird eingeleitet. Am 3. Tag ist das pathologische Geschehen in der Leber mit GOT 3000 U l^{-1}, GPT 11 720 U l^{-1} und Bilirubin 4,9 mg dl^{-1} auf seinem Höhepunkt, ohne dass sich ein Nierenschaden bemerkbar macht. Am 8. Tag ist der Leberschaden mit GOT 50 U l^{-1} und GPT 1170 U l^{-1} rückläufig; jetzt sind aber die Nierenfunktionsproben mit Kreatinin 11,3 mg dl^{-1} und Harnstoff 171 mg dl^{-1} hochpathologisch. Am 18. Tag wird die Patientin mit nur noch gering erhöhten Transaminase-Aktivitäten und normalisierten Nierenfunktionsparametern entlassen.

Im proximalen Tubulus und damit in der Nierenrinde dominieren die Cytochrome-P450 und die Enzyme des Glutathionstoffwechsels. Tetrachlormethan und Paracetamol werden nicht nur in der Leber (siehe Abschnitt 5.1.2), sondern

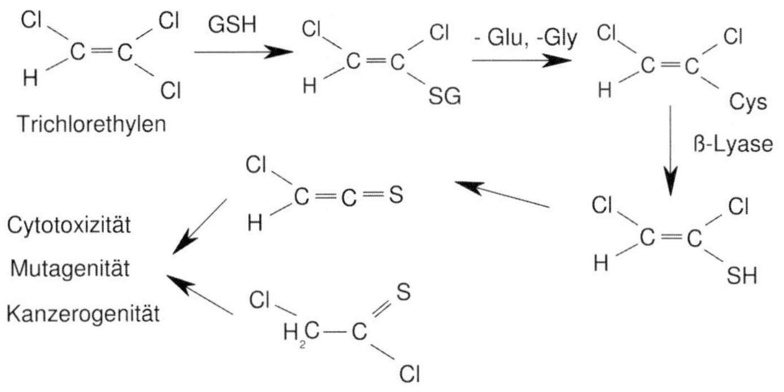

Abb. 5.6 Metabolische Aktivierung von Trichlorethylen (s. auch Kapitel 14). Das durch die Glutathiontransferase gebildete Glutathionkonjugat des Trichlorethylens wird durch sequentiellen Angriff der γ-Glutamyltranspeptidase und der Aminopeptidase M zu dem Cysteinkonjugat S(1,2-Dichlorvinyl)-L-Cystein (DCVC) abgebaut. DCVC kann zu einer Merkaptursäure weiter verstoffwechselt werden, kann aber auch durch die in der Niere in hoher Aktivität vorhandene Cysteinkonjugat-β-Lyase zu einem instabilen Thiol aktiviert werden, das Proteine und DNA acyliert.

auch in der Niere Cytochrom-P450-abhängig zu aktiven Metaboliten verstoffwechselt. Trichlorethylen und andere halogenierte Kohlenwasserstoffe unterliegen einem nierenspezifischen aktivierenden Stoffwechsel. Dabei werden zunächst die durch die Glutathiontransferase gebildeten Glutathionkonjugate durch sequentiellen Angriff der γ-Glutamyltranspeptidase und der Aminopeptidase M zu Cysteinkonjugaten abgebaut. Wenn diese nicht zu einer Merkaptursäure weiter verstoffwechselt werden, dann können sie durch die in der Niere in hoher Aktivität vorhandene Cysteinkonjugat-β-Lyase zu einem instabilen Thiol aktiviert werden, das Proteine und DNA acyliert. Beim Trichlorethylen ist dieser Stoffwechselweg besonders gut untersucht worden (siehe Abb. 5.6). Das Cysteinkonjugat ist in diesem Fall das S(1,2-Dichlorvinyl)-L-Cystein (DCVC). Diese metabolische Aktivierung des Trichlorethylens wird auch mit seiner nephrokarzinogenen Wirkung in Zusammenhang gebracht, die im Tierversuch nachgewiesen ist und beim Menschen nach sehr hohen Expositionen am Arbeitsplatz ebenfalls zu Nierenkrebs geführt hat. Zahlreiche halogenierte Kohlenwasserstoffe sind nephrotoxisch; bei einigen von ihnen, aber nicht bei allen ist der β-Lyase-Mechanismus beteiligt.

5.2.3 Nephrotoxische Arzneimittel

Eine große Zahl von Arzneimitteln kommen als Verursacher einer tubulären Nierenschädigung in Frage, darunter besonders Röntgenkontrastmittel, Antibiotika wie Aminoglykoside und Cephalosporine der älteren Art, antivirale Substanzen wie Aciclovir und Forscarnet sowie Zytostatika bzw. Immunsuppressiva wie Cisplatin, Methotrexat, Mitomycin C, Ifosfamid oder Cyclosporin A. Als Beispiel sei etwas näher auf die Aminoglykosidantibiotika eingegangen. Es handelt sich um sehr hydrophile Substanzen, die nicht metabolisiert, sondern fast ausschließlich renal ausgeschieden werden. Für ihre Nephrotoxizität ist ihre Anreicherung in den Lysosomen der proximalen Tubuluszellen verantwortlich. Daran sind sättigbare aktive Transportprozesse beteiligt; durch die Bevorzugung hoher Einmaldosen gegenüber einer über den Tag verteilten Applikation kann man deshalb die Akkumulation verringern. Die Tubuluszelle stellt für die Aminoglykosidantibiotika ein tiefes Kompartiment dar, aus dem sie nur langsam wieder freigesetzt werden. Der Abbau von Phospholipiden in den Lysosomen wird durch die Einlagerung des Aminoglykosids behindert; die resultierende Phospholipidose wird mit der zytotoxischen Wirkung im Tubulusepithel in Verbindung gebracht.

5.2.4 Nephrotoxische Schwermetalle

Zu den nephrotoxischen Schwermetallen zählen Quecksilber, Cadmium, Blei, Nickel, Wolfram und Gold. Quecksilber greift als zweiwertiges Kation vorwiegend an der Pars recta des distalen Tubulus an und verursacht dort Nekrosen. Ähnlich wie bei anderen Metallen wird die Fähigkeit des Quecksilbers, mit SH-Gruppen im katalytischen Zentrum von Enzymen zu reagieren, für die zytotoxische Wirkung verantwortlich gemacht. Es kommt zunächst zur Ausscheidung kleinerer tubulärer Proteine wie der NAG, dann zu einem unspezifischen Proteinverlust. Beim Versuchstier und wahrscheinlich auch beim Menschen kann Quecksilber eine Autoimmunerkrankung in Form einer Glomerulonephritis auslösen. Auch Gold, das in der Rheumatherapie als Arzneimittel eingesetzt wird, kann zu einer immunologischen Reaktion der Niere führen. Seine toxischen Wirkungen manifestieren sich besonders am Glomerulum und führen ebenfalls zu einem Proteinverlustsyndrom. Die Nierenschädigung durch Blei betrifft außer den Epithelzellen des proximalen Tubulus auch das interstitielle Nierengewebe. Eine Durchblutungsstörung im glomerulären Kapillarnetz durch die vasokonstriktorische Wirkung des Bleis kommt hinzu.

5.3 Respirationstrakt

5.3.1 Aufbau und Funktion

Der Respirationstrakt besteht aus den oberen Luftwegen mit dem Nasen-Rachenraum (Nasopharynx) und dem Kehlkopf (Larynx), dem tracheobronchialen Bereich und dem alveolären Bereich mit den gasaustauschenden Strukturen, den Lungenbläschen (Alveolen), die mit einem dicht anliegenden Netz von

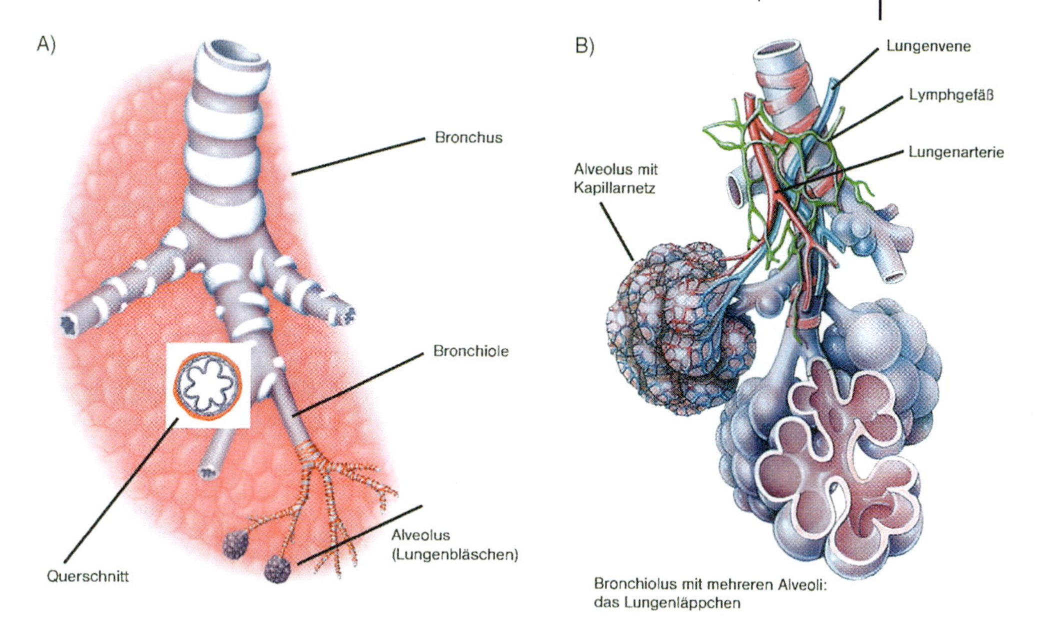

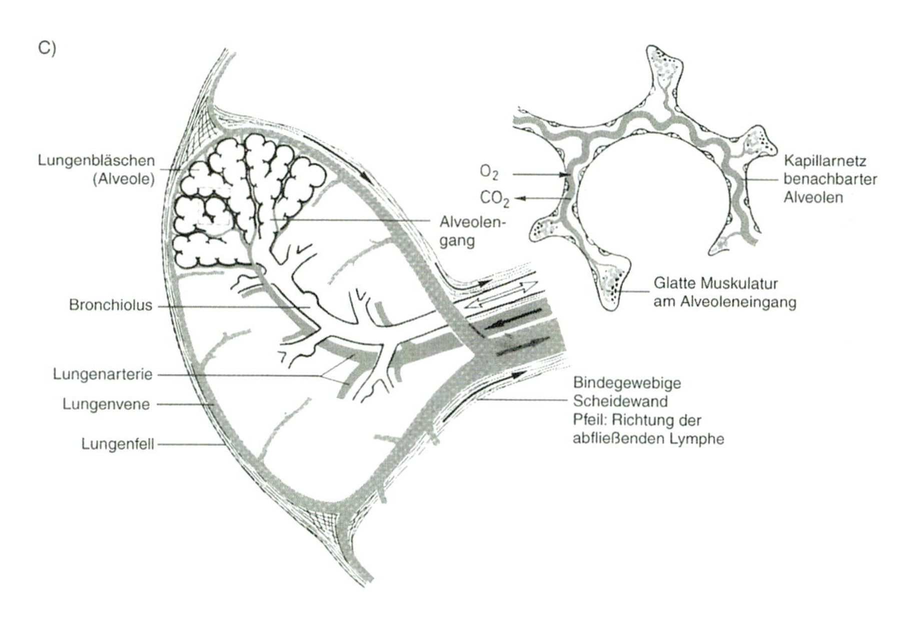

Abb. 5.7 Anatomie des unteren Atemtraktes (**A**) und der Funktionellen Einheit, des Lungenläppchens (**B**), vereinfachte Darstellung eines Lungenläppchens mit vergrößerter Darstellung eines Lungenbläschens (**C**). Quelle: [3].

Kapillaren überzogen sind. Die gesamte gasaustauschende Oberfläche der menschlichen Lungen ist ca. 80 m^2 groß. Im tracheobronchialen Bereich kommen mit feinsten Härchen (Zilien) besetzte Zellen vor, die besonders empfindlich für toxische Stoffe sind. Die auswärts gerichteten Schläge der Zilien ermöglichen die *„mukoziliäre Clearance"*, d.h. die Entfernung von inhalierten Partikeln aus den Bronchien zusammen mit dem Schleim. Zu den zilienfreien Zellen des Bronchialbaums gehören die schleimproduzierenden Zellen und die Clarazellen, die besonders reich an Cytochromen-P450 sind. Die Alveolarwand besteht aus zwei Zelltypen, den empfindlichen Alveolarzellen Typ I und den robusteren Alveolarzellen Typ II, die den Surfactant, eine oberflächenaktive Substanz, bilden. Bei Regenerationsprozessen in den Alveolen kommt es zu einem Ersatz von Alveolarzellen Typ I durch Alveolarzellen Typ II. Die ortsständigen Abwehrzellen (Phagozyten) der Lunge heißen Alveolarmakrophagen (siehe Abb. 5.7).

Klinische Zeichen einer toxischen Lungenschädigung

Atemwegsreizstoffe führen zu einer entzündlichen Reaktion der Schleimhäute mit Hustenreiz und erhöhter Schleimsekretion. Das begleitende Ödem kann lebensbedrohlich im Bereich des Kehlkopfs (Glottisödem) und der Alveolen (toxisches Lungenödem) werden. Bei einer obstruktiven Ventilationsstörung liegt eine Störung der Ausatmung vor; sie macht sich durch ein charakteristisches Geräusch, das „Giemen", bemerkbar, während eine restriktive Ventilationsstörung (Störung der Einatmung) ein „Stridor" genanntes Geräusch verursacht. Eine Obstruktion kann akut durch einen allergisch oder irritativ verursachten Krampf der Bronchialmuskulatur (Bronchospasmus) verursacht sein oder Symptom einer chronischen Bronchitis sein. Eine Entzündung der Alveolen heilt unter Vernarbung ab; es kann zu einem Verlust von Alveolen und damit von Gasaustauschfläche (Lungenemphysem) und/oder zu einer Lungenfibrose kommen.

Die gebräuchlichsten Lungenfunktionstests sind die Spirometrie und die Blutgasanalyse. Die Spirometrie misst die Volumenänderungen, die durch die Atembewegungen auftreten. Zu den wichtigsten unter ihnen zählen die Vitalkapazität VK, das Volumen, das nach maximaler Inspiration maximal ausgeatmet werden kann (5 l), und die Einsekundenkapazität FEV_1 (4 l). Die wichtigsten Größen bei der Blutgasanalyse sind der arterielle O_2-Partialdruck p_aO_2 (90 mmHg) und der arterielle CO_2-Partialdruck p_aCO_2 (40 mmHg).

5.3.2
Irritativ-toxische Schädigung durch Reizgase

Fallbeispiel: Industrieunfall in Bhopal
Im Jahre 1984 kam es in der indischen Stadt Bhopal bei einem katastrophalen Industrieunfall zur Freisetzung von etwa 24 t Methylisocyanat. Dieser Stoff hat einen Siedepunkt von 37 °C und lag bei den herrschen Lufttemperaturen überwiegend gasförmig vor. Über 60000 Vergiftete wurden gezählt, die Symptome reichten von Reizerscheinungen an Augen und Nase über Husten und Bronchospasmus bis zum toxischen Lungenödem. Es wurden zahlreiche Todesfälle innerhalb der ersten Minuten nach der Freisetzung beobachtet, insgesamt starben fast 4000 Menschen. Viele der Überlebenden behielten durch fibrosierende Reparaturprozesse eine Lungenschädigung zurück.

Bei der akuten Inhalation von gasförmigen Stoffen mit lokal reizender Wirkung hängt es von deren Wasserlöslichkeit ab, in welcher Etage des Respirationstraktes die Läsion sich hauptsächlich manifestiert (siehe Tab. 5.1). Reizgase mit hoher Wasserlöslichkeit schlagen sich bereits auf der Schleimhaut des Nasopharynx und des Kehlkopfes nieder und führen dort zur Denaturierung von Proteinen, es kommt zur Schleimhautreizung bis hin zur Verätzung. Weniger gut wasserlösliche Reizgase gelangen bis in den tracheobronchialen Bereich und führen dort zur obstruktiven Ventilationsstörung. Gering wasserlösliche Reizgase erreichen die Alveolen und können – typischerweise mit einer Latenz von 24 Stunden oder länger – ein toxisches Lungenödem auslösen. Die Integrität des Alveolarepithels geht verloren, Flüssigkeit dringt in die Alveolen ein und behindert den Gasaustausch. Die Lokalisation der Läsion ist aber auch eine Frage der Dosis: bei Höchstdosen gelangen toxische Mengen des Gases in alle Teilen des Respirationstraktes und die geschilderten Etagensymptome überlagern sich.

Tab. 5.1 Atemwegsreizende Stoffe.

Wasserlöslichkeit	Symptomatik	Beispiele
hoch	Schleimhautreizung, Verätzung, Glottisödem	NH_3, HCl, Formaldehyd, Tränengase CN (Chloracetophenon) und CS (Chlorbenzylidenmalonitril)
mittel	Husten, Bronchospasmus, Bronchitis, Bronchopneumonie	SO_2, Cl_2, Br_2, Isocyanate
gering	Toxisches Lungenödem, Lungenfibrose	NO_2, O_3, Phosgen, CdO

5.3.3
Asthma bronchiale, chronisch obstruktive Lungenerkrankung und exogen allergische Alveolitis

Besonders am Arbeitsplatz ist die Atemwegssensibilisierung gefürchtet. Beruflich induziertes Asthma bronchiale wird u. a. beobachtet bei Exposition gegenüber Isozyanaten, Formaldehyd, Chrom- und Nickelsalzen und Stäuben wie Mehlstaub („Bäckerasthma") oder Holzstaub und führt häufig zur Berufsunfähigkeit. Durch langjährige Exposition gegenüber Feinstaub z. B. im Steinkohlebergbau kann eine chronisch obstruktive Lungenerkrankung (*chronic obstructive pulmonary disease*, COPD), d. h. eine chronische Bronchitis bzw. ein Lungenemphysem entstehen, irreversible Endpunkte einer Lungenschädigung. Häufigste Ursache einer COPD ist jedoch das Zigarettenrauchen. Bei Rauchern ist das Erkrankungsrisiko etwa zehnmal höher als bei Nichtrauchern. Rauchen führt zum Verlust des Flimmerhaarbesatzes in der tracheobronchialen Etage der Atemwege. Durch den „Raucherhusten" versucht der Patient die mukoziliäre Clearance funktionell zu ersetzen.

Die exogen allergische Alveolitis ist eine IgG-vermittelte Überempfindlichkeitsreaktion, an der eine T-Zell-vermittelte Reaktion mitbeteiligt ist. Die Krankheit kann akut oder chronisch verlaufen und ist gekennzeichnet durch eine restriktive Ventilationsstörung, Reizhusten, Fieber und Leukozytose, die Symptome treten meist 6–8 Stunden nach Exposition auf. Die exogen allergische Alveolitis kann in eine Lungenfibrose mit Lungenemphysem übergehen. Auslöser sind Mikroorganismen (z. B. Pilze bei der „Farmerlunge"), Vogelkot und Vogelmilben (wie bei der „Taubenzüchterlunge"), aber auch Isozyanate und einige Arzneimittel wie Amiodaron und Goldsalze.

5.3.4
Pneumokoniosen

Bei eingeatmeten Stäuben oder Aerosolen hängt die Eindringtiefe in die Atemwege von der Partikelgröße ab. Partikel mit einem aerodynamischen Durchmesser von >5 μm bleiben bevorzugt im Nasopharynx und an den Verzweigungsstellen der Bronchien und Bronchiolen haften, Partikel mit einem aerodynamischen Durchmesser von 0,5–5 μm sedimentieren in den Bronchiolen und Alveolen, und noch kleinere Partikel werden durch Diffusion auf die Oberfläche der Atemwege verteilt. Bei Partikeln mit einem aerodynamischen Durchmesser von $<0{,}1$ μm spricht man von Ultrafeinstaub oder Nanopartikeln. Die Partikel können durch die mukoziliäre Clearance wieder nach außen transportiert, durch Makrophagen phagozytiert oder nach Aufnahme in das Lungeninterstitium über den Lymphweg entfernt werden. In den oberen Luftwegen ist die Verweildauer wegen der hohen Effektivität der mukoziliären Clearance kurz; in den Alveolen muss mit Verweildauern von Monaten bis Jahren gerechnet werden.

Der Zusammenhang zwischen der Belastung durch fibrogene Fein- und Faserstäube und Lungenerkrankungen ist für eine ganze Reihe von Stäuben nachgewiesen. Der Metallgehalt der Partikel ermöglicht die Bildung von reaktiven Sauerstoffspezies in den Atemwegen; dazu kommt die Freisetzung von inflammatorischen Mediatoren aus den Makrophagen bei der Phagozytose der Partikel. Das Gewebe reagiert zuerst mit einer Entzündung und später mit Reparaturprozessen. Es resultieren chronische Staublungenerkrankungen (Pneumokoniosen) wie Silikose oder Asbestose. Es gibt Hinweise darauf, dass Ultrafeinstaub aufgrund seiner größeren Oberfläche pro Masse und seiner Resorbierbarkeit besonders gefährlich ist.

5.3.5
Tumoren des Respirationstraktes

In den oberen Luftwegen können Adenokarzinome der Nasenhöhle durch Buchen- und Eichenholzstau entstehen. Rauchen kann nicht nur Lungenkrebs, sondern auch Tumoren der Mundhöhle und des Kehlkopfs auslösen. Bei Ratten, die sich vom Menschen durch eine relativ betrachtet weitaus längere Nasenpassage unterscheiden, führt Formaldehyd zu Karzinomen der Nasenschleimhaut. Die IARC (*International Agency for Research on Cancer*) hat im Jahre 2004 Formaldehyd als humankanzerogen eingestuft.

Häufigste Ursache des Bronchialkarzinoms, welches bei Männern für ein Viertel aller Krebstodesfälle verantwortlich gemacht wird, ist der Tabakrauch (80–90%). Auch Passivrauchen ist als krebserzeugend beim Menschen eingestuft. Histologisch ist der Raucherkrebs meist ein Plattenepithelkarzinom der Bronchialschleimhaut. Im Tabakrauch sind bislang etwa 70 krebserzeugende Komponenten nachgewiesen worden, darunter polyzyklische aromatische Kohlenwasserstoffe wie Benzo(a)pyren, Nitrosamine wie das tabakspezifische 4-(Methylnitrosamino)-1-(3-pyridyl)-1-butanon (NNK), aromatische Amine wie 2-Aminobiphenyl, Benzol, Acrylamid, Formaldehyd, Metalle wie Cadmium, Arsen und Nickel sowie radioaktive Metalle wie ^{210}Polonium.

Asbestfasern sind krebserzeugend für den Menschen; seit 1993 besteht daher in Deutschland ein Herstellungs- und Anwendungsverbot. Der Pathomechanismus wird u. a. in einer Freisetzung reaktiver Sauerstoffspezies (*reactive oxygen species*, ROS) beim Versuch der Phagozytose durch Makrophagen gesehen. Die ROS können in die Epithelzellen diffundieren und dort DNA-Basen oxidieren. Außerdem können Asbestfasern die Mitose stören und zu ungleichmäßiger Chromosomenverteilung (Aneuploidie) führen. Bei der Mehrzahl der durch Asbest verursachten Lungentumoren handelt es sich um Bronchialkarzinome. Dabei besteht ein ausgeprägter Synergismus mit dem Tabakrauch. Asbestfasern unterliegen einer „Pleuradrift“: sie wandern zum Rippenfell und können dort einen seltenen Tumor, das Pleuramesotheliom, hervorrufen. Man geht davon aus, dass auch künstliche Mineralfasern mit ähnlicher Gestalt wie Asbestfasern, wie sie z. B. zur Wärmedämmung verwendet werden, krebserzeugend für den Menschen sein können. Die Kanzerogenität von bestimmten nicht faserförmigen Partikeln wie Dieselruß oder Quarz ist im Tierversuch bewiesen, epidemiologische Studien bestätigen diese Befunde auch für den Menschen.

5.3.6
Systemisch ausgelöste Lungentoxizität

Auch Stoffe, die nicht über die Atemluft, sondern über das Blut in die Lunge gelangen, können dort eine toxische Schädigung hervorrufen. Dies gilt z. B. für das Zytostatikum Bleomycin, das als Komplex mit Eisen und Sauerstoff in die DNA interkaliert und dort den Sauerstoff unter Oxidation des zweiwertigen Eisens zu ROS reduziert. Die Lunge ist arm an Bleomycinhydrolase-Aktivität und kann das Bleomycin deshalb schlecht abbauen. Darin wird der Grund für die Organotropie der toxischen Bleomycinwirkung gesehen.

Auch die als Unkrautvernichtungsmittel verwendete Bipyridiliumverbindung Paraquat (s. hierzu auch Kapitel 12) vermittelt über einen Redoxzyklus die massenhafte Bildung von ROS, und zwar besonders in den Alveolarzellen vom Typ II. Die kationische Substanz wird durch die NADPH-Cytochrom-P450-Reduktase univalent zu einem Radikal reduziert, welches dann durch Reaktion mit dem molekularen Sauerstoff wieder oxidiert, wobei es zur Bildung des Superoxidanions und weiterer ROS kommt. Bei unzureichenden Schutzmaßnahmen in der Landwirtschaft war die Lunge in der Vergangenheit häufig primäres Kontaktorgan; eine Paraquatvergiftung tritt jedoch auch bei oraler Aufnahme auf und führt unter Entwicklung von toxischen Leber- und Nierenschäden und einer progressiven Lungenfibrose fast immer zum Tod durch Multiorganversagen.

5.4
Blut und blutbildende Organe

5.4.1
Zusammensetzung des Blutes und Hämatopoese

Der Mensch hat ca. 5 l Blut, das Verhältnis zwischen zellulären Bestandteilen und Plasma (Hämatokrit) beträgt 42% bei Frauen und 47% bei Männern. Serum ist der Überstand von geronnenem Blut, es enthält im Gegensatz zum Plasma kein Fibrinogen. Die zellulären Bestandteile des Blutes bestehen aus den roten Blutkörperchen (Erythrozyten, ca. 5 Millionen μl^{-1}), den weißen Blutkörperchen (Granulozyten, Monozyten, Lymphozyten, 4000–10 000 μl^{-1}) und den Blutplättchen (Thrombozyten, 150 000–300 000 μl^{-1}). Die pluripotente Stammzelle des Blutes differenziert im Knochenmark in die myeloische Stammzelle und die lymphatische Stammzelle. Aus der myeloischen Stammzelle gehen in den drei hämatopoetischen Entwicklungsreihen die Erythrozyten, die Granulozyten und Monozyten sowie die Thrombozyten hervor. Der reife Erythrozyt entwickelt sich aus dem Erythroblasten des Knochenmarks nach Abschnürung des Zellkerns über die Zwischenstufe des Retikulozyten zu der kern- und mitochondrienlosen Zelle des zirkulierenden Blutes, die mit ihrem Hauptbestandteil Hämoglobin dem Sauerstofftransport dient. Die mittlere Lebensdauer eines Erythrozyten beträgt 120 Tage. Granulozyten und Monozyten sind Zellen der „angeborenen“

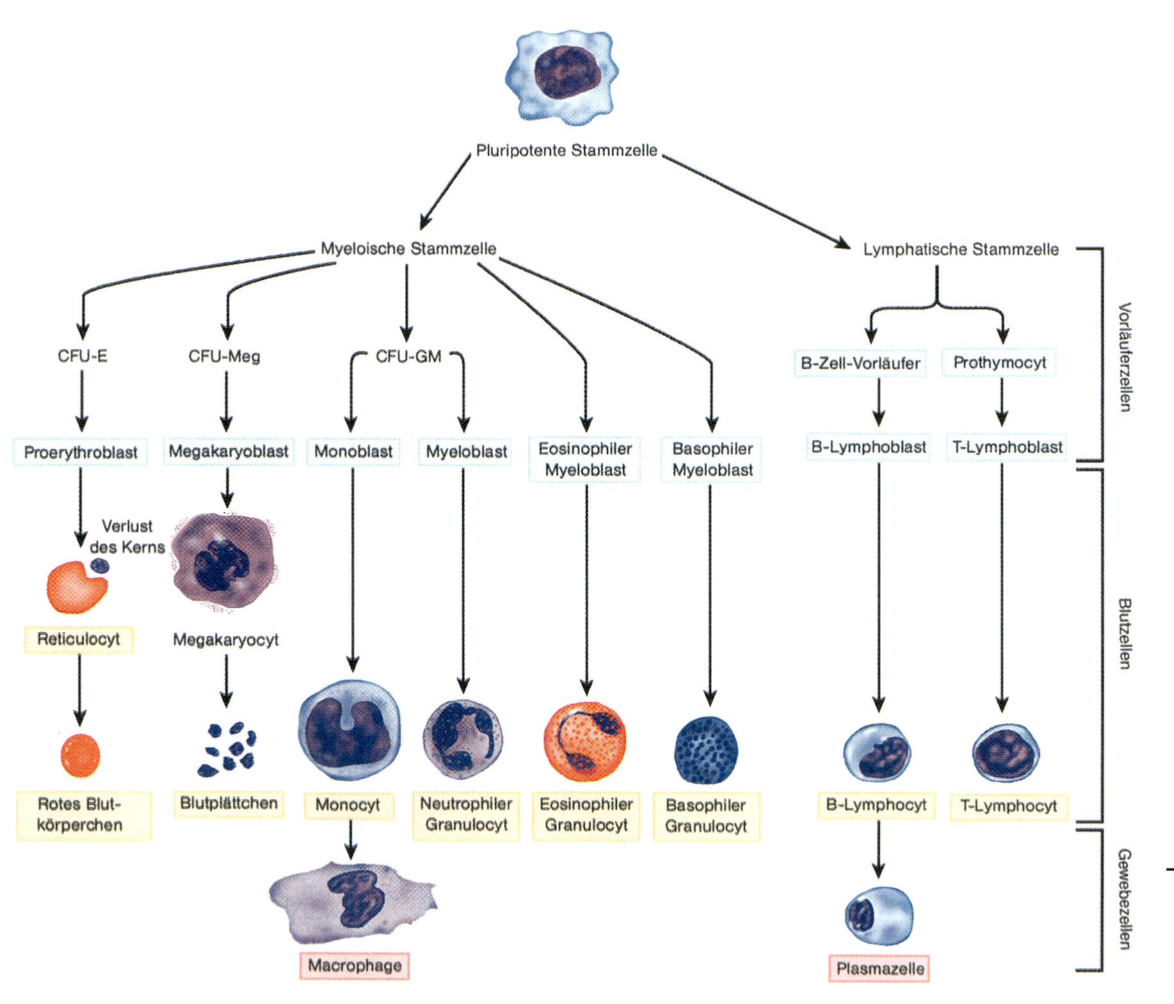

Abb. 5.8 Blutzellen des Knochenmarks (myeolisch) und des lymphatischen Systems. CFU = Kolonie bildende Einheit. Quelle: [3].

Immunabwehr, sie setzen Entzündungsmediatoren frei und können Mikroorganismen und Partikel phagozytieren. Die drei Typen der polymorphkernigen Granulozyten – Neutrophile, Basophile und Eosinophile – und die Monozyten entwickeln sich in einem einwöchigen Reifungsprozess aus den Myeloblasten des Knochenmarks und haben eine Lebensdauer von 1–2 Tagen. Mutterzelle der Thrombozyten ist der Megakaryozyt, der vor dem Übertritt in das zirkulierende Blut in zahlreiche Blutplättchen mit einer Lebensdauer von ca. 10 Tagen zerfällt, die eine entscheidende Rolle in der Hämostase spielen. Die aus der lymphatischen Stammzelle hervorgehenden Lymphozyten werden in den lymphatischen Geweben gebildet. Sie sind die Zellen der erworbenen Immunantwort: Die B-Lymphozyten sind zur Antikörperbildung und damit zur humoralen Immunantwort befähigt, die T-Lymphozyten sind Träger der zellvermittelten Immunantwort (siehe Abb. 5.8).

Klinische Erscheinungsformen der Hämatotoxizität

Toxische Substanzen können die Knochenmarkstammzelle angreifen. Sind alle drei hämatopoetischen Entwicklungsreihen betroffen, spricht man von Panzytopenie oder aplastischer Anämie. Entsprechend der unterschiedlichen Lebensdauer der reifen Blutzellen manifestieren sich die Symptome der Stammzelltoxizität unterschiedlich schnell als Leukopenie bzw. Agranulozytose durch Zusammenbruch der Infektabwehr, als Thrombozytopenie durch eine Blutungsneigung und als Störung der Erythropoese durch eine Anämie. Auch im weiteren Verlauf der Hämatopoese können toxische Substanzen durch Reifungsstörungen Schaden anrichten, der sich z. B. in der erythropoetischen Entwicklungsreihe als Megaloblastenanämie manifestiert. Einige Fremdstoffe können eine akute myeloische Leukämie auslösen.

Bei der fremdstoffbedingten Schädigung von Granulozyten und Thrombozyten des zirkulierenden Blutes spielen oft allergische Reaktionen eine Rolle. Den Zerfall von Erythrozyten nennt man Hämolyse; der durch den hohen Sauerstoffgehalt dieser Zellen begünstigte oxidative Metabolismus von Fremdstoffen ist häufig Grund einer intravasalen Hämolyse, aber auch einer Methämoglobinämie, d. h. einer Oxidation des zweiwertigen Eisens im Hämoglobin. Eingriffe in die Hämostase, z. B. eine Thrombozytenaggregationshemmung oder eine Zerstörung von Gerinnungsfaktoren, können ebenfalls durch Fremdstoffe ausgelöst werden.

5.4.2
Störungen der Hämatopoese

Das Lösemittel Benzol ist die bekannteste stammzellschädigende chemische Substanz. Chronische Exposition führt zur Panzytopenie; darüber hinaus ist Benzol als Humankarzinogen eingestuft, es kann eine akute myeloische Leukämie erzeugen. Der toxischen und der karzinogenen Wirkung liegt eine metabolische Aktivierung zu Grunde (siehe Abb. 5.9). Es ist nicht geklärt, welchem Me-

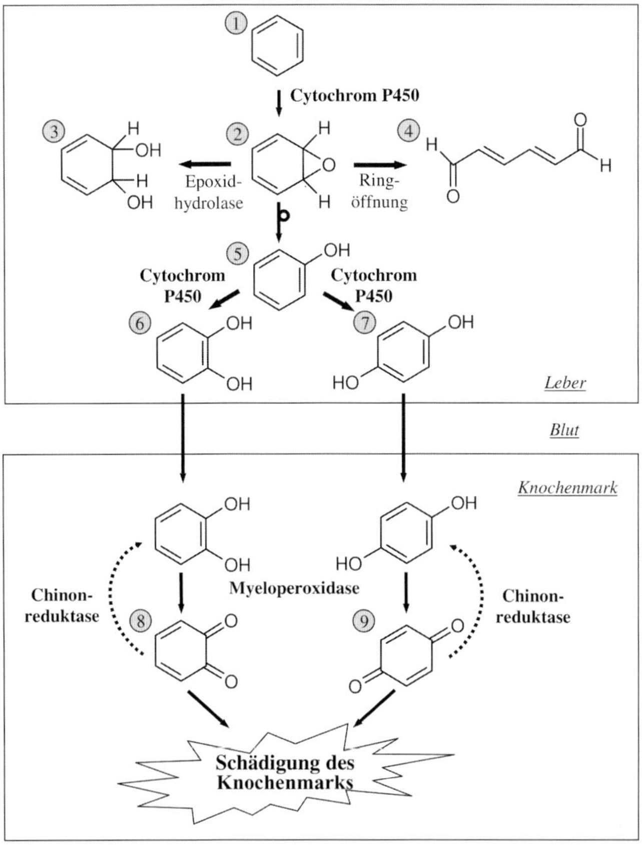

Abb. 5.9 Metabolische Aktivierung von Benzol. Benzol (1) wird durch Cytochrom-P450-2E1 in der Leber in Benzolepoxid (2) umgewandelt. Dieses Epoxid wird entweder durch eine Epoxidhydrolase in ein Benzol-1,2-transdiol (3) umgewandelt, reagiert unter Ringöffnung zum *trans-trans*-Muconaldehyd (4) oder lagert sich nichtenzymatisch zu Phenol (5) um. Phenol kann in der Leber durch Cytochrom-P450-2E1 in ein *ortho*- (6) oder *para*- (7) Hydrochinon umgewandelt werden. Dieses kann über die Blutbahn zu Zellen des Knochenmarks transportiert werden. Dort findet eine weitere Oxidation zum Chinon (*ortho* (8) bzw. *para* (9)) z.B. durch die Myeloperoxidase statt. Das Chinon kann mit verschiedenen Makromolekülen (DNA, Proteine) reagieren und stellt wahrscheinlich das schädigende Agens für das Knochenmark dar. Die organspezifische Wirkung wird in der geringen Ausstattung des Knochenmarks an Chinon-Reduktase vermutet, die in einer 2-Elektronen-Übertragung das reaktive Chinon zum Hydrochinon reduziert. Zur besseren Übersicht wurde diese Grafik stark vereinfacht, so wurden die Konjugationsreaktionen (Kopplung mit Sulfat, GSH, Glucuronsäure) nicht dargestellt.

taboliten dabei die entscheidende Rolle zukommt. Der *trans-trans*-Muconaldehyd bildet DNA-Addukte, allerdings ist Benzol kein potentes Mutagen, sondern bewirkt DNA-Strangbrüche und Chromosomenfehlverteilungen. Ein möglicher Grund für die Organotropie der Benzolwirkung kann in der niedrigen Aktivität der Chinonreduktase im Knochenmark bei gleichzeitig hoher Aktivität der Myeloperoxidase gesehen werden.

Das Antibiotikum Chloramphenicol wird in Deutschland wegen seiner myelotoxischen Wirkungen praktisch nicht mehr verwendet. Bei der Chloramphenicoltoxizität sind zwei unterschiedlich bedrohliche Formen voneinander abzugrenzen. Dosisabhängig kommt es zu einer reversiblen Schädigung der Mitochondrien in den Erythroblasten, die eine Hemmung der Hämoglobinsynthese und damit eine hypochrome Anämie bedingt. Sehr viel seltener und ohne erkennbare Dosisabhängigkeit tritt eine Panzytopenie auf, die sich entsprechend der kurzen Halbwertszeit der Granulozyten als Agranulozytose und Zusammenbruch der Infektabwehr äußert. An diesem Ereignis ist eine immunologische Komponente beteiligt.

Eine Störung der Hämoglobinsynthese gehört auch zum Erscheinungsbild der Bleivergiftung. Chronische Bleiexposition hemmt die Hämoglobinsynthese an drei Positionen: der δ-Aminolävulinsäuredehydratase, der Koproporphyrinogendecarboxylase und der Ferrochelatase. Klinisch manifestiert sich dies in einem Anstieg der δ-Aminolävulinsäure (δ-ALA) und des braungefärbten Koproporphyrins im Urin und des freien oder zinkgebundenen Protoporphyrins im Blut sowie einer hypochromen Anämie. Die basophile Tüpfelung der Erythrozyten bei Bleivergiftung geht auf einen gestörten Abbau von Ribonucleotiden durch die Hemmung der Pyrimidin-5′-Nucleotidase zurück.

5.4.3
Toxische Schädigung von Zellen im zirkulierenden Blut

Fallbeispiel: Toxische Schädigung von Zellen im zirkulierendem Blut
Vier Monate alte Zwillinge erhielten in ihren Fläschchen 4% Ethylnitrit. Dies sollte wirksam gegen einen respiratorischen Infekt sein. Der eine Zwilling trank das Fläschchen ganz aus. Kurze Zeit später traten Atemnot, Cyanose und Bewusstseinsverlust auf. Das arterielle Blut war schokoladenbraun, der MetHb-Gehalt betrug 80%. Nach Gabe von 10 mg Methylenblau i.v. sank der MetHb-Gehalt auf 8,9% ab. Trotzdem blieb das Kind weiter beatmungspflichtig und verstarb nach 12 Stunden. Der andere Zwilling hatte sein Fläschchen nicht ausgetrunken. Er entwickelte Atembeschwerden, der MetHb-Gehalt des arteriellen Blutes betrug 38%. Dieses Kind erholte sich nach einigen Tagen vollständig.

Eine große Zahl von Fremdstoffen löst durch oxidative Schädigung des Erythrozyten hämolytische Anämien und Methämoglobinämien aus. Eine Hämolyse kann jedoch auch auf eine allergische Reaktion vom Typ II (z. B. bei Penicillinen und Cephalosporinen) oder Typ III (z. B. bei Chinidin und Chinin) zurückgehen. Zu den Hämolysegiften gehören zahlreiche Schlangengifte. Fremdstoffe, die durch ihren oxidativen Metabolismus hämolytisch und als Methämoglobin (MetHb)-Bildner wirken, sind z. B. Chlorate, Nitrite, Nitrate, aromatische Amine und Nitrobenzolderivate. Bei der MetHb-Bildung durch die beiden letztgenannten Gruppen entsteht zunächst über eine Oxidation der Aminogruppe bzw. Reduktion der Nitrogruppe das zugehörige Hydroxylamin. Dieses wird durch den an das zweiwertige Hämeisen gebundenen Sauerstoff zur Nitrosoverbindung oxidiert; dabei kommt es zur Cooxidation des Fe^{2+} zum Fe^{3+}. Das MetHb wird durch die NADPH-abhängige Diaphorase wieder reduziert; der Kofaktor NADPH stammt aus der Glucose-6-phosphat-Dehydrogenase (G6PDH)-Reaktion. Personen mit genetisch bedingtem G6PDH-Mangel reagieren deshalb besonders empfindlich auf MetHb-Bildner. MetHb hat ein deutlich anderes Absorptionsspektrum als die Fe^{2+}-Verbindungen Oxyhämoglobin (HbO_2) und Desoxyhämoglobin, es färbt das Blut braun. Der durch den Zusammenbruch des Sauerstofftransportes ausgelöste Sauerstoffmangel des Gewebes manifestiert sich bei ca. 20% MetHb als Blässe und Cyanose, bei ca. 40% MetHb kommt es zur Bewusstlosigkeit, der Tod tritt bei >70% MetHb ein. Bei ausgeprägten Methämoglobinämien (MetHb >30%) verabreicht man Redoxfarbstoffe wie Toluidinblau oder Methylenblau, die eine enzymatische Reduktion des Fe^{3+} ermöglichen.

Eine sehr ähnliche klinische Symptomatik kennzeichnet die Kohlenmonoxidvergiftung; auch hier handelt es sich um eine Sauerstofftransportstörung. Sie geht auf die 200- bis 300-mal höhere Affinität des CO für das zweiwertige Hämeisen im Vergleich zu O_2 zurück. Das Absorptionsspektrum des Hb-CO ähnelt dem des Hb-O_2, die Vergifteten haben eine hellrote Hautfarbe, das Blut ist kirschrot. Die Zeit bis zum Eintreten der Vergiftungszeichen hängt von der Atemtiefe ab, bei körperlicher Tätigkeit ist sie kürzer als in Ruhe. Nach akuter Vergiftung können neurologische Folgeschäden auftreten; ob es eine chronische Kohlenmonoxidvergiftung bei Exposition gegenüber niedrigen Dosen gibt, ist umstritten.

Granulozyten besitzen eine Reihe fremdstoffoxidierender Enzyme. Sie können reaktive Fremdstoffmetabolite bilden, die als Haptene an zelleigene Proteine binden und Immunreaktionen auslösen. Dieser Schädigungstyp ist z. B. für das Antiphlogistikum Phenylbutazon und für das Neuroleptikum Clozapin beschrieben worden.

5.4.4
Störungen der Hämostase

Ebenso wie Granulozyten können auch Thrombozyten durch fremdstoffbedingte Immunreaktionen zerstört werden. Ein Sonderfall ist die lebensbedrohende Heparin induzierte Thrombozytopenie Typ II (HIT II), bei der Immunkomplexe mit Heparin zu einer Plättchenaggregation führen. Trotz stark absinkender Zahl noch zur Verfügung stehender Thrombozyten kommt es dabei zu akuten arteriellen Gefäßverschlüssen. Durch Thrombozytenaggregationshemmung kommt es zu Blutungen, z. B. durch hohe Dosen von Penicillinen und durch Acetylsalicylsäure sowie andere Hemmstoffe der Cyclooxygenase, die die Thromboxansynthese hemmen.

Rodentizide vom Cumarintyp hemmen die Vitamin K-abhängige Synthese von Gerinnungsfaktoren in der Leber und führen so zu schweren Blutungen. Auch Stoffe, die die hepatische Proteinsynthese unspezifisch hemmen, lösen Gerinnungsstörungen aus. Als disseminierte intravasale Gerinnung (englisch: *disseminated intravasal coagulation*, DIC) bezeichnet man ein lebensgefährliches Syndrom, bei dem es durch Aktivierung von Gerinnung und Fibrinolyse nach einer hyperkoagulatorischen Phase mit Mikrothrombenbildung zum massiven Abfall der Gerinnungsfaktoren und der Thrombozyten und damit zur „Verbrauchskoagulopathie" kommt. Als Auslöser einer DIC kommen z. B. Schlangengifte mit Thrombinwirkung sowie Säuren und Laugen in Frage.

5.5 Nervensystem

5.5.1 Aufbau des Nervensystems

Das Nervensystem besteht aus Zentralnervensystem (ZNS = Gehirn und Rückenmark) und peripherem Nervensystem. Im ZNS bedingt der Aufbau der Kapillaren aus einem fensterlosen Endothel mit undurchlässigen *tight junctions* und einer lückenlosen Basalmembran eine stärkere Abdichtung gegen das zirkulierende Blut als in der Peripherie, sodass neben aktiv transportierten hydrophilen Substanzen nur lipophile Substanzen, die durch diese Schichten diffundieren können, in das ZNS gelangen (Blut-Hirn-Schranke).

Neuronen unterscheiden sich von anderen Zellen zum einen durch ihre starke Verästelung, Ausdruck ihrer Fähigkeit zur Kontaktaufnahme mit anderen Zellen, zum anderen dadurch, dass sie sich beim adulten Organismus in der Regel nicht mehr teilen können, also nach Absterben durch eine toxische oder anders bedingte Schädigung nicht ersetzt werden können. Dies wird allerdings zum Teil kompensiert durch die Fähigkeit von Neuronengruppen, die Funktionen abgestorbener Neuronen zu übernehmen. Das Neuron besteht aus dem Zellkörper mit dem Zellkern, den Mitochondrien und dem endoplasmatischen Retikulum als Ort der Proteinsynthese, dem langen Fortsatz, der der Impulsweiterleitung zu anderen Zellen dient und Axon genannt wird, und den Dendriten, kürzeren Fortsätzen, an denen die Aufnahme von Impulsen aus anderen Neuronen erfolgt. Das Axon kann mit einer Myelinscheide umgeben sein, die in regelmäßigen Abständen von myelinfreien Einschnürungen (Internodien, Ranvierschen Schnürringen) unterbrochen ist (markhaltige Faser). Das Myelin fungiert als elektrischer Isolator; die Erregung springt von Internodium zu Internodium (saltatorische Erregungsleitung) und wird auf diese Weise sehr schnell fortgeleitet, während in marklosen Fasern die Erregungsleitungsgeschwindigkeit viel niedriger ist. Eine große Bedeutung haben die Neurofibrillen

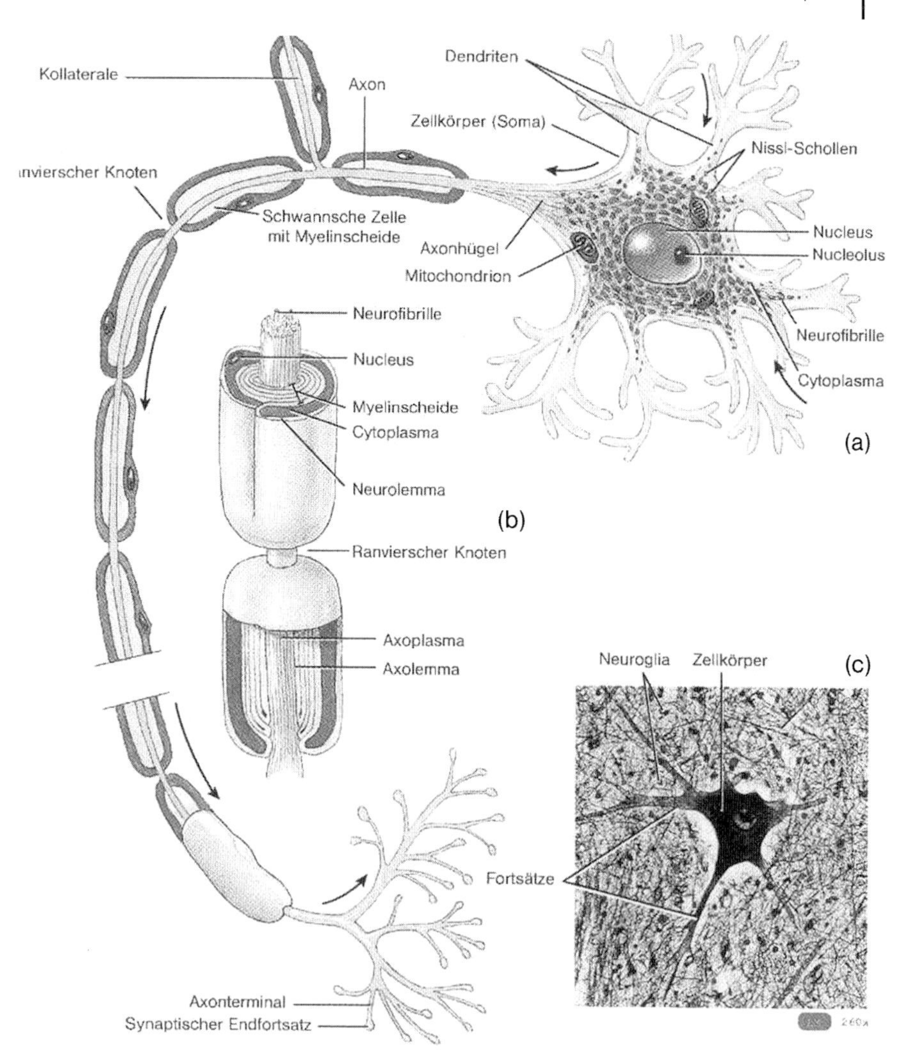

Abb. 5.10 Schematischer Aufbau eines Motorischen Neurons. (**A**) Längsschnitt, schematisch; (**B**) Schnitte durch das Axon; (**C**) mikroskopische Aufnahme des Zellkörpers. Die Pfeile symbolisieren den Reizverlauf.

des axonären Zytoskeletts, die einerseits durch ihre Stützfunktion die komplizierte Form der Neurone ermöglichen und zum anderen für den Vesikel- und Stofftransport innerhalb des Neurons gebraucht werden (siehe Abb. 5.10).

Die Informationsweiterleitung in einem Neuron erfolgt entlang der Axone elektrisch durch fortgeleitete Aktionspotenziale, d. h. wandernde Öffnung und Schließung der Natriumkanäle in der Zellmembran. Der Übergang der Information von einer Nervenzelle auf eine andere Nervenzelle oder auf eine Zelle des Erfolgsorgans wird chemisch vermittelt: Die erste Zelle setzt durch calciumabhängige

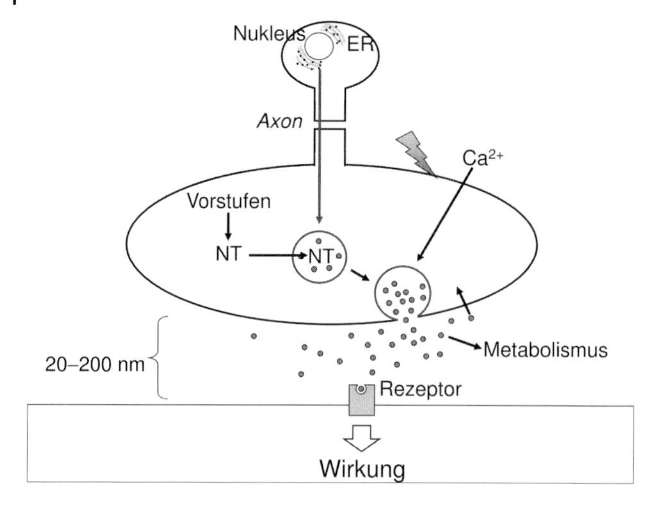

Abb. 5.11 Schematisches Bild einer Synapse. NT: Neurotransmitter.

Exozytose eine chemische Substanz in die Lücke zwischen den beiden Zellen (den synaptischen Spalt) frei, die durch Reaktion mit einem Rezeptor an der Membran der zweiten Zelle das Signal weitergibt, schematisch in Abb. 5.11 gezeigt.

Die Glia, der nichtneuronale Anteil des ZNS, besteht aus drei Zelltypen: Astrozyten, Mikrogliazellen und Oligodendrozyten. Die Astrozyten schützen die Neuronen vor neurotoxischen Stoffen. So können nur sie, nicht aber die Neuronen den exzitatorischen Neurotransmitter Glutamat abbauen; sie sind auch besser als die Neuronen mit antioxidativen Enzymen ausgestattet. Zusammen mit den Mikrogliazellen dienen die Astrozyten auch als Makrophagen des Nervensystems, während die Oligodendrozyten die Myelinscheiden um die Axone bilden. Ihnen entsprechen im peripheren Nervensystem die Schwannschen Zellen.

Klinische Zeichen neurotoxischer Schädigungen

Toxische Schädigung des Zentralnervensystems kann sich äußern als zentrale Dämpfung mit Bewusstseinsstörung, Koma, Atem- und Kreislaufdepression, als Rauschzustand, als psychotische Symptomatik mit Halluzinationen, als zerebraler Krampfanfall oder spinaler Krampfzustand, als motorische Störung wie Ataxie (Gang- und Standunsicherheit), Tremor oder Parese bzw. Paralyse (teilweise bzw. vollständige Lähmung) und als chronische Enzephalopathie mit Reizbarkeit, Gedächtnis- und Konzentrationsstörungen. Die periphere (Poly)neuropathie kann sensorischer Natur (Parästhesien, Taubheitsgefühl) oder motorischer Natur (Lähmungen) sein. Spastische Lähmung zeigt den Befall des zentralen motorischen Neurons, schlaffe Lähmung den Befall des peripheren Neurons an. Die Axone peripherer Nerven können sich regenerieren, bei Axonen zentraler Neuronen ist dies nicht der Fall. Bei gemischt peripher-zentralen Neuropathien kommt es deshalb im Laufe der Zeit zu einem Symptomwandel von schlaffer zu spastischer Lähmung.

5.5.2 Mechanismen der Neurotoxizität

Die komplexe morphologische Zellarchitektur, der hohe Energiebedarf und die vielfältigen Funktionen des Nervensystems machen es anfällig gegenüber toxischen Stoffen verschiedenster Art. Verantwortlich für die neurotoxischen Krankheitsbilder können einerseits reversible Störungen der Membranarchitektur oder der synaptischen Übertragung und andererseits reversible oder irreversible strukturelle Schäden sein.

Akute funktionelle Störungen

Weitgehend unaufgeklärt sind die Mechanismen der zentralen Dämpfung, obwohl diese als erwünschte oder unerwünschte Wirkung von Arzneimitteln eine quantitativ bedeutsame Rolle in der Medizin spielt. Die Inhalation von organischen Lösemitteln in hoher Konzentration führt zu „narkotischen" Effekten, Bewusstseinsstörungen, die von bloßer Benommenheit bis hin zum Vollbild einer Narkose, einem Zustand, aus dem der Patient durch Reize nicht aufgeweckt werden kann, reichen. Den halogenierten Lösemitteln verwandte Stoffe wie Isofluran oder Desfluran werden in der Medizin für die Allgemeinanästhesie eingesetzt, als Wirkungsmechanismus wird eine Einlagerung in die Zellmembran und eine dadurch ausgelöste Störung von Ionenkanälen angenommen. Der neuronale Natriumkanal ist Angriffspunkt zweier Klassen von Insektiziden: der halogenierten Kohlenwasserstoffe vom Typ des DDT und der Pyrethroide. Diese Stoffe verhindern die Schließung des Kanals und führen dadurch zu repetitiven Aktionspotenzialen. Beim Menschen sind hohe Dosen erforderlich, um eine manifeste Neurotoxizität mit veitstanzartigen Bewegungsbildern und Krämpfen hervorzurufen; mildere Intoxikationen machen sich durch Parästhesien oder feinen Tremor bemerkbar. Vergleichbar wirkt das Froschgift Batrachotoxin und die Pflanzengifte Aconitin und Veratridin. Tetrodotoxin, das Gift des japanischen Kugelfisches, ist hingegen ein Natriumkanalblocker und ruft durch Verhinderung der Depolarisation Lähmungen hervor.

Störungen der synaptischen Übertragung

Häufig betroffen von toxisch bedingten Störungen der synaptischen Übertragung sind Neurone, die Acetylcholin als Neurotransmitter ausschütten. Die Botulinustoxine verhindern die Verschmelzung der Acetylcholinvesikel mit der präsynaptischen Membran und damit die Acetylcholinausschüttung an der neuromuskulären Synapse. Lähmungen bis hin zur peripheren Atemlähmung sind die Folge. Curare, ein Pfeilgift indianischer Stämme, ist ein Antagonist am nikotinergen Acetylcholinrezeptor der neuromuskulären Synapse und führt auf diesem Weg zur Lähmung bei voll erhaltenem Bewusstsein. Atropin, das Gift der Tollkirsche, ist ein Antagonist am muskarinergen Acetylcholinrezeptor und löst Symptome des Acetylcholinmangels wie Akkommodationsstörungen,

Mundtrockenheit, Tachykardie, Obstipation und Hyperthermie, aber auch zentrale Erregungssymptome wie Halluzinationen und Krämpfe aus. Umgekehrt verursachen die Organophosphat-(Alkylphosphat-) Insektizide vom Typ des E 605 (Parathion; vergl. hierzu auch Kapitel 12) und Kampfstoffe wie Sarin, Tabun und Soman durch langdauernde oder sogar irreversible Blockade der Acetylcholinesterase eine Überflutung der cholinergen Synapsen mit Acetylcholin. Vegetative Symptome wie massiver Speichel- und Tränenfluss, Bronchospasmus, Bradykardie und Diarrhö und Symptome einer Übererregung nikotinerger Rezeptoren mit initialen Muskelkrämpfen und nachfolgender schlaffer Lähmung durch Dauerdepolarisation sind die Folgeerscheinungen in der Peripherie; zentrale cholinerge Synapsen sind ebenfalls betroffen.

Organophosphatvergiftung
Bei der Organophosphatvergiftung wird Atropin nach Maßgabe der Antagonisierung der muskarinischen Symptomatik in multiplen Dosen von 2–5 mg intravenös über 10–15 min infundiert; die nikotinergen Synapsen können durch Übertragung der Phosphatgruppe auf Obidoxim (Toxogonin®) entlastet werden, solange die Bindung des Organophosphats noch nicht durch vorherige Abspaltung einer Alkylgruppe irreversibel geworden ist. Mechanische Beatmung und Atropintherapie müssen unter Umständen über viele Tage fortgeführt werden.

Die überschießende Aktivierung ionotroper Glutamatrezeptoren, besonders des NMDA-(N-Methyl-D-Aspartat)-Rezeptors, führt zum Überwiegen erregender (exzitatorischer) Impulse gegenüber inhibitorischen Impulsen. Der NMDA-Rezeptor ist ein Ionenkanal für Natriumionen und Kaliumionen, der auch Calciumionen passieren lässt; auf längere Sicht führt die Erhöhung der freien zytosolischen Kaliumkonzentration zum Zelltod (Exzitotoxizität). Die Blockade von Glutamatrezeptoren durch das Rauschmittel Phencyclidin löst Halluzinationen aus. Auch Muscimol, ein Gift aus dem Fliegenpilz (*Amanita muscaria*), ist ein Halluzinogen. Der Wirkungsmechanismus ist hier die Erregung des $GABA_A$-Rezeptors, eines der beiden Rezeptortypen für den inhibitorischen Neurotransmitter Gamma-Aminobuttersäure (GABA). Umgekehrt wirken Stoffe, die den $GABA_A$-Rezeptor blockieren, z. B. Bicucullin und Pikrotoxin, als Krampfgifte. Krampfgifte sind auch Stoffe, die den spinalen Rezeptor für einen weiteren inhibitorisch wirkenden Neurotransmitter, die Aminosäure Glycin, blockieren (z. B. Strychnin und Tetanustoxin).

Neuronopathien

Schädigung des Zellkörpers wirkt sich auf das gesamte Neuron aus und kann zum nekrotischen oder apoptotischen Zelltod führen. Auf indirektem Wege geschieht dies durch Beeinträchtigung des Energiehaushalts, zum Beispiel bei Störung der Sauerstoffversorgung durch Transportblockade (Kohlenmonoxid) und Vasokonstriktion (Blei) oder Interferenz mit der ATP-Gewinnung (3-Nitropropionsäure, Cyanide). Die 3-Nitropropionsäure ist ein Pilzgift, welches die Succinatdehydrogenase hemmt, ein Enzym, das im Zitronensäurezyklus und in der Atmungskette eine Rolle spielt. Das Cyanidion (CN^-) bindet an das dreiwertige Eisen der Cytochromoxidase. Dadurch wird der Valenzwechsel des Eisens unterbunden, der die Reduktion des Sauerstoffs zu Wasser ermöglicht. Im subletalen Bereich führen diese Verbindungen im ZNS zur Neurodegeneration aufgrund von Energiemangel.

Dopaminerge Neurone werden spezifisch durch 1-Methyl-4-phenyl-1,2,3,6-tetrahydropyridin (MPTP) angegriffen. Dadurch kommt es zu einem Erscheinungsbild, das mit Tremor, Rigor und Akinesie dem durch altersbedingte Degeneration dopaminerger Neurone verursachten Morbus Parkinson entspricht. Die Selektivität für dopaminerge Neurone beruht auf einem besonderen Transportmechanismus: MPTP wird in Astrozyten durch die Monoaminoxidase B zu Methylphenyldihydropyridin und weiter zu Methylphenylpyridin (MPP^+) oxidiert, welches spezifisch in die dopaminergen Neurone der Substantia nigra aufgenommen wird und sich dort in den Mitochondrien anreichert. MPTP ist in der Vergangenheit als Zwischenprodukt bei der illegalen Synthese des Opioids Meperidin aufgetreten, so bei einer Vergiftungsserie bei überwiegend jungen Leuten im Jahre 1979.

Axonopathien

Bei der proximalen Axonopathie führt eine Akkumulation von Neurofilamenten nahe dem Zellkörper zu Schwellungen der Internodien an den langen motorischen und sensorischen Neuronen; der Zellkörper ist sekundär mitbetroffen. Eine Modellsubstanz dafür ist das *β,β*-Iminodipropionitril (IDPN). Häufiger sind die distalen retrograden Axonopathien („*Dying-back*"-Syndrom). Das Zytoskelett spielt bei Axonopathien eine zentrale Rolle. Die langkettigen Neurofilamente zeichnen sich durch eine lange „*Tail*"-Region mit bis zu 60 Serinresten aus, die als Phosphorylierungsstellen dienen. Hier liegt der Angriffspunkt der verzögert neurotoxisch wirkenden organischen Phosphorsäureester (z. B. der Weichmacher Tri-*ortho*-kresylphosphat (siehe Abb. 5.12) und das Insektizid Chlorpyrifos),

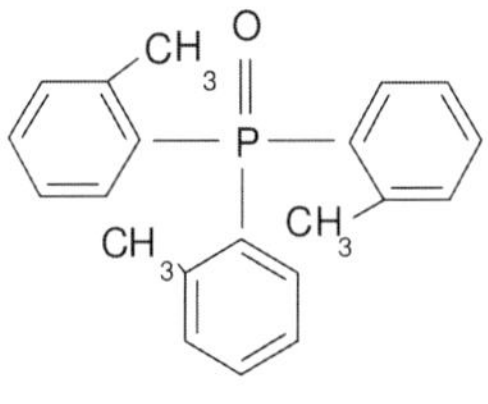

Tri-*ortho*-kresylphosphat

Abb. 5.12 Strukturformel von Tri-*ortho*-kresylphosphat.

die das Symptombild der *„organophosphorus ester-induced delayed polyneuropathy"* (OPIDP) hervorrufen. Auch die so genannte neurotoxische Targetesterase (NTE) wird an ihren Seringruppen irreversibel phosphoryliert; ihre Rolle bei der OPIDP ist nicht geklärt.

Fallbeispiel: Symptombild der *„organophosphorus ester-induced delayed polyneuropathy"* (OPIDP)
Im Frühjahr 1941 erkrankten ca. 40 Personen, nachdem sie Kuchen gegessen hatten, der von einem Bäcker unter Verwendung eines wahrscheinlich aus einer chemischen Fabrik entwendeten Öls zubereitet worden war. Die Krankheit begann mit einer akuten Magen-Darm-Symptomatik; ca. 10 Tage nach Verzehr des Kuchens kam es zu Parästhesien und muskelkaterartigen Beschwerden in den Beinen, und 2–3 Tage später setzten symmetrisch an den Zehen beginnende schlaffe Lähmungen ein, die nach oben fortschritten und die Unterschenkelmuskulatur und bei einigen Erkrankten auch die Oberschenkel- und Armmuskulatur ergriffen. Zusätzlich traten strumpfförmige Sensibilitätsstörungen und trophische Hautveränderungen auf. Die schlaffen Lähmungen begannen sich nach 6–8 Wochen langsam zurückzubilden, jedoch entwickelten sich parallel dazu bei einer größeren Zahl von Patienten spastische Zeichen, die z. T. noch bei einer Nachuntersuchung im Jahre 1968 nachweisbar waren. In dem Kuchen konnten 0,07% Tri-ortho-kresylphosphat nachgewiesen werden.

Für die neurotoxischen Wirkungen von n-Hexan wird die Pyrrolisierung der Neurofilamente durch den n-Hexan-Metaboliten 2,5-Hexandion verantwortlich gemacht, die zu Quervernetzungen zwischen den benachbarten Neurofilamenten und damit zu massiven Schwellungen im Axon führt.

Die Mikrotubuli erstrecken sich über die gesamte Länge des Axons und sind am Axonende für den plastischen Auf- und Abbau der Synapsen verantwortlich. Die neurotoxischen Eigenschaften von Vinca-Alkaloiden wie Vincristin und von Colchicin, dem Gift der Herbstzeitlose, beruhen auf einer Depolymerisation der Mikrotubuli, während die Taxane (z. B. Taxol) aus der Eibe die Depolymerisation behindern und dadurch ebenfalls die Funktionsfähigkeit des Mikrotubuli beeinträchtigen.

Myelinopathien

Myelinschwellung und Demyelinisierung werden durch toxische Schädigung der Oligodendrozyten bzw. der Schwannzelle oder auch des Neurons selbst hervorgerufen. Anorganische Bleiverbindungen können eine periphere Demyelinisierung zusammen mit einer axonalen Degeneration in den motorischen Nerven, bevorzugt denen der führenden Hand, hervorrufen (Radialisparese), die sich in einer Verminderung der Nervenleitungsgeschwindigkeit spiegelt. Triethylzinn, früher als Biozid benutzt, führt zu einer Demyelinisierung zentraler

Neurone; oft ist der 8. Hirnnerv, oft auch der Nervus opticus betroffen. Schwäche, Verwirrung, Lähmungen, Erblindung und Krampfanfälle kennzeichnen die Symptomatik.

5.6 Immunsystem

5.6.1 Komponenten des Immunsystems

Das Immunsystem hat diverse Aufgaben im Körper wahrzunehmen. Es soll den Körper vor externen Schädlingen, wie Viren, Bakterien, Pilzen und Parasiten schützen. Zelltrümmer abgestorbener Zellen werden beseitigt, entartete (Tumor-)Zellen vernichtet und für den Körper schädliche Stoffe (Chemikalien, Proteine) aufgespürt und neutralisiert. Hierzu ist eine Präsenz im ganzen Körper, also im Gewebe, Organen und Körperflüssigkeiten notwendig. So haben sich sehr spezialisierte Zellen und lymphatische Organe entwickelt, die über das Blut und über die Lymphbahnen verbunden sind.

5.6.1.1 Zellen des Immunsystems

Alle Zellen des Immunsystems bilden sich aus pluripotenten Stammzellen des Knochenmarks. Aus diesen können sich so genannte lymphoide oder myeloide Stammzellen entwickeln (siehe auch Abb. 5.8). Myeloide Stammzellen bilden über diverse Differenzierungsschritte Thrombozyten, Erythrozyten, basophile, neutrophile und eosinophile Granulozyten, Monozyten und Makrophagen. Aus den lymphoiden Vorläuferzellen entwickeln sich Lymphozyten, also T- und B-Zellen sowie die natürlichen Killerzellen (NK) (siehe Abb. 5.13).

Die Monozyten differenzieren zu phagozytierenden Makrophagen und wandern in entzündetes Gewebe ein. Aus der Monozytenlinie leiten sich auch die spezialisierten „Gewebsmakrophagen“ ab, die man in den verschiedenen Organen findet, wie Kupfferzellen (Leber), Mikrogliazellen (Gehirn), Alveolarmakrophagen (Lunge) oder Osteoklasten (Knochen). Früh in der embryonalen Entwicklung wandern myeloide Zellen in die Haut ein und differenzieren zu phagozytierenden, antigenpräsentierenden Zellen (APC) aus. Diese dendritischen Zellen der Haut (Langerhanszellen) bilden im Verbund mit den Keratinozyten ein autokrines Immunsystem, im englischen Sprachgebrauch als SIS (*skin immune system*) bezeichnet.

B-Zellen proliferieren nach spezifischer Aktivierung und differenzieren zu Gedächtniszellen oder zu Antikörper produzierenden Plasmazellen. Bei den T-Zellen werden aufgrund von Oberflächenmarkern zwei Subklassen, die $CD4^+$- oder Helfer-T-Zellen und die $CD8^+$- oder zytotoxischen Killerzellen (CTL) unterschieden. Die T-Helferzellen sind die zentralen Regulatoren der Immunreaktionen. Ihre Zerstörung, wie z.B. durch HIV-Infektionen, hat deswegen schwerste Folgen

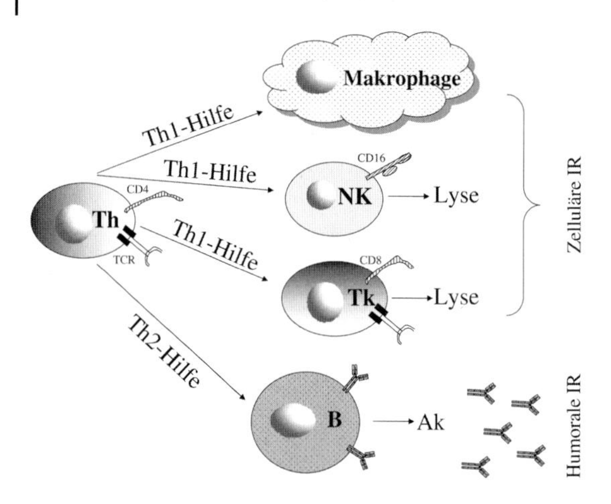

Abb. 5.13 Regulation der Immunreaktionen (IR) durch unterschiedliche T-Helferzellen. Th: T-Helferzelle; Tk: T-Killerzelle; NK: Natürliche Killerzelle; B: B-Zelle; TCR: T-Zellrezeptor; Ak: Antikörper; CD4: Oberflächenmolekül T-Helferzelle; CD8: Oberflächenmolekül T-Killerzelle; CD16: Oberflächenmolekül NK-Zellen.

für den Körper. Sie lassen sich wiederum in verschiedene Subklassen unterteilen. Lange Jahre wurden zwei $CD4^+$-Helferzellen unterschieden, die so genannten Th1- und Th2-Zellen. Aufgrund der von diesen Zellen produzierten Faktoren (Zytokine) sind Th1-Zellen entscheidend wichtig für die Regulation der zellulären Immunantwort über Makrophagen, CTL und NK-Zellen. Hingegen regulieren Th2-Zellen die so genannte humorale Immunreaktion, d.h. die Antikörper vermittelte B-Zellantwort. In den letzten Jahren sind zunehmend weitere Subklassen an Regulatorzellen, sowohl $CD4^+$ (Th3; Treg) als auch $CD8^+$ beschrieben worden, auf die an dieser Stelle aber nicht weiter eingegangen werden soll.

5.6.1.2 **Organe des Immunsystems**

Bei den lymphatischen Organen unterscheidet man zwei Typen, die primären und die sekundären Organe. Zu den primären lymphatischen Organen gehören das Knochenmark und der Thymus. Zu den sekundären oder peripheren lymphatischen Organen zählen Milz, Lymphknoten, inklusive Mandeln, Peyersche Plaques und Blinddarm. Diese letzteren bilden zusammen mit dem lokalen Immunsystem der Lunge das so genannte Schleimhaut assoziierte lymphatische Gewebe, oder englisch *„mucosal-associated lymphoid tissue"* (MALT). Dabei wird das lokale Immunsystem der Lunge (Bronchien) nochmals als BALT, das des Gastrointestinaltrakts als GALT unterschieden.

Wie bereits oben beschrieben, gehen im Knochenmark aus den pluripotenten Stammzellen alle immunkompetenten Zellen hervor. Dort differenzieren die

Zellen auch in die verschiedenen Subklassen, bevor sie in das Blut übertreten. Bei den lymphatischen Zellen, die Antigen spezifisch binden können, werden durch zusätzliche Selektionsschritte autoreaktive Lymphozyten ausgeschlossen. Dadurch wird die Toleranz gegenüber körpereigenen Proteinen gesichert. Diese Selektion findet für die B-Zellen ebenfalls im Knochenmark, für die T-Zellen aber im Thymus statt.

MALT, Milz und Gewebe drainierende Lymphknoten bilden die Startpunkte für die spezifische bzw. adaptive Immunreaktion. Hier kann das aufgenommene Antigen den Lymphozyten präsentiert werden. Nach spezifischer Erkennung des Antigens werden die entsprechenden Lymphozyten aktiviert, vermehren sich und differenzieren zu Gedächtnis- oder Effektor-Zellen. Die Lymphknoten und die assoziierten lymphatischen Gewebe bilden die Abwehr gegen Antigen, das über Haut oder Schleimhaut in den Körper gelangt. Solche Immunreaktionen werden lokal genannt. Dringt Antigen dagegen bis in den Blutkreislauf vor (i.v. Applikation, Insektenstich u. ä.), so startet die entsprechende Immunreaktion in der Milz, und man spricht von einer systemischen Antwort. Natürlich verschwimmen die Grenzen im Einzelfall. So können heftige lokale Reaktionen auch systemisch weiterreagieren und umgekehrt.

5.6.2
Erkrankungen des Immunsystems

Für die toxikologischen bzw. immuntoxikologischen Betrachtungen müssen zwei Beeinträchtigungen des Immunsystems unterschieden werden. Auf der einen Seite sind dieses angeborene Störungen des Immunsystems und Beeinträchtigungen des Systems durch Infektionen. Auf der anderen Seite sind es unerwünschte Nebenwirkungen durch Kontakt mit Chemikalien und Arzneimitteln. Nach einer noch heute gültigen Definition von 1984 (Internationales Immuntoxseminar in Luxemburg [4]) betrachtet die Immuntoxikologie alle Interaktionen von Fremdstoffen mit dem Immunsystem, die zu unerwünschten Nebenwirkungen führen. Dieser Aspekt der Immuntoxikologie wird weiter unten beschrieben und in den einzelnen Kapiteln an entsprechender Stelle immer wieder aufgegriffen. An dieser Stelle wird daher zunächst auf klinische Veränderungen eingegangen, die nicht zur Immuntoxikologie direkt zu zählen sind.

5.6.2.1 Angeborene Störungen

Angeborene, genetisch fixierte Störungen können direkt Komponenten des Immunsystems betreffen und führen dann zu entsprechend umschriebenen Krankheitsbildern: angeborene Agranulozytose, Agammaglobulinämie, Hyper-IgM-Syndrom usw. Als kombinierte Immundefekte (*combined immunodeficiencies*, CID) bezeichnet man solche Defekte, bei denen die T-Zell-Funktion gestört ist, wodurch, wie oben bereits erwähnt, diverse Effektorzellen nicht oder nur unzureichend aktiviert werden können. Die schwerste Form solcher Defekte ist die „*severe combined immunodeficiency*", kurz SCID genannt, die zum Glück höchst selten auftritt. Die Patienten zeigen eine sehr hohe Anfälligkeit gegenüber diversen Infektionen und manchmal Leukämien.

5.6.2.2 **Erworbene Immundefekte**

Der bekannteste erworbene Immundefekt ist die Folge einer HIV-Infektion, d.h. der Ausbruch von AIDS-Symptomen (*acquired immunodeficiency syndrom*). HIV infiziert direkt die Th-Zellen, sodass die zentrale Regulation des Immunsystems ausgeschaltet wird.

Aber auch andere Infektionen, wie Masern, Röteln und Lepra, können durch verschiedene Mechanismen zur Beeinträchtigung der immunologischen Antworten beitragen. Und selbstverständlich führen Tumore, die das lymphatische System betreffen, zur Beeinflussung der Immunkompetenz. Hierhin gehören z.B. Leukämie, Morbus Hodgkin und Myelome. Allerdings ist es in diesen Fällen oft schwierig zu entscheiden, was tatsächlich Ursache und Wirkung war, der Tumor oder der Immundefekt. An dieser Stelle kann auf diese Fragen nicht weiter eingegangen werden. Es sei hier auf die umfangreiche Literatur verwiesen, u.a. auf D. Ganten und K. Ruckpaul (1999) [5].

5.6.2.3 **Induzierte Immundefekte, Immuntoxikologie**

Kleine Moleküle und Proteine können in fast unüberschaubarer Weise mit Teilen des Immunsystems in Wechselwirkung treten. Im einfachsten Fall können sie als Fremdstoff (Antigen) von immunkompetenten Zellen erkannt werden. Es kann aber auch sein, dass Moleküle direkt mit Faktoren (z.B. Zytokine, Chemokine) oder Rezeptoren (z.B. T-Zell-Rezeptor, Oberflächenmarker) interagieren und dadurch Funktionen des Immunsystems inhibieren oder auch Zellen unspezifisch aktivieren. Somit sind die Endpunkte unerwünschter Nebenwirkungen auf das Immunsystem sowohl Immunsuppression als auch Immunstimulation. Durch Chemikalien oder Arzneimittel hervorgerufene Suppressionen können im schlimmsten Fall zu schlechter Infektabwehr, Tumorbildung oder Autoimmunität führen. Dagegen können unerwünschte Immunstimulationen zu grippeähnlichen Symptomen, Allergien oder ebenfalls zur Autoimmunität führen. Seit dem Unfall am 10 Juni 1976 in einer Chemiefabrik in dem Mailänder Vorort Seveso, bei dem größere Mengen Dioxin freigesetzt wurden, ist das Thema Immuntoxikologie aus der öffentlichen Diskussion nicht mehr wegzudenken.

In den 1980er Jahren haben verschiedene Behörden daraufhin erste Entwürfe für die Forderung nach präklinischen Untersuchungen zur Immuntoxikologie bei Chemikalien, Pflanzenschutzmitteln und schließlich auch Arzneimitteln veröffentlicht.

Während Chemikalien auf kontaktallergische Reaktionen (Typ-IV-Allergie) bereits seit Jahrzehnten an Meerschweinchen untersucht wurden, kamen andere immuntoxische Endpunkte erst mit der Veröffentlichung spezifischer Richtlinien Ende der 1990er Jahre in den Fokus. Auch wenn sich in den letzten Jahren schon viele Parameter bei immuntoxikologischen Untersuchungen als zuverlässig herausgestellt haben, ist man von einer umfassenden Testung noch weit entfernt. Besonders die Ermittlung von allergenen oder autoimmunen Potenzialen scheitert an dem Fehlen validierter Methoden.

Allergie und Autoimmunität

Allergische Reaktionen sind prinzipiell normale Immunreaktionen. Sie werden nur aus Gründen, die man bisher nur in Ansätzen verstanden hat, nicht im normalen Rahmen wieder herunterreguliert, nachdem die Antigenmenge abgenommen hat. Es kommt zu so genannten Hyperreaktionen, die nach Coombs und Gell [6] in allergische Reaktionen von Typ I–IV eingeteilt wurden. Obwohl diese klassische Einteilung als zu vereinfachend in die Kritik geraten ist, kann man sie doch als Einstieg in diesen Themenkreis gut verwenden, da auch moderne Einteilungen auf diese Klassifizierung aufbauen. Typ I–III werden nach den beiden Autoren überwiegend durch Antikörper vermittelt, Typ IV überwiegend durch Effektorzellen (T-Zellen, Makrophagen, Granulozyten usw.).

Typ I wird auch „Soforttyp" genannt und vereinigt wohl die bekanntesten Allergieformen, die über IgE-Antikörper und Mastzellen oder basophile Granulozyten vermittelt werden. Nach Bindung des Allergens an IgE werden Entzündungsfaktoren wie Histamin und Prostaglandine durch Mastzellen oder Basophile freigesetzt. Bekannte Typ-I-Reaktionen sind Heuschnupfen, allergisches Asthma, Nahrungsmittelallergie. Die Typ-II-Reaktion wird auch „zytotoxischer Typ" genannt. Nach Bindung eines Fremdstoffs (meist Arzneimittel) an z. B. Erythrozyten werden Antikörper gegen diese veränderten Zellen gebildet. Infolge der anschließenden Komplementaktivierung werden diese Erythrozyten dann lysiert, sodass die betroffenen Patienten unter hämolytischer Anämie leiden. In selteneren Fällen können auch Thrombozyten (Thrombozytopenie) oder Granulozyten betroffen sein. Bei der Typ-III-Allergie bilden sich Antigen-Antikörperkomplexe, die sich im Gewebe oder in der Niere (im Glomerulum) ablagern und nach Komplement- und Makrophagen-Aktivierung dort inflammatorische Reaktionen verursachen (Arthusreaktion, Glomerulonephritis). Typ-IV-Reaktionen werden durch inflammatorische T-Zellen (Th1) vermittelt. Sie aktivieren als Effektorzellen CTL (CD8), Makrophagen und Granulozyten. In diese Klasse gehören praktisch alle Kontaktallergien sowie chronisches Asthma.

Autoimmunreaktionen entstehen ebenfalls durch Deregulationen. Diese betreffen hier aber solche Immunzellen, die körpereigene Proteine, Oberflächenstrukturen erkennen. Obwohl man die Autoantigene der verschiedenen Erkrankungen oftmals genau kennt und auch weiß, dass der genetische und hormonelle Background ebenso wie Infektionen einen Einfluss haben können, sind die tatsächlichen Mechanismen bisher nicht genau bekannt. Insgesamt lassen sich Autoreaktionen ebenso wie die allergischen Reaktionen in Typen einteilen. Natürlich gibt es keinen „Soforttyp", aber Typ II-IV entsprechen der o. a. Einteilung in Antikörper (Typ II und III) oder Zell vermittelt (Typ IV). So findet man mit der Autoimmunhämolytischen Anämie das Pendant zur Typ-II-Hyperreaktion. Bilden sich Autoimmunkomplexe, die in der Niere herausfiltriert werden, kommt es ebenso zur Glomerulonephritis wie bei Typ III-Allergien. Und zytotoxische Killerzellen sind für einige Formen der Diabetes oder Multiplen Sklerose verantwortlich (Typ IV). Allerdings gibt es bei Autoimmunreaktionen nicht nur zytotoxische Antikörperreaktionen, sondern auch stimulatorische. So aktivieren beim Morbus Basedow (Graves' Disease) spezifische Antikörper gegen Rezeptoren der Schilddrüse diese zur Überproduktion der Schilddrüsenhormone T3 und T4.

Chemikalien und Arzneimittel können verschiedene allergische, aber auch autoimmune Reaktionen auslösen. Aufgrund des Fehlens validierter Methoden können diese aber, außer der Kontaktallergie, bis heute nicht präklinisch sicher ausgeschlossen werden. Allerdings ist es unmöglich, an dieser Stelle auch nur ansatzweise auf alle immuntoxikologischen Aspekte eingehen zu wollen. Es wird aber an vielen Stellen in diesem Buch auf immuntoxikologische Besonderheiten bei den einzelnen Substanzklassen hingewiesen.

5.7 Zusammenfassung

Leber, Niere, Lunge und Blut sind als Gewebe, die bei Aufnahme, Transport und Ausscheidung bevorzugt mit toxischen Stoffen in Kontakt kommen, prädestiniert für organtoxische Wirkungen. Gründe für eine Organotropie liegen jedoch auch in der reichlichen Blutversorgung eines Organs, seiner Ausstattung mit Enzymen des Fremdstoffmetabolismus, der Anwesenheit von Transportsystemen, die die Akkumulation des toxischen Stoffes begünstigen, der besonderen Empfindlichkeit einzelner Zellpopulationen und mangelnder Regenerationsfähigkeit.

5.8 Fragen zur Selbstkontrolle

1. ***Welches sind klinische Anzeichen eines Leberschadens?***
2. ***Was sind „vaskuläre" Leberschäden?***
3. ***Was versteht man unter Alkalose und Azidose?***
4. ***Welches sind klinische Anzeichen eines Nierenschadens?***
5. ***Welche Wirkungen können Schwermetalle auf die Niere ausüben?***
6. ***Welches sind die häufigsten Substanzen, die beruflich induziertes Asthma bronchiale verursachen?***
7. ***Was sind die toxischen Wirkungen von Benzol?***
8. ***Wie kann man eine Organophosphatvergiftung therapieren?***
9. ***Wie kann man allergische Reaktionen einteilen?***
10. ***Wie lautet die Definition von Immuntoxikologie?***

5.9 Literatur

1 Schmidt RF, Lang F und Thews G (Hrsg.) (2005), Physiologie des Menschen mit Pathophysiologie. 29. Auflage,Springer-Verlag, Berlin Heidelberg New York
2 Koushanpour E und Kriz W (1986), Renal physiology: principles, structure, and function, Springer-Verlag, New York
3 Eisenbrand, Metzler und Hennecke (Hrsg.) (2005), Toxikologie für Naturwissenschaftler und Mediziner, Wiley-Verlag, 3. Auflage
4 World Health Organization (WHO) Meeting on Immunotoxicology in Luxembourg, 1984
5 Ganten D und Ruckpaul K (Hrsg.) (1999), Immunsystem und Infektiologie. Handbuch der Molekularen Medizin. Springer Verlag, Berlin Heidelberg New York
6 Coombs, RR A. und Gell PGH (1975), Classification of allergic reactions for clinical hypersensitivity and disease. In: Gell, P.G.H., Coombs, R.R.A. and Lachmann, P.J. (Eds.) Clinical Aspects of Immunology. Oxford, Blackwell Scientific, pp 761–781

5.10 Weiterführende Literatur

1 Bennett WM (1997), Drug nephrotoxicity: an overview. Ren Fail 19:221–224
2 Casarett LJ, Klaassen CD, Amdur MO, Doull J (1996), Casarett and Doull's Toxicology. The Basic Science of Poisons, 5th ed. McGraw Hill, New York
3 Ceballos-Picot I (1997), The role of oxidative stress in neuronal death. Springer, New York
4 Chang LW, Slikker W (1995), Neurotoxicology – Approaches and Methods. Academic Press, San Diego, CA

5 DeBroe ME, Porter GA, Bennett WM, Verpooten GA (1998), Clinical Nephrotoxins. Kluwer Academic Publishers B.V., Dordrechts, The Netherlands
6 Dekant W. Vamvakos S (1996), Biotransformation and membrane transport in nephrotoxicity. Crit Rev Toxicol 26: 309–334
7 Dungworth DL, Hahn FF, Nikula KJ (1995), Non-carcinogenic responses of respiratory tract to inhaled toxicants. In: Concepts in Inhalation Toxicology (McClellan RO, Henderson RF, eds.). Taylor and Francis, Washington, DC, pp 533–576
8 Klöcking H-P, Güttner J (1992), Toxische Einflüsse auf die Hämostase. Ullstein Mosby GmbH & Co KG, Berlin
9 McClellan RO (1995), An introduction to inhalation toxicology. In: Concepts in Inhalation Toxicology (McClellan RO, Henderson RF, eds.). Taylor and Francis, Washington, DC, pp 3–21
10 McIntyre N, Benhamou JP, Bircher J, Rizzetto M, Rodes J (1999), Oxford Textbook of Clinical Hepatology, 2nd ed. Oxford Medical Publications, Oxford
11 Plaa Gl, Charbonneau M (1994), Detection and evaluation of chemically induced liver injury. In: Hayes AW (ed.), Principles and Methods of Toxicology. Raven Press, New York, pp 839–870
12 Vohr HW (Hrsg.) (2005), Encyclopedic References in Immunotoxicolgy, Springer Verlag, Berlin Heidelberg New York

6
Gentoxizität und chemische Kanzerogenese

Helga Stopper

6.1
Einleitung

Krebserkrankungen stellen in Deutschland nach Herz-Kreislauferkrankungen die zweithäufigste Todesursache dar. Lebensbedrohliche Tumore wachsen unkontrolliert, dringen in anliegende Gewebe und Organe ein und zerstören diese oder bilden Metastasen an anderen Stellen des Körpers. Die Entstehung eines solchen malignen Tumors ist ein mehrstufiger Prozess. Auf Ebene der Zelle werden mehrere genetische Veränderungen durchlaufen, bevor ein Verlust der normalen Wachstumskontrolle entsteht.

Hier soll beschrieben werden, wie Substanzen diesen Prozess verursachen oder fördern können und wie man ein solches Potenzial einer Substanz durch Tests erkennen kann. Dieses Wissen ist wichtig im Rahmen der Zulassungs-Prüfungen von neu entwickelten Substanzen, der Prüfung von Altstoffen sowie für die Erforschung der Kanzerogenität von Stoffen aus Nahrung und Umwelt.

6.2
Kanzerogenese

Im gesunden Organismus existiert eine enge Kontrolle von Vorgängen wie Zellteilung, -alterung, -differenzierung, -tod, von Gewebe- und Organgrenzen sowie von der zellulären Fortbewegung aus einem Gewebe hinaus. Diese Kontrolle ist in Tumorzellen nicht mehr in adäquatem Maß vorhanden.

In Tumorzellen sind diverse Veränderungen zu finden, die die verschiedenen Ebenen dieses Kontrollverlusts widerspiegeln. Häufig ist der Eintritt in die Apoptose (programmierter Zelltod) unterdrückt, wodurch Zellen mit DNA-Schäden eine größere Überlebenschance erhalten. In den meisten Tumoren ist eine aktive Telomerase zu finden, eine reverse Transkriptase, die DNA-Synthese an Chromosomenenden durchführen kann und sonst nur in wenigen Zellarten wie Stamm-, und Keimzellen aktiv ist. In normalen differenzierten Körperzellen ohne Telomeraseaktivität stellt die Länge der Chromosomenenden (Telomere), die bei jeder Zellteilung ein wenig kürzer werden, eine zelluläre Lebensalters-

Toxikologie Band 1: Grundlagen der Toxikologie. Herausgegeben von Hans-Werner Vohr

ISBN: 978-3-527-32319-7

Tab. 6.1 Phasen im Mehrstufenmodell der Kanzerogenese.

Phase	Initiation	Promotion	Progression
Art der Veränderung	irreversible genetische Veränderung (Mutation)	Wachstumsförderung (klonale Expansion)	weitere genetische Änderungen zur Erhöhung der Malignität
Reversibilität	irreversibel	reversibel	irreversibel
Charakterisierung	führt ohne Promotion nicht zur Entstehung eines Tumors	kann nur bei initiierten Zellen Tumorbildung bewirken	Invasion und Metastasierung, Neoangiogenese
betroffene Gene	Tumorsuppressorgene, Onkogene	wachstumsrelevante Gene	Gene für Gewebekontrolle, Migration, Überlebensfähigkeit

uhr dar. DNA-Reparaturmechanismen und Zellcycluskontrollpunkte können ausgefallen sein oder Fehlfunktionen aufweisen. Damit manifestiert sich eine erhöhte genetische Instabilität, die ihrerseits die weitere maligne Entwicklung begünstigt. Fehlende Kontaktinhibition ermöglicht ein Wachstum außerhalb der Regeln geordneter Gewebsstrukturen. Ab einer bestimmten Größe kann der Tumor nicht mehr durch Diffusion ernährt werden und es ist eine neuerliche Veränderung von Zellen notwendig, die dann in der Lage sind, die Bildung von Blutgefäßen zur Versorgung des Tumors zu initiieren. Letztlich erfolgt die letale Wirkung auf den Organismus meist durch Invasion und Metastasenbildung.

Nach einer klassischen Definition teilt man die Entwicklung einer primären Zelle zur malignen Tumorzelle in drei Phasen ein, welche als Initiation, Promotion und Progression bezeichnet werden (siehe Tab. 6.1). Die Initiation stellt eine nicht reversible Veränderung einer Zelle zur präneoplastischen Zelle dar, die Mutationen in kritischen Genen beinhaltet. In der Phase der Promotion findet eine Wachstumsförderung dieser initiierten Zelle bis zur Entstehung eines (prä-)neoplastischen Zellherds statt. Aus diesem kann sich nach weiteren genetischen Veränderungen in der Progressionsphase ein maligner Tumor entwickeln. Diese Einteilung wird als „Mehrstufenmodell" der Kanzerogenese bezeichnet.

Man geht heute davon aus, dass während dieser Entwicklung insgesamt etwa 3–7 Änderungen erforderlich sind, um aus einer normalen menschlichen Zelle eine Tumorzelle werden zu lassen. Für Mutationsereignisse kommen Protoonkogene, die die Teilungsaktivität einer Zelle fördern, und Tumorsuppressorgene, die die Teilungsaktivität einer Zelle hemmen, in Frage.

Die etwa 100 bislang bekannten Protoonkogene kodieren für wichtige zelluläre aktivierende Funktionen innerhalb der Wachstumsregulation, vermittelt z. B. über Rezeptoraktivität, Signaltransduktionsvermittlung, oder DNA-bindende Aktivität. Nur aktivierende Mutationen in Protoonkogenen, die dann als Onkogene bezeichnet werden, sind für die Krebsentstehung relevant. Ein Onkogen (Bei-

Tab. 6.2 Beispiele für Onkogene.

Kategorie	**Beispiel**	**Beschreibung**
Wachstumsfaktoren	*sis*	Teil des Thrombozyten Wachstumsfaktors
Wachstumsfaktor-Rezeptoren	*erbB2/HER2*	epidermaler Wachstums-faktor-Rezeptor
intrazelluläre Signal-vermittung	*ras*	GTP-bindendes Protein
nukleäre Transkriptions-faktoren	*myc*	Teil eines DNA-bindenden Protein-Heterodimers

Tab. 6.3 Beispiele für Tumorsuppressorgene.

Gen	**Genfunktion**	**Tumor, für die Mutation in diesem Gen typisch ist**
P53	Kontrolle der genomischen Integrität: Erkennung von DNA-Schäden und Induktion von Zellcyclusstopp zur DNA-Reparatur oder von Apoptose	50% aller Tumore beim Menschen, z. B. in Blase, Brust, Darm, Leber, Lunge, Prostata, Gehirn
WT1	Transkriptionsfaktor	Wilms Tumor (kindlicher Nieren-tumor)
BRCA1, 2	DNA-Reparatur	erbliche Brust- und Eierstock-tumoren
APC	Kontrolle eines Wachstum vermittelnden Transkriptionsfaktors; Interaktion mit der Mitosespindel	Darmtumoren

spiele in Tab. 6.2) produziert durch ungeregelte permanente Aktivität ständig Wachstumssignale. Da es sich um einen Funktionsgewinn handelt, besitzt die Mutation dominanten Charakter und das Auftreten einer Mutation in einem der beiden chromosomalen Allele ist ausreichend.

Tumorsuppressorgene kodieren für Proteine, die sich hemmend bzw. kontrollierend auf Zellwachstum und Proliferation auswirken oder den programmierten Zelltod (Apoptose) fördern. Ihr (Funktions-)Verlust aufgrund einer Mutation kann zu erhöhter genomischer Instabilität führen. Man kennt inzwischen über 50 Gene (Beispiele in Tab. 6.3), die sich in diese Kategorie einreihen lassen. Da für jedes Gen zwei Allele existieren, ist eine Inaktivierung beider Allele erforderlich (rezessiver Mutationstyp), um das Proliferationsverhalten der Zelle zu ändern.

Neben einer Mutation in Onkogenen oder Tumorsuppressorgenen kann auch eine veränderte Aktivität dieser Gene durch epigenetische Ereignisse zur Tumorgenese beitragen. Mit „epigenetisch" bezeichnet man erbliche Ereignisse, die ohne Veränderung der Basensequenz der DNA hervorgerufen werden. Dazu gehört die Inaktivierung oder Aktivierung von Genen durch eine Veränderung des Cytosin-Methylierungsmusters in der Promotorregion, oder durch eine Modifikation der Histone (Methylierung oder Acetylierung), sowie Änderungen, die auf RNA-Interferenz (der Aktivität kurzsträngiger RNA auf Genexpression oder Proteinsynthese) zurückzuführen sind. Darüberhinaus können gewisse epigenetische Veränderungen wie etwa eine Hypomethylierung auch zusätzlich zu einer allgemeinen strukturellen Instabilität des Genoms beitragen.

Bis vor wenigen Jahren wurde davon ausgegangen, dass Tumore aus teilungsfähigen normalen Primärzellen entstehen und alle Zellen eines Tumors dann im Wesentlichen vergleichbare Eigenschaften aufweisen. Neuerdings zeichnet sich jedoch eine große Bedeutung so genannter Tumorstammzellen für die Tumorentwicklung ab. Unter Stammzellen versteht man normalerweise undifferenzierte Zellen, die in der Lage sind, sich zu allen Zelltypen des Körpers zu entwickeln. Bei der Teilung von Stammzellen bleibt jeweils eine Tochterzelle als Stammzelle erhalten, während die andere Tochterzelle Charakteristika einer Vorläuferzelle des benötigten Zelltyps annimmt. In einigen Tumortypen wurden nun Zellen mit Stammzelleigenschaften entdeckt, die vorrangig für das Wachstumsverhalten des Tumors verantwortlich sind. Es ist noch unklar, ob diese Tumorstammzellen selbst aus mutierten normalen Gewebestammzellen hervorgehen oder Folge eines Entdifferenzierungsprozesses sind. Da für eine erfolgreiche Therapie diese Tumorstammzellen eliminiert werden müssen, werden ihre Eigenschaften intensiv beforscht.

Unter Tumorpromotion versteht man die klonale Vermehrung und Selektion präneoplastischer (initiierter) Zellen. Tumorpromotoren (siehe Tab. 6.4) sind Substanzen, die für sich alleine gegeben nicht kanzerogen sind, sondern für ihre krebserregende Wirkung auf anderweitig induzierte initiierte Zellen angewiesen sind. Es sind inzwischen mehrere Mechanismen der Tumorpromotion beschrieben, die aber immer wiederholt bzw. über einen längeren Zeitraum wirken müssen.

Nach zytotoxischer Einwirkung eines Agens aktiviert der Körper wachstumsstimulierende Faktoren. Ein Beispiel hierfür ist die Wundheilung oder chronische

Tab. 6.4 Beispiele tierexperimenteller Tumorpromotoren.

Substanz	Substanzkategorie	Zielorgan (Tiermodell)
Phenobarbital	Barbiturat	Leber
Tetradecanoyl-Phorbolacetat (TPA)	Bestandteil von Crotonöl	Haut
2,3,7,8-Tetrachlordibenzodioxin (TCCD)	„Dioxin"	Leber
Ethinylestradiol	synthetisches Östrogen	Leber, Niere
Saccharin	Süßstoff	Blase
Nafenopin	Peroxisomenproliferator	Leber

Entzündungen. Dieses regenerative Wachstum kann dann tumorpromovierend wirken, wenn entweder die Auswirkung der Zytotoxizität auf die initiierten präneoplastischen Zellen geringer ist, aber auf alle Zellen ein gleicher Wachstumsstimulus herrscht, oder aber, wenn die Stimulierbarkeit der initiierten präneoplastischen Zellen durch Wachstumsfaktoren größer ist als die nicht initiierter Zellen.

Andere Chemikalien wirken direkt über rezeptorvermittelte Signalwege tumorpromovierend. Hier wären zunächst solche Hormone bzw. Stoffe mit hormonellen Eigenschaften zu nennen, die Zellproliferation stimulieren können (z. B. Östrogene, Androgene). Darüber hinaus führen zahlreiche weitere Substanzen als aktivierende Liganden von Transkriptionsfaktoren zu veränderter Genexpression. Hiervon können Gene der Wachstumskontrolle, Apoptose und des Differenzierungsstatus betroffen sein. Beispiele für bekannte Bestandteile solcher Signalwege sind der Peroxisomenproliferator aktivierte Rezeptor-α (PPAR-α) und der Dioxin-/Ah-Rezeptor (DR/AhR).

Durch den Kontakt der Zellen im Zellverband wird auch eine indirekte Wachstumsstimulierung möglich. So bewirkt Lindan in Kupfferzellen der Leber die Abgabe von Faktoren, die wiederum dann in Hepatozyten eine promovierende Wirkung durch Hemmung der Apoptose entfalten. Andererseits scheinen manche Tumorpromotoren ihre Wirkung auszuüben, indem sie den Zell-Zell-Kontakt verringern und so die Kontrolle des Zellwachstums durch Nachbarzellen verschlechtern.

6.3 Chemische Kanzerogene

Die Induktion von Neoplasien kann durch onkogene Viren, Strahlen (UV-Strahlen, ionisierende Strahlen) und durch Substanzen erfolgen. Zu den Substanzen zählen synthetische Chemikalien, bestimmte Metalle, Mineralfasern und Naturstoffe. Der prozentual größte Teil der vermeidbaren Krebserkrankungen wird den zwei Einflussfaktoren Ernährung und Tabakrauch zugeschrieben (siehe Tab. 6.5).

Tab. 6.5 Geschätzter Beitrag einiger Substanz assoziierter Faktoren zu Krebserkrankungen (nach [1]).

Faktor	Beitrag zum Krebsrisiko in % (bester Schätzwert und Bandbreite akzeptabler Schätzungen)
Ernährung	35 (10–70)
Tabakrauch	30 (25–40)
Arbeitsumfeld	4 (2–8)
Alkohol	3 (2–4)
Umweltverschmutzung	2 (<1–5)
Medikamente und Medizinprodukte	1 (0,5–3)
Industrielle Produkte	<1 (<1–2)

In diesem Zusammenhang ist mit Ernährung sowohl die Menge der Nahrung mit Überernährung als Risikofaktor, als auch deren Zusammensetzung aus Fetten, Ballaststoffen, Kohlehydraten, pflanzlicher Kost, Fleisch, Vitaminen und Spurenelementen gemeint. Darüber hinaus spielen in der Nahrung entstehende natürliche Substanzen wie Schimmelpilzgifte oder während der Zubereitung entstehende Stoffe wie Acrylamid oder aromatische Kohlenwasserstoffe und heterocyclische Amine eine Rolle. Der relative Beitrag der verschiedenen Ernährungsaspekte zum Gesamtkrebsrisiko ist noch unklar. Interventionsstudien mit der konzentrierten Gabe vermeintlich günstiger Nahrungsbestandteile zeigten bislang meist nicht den erhofften Erfolg. Derzeit ist eine ausgewogene Ernährung mit angemessener Kalorienzufuhr, hohen pflanzlichen Anteilen, geringer Fremdstoffbelastung und reduzierter Anwendung ungünstiger Zubereitungsformen (s. u.) zu empfehlen.

Für die Betrachtung des Risikos durch kanzerogene Substanzen ist jedoch zu beachten, dass auch ein scheinbar geringer Beitrag einer bestimmten Exposition zum Gesamtkrebsrisiko für die exponierte Personengruppe eine beträchtliche Erhöhung des Krebsrisikos bedeuten kann. Für etwa 50 Substanzen oder Gemische ist eine krebserregende Wirkung im Menschen inzwischen gesichert. Die Zahl der in Nager-Kanzerogenitätsstudien positiv getesteten Substanzen geht international betrachtet inzwischen in die Tausende, die Relevanz solcher Befunde für die menschliche Exposition muss jedoch jeweils einzeln beurteilt werden. Die Internationale Agentur für Krebsforschung (IARC) bezeichnet derzeit etwa 400 der 900 beurteilten Wirkstoffe und Einflussgrößen als kanzerogen beziehungsweise potenziell kanzerogen für den Menschen.

Erste dokumentierte Beobachtungen zu substanzinduzierten Krebserkrankungen waren die im Jahr 1761 von John Hill beschriebenen Tumore der Nasenschleimhaut nach Schnupftabak-Gebrauch und die Tumore am Skrotum sowie Leiste/Oberschenkel, die im Jahr 1775 von Sir Percival Pott bei Kaminkehrern gefunden wurden und deren beruflicher Exposition mit russgesättigter Kleidung zugeschrieben wurden. Eine andere berufliche Exposition mit weit reichender Konsequenz für die Krebsforschung und den modernen Arbeitsschutz wurde 1895 identifiziert, als der Frankfurter Chirurg Ludwig Rehn das Auftreten von Harnblasentumoren, die durch aromatische Amine verursacht waren, bei Arbeitern in der Farbenherstellung beschrieb. Ebenfalls besonderen Stellenwert in der Krebsforschung besitzt die Entdeckung der transplazentaren kanzerogenen Wirkung des synthetischen Östrogens Diethylstilbestrol. Dieses Hormon wurde seit den 1940er Jahren Schwangeren in der falschen Annahme verabreicht, es könne vor Fehlgeburten schützen. Im Jahr 1971 beschrieb der amerikanische Arzt Arthur L. Herbst das Auftreten von vaginalen klarzelligen Adenokarzinomen in den Töchtern dieser Mütter. Seither wurden in etwa 1 von 1000 dieser betroffenen jungen Frauen diese Tumore, meist im Alter von 15–25 Jahren, diagnostiziert (siehe Tab. 6.6).

Häufig sind Substanzen nicht per se kanzerogen (direktes Kanzerogen), sondern werden im Stoffwechsel erst zu kanzerogenen Metaboliten umgewandelt (indirektes Kanzerogen). Indirekte Kanzerogene weisen oftmals organspezifi-

Tab. 6.6 Beispiele kanzerogener Stoffe und deren Haupt-Zielorgane.

Kanzerogen	Zielorgan
4-Aminobiphenyl	Harnblase
Benzol	Blut bildendes System (Leukämie)
Aflatoxine	Leber
Diethylstilbestrol	Vagina, Cervix
Arsen	Haut, Lunge
Tamoxifen	Endometrium
Asbest	Lunge

sche Wirkungen auf, die mindestens zum Teil über die im Zielorgan aktivierenden Enzymsysteme erklärt werden können. Auch Speziesunterschiede können durch unterschiedliche Ausstattung mit metabolischen Enzymen begründet sein. Im Folgenden sind Beispiele von Substanzgruppen genannt, die für ihre kanzerogenen Vertreter bekannt sind.

6.3.1 Polycyclische Aromatische Kohlenwasserstoffe

Bei unvollständiger Verbrennung organischer Materialien wie Kohle, Heizöl, Kraftstoff, Holz, und Tabak entstehen unter anderem so genannte polyzyclische aromatische Kohlenwasserstoffe (PAK), deren wohl bekanntester Vertreter Benz[a]pyren ist. Sie finden sich somit in Tabakrauch, Verkehrs- und Heizungsabgasen, und gelten als ubiquitär vorkommende Umweltschadstoffe, von denen viele kanzerogen sind. Die früher starke Belastung von Teer und Parkettkleber führte zu Produktveränderungen. Auch bei der Lebensmittelzubereitung können PAKs entstehen, insbesondere wenn Verbrennungsgase oder Rauch mit Lebensmitteln in Kontakt kommen, besonders ausgeprägt beim Grillen von Fleisch über dem offenen Feuer. Ihre kanzerogene Wirkung entfaltet sich nach metabolischer Aktivierung. PAKs sind in der Luft an Partikel (Feinstaub) gebunden, und werden inhalativ, oral und dermal aufgenommen.

6.3.2 Aromatische Amine (Arylamine)

Aromatische Amine sind aromatische Kohlenwasserstoffe, die als Substituenten Aminogruppen enthalten. Sie entstehen bei industriellen Produktionen, etwa der Farben- oder Gummiherstellung, oder der Synthese von Arzneistoffen und Pflanzenschutzmitteln. Auch in Tabakrauch sind aromatische Amine enthalten. Die kanzerogenen Vertreter benötigen eine metabolische Aktivierung zur Auslösung von Tumoren. Substanzbeispiele sind Benzidin, 2-Naphtylamin und 4-Aminodiphenyl, wovon die letzten beiden als Verunreinigung des technischen Anilins für die bei „Anilinarbeitern" 1895 von Rehn erstmals beobachtete erhöhte Blasenkrebsinzidenz verantwortlich waren. Aufgenommen werden auch diese Substanzen inhalativ, dermal oder oral.

Beim Zubereiten von Fleisch entstehen aus Kreatinin, Zuckern und Aminosäuren heterocyclische aromatische Amine. Relevante Mengen werden vor allem bei Zubereitungstemperatur von über 150 °C gebildet, was beim Braten und Grillen mehr als beim Kochen der Fall ist. Ein bekannter Vertreter ist 2-Amino-1-Methyl-6-Phenylimidazo(4,5-b)Pyridin (PhIP).

6.3.3 Nitrosamine

Nitrosamine werden für die kanzerogen Wirkung des Tabakrauchs mit verantwortlich gemacht. Sie entstehen aus der Reaktion von Nitrit mit Aminen, welche in vielen Lebensmitteln (gering in Obst, stärker in Fleisch, Käse und Fisch) vorkommen. Amine werden durch Erhitzen eiweißhaltiger Nahrung vermehrt freigesetzt. Unter Hitze und im Sauren entstehen besonders viele Nitrosamine. Auch im Magen können Nitrosamine entstehen, wenn Amine und Nitrit zusammenkommen (siehe Box „Rückgang der Magenkrebsinzidenz"). Nitrit ist vorwiegend in gepökelten und geräucherten Fleisch- oder Wurstwaren enthalten, während Nitrat in vielen Nahrungsmitteln pflanzlichen Ursprungs enthalten ist und durch bakterielle Umwandlung bereits im Produkt oder vor allem auch im Menschen zu Nitrit umgewandelt wird. Nitrate geraten über Düngemittel in den Boden und werden von manchen Pflanzenarten stark akkumuliert. Vitamin C kann die Bildung von Nitrosaminen unterdrücken und wird heute daher in der Fleisch- und Wursterzeugung eingesetzt.

Rückgang der Magenkrebsinzidenz
Der starke Rückgang der Magenkrebserkrankungen in industrialisierten Ländern seit Mitte des letzten Jahrhunderts wird unter anderem dadurch erklärt, dass seit der Einführung von Kühlschränken die Notwendigkeit des Pökelns oder Einsalzens zur Haltbarmachung abgenommen hat. Somit ist die Nitrosaminbelastung geringer geworden. Hinzu kommt, dass auch in geringerem Maß geräuchert wird und die Belastung mit Schimmelpilzgiften abgenommen hat. Unterstützend könnte die heute günstigere Vitamin-C-Versorgung wirken.

6.3.4 Acrylamid

Beim Erhitzen von zucker- und stärkehaltigen Nahrungsmitteln entsteht aus der Aminosäure Asparagin Acrylamid, welches im Tierversuch kanzerogen ist und für den Menschen als wahrscheinlich kanzerogen eingestuft ist. Relativ hohe Gehalte an Acrylamid finden sich z. B. in Pommes Frites, Kartoffelchips, aber auch Kaffee, Knäckebrot und Gebäck. Nahrungsmittelhersteller haben in den letzten Jahren Verbesserungen erzielt, auch wurden Verbraucher-Empfehlungen zur Nahrungszubereitung entwickelt, jedoch ist eine gänzlich acrylamidfreie Ernährung momentan nicht möglich. Der DNA-Addukt-bildende Metabolit Glycidamid scheint wesentlich am Wirkmechanismus beteiligt zu sein. Eine abschließende Risikoabschätzung für Acrylamid ist zurzeit jedoch nicht möglich.

6.3.5 Anorganische kanzerogene Stoffe

Bestimmte Metalle bzw. deren Verbindungen sind als humankanzerogen eingestuft. Dazu gehört z. B. Nickel, Arsen, Chrom, Beryllium, und Cadmium. So stellt die Kontamination von Trinkwasser mit Arsen in einigen Ländern der Welt (China, Indien, Mexiko, Thailand) einen Krebsrisikofaktor dar. Unter den vielfältigen beschriebenen Mechanismen (siehe Box: „Experimentell beschriebene Mechanismen …") kommt der Inhibierung von DNA-Reparaturprozessen vermutlich für einige Metalle oder Metallverbindungen besondere Bedeutung zu. Die beschriebenen Mechanismen sind nicht klar voneinander getrennt zu betrachten, so kann eine Störung der Funktion eines Zinkfingerproteins durch Verdrängung des Zink durch ein anderes Metall die Inhibierung der DNA-Reparatur verursachen oder die veränderte Cytosin-Methylierung zur Gen-Inaktivierung führen.

Experimentell beschriebene Mechanismen, die zur Metall- oder Metallverbindungs-induzierten Kanzerogenese beitragen können

- Störung der zellulären Homöostase und Funktionen anderer Metalle (z. B. von Eisen, Zink, Magnesium)
- Generierung reaktiver Sauerstoffspezies
- Epigenetische Änderungen (Cytosin-Methylierung, Histonmodifizierungen)
- Aktivierung von Signalwegen (z. B. MAP-Kinase- und Hypoxie-Signalwege)
- Inaktivierung von Genen (Tumorsuppressorgene)
- Inhibierung von DNA-Reparatursystemen

Als weitere Kategorie anorganischer kanzerogener Stoffe sind die nicht im Körper abbaubaren Faserstoffe zu nennen. Bekanntest Beispiel ist Asbest, eine Bezeichnung für faserartige kristalline Silikate. Vor allem die Einatmung stellt eine Gefahr dar, da Fasern mit bestimmtem Ausmaßen (Länge $>5\,\mu m$, Durchmesser $3\,\mu m$, Länge/Durchmesser $>3:1$) sehr tief in die Lunge eindringen können. Als Wirkmechanismen werden vermehrte Bildung von reaktiven Sauerstoffspezies, chronische Entzündung und Fibrosierung diskutiert. Zudem scheinen in Zellen internalisierte Fasern zumindest in *In-vitro*-Systemen die Chromatinverteilung in der Mitose zu beeinträchtigen.

6.3.6
Kanzerogene Naturstoffe

Eines der stärksten bekannten Kanzerogene ist Aflatoxin$_{B1}$. Aflatoxine werden vor allem unter feuchtwarmen Bedingungen vom Schimmelpilz der Art *Aspergillus flavus* gebildet. Besonders bei entsprechender Lagerung werden Lebensmittel (Nüsse, Getreide) von diesem Schimmelpilz befallen. Für die in manchen Entwicklungsländern hohe Leberkrebsinzidenz ist neben der beträchtlichen Hepatitis-B-Infektionsrate die Aflatoxin$_{B1}$ Exposition ursächlich. Die nach metabolischer Aktivierung entstehenden DNA-Addukte werden für die kanzerogene Wirkung verantwortlich gemacht. Ein anderes, in den letzten Jahren intensiv beforschtes kanzerogenes Mycotoxin ist das nephrotoxische Ochratoxin A. Ochratoxine werden vor allem von *Aspergillus ochraceus* und *Penicillium verrucosum* gebildet und finden sich in verschiedenen Nahrungsmitteln wie Getreide, Hülsenfrüchten, Kaffee, Bier, Traubensaft, Rosinen, Wein, Kakaoprodukten, Nüssen und Gewürzen. Als Wirkmechanismus werden indirekte bzw. epigenetische Effekte wie ein Einfluss auf Proteinsynthese und -funktion, Mitose- und Zellteilungsstörungen, Proliferationserhöhung sowie die Generierung von oxidativem Stress diskutiert. Weitere Schimmelpilzgifte sind als kanzerogen im Tier (Fumonisine aus *Fusarium*-Arten, auf Mais) bzw. kanzerogenverdächtig (Patulin aus *Aspergillus*- und *Penicillium*-Arten, auf verdorbenen Früchten) beschrieben.

Weitere kanzerogene Naturstoffe sind Aristolochiasäure (Osterluzei, *Arachiolochiaceae*, früher in homöopathischen Mitteln), Cycasin (Nüsse der *Cycas*-Palme, Nahrungsbestandteil in tropischen Regionen), Safrol (in Anisöl, Kampferöl, Zimtöl, Muskatnussöl, in Spuren in Gewürzen wie Pfeffer und Muskat) und Pyrrolizidin-Alkaloide (Pflanzen der Gattungen *Senecio, Crotalaria, Heliotropium, Echium*, zum Teil als Teekräuter genutzt). Auch bestimmte Holzstäube (z. B. Buchen- oder Eichenholz) sind kanzerogen, wobei der Mechanismus und der Beitrag von in der Holzbehandlung verwendeten Chemikalien nicht vollkommen geklärt sind.

6.3.7
Reaktive Sauerstoffspezies (ROS)

Eine Sonderstellung nehmen reaktive Sauerstoffspezies (ROS) ein. Darunter versteht man freie Radikale wie Superoxidanionradikale, Hydroxylradikale, nicht radikalische Formen, wie z. B. Wasserstoffperoxid und Singulettsauerstoff, sowie radikalische Derivate, wie etwa Alkoxylradikale. Sie werden einerseits als intrazelluläre Signalmoleküle benötigt, und können andererseits in zu großer Menge zytotoxisch, DNA schädigend und über Zytotoxizität und fehlregulierte Signalwege tumorpromovierend wirken.

ROS können durch Chemikalien und andere exogene Einflüsse wie Gamma-Strahlen, Metalle, Fasern und Nanomaterialien entstehen und werden auch endogen in der mitochondrialen Atmungskette, dem oxidativen Stoffwechsel (z. B. über CYP450, Monoaminoxidase) sowie im Rahmen von Entzündungsprozessen gebildet. So entsteht z. B. das Superoxidanionradikal (O_2-•) in der Elektronentransportkette der Mitochondrien und kann sekundär weitere ROS, wie Wasserstoffperoxid (H_2O_2) und das Hydroxylradikal (OH•) bilden. Die intrazelluläre ROS Konzentration wird durch zelluläre entgiftende Systeme wie Superoxiddismutase, Glutathion-Peroxidase und Katalase reguliert. Zudem existieren im Organismus antioxidative Moleküle und spezifische DNA-Reparatursysteme. Aufgrund ihrer kurzen Halbwertszeit können Radikale vermutlich vor allem bei intrazellulärer Bildung DNA schädigend wirken. Neben direkten oxidativen Basenmodifikationen wie z. B. 7,8-Dihydro-8-Oxoguanin (8-Hydroxyguanin; 8-oxoG) kann es auch über Lipidperoxidation zur Bildung von reaktiven Molekülen (Fettsäure-Radikale, Aldehyde) kommen, die ihrerseits wiederum DNA-Addukte bilden können. Eine Oxidation des DNA-Rückrats kann zur Bildung von Strangbrüchen führen.

6.4 Substanzinduzierte DNA-Veränderungen und DNA-Reparatur

Substanzinduzierte Veränderungen der DNA werden dann relevant für die Kanzerogenese, wenn sie zu einer an die Tochterzellen vererbbaren Mutation umgewandelt werden. Somit ist nach der Reaktion der Substanz mit der DNA zunächst noch die Möglichkeit der Reparatur der Läsion gegeben, bis während der nächsten DNA-Replikation Fehlpaarungen, Ablesefehler oder Chromosomenbrüche entstehen, die dann nach der Zellteilung eine mutierte Tochterzelle zur Folge haben können.

Substanzen bzw. ihre Metaboliten können direkt an DNA-Basen binden, DNA-Basen verändern, oder zur Instabilität des DNA-Moleküls beitragen sowie strukturelle Störungen hervorrufen (siehe Tab. 6.7).

Basenmodifikationen und AP-Läsionen können über den Einbau falscher DNA-Basen auf der gegenüberliegenden Seite in eine Genmutation umgewandelt werden. So paart O^6-Methylguanin nicht mehr mit Cytosin, sondern mit Thymin, wodurch in der nächsten Replikation dieser Stelle gegenüber ein Adenin eingebaut wird. Somit wird letztlich ein G:C-Paar durch ein A:T-Basenpaar ersetzt. Im Falle von 7,8-Dihydro-8-Oxoguanin (8-oxoG) findet eine Fehlpaarung mit Adenin anstelle Cytosin statt, welches im nächsten Cyclus mit Thymidin paart, resultierend in einem Austausch des ursprünglichen G:C-Basenpaars in ein T:A-Basenpaar (siehe Abb. 6.1).

Bei manchen Basenveränderungen sowie bei Helix-Distorsionen aufgrund von interkalierenden großen Molekülen kann die DNA-Polymerase Basen zusätzlich einbauen oder überspringen, was zu so genannten *Frameshift*-Mutationen (Leseraster-Mutationen) führt. DNA mit Strangbrüchen neigt dazu, größere Umlagerungen wie Deletionen oder Translokationen zu erleiden. Wenn dadurch Gene verloren gehen, inaktiviert werden oder neue schädliche Genprodukte entstehen, so bedeutet auch dies die Manifestation einer Mutation.

Tab. 6.7 Arten von substanzinduzierten DNA-Schäden mit Beispielen.

DNA-Schaden	Beschreibung	Beispiel
DNA-Addukte	kovalente Bindung eines (metabolisch aktivierten) Fremdstoffs an DNA-Basen	polycyclische aromatische Kohlenwasserstoffe wie Benz[a]pyren
Basenmodifikationen	Reaktion reaktiver Sauerstoffspezies mit DNA-Basen	Bildung von 7,8-Dihydro-8-Oxoguanin (8-oxoG) aus Reaktion von Hydroxylradikalen oder Singulettsauerstoff mit Guaninbasen
AP-Läsionen	Verlust einer Purin- (apurinische Stelle) oder Pyrimidinbase (apyrimidinische Stelle)	alkylierende Fremdstoffe wie etwa Methylmethansulfonat erleichtern die Hydrolyse von Guanin-Zucker-Bindungen durch N7-Substitution der Purine
DNA-Strangbruch	aufgelöste Desoxyribose-Phosphat-Bindung einer oder beider DNA-Stränge	Topoisomeraseinhibitoren wie Topotecan und reaktive Sauerstoffspezies
Quervernetzungen	Verbindung zweier Basen innerhalb eines DNA-Strangs, gegenüberliegender Basen oder einer Base mit Proteinen	bifunktionelle Agentien wie die Tumor-Zytostatika Cisplatin und Mitomycin C; Formaldehyd
Interkalation bzw. nicht kovalente Bindung	Einlagerung zwischen DNA-Basen (Interkalation) oder an die DNA-Helixwindungen, kann Raumstruktur stören	flache Moleküle wie das Tumor-Zytostatikum Daunomycin (Interkalation)

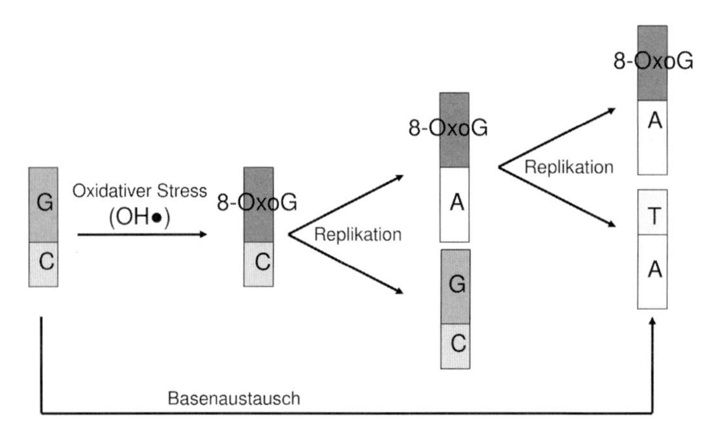

Abb. 6.1 Entstehung einer Punktmutation durch Einbau einer falschen Base gegenüber einem oxidierten Guanin.

6.4.1
Reparatur von DNA-Veränderungen

Da bereits durch spontane Fehler pro Tag und Zelle etwa 15 000 Schäden entstehen können, mussten zelluläre Abwehrmechanismen zur Vermeidung von DNA-Mutationen entstehen. Hierzu gehören vielfältige Kontrollmechanismen für die DNA-Synthese, Zellcyclus-Kontrollpunkte zur Überprüfung der Intaktheit des genetischen Materials mit Entscheidungsmöglichkeit für Apoptose zum Schutz des Organismus, und DNA-Reparatursysteme.

Als prinzipielle Möglichkeiten der DNA-Reparatur sind folgende Systeme verwirklicht:

- Direkte Schadensreversion: Die chemische Änderung an der DNA-Base wird enzymatisch rückgängig gemacht.
- Basenexzisionsreparatur: Die fehlerhafte (z. B. oxidierte oder alkylierte) Base wird zunächst ausgeschnitten unter Bildung einer AP-Stelle (apurinische/apyrimidinische Stelle). Im Anschluss wird diese Stelle mitsamt einiger (1–10) benachbarter Nukleotide ausgeschnitten und die entstandene freie Stelle anhand der Information im Gegenstrang neu synthetisiert.
- Nukleotidexzisionsreparatur: Ein größerer Bereich von etwa 30 Nukleotiden wird aus der DNA ausgeschnitten. Anhand der Information im Gegenstrang wird der Bereich neu synthetisiert.
- *Mismatch*-Reparatur: Entfernung von Basen-Fehlpaarungen sowie kleiner Insertions- und Deletions-Fehlpaarungen mehrerer Basen. Vom Ablauf her prinzipiell ähnlich wie Basenexzisions- und Nukleotidexzisionsreparatur.
- Doppelstrangbruch-Reparatur: Erfolgt über homologe Rekombination (HR) oder über die fehleranfällige nicht homologe Endenvereinigung (*non-homologous end joining*, NHEJ). Bei HR dient die genetische Information des homologen Chromosoms als Muster, während bei NHEJ die beiden Enden des Doppelstrangbruchs ohne Rücksicht auf Homologie vereinigt werden (siehe Tab. 6.8).

Tab. 6.8 DNA-Reparatursysteme.

Reparatursystem	Beispiel für Läsion
Direkte Schadensreversion	Methylgruppe an O^6-Position des Guanins, Reparatur durch O^6-Methylguanin-Methyltransferase (MGMT)
Basen-Exzisions-Reparatur	Basenveränderungen ohne Helix-Distorsion wie alkylierte oder oxidierte Basen, z. B. 7,8-Dihydro-8-Oxoguanin (8-oxoG), Einzelstrangbrüche
Nukleotid-Exzisions-Reparatur	sperrige Addukte wie etwa Benz[a]pyren- oder Aflatoxin-Addukte; DNA-DNA-Strangvernetzungen
Mismatch-Reparatur	G:T-Basenfehlpaarung (falscher Einbau von T gegenüber G oder Desaminierung von 5-Methylcytosin zu Thymin)
Doppelstrangbruch Reparatur	DNA-DNA-Strangvernetzungen, Doppelstrangbrüche

Übersteigt die Menge der durch Substanzeinwirkung entstandenen DNA-Läsionen die Kapazität der zellulären Reparatursysteme, so können sich während der Replikation aus den nichtreparierten Läsionen Mutationen manifestieren. Darüber hinaus können durch weniger exakt arbeitende Reparatursysteme wie NHEJ für die Reparatur von Doppelstrangbrüchen Mutationen hervorgerufen werden. Substanzen können auch direkt durch die Inhibierung von DNA-Reparaturenzymen zur Kanzerogenese beitragen. So existieren für Cadmium Daten aus *in vitro* Systemen, die nahe legen, dass bei expositionsrelevanter Konzentration die Inhibierung der DNA-*Mismatch*-Reparatur der dominante Effekt ist.

Wenn andererseits Gene mutiert werden, die für DNA-Reparaturenzyme kodieren, kann ein so genannter Mutator-Phänotyp entstehen. Das heißt, dass in der weiteren Entwicklung der Zelle laufend große Zahlen an Fehlern in die DNA eingebaut werden, und somit nachfolgende Mutationen in Tumorsuppressoren oder Onkogenen wahrscheinlicher werden.

6.4.2
Indirekte Mechanismen von Gentoxizität

Auch indirekte Mechanismen können zu positiven Ergebnissen in Gentoxizitätstests führen. Hierbei muss zwischen substanzspezifischen und -unspezifischen Effekten unterschieden werden. Die ersteren müssen als Gentoxizität oder Mutagenität und somit Zeichen eines kanzerogenen Potenzials interpretiert werden, während die letzteren meist im Zusammenhang mit zytotoxischen Effekten stehen. Die Problematik der Interpretation von positiven Gentoxizitätstests bei hoher Zytotoxizität wird in Abschnitt 6.6. angesprochen.

Unter die substanzspezifischen indirekten Mechanismen sind proteinvermittelte Wege zu rechnen, wie etwa die Inhibierung von DNA -interagierenden Topoisomerasen, Polymerasen, und Reparaturenzymen, die Inhibierung des Mitosespindel-Auf- und -Abbaus, oder über Rezeptorbindung hervorgerufene Produktion reaktiver Sauerstoffspezies. Auch die Induktion oder Inhibierung von Enzymen, die ihrerseits gentoxische Substanzen deaktivieren oder Vorläufer zu gentoxischen Substanzen aktivieren, könnte hierzu gerechnet werden. Die gelegentlich zu findende Bezeichnung kanzerogener Substanzen aus dieser Kategorie (z. B. für spindelstörende Substanzen) als „nicht gentoxische Kanzerogene“ ist nicht ganz glücklich, da ein positives Ergebnis in einem Gentoxizitätstest eine Substanz als „gentoxisch“ ausweist.

Epigenetik
- Weitergabe von veränderten Eigenschaften ohne Abweichung in der DNA-Sequenz an Tochterzellen oder -organismen
- wird erzielt durch erbliche Änderung der Genexpression
- erklärt z. B. die Unterschiede der Zellen aus verschiedenen Körpergeweben

Auch so genannte epigenetische Mechanismen sind zur Kategorie der substanzspezifischen indirekten Effekte zu zählen. Häufig werden unter „epigenetisch“ im Zusammenhang mit chemischer Kanzerogenese alle „nicht genetischen“ Mechanismen zusammengefasst, und nach dieser Definition würden auch alle Tumorpromotoren in diese Kategorie gehören. Im engeren Sinne meint der Begriff „Epigenetik“ jedoch die Erforschung vererbbarer Veränderungen der Genfunktion, welche nicht durch Veränderungen der DNA-Sequenz erklärt werden können. Das erzielt die Zelle unter anderem über DNA-Cytosin-Methylierung, Histon-Modifikationen und RNA-Interferenz. Der Bereich der Epigenetik ist im Zusammenhang mit Gentoxizitätstests noch wenig erforscht, erfährt jedoch in der Krebsforschung neuerdings große Aufmerksamkeit.

6.5 Testsysteme *in vitro* und *in vivo*

Da es eine „spontane“ Krebsinzidenz gibt, und die Latenzzeit je nach auslösendem Agens von der Exposition bis zur Detektion des Tumors bis zu 30 Jahre betragen kann, ist die krebserregende Wirkung von Substanzen auf den Menschen schwer festzustellen. Klar als menschliche Kanzerogene erkannt werden können insbesondere stark wirksame Stoffe, die seltene Tumore auslösen.

Die einzige andere Möglichkeit, eine krebserregende Wirkung sicher festzustellen, ist der Tierversuch, wobei die Übertragbarkeit auf den Menschen jedoch eine Frage bleibt, die für jede Substanz gesondert diskutiert werden muss. Der typischerweise hierfür eingesetzte Tierversuch, die Langzeitstudie in Nagern, ist jedoch zeit- und kostenintensiv. Man schätzt, dass die Testung einer Substanz derzeit deutlich über eine Million Euro kostet und inklusive Vor- und Nachbereitung sowie Auswertung 3,5–4 Jahre dauert. Es ist unmittelbar ersichtlich, dass keine Möglichkeit besteht, alle neuen Substanzen im Tierversuch zu testen. Somit muss man auf einfachere Ersatz-Systeme zurückgreifen und die Langzeit-Kanzerogenese-Studien auf besonders wichtige Fälle, z. B. geplante chronische Applikation eines Medikaments oder die Existenz von Verdachtsmomenten aus anderen Tests, beschränken. Die Ersatzmethoden messen Gentoxizität, also Veränderung oder Schädigung der DNA bzw. des Genoms. Da man davon ausgeht, dass Mutagenese eine zentrale Rolle in der Kanzerogenese spielt, kommt den Tests auf mutagene Wirkung besondere Bedeutung zu. Gentoxizitätstests, die keine Mutation nachweisen, werden als Indikatortests bezeichnet. Prinzipiell sind Gentoxizitätstests nicht geeignet, um Substanzen auf tumorpromovierende Wirkung zu testen.

6.5.1 Langzeit-Kanzerogenese-Studie

Für die experimentelle Induktion von Tumoren in Versuchstieren werden üblicherweise Mäuse oder Ratten über ihre Lebensdauer hinweg (1,5–2 Jahre) chronisch mit Substanz behandelt und anschließend eingehend histopathologisch untersucht. Eine detaillierte Beschreibung findet sich in Kapitel 10. Einschränkungen in der Übertragbarkeit auf den Menschen können etwa durch Unterschiede in der Ausstattung mit metabolischen Enzymen und durch Organspezifitäten gegeben sein. Die Testdosen liegen normalerweise um Größenordnungen über den zu erwartenden oder vorhandenen Humanexpositionen. Für die Risikoabschätzung ist von Bedeutung, ob die Dosis-Wirkungs-Beziehung von der Testdosis linear zur Humanexpositionsdosis extrapoliert werden kann oder ob dadurch das Risiko unter- oder überschätzt wird.

6.5.2 **Gentoxizitätstests**

Im Folgenden sollen die gebräuchlichsten Gentoxizitätstests beschrieben werden. Im Kapitel 10 ausführlich beschriebene Tests werden hier nur kurz dargestellt.

Es existieren Testverfahren *in vitro* und *in vivo*. Da viele Substanzen erst durch den Stoffwechsel zum Kanzerogen aktiviert werden, ist es erforderlich, bei *In-vitro*-Tests aktiviertes Rattenleberhomogenat (S9-Mix) zuzusetzen oder metabolisch kompetente Systeme einzusetzen. Fehlende Enzymaktivitäten oder falsche Lokalisation der Enzyme (außerhalb der Zelle) sowie zusätzlich vorhandene im Menschen nicht aktive Enzymsysteme sind dennoch mögliche Fehlerquellen bei der Substanztestung.

Bei *In-vitro*-Tests mit immortalisierten und Tumor- Zelllinien ist immer zu bedenken, dass in diesen Zellen bereits Gene mutiert sein müssen, um das unbegrenzte Wachstum zu ermöglichen. Es werden Unterschiede in der Sensitivität für substanzinduzierte Mutationen zwischen Zelllinien beobachtet, die möglicherweise zum Teil auf die Art der vorliegenden immortalisierenden Veränderungen zurückzuführen sind. Die Interpretation der Testdaten muss dann berücksichtigen, inwieweit im Fall einer besonders hohen Empfindlichkeit eines Zellsystems die zugrunde liegenden zellulären Mechanismen auch für die Humankanzerogenese relevant sind. Alternativ lassen sich für einige Tests periphere humane Lymphozyten nutzen, die jedoch eigene Besonderheiten aufweisen.

6.5.3 **Mutationstests**

In der genetischen Toxikologie sind Mutationen als vererbbare genetische Veränderungen definiert. Die Einteilung von Mutationen in Gen-, Chromosomen-, und Genommutationen ist in Tabelle 6.9 beschrieben.

Tab. 6.9 Beschreibung von Mutationstypen.

Kategorie	Beschreibung
Genmutation	Veränderung innerhalb der DNA-Sequenz eines Gens. Substitution einer Base: Punktmutation Insertion, Deletion oder Duplikation einer oder mehrerer Basen: Leseraster-(Frameshift-)Mutation
Chromosomenmutation	Veränderung eines Chromosomens durch strukturelle Umbauten wie Deletion, Translokation, Duplikation, Inversion, Insertion von Chromosomenstücken
Genommutation	Veränderung der Gesamtzahl der Chromosomen durch Verlust einzelner oder Verdopplung einzelner (Aneuploidie) oder aller Chromosomen (Polyploidie)

6.5.4
Ames-Test

Der am häufigsten überhaupt eingesetzte Gentoxizitätstest ist der so genannte „Ames-Test", ein bakterieller Mutationstest. Die Teststämme, nicht humanpathogene *Salmonella typhimurium*-Stämme, können aufgrund von vorliegenden Mutationen in Genen zur Herstellung der Aminosäure Histidin diese nicht selbst erzeugen. Ruft nun eine Testsubstanz eine Rückmutation hervor, so kann die Bakterienzelle wieder Histidin herstellen, in histidinfreiem Selektionsagar überleben und innerhalb von 2 Tagen eine sichtbare Bakterienkolonie bilden (schematische Darstellung in Abb. 6.2). Durch Einsatz verschiedener Stämme

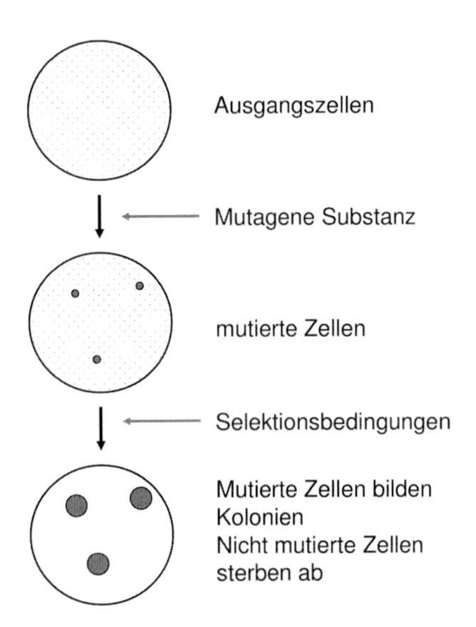

Abb. 6.2 Schematischer Ablauf eines Mutationstests.

mit unterschiedlichen Typen von Ausgangsmutationen kann man den Typ der Rückmutation und somit den Wirkmechanismus der Testsubstanz eingrenzen. Der Ames-Test und andere bakterielle Testverfahren sind günstig und schnell durchführbar, die Detektionsmöglichkeit ist jedoch auf Genmutationen beschränkt. Substanzen, die ausschließlich Chromosomen- oder Genommutationen hervorrufen, werden hier nicht detektiert.

6.5.5
In-vitro-Säugerzell-Mutationstest

Es stehen einige Säuger-Zelllinien zur Verfügung, die sich für einen Mutationstest eignen. Bei diesem Testprinzip wird durch eine Mutation ein Gen inaktiviert, welches zur Vermittlung der Toxizität einer Selektionssubstanz notwendig ist. Somit erwerben die mutierten Zellen eine Resistenz gegen diese Selektionssubstanz, und können in deren Anwesenheit detektierbare Zellklone bilden, während alle nicht mutierten Zellen absterben (schematische Darstellung in Abb. 6.2). Gebräuchlich sind vor allem zwei Systeme, der HPRT-Test und der MLA. Der HPRT-Test basiert auf der Inaktivierung des Hypoxanthin-Phosphoribosyl-Transferase (*HPRT*)-Gens, wodurch Zellen Resistenz gegen 6-Thioguanin (oder 8-Azaguanin) entwickeln. Er wird meist mit Zelllinien des Chinesischen Hamsters (CHO, V79) durchgeführt. Im MLA (= *Mouse Lymphoma Assay*) wird die Inaktivierung des Thymidinkinase (*TK*)-Gens genutzt, die den Zellen eine Resistenz gegen Trifluorthymidin verleiht. Der MLA wird mit L5179Ytk+/-Maus Lymphomzellen durchgeführt. Das gleiche Testprinzip lässt sich auch auf die humane lymphoblastoide Zelllinie TK6 anwenden. Während im HPRT-Test nur Genmutationen zu überlebenden Mutanten führen, kann im MLA auch ein Verlust des gesamten aktiven Gens mit umliegendem Material (Chromosomenmutation, z. B. durch größere Deletion oder mitotische Rekombination) zu überlebenden Mutantenkolonien führen. Je nach Fragestellung kann es vorteilhaft sein, Gen- und Chromosomenmutationen zu detektieren (MLA) oder die Analyse spezifischer auf Genmutation zu beschränken (HPRT-Test). Säugerzellmutationstests sind insofern aufwändig, als die Kultur für bis zur Bildung detektierbarer Kolonien aus mutierten Einzelzellen etwa 2 Wochen benötigt.

6.5.6
In-vitro-Chromosomenaberrationstest

Hierbei werden mikroskopisch sichtbare strukturelle Veränderungen der Chromosomen, die Chromosomenmutationen repräsentieren, quantifiziert. Nach Behandlung von Säugerzellen (meist Humanlymphozyten oder Hamster-Zelllinien) werden Präparate mit vereinzelten Metaphasechromosomen hergestellt. Es werden die einzelnen Chromosomen von mindestens 100 solcher Metaphasen, typischerweise aus 2 Replikaten (insgesamt also 200 Metaphasen pro Testsubstanzdosis) analysiert. Dieser Test detektiert vor allem die klastogene (chromosomenbrechende) Eigenschaft von Substanzen. Die Entstehung polyploider Zellen kann ebenfalls erfasst werden.

6.5.7 Mikrokerntest

Ein Mikrokern entsteht, wenn Chromatin (Chromosomenstücke oder seltener ganze Chromosomen) in der Mitose nicht in die beiden neuen Tochterkerne verteilt wird, sondern abseits davon in einer oder beiden Tochterzellen zu liegen kommt. Dieses Chromatin wird bei der Neubildung der Kernmembran in eine eigene Membran eingeschlossen und ist später nach Fixierung und Färbung mikroskopisch als DNA haltige Struktur im Zytoplasma erkennbar. Somit repräsentieren Mikrokerne Chromosomen- oder Genommutationen. Der Test kann prinzipiell *in vitro* und *in vivo* durchgeführt werden.

Eine spezifische *In-vivo*-Variante, die Analyse von Erythrozyten aus dem Knochenmark behandelter Nager (meist Mäuse), ist ein sehr gut etablierter und häufig angewendeter Routine-Gentoxizitätstest. Während der Reifung der Erythrozyten-Vorläuferzellen (Erythroblasten) wird der Zellkern ausgestoßen, aus ungeklärter Ursache aber nicht der Mikrokern. In Knochenmarkpräparaten kann man dann nach DNA-Färbung recht einfach in diesen kernlosen Zellen nach Mikrokernen suchen. Zusätzlich wird das Verhältnis polychromatischer (unreifer) zu reifen Erythrozyten als Maß für die Toxizität bestimmt. Es wird als Testvoraussetzung angesehen, dass ein Erreichen der Knochenmarkszellen für die Testsubstanz gewährleistet ist. Die Auswertung kann neuerdings außer mikroskopisch auch wesentlich schneller durchflusszytometrisch erfolgen, wofür auch periphere Blutproben eingesetzt werden. Die Analyse von Mikrokernfrequenzen in anderen Geweben/Organen aus tierexperimentellen Studien steht erst am Anfang. Da mit diesem Test sowohl klastogene („chromosomenbrechende") Effekte als auch aneugene (Verlust ganzer Chromosomen) Effekte detektiert werden können, die Auswertung einfacher als die des chromosomalen Aberrationstests ist, und zudem die in manchen Richtlinien vorgesehene Erfordernis eines *In-vivo*-Tests für Gentoxizität erfüllt wird, wird dieser Test derzeit relativ häufig durchgeführt. Aktuell wird auch versucht, die Mikrokernanalysen in die häufig notwendigen 28 Tage Studien (subakute Toxizität, Toxizität bei wiederholter Verabreichung) zu integrieren, um die Zahl erforderlicher Tiere zu senken.

Der Mikrokerntest *in vitro* wird inzwischen ebenfalls in der Routineprüfung eingesetzt. Hier werden die Mikrokernfrequenzen typischerweise in 2000 Zellen (z. B. 1000 aus jedem von 2 Replikaten) mikroskopisch analysiert (siehe Abb. 6.3). Eine Variante des Tests beinhaltet die Zugabe des Zytokineseinhibitors Cytochalasin B, der die Zellteilung, nicht jedoch die Kernteilung nach der Mitose verhindert. Somit sind alle zum Erntezeitpunkt doppelkernigen Zellen seit Beginn der Cytochalasin B-Addition durch die Mitose gegangen und man kann die Analyse der Mikrokernfrequenz auf diese Population beschränken. Gleichzeitig kann man die Anteile ein-, doppel- und mehrkerniger Zellen in der Kul-

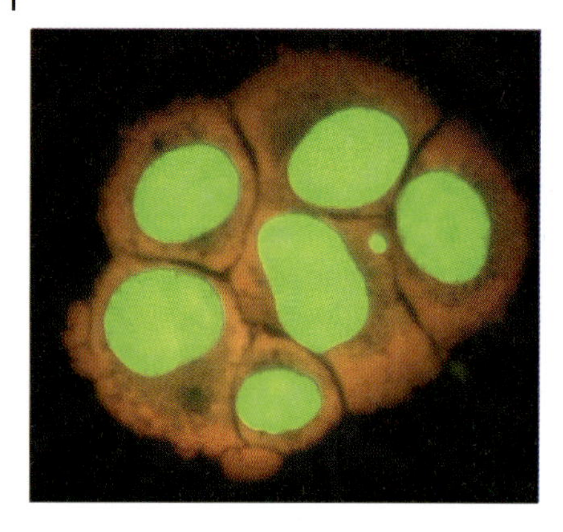

Abb. 6.3 Eine mikrokernhaltige Zelle, umgeben von 5 weiteren Zellen. Die Färbung erfolgte mit Acridinorange, das gleichzeitig die Zellkerne gelbgrün und das Zytoplasma rot anfärbt.

tur als Proliferationsmarker nutzen: Hat die Testsubstanz zytostatische/toxische Wirkung, so wird die Proliferation inhibiert, der Anteil einkerniger Zellen ist größer (bzw. der zwei- und mehrkerniger geringer) als in der Kontrolle. Die Auswertung von Mikrokerntests ist einfacher als die chromosomaler Aberrationen, und ist prinzipiell auch eher der automatisierten Bildanalyse zugänglich.

Der Test bietet mit zusätzlichen Färbungen die Möglichkeit, mit Hilfe von Antikörpern gegen Kinetochorproteine (Spindelanheftungsstelle der Chromosomen) oder DNA-Sonden gegen die Zentromerregion klastogene Substanzen (viele Mikrokerne ohne Signal) und aneugene Substanzen (Mehrheit der Mikrokerne mit Signal) zu unterscheiden.

6.5.8
Indikatortests: Comet-Assay

In so genannten Indikatortests wird ein DNA-Schaden oder eine für DNA-Schädigung spezifische zelluläre Reaktion nachgewiesen. Der aktuell am häufigsten eingesetzte Indikatortest ist der so genannte Comet-Assay. Es handelt sich dabei um einen Nachweis von induzierten Einzel- und Doppelstrangbrüchen sowie alkalilabilen Stellen der DNA. Dieser Test erlaubt die Analyse von Zellen aus Zellkultur (*In-vitro*-Test), als auch verschiedenster Organe/Gewebe (*In-vivo*-Test). Im Prinzip werden vereinzelte Zellen aus Kulturen oder Geweben substanzbehandelter Tiere (Nager) in einer Agarosegelschicht auf Objektträger aufgebracht, einer Lyse der Zellmembran unterzogen, und in einer Alkalibehandlung durch Entwindung der DNA zusätzliche Schadenstypen in Strangbrüche umgewandelt. Bei der folgenden Elektrophorese trennen sich die aufgrund geringerer Größe schneller im Gel laufenden DNA-Fragmente von der kompakten intakten Kern-DNA, wodurch das Bild eines Kometen entsteht (siehe Abb. 6.4). Die Menge der DNA im Kometenschweif spiegelt die Schädigung wieder. Es werden üblicherweise 100–200 Zellen (Gesamtzahl aus 2 Replikaten mit je 50–100) pro Dosis ausgewertet.

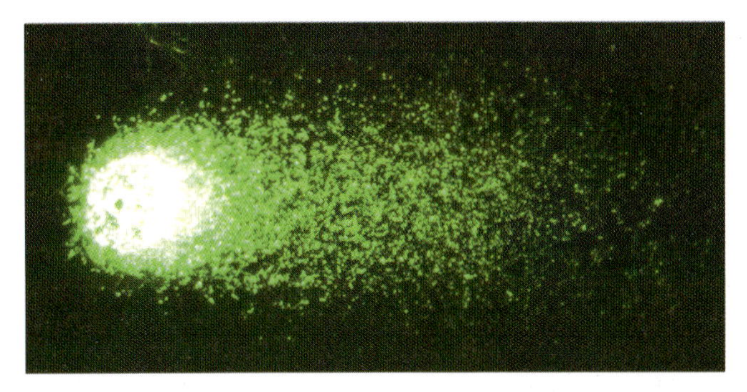

Abb. 6.4 Erscheinungsbild einer geschädigten Zelle im Comet-Assay nach Anfärbung der DNA.

Über Modifizierungen des Protokolls lassen sich auch vernetzende Agentien detektieren, DNA-Reparaturaktivitäten quantifizieren, und in einer Kombination mit spezifischen Enzymen lassen sich oxidative DNA-Schäden messen. Eine Kombination mit dem *In-vivo*-Mikrokerntest, d. h. die Analyse beider Endpunkte aus einem behandelten Tier, ist möglich. Probleme kann das Auftreten von Zytotoxizität, Nekrose und Apoptose bereiten, da auch auf nicht gentoxischem Weg entstandene DNA-Fragmente das Bild eines Kometen ergeben. Da keine Mitoseaktivität notwendig ist, und wenige Zellen benötigt werden, können Zellen aus verschiedensten Geweben analysiert werden. Somit ergibt sich die Möglichkeit, z. B. neben der Leber zusätzlich das Gewebe mit Substanzkontakt bzw. erwarteter Substanzwirkung, wie etwa Magen, Darm, Lunge oder Haut zu untersuchen. Prinzipiell könnte der Test unter bestimmten Voraussetzungen z. B. auch in eine 28 Tage Studie zur Untersuchung der Toxizität bei wiederholter Verabreichung (subakute Toxizität) integriert werden.

Außer dem Comet-Assay existieren noch eine Reihe weiterer Indikatortests. Dazu wären die Messung von DNA-Addukten mit Hilfe von *Postlabelling* oder Massenspektrometrie und die Messung von Schwesterchromatid-Austauschen (*sister chromatid exchanges*, SCE) zu rechnen. Ebenso in diese Kategorie zählt der UDS-Test, eine Analyse substanzinduzierter DNA-Reparaturaktivität (UDS = *unscheduled DNA Synthesis*; Exzisionsreparatur). Diese lässt sich in der Leber substanzexponierter Ratten detektieren und ist in der Routineprüfung als *In-vivo*-Test gebräuchlich.

6.5.9
In-vitro-Transformationstests

In-vitro-Transformationstests bilden Schritte der malignen *In-vivo*-Transformation bis zu einem gewissen Grad in einem *In-vitro*-System nach. Es werden hierfür bestimmte Zellsysteme genutzt, die aufgrund morphologischer Änderungen und/oder Änderungen des Wachstumsverhaltens *in vitro* eine „Transformation" optisch erkennen lassen. Dafür werden embryonalen Zellen des

Syrischen Hamsters und verschiedenen Fibroblasten-Zelllinien der Maus eingesetzt. Je nach Testsystem wird dann erfasst, ob die Kolonien sich nach Anfärbung morphologisch von den nicht transformierten durch die Anordnung der Zellen im Klon, ein dreidimensionales Wachstumsverhalten sowie im zellulären Kern-Zytoplasma-Verhältnis und ähnlichen Markern unterscheiden, oder ob sie im Gegensatz zu den nicht transformierten in der Lage waren, in Softagar Kolonien zu bilden oder aus einem Monolayer dreidimensional herauszuwachsen.

Viele kanzerogene Substanzen werden in diesen Tests positiv, und im Unterschied zu Gentoxizitätstests finden die Transformationstests zumindest gewisse tumorpromovierende Substanzen ebenfalls positiv. Allerdings ist weitgehend unklar, inwieweit diese „Transformationsprozesse" die maligne Entartung von einer primären Zelle zur Krebszelle oder gar die Phase der Promotion einer bereits initiierten Zelle widerspiegeln können. Insgesamt stellen sich die verfügbaren Transformationstests wissenschaftlich interessant, aber in der Praxis aufwändig, schwierig auswertbar, nicht ausreichend charakterisiert und verstanden dar und spielen daher bislang keine Rolle in der Routineprüfung.

6.6 Aktuelle Aspekte der Mutationsprüfung

6.6.1 Aussagekraft der *In-vitro*-Daten

Da kein einzelner Gentoxizitätstest für sich alleine genommen ausreichend sichere Aussagen liefert, setzt man eine Kombination aus sich ergänzenden Tests (Testbatterie) ein. Die Erfahrungen der letzten Jahre zeigten jedoch, dass mit einer Standardbatterie von 2–3 Gentoxizitätstests auch manche im Nager nicht kanzerogene Substanzen in einem der Tests, meist in einem *In-vitro*-Säugerzelltest auf chromosomale Mutationen, „falsch positiv" gefunden werden. Als mögliche Ursachen wurden Reaktionen der Testsubstanzen mit Bestandteilen des Kulturmediums und Generierung von reaktiven Sauerstoffspezies, erhöhte Genominstabiltät der Zelllinien gegenüber Primärzellen durch mutiertes oder fehlerhaft exprimiertes *p53* Gen, und zu hohe maximale Testkonzentrationen genannt. Richtlinien geben bisher als geforderte Höchstkonzentration für nicht toxische und lösliche Substanzen 10 mM oder $5000\,\mu g\,ml^{-1}$ an, was deutlich über den typischen Sättigungswerten biologischer Reaktionen liegt und somit das Auftreten unspezifischer Effekte ermöglicht. Für toxische Testsubstanzen wird als Höchstdosis die zur Erzeugung von 50% Toxizität erforderliche Menge gefordert. Dies kann in den überlebenden Zellen zu einer substanzunspezifischen indirekten DNA-Schädigung führen, z. B. vermittelt über aus Lysosomen freigesetzte DNA-Nukleasen. Für solche Fälle, in denen der positive Befund im Gentoxizitätstest auf derartige Bedingungen beschränkt ist, kann die Relevanz der Testbefunde für die Beurteilung eines kanzerogenen Risikos entsprechend diskutiert werden. An der Integration dieser Erkenntnisse in Testrichtlinien wird laufend gearbeitet.

6.6.2 Beziehung zur Kanzerogenese

Gentoxizitätstests sind nicht dafür ausgelegt, alle Nager-Kanzerogene zu erfassen – so können etwa reine Tumorpromotoren nicht detektiert werden. Auch sind nicht alle im Nager-Kanzerogenitäts-Assay positiv getestete Substanzen tatsächlich humankanzerogen. Für die Endpunkte, die chromosomale Mutationen widerspiegeln, Mikrokerne und chromosomale Aberrationen, wurden im Humanbiomonitoring anhand der Analysen peripherer Lymphozyten in großen Kohortenstudien im Menschen in den letzten Jahren Korrelationen zur Krebsinzidenz aufgezeigt. Zwar scheint dies für die Aussagekraft dieser Endpunkte zu sprechen, allerdings sind bislang nur generelle Frequenzbestimmungen unabhängig von Substanzexpositionen in solchen Studien erfasst. Auch hier ist in den kommenden Jahren mit weiteren Erkenntnissen zu rechnen.

6.6.3 Schwellenwerte

Man ging bisher davon aus, dass jede einzelne Mutation das Risiko der Krebsentstehung erhöht, also sogar ein einziges DNA veränderndes Substanzmolekül theoretisch zum Krebsrisiko beitragen kann. Dagegen nahm man an, dass epigenetische oder proteinvermittelte Mechanismen normalerweise erst eintreten, wenn mehrere Substanzmoleküle vorhanden sind. Somit wäre hier eine Schwelle einer bestimmten Substanzmenge denkbar, unterhalb derer kein Krebsrisiko besteht. Neuerdings wird jedoch auch diskutiert, ob einzelne DNA-Veränderungen dann ohne Konsequenz bleiben können, wenn ihre Häufigkeit sehr viel geringer ist als die, mit der dieselben Veränderungen auch spontan als Hintergrundschaden auftreten, oder aber, wenn Reparatursysteme diese zusätzlichen Schäden komplett eliminieren können. So sollte zum Beispiel bei geschätzten 3000 spontanen Alkylierungen pro Tag in einer Zelle eine substanzinduzierte 3001. Alkylierung für die Reparatursysteme kein Problem darstellen. Es wäre dann auch im Bereich DNA -reaktiver Stoffe eine Schwelle denkbar, unterhalb derer eine Exposition ohne zusätzliches Krebsrisiko bleiben könnte.

6.6.4 Hochdurchsatz und komplexe Systeme

Unter anderem aufgrund der Pflicht zur Nach-Testung früher zugelassener Stoffe unter dem neuen Europäischen Chemikaliengesetz („REACH“) zeichnen sich teilweise Kapazitätsprobleme in der Substanztestung ab, die nach höherem Durchsatz verlangen. Eine stärker automatisierte und in kleineren Volumina durchführbare Testung ist auch für die frühe Substanzentwicklung interessant, wenn die Auswahl an Substanzen groß, deren verfügbare Menge aber gering ist. Andererseits werden gleichzeitig sehr komplexe *In-vitro*-Modelle, wie etwa ein 3D Hautmodell, entwickelt, um die Humanrelevanz von *In-vitro*-Gentoxizitätsprüfungen weiter zu erhöhen.

6.6.5 *In-vivo*-Tiermodelle

Generell ist in Europäischen Richtlinien ein Trend zur Reduktion von Tierversuchen vorhanden. Andererseits besteht für spezifische Fragen der Mutations- und Kanzerogeneseforschung Bedarf für aussagekräftige *In-vivo*-Mutationssysteme. Hier steht vor allem die Nutzung transgener Tiermodelle (Muta™Mouse, Big Blue® Maus und Ratte), in denen das Transgen prinzipiell aus jedem Gewebe gewonnen und auf Mutationen analysierte werden kann, im Vordergrund. Noch sind diese Modelle aufgrund ihrer Komplexität vor allem in der Grundlagenforschung gebräuchlich.

6.6.6 „-Omics"-Technologien

Eine wichtige Entwicklung sind die so genannten „-omics"-Technologien wie Genomics, Proteomics, und Metabolomics. Darunter versteht man Techniken, die Muster der situationsspezifischen Ausprägung einer Gesamtheit (Gene, Proteine, Metaboliten) analysieren. Im Bereich von Toxizitätsprüfungen wird bereits versucht, aufgrund der Muster von Genexpression oder Metaboliten in einer frühen Phase eines Tierexperiments spätere Toxizitäten vorherzusagen. Diese Ansätze sind auf die Mutations- und Kanzerogenitätsprüfung derzeit noch nicht übertragbar. Denkbar wäre vielleicht die Detektion von Tumorpromotoren, für die im Gegensatz zu gentoxischen Substanzen kein etablierter *In-vivo*- oder *In-vitro*-Kurzzeit-Test existiert, auf diesem Weg. Für die Forschung nutzbare Kanzerogenese-Tiermodelle, die auf einem Initiations-Promotions-Konzept beruhen, sind für die Routinetestung von Substanzen nur begrenzt einsetzbar.

6.7 Zusammenfassung

Krebserkrankungen stellen die zweithäufigste Todesursache in Deutschland dar. Der Prozess der malignen Zelltransformation verläuft in mehreren Phasen, während derer mutierte Zellen spezifisch in ihrem Wachstum gefördert werden. Dabei spielen Tumorsuppressorgene und Onkogene als Regulatoren von Zellcyclus-, Kontroll- und Wachstumsvorgängen eine entscheidende Rolle. Synthetische und natürliche humankanzerogene Stoffe können zum Krebsrisiko beitragen, wobei Tabakrauch und Ernährung als Haupt-Einflussfaktoren für das Gesamtkrebsrisiko identifiziert wurden. Ein Teil der substanzinduzierten

DNA-Veränderungen werden durch fehlerhafte DNA-Reparatur oder durch DNA-Replikation vor einer Reparatur in Mutationen umgewandelt. Es können bei Weitem nicht alle Substanzen in Kanzerogenese-Tiermodellen geprüft werden, zur Identifizierung gentoxischer und somit potenziell kanzerogener Substanzen stehen jedoch gut etablierte *In-vitro-* und *In-vivo-*Tests zur Verfügung.

6.8 Fragen zur Selbstkontrolle

1. ***Beschreiben Sie die Phasen des Mehrstufenmodells der Kanzerogenese.***
2. ***Was sind Tumorsuppressorgene und Onkogene?***
3. ***Erklären Sie den Begriff „Tumorpromotor" und nennen Sie Beispiele.***
4. ***Welche Einflüsse sind für den größten Teil der induzierten Krebserkrankungen verantwortlich?***
5. ***Nennen Sie Beispiele für humankanzerogene Substanzen.***
6. ***Schildern Sie die mögliche Rolle reaktiver Sauerstoffspezies in der Kanzerogenese.***
7. ***Welche Arten von DNA-Schäden können von Substanzen induziert werden?***
8. ***Benennen Sie grundlegende DNA-Reparaturwege.***
9. ***Erklären Sie Unterschiede der Begriffe Gentoxizität, Mutagenität und Kanzerogenität.***
10. ***Beschreiben Sie kurz zwei der wichtigsten Gentoxizitätstests.***

6.9 Literatur

1 Doll R, Peto R (1981), The causes of cancer: quantitative estimates of avoidable risks of cancer in the United States today.J Natl Cancer Inst 66(6): 1191–1308

7
Reproduktionstoxizität

Ralf Stahlmann und Aniko Horvath

7.1
Einleitung

Die Reproduktion von Säugetieren – und insbesondere Primaten – ist ein komplexer Prozess, der in erheblichem Maße störanfällig ist. Auch ohne äußere Einwirkungen verlaufen die Reproduktionsvorgänge beim Menschen sehr häufig gestört (siehe Tab. 7.1). So sind zum Beispiel in den USA und anderen, vergleichbaren Ländern 10–20% der Paare ungewollt kinderlos; häufig bleiben die Ursachen unklar. Nach der Befruchtung sterben ca. 50% der Keime ab, was in den meisten Fällen unbemerkt bleibt, weil es in einem sehr frühen Stadium der pränatalen Entwicklung erfolgt; ca. 10–15% der Schwangerschaften enden mit einem klinisch manifesten Abort. Schließlich kommen etwa 3% der Kinder mit Fehlbildungen zur Welt, weitere Fälle von Fehlbildungen und/oder Fehlfunktionen diverser Organe werden erst im Laufe der ersten Lebensjahre erkannt wie bei [1, 2] beschrieben.

Es ist oft schwierig vor dem Hintergrund der häufigen embryonalen/fetalen Fehlentwicklungen oder pränatalem Tod, Effekte zu beurteilen, die durch Medikamente oder andere Fremdstoffe ausgelöst werden. Eindeutige Assoziationen, wie zum Beispiel im Falle der durch Thalidomid ausgelösten Fehlbildungen, wurden meist nur erkannt, wenn bestimmte Konstellationen vorlagen. Weil Thalidomid einige „spontan" besonders selten auftretende Arten von Fehlbil-

Tab. 7.1 „Spontane" pränatale Mortalität in verschiedenen Entwicklungsstadien des Menschen (mod. nach [1]).

Art des Verlustes	%
Präimplantationsverluste	(20)
frühe Postimplantationsverluste	30–35
klinisch manifeste Aborte	10–15
Totgeburten	ca. 1
Summe der Verluste	ca. 45–70

Toxikologie Band 1: Grundlagen der Toxikologie. Herausgegeben von Hans-Werner Vohr

ISBN: 978-3-527-32319-7

dungen hervorruft (z. B. Amelien, Phokomelien), waren die Zusammenhänge relativ rasch aufgefallen. Es kann vermutet werden, dass die Zusammenhänge zwischen der Einnahme des Arzneimittels und der Auslösung der kindlichen Fehlbildungen nicht – oder sehr viel später – aufgefallen wären, wenn die Substanz eine Art von Fehlbildung induziert hätte, die „spontan" häufiger vorkommt.

Bis heute sind nur wenige Substanzen als eindeutig toxisch für die Reproduktionsvorgänge des Menschen beschrieben worden. Zumindest bei Arzneimitteln werden heute aber offensichtlich teratogene Risiken eher akzeptiert als in den ersten Jahrzehnten nach der Thalidomid-Katastrophe. Dies wird zum Beispiel dadurch deutlich, dass Thalidomid selbst, ebenso wie die nahe verwandte Substanz Lenalidomid, heute zunehmend zur Behandlung des multiplen Myeloms und anderer Erkrankungen eingesetzt werden. Auch die Gruppe der eindeutig teratogen wirksamen Retinoide ist durch die Einführung des Alitretinoins (9-*cis*-Retinsäure) im Jahre 2008 erweitert worden. Weitere Beispiele sollen genannt werden: Mycophenolsäure wird seit Jahren als Immunsuppressivum eingesetzt, das teratogene Potenzial wurde bereits während der toxikologischen Untersuchungen im Rahmen der präklinischen Entwicklung erkannt. Angesichts der sich häufenden Fallberichte von fehlgebildeten Kindern, deren Mütter während der Schwangerschaft mit Mycophenolatmofetil behandelt wurden, kann auch dieses Arzneimittel zu den beim Menschen teratogen wirksamen Stoffen gerechnet werden. Seit langem ist bekannt, dass einige Antiepileptika, wie Valproinsäure oder Carbamazepin, beim Menschen teratogen wirken. Auch das vergleichsweise neue Topiramat ist im Tierexperiment teratogen und die begrenzten Erfahrungen beim Menschen deuten darauf hin, dass wahrscheinlich auch mit diesem Medikament unter therapeutischen Bedingungen ein erhöhtes Fehlbildungsrisiko beim Menschen besteht (Lippenspalten, Hypospadien).

Frauen, die unter Epilepsie leiden, wird zu einer Supplementierung mit Folsäure geraten, weil einige Antiepileptika die Folsäureaufnahme beeinträchtigen und den Metabolismus des Vitamins beschleunigen können. Die Erkenntnisse über die Auswirkungen eines Folsäuremangels während der Frühschwangerschaft auf die pränatale Entwicklung haben dazu geführt, dass heute generell zu einer ausreichenden Zufuhr dieses Vitamins mindestens bis zur 9. Schwangerschaftswoche geraten wird. Folsäuremangel in der Schwangerschaft ist ein wesentlicher Risikofaktor für einen Neuralrohrdefekt beim ungeborenen Kind. Eine deutliche Reduktion der Fehlbildungen konnte zum Beispiel in Kanada festgestellt werden, nachdem eine Supplementierung von Nahrungsmitteln mit Folsäure erfolgte. Auf Fehlbildungen wie Spina bifida, Anenzephalie und Enzephalozele wirkte sich die erhöhte Zufuhr am deutlichsten aus. Der Rückgang betrug bis zu etwa 50% [3]. Nach einer Schätzung der US-amerikanischen „*Centers for Disease Control* (CDC)" sank die Rate an Neugeborenen mit Neuralrohrdefekten von etwa 4000 Mitte der 1990er Jahre auf etwa 3000 Ende der 1990er Jahre als Folge der Folsäuresupplementierung [4].

Es gibt zahlreiche Beispiele von Arzneistoffen, arbeitsplatzrelevanten Chemikalien und so genannten „Umweltsubstanzen", die im Tierexperiment zu

Schäden der Fertilität, der pränatalen Entwicklung oder der postnatalen Reifung führen. Einige Beispiele derartiger Stoffe werden nachfolgend beschrieben. Im Vergleich zu anderen Substanzen, fällt die toxikologische Bewertung von Arzneistoffen relativ leicht, weil in der Regel nur eine einzige Substanz bewertet werden muss und Arzneimittel (meist) einen klaren Nutzen haben und deshalb ein vergleichsweise geringer Sicherheitsabstand zwischen therapeutischen und toxischen Konzentrationen als ausreichend angesehen wird. Bei einer Bewertung von Arbeitsstoffen und vor allem bei der Bewertung von so genannten Umweltchemikalien sind die Voraussetzungen oft sehr viel ungünstiger. Weder für die Bewertung komplexer Stoffgemische, noch für die Extrapolation von Daten aus Tierexperimenten über mehrere Größenordnungen stehen geeignete toxikologische Methoden zur Verfügung.

Bei der Anwendung von vielen Medikamenten mit einem entwicklungstoxikologischen Potenzial, bleibt oft sehr lange unklar, ob diese Stoffe beim Menschen wirklich keine Schäden verursachen, oder ob diese wegen der Schwierigkeiten bei epidemiologischen Studien nicht erkannt worden sind. Wahrscheinlich spielt bei derartigen Diskrepanzen weniger der Unterschied zwischen Mensch und Tier eine Rolle, als vielmehr die Tatsache, dass im Experiment üblicherweise eine höhere Exposition erfolgt, die zu den toxischen Effekten führt. Bekanntlich besteht häufig eine recht steile Dosis-Wirkungsbeziehung bei pränataltoxischen Effekten – mit anderen Worten: Der Abstand zwischen toxischen und nicht toxischen Dosierungen ist in der Regel gering.

7.2 Normale prä- und postnatale Entwicklung des Säugetierorganismus

Um die spezifischen Probleme der Entwicklungstoxizität nachzuvollziehen, ist ein Verständnis der prä- und postnatalen Entwicklung bis zu einem adulten, reproduktionsfähigen Organismus unerlässlich. Die komplexen Vorgänge der Entwicklung eines Säugetierorganismus werden auch heute nur in ersten Ansätzen verstanden. Transkriptionsfaktoren – wie zum Beispiel die *Homeobox*-Gene – kontrollieren die Morphogenese des Embryos indem sie die Aktivität weiterer, regulatorischer Gene beeinflussen. Diese Gene zeigen eine erstaunliche Übereinstimmung im gesamten Tierreich. Eine Unterfamilie der *homeobox*-Gene sind die *hox*-Gene, denen besondere Aufgaben bei der Achsendeterminierung zukommen. Aufgrund der raschen Änderungen, die charakteristisch für die Entwicklung eines Säugetierorganismus sind, ändern sich auch die möglichen Zielstrukturen bzw. Vorgänge, die durch exogene Faktoren beeinflusst werden können. Diese Situation verleiht den entwicklungstoxikologischen Wirkungen eine Sonderstellung innerhalb der Toxikologie. Die *Phasenspezifität* der Wirkungen muss in der Reproduktionstoxikologie stets berücksichtigt werden.

Im Folgenden werden die wichtigsten Abschnitte der pränatalen Entwicklung und ihre Empfindlichkeit gegenüber Fremdstoffen erläutert. In den einzelnen Phasen können sehr unterschiedliche Wirkungen hervorgerufen werden, da die

Tab. 7.2 Wichtige pränatale Entwicklungsstadien und Entwicklungsalter einiger Säugetiere in Gestationstagen.

	Ratte	Kaninchen	Mensch
Bildung der Blastozyste	3–5	2,6–6	4–6
Implantation	5–6	6	6–7
Organogenese	6–17	6–18	21–56
Primitiv-Strang	9	6,5	16–18
Neuralplatte	9,5	–	18–20
erster Somit	10	–	20–21
erster Branchialbogen	10	–	20
erster Herzschlag	10,2	–	22
10 Somiten	10–11	9	25–26
vordere Extremitätenknospen	10,5	10,5	29–30
hintere Extremitätenknospen	11,2	11	31–32
Hodendifferenzierung	14,5	20	43
Herzsepten	15,5	–	46–47
Gaumenschließung	16–17	19–20	56–58
Gestationslänge	21–22	31–34	267

Empfindlichkeit des Gewebes extrem unterschiedlich sein kann. Es soll jedoch betont werden, dass die Entwicklung eines Organismus als Kontinuum zu verstehen ist und die Einteilung in unterschiedliche Phasen rein deskriptiv zu verstehen ist. In der Tabelle 7.2 werden einige wichtige Entwicklungsschritte bei Ratten, Kaninchen und Menschen hinsichtlich ihrer zeitlichen Abfolge gegenüber gestellt.

7.2.1
Gametogenese und Befruchtung

Am Anfang der Entwicklung steht die Gametogenese, der Prozess, in welchem die haploiden Keimzellen (Eizellen und Spermien) gebildet werden. Während der Befruchtung verschmelzen die Gameten zu einer diploiden Zygote. Die Keimzellen sind während der Entwicklung sehr anfällig für mögliche Schädigungen. Einige wenige Keimbahnstammzellen vermehren sich exponentiell. Kommt es im frühen Stadium zu einer Schädigung, kann diese über weitere Teilungen auf eine Vielzahl von Zellen weitergegeben werden. Auch die Prozesse der Gametenreifung und der Befruchtung sind empfindlich gegenüber exogenen Einflüssen. Es ist bekannt, dass die Anteile der maternalen und paternalen Gene im Genom der Zygote nicht gleich sind. Die elternspezifische Ausprägung einer genetischen Anlage bezeichnet man als „genomisches Imprinting", der Prozess der genetischen Prägung. Die Genexpression wird unter anderem durch eine DNA-Methylierung gesteuert.

7.2.2
Furchung, Implantation, Gastrulation

Nach der Befruchtung wandert der Keim den Eileiter entlang zum Uterus und nistet sich in dessen Schleimhaut ein (Implantation). In der Präimplantationsperiode (Furchung) erfährt der Keim kaum Wachstum, durch rasche Teilungen steigt die Zahl der Blastomeren (Furchungszellen) hingegen deutlich an. Der Keim entwickelt sich über die Morula zur Blastozyste, welche aus annähernd 1000 Zellen besteht. Zum einen sind es die innen liegenden Embryoblasten, aus welchen sich später der Embryo entwickelt, zum anderen sind es die Trophoblasten, aus welchen die Plazenta hervorgeht. Eine Schädigung in diesem frühen Stadium der Embryogenese kann sowohl ohne Effekte auf das Wachstum bleiben, als auch zum Absterben des Keimes führen. Die Auswirkungen sind sowohl von der Art und der Konzentration des einwirkenden Stoffes als auch von der Dauer der Exposition abhängig.

Auf die Implantation des Embryos folgt dessen Gastrulation, auch Blastogenese genannt. Charakteristisch für diese Entwicklungsphase ist die Ausbildung der drei Keimblätter – Ektoderm, Mesoderm und Entoderm – aus den Embryoblasten. Alle Gewebe und Organe eines Organismus differenzieren sich während der Embryogenese aus den Keimblättern. Schädigungen der Keimblätter können sich in Fehlbildungen und Störungen aller Gewebe und Organe manifestieren, die aus dem jeweiligen Keimblatt entstanden sind. Als Vorläuferphase der Organogenese ist die Gastrulation sehr anfällig für exogene Einflüsse. Eine Vielzahl von verabreichten Stoffen während dieser Entwicklungsphase haben Fehlbildungen der Augen, des Gehirnes und des Gesichtes zur Folge. Entsprechende Schäden sind charakteristisch für die Entwicklungsstörung der vorderen Neuralplatte, eine der Regionen, welche durch die Zellwanderungen während der Gastrulation gebildet wird.

7.2.3
Organogenese, Fetalperiode

Die Bildung der Neuralplatte im Ektoderm markiert den Beginn der Organogenese. Diese Entwicklungsperiode, beim Menschen zwischen der dritten und achten Woche der pränatalen Entwicklung, ist höchst empfindlich. Die schnelle Entwicklung während der Organogenese umfasst Zellteilungen, Zellwanderungen, Zell-Zell-Interaktionen und morphogenetische Gewebebildungen. Während der Organogenese gibt es Phasen der maximalen Suszeptibilität für jede sich formende Gewebestruktur.

Das Ende der Organogenese stellt gleichzeitig den Beginn der Fetalperiode (beim Menschen um den 56.–58. Tag der pränatalen Entwicklung) dar. Die Fetalperiode wird charakterisiert durch die Gewebedifferenzierung, das Wachstum und die physiologische Reifung. Der Fötus ist nun vollständig entwickelt. Alle Organe sind zu diesem Zeitpunkt angelegt und grob erkennbar, oder zumindest hat die Differenzierung begonnen. Neben dem Wachstum und der Reifung des

Fötus folgen während dieser Entwicklungsphase die strukturelle Morphogenese, z. B. die Synapsenbildung, sowie die biochemische Reifung, z. B. die Induktion spezifischer Enzyme und Strukturproteine. Einer der letzten organogenetischen Schritte bei den männlichen Individuen ist die Schließung der Urethralfalten. Der Fetus ist in diesem Stadium nicht mehr ganz so anfällig für Noxen. Folgen einer Fremdstoffexposition können allerdings Wachstumsdefekte und Veränderungen der funktionellen Reifung sein. Funktionelle Anomalien des zentralen Nervensystems, der Reproduktionsorgane und anderer Organsysteme sind möglich. Solche Manifestationen sind zur Geburt nicht immer offensichtlich, es Bedarf einer sorgfältigen postnatalen Beobachtung und Kontrolle. Postnatale funktionelle Manifestationen können sensitive Indikatoren für die pränatale Einwirkung von Fremdstoffen darstellen.

Sowohl tierexperimentelle Studien als auch die Erfahrungen beim Menschen zeigen, dass grobstrukturelle Fehlbildungen durchaus auch während der Fetalperiode ausgelöst werden können. In seltenen Fällen kommt es beim Menschen zur Amnionruptur oder Dissoziation der Amnionmembran vom Chorion und es bilden sich Amnionstränge, die zum Beispiel an den Extremitäten zu Abschnürungen führen können. Auch ein Mangel an Fruchtwasser kann zu schwerwiegenden Fehlbildungen zum Beispiel an den Extremitäten führen (Oligohydramnium-Sequenz). Ein bekanntes Beispiel für Arzneimittel, die schwerwiegende Defekte wahrscheinlich auf mechanischem Wege als Folge eines Oligohydramnions während der Fetalperiode auslösen können, sind die blutdrucksenkenden ACE-Inhibitoren und AT_1-Rezeptorantagonisten. Sie können schwere Schäden beim Feten hervorrufen, wenn sie in der zweiten Hälfte der Schwangerschaft eingenommen werden und sind daher kontraindiziert. Folgender Ablauf der Schädigungen ist wahrscheinlich: (1) der Blutdruck beim Feten sinkt; (2) es kommt zu einer Minderperfusion der Niere, zu einer Reduktion der Urinproduktion und damit zu einem Oligohydramnion; (3) die Uterusmuskulatur kann wegen des Fruchtwassermangels direkten Druck auf die Schädelstrukturen ausüben, womit die gestörte Entwicklung der Schädelknochen erklärt werden könnte. Die Feten bzw. Neugeborenen sind in vielen Fällen nicht lebensfähig.

7.3 Störungen der Fertilität

7.3.1 Männliche Fertilität

Die Beeinflussung der Fertilität wird nach den Routineprotokollen in Studien mit mehrfacher Behandlung untersucht, in denen die Tiere vor und während der Verpaarung behandelt werden (früher als Segment-I-Studie bezeichnet), Eingenerationenstudie, Zweigenerationenstudie etc.). Eine ausschließliche Betrachtung der Trächtigkeits- und Fertilitätsindices ist jedoch aufgrund erhebli-

Tab. 7.3 Spermatogenese beim Menschen und verschiedenen Tierspezies (modifiziert nach Thomas, 1996).

	Ratte	Rhesus	Mensch
Dauer eines Cyclus des Keimepithels (Tage)	12,9	9,5	16,0
Lebensdauer einer Typ-B-Spermatogonie (Tage)	2,0	2,9	6,3
Hodengewicht (g)	3,7	49	34
Spermienproduktion (pro Tag)			
pro Individuum (10^6)	86	1100	125
pro g Hodengewebe (10^6 g^{-1})	24	23	4,4

cher Unterschiede zwischen Ratte und Mensch problematisch (siehe Tab. 7.3). Selbst bei einer Abnahme der Anzahl der Spermien um 90% sind Mäuse, Ratten oder Kaninchen noch fertil, während die Fertilität des Mannes bereits bei einer geringen Reduktion der Spermien beeinflusst sein kann. Wie umfangreiche Auswertungen publizierter Daten gezeigt haben, kann die Beeinflussung der Fertilität männlicher Ratten durch Bestimmung der folgenden Parameter mit weitreichender Genauigkeit beurteilt werden: (1) detaillierte histopathologische Untersuchung der Testes, (2) Spermienmotilität, (3) Gewicht der Reproduktionsorgane und akzessorischer Geschlechtsorgane, einschließlich Prostata und Samenblasen. Unter diesen Bedingungen ist eine Bestimmung der Spermienzahl nicht unbedingt erforderlich, da bei einer differenzierten histologischen Untersuchung eine Spermienreduktion erkannt wird. In einigen Studien erwies sich die Spermienmotilität als ein sehr empfindlicher Parameter, dieser Endpunkt ist daher von Bedeutung [5, 6].

Da eine histopathologische Untersuchung nur einmalig am Ende eines Experimentes erfolgen kann, besteht ein Interesse nach Markern, die mehrfach im Verlauf einer Studie individuell bestimmt werden können. Eine in dieser Hinsicht interessante Verbindung ist Inhibin, das die FSH (Follikel stimulierendes Hormon)-Sekretion aus der Hypophyse negativ beeinflusst (siehe Abb. 7.1). Die Inhibin-Konzentrationen unterliegen charakteristischen Veränderungen im Laufe der postnatalen Entwicklung. Die Konzentration im Serum steigt bei Ratten zwischen dem 3. und 10. Tag postnatal erheblich an und dieser Anstieg erfolgt parallel zur Zunahme der Sertolizellen im Hoden. Die Verwendbarkeit des Seruminhibins als Indikator für Störungen der Spermatogenese ist in mehreren klinischen Studien bei Männern mit gestörter Fertilität gezeigt worden. Eine Bestimmung von Inhibin B im Serum von Patienten zeigte eine gute Korrelation mit niedrigen Spermienzahlen und anderen Endpunkten. Bisher sind die tierexperimentellen Erfahrungen noch nicht ausreichend, um eine breitere Anwendung bei toxikologischen Studien zu befürworten, aber entsprechende Untersuchungen werden zunehmend durchgeführt [7].

Auch im Bereich der Fertilitätsprüfung wird zunehmend versucht, *In-vitro*-Tests anzuwenden, um Hinweise auf ein reproduktionstoxisches Potenzial von Fremdstoffen zu erhalten. Angesichts der Komplexität des Hodengewebes kann

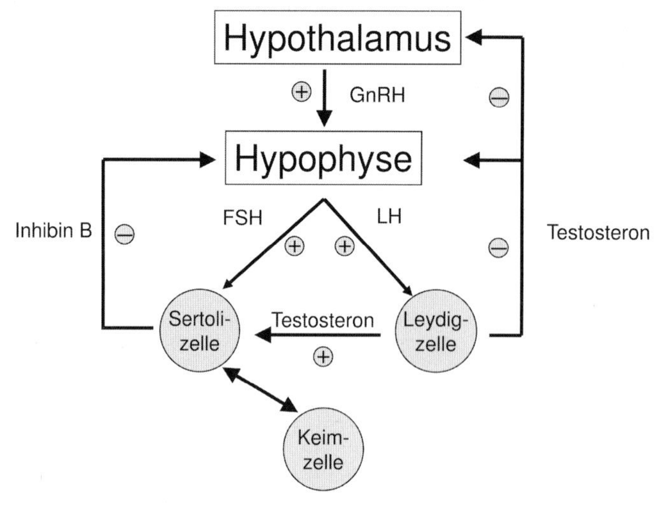

Abb. 7.1 Hypothalamus-Hypophysen-Testis Interaktionen. Nach Stimulation durch das Gonadotropin-releasing Hormon (GnRH) werden in der Hypophyse FSH (Follikel stimulierendes Hormon) und LH (luteinisierendes Hormon) freigesetzt. LH induziert in den interstitiellen Leydig-Zellen die Bildung von Testosteron. Sowohl FSH als auch Testosteron stimulieren Sertoli-Zellen, die für die Keimzellentwicklung essentielle Funktionen haben. Durch FSH-Stimulation bilden Sertoli-Zellen in Gegenwart von Keimzellen Inhibin B, welches die Ausschüttung von FSH aus der Hypophyse selektiv hemmt.

dabei nicht nur ein Zelltyp betrachtet werden. Von besonderem Interesse sind aber die Sertolizellen, da sie auf verschiedene Art und Weise zur Spermatogenese beitragen. Diese Zellen besitzen Fortsätze, die bis ins Lumen der Samenkanälchen reichen; sie umgeben alle Keimzellen außer den Spermatogonien. Sie besitzen außerdem eine Ernährungsfunktion für die Keimzellen und produzieren das Androgen-bindende Protein (AbP) und Inhibin B. Zonulae occludentes zwischen den Sertoli-Zellen kontrollieren den transzellulären Stofftransport und bilden die Blut-Hoden-Schranke. Da Primärkulturen von Sertolizellen einige Nachteile für Routinestudien aufweisen, sind entsprechende Zelllinien für toxikologische Prüfungen vorgeschlagen worden. Die SerW3-Zelllinie weist typische Proteine der *tight junctions* (Occludin, Zonula occludens-1) und *gap junctions* (Connexin 43) auf. Auch N-Cadherin lässt sich nachweisen. Es wurde gezeigt, dass diverse Fremdstoffe, wie DDT, Dieldrin, Dinitrobenzol, Cadmium und andere diese spezifischen Proteine beeinflussen [8] Fiorini et al. (2004).

Das antibakteriell wirksame Oxazolidinon Linezolid ist ein weiteres Beispiel für eine Substanz, die Veränderungen in diesen Zellen hervorruft. Linezolid wird zur Behandlung von Infektionen durch grampositive Bakterien angewandt. In der toxikologischen Untersuchung wurde während der präklinischen Entwicklung festgestellt, dass es bei Ratten zu Fertilitätsstörungen führt. Bei juvenilen Ratten ist diese Veränderung irreversibel. Der Mechanismus dieser toxischen Wirkung ist unklar. In SerW3-Zellen konnten *in vitro* mit therapeutisch

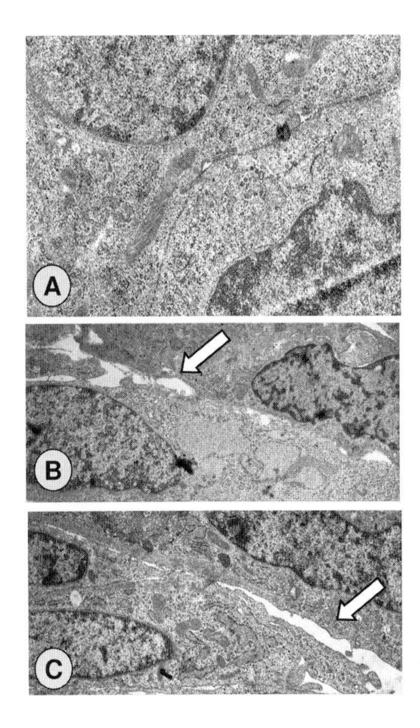

Abb. 7.2 Elektronenmikroskopische Aufnahmen von SerW3-Zellen. Die unbehandelten Zellen dieser Zelllinie zeigen einen strukturierten Aufbau mit allen essentiellen Zellorganellen. Die Zellen sind über *tight junctions* miteinander verbunden (**A**). Bei Linezolid behandelten Zellen (10 mg Linezolid l^{-1} Medium) wird eine deutliche Auflockerung des Zell-Zellkontaktes deutlich. Die Zahl der *tight junctions* ist signifikant reduziert, die Interzellularspalten sind erweitert (**B, C**). (Elektronenmikroskopie: Prof. Mehdi Shakibaei, Institut für Anatomie, LMU München).

relevanten Konzentrationen ultrastrukturelle Veränderungen nachgewiesen werden. In der EM-Auswertung zeigte sich bei den unbehandelten Zellen ein strukturierter Aufbau mit allen essentiellen Zellorganellen. Die Zellen sind über *tight junctions* miteinander verbunden. Im Gegensatz dazu konnte in den mit Linezolid behandelten Zellen eine deutliche Auflockerung des Zell-Zellkontaktes gezeigt werden. Die Zellen sind formlos und die Zahl der *tight junctions* ist signifikant reduziert. Die Interzellularspalten sind erweitert. Bei allen getesteten Konzentrationen konnten degenerative Veränderungen in Form von vergrößerten Mitochondrien und strukturlosem endoplasmatischen Retikulum (ER) gezeigt werden (siehe Abb. 7.2). Auch diese ultrastrukturellen Untersuchungen mit der SerW3-Zelllinie zeigen, dass sie für detaillierte Untersuchung der reproduktionstoxischen Wirkungen von Fremdstoffen geeignet ist.

7.3.2 Weibliche Fertilität

Das weibliche Reproduktionssystem ist in mehrfacher Hinsicht ein besonderes Zielorgan der Toxizität von Fremdstoffen. Durch die Komplexität des Systems stellen die verschiedenen anatomischen Strukturen und hormonellen Regulationen mehrfache Ziele für physikalische und chemische Noxen dar. Für die toxische Beurteilung eines Stoffes ist somit eine breite Spanne an Endpunkten nötig. Mögliche Endpunkte sind beispielsweise sexuelle Entwicklung, hormoneller Cyclus, sexuelles Verhalten, Hormonhaushalt, Laktation, Größe und Gewicht der Reproduktionsorgane sowie deren histologische Beurteilung. Die maternale-embryonale Interaktion stellt eine zusätzliche Komplikation dar.

Vagina, Zervix, Uterus, Ovidukt, Ovarien, Hypophyse und ZNS sind die sieben anatomischen Hauptbestandteile des weiblichen Reproduktionssystems. Jedes einzelne Organ leistet seinen eigenen Beitrag zur Funktion des Systems: Keimzellproduktion, Befruchtung, Implantation, Nährfunktion für den sich entwickelnden Organismus. Das Gonadotropin-Releasing-Hormon (GnRH), das follikelstimulierende Hormon (FSH), luteinisierendes Hormon (LH), Östrogen und Progesteron sowie weitere Modulatoren wie Prolaktin, Inhibin, Prostaglandine und Neurotransmitter sind verantwortlich für eine koordinierte Funktion des weiblichen Reproduktionssystems.

Fremdstoffe können die Fertilität auf sämtlichen Ebenen der Reproduktion beeinflussen. Zu betonen ist, dass alle Gameten bereits pränatal entwickelt sind, somit kann eine Schädigung während der Entwicklung permanent sein und zu totaler Sterilität führen. Verschiedene Schwermetalle, wie beispielsweise Cadmium, werden in der Plazenta angereichert und können dort zu Strukturveränderungen führen, welche sich auf die Hormonproduktion auswirken. Eine Veränderung der Neurotransmitter im Gehirn kann eine Beeinträchtigung der Ausschüttung von Gonadotropin-Releasing-Hormon (GnRH) zur Folge haben. Im Ovar selbst kann eine Konzentration von Fremdstoffen die Östradiol- und Progesteronproduktion beeinflussen. Die Entwicklung der Oozyte kann gestört sein, Chromosomenveränderungen können eine Folge sein. Durch die Belastung mit Schwermetallen bei trächtigen Tieren nimmt die Abort- und Totgeburtrate zu, Frühgeburten, Fehlbildungen und Wachstumsretardierungen treten auf. Bleivergiftungen beispielsweise zeigen sich nicht nur bei der toxisch belasteten Generation, sondern auch bei deren Nachkommen sind hormonelle und immunologische Veränderungen nachweisbar. Weibliche Tiere weisen unter toxisch wirksamen Konzentrationen von Blei Hormon- und Cyclusstörungen auf, im Uterus fehlen Östrogenrezeptoren und in den Keimzellen sind häufig Chromatidmutationen zu finden.

7.4
Störungen der Entwicklung

Störungen der physiologischen pränatalen oder postnatalen Entwicklung des Menschen haben seit je her eine große Beachtung gefunden und seit einigen Jahrzehnten sind tierexperimentelle Ergebnisse herangezogen worden, um entsprechende Gefahren zu erkennen oder Mechanismen dieser Wirkungen aufzudecken. Dabei erstreckte sich das Interesse sowohl auf Mangelzustände in der Nahrung ebenso wie auf Wirkungen von Arzneistoffen oder anderen chemischen Substanzen. Bereits in den 1930er Jahren konnte gezeigt werden, dass grobstrukturelle Veränderungen im Säugetierorganismus durch äußere Einflüsse während der pränatalen Entwicklung hervorgerufen werden können. Neugeborene Schweine wiesen Fehlbildungen wie Anophthalmien und Gaumenspalten auf, wenn ein Mangel an Vitamin A während der pränatalen Entwicklung bestand. Später wurde deutlich, dass unphysiologisch hohe Dosen von Vitamin A oder Retinoiden ebenso teratogene Wirkungen aufweisen.

Zu den bereits in frühen Studien als „teratogen" bei Säugetieren beschriebenen Substanzen gehören Hormone, Antimetabolite, Alkylantien und Trypanblau. Die Bedeutung von vorgeburtlich ausgelösten Entwicklungsschäden für den Menschen wurde erstmals deutlich, als die Zusammenhänge einer Rötelninfektion der Mutter und charakteristischen Fehlbildungen der Kinder erkannt wurden. Die *Phasenabhängigkeit* als eine typische Eigenschaft vorgeburtlich verursachter Defekte wurde im Zusammenhang mit der Rötelnpathogenese deutlich: Im ersten oder zweiten Monat der vorgeburtlichen Entwicklung waren Augen- und Herzfehlbildungen relativ häufig, in späteren Abschnitten waren es eher Defekte des Hörsinnes oder mentale Retardierungen.

Obwohl also bereits bekannt war, dass Ernährungsdefizite oder Infektionen auch die pränatale Entwicklung des Menschen beeinflussen können, wurde diesen Effekten relativ wenig Aufmerksamkeit geschenkt. Dies änderte sich, als Anfang der 1960er Jahre der Arzneistoff Thalidomid, der als Sedativum unter dem Handelsnamen Contergan in Deutschland und anderen Ländern weit verbreitet war, als Ursache für schwerwiegende angeborene Fehlbildungen des Menschen erkannt wurde. Diese schwerwiegende Arzneimittelkatastrophe, bei der wahrscheinlich ca. 7000 Kinder mit Fehlbildungen zur Welt kamen, hat die Sichtweise auf reproduktionstoxikologische Risiken völlig verändert. Als weitere schwerwiegende Effekte von Arzneimitteln wurden etwa zur gleichen Zeit die transplazentare Kanzerogenität des Diethylstilbestrols und auch die Warfarin-Embryopathien erkannt. Als Resultat dieser besorgniserregenden Wirkungen wurden Arzneimittelgesetze erlassen, die strengere Regelungen der präklinischen Testung von Arzneimitteln vorsehen. Zur Untersuchung auf das reproduktionstoxische Potenzial von Arzneistoffen wurden schließlich die so genannten Segment-I-, II- und III-Tests entwickelt, die auch heute noch – wenn auch nicht mehr in der damals geforderten strikten Form – ihre prinzipielle Gültigkeit besitzen (siehe Abb. 7.3 und Tab. 7.4). Die Bezeichnungen Segment-I-, II- und III-Studie tauchen so nicht mehr in den neuen ICH-Richtlinien [9] auf (s. a. weiter unten), sondern wurden ersetzt durch etwas flexiblere Abschnitte der Reproduktion. Trotzdem wurden die Begriffe hier eingeführt, da sie aufgrund der Historie noch sehr häufig in der Literatur und in Diskussionen verwendet werden.

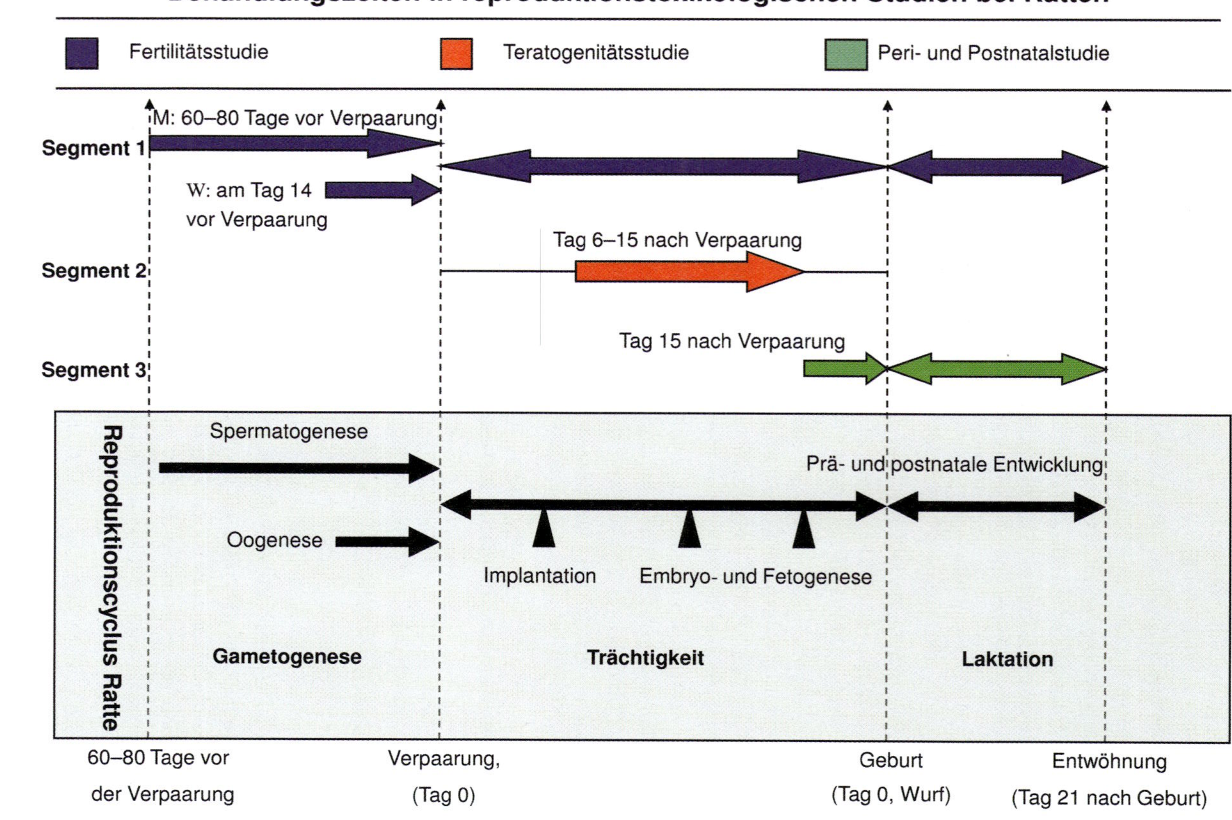

Abb. 7.3 Schematische Darstellung der Behandlungszeiten bei der Untersuchung von Fremdstoffen auf reproduktionstoxische Wirkungen bei Ratten. Nach dem klassischen Konzept werden Segment-I-, Segment-II- und Segment-III-Studien unterschieden. In dieser oder in leicht modifizierter Form (ICH-Richtlinien) werden auch heute noch Arzneistoffe und andere Substanzen hinsichtlich ihrer reproduktionstoxischen Wirkungen bei Ratten untersucht (M = Männchen, W = Weibchen).

Tab. 7.4 Segment-I-, -II- und -III-Studie der ICH-Richtlinien.

Studie	Exposition	Untersuchte Endpunkte (z. B.)	Bemerkungen
Segment I Fertilitätsstudie	männliche Ratten: 10 Wochen vor der Verpaarung weibliche Ratten: 2 Wochen vor der Verpaarung kontinuierliche Exposition bis zum Ende der Laktation	Gametogenese, Fertilität, Prä- und Postimplantation, Lebensfähigkeit, Geburt, Laktation	Reproduktionsfähigkeit der männlichen und weiblichen Tiere nach der Exposition über einen kompletten Spermiogenese-Cyclus oder über mehrere Östruscyclen
Segment II Teratogenitätsstudie	Exposition während der Organogenese	Lebensfähigkeit und Morphologie der Feten (äußerlich, viszeral und skelettal) Sektion kurz vor dem Wurftermin	zeitlich begrenzte Exposition der Muttertiere, hohe Exposition der Embryonen während der Gastrulation und Organogenese (Phase einer hohen Sensibilität)
Segment III Perinatalstudie	letzter Abschnitt der Trächtigkeit (Fetalentwicklung) bis zum Ende der Laktation	postnatales Überleben, Wachstum und äußerliche Morphologie	Untersuchung der Auswirkungen auf die Entwicklung und Funktion der Organe während der Fetalperiode und der Laktation

7.5 Tierexperimentelle Studien

Studien zur Reproduktionstoxizität eines Stoffes sollten geeignet sein, jede mögliche Art der Schädigung der Reproduktion aufzudecken. Für die reproduktionstoxikologische Prüfung können nur Säugetiere herangezogen werden, weil bei anderen Tieren im Vergleich zum Menschen zu große Unterschiede in der Reproduktion bestehen. Die Untersuchungen werden primär an Ratten durchgeführt, Kaninchen werden oft als zweite Spezies untersucht. Mäuse sind durch die geringe Größe der Feten eher ungeeignet, sie sind darüber hinaus auch relativ empfindlich gegenüber Stresseinflüssen.

Aus praktischen Gründen ist es sinnvoll die Reproduktion in verschiedene Abschnitte zu unterteilen, und danach die einzelnen Studien zu konzipieren. Nach den ICH-Richtlinien wird dabei die folgende Einteilung vorgenommen:

1. Die Zeit vor der Verpaarung bis zur Konzeption,
2. Konzeption und Implantation,
3. Implantation und pränatale (embryonale) Entwicklung bis zum Schluss des knöchernen Gaumens (Organogenesephase),

4. pränatale (fetale) Entwicklung nach dem Schluss des knöchernen Gaumens bis zum Ende der Trächtigkeit,
5. Geburt bis Ende der Laktation,
6. postnatale Entwicklung bis zur sexuellen Reife.

7.5.1 Arzneimittel

Die toxischen Wirkungen von Arzneimitteln auf die Reproduktion bzw. Entwicklung wurden meist nach den Protokollen der Segment- I-, II- und III-Studien (Abb. 7.3) untersucht, wobei aufgrund der heute gültigen ICH-Richtlinien für Arzneimittel zunehmend von diesen Protokollen abgewichen wird. Die ICH-Richtlinien empfehlen heute folgendes Vorgehen:

1. Fertilitätsstudie: Behandlung männlicher und weiblicher Tiere vor der Verpaarung, weibliche Tiere bis nach der Implantation, bis zur Schnittbindung (A, B, C),
2. Entwicklung von Embryo und Fötus (*prenatal developmental toxicity*): Behandlung Implantation bis Gaumenschluss (C, (D)) und
3. pränatale und postnatale Entwicklung: Behandlung von Tag 6 der Trächtigkeit bis zur Entwöhnung (normalerweise Tag 21 postnatal; C–F).

Die o.a. Einteilungen sind allerdings eher flexibel. Je nach Datenlage, Therapie, Substanzklasse, Behandlungsdauer, Patientengruppe usw. können Reproduktionstoxizitätsstudien für Arzneimittel heute sehr individuell (*case-by-case*) gestaltet werden.

Üblicherweise werden drei Dosierungen einer Testsubstanz im Vergleich zu einer Kontrollgruppe untersucht, die mit dem Vehikel behandelt wird. Ebenso wie andere Arten von toxischen Wirkungen, besteht auch bei reproduktionstoxischen Wirkungen eigentlich eine strikte Dosis-Wirkungsbeziehung. Es ist allerdings möglich, dass mit zunehmender Dosierung einer Substanz die Häufigkeit von Fehlbildungen abnimmt, weil die teratogene Wirkung durch andere Effekte, wie zum Beispiel eine zunehmende pränatale Mortalität, überlagert wird.

Der Segment-I-Versuch erfasst mit seinem Behandlungsschema den gesamten Reproduktionscyclus. Männliche Ratten werden ca. 70 Tage vor der Verpaarung behandelt, weibliche Ratten zwei Wochen lang. Anschließend erfolgt eine Behandlung des Muttertieres während der gesamten Trächtigkeit und Laktation. Da dieses Versuchsdesign alle Phasen der Reproduktion einschließt, erscheint es zunächst optimal geeignet, um jede Art von Effekten aufzudecken. Die lange Behandlungszeit beinhaltet aber auch einen entscheidenden Nachteil, denn in den meisten Fällen ist eine längere Behandlung nur mit relativ geringen Dosierungen möglich. Zudem kann bei einer Reduktion der Wurfgröße nicht entschieden werden, ob die Effekte bereits in der Präimplantationsphase oder der embryo-fetalen Phase ausgelöst wurden. Eine Fokussierung auf spezielle Entwicklungsphasen ist daher sinnvoll und wird in der Regel auch vorgenommen, wenn der umfassende Versuch entsprechende Hinweise erbracht hat.

Im Segment-II-Versuch (pränatale Studie/Teratogenitätsstudie) werden Ratten vom Tag 6 bis zum Tag 15 bzw. 17 (der Gaumenschluss kann bei Rattenstämmen unterschiedlich sein) der Trächtigkeit behandelt, mögliche Effekte auf die embryonale Entwicklung während der Organogenese sind das Ziel dieser Untersuchungen. Da Ratten fehlgebildete Neugeborene meistens auffressen, wird in diesen Studien eine Sektion vor dem Wurftermin durchgeführt. Neben der Beurteilung äußerer Fehlbildungen wird das Skelettsystem der Feten aufgehellt und zusätzlich können innere Organe nach der Fixierung beurteilt werden. Kaninchen werden häufig als zweite Spezies eingesetzt (Nicht-Nager), da sich bei diesen Tieren Effekte auf die Extremitätenentwicklung durch Thalidomid auslösen lassen, die bei Ratten und Mäusen nicht induzierbar sind.

Schließlich werden im Segment-III-Versuch mögliche Störwirkungen während der Fetalperiode sowie der postnatalen Reifung untersucht. Bei Ratten wird die Testsubstanz vom Tag 15 der Gestation – also nach Verschluss des knöchernen Gaumens – bis zum Abschluss der Laktation verabreicht. Wie vorher beschrieben kann nach den ICH-Richtlinien der Start der Behandlung hier auch schon am Tag 6 der Gestation liegen. Es wird ausschließlich das trächtige oder laktierende Tier behandelt, eine direkte Behandlung der Nachkommen ist nicht üblich.

7.5.2 Chemikalien

Als Grundlage für die tierexperimentelle Untersuchung von Chemikalien dienen häufig die Richtlinien der OECD oder ähnliche Protokolle, wie sie von der US-amerikanischen EPA oder anderen Institutionen entwickelt worden sind. In den 1990er Jahren wurden einige Richtlinien von den verschiedenen Organisationen überarbeitet und gegenüber bestehenden Fassungen aktualisiert. Eine vergleichende Gegenüberstellung der Details der Richtlinien steht in Form einer ECETOC Monographie zur Verfügung [10]. Die *test guideline* **TG414** der OECD beschreibt das Vorgehen zur Untersuchung der pränatalen Entwicklung vom Zeitpunkt der Befruchtung (Tag 0) oder Implantation bis kurz vor der Geburt. In der **TG415** werden die Bedingungen einer Eingenerationen-Studie beschrieben, in dem neueren Protokoll der **TG416** erstreckt sich die Behandlung über zwei Generationen. Danach wird eine zu untersuchende Substanz in drei verschiedenen Dosierungen an männliche und weibliche Ratten bereits vor und während der Verpaarung verabreicht. Die Behandlung setzt sich fort während der Trächtigkeit und Laktation bis zum Absetzen der F_1-Generation. Schließlich werden Tiere der F_1-Generation bis zum Erreichen der sexuellen Reife weiterbehandelt und verpaart. Die Behandlung endet erst mit dem Absetzen der F_2-Generation. Nach den aktuellen Richtlinien werden im Vergleich zu früheren Anforderungen sowohl eine genauere histopathologische Untersuchung von Organen und eine Beurteilung der Spermatogenese gefordert.

Das Protokoll der **TG421** stellt einen Kurzzeittest dar, der zur raschen Orientierung über ein mögliches reproduktions- bzw. entwicklungstoxikologisches Potenzial einer Substanz dient. Der Test kann nicht generell als Ersatz für die Studien mit längeren Behandlungszeiten dienen, ist aber relevant, wenn eindeutige Wirkungen festgestellt wurden. Nach der **TG421** werden männliche und weibliche Ratten zwei Wochen vor der Verpaarung behandelt. Die Behandlung der männlichen Tiere wird danach noch für 2 Wochen fortgesetzt, die Behandlung der weiblichen Ratten erfolgt während der gesamten Trächtigkeit und während der Laktation mindestens bis zum vierten Tag nach dem Werfen. Es ist sicherlich sinnvoll, eine Beurteilung der Spermatogenese und einige andere Endpunkte aus der Zweigenerationen-Studie, die in dieser Richtlinie nicht explizit vorgeschrieben sind, in dieses Kurzzeitprotokoll zu integrieren. Wenn der **TG421** Test zusammen mit einer ausführlicheren histopathologischen Untersuchung erfolgt, entspricht er dem **TG422** Protokoll.

In der **TG426** wird besonderes Gewicht auf die mögliche Neurotoxizität eines Stoffes während der Entwicklung gelegt. Bekanntlich ist das Nervensystem während der prä- und postnatalen Entwicklung gegenüber exogenen Einflüssen empfindlicher als im erwachsenen Organismus und Schäden, die während der Entwicklung verursacht werden, können irreversibel sein. Die OECD Richtlinie beruht auf bereits im Jahre 1998 veröffentlichten EPA Vorschriften. Ratten werden während der Trächtigkeit und Laktation behandelt, die Nachkommen werden in einer Reihe von Tests hinsichtlich der physiologischen Entwicklung des Nervensystems, einschließlich möglicher Verhaltensänderungen, untersucht.

Momentan wird bei der OECD diskutiert in einer erweiterten Ein-Generationenstudie (erweiterte **TG415**) sowohl ein Modul für neuro- als auch immuntoxikologische Untersuchungen einzubauen. Damit soll ein möglicher Substanzeinfluss auf das sich entwickelnde Nerven- bzw. Immunsystem genauer angesehen werden. Dementsprechend werden diese Module *„developmental neurotoxicity* (DNT)" und *„developmental immunotoxicity* (DIT)" genannt. Bisher ist allerdings noch ungeklärt, ob die Module obligatorisch bei jeder Studie angewendet werden müssen.

7.6 Mögliche Nachteile der Routineprotokolle

Einige der beschriebenen Routineprotokolle werden seit Jahrzehnten angewandt und haben sich zum Beispiel im Bereich der Arzneimittelentwicklung bewährt, um das reproduktionstoxische Potenzial von neuen Stoffen zu identifizieren. Andererseits weisen sie jedoch auch einige erhebliche Nachteile auf, die bedacht werden müssen [11]. So ist zum Beispiel die im Segment-II-Test vorgeschlagene Behandlungsdauer unter Umständen schon zu lang, um ein teratogenes Potenzial zu identifizieren, wie das Beispiel des Virusstatikums Aciclovir zeigt. Die Substanz kristallisiert aufgrund der schlechten Wasserlöslichkeit in den Nierentubuli aus und verursacht bei mehrfacher Gabe von Dosen über 25 mg kg^{-1} nephrotoxische Reaktionen. Bei einer Untersuchung nach dem Standardprotokoll des Segment-II-Tests wurde die Substanz daher nur in maximaler Dosierung von zweimal täglich 25 mg kg^{-1} eingesetzt. Da diese Dosen sich kaum von der maximal empfohlenen Dosis für den Menschen (3×täglich 10 mg kg^{-1}) unterscheiden, erscheint es sinnvoll, auch höhere Dosierungen einzusetzen. Dies ist ohne ausgeprägte maternale Toxizität nur möglich, wenn die Behandlungsdauer auf einen Tag reduziert wird. Im Gegensatz zu den Ergebnissen der Routinetestung zeigt sich bei einer ausschließlichen Gabe am Tag 10 der Trächtigkeit bei Dosen von 100 mg kg^{-1} das teratogene Potenzial der Substanz.

Das antibakteriell wirksame Moxifloxacin ist ein weiteres Beispiel für ein Arzneimittel, dessen Untersuchung auf Teratogenität nach den Routineprotokollen nicht zufriedenstellend durchgeführt werden kann. Da das Chinolon von weiblichen Ratten sehr rasch metabolisiert wird, kann eine Exposition, die dem Menschen bei therapeutischer Anwendung des Medikamentes entspricht, in einer Teratogenitätsstudie bei einmaliger Applikation am Tag nicht erreicht werden. In einer Studie mit zweifacher Applikation pro Tag konnte allerdings eine maternaltoxische Wirkung nachgewiesen werden. Selbst bei einer im Vergleich zur therapeutischen Dosis hundertfachen „Überdosierung" (500 mg kg^{-1}) betragen die erreichbaren Spiegel im Blut trächtiger Ratten nur etwa ein Viertel der Humanexposition. Die Untersuchung in der „*whole-embryo-culture*" zeigte, dass das Potenzial der Substanz für eine Beeinflussung der embryonalen Entwicklung geringer war, als das der Vergleichssubstanz Clinafloxacin. Eine Beeinflussung des Wachstums und der Differenzierung erfolgte unter den *In-vitro*-Bedingungen erst bei Konzentrationen, die oberhalb der therapeutisch erreichbaren Spiegel lagen [12] Flick et al. (2003). Die Vor- und Nachteile der „*whole-embryo-culture*" und anderer *In-vitro*-Methoden werden weiter unten in diesem Kapitel diskutiert.

Es kann als ein Nachteil des Segment-III-Protokolls und anderer Richtlinien angesehen werden, dass keine *direkte* Behandlung der Nachkommen erfolgt. Ein weiteres Beispiel soll dies belegen. Ciprofloxacin und andere Chinolone besitzen eine charakteristische toxische Wirkung auf den juvenilen, unreifen Gelenkknorpel. Obwohl sie in hohen Konzentrationen mit der Milch ausgeschieden werden, ist die Chondrotoxizität nicht in Segment-III-Studien nachweisbar. Nur bei direkter Behandlung der Jungtiere zeigen sich irreversible Schäden an der Epiphysenfuge oder am unreifen Gelenkknorpel. Diese Wirkungen wurden erstmals bei juvenilen Hunden beobachtet, da diese Tiere nach Behandlung mit einem Chinolon mit Gangveränderungen und anderen Symptomen reagieren. Dies steht im Gegensatz zu Ratten, die – trotz ähnlicher Läsionen – keine Symptome zeigen. Das „Versagen" des Segment-III-Protokolls bei diesen Stoffen könnte durch die wahrscheinlich mangelnde Resorption aus dem Gastrointestinaltrakt der gesäugten Nachkommen gesehen werden. Es ist gut dokumentiert, dass die Bioverfügbarkeit der Chinolone durch zwei- und dreiwertige Kationen drastisch reduziert werden kann. Da Rattenmilch sehr reich an Magnesium und Calcium ist, bietet sich hier eine Erklärung für die fehlenden Effekte trotz hoher Konzentration in der Milch. Um sicher zu gehen, dass die zu untersuchende Substanz in den Organismus des gesäugten Tieres übergeht, sind daher Konzentrationsbestimmungen im Blut der gesäugten Tiere notwendig – eine Messung der Konzentrationen in der Milch erscheint nicht ausreichend [11].

7.7
Funktionelle Defekte

In den vergangenen Jahren ist zunehmend deutlich geworden, dass eine Fokussierung auf pränatal induzierte, grobstrukturelle Fehlbildungen für eine Abschätzung pränatal induzierter adversativer Effekte nicht ausreichend ist. Persistierende, funktionelle Veränderungen in diversen Organen können experimentell durch Fremdstoffe induziert werden, wenn diese pränatal verabreicht werden. Neurotoxische Effekte sind dabei besonders beachtet worden und haben durch Berücksichtigung in den EPA-Vorschriften und der OECD Leitlinie 426 Eingang in die Routinetestung gefunden. Allerdings gibt es zahlreiche tierexperimentelle Daten und epidemiologische Studien, die gezeigt haben, dass auch funktionelle Veränderungen in anderen Organsystemen pränatal ausgelöst und postnatal persistieren können. Dazu gehören zum Beispiel das Herz-Kreislaufsystem und das Immunsystem (siehe Abschnitt 7.5.2). Die Behandlung von trächtigen Ratten mit Glukokortikoiden führt bei den Nachkommen zu Veränderungen der Genexpression während der postnatalen ZNS-Entwicklung und zur Hypertension und Insulinresistenz. Auch potenziell nephrotoxische Substanzen, wie das Aminoglykosidantibiotikum Gentamicin, können einen postnatal persistierenden Bluthochdruck bei Ratten verursachen [11].

Weitere Arbeiten zeigen, dass die Ernährung während der Trächtigkeit von Säugetieren sowohl zu persistierenden funktionellen und/oder morphologischen Veränderungen führen, als auch die Wirkungen von Fremdstoffen beeinflussen kann. Bei Ratten entsteht als Folge der Verabreichung eines Proteinmangelfutters ein relativer Mangel an Nephronen in der Niere, der als ein Risikofaktor für die Entwicklung einer Hypertonie im späteren Leben angesehen werden muss [13]. Die Zusammenhänge zwischen bestimmten perinatalen Einflüssen und der Entwicklung chronischer Erkrankungen im späteren Leben wurden in den vergangenen Jahren zunehmend untersucht. Die Entwicklung kann durch stabile Veränderungen der Genexpression über epigenetische Mechanismen (DNA-Methylierung, Histonmodifikation) beeinflusst werden ([14] Gluckman et al. (2008).

7.8
In-vitro-Methoden

Mehrere *In-vitro*-Methoden sind entwickelt worden, um Stoffe auf ihr embryotoxisches Potenzial zu untersuchen. Die umfangreichsten Erfahrungen liegen mit dem „embryonalen Stammzelltest" (EST) und mit der Kultur von ganzen

Embryonen („*whole-embryo-culture*") vor, auch die Kultur isolierter Extremitätenknospen von Mäuseembryonen („*limb bud culture*") führt *in vitro* zu gut reproduzierbaren Resultaten. Unbestritten ist der Wert dieser *In-vitro*-Systeme für diverse wissenschaftliche Fragestellungen. Für den direkten Vergleich einer Gruppe von ähnlichen chemischen Stoffen hinsichtlich ihres embryotoxischen Potenzials sind sie zum Beispiel gut geeignet. Von Vorteil kann auch die Möglichkeit sein, einen Ausgangsstoff und seine Metaboliten getrennt voneinander und ohne den Einfluss des maternalen Metabolismus zu untersuchen. Andererseits ist das Fehlen der metabolischen Kapazität des mütterlichen Organismus ein wesentlicher Nachteil, wenn eine Substanz mit unbekanntem embryotoxischem Potenzial hinsichtlich ihrer Wirkungen auf embryonale Strukturen *in vitro* überprüft werden soll.

7.8.1 Embryonaler Stammzelltest

Pluripotente embryonale Stammzellen der Maus lassen sich unter bestimmten Kulturbedingungen in somatische Zellen, unter anderem auch in kontrahierende Kardiomyozyten, differenzieren. Um die Stammzellen in ihrem undifferenzierten und pluripotenten Zustand zu halten, müssen sie entweder in einem Zellkulturmedium kultiviert werden, welchem der *leukemia inhibitory factor* (LIF) supplementiert wird und/oder auf einem *feeder layer* aus mitotisch inaktiven Fibroblasten. Die Eigenschaft muriner Stammzellen, sich *in vitro* nach Entfernung des *feeder layers* oder dem Absetzen von LIF zu kleinen Zellverbänden (*embryoid bodies* = EBs) zu aggregieren und spontan in Derivate der drei primären Keimblätter Ektoderm, Mesoderm und Entoderm zu differenzieren, wird im embryonalen Stammzelltest zur Beurteilung der embryotoxischen Wirkung von Fremdstoffen ausgenutzt. In diesem Embryotoxizitätsassay werden die pluripotente embryonale Stammzelllinie D3 und die Fibroblasten-Zelllinie 3T3 eingesetzt. Um das embryotoxische Potenzial von Fremdstoffen zu bewerten, werden sowohl die Hemmung des Wachstums als auch die Störung der Differenzierung von Stammzellen zu Kardiomyozyten analysiert. Konzentrations-Wirkungsbeziehungen werden ermittelt und die Halbhemmkonzentrationen (IC_{50}) werden für die Endpunkte errechnet [15].

7.8.2 *Whole-embryo-culture*

Die Kultur von ganzen Embryonen wird seit den 1970er Jahren zunehmend auch für toxikologische Fragestellungen angewandt [16]. Zur Aufklärung von Wirkungsmechanismen wird die Embryonenkultur kombiniert mit molekularbiologischen Methoden (mRNA-, Proteinexpression von Markergenen in von Fehlbildungen betroffenen Arealen). Die Erfahrungen mit der Methode wurden in einer umfangreichen Übersichtsarbeit beschrieben [17]. Üblicherweise werden dazu Rattenembryonen ab dem Tag 9,5 der Entwicklung für 48 Stunden in rotierenden Flaschen kultiviert. Als Kulturmedium wird Blutserum verwendet. Während zunächst Rattenserum eingesetzt wurde, ist es angesichts der geringen Mengen die sich von einem Tier gewinnen lassen, als wesentliche Verbesserung anzusehen, dass auch unter speziellen Bedingungen gewonnenes Rinderserum eingesetzt werden kann. Neben dem Serum besitzt die optimale Sauerstoffkonzentration im Kultursystem eine hohe Bedeutung, da sowohl eine Hypoxie als auch eine Hyperoxie zu einer Störung der Entwicklung führen können. Zu Beginn der Kultur werden 10% Sauerstoff eingesetzt, bei einer 48-stündigen Inkubationsdauer muss dann die Kultur für die letzten 12 Stunden mit Gasgemischen behandelt werden, die deutlich höhere Sauerstoffkonzentrationen aufweisen. Die regelrechte oder gestörte Entwicklung der Embryonen in der Kultur kann mit Hilfe verschiedener Endpunkte beurteilt werden. Als Wachstumsparameter kann zunächst die Scheitel-Steiß-Länge der Embryonen dienen, der Proteingehalt ist allerdings der aussagekräftigere Parameter. Hinweise auf den Differenzierungsgrad gibt die Anzahl der Somiten. Für eine weitere Beschreibung möglicher Fremdstoffwirkungen sind von mehreren Arbeitsgruppen unterschiedliche Punktsysteme entwickelt worden. In jedem Fall ist eine fotografische Dokumentation von Substanz induzierten Effekten sinnvoll.

Die sinnvolle Anwendung dieses *In-vitro*-Systems soll anhand von Beispielen erläutert werden. Wie bereits beschrieben wurde, ist die Untersuchung des Nukleosidanalogons Aciclovir nach einem Segment-II-Protokoll erschwert, weil das Virusstatikum bei höherer Dosierung zu nephrotoxischen Wirkungen durch Kristallurie führt. Nach Behandlung des trächtigen Tieres am Tag 10 wurden die Embryonen am Tag 11,5 der Entwicklung entnommen und mit Aciclovir-exponierten Embryonen am Ende der Kultur (entspricht ebenfalls Tag 11,5) verglichen. Da die gleichen morphologischen Veränderungen der Ohranlagen und des Telencephalon festgestellt wurden, gibt dies einen deutlichen Hinweis darauf, dass die Veränderungen nicht indirekt durch die maternale Nephrotoxizität der Substanz verursacht wurden [11] (siehe auch Abb. 7.4).

Mycophenolatmofetil ist ein in der Transplantationsmedizin weit verbreitetes Immunsuppressivum, das im routinemäßig durchgeführten Tierexperiment teratogene Eigenschaften besitzt. Die Risiken für den Menschen unter therapeutischen Bedingungen werden heute höher eingeschätzt als noch vor einigen Jahren. Da aus dem Wirkstoff im Organismus mehrere Metaboliten entstehen, sind Daten aus *in vitro*-assays hilfreich bei einer Beurteilung der Situation. Die Mycophenolsäure erwies sich in der „*whole-embryo-culture*" und im embryonalen Stammzelltest als eine sehr aktive Substanz, die bereits bei Konzentrationen von weniger als $1\,\mathrm{mg\,l^{-1}}$ Medium zu charakteristischen Veränderungen führt. In der Abb. 7.5 lässt sich erkennen, wie deutliche, konzentrationsabhängige Veränderungen an Rattenembryonen hervorgerufen werden, die *in vitro* mit Mycophenolsäure in subtherapeutischen Konzentrationen exponiert wurden [18].

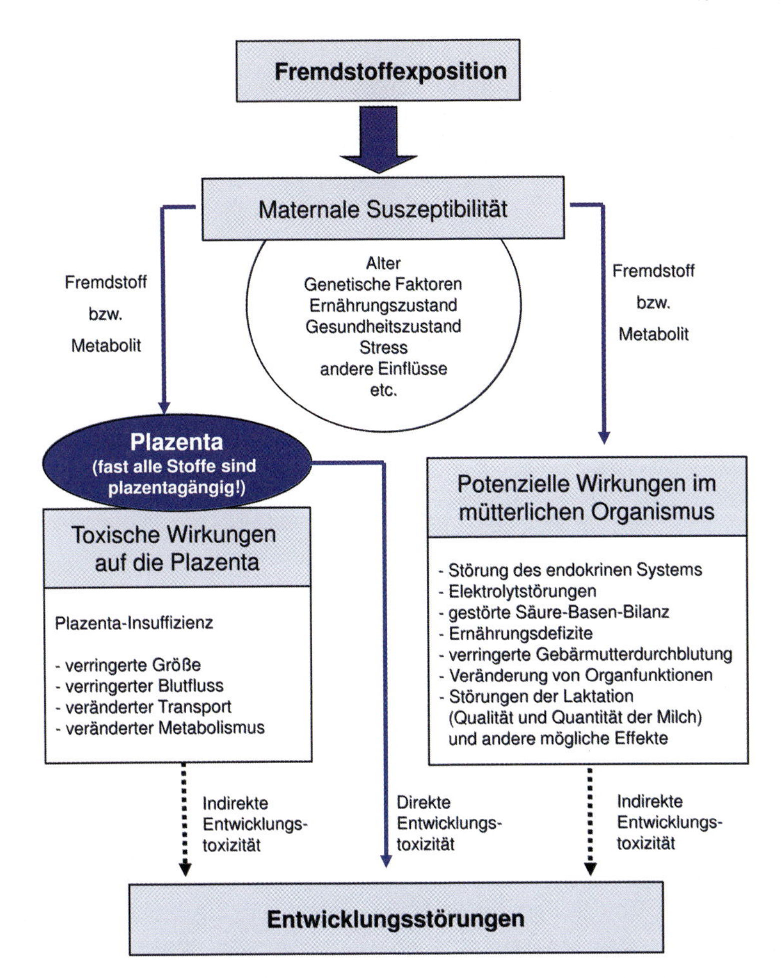

Abb. 7.4 Fremdstoffexposition mit direkten und indirekten toxischen Wirkungen auf die prä- oder postnatale Entwicklung. Ein toxischer Effekt auf die Entwicklung kann entweder direkt durch Einwirkung des Stoffes auf den Keim oder indirekt über maternale Toxizität hervorgerufen werden. Dabei kann zwischen speziellen toxischen Wirkungen auf die Plazenta und Wirkungen, die zu Störungen der maternalen Homöostase führen, unterschieden werden. In vielen Fällen liegt eine Kombination beider Möglichkeiten vor. Mit wenigen Ausnahmen sind praktisch alle Stoffe plazentagängig, quantitativ bestehen allerdings Unterschiede

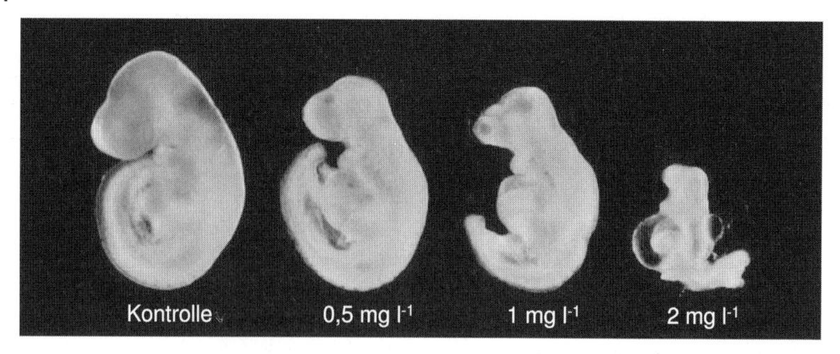

Abb. 7.5 *Whole-embryo-culture.* Rattenembryonen am Ende einer Kulturperiode von 48 Stunden. Bei Zugabe des Immunsuppressivums Mycophenolsäure in steigenden Konzentrationen wird die Entwicklung der Embryonen *in vitro* zunehmend beeinträchtigt. Während bei einer Konzentration von 500 µg Mycophenolsäure l^{-1} Medium kaum Unterschiede zur Kontrolle bestehen, sind die Embryonen bei 2000 µg l^{-1} deutlich geschädigt.

7.9 Toxikokinetische Aspekte

Art und Ausmaß einer toxischen Wirkung werden durch die Konzentration eines Stoffes und die Verweilzeit an den Zielstrukturen bestimmt. Diese Parameter sind entscheidend dafür, ob überhaupt eine Wirkung eintritt und ob diese reversibel oder irreversibel verläuft. Bei allen Arten von toxischen Wirkungen sind daher die toxikokinetischen Aspekte von wesentlicher Bedeutung. Bedauerlicherweise liegen sehr häufig keine ausreichenden Informationen über die Konzentrationen eines Stoffes am Wirkort vor und selbst die Konzentrationen im Blutplasma sind bei vielen toxikologischen Studien nicht bekannt. Da zum Teil ganz wesentliche Unterschiede zwischen den kinetischen Eigenschaften bei Mensch und Tier vorliegen, entsteht eine grundsätzliche Unsicherheit bei der Bewertung von toxikologischen Untersuchungen.

Dieser Mangel an Daten ist in der Reproduktionstoxikologie noch eklatanter als in anderen Bereichen der Toxikologie. Dafür gibt es mehrere Gründe: Erstens stellen der maternale und der embryonale/fetale Organismus, sowie die Plazenta unabhängige aber gleichwohl eng mit einander verbundene Kompartimente dar (siehe Abb. 7.6). Zweitens ist der frühe, aber dennoch sehr empfindliche Embryo schlecht zugänglich und aufgrund der Größenverhältnisse für analytische Untersuchungen nicht gut geeignet, und drittens ändern sich die physiologischen Gegebenheiten, welche die Kinetik eines Stoffes im Organismus determinieren, während der Schwangerschaft ganz wesentlich. Nicht nur das mütterliche Herz-Kreislaufsystem, sondern auch andere Organsysteme, wie Magen-Darmtrakt, Lungen und die Eliminationsorgane Niere und Leber passen sich kontinuierlich den Veränderungen im Laufe der Schwangerschaft an. Dadurch werden alle kinetischen Parameter, wie Resorption aus dem Gastrointestinaltrakt, Verteilung im Organismus, Fremdstoffmetabolismus und Elimination eines Stoffes meist wesentlich verändert. Es ist daher nur unter erheblichen

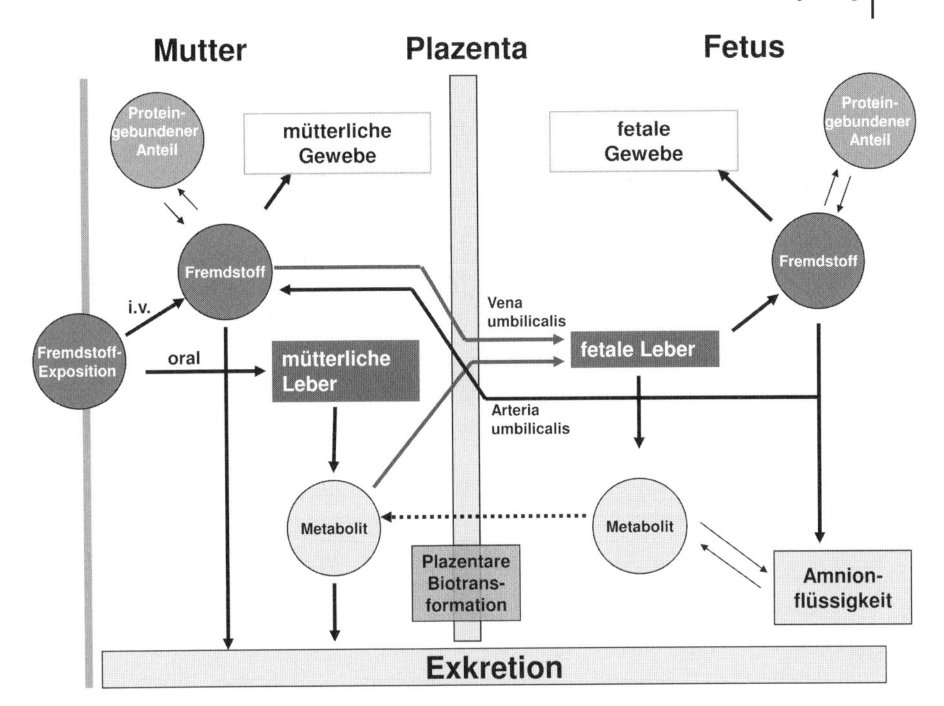

Abb. 7.6 Das kinetische Verhalten von Fremdstoffen im mütterlichen und fetalen Organismus. Mütterlicher und fetaler Stoffwechsel sind über die Plazenta verbunden. Alle Komponenten unterliegen kontinuierlichen Änderungen im Verlauf der Schwangerschaft.

Einschränkungen möglich, die kinetischen Eigenschaften eines Stoffes in einem nicht schwangeren Organismus auf den schwangeren Organismus zu übertragen.

Embryotoxische Wirkungen können sehr unterschiedlich sein. Allerdings muss angenommen werden, dass diese Effekte in vielen Fällen durch die Metaboliten der verabreichten Stoffe hervorgerufen werden. Diese sind oftmals reaktiver als die Ausgangsstoffe und weisen eine höhere Affinität zu Nukleinsäuren und Proteinen auf. Die metabolischen Prozesse sind keinesfalls begrenzt auf die Leber, sondern finden auch in der Plazenta und direkt im Embryo bzw. Feten statt. Die Rate des transplazentaren Übergangs wird durch den Plazentametabolismus mitbestimmt und ist darüber hinaus abhängig von der Art der Plazenta, und den physikochemischen Eigenschaften des verabreichten Stoffes.

7.10
Zusammenfassung

Prinzipiell gibt es zahlreiche Möglichkeiten, die als Ursache für eine Störung der komplizierten Vorgänge der Reproduktion in Frage kommen. Dabei sind nicht nur chemische Stoffe zu berücksichtigen, es sollten auch physikalische und biologische Einflüsse in Betracht gezogen werden.

Die Reproduktion läuft häufig nicht störungsfrei ab. Durch eine Fremdstoffexposition können sowohl die Fertilität des weiblichen als auch die des männlichen Organismus reversibel oder irreversibel gestört werden. In den einzelnen Abschnitten der pränatalen Entwicklung (Gametogenese, Befruchtung, Furchung, Implantation, Gastrulation, Organogenese und Fetalperiode) ist die Empfindlichkeit gegenüber Fremdstoffen extrem unterschiedlich. Der Keim kann in einem sehr frühen oder auch in späteren Stadien der Entwicklung zugrunde gehen. Schäden können sich auch noch während der postnatalen Reifung manifestieren. Die Effekte beim Menschen müssen immer vor dem Hintergrund einer erheblichen „Spontanrate" (Aborte, Fehlbildungen usw.) erkannt werden. Daher ist es extrem schwierig, reproduktionstoxische Wirkungen durch Auswertung von epidemiologischen Daten zu erkennen.

Ergebnisse aus tierexperimentellen Studien an Säugetieren stellen daher eine wichtige Informationsquelle für die Beurteilung reproduktionstoxischer Wirkungen von Xenobiotika dar. Hierbei ist es sinnvoll, die Reproduktion in verschiedene Abschnitte zu unterteilen. Die Übertragbarkeit der Ergebnisse auf den Menschen kann problematisch sein, wichtige Voraussetzungen dafür sind detaillierte Informationen über die Kinetik der Substanz bei Mensch und Tier. Hilfreich sind in diesem Zusammenhang auch Kenntnisse über den Wirkmechanismus der betreffenden Substanz. *In-vitro*-Untersuchungen sind vor allem geeignet, um chemisch verwandte Stoffe miteinander zu vergleichen oder um Fragen des Mechanismus einer toxischen Wirkung zu klären.

7.11 Fragen zur Selbstkontrolle

1. ***Formulieren sie eine Definition für Teratologie! Nennen Sie drei Beispiele für teratogene Stoffe.***
2. ***Erläutern Sie die wesentlichen Abschnitte der pränatalen Entwicklung. Warum kann die Empfindlichkeit gegenüber Fremdstoffen in den einzelnen Perioden stark variieren?***
3. ***Welche Parameter werden zur Beurteilung der Fertilität herangezogen?***
4. ***Notieren Sie Merkmale der Sertoli-Zellen. Welche Hauptaufgaben erfüllen sie?***
5. ***In Studien wird häufig die Inhibin-Konzentration im Serum des Patienten bestimmt. Welcher Zusammenhang besteht zwischen dem Seruminhibin und den Sertoli-Zellen?***
6. ***Geben Sie kurz die Protokolle der Segment-I-, -II- und -III-Studien wieder.***

7. ***Worin können Vorteile, worin Nachteile der Routine-protokolle bestehen?***
8. ***Warum ist die Berücksichtigung kinetischer Eigen-schaften eines Stoffes in einem Versuchstier bei der Extrapolation der Effekte auf einen Menschen so bedeutsam?***
9. ***Warum sind blutdrucksenkende ACE-Inhibitoren und AT_1-Rezeptorantagonisten während der Schwangerschaft kontraindiziert? Beschreiben sie einen möglichen Pathomechanismus der fetalen Schäden.***
10. ***Worin sehen Sie Vor- und Nachteile bei der Verwendung von In-vitro-Methoden?***
Welche dieser Methoden sind heute etabliert?

7.12 Literatur

1 Neubert D et al. (1999), Reproduction and Development. In: Marquardt et al. Toxicology, S. 491–558
2 Schardein JL (2000), Chemically induced birth defects. 3rd ed. New York Marcel Dekker
3 De Wals P et al. (2007), Reduction in neural-tube defects after folic acid fortification in Canada. N Eng J Med 357: 135–142
4 CDC (Centers for Disease Control and Prevention) (2004), Use of vitamins containing folic acid among women of childbearing age – United States MMWR Morb Mortal Wkly Rep 36:847–850
5 Ulbrich B, Palmer AK (1995), Detection of effects on male reproduction – a literature survey. J Am Coll Toxicol 14: 293–327
6 Mangelsdorf I, Buschmann J, Orthen B (2003), Some aspects relating to the evaluation of the effects of chemicals on male fertility. Regul Toxicol Pharmacol 37:356–369
7 Stewart J, Turner KJ (2005), Inhibin B as a potenzial biomarker of testicular toxicity. Cancer Biomarkers 1:75–91
8 Fiorini C, Tilloy-Ellul A, Chevalier S, Charuel C, Pointis G (2004), Sertoli cell junctional proteins as early targets for different classes of reproductive toxicants. Reprod Toxicol 18:413–421
9 ICH – International Conference on Harmonisation of Technical Requirements for Registration of Pharmaceuticals for Human Use: Guideline (2005) S5 (R2): Detection of Toxicity to Reproduction for Medicinal Products & Toxicity to Male Fertility, last update 2005
10 ECETOC 2002. Guidance on Evaluation of Reproductive Toxicity Data. Monograph No. 31, Brussels February 2002
11 Stahlmann R, Chahoud I, Thiel R, Klug S, Förster C (1997), The developmental toxicity of three antimicrobial agents observed only in nonroutine animal studies. Reproduct Toxicol 11:1–7
12 Flick B, Klug S, Stahlmann R (2003), Abschätzung der Pränataltoxizität von Moxifloxacin und Clinafloxacin in zwei In-vitro-Tests. Infection 31:152, P183
13 Langley-Evans SC, Welham SJ, Jackson AA (1999), Fetal exposure to a maternal low protein diet impairs nephrogenesis and promotes hypertension in the rat. Life Sci. 64(11):965–974
14 Gluckman PD, Hanson MA, Cooper C, Thornburg KL (2008), Effect of in utero and early-life conditions on adult health and disease. N Engl J Med 359:61–73
15 Genschow E et al. (2002), The ECVAM international validation study on in vitro embryotoxicity tests: results of the definitive phase and evaluation of prediction

models. European Centre for the Validation of Alternative Methods. Altern Lab Anim. Mar-Apr; 30(2):151–176

16 New DAT, Coppola PT, Cockroft DL (1976), Comparison of growth in vitro and in vivo of post-implantation embryos. J Embryol Exp Morph 36:133–144

17 Flick B und Klug S (2006), Whole embryo culture: an important tool in developmental toxicology today. Curr Pharmaceutic Design 12:1467–1488

18 Eckardt K, Stahlmann, R (2009), Use of two validated in vitro tests to assess the embryotoxic potenzial of mycophenolic acid, Arch Toxicol

8
Epidemiologie und molekulare Epidemiologie

Maria Blettner, Iris Pigeot und Hajo Zeeb

8.1
Einleitung

Epidemiologie
Die Epidemiologie untersucht, wie Gesundheitsstörungen/Krankheiten/Verletzungen und krankmachende Faktoren/Risikofaktoren in der Bevölkerung verteilt sind und wendet das dabei gewonnene Wissen zur Kontrolle von Gesundheitsproblemen an [1].

Epidemiologie als Wissenschaft beschäftigt sich mit der Verbreitung und Verteilung von Krankheiten in der Bevölkerung und mit den krankheitsverursachenden Faktoren. Die Epidemiologie ist einerseits beschreibend (deskriptiv), indem sie sich mit der Häufigkeit und Verteilung von Krankheiten beschäftigt, sie ist andererseits analytisch, denn sie untersucht mögliche Ursachen von Krankheiten. Weil Gesundheit und Krankheit äußerst vielfältige Phänomene sind, ist die Epidemiologie multidisziplinär. Bei der Suche nach den Lösungen gesundheitlicher Probleme arbeitet sie mit verschiedenen Wissenschaftsrichtungen zusammen, z. B. der Medizin, Biologie, Toxikologie, Biostatistik, der Soziologie und den Kommunikationswissenschaften, um nur einige zu nennen. Die Epidemiologie selbst wird als eine der Kernwissenschaften von *Public Health* bezeichnet.

Das Wort Epidemiologie, das sich von den griechischen Wörtern *epi* (über), *demos* (Volk) und *logos* (Wort) ableitet, bedeutet übersetzt in etwa: „die Lehre von dem, was über das Volk kommt". Diese Bedeutung steht in klarem Bezug zu den oft epidemisch verlaufenden Infektionserkrankungen, die ganze Bevölkerungen erfassen können. Die Epidemiologie war in ihren Ursprüngen auch vornehmlich mit der Beschreibung und Ursachenerforschung von Infektionskrankheiten beschäftigt. Mittlerweile hat sich die Epidemiologie zu einer Wissenschaft entwickelt, die die Häufigkeit und die Ursachen von Krankheiten aller Art mit modernen wissenschaftlichen Ansätzen erkundet und ein umfangreiches eigenes methodisches Spektrum besitzt [2].

Epidemiologische Untersuchungen führen zu Erkenntnissen darüber, warum bestimmte Krankheiten und Verletzungen in bestimmten Bevölkerungsgruppen

Toxikologie Band 1: Grundlagen der Toxikologie. Herausgegeben von Hans-Werner Vohr

ISBN: 978-3-527-32319-7

häufiger auftreten als in anderen und warum sie häufiger an bestimmten Orten und zu bestimmten Zeitpunkten auftreten. Entsprechend ist eine der theoretischen Grundannahmen der Epidemiologie, dass das Auftreten von Krankheiten nicht rein zufällig bedingt ist. Der Einfluss präventiver und krankheitsverursachender Faktoren prägt die Verteilung von Erkrankungen in der Bevölkerung, und diese Faktoren lassen sich wissenschaftlich charakterisieren.

Epidemiologische Erkenntnisse sind notwendig, damit die effektivsten Methoden gefunden werden können, um Krankheiten vorzubeugen und gesundheitliche Probleme zu lösen. Diese Informationen sind auch für Planungsaufgaben im Gesundheitswesen wichtig. Zusammen mit anderen Experten versorgen Epidemiologen Bevölkerungsgruppen und ihre Entscheidungsträger mit Informationen, damit der Auswahl der richtigen Maßnahmen eine fundierte Abschätzung der wahrscheinlichen Folgen und Kosten (letztere als interdisziplinäre epidemiologisch-ökonomische Aufgabe) zugrunde gelegt werden kann.

Im Folgenden werden grundlegende epidemiologische Konzepte dargestellt, die einen ersten Einblick in die Arbeitsweise der Epidemiologie bieten. Die Konzepte werden jeweils an Beispielen erläutert. Eine ausführliche Beschreibung der methodischen Konzepte findet man in dem Lehrbuch [2]. Statistische und biometrische Grundlagen der Epidemiologie werden in [3] und [4] ausführlich dargestellt.

8.2 Beschreibende und vergleichende Maßzahlen

In vielen Bereichen der epidemiologischen Forschung steht die Quantifizierung von Gesundheit und Krankheit in Bevölkerungen im Mittelpunkt. Dabei ergänzen sich Maße zur Beschreibung des Krankheitsgeschehens mit Maßen, die eine Assoziation zwischen möglichen Ursachen und dem Auftreten einer Erkrankung schätzen. Die drei grundlegenden Konzepte sind Prävalenz, Inzidenz und Mortalität.

8.2.1 Beschreibende Maßzahlen

Die Prävalenz beschreibt die Häufigkeit vorhandener Erkrankungen oder Risikofaktoren in einer Bevölkerung zu einem festgelegten Zeitpunkt. Die Prävalenz einer Erkrankung ist definiert als die Zahl der erkrankten Personen an allen Personen unter Risiko zu einem bestimmten Zeitpunkt (Punktprävalenz) oder in einem gegebenen Zeitintervall (Intervallprävalenz, auch Periodenprävalenz). Die Zahl der Personen mit der Erkrankung wird einerseits durch die neu hinzukommenden Erkrankten erhöht, andererseits durch gesundete bzw. verstorbene Patienten verringert. Die Anzahl der erkrankten Personen ist daher sowohl abhängig von der Anzahl der Neuerkrankten (Inzidenz) als auch der Dauer der Erkrankung. Die Migration von Personen in und aus dem Risikopool spielt eine zusätzliche Rolle.

Fallbeispiel: Lungenkrebs bei Männern in Deutschland
Für den Lungenkrebs bei Männern in Deutschland wird eine rohe Inzidenz (Neuerkrankungsrate) von 90/100 000 pro Jahr angenommen, bei einer mittleren Erkrankungsdauer von 6 Monaten (=0,5 Jahre). Als Schätzer für die Prävalenz von Lungenkrebs unter Männern in Deutschland kann daher 90/100 000 * 0,5 = 45/100 000 = 0,045% berechnet werden.

Die Prävalenz wird zur Beschreibung der Krankheitslast in einer Bevölkerung bzw. der Häufigkeit des Vorliegens von Risikofaktoren genutzt und ist damit insbesondere für Planungen und Prioritätensetzung im Gesundheitswesen von Bedeutung. Für die Untersuchung ursächlicher Zusammenhänge ist diese Maßzahl in den meisten Fällen nicht geeignet.

Die Inzidenz bezeichnet die Neuerkrankungen und bezieht sich auf die Häufigkeit des Neuauftretens einer Erkrankung in einer definierten Bevölkerung und in einem bestimmten Zeitraum. Oft werden kumulative Inzidenz und Inzidenzrate (auch als Inzidenzdichte bezeichnet) unterschieden.

Die kumulative Inzidenz ist definiert als Anzahl von neuen Fällen einer Erkrankung, die in einer umschriebenen Zeitperiode (z. B. 1 Jahr) in einer bestimmten, zu Beginn der Zeitperiode unter Risiko für diese Erkrankung stehenden Gruppe auftreten. Dabei bedeutet „unter Risiko stehen", dass die Personen grundsätzlich die Krankheit erleiden können. Für die ursachenorientierte Forschung werden kumulative Inzidenzen zwischen Exponierten (z. B. gegenüber ionisierender Strahlung am Arbeitsplatz) und Nicht-Exponierten als Vergleichsgruppe kontrastiert.

Die theoretische kumulative Inzidenz in einem definierten Zeitraum für die Gruppe der Exponierten lässt sich schätzen als

$$\hat{I}_{exp} = \frac{a}{a+b}$$

$\hat{I}_{exp}$ = kumulative Inzidenz der Exponierten,
a = Anzahl erkrankter Exponierter,
b = Anzahl nicht erkrankter Exponierter

und für die Nicht-Exponierten als

$$\hat{I}_{nicht\text{-}exp} = \frac{c}{c+d}$$

$\hat{I}_{nicht\text{-}exp}$ = kumulative Inzidenz der Nicht-Exponierten,
c = Anzahl erkrankter Nicht-Exponierter,
d = Anzahl nicht erkrankter Nicht-Exponierter.

Zur Unterscheidung der wahren Parameter von ihren Schätzungen in auf Stichproben aus der Gesamtheit beruhenden Studien werden letztere durch ein „Dach" als Schätzung gekennzeichnet (z. B. $\hat{I}$ als Schätzwert der kumulativen Inzidenz).

Bei der *Inzidenzrate* wird die Zeit in Betracht gezogen, die jedes Individuum tatsächlich unter Risiko stand. Nur in dieser Zeit kann das interessierende Ereignis (z. B. Lungenkrebserkrankung) auftreten und registriert werden. Wird beispielsweise eine Studie in der Nuklearindustrie durchgeführt, so treten Beschäftigte zu unterschiedlichen Zeitpunkten in den jeweiligen Industriebetrieb ein und tragen daher unterschiedlich lang zu der Gesamtbeobachtungszeit bei [5]. Diese Zeitdauer wird als individuelle Personenzeit bezeichnet und für die gesamte Gruppe oder Bevölkerung, in der die Erkrankungen erfasst werden, aufsummiert. Die Inzidenzrate (IR) berechnet sich als Quotient aus der Anzahl neu auftretender Erkrankungen in einem bestimmten Zeitintervall, meistens innerhalb eines Jahres (A) und der Summe der individuellen Personenzeit, das ist die Gesamtzeit unter Risiko der untersuchten Personen in diesem Zeitintervall.

Anders als für die kumulative Inzidenz wird bei Berechnung von Inzidenzraten berücksichtigt, dass Personen unterschiedlich lang unter Risiko stehen bzw. aufgrund von Wanderungsbewegungen nicht mehr von Studien oder Registern erfasst werden. Eine Person, die im ersten Beobachtungsmonat erkrankt, zählt nur 1/12 zu der Gesamtzeit als „unter Risiko stehend“. Daher wird in ursachenorientierten Untersuchungen zumeist auf das Konzept der Inzidenzrate zurückgegriffen. Andere Bezeichnungen sind Inzidenzdichte oder *„force of morbidity“* [2]. Werden anstelle von Neuerkrankungen die Todesfälle betrachtet, so werden entsprechend die Mortalitätsraten angegeben.

Mortalitätsraten für ausgewählte Todesursachen werden jährlich auf der Basis der amtlichen Todesursachenstatistik vom Statistischen Bundesamt für die Bundesrepublik Deutschland veröffentlicht (siehe weiterführende Literatur: www.destatis.de). Die Ermittlung von Inzidenzraten ist nur für solche Krankheiten möglich, für die die Morbidität bevölkerungsbezogen registriert wird. Dies ist aber nur für wenige Erkrankungen in der Allgemeinbevölkerung der Fall. Eine Ausnahme sind Inzidenzraten zu Krebserkrankungen für Länder oder Regionen, in denen bevölkerungsbezogene Krebsregister vorhanden sind. Internationale Daten zur Krebsmortalität werden in regelmäßigen Abständen von der Weltgesundheitsorganisation WHO veröffentlicht [6].

Da die Mortalität und Inzidenz stark von Alter und Geschlecht abhängig sind, werden in der Regel alters- und geschlechtsspezifische (also für Altersgruppen und für Frauen und Männer getrennte) oder altersstandardisierte Mortalitäts-(Inzidenz-)raten berechnet. Für die Altersstandardisierung wird eine künstlich aufgebaute Standardpopulation, z. B. die Europäische- oder die Welt-Standardpopulation, gewählt. Man multipliziert die Bevölkerungszahlen aus dieser Standardpopulation mit den altersspezifischen Mortalitätsraten und erhält so die Anzahl der Todesfälle, die man in der Standardbevölkerung erwarten würde. Diese Maßzahl (altersstandardisierte Sterberate) ermöglicht den Vergleich des Mortalitätsgeschehens in Bevölkerungen mit unterschiedlicher Altersstruktur. Eine anschauliche Darstellung der Berechnungsmethoden findet man bei [7].

8.2.2 Vergleichende Maßzahlen

Häufiges Ziel von Studien ist der Vergleich von Inzidenz- oder Mortalitätsraten in verschiedenen Untergruppen. Sollen z. B. Unterschiede im Auftreten von Krankheiten in exponierten und nicht-exponierten Personen betrachtet werden, so werden typischerweise die Inzidenz- oder Mortalitätsraten in den beiden Gruppen gegenübergestellt. Wichtige Vergleichsgrößen sind hierbei die Standardisierte Mortalitätsratio SMR (bzw. Standardisierte Inzidenzratio SIR), und die Quotienten der Inzidenzen als Maßzahl für das relative Risiko.

8.2.2.1 Standardisierte Mortalitäts- und Inzidenzratio (SMR, SIR)

In Kohortenstudien werden oft Mortalität- oder Inzidenzraten der Kohorte mit der Gesamtbevölkerung verglichen. Dazu muss natürlich die Alters- und Geschlechtsverteilung der Kohorte berücksichtigt werden. Die im Folgenden beschriebene Standardisierung wird häufig auch als „indirekte Standardisierung“ bezeichnet.

Zur Berechnung der standardisierten Mortalitätsratio (SMR) werden zunächst alle in der Kohorte beobachteten Todesfälle (*Obs = observed number of death*) gezählt. Anschließend werden die *erwarteten* engl. *expected (Exp)* Todesfälle berechnet, indem die Personenjahre der Kohorte (per Altersgruppe und Kalenderperiode) mit der entsprechenden Sterberate der Vergleichsbevölkerung multipliziert werden [4]. Der Quotient aus beobachteten Fällen der Kohorte und den erwarteten Fällen, basierend auf den Raten der Vergleichsbevölkerung, ist die SMR

$$\mathrm{SMR} = \frac{\mathrm{Obs}}{\mathrm{Exp}} \, .$$

Die Interpretation der SMR entspricht derjenigen des Relativen Risikos. Eine SMR von 1 zeigt an, dass zwischen der Kohorte und der Vergleichsbevölkerung keine Unterschiede in der beobachteten Sterblichkeit bestehen. SMR-Schätzer können sowohl für die Gesamtsterblichkeit als auch für einzelne Todesursachen berechnet werden, sofern entsprechende Informationen vorliegen. Konfidenzintervalle für die SMR werden ermittelt, um die Präzision der SMR-Schätzung anzugeben und eine Aussage über die statistische Signifikanz des Ergebnisses zu ermöglichen.

Zur Validität von SMRs als summarische Maßzahl in der Epidemiologie gibt es eine umfangreiche Diskussion. Ein Kritikpunkt ist die Tatsache, dass Effekte, die nur in einzelnen Strata (z. B. bestimmten Altersgruppen) auftreten, von der SMR überdeckt werden. Weitere Details finden sich z. B. bei [8].

Wird in Kohortenstudien nicht die Mortalität, sondern die Inzidenz von z. B. Tumorerkrankungen erfasst, und liegen zudem aus bevölkerungsbezogenen Registern Referenzraten der Inzidenz in der Gesamtbevölkerung vor, so lässt sich

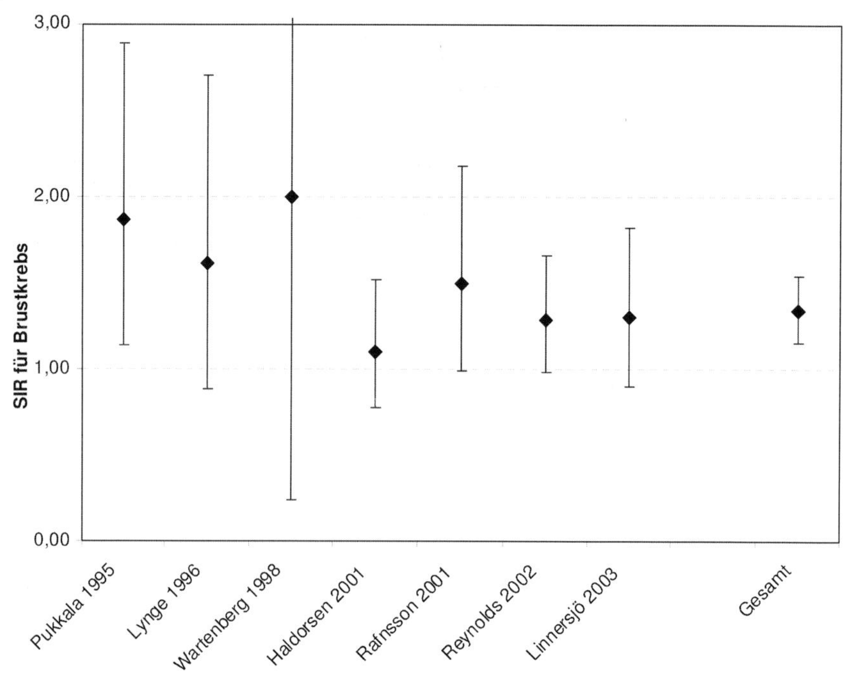

Abb. 8.1 Standardisierte Inzidenzratios (SIR). SIR und 95% Konfidenzintervalle für Brustkrebs bei weiblichem Flugpersonal, Studien aus Nordeuropa und USA.

analog zur SMR die Standardisierte Inzidenzratio SIR ermitteln. Die SIR erlaubt, Aussagen zu Risiken auch für nicht tödlich verlaufende Tumorerkrankungen zu machen. Ein Beispiel ist in Abb. 8.1 dargestellt.

8.2.2.2 **Relatives Risiko**

Aus den absoluten Risiken (= den Inzidenzraten) von zwei verschiedenen Gruppen (z. B. exponierte und nicht-exponierte Studienpersonen) lässt sich das *relative Risiko RR* ermitteln. Das relative Risiko ist der Quotient der Erkrankungswahrscheinlichkeiten in den Gruppen. Damit ergibt sich als Schätzung des relativen Risikos für die in Tabelle 8.1 (weitere Erläuterung siehe Abschnitt 8.3) erfasste einfache Situation

$$\hat{RR} = \frac{\hat{I}_{exp}}{\hat{I}_{nicht\text{-}exp}} = \frac{a \cdot (c+d)}{(a+b) \cdot c} .$$

Ein relatives Risiko größer als eins gibt somit an, dass die Gruppe der Exponierten ein höheres Erkrankungs- oder Sterberisiko hat als die Gruppe der Nicht-Exponierten. Ein relatives Risiko von 1,2 ist mit einer 20%igen Risikoerhöhung

Tab. 8.1 Schema der Ergebnisse einer einfachen Beobachtungsstudie. Die Buchstaben in den Zellen bezeichnen die Häufigkeiten der Personen mit der entsprechenden Merkmalskombination.

		Ermittlung des Krankheitsstatus		gesamt	Prävalenz der Krankheit
		erkrankt	nicht erkrankt		
Expositions-ermittlung	exponiert	a	b	a+b	$\frac{a}{a+b}$
	nicht exponiert	c	d	c+d	$\frac{c}{c+d}$
gesamt		a+c	b+d	a+b+c+d	$\frac{a+a}{a+b+c+d}$
Prävalenz der Exposition		$\frac{a}{a+c}$	$\frac{b}{b+d}$	$\frac{a+b}{a+b+c+d}$	

für die Exponierten gleich zu setzen, ein RR von 0,8 mit einer entsprechenden Risikominderung.

Zu bemerken ist, dass das relative Risiko direkt nur in Kohortenstudien (für eine Beschreibung der verschiedenen Studiendesigns siehe Abschnitt 8.3) geschätzt werden kann. Eine Approximation des relativen Risikos, die sowohl in Kohorten- als auch in Fall-Kontroll-Studien (s. u.) geschätzt werden kann, ist das so genannte *Odds Ratio* (Chancenverhältnis). Dieses vergleicht die Odds (die Chance) zu erkranken für die Exponierten und die Nicht-Exponierten und lässt sich somit schätzen als

$$\hat{OR} = \frac{\frac{\hat{I}_{exp}}{1-\hat{I}_{exp}}}{\frac{\hat{I}_{nicht\text{-}exp}}{1-\hat{I}_{nicht\text{-}exp}}} = \frac{\hat{I}_{exp}\cdot(1-\hat{I}_{nicht\text{-}exp})}{(1-\hat{I}_{exp})\cdot\hat{I}_{nicht\text{-}exp}} = \frac{a\cdot d}{b\cdot c} \ .$$

An obiger Formel wird deutlich, dass das Odds Ratio eine gute Approximation des relativen Risikos darstellt, falls die Wahrscheinlichkeit zu erkranken in den Gruppen der Exponierten und Nicht-Exponierten sehr klein ist, da dann

$$1-\hat{I}_{exp} \approx 1$$

und

$$1-\hat{I}_{nicht\text{-}exp} \approx 1 \ .$$

Diese Annahme einer niedrigen Erkrankungswahrscheinlichkeit ist bei Krebserkrankungen in aller Regel gegeben.

8.3 Studientypen

In der beobachtenden epidemiologischen Forschung werden eine Reihe verschiedener Studientypen eingesetzt, deren Grundprinzipien sich zumeist den im Folgenden dargestellten Typen zuordnen lassen. Auf kontrollierte klinische Studien wird an dieser Stelle nicht eingegangen.

Die hier interessierenden epidemiologischen Studien sind so genannte Beobachtungsstudien. Charakteristisch ist, dass keine experimentellen Bedingungen vorhanden sind (wie dies z. B. in klinischen Studien durch die Randomisierung erreicht wird), sondern dass lediglich Personengruppen beobachtet werden und die Assoziation zwischen verschiedenen Risikofaktoren und dem Auftreten der Krankheit aus diesen Beobachtungen erschlossen wird.

Tabelle 8.1 gibt in einfacher Weise die Ergebnisse einer epidemiologischen Studie wieder, in der nur eine Krankheit und ein Risikofaktor untersucht werden. Zur vereinfachten Darstellung wird davon ausgegangen, dass eine Person entweder erkrankt ist oder nicht, und entweder exponiert ist oder nicht. Damit kann das Ergebnis zunächst in einer Vierfeldertafel dargestellt werden. Die Unterschiede zwischen den einzelnen Studiendesigns ergeben sich dann u. a. daraus, welche der Größen fest vorgegeben werden und welche als Zufallsvariable zu betrachten sind.

Für das Design dieser Studien gibt es verschiedene Formen, die sich z. B. durch die Wahl der zu beobachtenden Kollektive und durch die Zeitachse unterscheiden. Einen Überblick gibt die folgende Tabelle 8.2.

8.3.1 Querschnittsstudien

Bei Querschnittsstudien wird eine Stichprobe aus einer klar definierten Population gezogen und sowohl Exposition als auch Erkrankungsstatus zum gleichen Untersuchungszeitpunkt ermittelt. So würde z. B. bei einer Querschnittsstudie

Tab. 8.2 Epidemiologische Beobachtungsstudien.

Studientyp	Alternativbezeichnung	Englische Bez.	Untersuchungseinheit
Querschnittsstudie	Prävalenzstudie; Survey	Cross-sectional (prevalence) study	Individuen
Fall-Kontroll-Studie		Case-control (case referent)-study	Individuen
Kohortenstudie	Longitudinal-, Follow-up-Studie	Cohort study; Follow-up study	Individuen
Ökologische Studie	Korrelationsstudie	Ecological (correlation) study	Gruppen

zur beruflichen Strahlenbelastung in einer Stichprobe von einigen Tausend in der Industrie berufstätigen Personen einer definierten Altersgruppe folgende Aspekte gleichzeitig erhoben:

- der Expositionsstatus, d.h. ob eine Person einer Strahlenbelastung ausgesetzt war oder ist,
- der Krankheitsstatus, d.h. ob bei der Person eine Krebserkrankung bzw. je nach Fragestellung entsprechende biologische Marker vorliegen.

Aus diesen Daten lassen sich damit die Prävalenzen der Krankheit und der Exposition, allerdings nicht auf Neuerkrankungen bezogene Maßzahlen der Inzidenz wie die kumulative Inzidenz oder die Inzidenzrate (siehe Box „Epidemiologische Maßzahlen und Begriffsdefinitionen") ermitteln. Querschnittsstudien können damit als Momentaufnahme einer populationsbasierten Kohortenstudie (s.u.) aufgefasst werden. Aufgrund der gleichzeitigen Erfassung von Expositionen und Erkrankungen sind Querschnittstudien besonders für Zwecke der beschreibenden Epidemiologie nützlich. Bei seltenen Ursachen oder seltenen Erkrankungen sind sie dagegen eher ungeeignet. Strahlenepidemiologische Studien werden daher gemeinhin nicht als Querschnittsstudien durchgeführt. Dadurch, dass Querschnittsstudien eine Momentaufnahme liefern, lässt sich eine zeitliche Abfolge von Exposition und Krankheit nicht bestimmen. Hierfür bieten sich andere Studientypen an.

Epidemiologische Maßzahlen und Begriffsdefinitionen

Prävalenz	Anzahl vorhandener Erkrankungsfälle oder Personen mit Risikofaktor dividiert durch die Anzahl aller Personen in der untersuchten Gruppe zu einem bestimmten Zeitpunkt oder in einem Zeitintervall.
Inzidenz	Maßzahlen der Inzidenz beschreiben die Wahrscheinlichkeit des Auftretens einer Erkrankung (oder anderer Ereignisse) in einem definierten Zeitintervall.
Kumulative Inzidenz	Anzahl neu auftretender Fälle pro Zeitintervall Δt dividiert durch Anzahl aller Personen unter Risiko für die Erkrankung zu Beginn des Zeitintervalls Δt.
Inzidenzrate	Anzahl neu auftretender Fälle pro Zeitintervall Δt dividiert durch die Personenzeit unter Risiko für die Erkrankung; berücksichtigt die Tatsache, dass nicht alle Personen die gesamte Beobachtungszeit unter Risiko stehen.
Relatives Risiko (RR)	Inzidenzrate (kum. Inzidenz) bei Exponierten dividiert durch die Inzidenzrate (kum. Inzidenz) bei Nicht-Exponierten; bei $RR = 1$ besteht kein Risikounterschied zwischen den verglichenen Gruppen.
Odds Ratio (OR)	Maß für das relative Risiko, das in Fall-Kontroll-Studien ermittelt wird. Dem OR liegen keine Inzidenzdaten zugrunde.

Power	statistische Macht einer Untersuchung; entspricht der Wahrscheinlichkeit, bei bestimmten Signifikanzniveau α ein tatsächlich erhöhtes (erniedrigtes) Risiko auch als solches zu erkennen.

8.3.2 Fall-Kontroll-Studien

Bei Fall-Kontroll-Studien ist das Vorgehen bei der Untersuchung des Zusammenhangs zwischen einer Exposition und einer daraus möglicherweise resultierenden Krankheit retrospektiv. Zur Beurteilung der Auswirkung einer Strahlenexposition bezüglich der Entwicklung von Krebs werden hier zwei Kollektive miteinander verglichen. Bei der einen Gruppe (Fälle) ist die Krebserkrankung aufgetreten, bei den übrigen (Kontrollen) nicht. Kontrollen werden häufig im Verhältnis zu den Fällen so ausgewählt, dass sie in bestimmten Grunddaten (z. B. Alter, Geschlecht) den Fällen entsprechen, wodurch die statistische Effizienz bei der Kontrolle von Störfaktoren in der Auswertung erhöht werden soll (engl. „*matching*"). Rückblickend werden in diesen Gruppen Daten zur Exposition (z. B. Strahlenbelastung) und zu möglichen Störfaktoren erhoben und zwischen den Gruppen verglichen. Ein häufigeres Auftreten eines Risikofaktors bei den Fällen wird als ein Hinweis auf eine ursächliche Wirkung dieses Faktors gewertet.

Fall-Kontroll-Studien erfordern einen relativ hohen logistischen Aufwand. Sie sind bei seltenen Expositionen weniger geeignet, da bei der rückblickenden Beurteilung der Exposition zu wenig exponierte Personen beobachtet würden, um statistisch valide Schlüsse zuzulassen. Ein weiterer Nachteil liegt darin, dass Fall-Kontroll-Studien in der Regel nur einen Endpunkt, also z. B. eine bestimmte bösartige Erkrankung wie die Leukämie, betrachten können. Andererseits erlauben diese Studien eine sehr detaillierte Erfassung sowohl der Exposition als auch von *Confoundern* (engl.: nicht kontrollierbare Störfaktoren) und aufgrund des direkten Kontaktes zu den Studienpersonen auch die Gewinnung von biologischem Material (Blut, Gewebe usw.).

Bei der Fall-Kontroll-Studie sind die Zahl der Fälle (Tab. 8.1: (a+c)) und die Zahl der Kontrollen (Tab. 8.1: (b+d)) festgelegt. Inzidenzraten können daher nicht berechnet werden.

Ein bekanntes Beispiel für Fall-Kontroll-Studien zur natürlichen Strahlenbelastung in Deutschland sind die deutschen Radon-Studien zum Zusammenhang Lungenkrebs – häusliche Radonbelastung, in denen die Radonexposition und der bedeutsame Confounder Rauchen detailliert erfasst werden konnten. Die gemeinsame Auswertung der beiden deutschen Studien ist zudem ein Beispiel für eine Strategie zur Erhöhung der statistischen Aussagekraft durch Vergrößerung der zur Verfügung stehenden Fallzahlen [9].

8.3.3 Kohortenstudien

Allgemein werden im Rahmen von Kohortenstudien zwei Kohorten von Personen, von denen die eine einer bestimmten Exposition ausgesetzt ist und die zweite nicht exponiert ist, bezüglich des Auftretens bestimmter Endpunkte, z. B. chronische Erkrankungen, miteinander verglichen. In Erweiterungen dieses Grunddesigns werden in vielen Kohortenstudien zudem Personen mit unterschiedlich ausgeprägter Expositionshöhe (z. B. gering, mittel, hoch) verglichen. Zu Studienbeginn dürfen die Kohortenteilnehmer nicht an den zu untersuchenden Erkrankungen leiden, da deren Auftreten im Zeitverlauf untersucht werden soll. Im Rahmen einer Kohortenstudie lassen sich somit bei Vorliegen eines erhöhten Erkrankungsrisikos der Exponierten Hinweise auf eine Ursache-Wirkungsbeziehung ableiten.

Bei der Kohortenstudie werden die Zahl der Exponierten (Tab. 8.1: (a+b)) und die Zahl der Nicht-Exponierten (Tab. 8.1: (c+d)) festgelegt. Daher kann in der Kohortenstudie die Inzidenzrate durch a/(a+b) geschätzt werden. Falls keine (interne) Kontrollgruppe untersucht wird, wird diese Inzidenz häufig mit der Inzidenz der Allgemeinbevölkerung verglichen. In diesem Fall wird (aus statistischen Gründen) jedoch das SMR oder SIR berechnet. Zur Berechnung der SMR siehe Abschnitt 8.2.2.1.

Nachteile von Kohortenstudien z. B. bei der Untersuchung des Zusammenhangs zwischen Strahlenexposition und Krebsentstehung liegen darin, dass solche Studien zum einen eine lange Laufzeit haben müssen, damit genügend Fälle in der Kohorte auftreten. Zum anderen müssen sie große Personengruppen umfassen, insbesondere wenn die Exposition wie hier im Niedrigdosisbereich eher gering ist. Allerdings bieten sie auch verschiedene Vorteile. Erstens können mehrere Endpunkte (z. B. Krebs, Herz-Kreislauferkrankungen) gleichzeitig betrachtet werden. Zweitens lässt sich die zeitliche Abfolge von Exposition und Entstehung einer Krankheit nachvollziehen. Drittens erlaubt eine Kohortenstudie eine direkte Ermittlung der Inzidenz, also der Wahrscheinlichkeit einer Neuerkrankung oder eines Todesfalls in einem bestimmten Zeitintervall. Eine Möglichkeit, dem Problem der langen Laufzeit zu begegnen, besteht darin, Kohortenstudien mit zurückverlegtem Anfangspunkt durchzuführen. In diesem Fall ist man allerdings auf bereits existierende Daten zur Exposition und zu Störfaktoren angewiesen.

Als Beispiel für eine berufliche Kohortenstudie mit zurückverlegtem Anfangspunkt ist hier die in Deutschland bekannte Kohorte der Wismut-Uranbergarbeiter zu nennen [10].

Fallbeispiel: Kohorte der Wismut-Uranbergarbeiter
In dieser beruflichen Kohortenstudie mit zurückverlegtem Anfangspunkt wurden rund 60000 Uranbergleute über einen Zeitraum von 1946 bis 1998 beobachtet. Diese Kohorte ermöglicht die Bearbeitung zahlreicher Fragestellungen, insbesondere jedoch die verbesserte Ermittlung des quantitativen Zusammenhangs zwischen der Exposition gegenüber Radonzerfallsprodukten und Lungenkrebs.

8.3.4
Vergleich der analytischen Studientypen

In Tabelle 8.3 werden die die wichtigsten Aspekte bezüglich der Anwendung der oben vorgestellten Studiendesigns schematisch zusammengefasst. Auf die Vor- und Nachteile der verschiedenen Studientypen wurde bereits in den entsprechenden Abschnitten eingegangen. Die genannten Einschränkungen treffen nicht in jeder Situation zu, wie im Folgenden beispielhaft erläutert wird.

Eine Kohortenstudie kann multiple Expositionen abdecken, wenn diese entsprechend erhoben werden können und die Größe der Kohorte eine subgruppenspezifische Auswertung zulässt. In Abschnitt 8.3.3 wurde bereits angesprochen, dass anhand einer historischen Kohorte, also mit zurückverlegtem Anfangspunkt, das Problem langer Latenzzeiten ausgeglichen werden kann.

Ebenso ist es möglich, im Rahmen einer Fall-Kontroll-Studie die Inzidenz einer Erkrankung abzuschätzen. Dies gelingt, wenn in einer populationsbezogenen Fall-Kontroll-Studie ermittelt wird, wie viele Personen in der definierten

Tab. 8.3 Allgemeine Anwendungsaspekte analytischer Beobachtungsstudien.

Kriterium	Querschnittsstudie	Fall-Kontroll-Studie	Kohortenstudie
Seltene Krankheiten	–	++	–
Seltene Ursachen	–	–	++ [a)]
Multiple Endpunkte [b)]	++	–	++
Multiple Expositionen [b)]	++	++	++
Zeitliche Abfolge	–	(+) [c)]	++
Direkte Ermittlung der Inzidenz	–	–	++
Lange Latenzzeiten	–	++	(+)

++ = gut geeignet, + = geeignet, – = wenig geeignet

a) gut geeignet, wenn Kohortenstudie in einer Population mit hoher Prävalenz der zu untersuchenden Exposition durchgeführt wird

b) wenn ausreichend statistische Power vorhanden ist, mehrere Hypothesen simultan zu testen

c) wenn externe Daten (z. B. Krankenhausbefunde) zur Verfügung stehen, kann Exposition in der Vergangenheit zuverlässig erhoben werden; bei Befragungen ist die Problematik des Erinnerungsbias zu berücksichtigen

Population seit einem bestimmten Zeitpunkt neu erkrankt sind. Die Einschränkung, dass eine Fall-Kontroll-Studie nicht gut geeignet ist, die zeitliche Abfolge von Exposition und Krankheitsentstehung nachzuvollziehen, trifft für eine in eine Kohorte eingebettete Fall-Kontroll-Studie nicht zu.

8.3.5 Ökologische Studien

Ökologische Studien ermitteln Krankheits- und Expositionsstatus nicht individuenbezogen, sondern lediglich auf Gruppenniveau. Typischerweise liegen etwa Krankheits- oder Sterberaten in einer Region und ein mittlerer Wert der fraglichen Exposition (z. B. mittlere Strahlenexposition gemäß Routine-Messprogramm) vor. Derartige Studien können daher in der Regel nur Aussagen dazu treffen, ob eine Assoziation auf Gruppenniveau vorhanden ist oder nicht. Allerdings sind auch diese Aussagen oft aufgrund mangelnder Kontrolle von Störfaktoren auf Gruppenniveau nur eingeschränkt interpretierbar. Belastbarere Ergebnisse lassen sich mit ökologisch angelegten Studien erzielen, bei denen individuelle Erkrankungs- und Expositionsdaten für kleinräumig gruppierte Bevölkerungen vorliegen und die untersuchte Exposition der wichtigste Risikofaktor ist. Da dies nur selten der Fall ist, haben ökologische Studien typischerweise einen deskriptiven Charakter und dienen eher zur Hypothesengenerierung.

8.3.6 Mischtypen

Die genannten grundlegenden epidemiologischen Designs können je nach Untersuchungsgegenstand variiert werden. Dabei können Mischformen entstehen, etwa wenn eine Kohortenstudie nach der Ersterfassung von Expositionen und individuellen Variablen zunächst als Querschnittsstudie ausgewertet wird und erst nach den Folgeuntersuchungen und weiteren Auswertungen den Charakter einer Kohortenstudie annimmt. Ebenso lassen sich – wie schon erwähnt – Fall-Kontroll-Studien in laufende Kohortenstudien einbetten. Der Vorteil dieser Vorgehensweise liegt auch darin, dass nur für die ausgewählten Fälle und die dazu gezogenen Kontrollen weitere detaillierte Daten erhoben werden müssen. Kohortenstudien können zudem ökologische Komponenten beinhalten, wenn z. B. die Exposition nicht für jedes Kohortenmitglied einzeln bestimmt werden kann, sondern die für eine bestimmte geographische Region ermittelten Expositionswerte als beste Annäherung der individuellen Exposition genutzt werden. Dies kann z. B. bei in einem Nahumfeld nur gering variierenden Expositionen, etwa bei an einer lokalen Messstation ermittelten Luftschadstoffkonzentrationen, sinnvoll sein. Die Gültigkeit der Übertragung solcher Werte als Expositionswerte für die im Umfeld lebenden Individuen sollte möglichst durch gezielte exemplarische Untersuchungen validiert werden, da auch in entsprechend kleinräumig gewählten Nahbereichen erhebliche Expositionsgradienten auftreten können.

8.4 Kausalität in der Epidemiologie

Als Wissenschaft zielt die Epidemiologie auf die Untersuchung von Ursache-Wirkungsbeziehungen ab, fragt also, ob die Exposition tatsächlich als Ursache der Erkrankung (oder allgemein des untersuchten gesundheitlichen Phänomens) anzusehen ist.

Moderne Überlegungen zur Kausalität gehen davon aus, dass bei der Entstehung von Erkrankungen regelmäßig eine Reihe von Ursachen beteiligt ist [11]. Gemeinsam bilden diese den ursächlichen Mechanismus, der dann zum Auftreten der Krankheit führt. Epidemiologische Studien tragen dazu bei, die Rolle und das Zusammenwirken der verschiedenen ursächlichen Faktoren genauer zu bestimmen. Um eine orientierende Vorstellung über Kausalbeziehungen zwischen spezifischen Risikofaktoren und einer Erkrankung zu gewinnen, werden oft auch so genannte Kausalitätskriterien berücksichtigt.

8.4.1 Kriterien zur Kausalitätsbeurteilung

1965 legte Sir Austin Bradford-Hill eine Liste von neun Anhaltspunkten zur Beurteilung kausaler Beziehung zwischen Exposition und Erkrankung vor [12]. Diese Kriterien illustrieren wir am Beispiel des Zusammenhangs zwischen ionisierenden Strahlen und dem Leukämierisiko.

1. Zeitliche Beziehung

Ein ursächlicher Faktor muss vor Ausbruch der Erkrankung auf die gesunde Person einwirken. Dieses „Ursache vor Wirkung"-Prinzip ist Teil der allgemeinen Definition von Kausalität. Im Beispiel bedeutet dies, dass gezeigt werden muss, dass die Strahlenexposition vor dem Auftreten einer Leukämieerkrankung stattgefunden hat. Diese zeitliche Beziehung konnte bisher in verschiedenen Kohortenstudien, insbesondere der Studie der Atombombenüberlebenden von Hiroshima und Nagasaki [13] gezeigt werden.

2. Stärke der Assoziation

Dies wird z. B. durch das relative Risiko oder das Odds Ratio beschrieben. Je größer der Wert dieses Effektmaßes ist, desto wahrscheinlicher ist auch eine kausale Beziehung zwischen dem untersuchten Risikofaktor und der Erkrankungs- oder Todesursache. Bei der Assoziation zwischen ionisierender Strahlung und der Leukämie wurden in Abhängigkeit von Studientyp und Studienpopulation und von der Höhe der Strahlenexposition relative Risiken und Odds Ratios deutlich über 2 gefunden.

3. Biologische Plausibilität

Sofern die Beziehung zwischen Exposition und Erkrankung ursächlicher Natur ist, sollte sie biologisch einleuchtend sein und dem gegenwärtigen biologischen Kenntnisstand entsprechen. So haben eine Reihe von Laborexperimenten, Tierversuchen und Beobachtungen von hochexponierten Personen (Einzelfälle) das kanzerogene Potenzial von ionisierenden Strahlen, beispielsweise durch Doppelstrangbrüche der DNA, aufgezeigt.

4. Wiederholbarkeit und Konsistenz der Ergebnisse

Wenn eine ursächliche Beziehung zwischen Exposition und Erkrankung vorliegt, sollte sich diese in mehreren Studien (auch mit anderen Designs), von verschiedenen Untersuchern und in unterschiedlichen Studienpopulationen bestätigen lassen. In der Regel ist es nicht möglich, nur auf der Basis einer einzelnen epidemiologischen Studie eine kausale Beziehung zu beurteilen.

Die genannte Beziehung wurde seit vielen Jahrzehnten in zahlreichen Fall-Kontroll- und Kohortenstudien, die sich bezüglich Design, Untersuchern, Studienpopulation und Land unterschieden, konsistent und reproduzierbar gezeigt.

5. Alternative Erklärungen (Confounding)

Ein Kernpunkt in der Beurteilung einzelner Studien wie auch eines möglichen Kausal-Zusammenhangs ist die Frage, ob und welche möglichen alternativen Erklärungen für die beobachtete Assoziation ausführlich untersucht und möglichst ausgeschlossen wurden (Confounding). Klassische Confounder, wie z. B. Alter und Rauchen, aber auch spezielle Störgrößen, wie andere berufliche Faktoren, z. B. Benzol, wurden in Auswertungen berücksichtigt und erklären den gefundenen Zusammenhang nicht.

6. Dosis-Wirkungs-Beziehung

Eine Dosis-Wirkungsbeziehung liegt vor, wenn das Erkrankungsrisiko mit zunehmender Exposition steigt. Die Abwesenheit einer Dosis-Wirkungsbeziehung spricht jedoch nicht grundsätzlich gegen einen Ursachenzusammenhang. Für manche Expositionen wird diskutiert, dass jenseits eines Schwellenwertes ein konstant erhöhtes Erkrankungsrisiko besteht, das bei erhöhter Expositionsdosis nicht weiter ansteigt. Gerade bei der Strahlenexposition lässt sich das Dosis-Wirkungs-Kriterium oft sehr genau untersuchen, da gute Messungen der individuellen Exposition vorliegen. Viele Studien haben gezeigt, dass das Risiko mit der Exposition ansteigt.

7. Experimentelle Hinweise

Experimente oder Interventionen können auf Ursache-Wirkungsbeziehung hindeuten, etwa wenn eine Exposition beseitigt wird und anschließend die bisher beobachteten Erkrankungen nicht mehr auftreten.

8. Kohärenz mit sonstigen Erkenntnissen
Mögliche Kausalbeziehungen sollten auch auf ihre Übereinstimmungen mit sonstigen wissenschaftlichen Erkenntnissen aus epidemiologischen und anderen Studien geprüft werden. Dieses Kriterium ist aufgrund der Vielfalt wissenschaftlicher Daten heutzutage kaum weiterführend. Wichtig ist jedoch, dass zur Beurteilung von Kausalität alle vorliegenden Erkenntnisse, insbesondere auch widersprüchliche, eingehend geprüft werden. Hier gibt es eine große Übereinstimmung zwischen radiobiologischen, toxikologischen und epidemiologischen Daten.

9. Spezifität der Assoziation
Wenn eine Exposition nur mit einer oder wenigen Erkrankungen assoziiert – also spezifisch – ist, kann dies als Hinweis einer Kausalbeziehung gelten. Ausnahmen hiervon sind aber häufig: Dies gilt aber für fast alle chronischen Erkrankungen, die eine komplexe Ätiologie aufweisen.

Die Beurteilung von Kausalität in Medizin und Epidemiologie ist keinesfalls trivial und erfordert eine kritische Auseinandersetzung mit praktischen Erkenntnissen und theoretischen Konzepten. Kausalitätsurteile sind nicht statisch und müssen im Lichte neuer Daten regelmäßig auf ihre Geltung hin geprüft werden.

8.5 Quellen für Unsicherheit und Verzerrungen in epidemiologischen Studien

In epidemiologischen Studien haben wir es mit der Beobachtung von Menschen in ihren normalen Lebensumständen zu tun. Die Untersucher haben – von wenigen Ausnahmen abgesehen – keinen Einfluss darauf, wie bestimmte Expositionen oder gesundheitsrelevante Faktoren in den untersuchten Gruppen verteilt sind. Dieser gewichtige Unterschied zu Laborexperimenten und auch zu kontrollierten klinischen Studien macht einerseits die Stärke solcher Studien aus, denn die Menschen werden keinen künstlichen „Versuchsbedingungen“ unterworfen, gleichzeitig führt er jedoch zu erheblichen Schwierigkeiten in der Planung, Durchführung und vor allem Interpretation von epidemiologischen Ergebnissen. Häufig sprechen Epidemiologen über „Fehler“ in epidemiologischen Studien. Dieser Begriff ist aber nicht wirklich zutreffend. Es handelt sich hierbei nicht um tatsächliche Fehler, sondern um potenzielle Unsicherheiten, Verzerrungen oder Grenzen der Durchführbarkeit und Interpretation von Daten, die auf Beobachtungen und nicht auf strikt kontrollierten experimentellen Designs beruhen.

Ein übliches Ergebnis einer epidemiologischen Studie ist z. B. eine Inzidenzrate in der Studienbevölkerung oder ein relatives Risiko als Maß des Zusammenhangs zwischen einer Exposition und einer Erkrankung unter den Studienteilnehmern. Die Studie kann jedoch nur einen Ausschnitt der Wirklichkeit betrachten. Für die gesamte, aber von uns im Rahmen der Studie nicht vollständig erfassbare Zielbevölkerung gibt es somit einen (unbekannten) wahren Wert für das relative Risiko, dem sich unser Studienergebnis – ein Schätzwert für diesen wahren Wert – je nach Ausmaß der Fehler in der Studie mehr oder weniger annähert. Epidemiologen können viele Quellen für Verzerrungen in der Planung und auch später in der Auswertungsphase kontrollieren bzw. vermindern. Die Bewertung von Studienergebnissen sollte daher immer unter dem Gesichtspunkt erfolgen, wie erfolgreich es gelungen ist, mögliche Unsicherheitsquellen zu erkennen und entsprechende Gegenmaßnahmen zu ergreifen.

Es sind grundsätzlich zwei Fehlertypen, die in epidemiologischen Studien auftreten können: zufällige (*random error*) und systematische Fehler (*systematic error*). Epidemiologische (und viele andere) Studien können formal als ein Unterfangen zur Messung von Variablen angesehen werden, wobei das Ziel eine möglichst genaue und zutreffende Messung ist. Sowohl zufällige als auch systematische Fehler stören bei der Erreichung dieses Ziels. Zufallsfehler haben mehrere Komponenten, sind in jeder quantitativen wissenschaftlichen Studie von Bedeutung und beeinflussen die Präzision, mit der die zu bestimmenden Effekte geschätzt werden können. Mit zunehmender Größe einer Studie wird der Zufallsfehler geringer. Statistische Konzepte und Kenngrößen zur Abschätzung der Präzision von Studien werden in vielen epidemiologischen und statistischen Textbüchern diskutiert (siehe z. B: [2]). Besondere Bedeutung in epidemiologischen Studien haben Fehlertypen, die zu systematischen Verzerrungen führen.

8.5.1 Systematische Verzerrungen

Systematische Verzerrungen können aus vielen Gründen entstehen. Die vielen verschiedenen *Fehlertypen* kann man zumeist drei Kategorien zuordnen:

1. *Selektionsbias* (Auswahlfehler) sind Fehler, die bei der Auswahl der Studienteilnehmer auftreten.
2. *Informationsbias* tritt auf, wenn studienrelevante Informationen über oder von Studienteilnehmern fehlerhaft sind.
3. *Confounding* entsteht durch mangelnde Kontrolle von Störgrößen.

8.5.1.1 Selektionsbias (Auswahlfehler)

Ein Selektionsbias tritt dann auf, wenn nur ein Teil der Gesamtpopulation tatsächlich an der Studie teilnimmt. Fehler bei der Rekrutierung der Studienpopulation (keine Zufallsauswahl aus der Gesamtheit) können eine – allerdings vermeidbare – Ursache sein. Selbst bei gut geplanten und durchgeführten Studie sind aber Verzerrungen möglich, wenn nicht alle Personen an der Studie teilnehmen (Antwortverweigerer) oder nicht interviewt werden können. Der Selektionsbias tritt sowohl in Fall-Kontroll-Studien als auch in Kohortenstudien auf. Immer dann, wenn eine aktive Beteiligung der Probanden notwendig ist (durch

Befragung oder Untersuchungen) ist der Selektionsbias praktisch nicht vermeidbar, da die Freiwilligkeit in jedem Fall gewährleistet sein muss.

8.5.1.2 Informationsbias

Wenn Informationen von oder über Studienpersonen fehlerhaft sind, spricht man von Informationsbias. Dieses Problem tritt dann auf, wenn Studienpersonen bewusst oder unbewusst falsche Angaben über Expositionen machen oder fehlerbehaftete Dokumente für die Studie genutzt werden. Typisch sind Informationsfehler bei Befragungen zu bestimmten Aspekten des Lebensstils: Bei Fragen zum Ausmaß des Alkoholkonsums geben starke Konsumenten eher etwas geringere Mengen an, während Normal- oder Nichttrinker eher zutreffende Konsummengen berichten. Manche starke Trinker werden dadurch als Normalkonsumenten eingestuft und damit falsch klassifiziert.

Eine spezielle Form des Informationsbias ist der so genannte Erinnerungsbias (*recall bias*), der in Fall-Kontroll-Studien auftreten kann. Hier werden Studienteilnehmer nach dem Auftreten der Erkrankung zu bestimmten Risikofaktoren befragt. Nehmen wir als Beispiel erneut eine Studie zu Risikofaktoren für Allergien. In manchen Fällen werden sich Erkrankte „besser" an zurückliegende Ereignisse oder Expositionen, z. B. eine Medikamenteneinnahme, erinnern als die gesunden Kontrollpersonen, denn die Erkrankten sind an der Suche nach einer Erklärung ihrer Krankheit interessiert, während Kontrollpersonen einen solchen Stimulus nicht haben.

Möglichkeiten, derartige Fehler zu verhindern, bestehen einerseits in einer das Erinnerungsvermögen bei Fällen und Kontrollen gleichermaßen anregenden Fragetechnik, z. B. unterstützt durch Bildmaterialien. Andererseits kann zuweilen auf medizinische Aufzeichnungen oder andere Dokumente zurückgegriffen werden.

8.5.1.3 Confounding (Verzerrung)

In epidemiologischen Studien kann die „Zuteilung" einer Exposition in der Regel nicht randomisiert vorgenommen werden. Daher können andere Faktoren, die nicht primärer Untersuchungsgegenstand sind, die Assoziation zwischen der Exposition und der Krankheit überdecken oder verstärken. Personen, die in der chemischen Industrie arbeiten, sind nicht nur einer Noxe, sondern vielen potenziellen Expositionen ausgesetzt. Zudem können bestimmte Lebensstilfaktoren unterschiedlich sein. Uranbergarbeiter in der Wismut AG waren nicht nur gegenüber Radon, sondern auch gegenüber Arsen exponiert [14]. Da beide Faktoren in Zusammenhang mit dem Lungenkrebsrisiko stehen können, müssen sie auch gemeinsam untersucht werden. Diese Situation wird als Confounding bezeichnet: Soll der Zusammenhang zwischen Radon und Lungenkrebs untersucht werden, ist die Arsenbelastung (und zudem das Rauchverhalten) zu berücksichtigen.

Das dem Confounding zugrunde liegende Konzept ist von zentraler Bedeutung für die Epidemiologie als nicht experimentellem Wissenschaftsgebiet. Ein erheblicher Teil der Forschungsarbeit von Epidemiologen dreht sich um den adäquaten Umgang mit Confounding in epidemiologischen Studien.

Zur Erläuterung: In einer Studie soll untersucht werden, ob Umwelteinfluss A (die „Exposition") das Risiko der Erkrankung an Krankheit B erhöht. Bei der Studienplanung wird überlegt, ob Faktor C ein Störfaktor bei der Untersuchung der Beziehung A–B sein kann. Um ein Confounder zu sein, muss der Faktor C in Hinsicht auf die interessierende Assoziation zwischen Exposition A und Erkrankung B verschiedene Bedingungen erfüllen:

1. Faktor C muss mit der Exposition A assoziiert sein
2. Faktor C ist ein von der Exposition A unabhängiger Risikofaktor für Erkrankung B
3. Er darf aber nicht direkt auf Exposition A als Zwischenschritt in der Krankheitsentstehung folgen

Die folgende Abb. 8.2 verdeutlicht die Zusammenhänge grafisch. Die Assoziation zwischen der Exposition gegenüber Radongas und dem Auftreten von Lungenkrebs wird in einer Studie bei Bergarbeitern untersucht. Als Confounder muss das Rauchen beachtet werden, denn Bergwerksarbeiter rauchen womöglich mehr als andere Personen, und Rauchen ist durch eine große Zahl von Studien als Risikofaktor für die Lungenerkrankung bekannt. Rauchen ist kein direkter Zwischenschritt zwischen Asbest und Lungenerkrankung, sondern ein weiterer Faktor.

Nur wenn die genannten Bedingungen erfüllt sind, wird die Wirkungsbeziehung zwischen A und B tatsächlich verzerrt. Dabei kann eine bestehende Assoziation A–B durch den Confounder verstärkt oder auch abgeschwächt werden (bis hin zum scheinbaren Nicht-Vorhandensein). Zudem kann aber eine eigentlich nicht vorhandene Assoziation durch den Confounder vorgetäuscht werden.

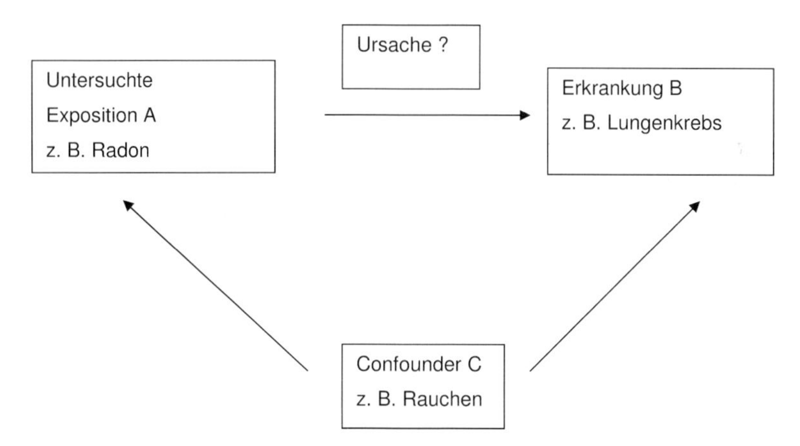

Abb. 8.2 Confounding in epidemiologischen Studien.

Confounding soll entweder durch das Design epidemiologischer Studien verhindert oder in der Auswertung kontrolliert werden. Zwei wesentliche Designansätze stehen zur Verfügung: Randomisierung und Restriktion.

Bei der *Randomisierung* werden Studienpersonen nach einem Zufallsverfahren auf eine Interventions- oder Kontrollgruppe verteilt. Dies ist in Experimenten oder kontrollierten klinischen Studien möglich und üblich, aber selten in epidemiologischen Beobachtungsstudien durchführbar. Durch den Verteilungsmechanismus werden auch Confounder zufällig auf beide Gruppen verteilt und stören so die Messung von Effekten nicht.

Bei der *Restriktion* wird angestrebt, alle Personen in der Studie so auszuwählen, dass sie ähnliche Werte bezüglich des vermuteten Confounders aufweisen. Ist Geschlecht ein Confounder, kann durch Restriktion nur auf Männer *oder* Frauen Confounding vermieden werden.

Auch das *Matching*, bei dem einer Person eine oder mehrere Vergleichspersonen mit ähnlichen Werten für den Confounder zugewiesen werden, wird oft als Methode zur Vermeidung von Confounding angegeben. Allerdings gibt es Situationen z. B. in Fall-Kontroll-Studien, wo trotz eines Matching noch Confounding bezüglich der Matchingvariablen vorliegen kann. Ein Vorteil des Matching in diesen Fällen kann in der Erhöhung der Effizienz (statistischen Macht) der Studie liegen.

Sofern Confounding nicht durch das Studiendesign vermieden werden kann – und das ist oft der Fall –, kann eine Confounding-Kontrolle in der statistischen Auswertung der Studie erfolgen. Auch hier existieren zwei wesentliche Methoden: Stratifizierung und multivariate Regressionsanalyse. Zur Darstellung dieser Verfahren wird auf [2] verwiesen.

8.6
Ausblick: Molekulare Epidemiologie

Die Epidemiologie hat durch ihre traditionellen Untersuchungsverfahren zur Klärung einer Vielzahl von Fragen beigetragen, bei denen der Einfluss von Umwelt- oder Lebensstilfaktoren auf die Entwicklung von Krankheiten im Mittelpunkt stand. Wo wie etwa beim Rauchen oder bei der Infektion mit Hepatitis B recht gut zu erfassende Expositionen im Mittelpunkt standen, konnten kausale Bezüge zwischen Exposition und Erkrankungen überzeugend hergestellt werden. Diesen Ansätzen sind aber Grenzen gesetzt, etwa wenn mit Fragebogenmethoden genaue Ernährungsprofile zur Abschätzung einzelner chemischer Nahrungsbestandteile erfasst werden sollen. In diesen und ähnlichen Situationen bietet die molekulare Epidemiologie mit ihren modernen laborbasierten Methoden zusätzliche Möglichkeiten. Zum Arbeitsgebiet der molekularen Epidemiologie der chronischen Krankheiten gehört entsprechend die verbesserte Expositionserfassung z. B. durch Messung von chemischen Metaboliten und DNA-Addukten. Weiterhin ist die Untersuchung der genetischen Suszeptibilität ein zentrales Thema des Arbeitsgebietes, indem über klassische Faktoren wie

Alter, Geschlecht und Ernährungsstatus hinaus detaillierte metabolische Aspekte der Aktivierung, Deaktivierung und der DNA-Reparatur als Suszeptibilitätsfaktoren erforscht werden. Ein dritter Schwerpunkt der molekularen Epidemiologie ist die Erforschung von frühen Markern eines erhöhten Erkrankungsrisikos für chronische, viele Jahre nach möglicherweise ursächlichen Expositionen auftretende Erkrankungen [15]. Dazu gehören z. B. Chromosomenaberrationen und -mutationen, aber auch Genexpressionsanalysen und die Epigenetik. Mit diesen Ansätzen sollen einerseits schnellere Diagnosen auf individueller Ebene, andererseits aber auch eine zeitigere Erkennung von Krankheitsursachen, insbesondere von Kanzerogenen, erreicht werden. Die Verankerung der molekularen Epidemiologie in der modernen Biologie, Toxikologie und Genetik ist offensichtlich.

In vielen aktuellen epidemiologischen Studien wird biologisches Material gewonnen, um die Erkenntnisse aus spezifischen Fragebögen, klinischen Untersuchungen, Berufsdaten oder Umweltmonitoring durch Biomarker zu ergänzen. Diese Marker weisen jeweils Besonderheiten, z. B. in Bezug auf ihr zeitliches Auftreten nach einer Exposition oder ihr Ansprechen auf unterschiedliche Expositionsintensitäten und -dosen auf. So treten Doppelstrangbrüche in der DNA von Lymphozyten nach Exposition gegenüber ionisierender Strahlung z. B. erst ab einer effektiven Strahlendosis von ca. 200 mSv auf [16]. Zudem kommt es zu Reparaturvorgängen und gegebenenfalls zu Zelltod. Der Einsatz entsprechender Verfahren und die Interpretation der Ergebnisse bedürfen daher einer sehr genauen laborbezogenen wie epidemiologischen Planung. Folgerichtig ist die Entwicklung, Validierung und sachgemäße Anwendung von Expositionsbiomarkern besonders im Bereich der Umweltepidemiologie eine aktuelle Aufgabe der molekularen Epidemiologie [17]. Die Genotypisierung zur Identifikation genetischer Suszeptibilität aufgrund von Allelen mit geringer Penetranz wird besonders durch die neuen technologischen Entwicklungen befördert. Genomweite Assoziationsstudien sind seit einiger Zeit möglich, werfen jedoch auch erhebliche Probleme nicht nur in Bezug auf die statistische Auswertung und die Bioinformatik auf. Weitere neuartige Ansätze u. a. aus dem Bereich der komplexen Protein- (Proteomics) und Metabolismusforschung (Metabonomics) werden mittlerweile in groß angelegten multizentrischen Fall-Kontroll- und prospektiven Kohortenstudien mit entsprechenden Biobanken eingesetzt.

8.7 Zusammenfassung

Die Epidemiologie als grundlegende Wissenschaft der präventions- und ursachenorientierten gesundheitlichen Forschung nutzt eine Reihe von empirischen Untersuchungsdesigns, die quantitative Aussagen zu Häufigkeiten und zu Assoziationen zwischen Expositionen und Erkrankungen ermöglichen. Alle Studientypen werfen Fragen zu Präzision und Validität der Ergebnisse auf, denen mit sorgfältiger Planung, genauer Erhebung von Expositions- und Erkrankungsstatus und Beachtung von Limitationen in der Interpretation begegnet werden kann. Die Nutzung vielfältiger biologischer Informationen in epidemiologischen Studien unter Beachtung forschungsmethodischer und ethischer Konzepte ist eine aktuelle Herausforderung für Epidemiologen weltweit.

8.8 Fragen zur Selbstkontrolle

1. *Definieren Sie die epidemiologischen Begriffe „Prävalenz" und „Inzidenz".*
2. *Welche Methoden können angewendet werden, um Inzidenz – oder Sterberaten aus Bevölkerungen mit unterschiedlichen Altersstrukturen direkt miteinander vergleichen zu können?*
3. *Definieren Sie die Maßzahlen mit den Abkürzungen SMR, RR und OR. Wozu werden diese Maße genutzt? Was bedeutet es, wenn diese Maße den Wert 1 annehmen.*
4. *Nennen Sie drei zentrale Unterschiede zwischen Fall-Kontroll und Kohortenstudien.*
5. *Aus welchen Gründen sind sog. ökologische Studien in der Regel nicht geeignet, Ursachen von Erkrankungen detailliert zu erforschen?*
6. *Wozu werden in der Epidemiologie die sog. Bradford-Hill Kriterien genutzt? Um welche Kriterien handelt es sich genau?*
7. *Wie unterscheiden sich „random error" und „systematic error" in epidemiologischen Studien? Erläutern Sie an Beispielen.*
8. *Welche Bedingungen muss eine Variable erfüllen, um als Verzerrfaktor (sog. Confounder) wirken zu können?*
9. *Erläutern Sie die Begriffe „Randomisierung" und „Restriktion". In welchem Zusammenhang finden die entsprechenden Konzepte Anwendung?*
10. *Auf welche Weise ergänzt die molekulare Epidemiologie die klassische epidemiologische Forschung?*

8.9 Literatur

1 Last JM (2000), A dictionary of epidemiology. Oxford University Press, New York
2 Rothman KJ, Greenland S, Lash T (2008), Modern Epidemiology. Wolters Kluwer Lippincott Williams & Wilkins, Philadelphia
3 Breslow NE, Day NE (1980), Statistical Methods in Cancer Research, Vol. 1 – The Analysis of Case-Control Studies. IARC Scientific Publications No. 32:Lyon
4 Breslow NE, Day NE (1987), Statistical Methods in Cancer Research, Vol. 2 – The Design and Analysis of Cohort Studies. IARC Scientific Publications No. 82: Lyon
5 Hammer GP, Fehringer F, Seitz G, Zeeb H, Dulon M, Langner I, Blettner M (2008), Radiat Environ Biophys 47: 95–99
6 Ferlay J, Autier P, Boniol M, Heanue M, Colombet M, Boyle P (2007), Ann Oncol 18: 581–592
7 Kreienbrock L Schach S (2005), Epidemiologische Methoden. Spektrum: Heidelberg
8 Checkoway H, Pearce N, Kriebel D (2004), Research Methods in Occupational Epidemiology. Oxford University Press, New York
9 Wichmann HE, Rosario AS, Heid IM, Kreuzer M, Heinrich J, Kreienbrock L (2005), Health Phys 88:71–79
10 Kreuzer M, Brachner A, Lehmann F, Martignoni K, Wichmann HE, Grosche B (2002), Health Phys 83:26–34
11 Rothman KJ (2002), Epidemiology An Introduction. Oxford University Press, New York
12 Hill AB, Proc R Soc Med 1965; 58: 295–300
13 Preston DL, Kusumi S, Tomonaga M, Izumi S, Ron E, Kuramoto A, Kamada N, Dohy H, Matsui T, Nonaka H, Thompson DE, Soda M, Mabuchi K (1994), Radiation Research 137:68–97
14 Kreuzer M, Walsh L, Schnelzer M, Tschense A, Grosche B (2008), Br J Cancer 99:1946–1953
15 Wild C, Vineis P, Garte S (2008), Molecular epidemiology of complex diseases. Wiley,Chicester
16 UNSCEAR or United Nations Scientific Committee on the Effects of Atomic Radiation, Sources and Effects of Ionizing Radiation – Report to the General Assembly, with Scientific Annexes. 2000 (United Nations:New York, NY 10017)
17 P. Vineis, Int J Epidemiol 2004; 33:945–946

8.10 Weiterführende Literatur

www.destatis.de

9
Dosis und Wirkung, „*risk assessment*“

Gabriele Schmuck

9.1
Einleitung

Die Bewertung von Chemikalien in Bezug auf ein mögliches Gefährdungspotenzial ist eine der Hauptaufgaben der Toxikologie. Nur eine sorgfältige Risikoanalyse macht den sicheren Umgang mit Chemikalien, Arzneimitteln oder Bioziden erst möglich. Hierbei müssen im Idealfall Informationen über die Stoffeigenschaften, toxische Endpunkte, Dosis-Wirkungskurven, Metabolismus und Kinetik vorliegen, um eine abschließende Risikobewertung vornehmen zu können. In diese Risikobewertung fließen nicht nur die physikalisch/chemischen und biologischen Daten ein, sondern auch die Art der Nutzung (wie Abb. 9.1 A zeigt). So ist zum Beispiel bei Arzneimitteln der therapeutische Nut-

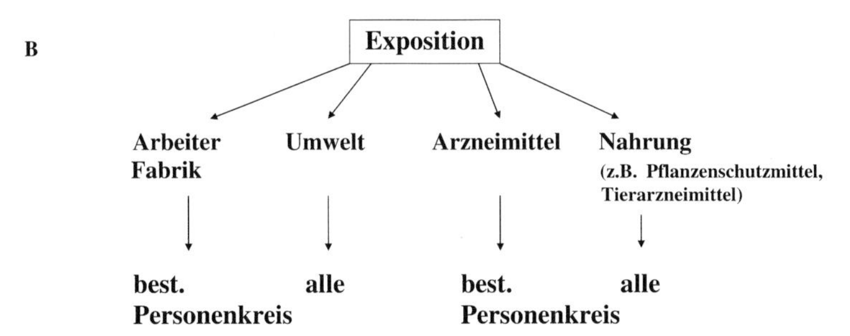

Abb. 9.1 Risikobewertung und Exposition. **A** Kriterien, die in die Risikobewertung einfließen. **B** Unterschiedliche Personenkreise, für die eine Risikobewertung vorgenommen werden muss.

Toxikologie Band 1: Grundlagen der Toxikologie. Herausgegeben von Hans-Werner Vohr

ISBN: 978-3-527-32319-7

zen von großer Bedeutung. Bei Arzneimitteln, Chemikalien und Bioziden spielt neben dem Nutzen auch die Exposition am Arbeitsplatz eine große Rolle und erfordert eine eigenständige Bewertung. Ebenso wichtig und wieder ganz anders bewertet wird die vom Verbraucher oft ungeahnte Exposition durch die Umwelt, die Nahrung oder den Kontakt (siehe Abb. 9.1 B). Bei Schäden/Unfällen hingegen handelt es sich um eine einmalige, aber zumeist deutlich erhöhte Exposition. Hier müssen so genannte Gefahrenwerte berücksichtigt werden.

In all diesen hier angesprochenen Fällen handelt sich um möglicherweise völlig unterschiedliche Personenkreise. Zunächst sind da kranke Personen, die unter der Anweisung des Arztes ein Medikament einnehmen. Der Arzt kann hier bestimmte Personenkreise wie Kinder, ältere Menschen oder Schwangere ausschließen, bei denen er das Medikament für bedenklich hält. Die Belastung am Arbeitsplatz lässt sich dagegen nur durch eine gezielte Reduktion der Exposition gering halten. Spezifische Risiken müssen aber auch hier durch den Ausschluss oder den besonderen Schutz von Personengruppen minimiert werden. Beispiele hierfür sind der Umgang mit Substanzen, die ein kanzerogenes oder teratogenes Potenzial besitzen, oder mit Substanzen, die Allergien auslösen können. In der Regel handelt es sich am Arbeitsplatz um erwachsene Personen, das heißt möglicherweise besonders empfindliche Personenkreise wie Kinder, Schwangere oder ältere Personen können ebenfalls einfach wieder ausgeschlossen werden. Ganz anders sieht die Situation beim so genannten „Verbraucher“ aus. Hier kann theoretisch eine Exposition für jede Personengruppe vorliegen. Die Exposition erfolgt hier zumeinst unbewusst über das Wasser, die Nahrung, die Luft, den Boden, oder den dermalen Kontakt.

Um all diesen recht unterschiedlichen Ansprüche zur Risiko-Bewertung gerecht zu werden, gibt es in der EU, in Japan und in den Vereinigten Staaten spezifische Zulassungsverfahren, die versuchen, genau diesen unterschiedlichen Verhältnissen zu genügen.

Eine weitaus umfassendere Information zu diesem Thema für den Europäischen Raum bietet [1] und für den Amerikanischen und Asiatischen Raum (Schwerpunkt Japan) [2].

9.2
Entwicklung eines Zulassungsverfahrens

Heute gibt es drei große Regionen (Märkte), die mittels unterschiedlicher Behörden die Zulassung und Vermarktung von Chemikalien, Arzneimitteln und Bioziden regulieren. Dies sind die Europäische Gemeinschaft, die USA und Japan. Aus historischen Gründen verlief die Entwicklung in den drei Regionen nicht immer gleich und führte zunächst zu recht unterschiedlichen Regulationsverfahren.

Nachteile dieser unterschiedlichen Entwicklung bei einer weltweiten Vermarktung eines Produktes waren die recht divergierenden Anforderungen für eine Zulassung, die oft eine Doppel- oder Mehrfachuntersuchung in der Toxikologie notwendig machte.

Hauptsächlich aus Tierschutzgründen hat man sich darauf geeinigt, Testmethoden nach einer bestimmten Richtlinie durchzuführen, die international gegenseitig anerkannt werden. Diese Harmonisierung hat Gremien und Verfahren auf den Plan gerufen, um zum einen feste Regeln aufzustellen und um zum anderen den Wünschen aller Behörden gerecht zu werden.

Heutzutage finden sich Internationale Gremien, die sich mit der Harmonisierung der Testverfahren als auch solche, die sich mit der Sammlung und Vergleichbarkeit von Daten beschäftigen. Einige dieser Organisationen sind in der nachstehenden Box „Good Laboratory Practice" aufgezeigt:

GLP (Good Laboratory Practice)
Die Idee zu GLP wurde 1976 in den USA geboren. GLP schreibt nachvollziehbar in einzelnen Schritten vor, wie ein Testverfahren durchgeführt werden soll. Es ermöglicht somit allgemeingültige Testverfahren zu entwickeln, die als Richtlinien überall auf der Welt gleich angewendet werden können. Es ist die Basis, auf der eine Harmonisierung möglich geworden ist.

OECD (Organization for Economic Cooperation and Development)
Zusammenschluss von mehr als 20 Ländern einschließlich der USA, Japan und der EU. Festlegung der OECD Richtlinien, die Minimalanforderungen eines Testverfahrens für eine Zulassung zusammenfassen.

IPCS (International Programme on Chemical Safety)
Wird unterstützt von den Vereinten Nationen und der Welt Gesundheitsorganisation. Dieses Programm liefert Risikobewertungen von Stoffen (z. B. Pflanzenschutzmittel) unter vergleichbare Standards.

IARC (International Agency for Research on Cancer)
Beschäftigt sich mit der Identifizierung von Substanzen in der Umwelt, die beim Menschen zu Krebs führen können.

IRPTC (International Register of Potenzially Toxic Chemicals)
Dieses Gremium arbeitet auch unter dem Dach der Vereinten Nationen und hat zum Ziel die Risiken einer chemischen Kontamination der Umwelt zu minimieren. Hier sollen Standards vornehmlich für die Entwicklungsländer erarbeitet werden.

ICH/VICH ((Veterinary) International Conference on Harmonization)
Dieses Programm dient der weltweiten Harmonisierung von humanen und Tierarzneimitteln. Hier haben sich die USA, die EU und Japan zusammengeschlossen, um gemeinsame Richtlinien, die über die OECD Richtlinien hinausgehen zu beschließen.

Alle diese Gremien und Verfahren haben dazu geführt, dass Testmethoden zu einem bestimmten Endpunkt z. B. akute Toxizität nur einmal nach einer spezifischen Richtlinie durchgeführt werden dürfen. Eine Wiederholung des Versuchs bedarf einer fundierten Begründung, die vom zuständigen Tierschutzamt geprüft wird. Nichtsdestotrotz sollten diese Harmonisierungsbestrebungen nicht darüber hinwegtäuschen, dass es in vielen Teilbereichen ein harmonisiertes, aber immer noch kein weltweit anerkanntes Zulassungsverfahren gibt.

9.2.1 Europäische Gemeinschaft

In der Europäischen Union (EU) waren die Zulassung, die Vermarktung und der Umgang mit Chemikalien zunächst einmal Ländersache, aber mit der Ausdehnung dieser Handelsgemeinschaft wuchs auch die Notwendigkeit einer Harmonisierung auf diesem Gebiet.

Heutzutage ist der Umgang mit Chemikalien, Arzneimitteln, Bioziden, Kosmetika usw. EU-weit reguliert.

9.2.1.1 Chemikalien

Chemikalien dürfen in den meisten Ländern nur hergestellt, verwendet und in den Handel gebracht werden, wenn diese in Inventarlisten aufgeführt sind. In der EU gibt es hierfür die EINECS (*European Inventory of Existing Commercial Substances*) und die ELINCS (*European List of New Chemical Substances*) Listen.

Ein Ziel dieser Listen ist es, die Chemikalien zu erfassen und eine möglichst komplette Datenbasis zu erstellen. Inhalte dieser Datenbasen sind die Stoffeigenschaften und die toxikologischen sowie ökotoxikologischen Daten. Dies ermöglicht dann eine möglichst genaue Risikobewertung.

Chemikalien werden in Altstoffe (vor 1981 im Markt; EINECS) und Neustoffe (nach 1981 im Markt; ELINCS) eingeteilt. Das Melde- und Zulassungsverfahren gilt für Neustoffe und richtet sich nach den jährlich produzieren Mengen pro Jahr (siehe Tab. 9.1).

Seit 1. Juni 2007 ist ein neues Chemikaliengesetz in Kraft getreten. REACH (*Registration, Evaluation, Authorisation of Chemicals*). Hier werden sowohl Hersteller wie auch Importeure in die Pflicht genommen einen sicheren Umgang mit Chemikalien zu gewährleisten. Aktuelle Informationen in deutscher Sprache bieten die BAuA (Bundesanstalt für Arbeitsschutz und Arbeitsmedizin) und natürlich das European Chemicals Bureau. Von REACH werden alle chemischen Stoffe erfasst, die mindestens in einer Menge von 1 Tonne pro Jahr in der EU produziert oder in die EU importiert werden. Komplett ausgenommen von dieser Regel sind Abfall, nicht isolierte Zwischenprodukte, radioaktive Stoffe und Stoffe im Transit. Von der Regelung ausgenommen sind zudem Stoffe unter 1 Tonne, Polymere, Stoffe in der Human- und Tiermedizin, Stoffe im Lebensmittel- oder Futtermittelbereich, Pflanzenschutz- und Biozidwirkstoffe, Reimporte von bereits registrierten Stoffen, Stoffe, die im Rahmen des Recyc-

Tab. 9.1 Prüfungsanforderungen in Abhängigkeit von der jährlich produzierten Menge [3].

Jährlich produzierte Menge (kg)	Daten, Prüfanforderungen
<10	keine
10–100	Spektren, Flammpunkt akute orale Toxizität
100–1000	zusätzliche Daten: Schmelz/Siedepunkt, Wasserlöslichkeit, Oktanol/Wasser-Verteilungskoeffizient, ev. Dampfdruck Haut/Augenreizung Salmonella Mikrosomen-Test biologische Abbaubarkeit Daphnientest
>1000	zusätzliche Daten: weitere Spektren (IR, NMR, UV, MS), Entwicklung einer analytischen Methode, Reinheitskontrolle, Explosions-, Selbstentzündungs- und Oxidationseigenschaften, Partikelgrößenverteilung akute Inhalations- und akute dermale Toxizität, Sensibilisierungstest, subakute Toxizität, Chromosomenaberrationen, Reproduktionstoxizität Hydrolysierbarkeit, Bioakkumulationstest Fisch- und Daphnientoxizität, Algenwachstumstest

lings zurückgewonnen werden (soweit der ursprüngliche Stoff registriert ist), Stoffe für produkt- und prozessorientierende Forschung und Entwicklung und Stoffe des Anhang IV (z. B. Wasser, Zucker, Ascorbinsäure) und des Anhang V (z. B. als ungefährlich anzusehende Naturstoffe). Zunächst müssen alle existierenden Stoffe, die unter diese Regelung fallen bis Dezember 2008 vorregistriert werden. Sinn dieser Vorregistrierung ist, dass die verschiedenen Hersteller oder Importeure identischer Stoffe zueinander finden sollen. Denn unter REACH soll für einen identischen Stoff lediglich eine gemeinsame Registrierung vorgenommen werden. Substanzen, die bis zu dieser Frist nicht vorregistriert wurden, dürfen nicht weiter in Verkehr gebracht werden. Zur Registrierung gehört ein gestaffeltes Registrierungspaket, das sich ebenfalls an den produzierten Mengen orientiert (siehe Tab. 9.2).

Gemeinsames Ziel der alten und neuen Verordnung ist zum einen der sichere Handel mit Chemikalien (Kennzeichnungspflicht), aber auch der Arbeitsschutz. In allen Industrienationen werden Grenzwerte ermittelt, unterhalb derer ein Arbeiten über einen Zeitraum von 8 h als gefahrlos anzusehen ist. Diese Grenzwerte verstehen sich als Mittel- und nicht als Absolutwerte, deren kurzfristiges Überschreiten sofort gesundheitsschädliche Folgen mit sich bringen würde. Solche Grenzwerte werden zumeist über tierexperimentelle Daten ermittelt. Diese können je nach Datenlage Studien nach wiederholter Gabe (subakute

Tab. 9.2 Prüfungsanforderungen nach REACH in Abhängigkeit von der jährlich produzierten Menge. Die Prüfungen ansteigender Tonnagemengen verstehen sich immer als zusätzlich. Tests, auf die expositionsbedingt verzichtet werden können sind kursiv dargestellt. Bei Stoffen unter 10 t a^{-1} kann unter bestimmten Umständen auf diese Tests verzichtet werden.

Jährlich produzierte Menge (t)	Daten, Prüfanforderungen
<1	Physikalisch Chemische Daten
>1	Reizung der Haut (*in vitro*) Reizung der Augen (*in vitro*) Sensibilisierung bei Hautkontakt Mutagenität *in vitro* (Amestest) Kurzzeittoxizität (Daphnientest) akute orale Toxizität Hemmung des Algenwachstums biologische Abbaubarkeit
>10	Reizung der Haut (*in vivo*) Reizung der Augen (*in vivo*) Zytogenetik *in vitro* Genmutation an Säugerzellen akute inhalative Toxizität akute dermale Toxizität Kurzzeittoxizität (28-Tage-Test) *Screening Entwicklungstoxizität* Kurzzeittoxizität (Fische) Hemmung Belebtschlammatmung
>100	Subchronische Toxizität (90-Tage-Test) Kurzzeittoxizität (terrestrische Tiere) Entwicklungstoxizität Langzeittoxizität (Daphnien) Langzeittoxizität (Fische Bioakkumulation (Fische)
>1000	Langzeittoxizität (> 12 Monate) Reproduktionstoxizität (2-Generationen-Test) Karzinogenität Langzeittoxizität (terrestrische Organismen) Langzeittoxizität (Organismen im Sediment) Langzeittoxizität (Vögel)

bis chronische Studien), Studien zur Reproduktionstoxizität, zur Genotoxizität und Kanzerogenität sowie zur Sensibilisierung beinhalten. Es erfolgt aufgrund dieser Daten eine Einstufung und eine Ermittlung des empfindlichsten Parameters. Der NOAEL (*No Adverse Effect Level*) dieser Studie dient dann zur Festlegung des MAK-Wertes, wenn keine weiteren humanen Daten vorliegen.

MAK (Maximale Arbeitsplatzkonzentration); BAT (Biologische Arbeitsplatztoleranzwerte)
Eine Kommission der Deutschen Forschungsgemeinschaft schlägt Grenzwerte und Einstufungen aufgrund von tierexperimentellen und/oder human Daten vor. Eine Einstufung erfolgt bei krebserregenden, mutagenen, erbgutschädigenden, reproduktionstoxischen, sensibilisierenden oder hautresorbierenden Stoffen. Die MAK-Werte werden zumeist ohne die Anwendung von Sicherheitsfaktoren festgelegt oder liegen um den Faktor 2 unterhalb des tierexperimentell ermittelten NOAEL (*No Adverse Effect Level*). Bei Kanzerogenen erfolgt die Ableitung von Expositionsäquivalenten für krebserregende Arbeitsstoffe (EKA).

Eine weitere wichtige Gruppe sind die Verbraucher und Konsumenten von Chemikalien. Diese Gruppe ist zumeist wesentlich geringer exponiert als die Arbeiter. Dafür bleibt Ihnen die Exposition zumeist verborgen. Diese Gruppe beinhaltet alle Altersgruppen beiderlei Geschlecht. Auch hier wird versucht eine Risikobewertung aufgrund der Expositions- und toxikologischen Daten durchzuführen, die im REACH-Programm erarbeitet werden sollen.

9.2.1.2 **Biozide**

Biozide sind zur Sicherung eines hohen Hygiene- und Gesundheitsstandards unverzichtbar geworden. Biozide sind in der Regel Substanzen, die Mikroorganismen, Bakterien, Algen, Viren, Schadarthropoden, Schnecken und Säuger bekämpfen. Da die Wirkstoffe zumeist aus den Bereichen der Landwirtschaft, oder der Veterinär- oder Humanmedizin entstammen war früher nur die Registrierung des Wirkstoffes von Belang.

Eine relativ neue Biozid-Produkte-Regelung der Europäischen Gemeinschaft schreibt nun ein einheitliches Zulassungsverfahren in allen EU-Mitgliedsländern vor (Richtlinie 98/8 EG des Europäischen Parlaments und des Rates vom 16. Februar 1998 über das Inverkehrbringen von Biozidprodukten). Allerdings ist die Umsetzung aufgrund der existierenden nationalen Regulierungen und der auf dem Mark befindlichen Produkte schwierig. Hier sind Übergangsfristen und ein abgestuftes Notifizierungsverfahren vorgesehen.

Die Zulassung nach Biozid Richtline ist in unterschiedliche Phasen unterteilt. In einem ersten Schritt müssen sich alle Wirkstoffe, die schon im Handel sind, einem „*Review*"-Prozess unterziehen, der zu einer Aufnahme auf eine Positivliste oder zur Ablehnung führt. Für diese Notifizierung ist das Europäische Joint Research Center (JRC) zuständig. Wirkstoffe, die hier nicht auf die Liste kommen, dürfen nach einer Übergangsfrist nicht mehr verwendet werden.

Wirkstoffe, die die erste Hürde genommen haben, werden in einem 2. Verfahren in eine EU-weite Positivliste überführt. Hierzu müssen unfangreiche Daten zu physikalisch/chemischen Eigenschaften, toxikologischen und ökotoxikologischen Eigenschaften und zur Wirksamkeit vorgelegt werden. Neue Wirkstoffe, die noch nicht auf dieser Liste geführt werden, unterlaufen ein recht umfangreiches Registrierverfahren, bevor sie zugelassen werden. Eine Voraberlaubnis, diese Substanzen ohne diese Registrierungen in Verkehr zu bringen, ist nicht möglich.

Biozide unterliegen ebenfalls einer Kennzeichnungs- und Einstufungspflicht.

9.2.1.3 **Pflanzenschutzmittel**

Pflanzenschutzmittel sind in der Regel Insektizide, Fungizide und Herbizide, die für eine gesicherte Produktion schadfreier Nahrungsmittel sorgen. Zuständig ist in Europa die europäische Behörde für Lebensmittelsicherheit. In den USA ist die EPA (Environmental Protection Agency) und in Japan die MAFF (Ministry of Agriculture, Forestries and Fisheries). Jede Behörde legt Prozedur und Registrieranforderungen eigenständig fest.

Wie schon in den anderen Kapiteln beschrieben hat auch auf dem Gebiet der Pflanzenschutzmittel in Europa eine Harmonisierung stattgefunden. Vergleichbar zu den Bioziden werden existierende Wirkstoffe, die keine Gefahr für Mensch, Tier und Umwelt darstellen auf eine Positivliste (Annex I) aufgenommen. Solche Substanzen, die nicht im Annex I gelistet sind, müssen durch ein weiteres Verfahren laufen, dem Annex II. Hier müssen unter anderem Daten zu physikalisch/chemischen Eigenschaften, Toxikologie, Ökotoxikologie, Rückständen im Produkt oder in der Nahrung und Beständigkeit und Verhalten in der Umwelt geliefert werden, um damit eine Annex I Einstufung zu bekommen. Der Annex III ist dann für die Zulassung des Produktes (die Anwenderformulierung) zuständig. Hier können ein oder mehrere Wirkstoffe in den unterschiedlichsten Formulierungen aufgelistet werden. Auch für das Produkt sind physikalisch/chemische Daten, Angaben zu Wirksamkeit, Toxizität, Metabolismus und Kinetik, Ökotoxikologie, Rückständen im Produkt oder in der Nahrung und dem Verhalten in der Umwelt zu liefern. Bei neuen Wirkstoffen werden die Einreichungsdossiers nach Annex II und III einem Rapporteur-Land geschickt, das innerhalb von 12 Monaten eine Evaluierung vornimmt, die dann der Commission vorgelegt wird. Auf Wunsch des Antragstellers kann während des Prozesses, wenn festgestellt wurde, dass die Daten komplett vorliegen, eine vorläufige Erlaubnis von maximal 3 Jahren erteilt werden. Das Produkt kann dann auf nationaler Basis schon vermarktet werden, bis die Annex-I-Listung abgeschlossen ist.

Wichtige Eckdaten zur Bewertung eines sicheren Pflanzenschutzmittelproduktes sind in der folgenden Box zusammengefasst:

AOEL (Acceptable Operator Exposure Level)
Legt aufgrund toxikologischer und kinetischer Daten fest, bei welcher Exposition bei der Anwendung das Produkt noch als sicher anzusehen ist. Hier sollen möglichst hohe Sicherheitsabstände existieren, um einen sicheren Umgang zu gewährleisten. Ist dies nicht der Fall, müssen Schutzmaßnahmen ergriffen werden.

ADI (Acceptable Daily Intake)
Dies ist ein Wert bei dem im Mittel selbst eine lebenslange Aufnahme, zum Beispiel über Rückstände in der Nahrung, zu keinen Schäden führt. Ein kurzfristiges Überschreiten, wird hierbei nicht als Gefahr angesehen, da es genauso expositionsfreie Intervalle gibt. Hier soll ein Mindestsicherheitsabstand zum NOAEL der empfindlichsten Studie und Spezies von 100 vorliegen. Ein Faktor 10 steht für die interindividuellen Spezies-Unterschiede, ein weiterer Faktor von 10 für die intraindividuellen Spezies-Unterschiede. Um einem möglichen Gefahrenpotenzial für Kinder gerecht zu werden, wird in den USA oftmals noch einmal ein Faktor von 10 gefordert. Das heißt, dass der ADI einen Sicherheitsabstand von 100–1000 auf den NOAEL des empfindlichsten toxikologischen Parameters, der nach Produktgabe in verschiedenen Tests ermittelt wurde, darstellt.

MRL (Maximum Residue Level)
Die maximale Menge an Rückständen im Lebensmittel ist ebenfalls strikt geregelt. MRL werden einzeln nach dem Typ der Lebensmittel oder dem Produkt vergeben.

9.2.1.4 **Tierarzneimittel**

Die Regulierung von Tierarzneimitteln nimmt eine Sonderstellung ein, da zum einen die Haustiere und zum anderen die Nutztiere behandelt werden. In Europa ist für die Zulassung von Tierarzneimitteln das CVMP (The Commitee for Medicinal Products for Veterinary Use) der EMEA (European Medicine Agency) zuständig. In den USA sind je nach Anwendung des Produktes entweder die EPA (äußerlich angewendete Produkte meist Pestizide) oder die FDA (Food and Drug Administration (innerlich angewendete Produkte und Nutztierprodukte) zuständig, in Japan ist es wieder die MAFF, wie bei Pflanzenschutzmitteln. Auch hier werden von den Behörden Richtlinien zur Registrierung veröffentlicht.

Bei beiden Arten von Tierarzneimitteln spielen natürlich die Wirksamkeit und Verträglichkeit des Arzneimittels eine große Rolle, denn sowohl Nahrungsmittelproduzierende Tiere als auch Streicheltiere sollen gesund sein, um mögliche Übertragung von Krankheiten auf den Menschen zu minimieren. Große Unterschiede tun sich allerdings bei der Bewertung der Sicherheit für den Menschen auf.

Bei Haustierprodukten kann es sehr leicht zu einer Kontamination mit Flüssigkeiten („*spot-on*“), Sprays, Halsbändern oder Shampoos bei der Anwendung kommen. Diese Exposition erfolgt meistens dermal oder inhalativ. Bei kleinen Kindern, die diese Produkte versehendlich in die Hand bekommen, kann es auch zu einer oralen Aufnahme kommen. Beim Heimtierbesitzer kommt diese Kontamination sicherlich nur sporadisch vor, bei Züchtern und Tierärzten und ihren Assistenten dagegen häufiger. Des Weiteren kann bei äußerlich angewendeten Produkten die Kontamination über das Fell eine Zeit lang anhalten. Daher spielt bei Haustierprodukten neben der Sicherheit von Tier und Umwelt die Anwendersicherheit eine große Rolle. Da hier im Prinzip alle Altersgruppen beiderlei Geschlecht betroffen sein können, sind umfangreiche toxikologische Untersuchungen des Wirkstoffes und des Produktes notwendig. Zu diesen gehören in der Regel Versuche mit einmaliger und wiederholter Gabe (die Länge richtet sich nach der Zeit der Anwendung) im Labortier und dem Zieltier, Versuche zur Pharmakologie, Versuche zu Mutagenität, Fertilität und Reproduktion sowie Untersuchungen zum Metabolismus und der Kinetik.

Bei der Behandlung von Nutztieren stehen andere Risiken im Vordergrund, da diese in der Regel vom Tierarzt oder vom geübten Landwirt vorgenommen werden. Die Regulierungen der EU legen fest, wann und ob überhaupt Produkte behandelter Tiere wie Eier und Milch wieder verzehrt werden dürfen. Auch ein möglicher frühester Schlachttermin wird festgelegt. Diese so genannten „Wartezeiten“ richten sich nach den Rückständen im jeweiligen Gewebe. So werden MRL speziesspezifisch und gewebespezifisch erteilt. Für die Registrierung von Nutztierprodukten sind Untersuchungen zur Fertilität, Reproduktion und Teratogenität sowie zur chronischen Toxizität und Kanzerogenität obligatorisch, ebenso umfangreiche Rückstandmessungen in den Zielgeweben und Produkten der Nutztiere.

Ältere zugelassene Wirkstoffe stammen sehr häufig aus den Bereichen von Pflanzenschutzmitteln (Parasitika) oder Arzneimitteln (z. B. Antibiotika, Parasitika). Die Substanzen unterliegen in den jeweiligen Bereichen einer Reevaluierungspflicht (siehe die Abschnitte 9.2.1.2, 9.2.1.3 und die Kapitel 4, 12–13) oder geschieht das nicht, dann müssen diese Daten von den Tierarzneimittelherstellern geliefert werden.

Neue Produkte können in der EU nach drei (vier) unterschiedlichen Verfahren zugelassen werden (Box: „EU Zulassungsverfahren“ und Abb. 9.2 a, b). Die zuständige Behörde ist die EMEA und das verantwortliche Organ das CVMP.

The Decentralised Procedure

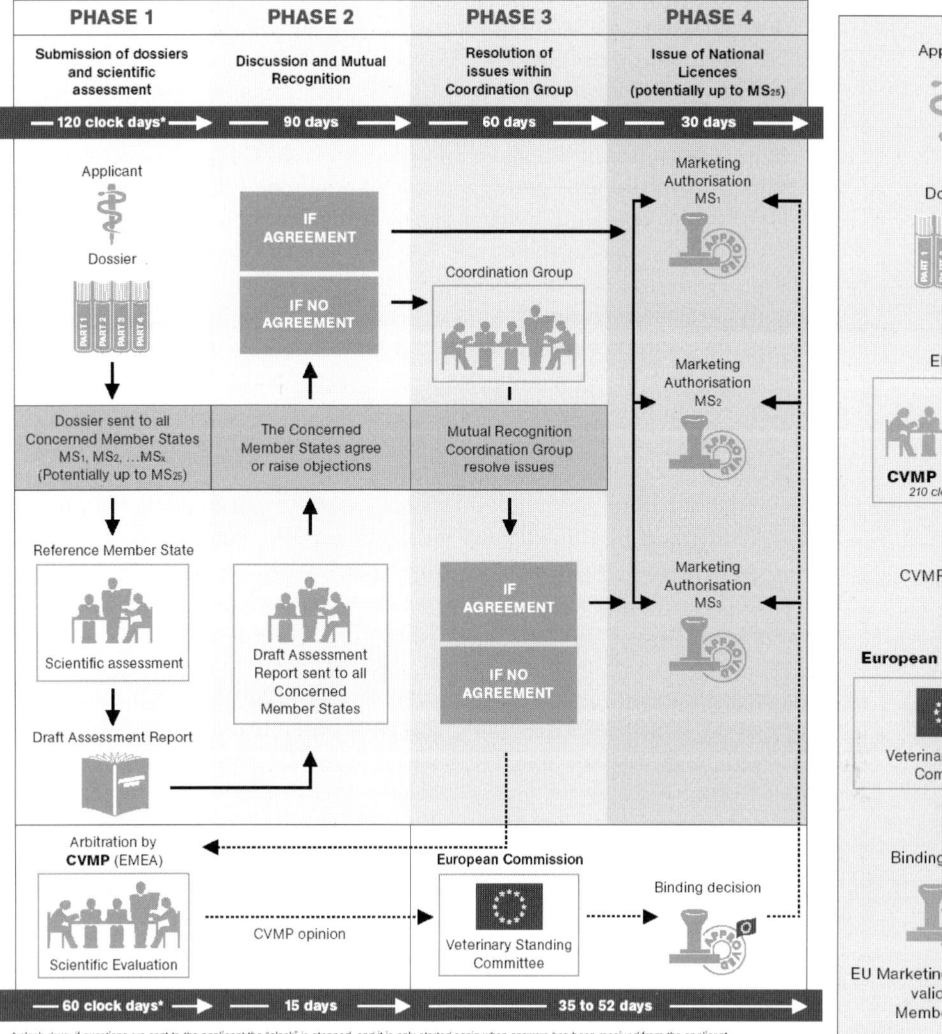

Abb. 9.2 a Dezentrales Verfahren.

The Centralised Procedure

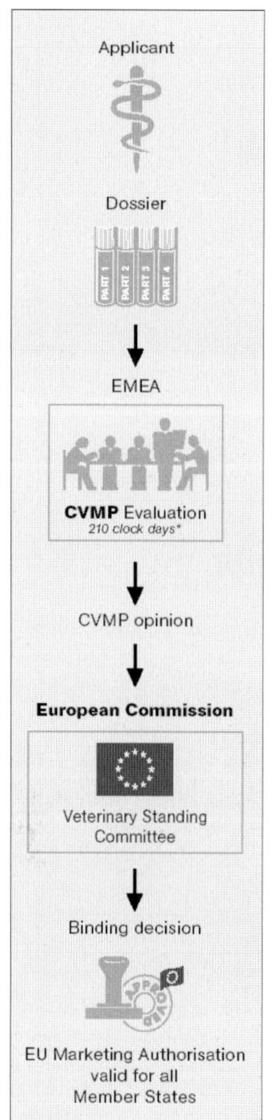

Abb. 9.2 b Zentrales Verfahren.

EU Zulassungsverfahren
Zentrales Verfahren
EU-weite Zulassung. Das komplette Dossier (Part I–IV: Zusammenfassung (I), Angaben zur Qualität, Analytik, Stabilität und Zusammensetzung des Produktes (II), Sicherheit (III) und Klinik IV) wird von einem Rapporteur- und einem Co-Rapporteur-Mitgliedsland bewertet. Alle CVPM-Mitgliedsländer erhalten ebenfalls alle Unterlagen zum Verfahren. In einem gemeinsamen Verfahren können Bedenken geäußert werden und per Mehrheitsbeschluss wird über die Zulassung des Produktes entschieden.

Dezentrales Verfahren (gegenseitige Anerkennung)
In diesem Fall beantragt der Antragsteller zunächst die Zulassung in einem Mitgliedsstaat. Anschließend wird das gegenseitige Anerkennungsverfahren eingeleitet, indem wieder im CVPM ein Entschluss herbeigeführt wird.

MRL-Verfahren (Maximum Residue Limits)
Dieses Verfahren lehnt sich an das Verfahren der Pflanzenschutzmittel an, da es sich hier nur um Nutztieranwendungen handelt. Substanzen, die in Annex I gelistet sind, erhalten einen vollständigen MRL. Neue MRL Anträge können nur über ein zentrales Verfahren durchgeführt werden. Substanzen, die in Annex II gelistet sind, benötigen keinen MRL, weil die Substanz untoxisch ist, und/oder nur bei einer kleinen Zahl von Tieren angewendet wird, und/oder die Substanz schnell eliminiert oder verstoffwechselt wird. Substanzen in der Annex III Liste haben Lücken in ihrer Datenlage und erhalten nur ein provisorischen MRL für 5 Jahre. Annex IV gelistete Substanzen erhalten keinen MRL, wenn begründete Sicherheitsbedenken für die Konsumenten vorliegen, oder wenn zu große Datenlücken vorhanden sind, sodass Sicherheitsbedenken nicht ausgeräumt werden können.

Nationales Verfahren
Die nationale Zulassung macht nur Sinn, wenn ein Produkt in sehr wenigen Ländern der EU zum Einsatz kommt. Dies kann an der lokalen Verbreitung von Parasiten oder Krankheiten liegen.

Eine Besonderheit in diesem Regulierungsverfahren stellen Arzneimittel für Pferde dar. Das Pferd gilt generell in der EU als Nutztier, was für den Verzehr geeignet ist. Der Besitzer kann nun bestimmen, ob sein Tier aus diesem Status herausgenommen wird und als Haus- oder Hobby-Tier eingestuft wird. In diesem Fall kann es auch mit Arzneimitteln behandelt werden, die nicht für Nutztiere zugelassen sind.

9.2.1.5 **Arzneimittel**

Arzneimittel können erst dann vermarktet werden, wenn alle Genehmigungs- und Zulassungsverfahren abgeschlossen sind. In Europa ist für die Zulassung von Arzneimitteln das CHMP (The Committee for Medicinal Products for Human Use) der EMEA (European Medicine Agency) zuständig. In den USA reguliert die FDA (Food and Drug Administration) die Zulassung von Arzneimitteln. Auch hier werden von den Behörden Richtlinien zur Registrierung veröffentlicht.

Die Zulassungsverfahren sind stufenweise geregelt. Eine erste Stufe stellt die präklinische Phase dar. Hier werden physikalische/chemische und toxikologische Daten und Daten zum Metabolismus und der Kinetik erzeugt. Danach erhält das Arzneimittel die Zulassung zu ersten klinischen Studien zunächst einmal an wenigen gesunden, meist männlichen Probanden. Diese Zulassung unterliegt strengen Auflagen, die die Rechte der Probanden und Patienten schützen sollen. In der ersten Phase werden Daten zur Verträglichkeit, zur Kinetik und zur Sicherheitspharmakologie erhoben. In der zweiten Phase wird das Kollektiv von Personen stark erweitert. In diese Studien werden Patienten aufgenommen, um Daten zur Wirksamkeit, optimalen Dosis und Verträglichkeit zu erhalten. In der dritten Phase wird die Sicherheit des Medikaments durch statistische Verfahren an mehreren tausend Patienten untersucht. Nach erfolgreichem Abschluss dieser Studien, kann dann eine Zulassung beantragt werden. Wie bei den Tierarzneimitteln gibt es auch für Arzneimittel zwei (drei) gültige Verfahren in der EU. Das zentrale und dezentrale Verfahren und die nationale Zulassung (Abb. 9.2 a, b).

9.3
Einstufung und Kennzeichnung

Die Intension des Chemikaliengesetzes ist es, Gefahren von Mensch und Umwelt beim Umgang mit Chemikalien abzuwenden. Dieses Gesetz gilt für alle in Verkehr gebrachten Produkte, durch eine Erweiterung sind Lebensmittel und Bedarfgegenstände, Futtermittel, Kosmetika, Arzneimittel, Biozide, Pflanzenschutzmittel und Tierarzneimittel hinsichtlich der erlaubten und zu deklarierenden Inhaltsstoffe strenger reguliert als sonstige Produkte.

Bei allen Produkten gilt eine Kennzeichnungspflicht. Es gibt nur wenige Substanzen bei denen ein Nutzungsverbot oder eine Nutzungseinschränkung besteht. Die meisten Substanzen und Produkte mit gefährlichen Eigenschaften dürfen gehandelt und angewendet werden, wenn sie vorschriftsmäßig gekennzeichnet sind. Die Voraussetzung der Kennzeichnung ist eine Einstufung.

9.3.1 Einstufung

Im vorherigen Kapitel ist auf die Bewertung und Zulassung von Stoffen eingegangen worden. Die hierbei zusammengetragene Information und die Bewertung der Gefahrenlage der Substanz oder des Produktes dienen in einem weiteren Schritt der Einstufung. Die eindeutige Einstufung eines Gefährdungspotenzials ermöglicht ein effizientes Risikomanagement, denn es existieren eindeutige Regeln wie mit Stoffen einer spezifischen Einstufung umgegangen werden muss.

Als gefährlich gelten alle Stoffe und Stoffzubereitungen, denen mindestens ein Gefährdungspotenzial aus der folgenden Liste zugeordnet werden kann [4]:

Gefährlichkeitsmerkmale nach § 3 a des Chemikaliengesetzes:

1. explosionsgefährlich
2. brandfördernd
3. hochentzündlich
4. leichtentzündlich
5. entzündlich
6. sehr giftig
7. giftig
8. gesundheitsschädlich
9. ätzend
10. reizend
11. sensibilisierend
12. krebserregend
13. fortpflanzungsgefährdend
14. erbgutverändernd
15. umweltschädlich

Bei den Gefährdungseigenschaften sind die, die ein Vergiftungspotenzial für den Menschen darstellen, die mit der höchsten Priorität. Ausgenommen sind hier gefährliche Wirkungen von ionisierten Strahlen und solche, die z. B. die Wahrnehmung verändern oder die Reaktionsfähigkeit mindern (ZNS wirksame Substanzen).

9.3.2 Kennzeichnung

9.3.2.1 Gefahrensymbole

Gefährliche Stoffe müssen entsprechend ihrer Einstufung verpackt und gekennzeichnet werden. Die auf dem Etikett anzugebenden Gefahrenbezeichnungen lassen sich eindeutig aus den Gefährlichkeitsmerkmalen des Produktes ableiten. Sie stellen eine vereinfachte Form der Gefahrenangaben dar. Jede Gefahrenform

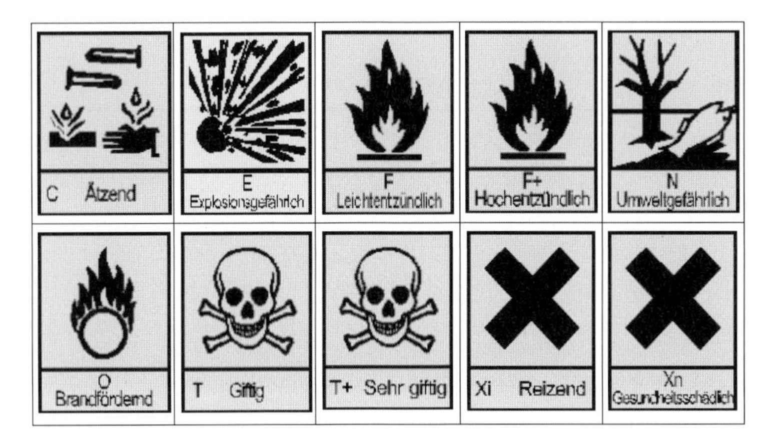

Abb. 9.3 Gefahrensymbole (im Original mit orangefarbigem Hintergrund).

wird zur optischen Verdeutlichung durch ein Gefahrensymbol ergänzt. Insgesamt sind 10 Gefahrenkennzeichnungen und -symbole definiert (siehe Abb. 9.3).

9.3.2.2 **R- und S-Sätze**

Die einfachen, auf schnelles Erkennen ausgerichteten Angaben der Gefahrensymbole und Gefahrenkennzeichnungen werden durch die **R-Sätze** („*risk-phrases*") konkretisiert.

Die R-Sätze spezifizieren die Gefahren bezüglich ihrer Expositionsrouten, Organspezifität, des toxischen Mechanismus, der Umwelt und der toxischen Reaktionen mit Wasser oder Luft (siehe Tab. 9.3).

Die R-Sätze spiegeln sehr deutlich die Ergebnisse aus den toxikologischen Untersuchungen wieder. Es wird, wie bei der Bewertung zwischen der Gefahr, die nach akuter Exposition besteht, und den Schäden, die nach wiederholter Exposition entstehen können, unterschieden. Hierbei können die Einstufungen je nach Expositionsroute sehr unterschiedlich sein [5, 6]. Dies hängt im Wesentlichen von der Absorptionsfähigkeit des jeweiligen Organs und den physikalischen/chemischen Eigenschaften des Stoffes ab.

Bei der Einstufung krebserregender Stoffe sind drei Kategorien möglich: Kategorie eins sind Stoffe, die beim Menschen bekanntermaßen krebserzeugend wirken. Kategorie zwei beinhalten Stoffe, die als krebserzeugend beim Menschen angesehen werden müssen. Es liegen ausreichende Anhaltspunkte wie geeignete Langzeit-Tierversuche oder sonstige relevante Informationen vor. Substanzen, die in Kategorie drei fallen, sind Substanzen die wegen ihrer möglichen krebserregenden Wirkung beim Menschen zur Besorgnis Anlass geben, über die jedoch nicht genügend Informationen für eine befriedigende Beurteilung vorliegen. Aus geeigneten Tierversuchen liegen einige Anhaltspunkte vor, die jedoch nicht ausreichen, um einen Stoff in Kategorie zwei einzustufen. Die Kategorie drei kann wiederum in zwei Gruppen unterteilt werden, eine, in der

Tab. 9.3 Einteilung von R-Sätzen [4].

Spezifische Hinweise	R-Satz-Nr.	R-Satz-Text
Expositionspfade	25	giftig beim Verschlucken
	24	giftig bei Berührung mit der Haut
	23	giftig beim Einatmen
Organspezifische toxische Wirkungen	38	reizt die Haut
	41	Gefahr ernster Augenschäden
	37	reizt die Atmungsorgane
Spezifische Toxizitätsmechanismen	45	kann Krebs erzeugen
	43	Sensibilisierung nach Hautkontakt möglich
	60	kann die Fortpflanzungsfähigkeit beeinträchtigen
Toxischen Reaktionen von Stoffen	29	entwickelt bei Berührung mit Wasser giftige Gase
Umwelt	51	giftig für Wasserorganismen
	54	giftig für Pflanzen
	59	gefährlich für die Ozonschicht

gut untersuchte Stoffe sind, der Nachweis einer tumorauslösenden Wirkung aber nicht ausreicht, aber auch weitere Untersuchungen keine weiteren Einstufungs-relevanten-Daten liefern würden. Die zweite Gruppe bezieht sich auf Stoffe, die unzureichend untersucht wurden, bei der aber die vorhandene Datenlage Anlass zur Besorgnis gibt. Diese Einstufung ist vorläufig und kann bei einer Ergänzung von Studien geändert werden. So werden Substanzen der Kategorie eins und zwei mit T R45 „Kann Krebs erzeugen“ (bzw. R49 „Kann Krebs erzeugen beim Einatmen“) gekennzeichnet. Solche aus Kategorie drei werden mit Xn R40 „Irreversibler Schaden möglich“ gekennzeichnet.

Vergleichbare Unterscheidungen werden bei erbgutverändernden Stoffen durchgeführt. Hier gibt es die Kategorie eins, in der Stoffe gelistet werden, die beim Menschen bekanntermaßen erbgutverändernd sind. Kategorie zwei ist in drei Klassen unterteilt: a) positiv im Mutagenitätstest an Keimzellen *in vivo;* b) positiv im Mutagenitätstest an Keimzellen *in vitro* c) positiv im Mutagenitätstest an Somazellen und dem Hinweis, dass Keimzellen von der Substanz oder einem Metaboliten erreicht werden können. Bei Substanzen der Kategorie drei liegen einige Mutagenitätstests *in vivo* und *in vitro* vor. Substanzen, die nur in einem oder mehreren Mutagenitätstests *in vitro* positiv sind, sollten nicht eingestuft werden. So erhalten Stoffe aus Kategorie eins und zwei ein T R46 „Kann vererbbare Schäden“ verursachen, und solche in Kategorie drei Xn R40 „Irreversibler Schaden möglich“.

Zur Einstufung Reproduktionstoxischer Stoffe ist die Unterscheidung zwischen der Beeinflussung der Fortpflanzungsfähigkeit und der Schädigung der Nachkommenschaft von Bedeutung. Die Einstufung ist wieder äquivalent zu den vorherigen Einstufungen. Die Einstufung in Kategorie eins erfolgt, wenn deutliche Hinweise im Menschen vorhanden sind, in Kategorie zwei, wenn Tierexperimente dies belegen und Kategorie drei, wenn Hinweise vorhanden sind, aber die letztendliche Einstufung in eins oder zwei nicht möglich ist. So werden für die Kategorie eins und zwei T R60 „Kann die Fortpflanzungsfähigkeit beeinträchtigen“ oder T R61 „Kann das Kind im Mutterleib schädigen“ verwendet, und Stoffe der Kategorie drei erhalten Xn R62 „Kann möglicherweise die Fortpflanzungsfähigkeit beeinträchtigen“ oder Xn R63 „Kann das Kind im Mutterleib möglicherweise schädigen“.

Weitere R-Sätze gibt es noch zum Schutz der Umwelt, worauf hier nicht weiter eingegangen wird.

Die Angaben der Verpackung werden vervollständigt durch die Auflistung von Sicherheitsratschlägen (**S-Sätze**). Die S-Sätze geben Hinweise zur Lagerung und zum richtigen Umgang mit den Gefahrstoffen; in einigen der S-Sätzen werden zudem Hinweise auf Erstmaßnahmen bei Vergiftungsunfällen gegeben.

9.2.2.3 Das Sicherheitsdatenblatt

Das Sicherheitsdatenblatt zu einer Verbindung oder Zubereitung muss jederzeit verfügbar sein und wird kostenlos dem Kunden bei Lieferung übermittelt.

Sicherheitsdatenblatt

1. Stoff-/Zubereitungs- und Firmenbezeichnung (+ Notfalltelefonnummer).
2. Zusammensetzung/Angaben zu Bestandteilen für alle gefährlichen Inhaltsstoffe müssen CAS-Nummer (Chemical Abstracts Service), R-Sätze und Konzentrationen angegeben werden. Nicht eingestufte Bestandteile brauchen nicht angegeben zu werden.
3. Mögliche Gefahren.
4. Erste-Hilfe-Maßnahmen.
5. Angaben zur Toxikologie.

Eine Überwachung der Sicherheitsdatenblätter ist nicht vorgesehen. Für Aktualität und Vollständigkeit ist der Hersteller verantwortlich.

9.4 „Risk Assessment“

Der englische Begriff „*hazard*“ wird eher als „reelle Gefahr“ als unter dem Phänomen „Wahrscheinlichkeit“ verstanden. Eine gefährliche Substanz ist eine, die unter Routinebedingungen eine Gefahr für den Anwender darstellen kann und die er deshalb mit Vorsicht behandeln sollte.

Der Begriff Risiko „*risk*“ steht für kalkulierbare Wahrscheinlichkeit oder Abschätzung einer Gefahr. Der Begriff „*hazard*“ dient daher eher der Verhinderung einer Gefahr, während „*risk*" für die Evaluierung einer potenziellen Gefahr steht.

Jeder spricht bei der toxikologischen Bewertung von einem „*risk assessment*". Die Qualität und Aussagekraft einer solchen Evaluierung hängt aber im Wesentlichen von der vorhandenen Datenlage ab. So liefern validierte Humandaten oder Vergiftungsfälle wertvolle Daten, die in Tierversuchen meist nicht zu erheben sind. Leider ist die Zahl dieser Daten recht klein, mit Ausnahme von solchen von Humanarzneimitteln.

Normalerweise basieren die meisten Humandaten auf einer Sammlung von medizinischen Beobachtungen. Erst ihre Validierung zum Beispiel durch die Toxiko- oder Pharmakovigilanz erlaubt ihre Aufnahme in ein humanes Risikobewertungsdossier. Dieses wird ergänzt durch die Angaben einer absorbierten Dosis im Menschen und von experimentellen Dosen, die das Limit der Gefahr (NOEL, *No Effect Level*) bestimmen. Aus diesen Daten kann man dann einen Schwellenwert bestimmen, der wahrscheinlich keine Gefahr für den Menschen darstellt (zum Beispiel 1% der NOEL).

Diese Aussage mag valide sein, wendet man diese Regel aber auf die Immuntoxizität oder Kanzerogenität an, so verliert sie ihre Gültigkeit. Denn in diesen Fällen können bereits einzelne Ereignisse (einzelne Moleküle?) die unerwünschten Nebenwirkungen induzieren.

Wenn keine humanen Daten vorhanden sind, kann eine solche Risikobewertung nur auf experimentellen Daten basieren. Die Studien sollten validiert sein, dass heißt nach anerkannten Richtlinien unter GLP durchgeführt werden. Nur dann sind sie untereinander vergleichbar. Auch wenn große Speziesunterschiede vorliegen, ist eine Risikoabschätzung für den Menschen möglich, wenn man zusätzliche Sicherheitsfaktoren einführt.

Fehlen sowohl humane wie tierexperimentelle Daten, so ist eine Risikobewertung nicht möglich. Wenn in solchen Fällen Risikobewertungen doch publiziert werden, ist dieses bestenfalls eine kalkulierte Raterei.

Zelluläre und subzelluläre *in vitro* toxikologische Studien und mathematische Analysen von chemischen Strukturen (QSAR = quantitative Strukturwirkungsbeziehung) werden immer beliebter und ihre Zahl wächst daher ständig an. Ein oft kritisierter Punkt im europäischen REACH-Programm ist der immense Tierverbrauch, den die Schaffung zusätzlicher Daten von Chemikalien mit sich bringen würde. Enorme Anstrengungen werden über EU-Mittel an Universitäten und dem European Centre for the Validation of Alternative Methods (ECVAM) getätigt, um Ersatzmethoden für die tierexperimentellen Studien zu entwickeln. Diese mögen in Teilbereichen wie der Fototoxizität (oder besser Fotozytotoxizität) oder der Bestimmung von Korrosivität sehr nützlich sein, stoßen aber auf Limitationen, wenn es um komplexere systemische Toxizität geht, die Kinetik und Metabolismus mit beinhaltet. So können Endpunkte, die die Unversehrtheit eines gesamten Organismus benötigen, wie die akute oder chronische Toxizität wohl am besten im Tier untersucht werden. Wohingegen mechanistische Betrachtungen und gezielte organtoxikologische Untersuchungen auch sehr gut *in vitro* möglich sind.

9.4.1 Bestandteile des „*risk assessments*"

9.4.1.1 Physikalisch chemische Daten

Die physikalisch chemischen Eigenschaften spielen bei der Kinetik einer Substanz eine entscheidende Rolle. Ob eine Substanz absorbiert wird, in viele Kompartimente verteilt und danach schnell ausgeschieden wird, hängt von diesen Eigenschaften ab.

Bei der Löslichkeit unterscheidet man zwischen hydrophilen und hydrophoben (lipophilen) Stoffen. Lösungsmittel wie Wasser, Methanol und Ethanol sind hydrophil, während das Benzol ein lipophiles Lösungsmittel ist. Die Eigenschaften werden über den so genannten n-Oktanol/Wasser Quotienten bestimmt. Dieser misst wie viel Anteile eines Stoffes im hydrophilen (Wasser) und wie viel im lipophilen (n-Oktanol) Lösungsmittel gelöst sind. Dieser Quotient wird im so genannten $P_{O/W}$ (P=*partition*) angegeben. So ergeben sich Werte unter 1 für überwiegend wasserlösliche Stoffe und Werte über 1 für solche, die fettlösliche Stoffe charakterisieren. Da besonders fettlösliche Substanzen sehr hohe Werte erreichen können, werden diese im dekadischen Logarithmus angegeben, dem Log $P_{O/W}$. Fettlösliche Werte erreichen Werte von 0–7, wobei Werte um 6 und 7 zum Beispiel von den Dioxinen oder polychlorierten Biphenylen erreicht werden.

Fettlösliche Substanzen werden über die Schleimhaut des Gastrointestinaltrakts, die Haut oder die Lunge sehr gut resorbiert. Dies wird bei Arzneimitteln ausgenutzt wie solche, die für die Aufnahme über die Schleimhäute gedacht sind oder solche, die über den Gastrointestinaltrakt aufgenommen werden sollen. Dieses Verhalten kann aber andererseits bei lipophilen Lösungsmitteln oder Pflanzenschutzmitteln sehr rasch zu einem Problem werden. Lipophile Lösungsmittel wie Tetrachlorkohlenstoff, Benzol oder Benzin besitzen neben ihrer hohen Lipophilie noch einen niedrigen Dampfdruck und können deshalb sehr leicht über die Lunge eingeatmet oder über die Haut resorbiert werden. Dies spielt im industriellen Umgang mit diesen Lösungsmitteln eine große Rolle. Auch Pflanzenschutzmittel, besonders Insektizide, sind so optimiert, dass sie leicht die Kutikula der Insekten durchdringen. Dies erfordert ebenfalls eine hohe Lipophilie, wodurch die Gefahr beim Anwender sich über die Haut und/oder die Lungen zu kontaminieren, besteht. Eine toxische Situation kann sowohl beim Umgang von Lösungsmitteln als auch von Pflanzenschutzmitteln entstehen.

Substanzen wie wasserlösliche Schwermetallsalze werden hingegen nur wenig nach oraler Aufnahme resorbiert, können aber wie anorganische Quecksilbersalze äußerst aggressiv mit den Schleimhäuten reagieren.

Die Unlöslichkeit bestimmter Stoffe kann zu therapeutischen Zwecken ausgenutzt werden. So wird Aktivkohle zur Bindung lipophiler Giftstoffe oder Eisen-(III)-hexacyanoferrat-(II) (Berliner Blau) zur Unterbrechung des enterohepatischen Kreislaufs bei einer Thalliumvergiftung verwendet. Und Bariumsulfat dient als Röntgenkontrastmittel.

Neben den Lösungsmitteleigenschaften einer Verbindung spielt die Molekülgröße eine bedeutende Rolle. Bei sehr kleinen Molekülen wie Gasen entscheidet die Lipophilie, wieweit ein Stoff in die Lunge eindringen kann. Wasserlösliche Säuren und Basen schlagen sich zumeist im oberen Atemtrakt ab, während lipophile Gase wie Ozon, Phosgen, oder Stickstoffoxide tief eingeatmet werden und dort ein toxisches Lungenödem induzieren können. In der Regel nimmt die passive Diffusion über Membranen mit steigender Molekülgröße ab, Ausnahmen bilden hochmolekulare Verbindungen wie bakterielle, tierische und pflanzliche Gifte, die über spezifische Transportmechanismen in den Körper gelangen können.

Das Dissoziationsverhalten ist eine weitere chemische Komponente. Geladene Stoffe wie Schwermetallionen, Säureionen oder Basekationen durchdringen biologische Membranen sehr viel schwieriger wie ungeladene Teilchen. Dies führt, da diese Ionen meist im wässrigen Milieu auftreten, zu einer schlechten Resorption. Es kann aber auch zu einer regelrechten Falle werden, wenn zum Beispiel lipophiles Methylquecksilber die Bluthirnschranke durchdringt und im Gehirn zu ionisiertem Quecksilber umgewandelt wird. Dieses kann dann die Bluthirnschranke nicht mehr durchdringen. Die Niere besitzt spezifische Transporter zur Ausscheidung von schwachen Säuren und Basen. So kann die Ansäuerung des Urins durch Ammoniumchlorid die Ausscheidung von Amphetaminen und die Alkalisierung durch Natriumbikarbonat die Ausscheidung von Barbituraten beschleunigen, da eine Rückresorption verhindert wird.

Der Siedepunkt bei Gasen und Lösungsmitteln spielt eine große Rolle. So erhöhen steigende Temperaturen bei lipophilen Substanzen, wie schon angesprochen, die Exposition der Stoffe durch Lunge und Haut. In der Lunge spielt der Siedepunkt eine entscheidende Rolle. Denn in den Lungenalveolen stellt sich eine Fremdstoffkonzentration ein, die umgekehrt proportional zum Siedepunkt ist. Die Abatmung einer Substanz hängt von der Konzentration in der Gasphase der Alveolen ab. Die Abgabe der Substanz ist ebenfalls invers mit dem Dampfdruck korreliert. Wichtig ist dies bei der Abatmung von Methanol oder Dichlormethan, deren Exkretion hauptsächlich durch die Lunge erfolgt, wenn sie nicht metabolisiert werden. Bei der Entgiftung von Methanol wird die Metabolisierung durch Fomepizol (Hemmstoff der Alkoholdehydrogenase) verhindert und das Methanol kann so ungeschadet abgeatmet werden.

9.4.1.2 **Pharmako-Toxikokinetik**

Zunächst nur bei der Zulassung von Arzneimitteln und Pflanzenschutzmitteln vorgeschrieben, erhält dieser Part eine immer größere Bedeutung. Er bestimmt je nach Expositionsart die Resorption, die Verteilung, die Verstoffwechselung und die Ausscheidung. Diese Untersuchungen beinhalten auch zumeist radiologische Untersuchungen, die die Verteilung im gesamten Tier bestimmen, oder helfen, Metabolite zu identifizieren. Der Metabolismus wird durch *In-vitro*-Methoden an Mikrosomen oder Hepatozyten unterstützt, denn sie erlauben erste Speziesunterschiede inklusive des Menschen zu bestimmen.

Diese Untersuchungen geben die wertvollsten Informationen über die tatsächliche Exposition einer Substanz entweder nach akuter oder wiederholter Gabe. Die Daten können in den folgenden Untersuchungen mit bestimmt werden und helfen deutliche Speziesunterschiede zu erklären.

9.4.1.3 **Akute Toxizität**

Die akute Toxizität bestimmt zumeist den LD_{50} (letale Dosis (50%)) oder LC_{50} (letale Konzentration (50%)) einer Substanz. Der Expositionsweg kann dabei oral, dermal, inhalativ, intravenös (i.v.) oder intraperitoneal (i.p.) erfolgen. Dementsprechend können bei einer Spezies unterschiedliche LD/LC_{50} Werte entstehen, je nachdem wie gut die Substanz bei den unterschiedlichen Applikationswegen resorbiert wird. Große Unterschiede können auch zwischen verschiedenen Spezies bei der Wahl des gleichen Applikationsweges bestehen.

Die akute Toxizität bestimmt nur die Letalität einer Substanz, nicht aber ihren Wirkungsmechanismus. Selten werden gezielte Untersuchungen wie Verhalten, hämatologische, klinisch-chemische, oder pathologische Parameter erfasst. Dementsprechend ist auch die Bestimmung eines NOAEL in diesem Zusammenhang recht selten.

Die Bestimmung der LD/LC_{50} hat trotzdem einen hohen Stellenwert, da diese Methode es ermöglicht, verschiedene Substanzen aufgrund ihrer Toxizität miteinander zu vergleichen. Der Vergleich zum Menschen ist schwierig, da es große Speziesunterschiede gibt, aber doch möglich. Bei vergleichbarem Expositionsweg kann man das ungefähre Risiko bei einer stark erhöhten Exposition wie bei einer Vergiftung oder einem Unfall abschätzen. Da die akute Toxizität auch immer Nachbeobachtungen von bis zu 3 Wochen vorschreibt, hat man auch erste Anhaltspunkte, ob die beobachteten Symptome reversibel sind.

9.4.1.4 **Toxizität nach wiederholter Gabe**

Die Untersuchungen erlauben eine genauere Charakterisierung einer Substanz. Hier können gestaffelt nach Zeit unterschiedliche Parameter wie Neurotoxizität, Immuntoxizität, Hämatologie, Organtoxiziät, Stoffwechselphysiologie, Endokrinologie und Pathologie durchgeführt werden. Die Tiere werden, anders als bei der akuten Toxizität, in Gruppen von 5–20 Tieren je Geschlecht für 14–28 Tage (subakut), 3 Monate (subchronisch) oder 24 Monate (chronisch) zumeist täglich exponiert. Expositionswege hängen meistens vom möglichen Expositionsweg für den Menschen ab und können über das Futter, oral, dermal oder inhalativ sein. Die Gruppengrößen, die Tierspezies und die Art und Anzahl der Untersuchungen hängen stark von den jeweiligen Richtlinien ab (Statistik).

Diese Untersuchungen dienen zur Einschätzung der Toxizität bei wiederholter Gabe. Dies kann beim Menschen oder beim Tier ein Arzneimittel sein, aber auch Expositionen am Arbeitsplatz, wobei dieser nicht nur die Arbeitsplätze in der Industrie, sondern auch z. B. beim Landwirt, im Handwerk (Frisör) oder in der Tierarztpraxis umfasst. Wichtigster Parameter dieser Untersuchungen ist der NOAEL des sensitivsten Parameters. Er ist ein Richtwert für eine Schwellenexposition, über der nicht längere Zeit schadlos gearbeitet oder behandelt werden kann. Da die meisten Richtlinien die Untersuchungen an mehreren Spezies vorschreiben, bei Arzneimitteln zum Beispiel eine Nager- und eine Nichtnagerspezies, gilt auch immer der NOAEL des sensitivsten Parameters der empfindlichsten Spezies. Dabei können verschiedene Spezies eine recht unterschiedliche Empfindlichkeit und auch ein recht unterschiedliches Profil zeigen. Dieser NOAEL wird gewöhnlich mit Sicherheitsfaktoren belastet, um einer möglichen höheren Empfindlichkeit des Menschen Rechnung zu tragen.

Manchmal liegen epidemiologische Daten des Menschen vor, die über einen längeren Zeitpunkt mit der Substanz exponiert waren (Arbeiter, Anwender). Diese Daten können dann helfen, die tierexperimentell erhaltenen Daten richtig einzuordnen.

9.4.1.5 **Reproduktions- und Entwicklungstoxikologie**

Eine nicht unbedeutende Menge an Substanzen hat Effekte auf die Reproduktion oder steht im Verdacht diese Eigenschaft zu haben. Dies wird am Arbeitsplatz zumeist über epidemiologische Untersuchungen herausgefunden, die oftmals durch tierexperimentelle Untersuchungen unterstützt werden können. Die Reihe der in Frage kommenden Chemikalien ist weitreichend und umfasst Industriechemikalien, Anästhetika, Metalle, Lösungsmittel, Pestizide, zytotoxische Substanzen oder Strahlung.

Beim Menschen können diese Stoffe zu Menstruationsbeschwerden, Unfruchtbarkeit oder schlechter Samenqualität führen. Das menschliche Reproduktionssystem ist hochkomplex und empfindlich für vielerlei Einflüsse.

Beim Mann erfolgt die Samenzellproduktion kontinuierlich und während dieser Entwicklung von der Stammzelle zur reifen Samenzelle besitzen die einzelnen Stadien eine unterschiedliche Empfindlichkeit gegenüber Chemikalien. Zum Schutz existiert eine Blut-Hodenschranke, die aber für niedermolekulare lipophile Stoffe keine echte Barriere darstellt. Zumeist gilt, dass das männliche Reproduktionssystem empfindlicher ist als das weibliche. Neben den direkten Einflüssen auf die Entwicklung der Spermien kann auch die Qualität der Gameten eine Auswirkung haben. So hat sich gezeigt, das ein fehlerhaftes Genom (Schäden die nicht repariert wurden) Auswirkungen auf die Nachkommenschaft haben kann. Dies kann in der nächsten Generation zu spontanen Aborten oder kindlichem Krebs führen. Beispiele hierfür sind ionisierte Strahlung oder Kohlenwasserstoffe, die Leukämie erzeugen können, oder Blei und aromatische Kohlenwasserstoffe, die die Ausbildung von Wilm's Tumoren induzieren.

Bei der Frau ist die Vermehrung der Eizellen bei der Geburt abgeschlossen und es erfolgt nur noch der Reifungsprozess. Es hat sich gezeigt, dass gerade eine Schwangerschaft einen besonders empfindlichen Status für reproduktionstoxische Substanzen darstellt.

Neben direkten Einflüssen auf die männlichen oder weiblichen Keimzellen können auch Effekte auf das endokrine System einen großen Einfluss haben.

Sie steuern den Cyclus der Frau, die Erhaltung der Schwangerschaft oder die Keimzellreifung bei beiden Geschlechtern. Biomarker bei Mann und Frau helfen, solche Effekte aufzuspüren und zu beobachten. So wird beim Mann die Zahl, Motilität und Struktur der Spermien bestimmt. *In-vitro*-Tests können zusätzlich die Penetrationsfähigkeit und die Interaktionen der Spermien messen. Hormonspiegelmessung dienen bei beiden Geschlechtern zur Überprüfung des notwendigen hormonellen Zusammenspiels.

Will man die Sicherheit von Chemikalien beurteilen, bei denen keine Daten zur Reproduktionstoxizität beim Menschen vorliegen, so helfen tierexperimentelle Daten weiter. Erste Erkenntnisse in dieser Hinsicht erhält man durch die Studien mit wiederholter Gabe, denn da zeigen sich bereits mögliche Effekte an den Reproduktionsorganen oder den endokrinen Drüsen. Solche Befunde geben klare Hinweise auf reprotoxische Nebenwirkungen. Nichtsdestotrotz können Defekte während der Keimzellreifung oder während der Trächtigkeit auftreten. Da die Empfindlichkeit wie oben beschrieben stadienabhängig ist, versucht man im Tierexperiment diese getrennt zu untersuchen. So wird die Fertilität und Reproduktivität in einem gesonderten Test untersucht, der die Behandlung beider Geschlechter vor und während der Paarung vorsieht. Die weiblichen Tiere werden dann noch bis zur erfolgreichen Einnistung der Eizellen behandelt. Die Behandlung vor der Paarung muss einen gesamten Reifungscyclus der Keimzellen beinhalten. In diesem Test wird die Zahl der erfolgreichen Trächtigkeiten, aber auch die Zahl der erfolgreichen Einnistungen bestimmt. Zusätzlich erfolgen ein Spermatogramm und eine morphologische Untersuchung der Geschlechtsorgane. Diesen Studien folgt die Untersuchungen auf Entwicklungsschäden, die seit Contergan (Thalidomid) routinemäßig an zwei Spezies (Nager und Nichtnager) durchgeführt wird. In diesen Untersuchungen werden trächtige Tiere von der Einnistung der Eizellen bis zirka einen Tag vor dem natürlichen Geburtstermin behandelt. Diese Periode erfasst die gesamte embryonale und fötale Entwicklung. Zudem erfasst sie mütterliche Einflüsse, die zu Früh- oder Spätresorptionen oder Aborten führen können. Entwicklungsstatus, fetales Körpergewicht und Zahl der lebenden Föten geben nicht nur Aufschluss auf einen direkten Effekt der Substanz auf den Fetus, sondern sind vielmehr eher Zeichen einer maternalen Toxizität. Als einen letzten Schritt werden Effekte von Substanzen auf die Nachkommen getestet. In diesen Studien werden die Tiere beiderlei Geschlechts bis zur erfolgreichen Reproduktion einer Generation (gültig zumeist für Arzneimittel) oder mehrerer (zumeist Pflanzenschutzmittel) behandelt. Hier wird die Entwicklung der Jungtiere, die über die Milch und/oder die Nahrung exponiert werden, untersucht. Entwickeln sich diese normal oder gibt es Einflüsse, die deren Reproduktionsfähigkeit beeinflussen? Spezialuntersuchungen wie Entwicklungsneurotoxizität oder Entwicklungsimmuntoxizität (*developmental immunotoxicity*) sind in diesen Studien ebenfalls möglich. Es hat sich gezeigt, dass Jungtiere auf bestimmte Chemikalien wie Metalle, Lösungsmittel oder Pestizide empfindlicher reagieren, weil diese z. B. die Hirnentwicklung stören.

Die Durchführung aller drei Testverfahren ist zumeist nur zwingend vorgeschrieben bei Pflanzenschutzmitteln, Arzneimitteln und Tierarzneimitteln für

Nutztiere. Bei Industriechemikalien liegen hier große Datenlücken vor, die teilweise über das REACH-Programm geschlossen werden sollen. Da diese Studien sehr aufwendig und teuer sind, sind diese Untersuchungen abhängig von der jährlichen Produktionsrate der Industriechemikalien.

9.4.1.6 **Genotoxizität**

Die Genotoxizität ist ein eigener Beurteilungspunkt im toxikologischen Gutachten. Sie gilt als ein Marker für eine mögliche Kanzerogenität. Schon in den 1970er Jahren wurden *In-vitro*-Verfahren wie der Salmonella Mikrosomentest („Ames-Test") an hunderten von Substanzen validiert. Bei einigen Substanzgruppen wie alkylierenden Substanzen oder Nitrosaminen zeigte sich eine hohe Übereinstimmung mit dem kanzerogenen Potenzial, doch dies ist leider nicht immer der Fall. Zu den Tests mit Bakterien reihten sich Tests an Säugerzellen und *Drosophila melanogaster*, erweitert durch die Möglichkeit mutagene (Punkt- oder Frameshiftmutationen) von Chromosomenaberrationen (*„sister chromatid exchange"*, Aberrationen, Mikronukleus) zu unterscheiden. Diesen *In–vitro*-Verfahren wurden auch einige *In vivo*-Verfahren zugefügt, weil diese besser die Situation im Tier widerspiegeln, da hier Kinetik und Metabolismus bekannt ist oder bestimmt werden kann. Auch *in vivo* gibt es unterschiedliche Verfahren, mutagene oder klastische Substanzen zu unterscheiden. Effekte auf die Keimzellen können ebenfalls im „Dominant-letal-"Test untersucht werden.

Bei manchen Substanzklassen, wie Antikrebsmitteln und Topoisomeraseinhibitoren führt der Wirkungsmechanismus in höheren Konzentrationen zum Zelltod, aber auch zur Mutagenität. Für diese Substanzen wurde eine Schwellenwertregelung festgelegt. Dieser Schwellenwert wird über einen NOEL *in vitro* und/oder einem NOEL *in vivo*, bei dem Kinetikdaten vorliegen sollten, die einen Wert für die tatsächliche Exposition angeben, bestimmt. Ein markantes Beispiel hierfür ist die Gruppe der Fluoroquinolone, eine moderne Gruppe von Antibiotika. Fluoroquinolone hemmen die bakterielle Gyrase (Topoisomerase), und können somit die Bakterien abtöten. In oft zigfach höherer Konzentration wirken diese Verbindungen auch auf die eukaryontische Topoisomerase und führen dort zum Zelltod und zur Mutagenität. Der Zelltod verläuft parallel zur Mutagenität. Erst bei deutlich zytotoxischen Konzentrationen lässt sich die Mutagenität bestimmen. Da dieser Effekt klar konzentrations- bzw. expositionsabhängig ist, lässt man bei der Beurteilung dieser Gruppe einen Schwellenwert zu, da alle Verbindungen abhängig von der Exposition mutagen sind.

Mutagene Verbindungen, die nicht dieser Schwellenwertsregelung unterliegen, müssen weiter charakterisiert werden. Es gibt schwach mutagene Verbindungen *in vitro*, wie z. B. insektizide Phosphorsäureester, die aber *in vivo* nicht mutagen wirken. Diese Verbindungen werden *in vivo* hydrolysiert und somit unschädlich gemacht. Dies ist *in vitro* mangels geeigneter Enzymsysteme nicht möglich. Auch diese Substanzen gelten als nicht mutagen. Da Mutagenität prinzipiell als ein Schritt zur Kanzerogenität gilt, werden diese Verbindungen bei Arzneimitteln oder Pflanzenschutzmitteln in der Regel nicht weiter verfolgt. Es sei denn, dass Kanzerogenitätstests in zwei Spezies vorliegen, die diesen Verdacht entkräften können.

Bei der Hauptmasse der Chemikalien liegt zumeist nur ein *In-vitro*-Test vor, nach dem diese Substanz eingestuft wird. Zumeist nur wirtschaftlich lohnende Substanzen, oder solche, die im dringenden Verdacht stehen, Krebs auszulösen, werden durch zumeist staatliche Programme wie IARC weiter untersucht.

9.4.1.7 **Kanzerogenität**

Die Kanzerogenität ist ein mehrstufiger Prozess wobei am Anfang eine Zelle steht, die eine oder mehrere Genveränderungen trägt. Diese Zelle kann aufgrund ihres Defektes repariert werden, sterben oder bei weiteren Zellteilungen ihren Defekt behalten. Wird diese Zelle nun zu weiterem Zellwachstum angeregt, so kann sie sich möglicherweise weiter verändern, sodass sie zu einem ungezügelten Wachstum fähig ist. Dieses Wachstum unterliegt dann nicht mehr der natürlichen Wachstumskontrolle innerhalb eines Gewebes. Verändert sich die Zelle weiter, so ist sie schließlich in der Lage überall im Körper neue Wachstumsherde (Metastasen) zu bilden. Dieser Prozess dauert oft ein Leben lang. Daher werden in Tierversuchen Tiere zumeist Nager mit einer Lebensdauer von ca. 2 Jahren ihr Leben lang behandelt. Diese Tiere durchlaufen in dieser Zeit Wachstum, sexuelle Reife und Seneszenz. Die Tiere sollten so exponiert werden, dass sie nicht zu sehr beeinträchtig sind. Ein frühzeitiges Versterben der Tiere oder ein ständiger toxischer Zustand der Tiere, der die Tiere in dieser Entwicklung stark zusetzt (z. B. starker Gewichtsverlust), verhindert die Ausbildung von Tumoren. Ein vernünftiges Dosierungsschema lässt sich in der Regel aus den subchronischen Versuchen absehen.

Kurzzeitkanzerogenitätstests und auch *In-vitro*-Versuche wie der Zelltransformationstests können wertvolle Hinweise liefern, sind aber noch nicht in der Lage diese aufwendigen Tierversuche zu ersetzen, die aus statistischen Gründen mit großen Tiergruppen auskommen müssen, da die Ausbildung von Tumoren einerseits spezies- und andererseits stammspezifisch sind und/oder sehr seltene Ereignisse darstellen.

Da im Tierversuch nur drei Dosierungen getestet werden, ist die Erstellung einer Dosiswirkungskurve, die auch eine Konzentration einschließen soll, bei der keine Tumoren mehr zu erwarten sind, äußerst schwierig. Trägt man die Tumordaten aller Tiere einschließlich der Kontrolltiere auf, so sieht man meist, dass sowohl die Kontrollgruppe als auch die NOEL-Gruppe großen Schwanken unterliegen, die keine Bestimmung eines Schwellenwerts erlaubt. Bis heute existieren verschiedene mathematische Modelle, die trotzdem versuchen, aus solchen Daten einen Schwellenwert für die Kanzerogenität darzustellen.

Steigende Datenlagen bei kanzerogenen Substanzen haben gezeigt, dass es genotoxische Kanzerogene gibt, bei denen der mutagene Wirkungsmechanismus aufgeklärt ist oder zumindest in Mutagenitätstests eindeutig belegt ist. Es gibt aber auch so genannte nicht genotoxische Mechanismen, die z. B. über eine gesteigerte Proliferation ausgelöst werden können. Diese Mechanismen müssen für den Menschen nicht unbedingt eine Relevanz haben. So löst Saccharin bei der männlichen Ratte Blasentumoren aus. Diese Tumoren entstehen durch Saccharin-Kristalle in der Blase. Die besondere anatomische Lage der Blase männlicher Ratten führt zur Entstehung dieser Kristalle, die das Epithel permanent reizen. Eine weitere Besonderheit von rattenspezifischen Tumoren ist eine Störung des Leberstoffwechsels. Da die Ratte Schilddrüsenhormone glucuronidiert ausscheidet, können Substanzen, die ebenfalls über diesen Weg ausgeschieden werden, diese Enzyme induzieren. Die lebenslange vermehrte Ausscheidung von Schilddrüsenhormonen führt zunächst zu einer Hyperplasie der Schilddrüse und der Leber und später zu Schilddrüsen- und Leber-Tumoren. Da der Mensch Schilddrüsenhormone über einen anderen Stoffwechselweg ausscheidet, spielen solche Tumoren für die Risikoabschätzung keine Rolle.

In den meisten Fällen liegen aber keine eindeutigen mechanistischen Untersuchungen vor, die eine Gefahr für den Menschen ausschließen können. Daher wird bei einem positiven kanzerogenen Ergebnis einer mutagenen Verbindung die Einstufung wie oben beschrieben durchgeführt. Anders sieht es bei den nicht-genotoxischen „epigenetischen" Kanzerogenen aus. Hier kann ein Schwellen- oder Grenzwert errechnet werden, unterhalb derer die Substanz als sicher gilt. So können moderne mechanistische Untersuchungen helfen, den kanzerogenen Mechanismus im Tier zu verstehen, und es ermöglichen, diese Substanz weiterhin für einen Umgang zu erlauben.

9.4.1.8 **Reizwirkungen und Sensibilisierung**

Die Reizwirkung und Korrosivität eines Stoffes auf Haut oder Schleimhäuten ist eine direkte akute Wirkung und benötigt keine Metabolisierung. Diese Stoffeigenschaften werden an Kaninchenhaut bzw. -augenschleimhaut (Draize-Test) getestet. Da diese Versuche schmerzhaft sind und eine akute Reaktion auf den Stoff anzeigen, sind hier die Bestrebungen für die Entwicklung von Alternativtests besonders hoch. Ein *In-vitro*-Verfahren zur Korrosivität an künstlicher menschlicher Haut (Epiderm™, EPISKIN™, EST1000™) hat es bis zur einer OECD Richtlinie (431 in Verbindung mit 404) geschafft und soll den *In-vivo*-Methoden vorgeschaltet werden. Nur Stoffe, die hier keine Wirkung zeigen, dürfen weiter geprüft werden, d.h. negative Ergebnisse werden z.Zt. nicht von den Behörden anerkannt. Damit ist der Korrosionstest kein wirklicher *Stand-alone*-Versuch. Andere Prüfmethoden zum Draize-Test sind noch nicht soweit entwickelt. Es stehen *In-vitro*-Tests am Rinderauge (Schlachtmaterial) oder an der Chorioallantoismembran des bebrüteten Hühnereis (HET-CAM) zur Verfügung. Letzterer ist in der Validierungsphase. Die Entwicklung von künstlichen humanen Schleimhäuten steht noch am Anfang. *In-vitro*-Verfahren sind momentan noch nicht in der Lage, diese *In-vivo*-Verfahren zulassungsrelevant zu ersetzen. Gerade die Validierungsphase durchlaufen haben nur *In-vitro*-3D-Haut-Modelle zur Irritation der Haut, die sicherlich in nächster Zeit in neue OECD-Richtlinien eingebunden werden.

Stoffe die reizend auf das Auge und oder die Haut wirken, werden wie zuvor beschrieben gekennzeichnet. Das gleiche gilt für Zubereitungen von Arzneimitteln, Tierarzneimitteln und Pflanzenschutzmitteln oder Produkten, die im Haushalt verwendet werden.

Die Sensibilisierung ist eine allergische Reaktion auf einen Stoff oder eine Zubereitung. Sie zeigt sich an der Haut oder im Atemtrakt. Da allergische Reaktionen eine spontane, komplexe Antwort des Körpers auf die Substanzen darstellt, die keiner strikten Dosiswirkungskurve folgt, sind Alternativmethoden nicht möglich. Eine Art Ersatz für die langwierigen Versuche an Meerschweinchen, die bisher für die Bestimmung kontaktallergischer Potenziale genutzt werden (Bühler- oder Maximisierungs-Test), ist der *„Local Lymph Node Assay"* (LLNA) an Mäusen, der nicht die Hautreaktion der Auslösephase bestimmt, sondern spezifischer die Vorgänge am drainierenden Lymphknoten in der Induktionsphase untersucht. Da sowohl das Vehikel als auch die irritierende Komponente die Ergebnisse im LLNA beeinflussen, wurden Modifikationen des Tests etabliert, die diese Reaktionen mit einbeziehen (z. B. der so genannte IMDS = Integrated Model for the Differentiation of Skin reactions, ein modifizierter Lokaler Lymphknotentest, bei dem zwischen irritierenden und sensibilisierenden Substanzen unterschieden werden kann). Untersuchungen zu allergischen Reaktionen benötigen aber immer das Immunsystem des Tieres. Reaktionen, die man in diesen Verfahren erhält geben einen Hinweis auf ein allergenes Potenzial, müssen aber nicht prädiktiv für den Menschen sein. Einfache Hautmodelle werden wahrscheinlich nicht in der Lage sein, Tests auf immunologische Hyperreaktionen in naher Zukunft zu ersetzen.

9.4.1.9 **Fototoxische Wirkungen**

Bei der Fototoxizität müssen mehrere, unabhängig voneinander zu betrachtende Endpunkte berücksichtigt werden, d. h. Fotoirritation, Fotoallergie, Fotomutagenität und Fotokanzerogenität.

Die DNA hat ihre maximale Lichtabsorption bei einer Wellenlänge von 260 nm, die im UVA- (320–400 nm) und UVB- (260–320 nm) Bereich schon abgeschwächt ist. Bestimmte Substanzen können nun durch UVA- oder UVB-Strahlen (280–360 nm) angeregt werden, und diese Energie wird dann von der DNA absorbiert. Die Folge sind direkte DNA-Schäden. Alternativ können fotosensitive Stoffe so angeregt werden, dass Radikale, so genannte „Reaktive Sauerstoffspezies" entstehen, die alle Makromoleküle einschließlich der DNA schädigen. Die Folge sind Zelltod (Fotozytotoxizität), eine unvollständige Reparatur oder Mutationen.

Daher müssen Substanzen, die in diesem Wellenlängenbereich angeregt werden, zunächst auf Ihre Fototoxizität hin getestet werden. Für die Fotozytotoxizität steht ein *In-vitro*-Verfahren zur Verfügung, der so genannte 3T3 NRU-Assay. Dieser Test ist validiert und hat Zulassungsrelevanz (OECD 432, FDA- und EMEA-Fotosafety-Richtlinien). Sind Verbindungen hier positiv, dann besteht immer der Verdacht weiterer Licht induzierter Reaktionen der Substanz, da die zugrunde liegenden Mechanismen die gleichen sind. Es muss deswegen Fotoallergie und Fotomutagenität, die mit gängigen Genotoxizitätstests durchgeführt werden, bei denen eine Behandlung mit UVA- und UVB-Licht zugefügt wird, auch noch untersucht werden. Momentan wird diskutiert, unter welchen Umständen und zu welchen Zeitpunkten die verschiedenen Endpunkte der Fotoreaktionen zu untersuchen sind.

Substanzen die fotomutagen sind, können ebenfalls auch fotokanzerogen sein. Während man Fotoallergie an Meerschweinchen oder modifizierten Lymphknotentests relativ sicher bestimmen kann, gibt es für Fotokanzerogenität noch kein zufriedenstellendes Tiermodell. Studien an Nacktmäusen können zwar das Tumor-induzierende-Potenzial von Substanzen nachweisen, ihre Bedeutung ist aber noch nicht klar, da sich diese Tumoren stark von denen des Menschen unterscheiden.

Die Bestimmung der fototoxischen und fotomutagenen Wirkung dient zur Risikoeinschätzung eines Stoffes. Positive Reaktionen in diesen Tests führen zu Warnhinweisen, die nach Kontakt oder Aufnahme einen Aufenthalt in der Sonne verbieten.

9.4.1.10 **Neurotoxizität, Immuntoxizität, Hepatotoxizität, endokrine Toxizität**

Untersuchungen auf Neurotoxizität, Immuntoxizität, Hepatotoxizität und endokrine Toxizität werden schon in den Studien mit wiederholter Gabe abgegriffen. Erhärten sich in diesen *„Screenings"* Hinweise zu einer spezifischen Toxizität, so empfehlen sich Spezialuntersuchungen, die diese Reaktionen genauer charakterisieren.

Besonders bei Pflanzenschutzmitteln sind Untersuchungen zur Neurotoxizität und Immuntoxizität (bisher nur USA) Pflicht. Einige Pflanzenschutzmittel besitzen über ihre Wirkung auf den Schadorganismus eine solche Wirkung. Diese Wirkung führt zur direkten Toxizität, Beeinträchtigung bestimmter Funktionen (z. B. Lernfähigkeit) oder Verhaltensänderungen. Da der Kontakt prinzipiell für alle Bevölkerungsgruppen über direkte Exposition oder die Nahrung möglich ist, sind mehrere Prüfmethoden vorgeschrieben, die die Wirkung am sich entwickelnden, juvenilen und erwachsenen Tier vorschreiben. Aber auch bei Arzneimitteln oder Industriechemikalien wie Lösungsmitteln können Effekte auf das Nervensystem auftreten, die weiter charakterisiert werden sollten. Die Ergebnisse drücken sich in Warnhinweisen aus oder gehen in Berechnungen von erlaubten Arbeitsplatzkonzentrationen ein.

Effekte auf das Immunsystem besitzen eine ähnlich große Bedeutung. Auch hier existieren neben den Routineuntersuchungen in den Studien mit wiederholter Applikation eine Vielzahl von Testmethoden, die diese Reaktionen spezifizieren. Für Arzneimittel gab es sowohl europäische als auch amerikanische Richtlinien, die im Jahre 2005 in einer harmonisierten ICH-Richtlinie (S8) [7] zusammengeführt wurden. Hier ist es nicht so leicht möglich Schwellenwerte zu definieren, da viele Reaktionen keiner strikten Dosis-Wirkungs-Beziehung folgen, und auch die Erfahrungen in vielen Labors mit immuntoxischen Nebenwirkungen in Relation zur Gesamttoxizität einer Substanz noch sehr gering sind.

Untersuchungen auf Hepatotoxizität besitzen eine lange Tradition. Zunächst geben die Bestimmung von Leberenzymen im Blut, die Erhöhung von Lebergewichten und die Histopathologie wichtige Hinweise. Diese Ergebnisse stammen zumeist aus tierexperimentellen Studien. Die Entwicklung der Zellkulturen hat es zusätzlich ermöglicht, Enzymaktivitätsbestimmungen der metabolisierenden Enzyme der Leber sowie deren Expressionsmuster zu bestimmen. Diese modernen Methoden der -omics-Familie (Proteomics, Genomics) ermöglicht es, Zusammenhänge der Lebertoxizität und auch Leberkanzerogenität besser zu verstehen. Zudem ermöglichen diese Methoden den Vergleich mit allen Tierspezies und dem Menschen, da menschliche Hepatozyten aus Operationsmaterial zur Verfügung steht.

Die endokrine Toxikologie hat ihren Ursprung in Beobachtungen aus der Natur. Bücher wie *„Silent Spring"* und *„Lost Future"* sowie große Umweltkatastrophen haben gezeigt, dass die normale Entwicklung von Organismen wie Reptilien, Amphibien oder Vögeln durch Substanzen nachhaltig gestört werden kann, auch wenn viele Ergebnisse gerade auf diesem Gebiet umstritten sind. Die Ergebnisse können natürlich auch für den Menschen von Bedeutung sein, wie sinkende Geburtenzahlen und erhöhte Infertilität implizieren mögen. Das endokrine System ist hochkomplex, könnte demzufolge besonders empfindlich auf den Einfluss von Chemikalien reagieren. Daher sind auch auf diesem Gebiet eine Vielzahl von Testmethoden entwickelt worden, um die Einflüsse zu bestimmen. Substanzen, die erwiesenermaßen solche Aktivitäten besitzen oder im Verdacht stehen, solche zu haben, können verboten (z. B. DDT) oder in ihrer Anwendung stark eingeschränkt werden. Jüngstes Beispiel hierfür sind die Phtalate als Weichmacher in Kinderspielzeug oder Behältern, die Nahrungsmittel enthalten können.

9.5 Risikomanagement

Zu einer toxikologischen Bewertung eines Stoffes gehört nicht nur die toxikologische Beschreibung und die Einstufung und Kennzeichnung einer Substanz, sondern auch konkrete Hinweise, wo Risiken liegen und wie damit umgegangen werden muss. Dies wird im so genannten Kapitel der Anwendersicherheit oder des Risikomanagements zusammengefasst.

Zunächst müssen alle Gruppen identifiziert werden, die potenziell mit dieser Substanz exponiert werden können:

Risikomanagement

Chemikalien, die in der Umwelt vorhanden sind

Schwermetalle oder Verbrennungsprodukte wie Dioxine, aber auch Industrieprodukte sind in der Umwelt vorhanden und können in Luft, Wasser, Boden oder Nahrungsmitteln vorhanden sein. Daher sind alle Bevölkerungsgruppen betroffen. Da diese Stoffe nicht entfernt werden können, werden hier Grenzwerte angegeben, die möglichst nicht lebenslang überschritten werden sollen. Ausnahmen wie eine kurzzeitige Erhöhung der Dioxinbelastung durch die Muttermilch werden nicht als kritisch angesehen.

Industriechemikalien

Arbeiter: Bestimmungen von MAK-Werten regulieren den Arbeitsplatz.
Verbraucher: Die Exposition ist unbewusst, kann andere Expositionswege gehen als beim Arbeiter und ist meistens viel niedriger. Hier können theoretisch alle Bevölkerungsgruppen bis zu einzelnen betroffen sein.

Pflanzenschutzmittel

Arbeiter: Bestimmungen von MAK-Werten regulieren den Arbeitsplatz.
Anwender: Exposition zumeist dermal oder inhalativ. Hier minimieren genaue Arbeitsvorschriften das Risiko.
Verbraucher: Die Exposition ist unbewusst und erfolgt über die Luft oder die Nahrung. Die Exposition ist viel niedriger, aber kann sich über einen langen Lebenszeitraum erstrecken. Hier können theoretisch alle Bevölkerungsgruppen bis zu einzelnen betroffen sein.

Arzneimittel

Arbeiter: Bestimmungen von MAK-Werten regulieren den Arbeitsplatz.
Patient: Hat einen therapeutischen Nutzen, ist aber auch manchmal lebenslang exponiert. Die Exposition richtet sich nach der Anwendung des Arzneimittels.

Tierarzneimittel

Arbeiter: Bestimmungen von MAK-Werten regulieren den Arbeitsplatz.
Anwender: Tierbesitzer, Züchter und Tierarzt wenden diese Arzneimittel zum Teil regelmäßig an und können somit über einen längeren Zeitraum exponiert sein. Die Exposition kann zumeist inhalativ oder dermal sein.
Familienmitglieder: Tiere, die äußerlich behandelt wurden tragen die Wirkstoffformulierung über einen gewissen Zeitraum auf der Haut und im Fell mit sich herum. Enger Kontakt wie Streicheln oder Kuscheln können zu einer Exposition führen. Bei Kindern nimmt man neben der dermalen und inhalativen Exposition auch eine orale über das Ablecken der Hände an.

Haushaltsmittel, Kosmetika
Arbeiter: Bestimmungen von MAK-Werten regulieren den Arbeitsplatz.
Anwender: Haushaltsmittel und Kosmetika können prinzipiell von allen Bevölkerungsgruppen benutzt werden. Die Exposition ist zumeist dermal oder inhalativ.
Familienmitglieder: Bei Haushaltsmitteln kann es leicht zu Unfällen oder Fehlanwendungen kommen. Daher sollten Giftzentralen und Verbraucherzentralen informiert sein, welche Risiken diese Produkte beinhalten und welche Maßnahmen getroffen werden müssen. Bei Kindern kann auch hier eine orale Exposition nicht ausgeschlossen werden.

Da die Exposition mit Stoffen so unterschiedlich sein kann, gibt es auch kein einheitliches Risikomanagement:

Grenzwerte
Umwelt: Wasser, Luft, Boden
Nahrung
Arbeitsplatz
Therapeutische Angaben für Arzneimittel
Vorschriften bei der Anwendung von Pflanzenschutzmitteln und Tierarzneimitteln
Verbraucherangaben

Die Risikobewertung und das Risikomanagement obliegen Toxikologen aus der Industrie und den Universitäten, Gremien und Behörden. Bei der Bestimmung von Grenzwerten arbeiten zumeist alle Gruppen zusammen, da zunächst das toxikologische Profil und die Expositionsmöglichkeiten erarbeitet werden müssen. Hierfür müssen staatliche Einrichtungen und die chemische Industrie die Fakten liefern, die dann nach den besprochenen Regeln zu einer Einstufung und zur Festlegung von Grenzwerten führen.

Arzneimittel, Tierarzneimittel und Pflanzenschutzmittel unterliegen einem Zulassungsverfahren. In diesem Verfahren müssen alle Personen berücksichtigt werden, die theoretisch mit dem Produkt in Berührung kommen können. Hier spielen zum einen gesundheitliche und wirtschaftliche Interessen mit hinein, aber auch die Interessen der unbewusst exponierten Bevölkerung und der Umwelt. Daher wird im Teil III des Zulassungsantrages zur Sicherheit dem Risikomanagement ein großer Anteil eingeräumt, um allen Personengruppen, zum Teil getrennt voneinander, gerecht zu werden. Konsequenzen dieser Bewertung sind Warnhinweise im Beipackzettel, Einschränkungen oder Empfehlungen für die Benutzung des Produktes oder auch Verbote für gewisse Anwendungszwecke oder Personengruppen.

Insgesamt hat sich gezeigt, dass dieses Verfahren dazu geeignet ist, Risiken abzuwenden und zu minimieren. Klassische Beispiele wie Contergan oder auch

DDT haben dies gezeigt. Aber auch der gezielte Einsatz gerader dieser Substanzen bei der Vernichtung der Anopheles Mücke in Malariagebieten oder der Heilung von Lepra hat gezeigt, dass man mit einem vernünftigen Risikomanagement mit wichtigen therapeutischen Arzneimitteln oder Pflanzenschutzmitteln sinnvoll umgehen kann. Eine weltweite Vereinheitlichung dieser Vorgehensweisen wird angestrebt, man ist aber zum Teil noch weit davon entfernt. Dies hat, wie schon gezeigt, historische Gründe, kann aber auch auf lokalen Begebenheiten beruhen, die ansonsten weltweit nur eine untergeordnete Rolle spielen.

9.6
Zusammenfassung

Die Bestrebungen, den Umgang mit Chemikalien bei der Arbeit, im Arznei- und Tierarzneimittelmarkt, bei der Nahrungsproduktion und in der Umwelt für alle möglichst sicher zu gestalten, hat zur Aufstellung bestimmter Regeln (*guidelines*) geführt. Diese Regeln bzw. Richtlinien werden gemeinsam von den Behörden, der Universität und der Industrie erarbeitet und angewandt. Zum Schutz von Ressourcen und vor allem von Tieren wurden diese Regeln weltweit harmonisiert und gegenseitig anerkannt, was die Zulassung von Arzneimitteln und Pflanzenschutzmitteln erheblich erleichtert hat. Aber diese Bestrebungen sollen nicht darüber hinwegtäuschen, dass es immer noch auch erhebliche Unterschiede gibt. Somit hat sich ein eigener Berufszweig in der Toxikologie (Regulatorische Toxikologie) gebildet, die sich genau mit diesen Problemen beschäftigt.

9.7
Fragen zur Selbstkontrolle

1. ***Warum spielt die Exposition bei der Risikobewertung eine große Rolle?***
2. ***Warum sind allgemeingültige Richtlinien zur Prüfung der Toxizität notwendig und welche Gremien schreiben sie vor?***
3. ***Was ist REACH?***
4. ***Wie werden Pflanzenschutzmittel in der Europäischen Gemeinschaft reguliert?***
5. ***Warum werden Hobbytierarzneimittel und Arzneimittel für Nutztiere unterschiedlich reguliert?***
6. ***Was sind Biozide?***
7. ***Was ist der ADI?***
8. ***Wozu werden Chemikalien gekennzeichnet und mit welchen Mitteln wird dies getan?***
9. ***Was sind Bestandteile des „risk assessments“ und warum?***
10. ***Was versteht man unter dem Risikomanagement?***

9.8 Literatur

1 Reichl F-X, Schwenk M (2004), Regulatorische Toxikologie Gesundheitsschutz, Umweltschutz, Verbraucherschutz. Springer Verlag, Berlin Heidelberg New York

2 Ballantyne B, Marrs T Syversen T (1999), General and Applied Toxicology Sec. Edition. Macmillian Reference LTD, London

3 Wallerhorst T (2004), Anmeldungen und Zulassungen. In: Regulatorische Toxikologie Gesundheitsschutz, Umweltschutz, Verbraucherschutz (Hrsg. Reichl F-X, Schwenk M) Springer Verlag, Berlin Heidelberg New York, pp 456–466

4 Desel H (2004) Anmeldungen und Zulassungen. In: Regulatorische Toxikologie Gesundheitsschutz, Umweltschutz, Verbraucherschutz (Hrsg. Reichl, F-X, Schwenk, M) Springer Verlag, 467–473

5 BIA-Report Gefahrstoffliste 2002, Gefahrstoffe am Arbeitsplatz. HVBG Hauptverband der gewerblichen Berufsgenossenschaften. DCM Druck Center Meckenheim

6 IVA Kodex (1996) (Industrieverband Agrar e.V.) Pflanzenschutz und Düngung, Gesetze und Verordnungen. BLV Verlagsgesellschaft mbH, München

7 Harmonised tripartite guideline S8: immunotoxicology studies for human pharmaceuticals (Step 5, Sept 2005)

10 Exemplarische Testverfahren in der Toxikologie

Gabriele Schmuck

10.1 Einleitung

Die Toxikologie beschäftigt sich mit den Gesundheitsrisiken von menschlicher Exposition mit Chemikalien, Pflanzenschutzmitteln und Arzneimitteln. Die daraus möglicherweise entstehenden schädlichen Effekte können qualitativ wie auch quantitativ durch geeignete Testverfahren untersucht und beschrieben werden. Diese Testverfahren dienen dann der so genannten Risikoidentifikation, dem ersten Schritt der Risikoabschätzung.

Definitionen

Hazard Identification	Charakterisierung des toxischen Potenzials (Gefahr) einer Substanz.
Risk Assessment	Berechnung der Wahrscheinlichkeit, wann diese Gefahr eintreten könnte.
Risk Management	Schutzmaßnahmen/Vorschriften erstellen, die den Umgang mit der Chemikalie ohne gesundheitsschädliche Auswirkungen ermöglicht

Im Folgenden werden nun exemplarisch verschiedene Testmethoden beschrieben, die dazu entwickelt wurden, das toxikologische Profil einer Substanz zu charakterisieren.

10.2 Exposition

Die Exposition beschreibt zum einen die Art und Weise, wie eine Substanz potenziell auf den Menschen einwirkt (exogen), aber auch mit welcher Menge der Körper nach erfolgter exogener Exposition belastet ist (endogen). Die endogene Exposition wird über die Kinetik beschrieben (siehe Kapitel 2).

Toxikologie Band 1: Grundlagen der Toxikologie. Herausgegeben von Hans-Werner Vohr

ISBN: 978-3-527-32319-7

Am Arbeitsplatz spielt der dermale Kontakt oder die Inhalation die größte Rolle, obwohl eine orale Aufnahme aber auch nicht ausgeschlossen ist. Hier geht man von einer theoretischen Expositionszeit von 8 Stunden pro Tag, 5 Tagen pro Woche und 40 Arbeitsjahren aus. Die Expositionen die hier zugrunde liegen beinhalten keine kurzfristigen erhöhten Expositionen, z. B. durch Unfälle. Um für diese Expositionsszenarien sichere Grenzwerte zu ermitteln, sind Tierversuche von Nöten, die unter den entsprechenden Expositionswegen behandelt werden, also dermal oder inhalativ. Bei der dermalen Exposition im Tierversuch werden die zu prüfenden Substanzen, Flüssigkeiten oder Cremes auf ein Gaze-Tuch gleichmäßig verteilt, das danach auf dem Rücken des zuvor an dieser Stelle rasierten Tieres befestigt wird. Die behandelte Fläche soll mindestens 10% der Körperoberfläche betragen. Als geeignete Tierspezies empfehlen die Richtlinien Ratten, Meerschweinchen oder Kaninchen. Die Tiere werden nun für 6 Stunden pro Tag für 5 oder 7 Tage pro Woche behandelt (Studien nach wiederholter Gabe) oder einmal für bis zu 24 Stunden (akute Studie). Bei Inhalationsstudien werden Labortiere, ebenfalls zumeist Nager, über den Schnauzenraum (*nose only*) oder mit dem ganzen Körper exponiert. Bei akuten Studien werden die Tiere zumeist für 4 Stunden einmal exponiert, bei Studien mit wiederholter Exposition zumeist 6 Stunden pro Tag über 5 Tage die Woche bis zum Ende der Studie.

Bei Genuss- und Nahrungsmittelinhaltsstoffen, Pflanzenschutzmitteln, Tierarzneimitteln sowie bei Arzneimitteln spielt die orale Aufnahme die größte Rolle. Demzufolge wird auch dies im Tierversuch über die Gabe der zu testenden Substanz im Futter oder per Schlundsonde simuliert.

Vor allem bei Arzneimitteln können auch intravenöse, intramuskuläre oder subkutane Applikationen angezeigt sein. Dementsprechend können diese Applikationsarten auch im Tierversuch Verwendung finden.

Expositionswege

Oral mittels Futter:	Studien mit wiederholter Gabe, Nager und Nichtnager;
Oral mittels Schlundsonde:	Akute Studien, Studien mit wiederholter Gabe, Nager und Nichtnager;
Dermal:	Akute Studien, Studien mit wiederholter Gabe, Nager, Kaninchen;
Inhalation:	Akute Studien, Studien mit wiederholter Gabe, Nager, Nichtnager;
Intravenös:	Akute Studien, Studien mit wiederholter Gabe, Nager, Nichtnager;
Intramuskulär:	Akute Studien, Studien mit wiederholter Gabe, Nager, Nichtnager;
Subkutan:	Akute Studien, Studien mit wiederholter Gabe, Nager, Nichtnager;
Intraperitoneal:	In Ausnahmen: z. B. Mikrokerntest, Akute Studien.

10.3 Akute Toxizitätsstudien, Irritation und Sensibilisierung

Akute Toxizitätsstudien, Tests auf Augen- und Hautirritation und Sensibilisierung sind qualitative Tests, die zur Einstufung einer Substanz in bestimmte Risikogruppen (siehe auch R-Sätze, Abschn. 9.3.2.2) dienen. In diesen Studien werden für gewöhnlich keine NOEL's (*No Observed Effect Levels*) bestimmt. Je nach dem Ergebnis in den akuten Toxizitätsstudien oder Haut-Augenirritationsstudien, können Substanzen als sehr toxisch (T+), toxisch (T), gesundheitsschädlich (Xn), ätzend oder reizend (Xi) eingestuft werden. Mittels des R-Satzes wird dann noch der Expositionsweg (z. B. toxisch nach Verschlucken) oder das Organ (z. B. reizt die Augen) hinzugefügt. Nicht alle Substanzen, die giftig nach oraler Aufnahme sind, sind auch giftig nach inhalativer Aufnahme. So müssen auch nicht alle Augen reizenden Stoffe auch gleichzeitig hautreizend sein.

10.3.1 Akute Toxizitätsstudien

Prüfungen zur akuten Toxizität dienen der Ermittlung der Gefahr, die von einer kurzzeitigen, einmaligen hohen Exposition einer Substanz ausgeht. Solche Expositionen können z. B. am Arbeitsplatz nach einem Unfall, aber auch bei einer Nahrungsmittel- oder Arzneimittelvergiftung vorkommen. Daher steht bei dieser Prüfung die Letalität im Fordergrund. Historisch wurde zu Beginn dieser Prüfungen genaue Dosis-Wirkungskurven mit hohen Tierzahlen erzeugt, um

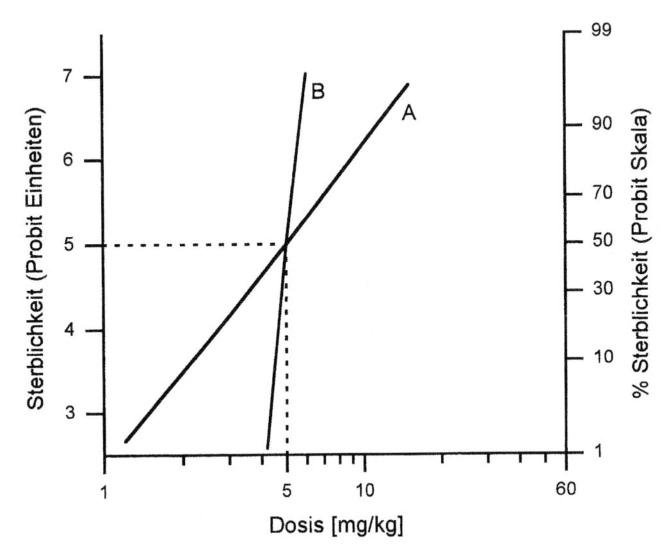

Abb. 10.1 Vergleich der Toxizität von zwei Substanzen A und B.

den so genannten LD_{50} Wert, also den Wert, der bei ca. 50% der Tiere zum Tod führt, exakt zu ermitteln. Diese Dosis-Wirkungskurven dienen nicht nur dazu, den LD_{50} Wert zu ermitteln, sie zeigen auch mit Ihrem Kurvenverlauf an, wie steil die Dosis-Wirkungsbeziehung sein kann. Substanzen mit gleicher LD_{50} brauchen nicht zwangläufig die gleiche toxische Potenz zu haben (siehe Abb. 10.1). Weiterhin haben Beispiele wie das Dioxin 2,3,7,8 Tetrachlordibenzo1,4-dioxin (TCDD) gezeigt, dass es auch große Speziesunterschiede zwischen den Labortieren geben kann. So liegt hier ein Faktor von 1000 und mehr zwischen der empfindlichsten Spezies, dem Meerschweinchen, und der unempfindlichsten Spezies, dem Goldhamster.

Heute ist der Einsatz von vielen Tieren zur Ermittlung des exakten LD_{50} Werts wissenschaftlich nicht mehr haltbar. Daher werden jetzt nur noch wenige Tiere eingesetzt, je nach Richtlinie 3–10 pro Gruppe von zumeist einer Spezies, überwiegend Ratten.

Bei allen akuten Toxizitätsstudien wird nicht nur die Letalität bestimmt, sondern auch die klinischen Symptome und deren Zeitverlauf sowie Effekte auf betroffene Organe und/oder Funktionen bewertet.

10.3.1.1 **Orale Applikation**

Bei der oralen akuten Toxizitätsprüfung existieren inzwischen drei OECD-Richtlinien parallel. Allen gemein sind ein paar grundsätzliche Forderungen:

Bei allen akuten oralen Toxizitätsprüfungen wird die Ratte als Modelltier bevorzugt, eine Alternative stellt die Maus dar. Vor der eigentlichen Prüfung müssen alle Tiere mindestens eine Woche an die Haltungs- und Fütterungsbedingungen gewöhnt werden. Danach werden sie randomisiert, d. h. per Zufallsprinzip in Gruppen aufgeteilt. Vor der Applikation wird den Tieren das Futter entweder über Nacht (Ratten) oder für 3–4 Stunden (Mäusen) entzogen. Nach der Applikation fasten Ratten noch weitere 3–4 Stunden und Mäuse für 1–2 Stunden. Die Tiere werden kurz vor der Applikation gewogen und mindesten einmal pro Woche während der Beobachtungsphase von meist 14 Tagen. Die Substanz wird als Lösung oder Suspension formuliert und mittels Schlundsonde appliziert. Da für die Einstufung (R-Sätze) bestimme Dosierungen als Grenzwerte dienen, können im Prinzip vier Dosierungen (5, 50, 300 und 2000 mg kg^{-1} Körpergewicht) getestet werden. Die Einstufung der Testsubstanzen je nach ihrer Toxizität ist in Tabelle 10.1 dargestellt. Die Tiere werden nach der Applikation einzeln für 30 Minuten und bis zu 4 Stunden sorgfältig beobachtet und alle Befunde notiert. Danach wird zumindest täglich einmal eine genaue Befundung durchgeführt. Am Ende der Beobachtungsphase (14 Tage) sollten die Tiere symptomfrei sein. Anschließend werden die Tiere abgetötet und äußerlich wie innerlich genau untersucht. Veränderungen an Organen werden genau beschrieben. Substanzbedingte Effekte können weiterhin noch mittels mikroskopischer Methoden untersucht werden.

Die OECD-Richtlinie-423 (klassische Methode) schreibt drei weibliche Ratten pro Gruppe vor. Man beginnt mit der Dosierung, von der man annimmt, dass

Tab. 10.1 Einstufung von Substanzen nach oraler Exposition.

Kriterien	Einstufung
LD_{50}: ≤25 mg kg^{-1} KG Weniger als 100% Überlebensrate bei 5 mg kg^{-1} bw (OECD 423)	sehr giftig beim Verschlucken, R28
LD_{50}: 25 < LC_{50} ≤ 200 mg kg^{-1} KG Vergiftungssymptome bei 5 mg kg^{-1} KG	giftig beim Verschlucken,R25
LD_{50}: 200 < LD_{50} ≤ 2000 mg kg^{-1} KG	gesundheitsschädlich beim Verschlucken, R22
LD_{50}: ≥2000 mg kg^{-1} KG	keine Einstufung

sie Mortalität hervorruft. Stirbt bei der höchsten Dosierung (2000 mg kg^{-1} Körpergewicht) kein Tier, dann ist die Prüfung abgeschlossen, die LD_{50} ist >2000 mg kg^{-1} Körpergewicht (Limit Test). Stirbt eines so kann die Dosierung wiederholt werden. Stirbt keines oder eines, dann endet die Prüfung mit >2000 mg kg^{-1} Körpergewicht, sterben zwei oder drei Tiere, so muss die nächst niedrigere Dosis getestet werden, bis eine Mortalität von 0–1 Tier erreicht ist (siehe Abb. 10.2).

Die OECD 420 (*Fixed Dose Procedure*) ähnelt der OECD 423 sehr stark. Hier wird jeweils ein Tier pro Gruppe für die Dosisfindung (hier Mortalität) eingesetzt. In der Hauptstudie werden dann fünf Tiere eines Geschlechts, zumeist weibliche Ratten, pro Gruppe verwendet. Auch hier ist ein Limit-Test bei der höchsten Dosierung (2000 mg kg^{-1} Körpergewicht) erlaubt. Bei Mortalität oder klaren klinischen Effekten entscheidet die Zahl der betroffenen Tiere, ob eine weitere Dosis getestet werden muss. Siehe auch hier Abb. 10.3.

Die OECD 425 (*up and down procedure*) ist die neueste Richtlinie. Sie geht nicht von festen Dosierungsschritten wie die anderen aus. Auch hier ist ein Limit-Test bei der höchsten Dosierung (2000 mg kg^{-1} Körpergewicht) erlaubt. Findet sich Letalität so beginnt die Hauptstudie mit einer Dosis unter der, bei der Mortalität erwartet wird. Es wird jeweils nur ein Tier in einem Intervall von 48 Stunden eingesetzt. Überlebt das Tier, so wird die Dosis um das 4,3fache erhöht; stirbt das Tier, so wird die Dosis um den gleichen Faktor erniedrigt. Der Test ist beendet wenn eines der drei folgenden Kriterien erreicht ist:

1. Drei hintereinander folgende Tiere überleben die oberste Dosis.
2. Fünf gleiche Ergebnisse in allen sechs aufeinander getesteten Tieren.
3. Mindestens vier Tiere folgten der ersten Wiederholung des Ergebnisses und eine Kalkulation der Wahrscheinlichkeit für eine LD_{50} Berechnung ist gegeben (siehe S. 250, Abb. 10.4 A–C).

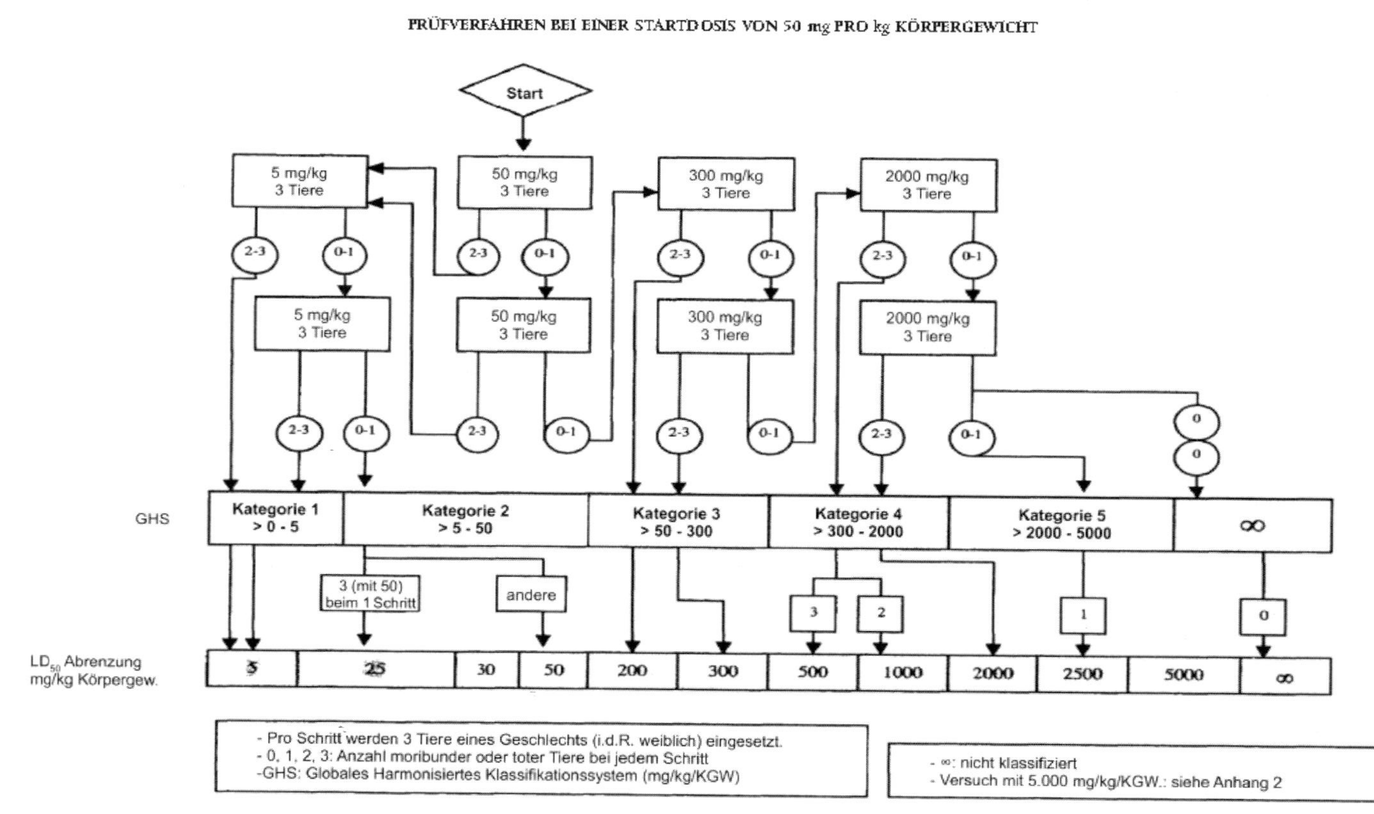

Abb. 10.2 Flussdiagramm einer akuten oralen Toxizitätsprüfung nach OECD 423 (Anhang 2b).

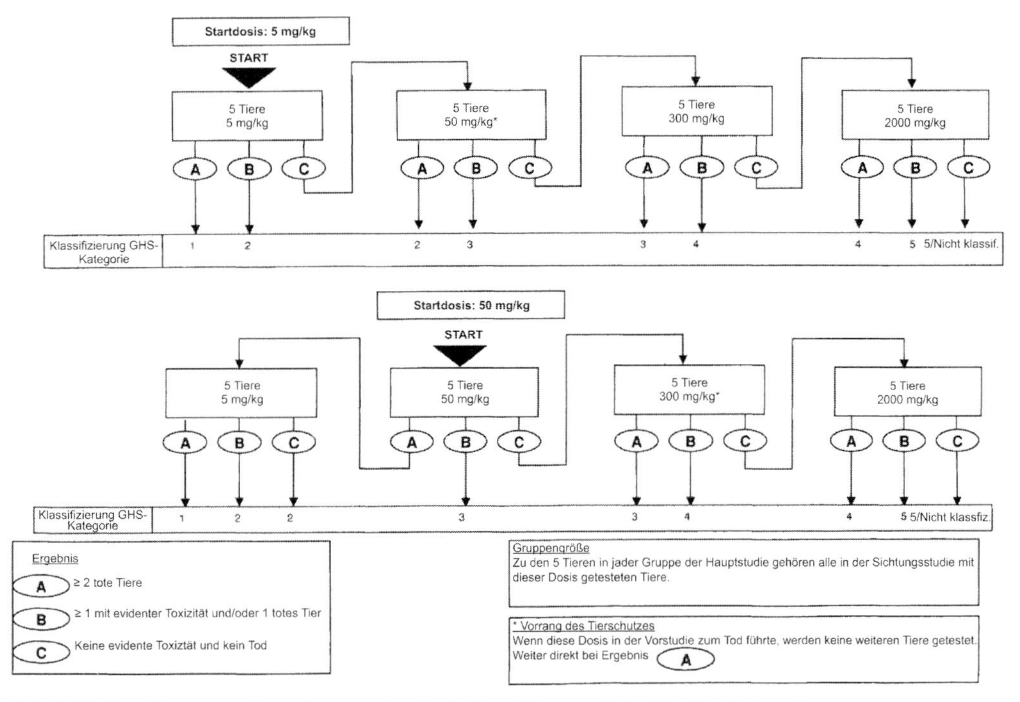

Abb. 10.3 Flussdiagramm einer akuten oralen Toxizitätsprüfung nach OECD 420 (Anhang).

10.3.1.2 **Dermale Toxizität**

Flüssigkeiten, Cremes aber auch gasförmige Substanzen können mit der Haut in Berührung kommen, weshalb dann auch die Toxizität der Substanz über die Haut bestimmt und eingestuft (siehe Tab. 10.2) wird. Wie schon zuvor erwähnt, wird die zu testende Substanz mittels eines Gazetuchs (Feststoffe werden mit Wasser angefeuchtet) aufgetragen. Laut bestehender Richtlinie werden in solchen Studien fünf Tiere pro Geschlecht und Dosis eingesetzt. Ein Limittest von 2000 mg kg^{-1} Körpergewicht ist erlaubt.

10.3.1.3 **Akute Toxizitätsprüfung nach Inhalation**

Findet die Exposition per Inhalation statt, wie bei Gasen, Aerosolen oder Stäuben, so werden die Tiere für gewöhnlich über die Schnauze bzw. den Kopf exponiert. Eine Ganzkörperexposition in einer Kammer ist aber auch möglich. Dazu sitzen die Tiere, auch hier zumeist Ratten, in einer spezifischen Apparatur, in der diese Exposition gewährleistet ist. Die Tiere werden über 4 Stunden einer gleichbleibenden Konzentration der Testsubstanz exponiert. Die Partikelgröße sollte dabei einen mittleren Durchmesser von 1–4 μm besitzen. Im Limit-Test werden zunächst 20 mg l^{-1}, 5 mg l^{-1} oder 5000 ppm vom dem zu testenden Aerosol, Staub oder Gas getestet. Laut bestehender Richtlinie werden in solchen

A

Stop after animal #6 because 3 animals survive at limit of 5000 mg/kg (#4-#6).

1	2	3	4	5	6	7	8	9	10	11	12
Step	(I)nclude; (E)xclude	Dose	(X)response (O)non-resp. OK	Included in nominal *n*	log10 Dose	LD50 =	#DIV/0!	LD50 =	#DIV/0!	LD50 =	#DIV/0!
						Prob. of response	likelihood contribn. (ln *Li*)	Prob. of response	likelihood contribn. (ln *Li*)	Prob. of response	likelihood contribn. (ln *Li*)
1	I	175	O	no	2.2430	#DIV/0!	#DIV/0!	#DIV/0!	#DIV/0!	#DIV/0!	#DIV/0!
2	I	550	O	no	2.7404	#DIV/0!	#DIV/0!	#DIV/0!	#DIV/0!	#DIV/0!	#DIV/0!
3	I	1750	O	no	3.2430	#DIV/0!	#DIV/0!	#DIV/0!	#DIV/0!	#DIV/0!	#DIV/0!
4	I	5000	O	no	3.6990	#DIV/0!	#DIV/0!	#DIV/0!	#DIV/0!	#DIV/0!	#DIV/0!
5	I	5000	O	no	3.6990	#DIV/0!	#DIV/0!	#DIV/0!	#DIV/0!	#DIV/0!	#DIV/0!
6	I	5000	O	no	3.6990	#DIV/0!	#DIV/0!	#DIV/0!	#DIV/0!	#DIV/0!	#DIV/0!
7	E				-						
8	E				-						
9	E				-	-	-	-	-	-	-
10	E				-	-	-	-	-	-	-
11	E				-	-	-	-	-	-	-
12	E				-				-	-	-
13	E				-				-	-	-
14	E				-				-	-	-
15	E				-	-	-	-	-	-	-
Nominal Sample size =				0							
Actual number tested =				6							
Calculated maximum likelihood estimate of LD50 =					none						

Ignore all calculation cells. No reversal in direction of response.

Maximum Likelihood Calculations cannot be completed. LD50 is greater than 5000 mg/kg.

B

Stop after animal #7 because 5 reversals in 6 consecutive animals tested (#2-#7).

1	2	3	4	5	6	7	8	9	10	11	12
Step	(I)nclude; (E)xclude	Dose	(X)response (O)non-resp. OK	Included in nominal *n*	log10 Dose	LD50 =	31.0	LD50 =	12.4	LD50 =	77.6
						Prob. of response	likelihood contribn. (ln *Li*)	Prob. of response	likelihood contribn. (ln *Li*)	Prob. of response	likelihood contribn. (ln *Li*)
1	I	175	X	no	2.2430	0.9335	-0.0688	0.9892	-0.0108	0.7602	-0.2742
2	I	55	X	yes	1.7404	0.6905	-0.3703	0.9020	-0.1031	0.3826	-0.9607
3	I	17.5	O	yes	1.2430	0.3095	-0.3703	0.6174	-0.9607	0.0980	-0.1031
4	I	55	X	yes	1.7404	0.6905	-0.3703	0.9020	-0.1031	0.3826	-0.9607
5	I	17.5	O	yes	1.2430	0.3095	-0.3703	0.6174	-0.9607	0.0980	-0.1031
6	I	55	X	yes	1.7404	0.6905	-0.3703	0.9020	-0.1031	0.3826	-0.9607
7	I	17.5	O	yes	1.2430	0.3095	-0.3703	0.6174	-0.9607	0.0980	-0.1031
8	E				-	-	-	-	-	-	-
9	E				-	-	-	-	-	-	-
10	E				-	-	-	-	-	-	-
11	E				-	-	-	-	-	-	-
12	E				-	-	-	-	-	-	-
13	E				-	-	-	-	-	-	-
14	E				-	-	-	-	-	-	-
15	E				-	-	-	-	-	-	-
Nominal Sample size =				6							
Actual number tested =				7							
Dose-averaging estimator				31.02							
log10 =				1.492							
log-likelihood sums:							-2.2906		-3.2021		-3.4655
likelihoods:							0.1012		0.0407		0.0313
likelihood ratios:									2.4880		3.2378
Individual ratios exceed critical value?				critical=	2.5				FALSE		TRUE
Both ratios exceed critical value?									FALSE		
Calculated maximum likelihood estimate of LD50 =					29.6						

Automated calculation; not relevant to this case.

Final estimate obtained from Maximum Likelihood Calculations

C

Stop when LR criterion is first met, here at animal #9. Check LR criterion starting at animal #6.

Assumed slope	2	sigma =	0.5
Result:	The LR criterion is met		

Parameters of convergence criterion	
critical LR	2.5
factor of LD50	2.5

1	2	3	4	5	6		7	8	9	10	11	12
Step	(I)nclude; (E)xclude	Dose	(X)response (O)non-resp. OK	Included in nominal *n*	log10 Dose	Contrib.to DAE	LD50 =	1292.8	LD50 =	517.1	LD50 =	3232.0
							Prob. of response	likelihood contribn. (ln *Li*)	Prob. of response	likelihood contribn. (ln *Li*)	Prob. of response	likelihood contribn. (ln *Li*)
1	I	175	O	no	2.2430	0.0000	0.0412	-0.0421	0.1733	-0.1903	0.0057	-0.0057
2	I	550	O	yes	2.7404	2.7404	0.2289	-0.2600	0.5214	-0.7368	0.0620	-0.0640
3	I	1750	X	yes	3.2430	3.2430	0.6037	-0.5046	0.8552	-0.1564	0.2971	-1.2138
4	I	550	O	yes	2.7404	2.7404	0.2289	-0.2600	0.5214	-0.7368	0.0620	-0.0640
5	I	1750	X	yes	3.2430	3.2430	0.6037	-0.5046	0.8552	-0.1564	0.2971	-1.2138
6	I	550	O	yes	2.7404	2.7404	0.2289	-0.2600	0.5214	-0.7368	0.0620	-0.0640
7	I	1750	O	yes	3.2430	3.2430	0.6037	-0.9257	0.8552	-1.9323	0.2971	-0.3525
8	I	5000	X	yes	3.6990	3.6990	0.8800	-0.1279	0.9756	-0.0247	0.6477	-0.4344
9	I	1750	X	yes	3.2430	3.2430	0.6037	-0.5046	0.8552	-0.1564	0.2971	-1.2138
10	E				-	0.0000	-	-	-	-	-	-
11	E				-	0.0000	-	-	-	-	-	-
12	E				-	0.0000	-	-	-	-	-	-
13	E				-	0.0000	-	-	-	-	-	-
14	E				-	0.0000	-	-	-	-	-	-
15	E				-	0.0000	-	-	-	-	-	-
Nominal Sample size =				8								
Actual number tested =				9								
Dose-averaging estimator				1292.78								
log10 =				3.112								
log-likelihood sums:								-3.3894		-4.8270		-4.6260
likelihoods:								0.0337		0.0080		0.0098
likelihood ratios:										4.2104		3.4436
Individual ratios exceed critical value?				critical=	2.5					TRUE		TRUE
Both ratios exceed critical value?										TRUE		
Calculated maximum likelihood estimate of LD50 =						1329.6						

Final estimate obtained from Maximum Likelihood Calculations

Abb. 10.4 A–C Ergebnisse einer akuten oralen Toxizitätsprüfung nach OECD 425.

Tab. 10.2 Einstufung von Substanzen nach dermaler Exposition.

Kriterien	**Einstufung**
LD_{50}: ≤ 50 mg kg^{-1} KG	sehr giftig bei Berührung der Haut, R27
LD_{50}: $50 < LC_{50} \leq 400$ mg kg^{-1} KG	giftig bei Berührung der Haut, R24
LD_{50}: $400 < LD_{50} \leq 2000$ mg kg^{-1} KG	gesundheitsschädlich bei Berührung der Haut, R21
LD_{50}: ≥ 2000 mg kg^{-1} KG	keine Einstufung

Tab. 10.3 Einstufung von Substanzen nach Inhalation.

Kriterien	**Einstufung**
LC_{50} inhalativ für Aerosole und Stäube: $\leq 0{,}25$ mg l^{-1} LC_{50} inhalativ für Gase und Dämpfe: $\leq 0{,}5$ mg l^{-1}	sehr giftig beim Einatmen, R26
LC_{50} inhalativ für Aerosole und Stäube: $0{,}25 < LC_{50} \leq 1$ mg l^{-1} LC_{50} inhalativ für Gase und Dämpfe: $0{,}5 < LC_{50} \leq 2$ mg l^{-1}	giftig beim Einatmen, R23
LC_{50} inhalativ für Aerosole und Stäube: $1 < LC_{50} \leq 5$ mg l^{-1} LC_{50} inhalativ für Gase und Dämpfe: $2 < LC_{50} \leq 20$ mg l^{-1}	gesundheitsschädlich beim Einatmen, R20
LC_{50} inhalativ für Aerosole und Stäube: ≥ 5 mg l^{-1} LC_{50} inhalativ für Gase und Dämpfe: ≥ 20 mg l^{-1}	keine Einstufung

Studien fünf Tiere pro Geschlecht und Dosis eingesetzt. Je nach Überlebensrate werden auch hier Einstufungen vorgenommen (siehe Tab. 10.3).

10.3.2 Prüfung auf Irritation

Die Prüfung auf Haut und Augen reizende Eigenschaften ist ein weiterer wichtiger qualitativer Endpunkt in der Risikobewertung von Substanzen. Klassisch werden diese Versuche am Kaninchen durchgeführt. Durch eine neue Gesetzgebung in Bezug auf den Tierschutz dürfen solche Versuche heute nur noch nach Erfüllen bestimmter Kriterien durchgeführt werden:

- pH-Wert: Die Substanz hat einen pH-Wert ≥ 2 oder $\leq 11{,}5$. Denn andernfalls kann man davon ausgehen, dass sie korrosiv ist und sie darf dann nicht mehr getestet werden.
- Die Substanz ist negativ in einem *In-vitro*-Haut-Korrosionstest. Im Falle eines positiven Ergebnisses, darf nicht am Tier nachgetestet werden.
- Gilt nur für den Augenirritationstest: Keine irritativen Effekte auf der Haut *in vivo*.

Man muss allerdings erwähnen, dass ein negatives Ergebnis im *In-vitro*-Haut-Korrosionstest nicht anerkannt wird. Hier muss dann zur Einstufung noch ein Tierversuch durchgeführt werden (Ausnahme: Kosmetika).

10.3.2.1 *In-vitro*-Haut-Korrosionstest

Im *In-vitro*-Haut-Korrosionstest (OECD 431) wird *in vitro* hergestellte Haut aus humanen Keratinozyten verwendet. In diesem Modell werden mehrere Schichten Epithel und auch Hornhaut ausgebildet. Kommerziell erhältliche Modelle sind EpiDerm™, EPISKIN™ oder EST1000™. Eine Menge von mindestens 25 $\mu l/cm^2$ muss aufgetragen werden. Die Substanz verbleibt auf der Haut für drei Minuten bzw. eine Stunde. Nach Abwaschen der Testsubstanz wird ein Viabilitätstest durchgeführt (MTT–Test). Eine Substanz ist korrosiv, wenn

- die Viabilität nach 3 min Einwirkzeit ≤50% und/oder
- nach 1 h Einwirkzeit ≤15% ist.

10.3.2.2 *In-vitro*-Haut-Irritationstest

Der *In-vitro*-Haut-Irritationstest ist eine Weiterentwicklung des Haut-Korrosionstests, um eine Einstufung nach Schweregrad der Reizung zu ermöglichen. In diesem Test wird eine Testsubstanz für x Minuten auf die 3D-Haut aufgetragen und dann abgewaschen. Die behandelten Hautstücke werden noch für 42 Stunden weiter inkubiert. Anschließend wird ein Viabilitätstest durchgeführt. Eine Substanz gilt als irritierend, wenn

- die Zytotoxizität <50% nach 42 h.

Dabei wird x von den Herstellern der 3D-Haut vorgegeben. Über die entsprechende OECD-Richtlinie wurde sehr lange diskutiert. Sie liegt momentan als Entwurf vor.

10.3.2.3 Haut-Irritationstest *in vivo*

Zur Überprüfung der Hautirritation *in vivo* werden üblicherweise drei Kaninchen verwendet. Diese werden am Tag vor der Applikation auf dem Rücken rasiert, ohne die Haut zu verletzen. Dann wird 0,5 ml Flüssigkeit (zumeist unverdünnt) oder 500 mg Testsubstanz (angefeuchtet) auf einen kleinen Fleck der rasierten Haut (ungefähr 6 cm^2) mittels Gaze aufgetragen und für 4 Stunden dort belassen. Anschließend wird die Substanz entfernt und die Haut abgewaschen. Es ist streng darauf zu achten, dass zunächst nur ein Tier behandelt

Tab. 10.4 Einstufung von Substanzen auf Hautreizung.

Kriterien	Einstufung
irreversible Schäden der Haut (Nekrosen, Blutungen, Narben, haarlose Stellen)	schwere Verätzungen: R35 Verätzungen: R34
reversible Schäden der Haut	reizt die Haut: R38
keine oder kaum sichtbare Effekte	keine Einstufung

wird. Nur wenn dieses keine oder akzeptable Symptome zeigt, dürfen die anderen zur Verifizierung nachbehandelt werden. Die Tiere werden täglich bis zu 14 Tagen beobachtet, wobei auch klinische Symptome bewertet werden. Der Schweregrad der Hautreaktionen wird jeweils in 4 Stufen eingeteilt; wobei 0 und 1 keine bis kaum sichtbare Effekte darstellen und 4 schwerwiegende Symptome charakterisiert. Die Einstufung ist in Tabelle 10.4 dargestellt.

10.3.2.4 **Ersatzmethoden zum Augenirritationstest**

Auch hier liegen validierte Methoden an nicht schmerzfähigen biologischen Modellen vor, die noch weltweite Akzeptanz finden müssen, damit sie als OECD-Richtlinie in allgemeine Prüfstrategien einbezogen werden können. Einer der favorisierten Versuche ist der so genannte HET-CAM Test (HET = Hühnerei-Test; CAM = Chorioallantois-Membran). Hier wird ein befruchtetes und 9 Tage bebrütetes Hühnerei verwendet. Dazu wird ein Fenster in die Eierschale geschnitten und die innere Eimembran sorgfältig abgehoben. Darunter wird die mit Blutgefäßen durchzogene Chorioallantois-Membran sichtbar. Eine Prüfsubstanz wird in der Regel in mindestens drei Konzentrationen an jeweils drei Eiern geprüft. Die Substanz wird als Lösung oder Suspension aufgebracht. Während der folgenden 5 Minuten wird genau beobachtet, ob und wann Hämorrhagien, Lysis und Koagulationen sichtbar werden. Die Zeit bis zum ersten Auftauchen solcher Effekte wird an allen drei Eiern getrennt bestimmt. Je nach Schweregrad und Zeit der ersten Symptome wird eine Einteilung in Schweregrade vorgenommen. Obwohl der Test von Behörden bereits anerkannt wird, liegt eine endgültige Verifizierung als valides Testsystem (ESAC-Zertifikat) noch nicht vor. Auch werden andere Systeme und Modifikationen des HET-CAM immer noch als Alternativen diskutiert.

10.3.2.5 **Augen-Irritationstest**

Ist die zu testende Verbindung nicht hautreizend *in vitro* und *in vivo*, dann kann ein Versuch am Kaninchenauge zur Abklärung der Augenreizung durchgeführt werden, denn negative *in vitro* Befunde (z. B. HET-CAM) werden nicht immer behördlich anerkannt (Ausnahme Kosmetika). Im Augen-Irritationstest wird zunächst einem Kaninchen 0,1 ml einer Lösung oder Suspension (zumeist unverdünnt) oder 0,1 g eines Feststoffes (fein gemahlen), Creme oder Paste in den Bindehautsack eines Auges appliziert. Das andere Auge dient als Negativkontrolle. Sollte keine Irritation oder nach dem Tierschutzgesetz akzeptable Reizung im Auge des Tieres auftreten, dann dürfen die beiden anderen Tiere ebenfalls getestet werden. Nach spätestens 24 Stunden wird die Testsubstanz durch Waschen des Auges entfernt. Die Tiere werden 14 Tage lang beobachtet und Symptome notiert. Wie bei allen Irritations/Korrosions-Tests wird der Schweregrad der Symptome bestimmt. Endpunkte in diesem Verfahren sind die Cornea (Blutungen, Trübung), Iris (Größe, Lichtempfindlichkeit, Entzündungen), Schleimhaut (Färbung, Aussehen der Blutgefäße) und Ödeme (Dicke

Tab. 10.5 Einstufung von Substanzen auf Augenreizung

Kriterien	Einstufung
schwerwiegende zum Teil irreversible Schäden am Auge, Beeinträchtigung des Seevermögens (starke Trübung, Entzündungen, Blutungen, Schwellungen)	ernste Augenschäden: R41
reversible Schäden am Auge (Trübung, Entzündungen, Schwellungen)	reizt die Augen: R36
keine oder kaum sichtbare Effekte	keine Einstufung

der Schleimhäute, Lidschluss). Die Einstufungskriterien sind in Tabelle 10.5 zusammengefasst.

10.3.3 Prüfung auf Sensibilisierung

Allergische Kontaktdermatitis ist die häufigste Hautreaktion auf Feststoffe, Lösungen, Cremes oder Pasten. Daher wird das Potenzial einer solchen Verbindung in einem Test auf Hautsensibilisierung überprüft. Bei den über lange Jahre praktizierten Meerschweinchentests ist das irritative Potenzial der Testformulierung genau zu bestimmen, da eine Hautreizung einen falschpositiven Wert ergeben kann. Eine Sensibilisierung der Haut benötigt zumindest eine oder mehrere Induktionen mit der Testsubstanz sowie eine Auslösephase. Daher waren die Meerschweinchentests so ausgelegt, dies zu simulieren. Im Wesentlichen wurden über Jahre zwei Testverfahren mit Meerschweinchen benutzt. Der eine, Maximierungstest am Meerschweinchen nach Magnusson und Kligman [5] (GPMT), verwendet zur Induktion einer sensibilisierenden Reaktion die intradermale Injektion eines so genannten kompletten Freund'schen Adjuvans. Ein Adjuvans ist ein Hilfsstoff, der selber keine Wirkung besitzt, den Maximierungstest aber deutlich empfindlicher macht. Der zweite Unterschied zum so genannten Bühler-Test ist die intradermale Injektion der Testsubstanz gegenüber dem epikutanen Auftragen. So werden bei der Induktion im Maximierungstest intradermale und epikutane Applikationen, beim Bühler-Test nur topische Anwendungen vorgenommen. Circa 14 Tage nach Ende der Induktionsbehandlung erfolgt die so genannte „*Challenge*", die Auslösung einer möglichen induzierten Immunantwort, indem man erneut die Testlösung topisch appliziert. Im Gegensatz zur Induktion, wird hiefür aber eine gerade nicht mehr irritierende Konzentration des Prüfmusters verwendet. Löst eine Testformulierung eine verzögerte, allergische Reaktion aus (Typ IV), dann sieht man dieses als Hautreaktion an den Testtieren nach der „Provokation". In diesen Testverfahren werden mindestens 20 behandelte Tiere und 10 Kontrollen eingesetzt, um eine signifikante Aussage über das Sensibilisierungspotenzial treffen zu können.

Eine neue Methode, die in den letzten Jahren verstärkt für Sensibilisierungsuntersuchungen eingesetzt wird, ist der *„Local Lymph Node Assay“* (LLNA). In diesem Test werden Mäuse eingesetzt und nach der Induktionsphase als Parameter für eine Sensibilisierung die primäre Proliferation von Lymphozyten im dränierenden Lymphknoten gemessen. Im Minimum werden vier Tiere pro Gruppe mit drei Behandlungsgruppen plus Negativ- und Positivkontrolle eingesetzt. Als Positivkontrolle dient normalerweise Zimtaldehyd. An den Tagen eins bis drei werden jeweils 25 µl der Testformulierung auf die Ohren aufgebracht. Danach werden die Tiere keinen (modifizierter LLNA) oder zwei Tage nicht behandelt und die Zellvermehrung in den aurikulären Lymphknoten am nächsten Tag bestimmt (Zellzahl oder radioaktiv). Da bei diesem Test keine Bestimmung des irritativen Potenzials der Prüfmuster vorgeschrieben ist, kann es allerdings zu falsch positiven Ergebnissen aufgrund von unspezifischen, inflammatorischen Reaktionen kommen. Durch Modifikationen des Tests sollen solche Fehlinterpretationen vermieden werden.

Hautsensibilisierende Substanzen werden mit einem R43 gekennzeichnet.

In-vitro-Modelle sind bisher noch nicht vollständig entwickelt, auch wenn es vielversprechende Ansätze schon gibt.

10.4 Studien mit wiederholter Applikation

10.4.1 Subakute, subchronische und chronische Studien

Neben den qualitativen Studien zur akuten Toxizität, Irritation oder Sensibilisierung gibt es eine Reihe von quantitativen Studien, die das toxikologische Verhalten von Substanzen unter wiederholter Gabe untersucht. Diese Studien sollen das mögliche Risiko bei einer normalen Exposition einer Substanz simulieren. Im täglichen Leben kommt man entweder sporadisch, oder täglich vielleicht sogar lebenslang mit vielerlei Chemikalien in Berührung. Eine sporadische Exposition kann z. B. eine kurzfristige Medikamentenbehandlung, eine saisonbedingte Exposition mit Ozon oder Sonnenschutzmittel, oder der kurzfristige Aufenthalt in einem mit Chemikalien belasteten Raum darstellen. Eben jedwede Exposition, die nur wenige Tage bis wenige Wochen anhält. Eine chronische Exposition kann hingegen durch eine chronische Einnahme eines Medikaments, Substanzen in Nahrungsmitteln oder Stoffe aus der Umwelt bedingt sein. Darunter fallen aber natürlich auch Expositionen am Arbeitsplatz, denn auch hier ist man dem unter Umständen den ganzen Arbeitstag, über fünf Tage die Woche und vielen (unter Umständen 40) Arbeitsjahren ausgesetzt.

10.4.1.1 **Exposition**

Je nach Expositionsdauer sind auch die Tierversuche in ihrer Länge gestaffelt, um kürzere oder chronische Expositionen zu simulieren. Bei Arzneimitteln ist die minimale Länge eines solchen Versuches genau vorgeschrieben und richtet sich nach der Länge der vorgesehenen Therapiedauer. Bei allen anderen Chemikalien oder Pflanzenschutzmitteln wird dies eher empirisch festgelegt, wobei immer der sichere Weg zu längeren Studien bevorzugt wird, um kein Risiko zu übersehen. Wie auch schon zuvor beschrieben, soll der Expositionsweg in einer solchen Tierstudie der häufigen Exposition beim Menschen ähneln. So werden Substanzen, die über die Nahrung aufgenommen werden können, wie Pflanzenschutzmittel, Tierarzneimittel, aber auch Umweltchemikalien, gewöhnlich in Fütterungsstudien (Applikation der Testsubstanz in der Nahrung) verabreicht. Eine Applikation über die Schlundsonde ist aber ebenfalls möglich. Ein häufiger Applikationsweg für die Ableitung von Risiken am Arbeitsplatz sind Inhalationsstudien, da eine häufige Exposition von Chemikalien in Form von Gasen, Aerosolen oder Stäuben am Arbeitsplatz vorkommt. Stäube (z. B. Silikose) oder Fasern (Asbestose) haben in der Vergangenheit zu erheblichen gesundheitlichen Schäden geführt, und werden daher auch heute bei neuen Substanzklassen der modernen Industrie sehr ernst genommen (z. B. Nanoteilchen). Eine Exposition von Aerosolen, Gasen oder Stäuben findet aber nicht nur am Arbeitsplatz statt. Es gibt auch eine Reihe von Konsumprodukten, Bioziden, Tier- oder auch Humanarzneimitteln, die inhalierbare Applikationen wie Sprays benutzen. Neben der Inhalation spielt auch der Kontakt mit der Haut eine große Rolle. Beabsichtige Exposition, wie bei Cremes oder Sprays, sowie unbeabsichtigte Exposition, wie über die Luft oder bei Berührung von exponierten Oberflächen, spielt da gleichermaßen eine Rolle. Die Applikationswege intravenös, intramuskulär und subkutan werden hingegen praktisch nur bei Arzneimitteln verwendet und spielen in toxikologischen Studien eine sehr untergeordnete Rolle.

10.4.1.2 **Tierspezies**

Die Verwendung von Tierspezies ist ebenfalls von den internationalen Richtlinien vorgeschrieben. Wichtigste Spezies ist die Ratte, denn mit ihr werden alle wichtigen Endpunkte der Toxikologie, wie chronische Toxizität, Reproduktions- und Entwicklungstoxizität, Neurotoxizität, Immuntoxizität und Kanzerogenität geprüft. Die Maus oder andere Nager (Hamster, Meerscheinchen, Gerbil) werden nur in Ausnahmefällen verwendet, wenn die Ratte z. B. aus physiologischen Gründen nicht geeignet ist. Die Maus wird normalerweise als 2. Spezies in Kanzerogenesestudien eingesetzt, daher gibt es zumeist auch kürzere Dosisfindungsstudien zur Abschätzung der richtigen Dosen über einen lebenslangen Zeitraum in dieser Spezies. Richtlinien zur Zulassung von Arzneimitteln, Tierarzneimittel für Nahrungsmittel liefernde Tiere und Pflanzenschutzmittel fordern eine zweite nicht Nagerspezies. Dies ist bei Pflanzenschutzmitteln und auch Tierarzneimitteln für gewöhnlich der Hund. Bei Humanarzneimitteln entscheidet der Metabolismus, welche Spezies dem Menschen (*most human like spe-*

cies) am meisten ähnelt. Daher kann es hier auch sein, das Primaten, wie der Rhesus- oder der Cynomolgus-Affe (Javaneraffe), eingesetzt werden.

10.4.1.3 **Alter**

Wenn nicht ausdrücklich als Juvenilstudie ausgelegt, werden Nagetiere, Hunde und Affen kurz nach der Entwöhnung in den Versuch eingesetzt. In dieser Zeit befinden sich die Tiere noch im Wachstum und so werden toxische Effekte, die sich unter anderem in einer Wachstumsverzögerung bemerkbar machen, empfindlich festgestellt.

10.4.1.4 **Dosis**

Die Einteilung der Studien erfolgt nach der Dauer, aber auch nach ihrem Untersuchungsumfang. So werden orientierende Dosisfindungsstudien mit sehr wenigen Tieren (oftmals nur einem Geschlecht) über 14 Tage bis 1 Monat durchgeführt. Diese Studien dienen der Abschätzung der geeigneten Dosen im späteren Versuch, der unter GLP (*Good Laboratory Practice*) und mit der vorgeschriebenen Zahl von Tieren beiderlei Geschlechts durchgeführt wird. Die Dosen sollen so festgelegt sein, dass es eine untere Dosis gibt, bei der keinerlei substanzbedingte Effekte auftreten sollen. Die Gruppe, die den NOAEL (*No Adverse Effect Level*) darstellen soll. Eine weitere Gruppe soll so dosiert werden, dass schwache, erste toxikologisch relevante Effekte zu sehen sind, ohne dass das Tier in seinem physiologischen Status (Körpergewichtsentwicklung, Futter- und Wasseraufnahme usw.) beeinträchtigt ist. Die dritte Dosis soll dann klare toxikologisch relevante Effekte zeigen, die auch erste Effekte auf den physiologischen Status andeuten. Diese Dosis nennt man dann die MTD (Maximale Tolerable Dosis), die nicht überschritten werden sollte. Mortalität oder eine massive Reduktion des Körpergewichtes sind hier sichere Anzeichen, dass die MTD überschritten wurde.

Bei längerfristiger Behandlung ist häufig zu beobachten, dass die Empfindlichkeit zu einer Chemikalie steigt. Das heißt Dosen, die über 28 Tage noch akzeptabel vertragen wurden, können für eine Jahresstudie viel zu hoch sein. Daher müssen die Dosen immer der jeweiligen Länge des Versuches angepasst werden. Auch kann man nicht automatisch annehmen, dass eine Dosis, die bei der Ratte adäquat ist, auch bei anderen Spezies so eingesetzt werden kann. Unter Umständen können hier große Speziesunterschiede zum Tragen kommen. Dies ist auch der Grund warum die meisten Richtlinien zwei Tierspezies fordern, da zuvor nicht bekannt ist, welche Spezies am empfindlichsten reagieren wird. Zur Sicherheit des Menschen wird immer davon ausgegangen, dass er sich wie die empfindlichste Spezies verhält.

10.4.1.5 **Dauer der Studie**

Studien, die bis zu 28 Tagen durchgeführt werden, werden unter dem Begriff „subakut“ zusammengefasst, eine längere Behandlungsdauer wird dementsprechend „subchronisch“ (<1 Jahr) und „chronisch“ (≥1 Jahr) genannt. Eine Kanzerogenesestudie beinhaltet die lebenslange Behandlung einer Spezies und dauert in Ratten in der Regel 24 Monate und in Mäusen je nach Richtlinie 18–24 Monate. Um die Reversibilität eines Effektes abzuklären, ist es möglich weitere Satellitengruppen (z. B. Kontrolle und obere Dosis) in den Versuch zu integrieren und diese für weitere zwei oder mehr Wochen unbehandelt weiter zu beobachten (*Recovery*). Am Ende dieser Erholungsphase kann dann bestimmt werden, ob ein Effekt reversibel war oder nicht.

10.4.1.6 **Tierzahlen**

Die Tierzahlen pro Gruppe und Geschlecht sind in den jeweiligen Richtlinien festgelegt. Sie können bei Nagetieren 5–10 Tiere pro Gruppe und Geschlecht in subakuten und subchronischen Studien sein. In chronischen sind normalerweise 20 und in Kanzerogenesestudien 50 Tiere pro Gruppe und Geschlecht vorgeschrieben. Bei Nicht-Nager-Studien (Hunde, Affen) ist die Zahl deutlich geringer. Hier werden normalerweise 3–4 Tiere pro Gruppe und Geschlecht eingesetzt. Zu diesen Tierzahlen können Satellitengruppen gefügt werden, wie für die oben beschriebene Erholungsphase, oder für Kinetik, Neurotoxizitäts- oder immuntoxikologische Untersuchungen.

10.4.1.7 **Studiendesign**

Vor jeder Studie werden ausschließlich gesunde, nicht trächtige Tiere ein bis zwei Wochen an die Stallbedingungen gewöhnt und dann randomisiert den jeweiligen Gruppen zugeordnet. Dazu werden die Tiere individuell markiert. Vor der Studie und während der Studie wird regelmäßig das Körpergewicht ermittelt. Zunächst erfolgt dies im wöchentlichen Abstand über 13 Wochen, erst bei längeren Studien reichen monatliche Abstände aus. Ratten werden so bald wie möglich nach dem Absetzen, aber vor 9 Wochen, in einen Versuch eingesetzt. Bei Hunden sollte es ein Alter von 4–6 Monaten, nicht aber älter als 9 Monate sein. Der Grund hierfür ist die Testung einer möglicherweise höheren Empfindlichkeit von heranwachsenden Tieren. Alle Tiere sollten im Minimum einmal am Tag gründlich beobachtet werden, damit klinische Symptome erkannt werden können, aber auch zur rechtzeitigen Entdeckung von toten oder moribunden Tieren. Die Tiere haben für gewöhnlich einen 12-stündigen Tag/Nacht Rhythmus und freien Zugang zu Wasser und Futter. Beides darf weder restriktiv sein, noch darf den Tieren eine Mangeldiät angeboten werden. Die Tiere sollen sich normal und nach ihren Bedürfnissen entwickeln können. Haltungsbedingungen sind strickt nach dem Tierschutzgesetz einzuhalten.

10.4.1.8 **Klinische Symptomatik**

Die täglichen Beobachtungen im Käfig, aber auch Einzeluntersuchungen in der Hand oder auf dem Tisch, erlauben eine sehr genaue Aufnahme aller Symptome wie gesträubte Haare, erhöhte Schmerzempfindung, Lethargie, Wunden o. ä. Klinische Symptome in Kombination mit Gewichtsverlust und verändertem Fress- und Trinkverhalten geben sehr empfindlich wieder, ob eine Substanz toleriert werden kann oder nicht. Ist die Toleranzgrenze (MTD) überschritten muss der Versuch abgebrochen oder die Dosis reduziert werden.

10.4.1.9 **Ophthalmologie**

Je nach Länge der Studie müssen mindestens einmal vor der Studie und einmal in der Studie die Augen einschließlich des Augenhintergrundes untersucht werden. Bei längeren Studien dann in 1/4-jährlichem Abstand.

10.4.1.10 **Hämatologie**

Zahl und spezifische Parameter roter und weißer Blutzellen, Differenzialblutbild sowie Thrombozyten und Gerinnungsfaktoren werden genau ermittelt. Dies geschieht vor und während der Studie. Auch hier gilt für gewöhnlich ein 1/4-jährlicher Rhythmus.

10.4.1.11 **Klinische Chemie**

Hier werden organspezifische Parameter von Leber und Niere bestimmt sowie Ionen und Parameter, die auf eine Störung des Metabolismus (Zucker-, Fett- und Eiweißhaushalt) hindeuten. Dies wird zusammen mit der Hämatologie durchgeführt.

10.4.1.12 **Urinanalysen**

Der Urin wird nach Aussehen, Volumen, Sedimenten, Osmolarität, pH-Wert, Eiweiß, Glucose und Blutzellen untersucht.

10.4.1.13 **Nekropsie, Organgewichte und Histopathologie**

Nach Ende des Versuches, beim Tod der Tiere oder der Abtötung moribunder Tiere werden alle Tiere seziert. Zunächst werden äußerliche und innerliche Veränderungen genaustes beschrieben. Von vorgeschriebenen Organen werden die Organgewichte genommen. Alle Organe, Drüsen und das Skelett werden in Formalin fixiert und später histopathologisch aufgearbeitet und untersucht.

10.4.1.14 Auswertung

Jeder von der Norm abweichende Befund wird diskutiert und entschieden, ob es sich um einen substanzbedingten, adversen Effekt handelt. Manchmal entspricht ein Befund nicht genau dem der aktuellen Kontrollen, liegt aber im Rahmen des Gesamtkollektivs einer Spezies (historische Kontrollen). Dann wird dieser Effekt nicht als advers betrachtet. Ebenfalls kann ein Effekt pharmakologisch erwünscht sein, dann ist er auch nicht als advers anzusehen. Die Dosierung, die den ersten, empfindlichsten adversen Effekt zeigt, wird als LOAEL (*lowest Adverse Effect Level*) bezeichnet, die Dosierung darunter ist dementsprechend der NOAEL (*No Adverse Effect Level*). Die NOAEL's und LOAEL's werden zu Bewertung des Risikos herangezogen und sind daher die ersten quantitativen Ergebnisse einer solchen Evaluierung. Schwerwiegende organtoxische Befunde können bei Chemikalien über R-Sätze reguliert werden. Hier kann z. B. ein R48 vergeben werden (Gefahr ernster Gesundheitsschäden bei längerer Exposition) wenn diese Effekte bei Dosen ≤ 50 mg kg^{-1} Körpergewicht nach oraler Exposition in der Ratte auftraten.

10.5 Reproduktions- und Entwicklungstoxizität, inklusive Teratogenität

Die Reproduktionstoxizitätsprüfungen betrachten alle adversen Effekte die sich auf die weibliche und männliche Reproduktion sowie deren Nachfahren beziehen. Trotzdem werden alle allgemeinen Parameter wie Körpergewichtsentwicklung, Futter- und Wasseraufnahme und klinische Symptome bestimmt, um parentale und die Nachkommenschaft betreffende toxische Einflüsse sofort zu erkennen. Für die Prüfung von Arzneimitteln sind drei Phasen dieser Prüfung vorgesehen, die in Abb. 10.5 dargestellt sind. Diese drei Phasen erklären sehr deutlich die Schwerpunkte innerhalb dieser Phasen.

Alle drei Studientypen werden normalerweise in der Ratte durchgeführt und auch hier gelten die gleichen Regeln wie für Studien nach wiederholter Gabe. Allerdings wird zumeist auf Ophthalmologie, Hämatologie/klinischer Chemie und die Pathologie aller Organe außer den Reproduktionsorganen verzichtet, es sei denn sie stellen ein Zielorgan dar.

10.5.1 Segment-1-Studie

Die Segment-1-Studie beginnt nach der sexuellen Reifung (5.–9. Woche bei Ratten) und untersucht die Gametenproduktion und das Verlassen aus dem Hoden, bzw. Ovar, sowie die Fertilisation, den Zygotentransport und die Einnistung in die Uterusschleimhaut. Da ein Spermiencyclus in der Ratte (Produktion bis zur Reife) 70 Tage beträgt, müssen beide Geschlechter vor der Verpaarung im Minimum 70 Tage behandelt werden. Danach werden die Tiere verpaart und die Studie ist beendet, wenn eine erfolgreiche Einnistung am 6. Tag der

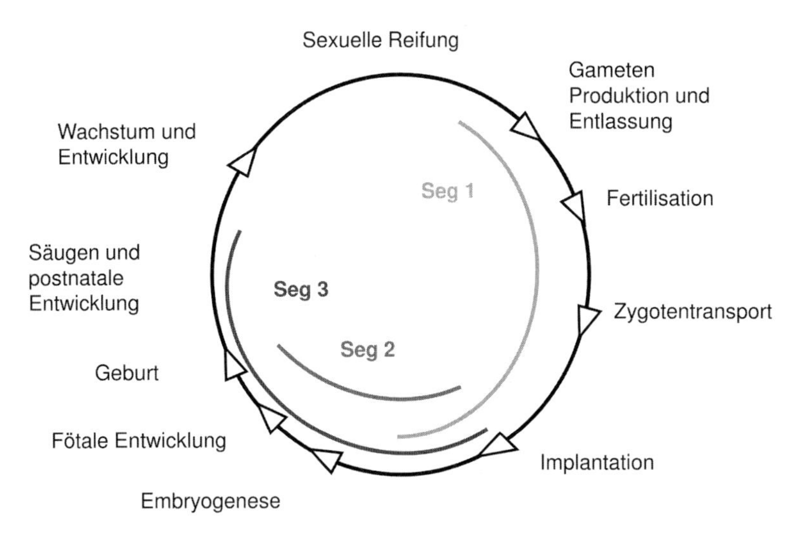

Abb. 10.5 Schemata zu den segmentalen Prüfungen in der Reproduktions- und Entwicklungstoxikologie.

Trächtigkeit erfolgt ist. In dieser Studie werden die Reproduktionsorgane beider Geschlechter sowie Spermienproduktion und -Funktion untersucht. Des Weiteren die Dauer und die Häufigkeit des weiblichen Cyclus, die erfolgreiche Befruchtung und die Zahl und das Aussehen der Implantate. Um eine statistische Aussagekraft der Daten zu haben, sind 20 Tiere pro Gruppe und Geschlecht vorgesehen.

10.5.2 Segment-2-Studie

Die Segment-2- oder Entwicklungstoxizitätsstudie, ist die Studie in der die Entwicklung des Embryos/Fötus untersucht wird. In dieser Studie werden vom Tag 6 der Trächtigkeit bis ca. einem Tag vor Ende der Trächtigkeit ausschließlich weibliche Tiere (Minimum 20 pro Gruppe) behandelt. In diesen Studien sind 2 Tierspezies vorgeschrieben: a) ein Nager zumeist die Ratte und b) ein Nichtnager zumeist das Kaninchen. Beurteilt werden in dieser Studie zum einen die Muttertiere auf eine maternale Toxizität und im Besonderen die Feten. Hier werden jedwede Veränderung der inneren Organe und des Skeletts durch zwei unterschiedliche Methoden untersucht. Missbildungen (Teratogenität), Entwicklungsverzögerungen und Variationen von der Kontrolle werden genauestens protokolliert. Zusammen mit Daten der Reproduktion (Zahl, Größe und Gewicht der Föten, Aussehen und Gewicht der Plazenta usw.) wird unterschieden, ob Effekte zuerst, d.h. primär am Fetus aufgetreten sind, oder sekundär über eine maternale Toxizität. Sind die Muttertiere durch die Substanz stark beeinträchtigt, dann ist auch nicht zu erwarten, dass sich der Fötus normal entwickelt. Bei der Angabe eines NOAEL's wird dementsprechend auch zwischen dem NOAEL der Entwicklungstoxizität und der maternalen Toxizität unterschieden.

10.5.3
Segment-3-Studie

Die Segment-3-Studie greift nun den letzten Teil der Trächtigkeit, das Werfen und die Laktation sowie postnatale Entwicklung ab. Auch hier wird wieder zumeist die weibliche Ratte und ihre Nachkommen verwendet (Minimum 20 Tiere pro Gruppe). Parameter wie Letalität während der späten fötalen Phase, Effekte auf das Wurfverhalten und Lebensfähigkeit sowie Größe, Gewicht und Zahl der Nachkommen werden bestimmt. Ein weiteres Augenmerk wird auf die Entwicklung gelegt. Parameter wie das Öffnen der Augen, Fellentwicklung und anderer Verhaltensmuster werden überprüft. Auch hier werden verschiedene NOAEL's bestimmt, wie die maternale Toxizität und die Entwicklung der Föten.

10.5.4
2-Generationsstudie

Bei Pflanzenschutz- und Tierarzneimitteln wird die so genannte 2-Generationsstudie im Gegensatz zu den segmentierten Studien eingesetzt. Auch diese Studie beginnt vor der Verpaarung mit einer mindestens 70 Tage zuvor beginnenden Behandlung beider Geschlechter (Minimum 20 Tiere Pro Gruppe und Geschlecht). Es erfolgt die Verpaarung und dann die Weiterbehandlung bis zur 2. Generation. Die jeweiligen Elterntiere werden je nach ihrer Notwendigkeit in der Studie (nach der Verpaarung die Männchen und nach der Laktation die Weibchen) sorgfältig untersucht. Dabei stehen, Verhalten, alle Parameter und Organe zur Reproduktion im Vordergrund. Die erste Generation wird dann noch einmal einen Spermiencyclus lang weiter behandelt, verpaart und die 2. Generation dann ebenfalls in die Bewertungskriterien eingeschlossen. Hier werden in einer Studie alle Parameter der Reproduktion- und Entwicklung erfasst. Sollten sich Effekte in der 2. Generation verstärkt ausprägen, so wird auch dieses festgestellt. Da Föten mit Missbildungen entweder im Mutterleib resorbiert oder nach der Geburt gefressen werden, sind bei Pflanzenschutz- und Tierarzneimitteln auch Segment-2-Studien neben den2-Generationsstudien vorgeschrieben, um ein teratogenes Potenzial zu erfassen.

10.5.5 Auswertung

In den Reproduktions- und Entwicklungstoxizitätsprüfungen einschließlich der Teratogenität stehen jedwede Beeinflussung der Reproduktion und Entwicklung einschließlich Missbildungen der Nachkommen im Vordergrund. Daher werden NOAEL's nach allgemein parentaler Toxizität, embryo-, fötotoxischer oder postnataler Toxizität unterschieden. Missbildungen werden ebenfalls gesondert gekennzeichnet.

Reproduktionstoxische Effekte werden in drei Kategorien eingeteilt. Hierbei wird unterschieden, ob eine Substanz a) im Menschen bekanntermaßen reproduktionstoxisch ist (Kategorie 1), b) es hinreichende Hinweise für eine reprotoxische Wirkung gibt z. B. durch Tierversuche (Kategorie 2), oder c) mutagene Befunde vorliegen (Kategorie 3), die eine reproduktionstoxische Wirkung vermuten lassen. Daraus ergeben sich folgende R-Sätze (siehe Tab. 10.6).

Tab. 10.6 Einstufung von Substanzen aufgrund reproduktionstoxischer Befunde.

R-Satz	Wortlaut
T, R60 (Kat. 1, 2)	kann die Fortpflanzung beeinträchtigen
T, R61 (Kat. 1, 2)	kann das Kind im Mutterleib schädigen
Xn, R62	kann möglicherweise die Fortpflanzungsfähigkeit beeinträchtigen
Xn, R63	kann das Kind im Mutterleib möglicherweise schädigen

Kat. = Kategorie

10.6 Mutagenität

Mutationen sind Veränderungen des Erbgutes einer Zelle und manifestieren sich nach der Teilung einer Zelle. Sie entstehen in somatischen Zellen, aber auch in Keimzellen, und können dann an die Nachkommenschaft vererbt werden. Da Veränderungen des Erbgutes letztendlich zur Entstehung von Krebs führen können, sind Genotoxizitätstests entwickelt worden, um ein mögliches Krebsrisiko einer Substanz abzuschätzen.

Man unterscheidet prinzipiell zwei Typen von Mutationen in einem Chromosom, die Punktmutationen und die Chromosomenaberrationen, und es gibt Mutationen, die die Zahl der Chromosomen verändert, die durch die Spezies festgelegt ist:

Typen von Mutationen

Punktmutationen

Definition:	Substitution, Insertion und Deletion von Basen	
Folge:	Veränderungen von Struktur- und/oder Funktionen der Zelle	
Typen:	Basenpaarsubstitution:	THE SUN WAS RED
		THE SON WAS RED
	Frameshiftmutationen:	THE SUN WAS RED
		THS UNW ASR ED

Chromosomenaberrationen

Definition:	Veränderung der chromosomalen Struktur:	
Folge:	Veränderungen von Struktur- und/oder Funktionen der Zelle	
Typen:	Gap:	ungefärbter Abschnitt
	Bruch:	abgebrochenes Stück
	Fragement:	Rest eines Chromosoms
	Deletion:	Fehlen eines Chromosomenstücks
	Exchange:	Chromosomenabschnitt wird anein anderes Chromosom gehängt

Numerische Aberration

Definition:	Fehlen oder zusätzliches Vorhandensein eines Chromosoms
Folge:	Genetische Veränderung des Menschen
Typen:	Aneuploidie: $2n \pm x$
	Polyploidie: $(2 \pm x)n$

Alle diese Mutationen können zu genetischen Defekten, wie der Sichelzellanämie, der Phenylketonurie, des Turnersyndroms oder der Trisomie 23 führen.

Substanzen, die solche Mutationen hervorrufen können, versucht man mittels *In-vitro-* und *In-vivo*-Methoden zu erkennen. Man unterscheidet auch hier Tests, die Genmutationen erkennen, von solchen die Chromosomenaberrationen oder DNA-Schäden erkennen können.

10.6.1 Genmutationstests

Der *„Ames-Test"* oder *„Salmonella Mikrosomentest"* wurde von Bruce Ames entwickelt und verwendet spezifische Stämme von *Salmonella typhimurium*. Er besitzt eine hohe Vorhersagekraft bezüglich eines möglichen kanzerogenen Potenzials und gehört daher zur Standardprüfstrategie aller Chemikalien einschließlich Pflanzenschutzmitteln und Arzneimitteln. Diese Stämme sind nicht mehr pathogen und besitzen eine Deletion in einem Gen, das für die Synthese der Aminosäure *Histidin* notwendig ist. So können diese Bakterien nur in einem histidinhaltigen Medium wachsen. Induziert eine Testchemikalie nun eine

Punktmutation, so besteht die Wahrscheinlichkeit, dass es zu einer Rückmutation in diesem veränderten Gen kommt und die Bakterien die Fähigkeit zurückbekommen, ohne Histidin zu wachsen. Man erkennt dies an einem kräftigeren Koloniewachstum. Um *Frameshift-* von Basenpaarsubstitutionsmutationen zu unterscheiden, wurden diverse Stämme entwickelt: So erkennen z. B. der TA 98 und TA 1538 *Frameshiftmutationen* und der *TA 100* und *TA 1535*, Basenpaarsubstitutionen. Des weitern kann man die Systeme empfindlicher machen, indem man die Mutationen auf Plasmide verlegt, von denen dann mehrere Kopien im Bakterien vorliegen können. Das Plasmid pKM101 wurde beim *TA 98* und *TA 100* mit der jeweiligen Mutation eingefügt. Mutationen können hocheffizient mittels verschiedener Reparationsmechanismen rückgängig gemacht werden. Eines ist ein Ausschneidereparationssystem, das allen Stämmen, außer dem *TA 102* fehlt. Das Fehlen macht diese Stämme wiederum empfindlicher, kann aber auch dazu führen, dass die Substanz zu einer hohen Letalität führt, sodass sich Mutationen nicht mehr ausprägen können.

Da viele Chemikalien sich erst durch eine chemische Veränderung mittels körpereigener Enzyme zu einem Mutagen/Kanzerogen verändern, ist eine metabolische Aktivierung durch die zusätzliche Gabe von Rattenleberhomogenat (S9-Mix) notwendig. Das Leberhomogenat wird aus Ratten gewonnen, und bei 9000 g zentrifugiert. Der Überstand enthält neben dem Zytoplasma, Mikrosomen, die Bruchstücke des endoplasmatischen Retikulums darstellen und reich an verschiedenen P450-Isoenzymen sind. Oftmals werden die Tiere zuvor mit Aroclor induziert.

10.6.1.1 Platten-Inkorporations-Test

In einem Teströhrchen (siehe Abb. 10.6) werden Testsubstanz, Bakterien, gegebenenfalls S9-Mix in Weichagar vermischt und als so genannter Top-Agar auf Selektiv-Nährböden verteilt. Nach Festwerden des Top-Agars werden die Platten bei 37° C über 48–72 Stunden im Brutschrank inkubiert. Ein geringer Zusatz von Histidin erlaubt allen Bakterien einige Zellteilungen, sodass mikroskopisch kleine Kolonien entstehen, die einen milchigen Hintergrund bilden. Nur spontane oder chemisch induzierte Revertanten können als sichtbare Kolonien wachsen. Jeder Stamm besitzt eine spezifische Spontanrate. Wird die Anzahl dieser Kolonien um den Faktor zwei oder mehr übertroffen, so gilt dies als positiver Befund, d. h. dass die Testsubstanz mutagen ist. Für jeden Stamm mit und ohne metabolische Aktivierung (S9-Mix) gibt es eine Positivsubstanz, die jeweils als Qualitätsmerkmal dient. Sind die Positivkontrollen nicht vergleichbar hoch positiv, so besteht der Verdacht, dass der Test nicht ordnungsgemäß verlaufen ist.

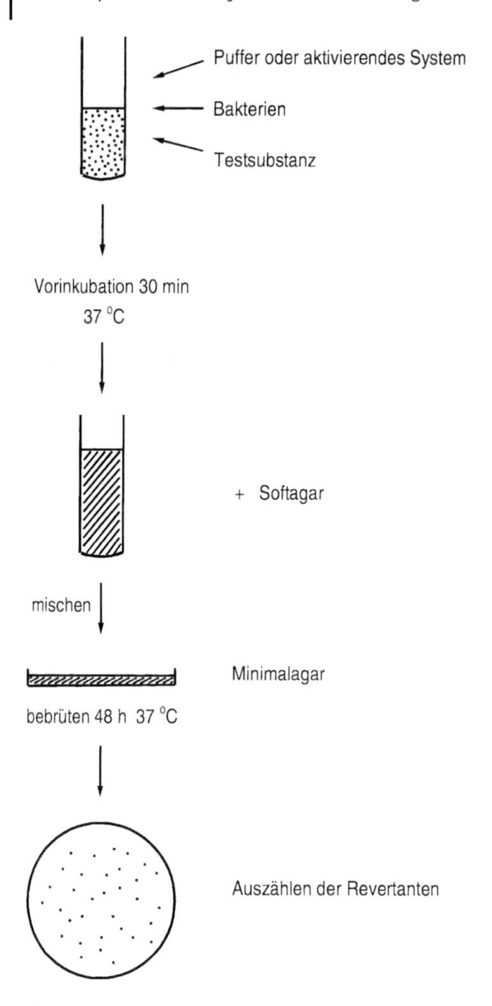

Abb. 10.6 Arbeitsverlauf beim *Salmonella-Mikrosome-Test.*

10.6.1.2 **Präinkubationstest**

Der Präinkubationstest unterscheidet sich vom Inkorporationstest nur darin, dass das Teströhrchen gefüllt mit Testsubstanz, Bakterien, mit oder ohne S9-Mix und Weichagar zunächst für eine bestimmte Zeit (z. B. 2 h) im Wasserbad vorinkubiert wird. Dieses ermöglicht eine höhere Empfindlichkeit des Systems, da Bakterien, Testsubstanz und auch S9-Mix länger miteinander verweilen können, bevor sie auf der Kulturplatte verdünnt werden.

Auf einem ähnlichen Prinzip wie der „Ames Test" beruht der *TK-Test* (Thymidin-Kinase) oder der *HPRT-Test* (Hypoxanthin-Guanin-Phosphoribosyltransferase), die in Säugetierzellen wie den Mauslymphomlinien TK 6 oder 5178Y, CHO-Mutanten (*Chinese Hamster Ovary*) oder V79 Zellen durchgeführt werden. Diese

Zellen haben einen genetischen Defekt im TK- oder HPRT-Gen, der sie entweder unempfindlich gegenüber Thymidin-Analoga macht, die durch die natürliche TK zu toxischen Metaboliten umgewandelt werden würden, oder gegenüber Guanin-Analoga, die durch die natürliche HPRT zu toxischen Metaboliten verstoffwechselt werden würden. Auch diese Systeme können Basenpaar- und Frameshiftmutationen erkennen.

10.6.1.3 **Chromosomenaberrationen**

Chromosomenaberrationen sind strukturelle Veränderungen von Chromosomen, die im Lichtmikroskop in der Metaphase sichtbar werden. Substanzen, die solche Veränderungen hervorrufen, werden „Klastogene" genannt. Neben strukturellen Veränderungen am Chromosom können auch numerische Veränderungen z. B. durch Spindelgifte hervorgerufen werden. Solche Substanzen werden als „Aneugene" bezeichnet.

Chromosomenaberrationen werden zumeist durch DNA-Doppelstrangbrüche induziert. Durch „Anhalten" der Zellteilung in der Metaphase, z. B. durch Colchicin, können nach Anfärben des Chromatins solche Chromosomenaberrationen gut sichtbar gemacht werden. Es wird nach Gaps, Bruchstücken, Deletionen oder Austausch von Chromosomenstücken (*Exchange*) usw. unterschieden. Auch in diesen Tests sind der Einsatz von S9-Mix und geeignete Positivkontrollen unerlässlich. Der Chromosomenaberrationstest kann in humane Lymphozyten oder in permanenten Zellkulturen wie den V79- oder den CHO-Zellen durchgeführt werden. Mindestens 100 Metaphasen müssen ausgewertet werden.

Chromosomenaberrationen können sich nach der Zellteilung auch in so genannten Mikrokernen manifestieren, die neben dem Kern existieren und Chromosomenstücke oder einzelne Chromosomen enthalten können. In diesem Testverfahren müssen die Zellen eine Zellteilung durchführen, damit der Mikrokern außerhalb des Kerns sichtbar wird. Die Substanz Cytochalasin B führt dazu, dass die Zelle eine Kernteilung durchführt, aber keine Zellteilung. Dadurch haben Zellen, die sich geteilt haben, zwei Kerne und gegebenenfalls auch Mikrokerne. Steigt die Zahl der Mikrokerne an, so ist das ein Hinweis auf eine klastogene Substanz.

Bei der Zulassung von Pflanzenschutz-, Arznei- und Tierarzneimitteln ist neben zwei *In-vitro*-Tests (zumeist Ames-Test und Chromosomenaberrations-Test) auch ein *In-vivo*-Test vorgeschrieben. Dies ist laut Richtlinienempfehlung der Mikronukleus-Test in der Maus oder Ratte. Je nach Richtlinie wird den Tieren (fünf Tiere pro Gruppe und Geschlecht) die Testsubstanz ein- bis zweimal in subletaler Dosis verabreicht (meist intraperitoneal). Als höchste Dosis ist auch hier $2000\ \mathrm{mg\ kg^{+1}}$ Körpergewicht festgelegt. Anschließend werden die Tiere nach 18–48 Stunden abgetötet und das Knochenmark aus den Röhrenknochen der Hinterbeine entnommen und ausgestrichen. Mittels einer Giemsa-Färbung können die einzelnen Zellen des Knochenmarks sichtbar gemacht werden. Der Mikronukleustest fokussiert auf die Bildung der Erythrozyten. Bei der Reifung der Erythrozyten verlieren sie ihren Kern und auch ihre ribosomale DNA, das den unreifen Erythrozyten ein polychromatisches Aussehen gibt. Sind zuvor durch eine klastogene Verbindung Mikrokerne induziert worden, dann bleiben diese in den reifen Erythrozyten „liegen", da diese Stücke nicht entfernt werden können. Man kann nun diese Erythrozyten mit Mikrokernen von denen ohne Mikrokerne leicht unterscheiden. Es werden mindestes 2000 reife Erythrozyten ausgezählt. Untersuchungen haben gezeigt, dass Substanzen, die eine zytotoxische Wirkung auf das Knochenmark ausüben, auch mehr Mikrokerne erzeugen. Dies wird als Artefakt angesehen, denn hier liegt nicht unbedingt klastogene Wirkung vor. Daher wird die zytotoxische Wirkung immer am Verhältnis zwischen reifen (normochromatischen NCE) und unreifen (polychromatischen PCE) Erythrozyten bestimmt. Auch in diesem Testverfahren wird eine Positivsubstanz (Cyclophosphamid) eingesetzt. Mikrokerne tauchen ungefähr nach 18–24 Stunden auf. Als positiv wird ein Versuch gewertet, wenn die Zahl der Mikrokerne signifikant die der Kontrollen und der historischen Kontrollen übersteigt.

10.6.1.4 **DNA-Schäden**

DNA-Schäden wie Einzelstrang- oder Doppelstrangbrüche können mit dem *Comet*-Test nachgewiesen werden. Je nach Versuchsbedingungen entstehen Einzelstrang-(alkalische Bedingungen) oder Doppelstrangbrüche (neutrale Bedingungen). Zunächst werden Zellen *in vitro* oder auch *in vivo* (häufiges Organ ist die Leber, da sie am höchsten exponiert ist) mit der Testsubstanz behandelt. Danach werden die Zellen isoliert und auf einen mit Agar bedeckten Objektträger gebracht. Die Zellen werden lysiert und einem elektrischen Feld ausgesetzt (Elektrophorese). Die DNA dieser Zellen wird mit Ethidiumbromid sichtbar gemacht. DNA-Brüche führen zu einem geänderten Wanderungsverhalten der DNA. Dies wird durch so genannte Kometen sichtbar, die quantifiziert werden können (siehe Abb. 6.4).

Mutagene Substanzen können DNA-Strukturen wie Basen strukturell verändern, indem Molekülbruchstücke oder das ganze Molekül an so eine Base binden. Man spricht dann von DNA-Addukten. DNA-Addukte können mittels der *„Postlabelling-Methode"* sichtbar gemacht werden. Veränderte und nicht veränderte Basen werden mit ^{32}P-Phosphat markiert und in einer Dünnschichtchromatographie aufgetrennt. Veränderte Basen haben ein anderes Laufverhalten als die vier klassischen Basen und so werden sie als zusätzliche „Spots" auf der Chromatographie sichtbar.

10.6.1.5 **Auswertung**

Mutagene oder klastogene Substanzen können prinzipiell krebsauslösend sein. Daher werden auch sie besonders gekennzeichnet, wobei wieder drei Kategorien unterschieden werden: Substanzen, die bekanntermaßen erbgutverändernd wirken sind in Kategorie 1; Substanzen, die als erbgutschädigend angesehen

Tab. 10.7 Einstufung von Substanzen aufgrund genotoxischer Befunde.

R-Satz	Wortlaut
T, R46 (Kat. 1, 2)	kann vererbbare Schäden verursachen
Xn, R40 (Kat. 3)	irreversible Schäden möglich

Kat. = Kategorie

werden können (hier liegen positive Befunde in Tierversuchen vor) in Kategorie 2 und solche, die möglicherweise erbgutschädigend sind (Hinweise aus z. B. *In-vitro*-Versuchen) in Kategorie 3. Die R-Sätze sind in Tabelle 10.7 zusammengefasst.

10.7 Kanzerogenese

Die chemische Induktion von Krebs ist ein mehrstufiger Prozess, dem ein z.T. lebenslanger Prozess zugrunde liegen kann. Zur Erkennung von krebserregenden Substanzen sind zumeist lebenslange Studien in Nagetieren notwendig. Modelltiere hierfür sind zumeist die Ratte und die Maus. Auch epidemiologische Studien beim Menschen z. B. von Arbeitern können Hinweise auf ein mögliches krebserregendes Potenzial geben. In jüngster Zeit sind noch Kurzzeitkanzerogenesestudien in transgenen Mäusen hinzugekommen.

Für Arzneimittel mit chronischer Anwendung, Pflanzenschutzmittel und Tierarzneimittel für lebensmittelproduzierende Tiere sind generell 2 Kanzerogenesestudien in Ratten und Mäusen vorgeschrieben. Bei Tierarzneimitteln für den Hobbytierbereich werden Kanzerogenesestudien nur dann vorgeschrieben, wenn ein ausreichender Verdacht auf Kanzerogenese besteht, wie ein positiver Genotoxizitätstest oder eine strukturelle Ähnlichkeit zu bekannten Kanzerogenen.

Da die Entstehung von Tumoren ein z.T. seltenes Ereignis darstellen kann, sind große Tierzahlen notwendig, um eine statistisch signifikante Aussage über die Entstehung eines chemisch induzierten Tumors zu treffen. Daher werden pro Gruppe und Geschlecht 50 Tiere eingesetzt, was bei einer Studie mit 3 Dosisgruppen im Minimum 400 Tiere bedeutet. Bei Ratten kann man die chronische Toxizitätsstudie mit der Kanzerogenesestudie verbinden, was die Tierzahlen dementsprechend erhöht. Die Durchführung sowie alle zu untersuchenden Parameter sind identisch mit den Versuchen nach wiederholter Gabe und werden daher an dieser Stelle nicht wiederholt.

Es gibt allerdings ein paar Dinge zu beachten, die bei diesen Studien wichtig sind. Neben der großen Tierzahl sind die Dosierungen von enormer Bedeutung. Wie schon zuvor beschrieben, soll die MTD in der hohen Dosis erreicht werden, wobei eine Reduktion der Körpergewichtsentwicklung von ca. 10% erreicht werden soll. Man weiß aus Versuchen mit Futterrestriktion, dass bestimmte Tumoren sich zu einem geringen Prozentzahl ausbilden, wenn man den Tieren eine lebenslange Diät verordnet. Daher dürfen Kanzerogenesestudien nur mit dem normalen für diese Tierspezies vorgesehenen Futter durchgeführt werden und die Toxizität darf eine tolerierbare Grenze nicht überschreiten. Die Unterschiede der Dosierungen sollten mindestens einen Faktor zwei aber nicht mehr als einen Faktor vier betragen. Ansonsten müssen mehr Gruppen verwendet werden. Es ist darauf zu achten, dass zu dem Stamm der verwendeten Tierspezies ausreichend historische Kontrolldaten vorliegen, denn es gibt stamm- und speziesspezifische spontane Tumorraten. Nur so kann gewährleistet werden, dass eine Substanz richtig bewertet wird. Die Dauer solcher Studien ist mit 24 Monaten bei Ratten und 18–24 Monaten bei Mäusen festgelegt. Die Sterberate sollte 50% der Tiere einer Gruppe nicht überschreiten, damit eine statistisch gesicherte Aussage über eine Nicht-Kanzerogenität gemacht werden kann. Bei kanzerogenen Substanzen spielt die Sterberate keine Rolle.

10.7.1
Auswertung

Bei der Wertung der Kanzerogenitätsstudien werden die Rattenstudien höher angesehen, weil es in dieser Spezies schon viele Daten aus anderen Toxizitätsstudien gibt und die Spontanrate einzelner Tumoren nicht so hoch ist, wie bei Mäusen. Die Mäusestudie wird immer als Ergänzung zur Rattenstudie angesehen. Bei krebsauslösenden Substanzen wird unterschieden, ob eine Substanz beim Menschen bekanntermaßen krebsauslösend ist (Kategorie 1) oder es einen hinreichenden Verdacht gibt (krebsauslösend in Tierversuchen) (Kategorie 2), oder die Sorge einer möglichen kanzerogenen Potenz besteht, es aber nicht genügend Daten gibt, um dies sicher zu bewerten (Kategorie 3). Die R-Sätze sind in Tabelle 10.8 zusammengefasst.

Tab. 10.8 Einstufung von Substanzen aufgrund krebserregender Befunde.

R-Satz	Wortlaut
T, R45 (Kat. 1, 2)	kann Krebs erzeugen
T, R49 (Kat. 1, 2)	kann beim Einatmen Krebs erzeugen
Xn, R40 (Kat. 3)	irreversible Schäden möglich

Kat. = Kategorie

10.8
Spezielle Untersuchungen

10.8.1
Immuntoxizität

Spezifische Untersuchungen zu Effekten auf das Immunsystem von Pflanzenschutzmitteln hat die amerikanischen EPA (Environmental Protection Agency) gefordert. Sie hat im Jahre 1998 eine Richtlinie veröffentlicht, die für jedes Pflanzenschutzmittel, das auf den amerikanischen Markt kommen kann, eingehende Untersuchungen des Immunsystems vorschreibt. Für die EU liegen ähnliche Richtlinien bis heute nicht vor.

Untersuchungen zur Immuntoxizität können in die Studien mit wiederholter Gabe in Form von Satellitengruppen eingebunden oder als eigene Studien durchgeführt werden. Allerdings müssen die Tiere dabei mindestens 28 Tage behandelt werden. Neben einer Untersuchung von den Milzzellen mittels Durchflusszytometrie (Subpopulationsanalysen) ist für die EPA ein Funktionstest von entscheidender Bedeutung. Dabei wird den behandelten Tieren ein starkes Antigen appliziert (meist Schafserythrozyten) und die Immunantwort im Vergleich zu den Kontrolltieren ermittelt. Allerdings bezieht sich die EPA-Richtlinie im Gegensatz zu allen anderen nur auf immunsuppressive Wirkungen, nicht auf unerwünschte Immunstimulationen, also Überreaktionen.

In den Folgejahren haben dann Europa (EMEA) und Amerika (FDA) Richtlinien für die immuntoxischen Untersuchungen von Arzneimitteln veröffentlicht, die 2006 dann harmonisiert wurden (ICH-S8-Richtlinie). Prinzipiell ähnelt sie der EPA-*Guideline*, obwohl der Schwerpunkt stärker auf den durchflusszytometrischen Anwendungen liegt, die einfacher in die Hauptgruppen von Toxizitätsstudien eingebaut werden können, während Tiere für Funktionstests normalerweise Satellitengruppen erfordern. Diese Richtlinie gilt allerdings nur für so genannte *„small molecules“*, also klassische Arzneimittel, die auch mit einfachen Chemikalien gut zu vergleichen sind.

Mit der zunehmenden Entwicklung von biotechnologisch hergestellten Arzneimitteln, also Porteinen, wie Zytokinen, Antikörpern oder Enzymen, mussten für diese Substanzklasse eigene Richtlinien gefunden werden. Denn bei diesen humanen oder humanisierten rekombinanten Proteinen steht eine Überaktivierung (Immunogenität, Autoimmunität) deutlich stärker im Vordergrund als bei kleinen Molekülen. Aus diesem Grund wurde auch für diese Arzneimittel nach einigen nationalen Alleingängen eine harmonisierte Richtlinie (ICH S6) veröffentlicht, die aber bis 2010 nochmals überarbeitet werden soll. Aufgrund der sehr heterogenen Eigenschaften solcher biotechnologisch produzierten Arzneimittel (*biologicals*) schreibt die S6 kein bestimmtes Vorgehen vor, sondern verweist auf ein „von-Fall-zu-Fall“ (*case-by-case*) Vorgehen. Routinetoxikologische Untersuchungen werden hier nur noch bedingt Anwendung finden.

Aber auch für Chemikalien werden die Anforderungen bezüglich immuntoxischer Untersuchungen zukünftig größer werden. So soll einerseits die OECD

TG 407 (*repeated dose study*) erweitert werden, und andererseits wird auch vermehrt das sich entwickelnde Immunsystem bei Kindern (*Developmental Immunotoxicology*; DIT) in den Fokus von Richtlinien kommen. So soll z. B. ein DIT-Modul in eine erweiterte Reprotoxstudie eingebaut werden.

Allen Richtlinien ist allerdings gemeinsam, dass die Effekte auf das Immunsystem immer im Zusammenhang mit der Gesamttoxizität bewertet werden müssen. Ein Prüfmuster ist demnach nur dann (primär) immuntoxisch, wenn das Immunsystem das empfindlichste oder eines der empfindlichsten Zielorgane darstellt. Ansonsten sind Effekte auf das Immunsystem als sekundär einzustufen.

10.8.2
Neurotoxizität

Viele Insektizide, organische Lösungsmittel, Arzneimittel und Naturstoffe besitzen ein spezifisches neurotoxisches Potenzial. Dieses kann in spezifischen pharmakologischen Studien nach akuter Gabe überprüft werden. Hier werden Einflüsse auf das Verhalten, die Bewegung, Schmerzempfindlichkeit, das Vermögen sich an etwas festzuhalten oder sich auf einer schiefen Ebene zu halten überprüft. Die Wahrnehmung von Reizen wie Töne oder Licht können ebenfalls überprüft werden. Gibt es in diesen einfachen Untersuchungen, oder in Studien mit wiederholter Applikation, Hinweise auf eine Neurotoxizität, so müssen spezifische Untersuchungen durchgeführt werden. Dies gilt vor allem für Pflanzenschutzmittel und Tierarzneimittel, die bei der US Amerikanischen EPA (Environmental Protection Agency) zugelassen werden sollen. Aber auch in der EU liegen ähnliche Richtlinien vor.

Untersuchungen zur Neurotoxizität können in die Studien mit wiederholter Gabe in Form von Satellitengruppen eingebunden oder als eigene Studien durchgeführt werden. Hier unterscheidet man drei Typen: die akute Neurotoxizitätsprüfung, die subchronische Neurotoxizitätsprüfung und die Entwicklungs-Neurotoxizitätsprüfung. In allen Fällen werden normalerweise Ratten verwendet. In allen Prüfungstypen sind Beobachtungen im „offenen Feld“, also auf dem Tisch oder in einer großen Kiste, wo sich das Tier frei bewegen kann. Hier kann man die Aktivität, Bewegungsabläufe, Reflexe und äußere Reize abprüfen. Gleichzeitig werden autonome Reaktionen wie Tränenfluss, Speicheln usw. aufgezeichnet. Zusätzlich werden die Griffstärke, sensomotorische Reflexe und das Vermögen, sich im Fall vom Rücken auf die Füße zu drehen getestet. Alles zusammen wird als FOB (*Functional Observational Battery*) zusammengefasst. In einer Laufarena wird die Aktivität der Tiere gemessen. Hier wird die Zeit und Distanz der Laufaktivität gemessen sowie die Anzahl der Aufrichtungen und die Dauer bis die Tiere sich ruhig zusammenkauern. Ein weiterer Untersuchungsparameter ist das Lernen, das in verschiedenen Lerntests abgeprüft wird. Das vierte Untersuchungsfeld ist eine spezifische Histopathologie. Hier werden mittels spezifischer Fixier- und Färbemethoden bestimmte Bereiche des Gehirns, des Rückenmarks und der peripheren Nerven untersucht. In der Entwicklungs- Neurotoxizität steht die Entwicklung des Neugeborenen im Vordergrund. In dieser Studie werden Muttertiere über die gesamte Tragzeit und danach während der Laktationszeit behandelt. Die Nachkommen werden zu verschiedenen Zeitpunkten nach ihrer Geburt wie die adulten Tiere auf ihr Verhalten, Aktivität, Reflexe und Morphologie hin untersucht.

Diese recht spezifischen und empfindlichen Untersuchungen können niedrigere NOAEL-Werte erzeugen als die jeweiligen Studien ohne diese Untersuchungen. Für eine genaue Risikoabschätzung müssen aber diese niedrigen Werte genommen werden.

10.9 Zusammenfassung

Zur Abschätzung eines Gefahrenpotenzials und zur Risikobewertung müssen spezifische Untersuchungen an Säugetieren durchgeführt werden, die in den jeweiligen Richtlinien festgelegt sind. Man unterscheidet qualitative Parameter, wie die akute Toxizität, die Haut- oder Augenreizung und die Sensibilisierung. Daneben gibt es eine Reihe von quantitativen Studien, in denen so genannte NOAEL's bestimmt werden, die zur Risikobewertung herangezogen werden. Zu diesen Studien gehören Studien mit wiederholter Applikation und Entwicklungs- und Reproduktionsstudien. Mutagenitäts- und Kanzerogenitätsstudien bilden eine Sonderstellung, da auch hier nur eine qualitative Aussage getroffen wird, obwohl es Dosis-Wirkungskurven gibt. Sonderstudien stellen Untersuchungen auf das Immun- oder Nervensystem dar. Diese Studien sind besonders dann erforderlich, wenn konkrete Hinweise aus anderen Studien vorliegen.

10.10 Fragen zur Selbstkontrolle

1. ***Welche Applikationsarten gibt es und warum müssen diese angewendet werden?***
2. ***Welches sind qualitative Untersuchungsmethoden?***
3. ***Beschreibe die Prinzipien der akuten oralen Toxizitätsprüfungen!***
4. ***Welche In-vitro-Methoden stehen zur Prüfung der Haut- und Augenirritation zur Verfügung?***
5. ***Welche Methoden zur Prüfung von Hautsensibilität stehen zur Verfügung?***
6. ***Welche Parameter werden bei Studien mit wiederholter Gabe abgeprüft?***
7. ***Welche Methoden gibt es zur Prüfung von Genmutationen?***

8. ***Beschreibe den Mirkokerntest in der Maus?***
9. ***Welche Parameter sind bei der Planung einer Kanzerogenesestudie wichtig?***
10. ***Was ist ein „Plaque"-Test?***
11. ***Wann müssen Prüfungen zur Neurotoxizität durchgeführt werden, und wie werden diese durchgeführt?***

10.11 Weiterführende Literatur

1 Ballantyne B, Marrs T, Syversen, T (1999), General and Applied Toxicology, Vol. 1,2

2 Dekant W; Vamvakas S (2005), Toxikologie. Eine Einführung für Chemiker, Biologen und Pharmazeuten. Spektrum Akademischer Verlag, Heidelberg

3 Eisenbrand G, Metzler M; Hennecke FJ (2005), Toxikologie für Naturwissenschaftler und Mediziner. Wiley-VCH Verlag, Weinheim

4 Marquart H, Schäfer S (2004), Lehrbuch der Toxikologie. Wissenschaftlicher Verlag mbH, Stuttgart

5 Magnusson B, Klingmann AM (1969) The identification of contact allergens by animal assay. The guinea pig maximization test. J Invest Dermatol 52:268– 276

11 Ökotoxikologie

Richard Schmuck

11.1 Einleitung

11.1.1 Begriffsbestimmungen

Der Begriff Ökotoxikologie wurde 1969 von dem französischen Toxikologen Rene Truhaut [1] geprägt und hat sich in den Folgejahren im deutschen und angelsächsischen Sprachraum etabliert. Der Begriff beschreibt einen interdisziplinären Wissenschaftszweig, der Themenfelder der Ökologie und Toxikologie miteinander verbindet. Die Ökotoxikologie befasst sich mit dem Abbau- und Verteilungsverhalten chemischer Verbindungen sowie deren Auswirkungen auf Funktionen und Strukturen von Ökosystemen [2]. Das Fachgebiet Ökotoxikologie erfordert daher Grundkenntnisse über Stoff- und Energiekreisläufe (= Funktionen) in Ökosystemen, über Lebensgemeinschaften und deren Wechselwirkungen (= Strukturen) sowie über die Wirkungsprinzipien chemischer Verbindungen auf Organismen, Populationen, Lebensgemeinschaften und Ökosysteme. Ökotoxikologische Untersuchungen dienen im Wesentlichen der Gefährdungsermittlung. Eine Gefährdung bezeichnet im technischen Sprachgebrauch die Möglichkeit, dass eine Gefahrenquelle räumlich und/oder zeitlich auf ein Ökosystem einwirken kann. Das Wirksamwerden der Gefahr führt dann zu einem Schaden, der reversibel oder irreversibel sein kann. Die kalkulierte Prognose, d.h. die Wahrscheinlichkeit, mit der ein Schaden eintritt, bezeichnet man als Risiko.

Die Ergebnisse ökotoxikologischer Untersuchungen liefern die Grundlage für das Erkennen und Bewerten der mit einer Chemikalie verbundenen Risiken für Lebewesen, Lebensgemeinschaften und Lebensräume. Neben der Charakterisierung der Wirkungseigenschaften der betreffenden Chemikalie müssen dabei auch lebensraumbezogene Daten ermittelt werden, d.h. wie (toxisch) wirkt eine Substanz auf welche Organismen in welchem Umweltkompartiment (Luft, Boden, Wasser)? Ökotoxikologische Risikobewertungen dienen u.a. als Grundlage für den Gesetzgeber (z.B. Chemikaliengesetz, Pflanzenschutzgesetz, Bodenschutzgesetz) mit der Zielsetzung, Gefahren durch anthropogen bedingte Stoff-

Toxikologie Band 1: Grundlagen der Toxikologie. Herausgegeben von Hans-Werner Vohr

ISBN: 978-3-527-32319-7

einträge in die Umwelt zu minimieren. Stoffeinträge können Einzelverbindungen oder Stoffgemische betreffen.

In der Literatur finden sich für chemische Verbindungen, die durch menschliche Aktivitäten in die Umwelt gelangen, eine Reihe von Fachbegriffen, die implizit eine Schadwirkung auf Ökosysteme postulieren. Dazu zählen Begriffe wie Umweltchemikalien, Umweltschadstoffe, Noxen, Kontaminanten oder Xenobiotika. Ursprünglich wurden Umweltchemikalien im ersten Umweltaktionsprogramm der deutschen Bundesregierung [3] beschrieben als *„Stoffe, die durch menschliches Zutun in die Umwelt gebracht werden und in Mengen und Konzentrationen auftreten können, die geeignet sind, Lebewesen, insbesondere den Menschen, zu gefährden. Hierzu gehören chemische Elemente oder Verbindungen organischer oder anorganischer Natur, synthetischen oder natürlichen Ursprungs."*

11.1.2
Prinzipien und besondere Herausforderungen der Ökotoxikologie

Die methodischen Ansätze der Ökotoxikologie unterscheiden sich im Grundsatz nicht von denen der Toxikologie. Das Gefährdungspotenzial einer chemischen Verbindung wird zunächst an einer Reihe sogenannter Stellvertreterarten ermittelt. Die zu untersuchende Verbindung wird diesen Stellvertreterarten in definierten Mengen einmalig oder mehrfach über definierte Zeiträume hinweg verabreicht. Die Exposition der Prüforganismen erfolgt im Labor durch direkte Verabreichung der Prüfsubstanz oder über Beimischung in das Futter bzw. das Umgebungsmedium, im Freiland über praxisrelevante Eintragspfade. Ziel dieser Prüfungen ist es, die dosisabhängigen Auswirkungen einer chemischen Verbindung auf das Überleben, das Verhalten und die Fortpflanzungsfähigkeit zu ermitteln. Das ökotoxikologische Gefährdungspotenzial eines Stoffes wird aus der Dosis, den ein Organismus aus der Umwelt aufnehmen kann und seinem toxikologischen Wirkungsprofil ermittelt. Im Unterschied zur Toxikologie, deren Augenmerk primär auf das Verständnis der Wirkungsmechanismen eines Stoffes am Menschen gerichtet ist, versucht die Ökotoxikologie ein Verständnis der Auswirkungen eines Stoffes auf Populationen von Organismen und deren Folgen für ein Ökosystem zu entwickeln. Die besonderen Herausforderungen der Ökotoxikologie im Vergleich zur Toxikologie liegen in der Vielgestaltigkeit und der Komplexität der Strukturen, für die eine Gefährdungsermittlung durchgeführt werden muss. Darüberhinaus sind die Rückkopplungen auf die Wechselwirkungen zwischen den Organismen und die sich hieraus potenziell ergebenden Störungen der Lebensraumfunktionen zu berücksichtigen. So kann beispielsweise eine durch Stoffeinwirkungen bedingte zahlenmäßige Abnahme einer Beutetiergruppe zu einem Rückgang der hiervon abhängigen Raubtierarten oder einer stärkeren Bejagung anderer Beutetiergruppen führen und damit kaskadenartige Veränderungen in der Zusammensetzung einer Lebensgemeinschaft bewirken.

11.1.3
Aufgabenfelder der Ökotoxikologie

Ökotoxikologische Bewertungen finden heute Anwendung in den Bereichen des vorsorgenden (z. B. Zulassungsverfahren für Chemikalien) und des nachsorgenden Umweltschutzes (z. B. Abfallbehandlung, Sanierung). Der Schwerpunkt der Anwendung liegt dabei in den verschiedenen Zulassungsverfahren für kommerziell genutzte Chemikalien, von denen heute größenordnungsmäßig 100 000 verschiedene Verbindungen im Handel sind. In Deutschland wurden Gefährdungspotenziale chemischer Stoffeinträge für Ökosysteme in verschiedenen Rahmenprogrammen des Bundesministeriums für Forschung und Technologie (BMFT) untersucht, so im Rahmen des 1978 aufgelegten BMFT-Forschungsschwerpunktes: „Methoden zur ökotoxikologischen Bewertung von Chemikalien" und des 1980 folgenden BMFT-Forschungsschwerpunktes: „Auffindung von Indikatoren zur prospektiven Bewertung der Belastbarkeit von Ökosystemen". Vergleichbare Forschungsprogramme wurden auch von anderen EU-Mitgliedsstaaten sowie der Europäischen Kommission aufgelegt. Die aus den verschiedenen Forschungsprogrammen gewonnenen Erkenntnisse bildeten die Grundlagen für gesetzgeberische Maßnahmen wie für die am 1. Juni 2007 vom Europäischen Parlament zum Chemikalienrecht verabschiedete Verordnung zur Registrierung, Bewertung, Zulassung und Beschränkung chemischer Stoffe[1)] [4]. Mit dem Inkrafttreten dieser Verordnung dürfen innerhalb des Geltungsbereiches nur noch solche chemische Stoffe in Verkehr gebracht werden, die zuvor ein Bewertungsverfahren durchlaufen und amtlich registriert worden sind. Für das Bewertungsverfahren ist die Europäische Agentur für chemische Stoffe (ECHA) in Helsinki zuständig. Der erforderliche Datenumfang steigt mit dem Mengenband des zu registrierenden Stoffes. Neben einem technischen Dossier kann die Erstellung eines Stoffsicherheitsberichtes erforderlich werden. Bei gefährlichen und besorgniserregenden Stoffen (z. B. krebserregende oder persistente Stoffe) müssen im Stoffsicherheitsbericht zusätzlich Expositionsszenarien ermittelt werden. Dies sind quantitative oder qualitative Abschätzungen der Dosis oder der Konzentration eines Stoffes, denen Mensch oder Umwelt ausgesetzt sein können. Dabei muss der komplette Lebenszyklus des Stoffes, von seiner Herstellung über die Verwendung bis zur Entsorgung berücksichtigt werden.

Die umfassendsten ökotoxikologischen Bewertungsverfahren wurden für die Zulassung von Pflanzenschutzmitteln entwickelt, da es sich bei dieser Chemikaliengruppe um Stoffe handelt, die aufgrund ihres Verwendungszweckes unvermeidbar biologische Auswirkungen haben und gezielt in größeren Mengen in die Umwelt ausgebracht werden [5, 6].

1) REACH = *Registration, Evaluation, Authorisation and Restriction of Chemicals*

11.2 Grundlagen der Ökologie

Die Ökologie beschäftigt sich mit der Umwelt in ihren verschiedenen Organisationsstufen, der Art-, der Populations- und der Systemebene.

Die Autökologie untersucht in erster Linie die Anpassungsstrategien eines Organismus an seine Umwelt. Jede Lebensform nutzt einen definierten Lebensraum in seiner Umwelt. Dieser kann, wie bei größeren Säugetieren, mehrere hundert Quadratkilometer betragen oder, wie im Falle von Bodenbakterien, auf wenige Quadratmillimeter begrenzt sein. Da die meisten Lebensräume zeitlichen und räumlichen Veränderungen unterworfen sind, müssen Organismen zum Überleben die Fähigkeit zur Anpassung entwickelt haben. Die grundlegenden anatomisch-morphologischen Erscheinungsformen der Organismen, d. h. ihre Körperformen und Körpergrößen, sind das Ergebnis einer langfristigen Anpassung an die durchschnittlichen Gegebenheiten des genutzten Lebensraumes. Die aktuell vorherrschenden Umweltbedingungen beeinflussen diese Merkmale innerhalb genetisch festgelegter Bandbreiten. Physiologische Regulierungsmechanismen wie beispielsweise die Regulierung der Körpertemperatur erlauben Anpassungen an kurzfristige Veränderungen des Umfeldes. Die unmittelbare Abwehr von Gefahrenmomenten erfolgt schließlich über Verhaltensreaktionen wie z. B. die Flucht vor einem Raubtier.

Die Populationsökologie beschäftigt sich mit der Veränderung des gemeinsamen Genpools und damit der kollektiven Anpassungsfähigkeit einer Gruppe von Organismen derselben Art, die eine räumlich definierte Fortpflanzungsgemeinschaft bildet [7]. Die Population definiert sich durch strukturelle Parameter wie Dichte, Geburtenrate, Sterberate, Altersgruppenstruktur, Verteilung im Raum und durch ihre spezifischen genetischen Eigenschaften wie die Fähigkeit der Anpassung und des Selbsterhaltes. Populationen werden in ihrem Wachstum zum einen durch dichteunabhängige Faktoren wie Klimaextreme oder Umweltkatastrophen (z. B. Vulkanausbrüche), zum anderen durch dichteabhängige Faktoren wie limitierte Nahrungsressourcen oder Brutplätze begrenzt. Jede Lebensform konkurriert mit anderen Organismen um die Ressourcen seines Lebensraumes wie beispielsweise um Nistplätze oder Nahrungsquellen. Der stärkste Konkurrenzdruck besteht allerdings zwischen Individuen der gleichen Art (Population), da innerhalb einer Population alle Individuen exakt die gleichen Lebensraumansprüche haben [8]. In Populationen mit geringer Individuendichte, z. B. nach einer Umweltkatastrophe oder in der Besiedlungsphase neuer Lebensräume, werden Genotypen bevorzugt, welche rasch möglichst viele Nachkommen erzeugen können (R-Strategie). Steigt der Konkurrenzdruck im Rahmen der Zunahme der Populationsdichte an, werden sich zunehmend Lebenszyklusstrategien durchsetzen, die auf eine hohe Konkurrenzfähigkeit der Nachkommen abzielen (K-Strategie). Im Stadium hoher Individuendichte kann der Konkurrenzdruck durch Spezialisierung vermindert werden, beispielsweise durch selektive Nutzung bestimmter Tageszeiten oder Lebensraumkompartimente zur Nahrungsbeschaffung. Grenzen sich dabei Subpopulationen räumlich oder zeitlich von der Hauptpopulation ab, kann die Verpaarungshäufigkeit zwischen dieser neuen Subpopulation und der Hauptpopulation abnehmen und der Grundstein für die Entstehung einer neuen Art ist gelegt.

Populationen verschiedener Arten bilden in dem von ihnen gemeinsam genutzten Lebensraum sogenannte Lebensgemeinschaften, die sich in ihren Lebensraumansprüchen, der sogenannten ökologischen Nische, graduell unterscheiden und dadurch die gegenseitige Konkurrenz wirksam vermindern.

Ökosysteme lassen sich über ihre strukturellen Eigenschaften wie dem Spektrum der darin vorhandenen Artengemeinschaft und den besonderen abiotischen Gegebenheiten des Systems sowie über ihre spezifischen Funktionseigenschaften, d.h. den Stoff- und Energiekreisläufen, definieren. Jedes Ökosystem besteht aus mindestens zwei Strukturelementen: den primären Biomasseproduzenten wie chemoautotrophen Bakterien, Algen, oder Pflanzen und den Biomassezersetzern wie Bodenbakterien, Bodenpilzen und anderen streuzersetzenden Organismen. Die meisten Ökosysteme weisen darüber hinaus noch eine Vielzahl weiterer Artengruppen auf, welche sich von den primären Biomasseproduzenten ernähren. Typische Ökosysteme sind beispielsweise der artenreiche tropische Regenwald, die artenarmen Wüstengebiete, die über lange Zeiträume konstante Tiefsee und die von stetigen Veränderungen geprägten Küstengebiete. Ökosysteme wiederum bilden großräumige Landschaftstrukturen mit spezifischen funktionalen und strukturellen Merkmalen (Korridore, Landschaftsinseln, Hochmoore) wie die gemäßigten Breiten, die Subtropen und Tropen. Innerhalb der Ökosysteme stehen die verschiedenen Arten in unterschiedlich intensiver Wechselbeziehung, insbesondere über Nahrungsnetze und symbiontische bzw. parasitische Interaktionen. Für ökotoxikologische Fragestellungen sind die Nahrungsbeziehungen von besonderer Bedeutung. Durch Chemikalienwirkungen bedingte Bestandesminderungen einer oder mehrerer Arten können langfristige Veränderungen der gesamten Lebensgemeinschaft zur Folge haben.

11.3 Verteilung und Verbleib chemischer Verbindungen in der Umwelt

Chemische Verbindungen sind in der Umwelt verschiedenen Abbau- und Verteilungsprozessen unterworfen (Abb. 11.1). Aus der Verteilung und dem Verbleib chemischer Verbindungen in der Umwelt ergeben sich die Intensität und die Dauer, mit der Organismen diesem Stoff ausgesetzt sind. Zeitlich gestaffelte, rückstandsanalytische Messungen in Luft, Boden, Wasser und Organismen nach dem Ausbringung einer Substanz liefern die Daten zum Verständnis, wie sich eine bestimmte Substanz in der Umwelt verteilt und abbaut. Beim Abbau eines Stoffes können Zwischenverbindungen entstehen, die ein eigenes, mitunter sogar höheres Gefährdungspotenzial für die Umwelt aufweisen können und daher einer eigenen Gefährdungsbetrachtung bedürfen.

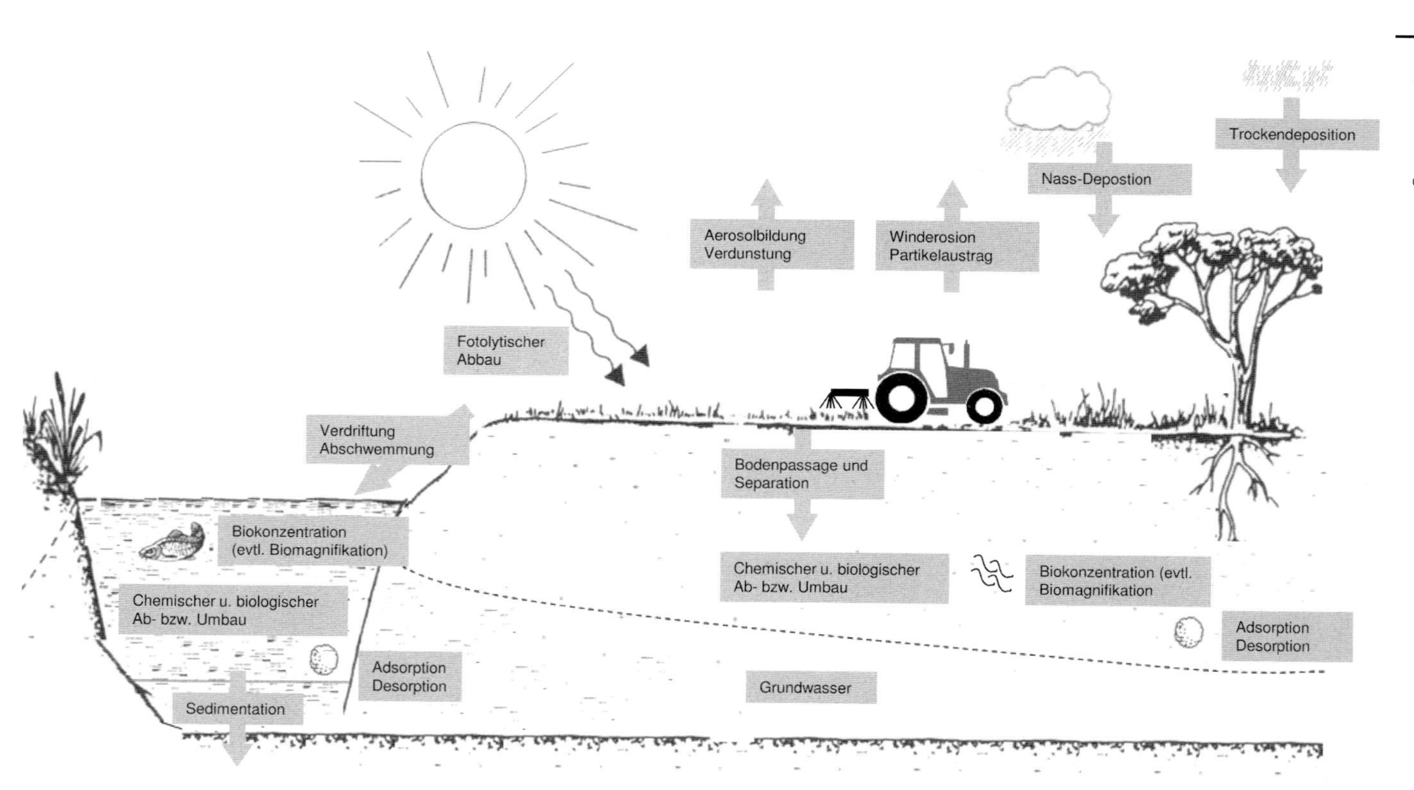

Abb. 11.1 Chemische Verbindungen sind in der Umwelt unterschiedlichen Abbau- und Verteilungsprozessen unterworfen. Schwer abbaubare Verbindungen können sich durch Verteilungsprozesse in bestimmten Kompartimenten eines Lebensraumes oder in den darin vorkommenden Organismen anreichern und langfristige Auswirkungen auf ein Ökosystem oder dessen Nahrungsnetze ausüben.

11.3.1 Verteilungsverhalten chemischer Verbindungen in der Umwelt

Die Verteilung eines Stoffes in der Umwelt ist zum einen davon abhängig, in welcher Weise der Stoff in die Umwelt gelangt, zum anderen von seinen physikalisch-chemischen Eigenschaften wie insbesondere Molekulargewicht, Flüchtigkeit und Fettlöslichkeit. Typische Eintragspfade sind Abwässer, Abgase, Mülldeponierung oder gezielte Anwendungen wie z. B. Düngung oder Pflanzenschutzmaßnahmen in der Landwirtschaft.

In der Luft (*Atmosphäre*) verteilen sich chemische Stoffe insbesondere durch Windverfrachtung, Konvektion und Diffusion. Deposition und Auswaschung führen zu einer Verlagerung in Böden (*Lithosphäre*) oder Gewässer (*Hydrosphäre*), aus denen die Stoffe über Verflüchtigung- oder Erosionsvorgänge wieder zurück in die Atmosphäre gelangen können.

In Gewässern werden chemische Verbindungen durch Strömungsverfrachtung, Diffusion und Konvektion verteilt und können durch Adsorption oder Deposition in Sedimente oder Böden verlagert werden.

Im Boden erfolgt die Verteilung nach chromatografischen Gesetzmäßigkeiten und wird primär vom Porenwasser und dem Humusgehalt gesteuert.

Schließlich können chemische Stoffe über die Atmungsorgane, über die Körperoberfläche oder über die Nahrung von Organismen aufgenommen werden. Nahrungsketten können bei der Verteilung von Schadstoffen in der Umwelt eine entscheidende Rolle spielen. Kontaminierte Individuen können in benachbarte Lebensräume migrieren und dort erbeutet werden oder durch Räuber in andere Ökosysteme verfrachtet werden, beispielsweise durch fischfressende Vögel.

11.3.2 Abbauverhalten chemischer Verbindungen in der Umwelt

In der Umwelt unterliegen organische Verbindungen fotolytischen, oxydativen, hydrolytischen, mikrobiellen und stoffwechselphysiologischen Abbauprozessen (Abb. 11.1). Während in der Atmosphäre die fotolytischen Abbauprozesse dominieren, erfolgt im Boden aufgrund der dort vorherrschenden hohen Organismendichte und Artenvielfalt ein besonders intensiver biologischer Abbau. In Gewässern unterliegen chemische Verbindungen vorwiegend hydrolytischen und mikrobiellen Abbauprozessen. In Organismen werden chemische Verbindungen durch stoffwechselphysiologische Prozesse ab- bzw. umgebaut und entweder in bestimmten Körperkompartimenten gespeichert oder über die Ausscheidungsorgane wieder in die Umwelt abgegeben. Am Ende werden alle organischen Stoffe zu anorganischen Verbindungen wie Wasser, Kohlendioxid, Nitrate bzw. Ammoniak abgebaut. Der vollständige Abbau organischer Verbindungen in der Umwelt kann von wenigen Minuten bis zu mehreren Jahren benötigen und über kurzlebige oder stabile Zwischenprodukte verlaufen.

11.3.3 Anreicherungsverhalten und biologische Verfügbarkeit chemischer Verbindungen

Schwer abbaubare Verbindungen können sich bei wiederholten Einträgen in bestimmten Umweltkompartimenten anreichern. Dabei adsorbieren gering wasserlösliche Stoffe vornehmlich an organischen Grenzschichten wie Bodenhumus oder Gewässersedimenten.

Das Gefährdungspotenzial einer chemischen Verbindung wird letzten Endes aber nicht von der in der Umwelt vorhandenen Menge, sondern von seiner *biologischen Verfügbarkeit* bestimmt. Nur ein Teil der in der Umwelt vorhandenen Menge eines Stoffes ist für Organismen verfügbar. Der bioverfügbare Anteil ist wiederum zeitlichen Veränderungen unterworfen, da sich in Umweltkompartimenten wie Böden oder Sedimenten über die Zeit andere Bindungsverhältnisse einstellen. Dieser als Alterung bezeichnete Prozess kann dazu führen, dass sich identische Mengen desselben Stoffes unterschiedlich stark auf die exponierten Organismen auswirken.

Chemische Verbindungen können über die Atmung, über dermale Penetration und über die Nahrung in Organismen gelangen. In Gewässern spielen aufgrund des hohen Wasserdurchsatzes die Atmungsorgane bei der Aufnahme chemischer Verbindungen die dominierende Rolle. Allerdings ist die atmungsbedingte Aufnahmerate von Schadstoffen davon abhängig, ob der Schadstoff im Gewässer frei gelöst, suspendiert oder an Schwebepartikeln, Pflanzen- bzw. Sedimentschichten adsorbiert vorliegt. Gelöste bzw. suspendierte Stoffe können über den Atmungsstrom rasch in größeren Mengen von den Organismen aufgenommen werden. Sedimentgebundene Stoffe stellen primär ein Gefährdungspotenzial für sedimentnutzende Organismen dar.

Als *Biokonzentration* wird die Anreicherung einer Substanz aus dem umgebenden Gewässer oder dem Bodensubstrat in Organismen bezeichnet. Das Biokonzentrationspotenzial einer chemischen Verbindung ergibt sich aus dem Quotienten zwischen der Substanzkonzentration im Organismus und der Substanzkonzentration im Umgebungsmedium nach Einstellung des Verteilungsgleichgewichtes.

Bei landlebenden Organismen erfolgt die Aufnahme chemischer Verbindungen vorwiegend über die Haut bei Berührung kontaminierter Oberflächen und über die Nahrung. Die kombinierte Aufnahme von chemischen Stoffen aus der Umwelt durch dermale oder inhalative (passiv) und orale (aktiv) Pfade beschreibt den Prozess der *Bioakkumulation*. Das Verhältnis der Stoffkonzentration zwischen Umwelt und Organismus, das Bioakkumulationspotenzial, wird von den physikalisch-chemischen Eigenschaften des Stoffes und seiner Verdauungs-, Verstoffwechselungs- und Ausscheidungs-Kinetik in einem Organismus bestimmt. Gering wasserlösliche und biologisch schwer abbaubare Verbindungen können sich im Organismus anreichern, soweit keine schnelle Ausscheidung über die Atmungs- oder Exkretionsorgane erfolgt. Für einige chemische Verbindungen wie Organochlorine und Schwermetalle ist eine Anreicherung über die Nahrungskette beschrieben. Den Prozess einer entlang der Nahrungskette, wie beispielsweise Alge, Krebstier und Fisch, zunehmenden Substanzkonzentration bezeichnet man als *Biomagnifikation*.

Nach ihrer aktiven oder passiven Aufnahme werden chemische Verbindungen über die Kreislaufsysteme innerhalb des Organismus verteilt und können dort stoffwechselphysiologische, hormonelle, neuronale oder transportspezifische Vorgänge beeinflussen.

11.4 Grundlagen der aquatischen und terrestrischen Ökotoxikologie

Aquatische und terrestrische Umwelten gleichen sich zwar in ihren grundlegenden Strukturkomponenten, unterscheiden sich aber im Hinblick auf das Artenspektrum, die Bedeutung einzelner Expositionspfade und die Untersuchungsmethoden. Es ist daher sinnvoll, die systemspezifischen Aspekte einer gesonderten Betrachtung zu unterziehen. Terrestrische und aquatische Lebensräume stehen über Energie- und Stoffflüsse miteinander in Verbindung. In die Umwelt verbrachte Chemikalien können daher in zeitlicher Abfolge in beiden Systemen auftreten, z. B. nach heftigen Regenfällen durch Abschwemmung von Bodenbestandteilen in Gewässer oder nach Überflutungen durch Ablagerung von Schwemmmaterial auf Landflächen. Ein Transfer chemischer Verbindungen zwischen aquatischen und terrestrischen Lebensräumen kann nicht zuletzt auch über Nahrungsnetze erfolgen wie beispielsweise durch fischfressende Vögel oder durch amphibisch lebende Organismen wie einige Insektenarten oder Froschlurche.

In ökotoxikologischen Prüfungen lassen sich die toxikologischen Eigenschaften einer Einzelsubstanz oder, im Falle von Sanierungs- oder Hygieneuntersuchungen, die stoffliche Belastung von Boden- oder Gewässerproben ermitteln. Während die Prüforganismen im Falle einer Gewässer- oder Bodenprobe Stoffgemischen in nicht definierten Mengenverhältnissen exponiert werden [9, 10], werden für die Einzelsubstanzcharakterisierung die Prüfsubstanzen in definierten Mengen den Organismen verabreicht oder dem jeweiligen Umgebungsmedium zugesetzt [5, 11].

Ökotoxikologische Studien zu den Auswirkungen einer stofflichen Exposition werden in der Regel zunächst in kleindimensionierten Prüfsystemen durchgeführt. Stoffeinträge können ökologische Systeme allerdings über größere Distanzen und in verschiedenen Kompartimenten beeinträchtigen. Daher werden die Auswirkungen von Stoffen, für die sich in kleindimensionierten Systemen Hinweise auf potenziell systemrelevante Auswirkungen ergeben haben, in einer zweiten Prüfstufe in natürlichen Lebensraumausschnitten bis hin zu intakten Lebensräumen weiter untersucht.

Die etablierten Prüfverfahren der Ökotoxikologie unterscheiden sich in der Verabreichungsart der Testsubstanz, den Prüfkonzentrationen, der Dauer der Exposition und den untersuchten Endpunkten (Tab. 11.1). Die möglichst genaue Erfassung des Wirkungsprofils einer Substanz in den standardisierten Prüfver-

Tab. 11.1 Verabreichungsarten der Testsubstanz, Anzahl der Prüfkonzentrationen, Dauer der Exposition und untersuchte Endpunkte in den etablierten Prüfverfahren der Ökotoxikologie.

Prüftyp	Verabreichungsart	Anzahl der Prüfkonzentration	Dauer der Exposition	Endpunkte	Bewertungskenngröße	Maßeinheit
Akut	oral	≥5	einmalig	Mortalität, Verhaltensauffälligkeiten	LD_{50}	mg Substanz je kg Körpergewicht
	Fütterung	≥5	Minuten bis Stunden	Mortalität, Verhaltensauffälligkeiten	LC_{50}	mg Substanz je kg Futter
Subakut	Fütterung	≥5	Tage bis Wochen	Mortalität, Verhaltensauffälligkeiten, Gewichtsentwicklung, Futterverbrauch	LC_{50}	mg Substanz je kg Futter
	Kontaminiertes Umgebungsmedium im Labor	≥5	Tage	Mortalität, Verhaltensauffälligkeiten, Gewichtsentwicklung, Futterverbrauch	LC_{50}, EC_{50}	mg Substanz je Liter Wasser oder kg Boden bzw. g Substanz je Hektar Behandlungsfläche
	Ausbringung in Lebensraumabschnitte	≥3	Tage bis Wochen	Mortalität, Verhaltensauffälligkeiten	NOEC	g Substanz je Hektar Behandlungsfläche
Chronisch	Fütterung	≥3	Wochen bis Monate	Mortalität, Verhaltensauffälligkeiten, Gewichtsentwicklung, Futterverbrauch, Fortplanzungsfähigkeit, Fitness der Nachkommen, Organveränderungen	NOEC	mg Substanz je kg Futter
	Kontaminiertes Umgebungsmedium im Labor	≥3	Wochen bis Monate	Mortalität, Verhaltensauffälligkeiten, Gewichtsentwicklung, Futterverbrauch, Fortplanzungsfähigkeit, Fitness der Nachkommen, Organveränderungen	NOEC	mg Substanz je Liter Wasser oder kg Boden bzw. g Substanz je Hektar Behandlungsfläche
	Ausbringung in Lebensraumabschnitte	≥1	Monate	Abhängig von Fragestellung	EAC	g Substanz je Hektar Behandlungsfläche

LD_{50} (*Lethal Dose*): Dosis, bei der 50% der Versuchstiere letal geschädigt werden
LC_{50} (*Lethal Concentration*): Konzentration im Futter oder im Umgebungsmedium, bei der 50% der Versuchstiere letal geschädigt werden
EC_{50} (*Effect Concentration*): Konzentration im Futter oder im Umgebungsmedium, bei der 50% der Versuchstiere letal oder subletal geschädigt werden
NOEC (*No-Observed-Effect Concentration*): Konzentration im Futter oder im Umgebungsmedium, bei der keine Auswirkungen beobachtet werden
EAC (*Ecologically Acceptable Concentration*): Konzentration im Futter oder im Umgebungsmedium, die keine nachhaltigen Störungen auf Artengemeinschaften zur Folge hat

fahren bildet zusammen mit substanzspezifischen Nachweisverfahren in der Umwelt die Voraussetzung für fundierte Ursachen-Wirkungsanalysen im Schadensfall.

Die wichtigste Zielsetzung der Ökotoxikologie ist die Vermeidung nachhaltiger Störungen auf der Populations- oder Funktionsebene von Ökosystemen durch anthropogene Stoffeinträge. Derartige Störungen lassen sich durch empirische Erhebungen, wie Zählungen oder Fallenfänge, und über Modelle zur Populationsdynamik erfassen [12]. Modellbetrachtungen greifen dabei auf artspezifische Kenndaten wie Häufigkeitsverteilung und altersabhängige Fekundität zurück, die an Labor- oder Freilandpopulationen ermittelt worden sind. Neben rein numerischen Aspekten, wie z. B. die Anzahl überlebender Individuen, sind insbesondere substanzbedingte Einflüsse auf reproduktionsrelevante Parameter wie Altersklassenverteilung und Geschlechterverhältnis von hoher Bewertungsrelevanz. Eine weniger augenfällige Einflussnahme chemischer Stoffe auf Populationsstrukturen betrifft den Genpool. Anhaltende oder wiederholte Exposition kann durch Selektion resistenter oder resilienter Individuen eine Verringerung der genetischen Variabilität zur Folge haben. Daneben kann die Fitness eines Organismus durch subletale Störungen beeinträchtigt werden wie beispielsweise durch Beeinflussung des Fluchtverhaltens, der Beutefangeffizienz, des Migrationsverhaltens, des Orientierungsvermögens oder des Brutverhaltens. Subletale Störungen können sich abhängig von der Anzahl der betroffenen Individuen auch auf Populationsebene auswirken.

Nachhaltige Störungen der Populationsstruktur haben unvermeidlich Auswirkungen auf die Lebensraumgemeinschaften. Diese Auswirkungen können die Artenvielfalt oder die trophischen Wechselbeziehungen von Artengemeinschaften betreffen. Signifikante Veränderungen der Individuendichte oder Altersklassenverteilung einer Beutetierart können über die Nahrungskettenbeziehungen Einflüsse auf Räuber- oder Parasitenpopulationen ausüben, die deutlich länger anhalten können als die substanzbedingten Auswirkungen auf die primär betroffene Beutetierpopulation.

11.4.1 Spezielle Aspekte der aquatischen Ökotoxikologie

Die ersten ökotoxikologischen Prüfverfahren wurden für aquatische Organismen im Rahmen der Aufreinigung industrieller Abwässer und deren Rückführung in natürliche Gewässer entwickelt. Im Gegensatz zu terrestrischen Lebensräumen bilden Gewässer für die darin befindlichen Organismen stärker geschlossene Systeme und begrenzen damit deren Möglichkeiten, sich einer Exposition gegenüber Schadstoffen zu entziehen. Der Gewässerboden stehender Gewässer bildet häufig eine sauerstoffarme Zone, in denen der biologische Abbau von Schadstoffen in der Regel deutlich verzögert abläuft. Daher können viele Schadstoffe in aquatischen Lebensräumen sehr viel länger verbleiben als in terrestrischen. Über die Atmungsorgane kiemen- oder hautatmender Organismen gelangen wasserlösliche Schadstoffe zudem schneller und in größeren Mengen in deren Stoffkreislauf.

Klassische Prüforganismen für aquatische Lebensräume sind Grünalgen (*Selenastrum capricornutum*), Planktonkrebse (*Daphnia magna*) und Fische (*Pimephales promelas*). Ergänzt wird dieses Organismenspektrum durch Ringelwürmer, Krebstiere, Weichtiere, Insekten- und Amphibienlarven. Im Labor werden die Substanzen in Abhängigkeit von der Untersuchungsdauer und den physikalisch-chemischen sowie den toxikologischen Eigenschaften in statischen Testsystemen, in denen die Substanz einmalig in das Umgebebungsmedium eingebracht wird, oder in sogenannten Durchfluss-Systemen, in denen die Substanz kontinuierlich zugesetzt wird, geprüft. Akute Prüfungen erfolgen meist in statischen, chronische Prüfungen in Durchfluss-Systemen. In Kurzzeittests werden insbesondere die Einflüsse einer Substanz auf das Verhalten und die Überlebensrate der Prüforganismen ermittelt [13]), während in den chronischen Prüfungen zusätzlich Einflüsse auf Entwicklung und Fortpflanzungsleistung [14] bis hin zu histologischen Befundungen einbezogen werden.

Die Prüfsubstanz wird in das Wasser oder die Sedimentschicht appliziert. Die Angabe einer Dosis-Wirkungsbeziehung wie in klassischen toxikologischen Prüfverfahren ist daher nicht möglich. Aus diesem Grund werden in aquatischen Testverfahren Konzentrations-Wirkungsbeziehungen ermittelt und über geeignete Probitverfahren [15] die Konzentration berechnet, in der 50% der eingesetzten Versuchstiere letal oder subletal geschädigt werden: LC_{50} bzw. EC_{50} (Tab. 11.1). In chronischen Prüfungen wird in Analogie zur klassischen Toxikologie die Schwellenkonzentration angegeben, bei der noch keine Wirkung zu beobachten ist, die sogenannte NOEC. Diese Schwellenkonzentration wird mit Hilfe statistischer Analyseverfahren ermittelt.

Weisen die in Laborprüfungen ermittelten toxikologischen Eigenschaften einer Prüfsubstanz auf ein Schädigungspotenzial unter Praxisbedingungen hin, werden zur abschließenden Bewertung des Gefährdungspotenzials einer Substanz die Untersuchungen in komplexeren Prüfsystemen fortgesetzt. Diese unterscheiden sich in Abhängigkeit von der experimentellen Fragestellung hinsichtlich ihrer Dimension, ihres Artenspektrums und der Lebensraumstruktur. Als Prüfsysteme können größere Aquarien, durch Röhren eingegrenzte Teichabschnitte, kleine Teiche oder künstliche Fließgewässer Verwendung finden [11]. Im Gegensatz zu Laborprüfungen weisen diese Prüfsysteme in der Regel eine komplexere Lebensraumstruktur mit Sedimentschicht, Vegetation und verschiedenen Arten auf. Nach Applikation der Testsubstanz werden über die mehrwöchige Prüfdauer hinweg durch analytische Begleituntersuchungen die Verteilung und der Verbleib der Prüfsubstanz bestimmt. Außerdem werden durch regelmäßige Beprobung die funktionalen Systemparameter wie Sauerstoff- oder Chlorophyllgehalt sowie die strukturellen und zahlenmäßigen Veränderungen der im Prüfsystem eingesetzten oder natürlich vorhandenen Organismenpopulationen im Vergleich zu unbehandelten Vergleichssystemen verfolgt. Neben der Erfassung der substanzspezifischen Auswirkungen auf die Populationen und die Zusammensetzung der vorhandenen Artengemeinschaft [11] ist die Bestimmung der Wiedererholungsfähigkeit eines solchen Systems ein wichtiger Bewertungsparameter: EAC (Tab. 11.1). Zur Unterscheidung natürlicher und substanzbedingter Veränderungen werden diese Testsysteme zum einen für statistische Auswertezwecke in mehrfacher Wiederholung angesetzt, zum anderen die Prüfsubstanz in mehr als einer Konzentration eingesetzt, um über die Dosis-Wirkungsbeziehungen die Plausibilität der Prüfergebnisse bewerten zu können (Tab. 11.1).

Bestehen nach Auswertung der beschriebenen Systemansätze weiterhin Unsicherheiten hinsichtlich des Gefährdungspotenzials einer Verbindung, die im Rahmen von Produktionsprozessen oder durch direkten Einsatz in die Umwelt gelangt, können zur weiteren Klärung Monitoringuntersuchungen mit begleitender Spurenanalytik durchgeführt werden. In Biomonitoring-Studien können beispielsweise Artenspektren zwischen strukturell gleichartigen Lebensräumen mit unterschiedlicher Stoffbelastung vergleichend untersucht, die Präsenz von Indikatorarten, die eine besondere Empfindlichkeit oder ein spezifisches Anreicherungsverhalten gegenüber einem Schadstoff aufweisen, festgestellt, der Gesundheitszustand von Organismen in belasteten Lebensräumen erfasst oder ereignisbezogene Schadensfälle, z. B. akute Fischsterben, ausgewertet werden.

11.4.2
Spezielle Aspekte der terrestrischen Ökotoxikologie

Die Entwicklung von Prüfverfahren in der terrestrischen Ökotoxikologie erfolgte im Wesentlichen aufgrund zunehmender regulatorischer Anforderungen im Rahmen der Zulassungsverfahren für synthetische Pflanzenschutzmittel. Die Zulassungsanforderungen entwickelten sich parallel zu den mit der Anwendung dieser Stoffe beobachteten Auswirkungen in der terrestrischen Umwelt, wie beispielsweise der Anreicherung von schwer abbaubaren Organochlorinen in Nahrungsnetzen und akuten Vergiftungen durch Carabamat- und Organophosphat-Verbindungen.

In standardisierten Laborprüfungen werden die Prüfmittel den Testorganismen über den im natürlichen Lebensraum dominierenden Expositionspfad verabreicht. Bei Vögeln und Säugetieren erfolgt dies oral oder über das Futter, bei Bodenorganismen über behandeltes Bodensubstrat [16], bei Gliedertieren über behandelte Laufflächen [17] und bei Pflanzen durch Übersprühen oder Gießbehandlung. Als Bewertungsendpunkte werden dabei die dosisabhängigen Auswirkungen auf Überlebensraten, Verhalten, Ontogenese, Reproduktionsleistung und Wachstumsrate über unterschiedlich lange Expositionszeiträume erfasst [5, 18].

Das toxikologische Profil einer Prüfsubstanz wird bei oraler oder dermaler Verabreichung in klassischen Dosis-Wirkungs-Einheiten (LD_{50}, ED_{50}, NOED), bei Kontamination des Bodensubstrates oder der Laufflächen, wie im Falle der aquatischen Prüfungen, in Konzentrations-Wirkungs-Einheiten (LC_{50}, EC_{50} und NOEC) angegeben. Dosisangaben bezeichnen dabei die verabreichte Substanzmenge je Körpergewichtseinheit, d. h. mg Prüfsubstanz je kg Körpergewicht des Prüforganismus. Die Wirkungskonzentrationen im Falle der Substratmischung bezeichnen die applizierte Substanzmenge je Gewichtseinheit des kontaminierten Substrats, d.h. mg je kg Bodensubstrat und im Falle einer Behandlung der Laufflächen oder dem Übersprühen die Substanzmenge, die pro Prüfflächeneinheit appliziert wurde, d.h. kg Prüfsubstanz je Hektar Prüffläche (Tab. 11.1).

Können auf Basis der Laborergebnisse relevante Gefährdungspotenziale nicht mit hinreichender Sicherheit ausgeschlossen werden, werden Prüfungen unter stärker praxisgerechten Bedingungen durchgeführt. Dazu werden mittels Volieren oder anderer Einzäunungen natürliche Lebensraumabschnitte isoliert und mit dem Prüfmittel praxisnah behandelt, z.B. Ausbringung von Pflanzenschutzmitteln mittels Spritzbalkens. Die Größe dieser Lebensraumabschnitte können in Abhängigkeit von der betrachteten Tierart und der Fragestellung zwischen weniger als 1 m^2 bis hin zu einem Hektar betragen [17]. Als Testorganismen können in diesen Lebensraumabschnitten natürlich vorkommende Tierarten oder freigesetzte Zuchttiere dienen. Im Gegensatz zu Untersuchungen im unbegrenzten natürlichen Lebensraum bieten Lebensraumabschnitte den Vorteil eines besser standardisierbaren Versuchsansatzes und einer höheren statistischen Aussagekraft durch eine höhere Zahl an möglichen Versuchsreplikaten.

Beobachtungen, Fallenfänge und Probennahmen vor und nach Substanzapplikation sowie Vergleiche zu nicht behandelten Vergleichsbiotopen erlauben schließlich die Erfassung von Substanzwirkungen unter weitgehend ungestörten Lebensraumbedingungen [19]. Für Untersuchungen in natürlichen Lebensräumen können durch Ausbringen von Nistkästen oder Anpflanzung attraktiver Nahrungspflanzen gezielt die Individuendichten besonders interessierender Arten erhöht und dadurch eine höhere Aussageschärfe im Versuch erzielt werden [20]. Im Vergleich zu aquatischen Lebensräumen sind Organismen in terrestrischen Habitaten allerdings in deutlich geringerem Umfang räumlichen Begrenzungen unterworfen. Migrationsereignisse können daher mit stoffbedingten Veränderungen von Populationsstrukturen wie Individuendichte und Altersklassenverteilung interferieren und erfordern daher eine besonders sorgfältige Versuchsplanung und Versuchsauswertung.

11.5 Ökotoxikologische Risikobewertung

Die Grundlage für die Genehmigung von Produktionsanlagen, die Zulassung von Substanzen zu gewerblichen Verwendungszwecken, die Erteilung von Umweltschutzauflagen oder die Anordnung von Sanierungsmaßnahmen bildet die Bewertung des damit verbundenen Umweltrisikos, d.h. des Schadenspotenzials eines Stoffes und der Wahrscheinlichkeit eines Schadenseintritts. Für eine Bewertung des Umweltrisikos sind das Expositionsmuster, d.h. in welchen Kompartimenten eines Lebensraumes der zu beurteilende Stoff, einschließlich seiner Abbauprodukte, in welchen Konzentrationen über welche Zeiträume wirksam werden kann, und die dem Stoff potenziell exponierten Organismengruppen zu definieren. Das stoffbezogene Risikopotenzial wird anschließend durch

Tab. 11.2 Bewertung des substanzspezifischen Risikopotenzials durch Vergleich der kurz- und langfristig zu erwartenden Umweltkonzentrationen mit den in Toxizitätsprüfungen ermittelten Wirkungskonzentrationen.

Erwartetes Expositionsmuster	Bewertungskenngröße	Beispielsergebnis aus der Toxizitätsprüfung	Erwartete Aufnahmemenge [a] bzw. Substanzkonzentration [a] in Futter, Wasser oder Boden	Risiko-Indikator [b]	Risikowert aus Beispiels-Ergebnissen	Akzeptanz-Wert [c]	Risiko-Bewertung
Einmalige Exposition	LD_{50} akut	10 mg Substanz je kg Körpergewicht	0,05 mg Substanz je kg Körpergewicht	TER	200	100	A priori vertretbar
Mehrmalige Exposition	LC_{50} subakut	150 mg Substanz je kg Futter	20 mg Substanz je kg Futter	TER	7,5	100	Vertiefte Risikobetrachtung erforderlich
Anhaltende Exposition	NOEC chronisch	1,5 mg Substanz je kg Futter	0,003 mg Substanz je kg Futter	TER	500	10	A priori vertretbar

a) Die aufgenommenen Substanzmengen bzw. Substanzkonzentrationen können experimentell-analytisch oder mittels Modellberechnungen ermittelt werden
Für die Risikobetrachtung werden entweder Maximalwerte (deterministisch) oder Perzentilwerte (probabilistisch) herangezogen

b) Risiko-Quotient aus Toxizitätsendpunkt und Expositionserwartung (TER = Toxicity Exposure Ratio)

c) Empirisch festgelegter Risiko-Quotient, bei dem keine unvertretbare Gefährdung für die betrachtete Organismengruppe angenommen wird; Bewertungsunschärfen werden über Unsicherheitsfaktoren berücksichtigt [5, 18]

einen Vergleich der kurz- und langfristig zu erwartenden Umweltkonzentrationen mit den in Toxizitätsprüfungen ermittelten Wirkungskonzentrationen nach kurz- und langfristiger Stoffeinwirkung ermittelt (Tab. 11.2). Eine geeignete ökologische Risikobeurteilung erfordert dabei die angemessene Berücksichtigung der Unschärfen dieses vergleichenden Bewertungsansatzes. Der größte Unsicherheitsfaktor liegt in der Übertragung der in standardisierten Prüfungen an den Stellvertreterarten ermittelten Wirkungskonzentrationen auf das in potenziell exponierten Lebensräumen auftretende Artenspektrum. Neben Unterschieden in der artspezifischen Stresstoleranz sind physiologisch oder durch Wechselwirkung mit anderen Stressfaktoren bedingte, erhöhte Empfindlichkeiten wildlebender Populationen (z. B. durch Hunger-, Witterungs-, Krankheits- und Verletzungsstress) sowie zeitgleich einwirkende weitere Schadstoffe zu berücksichtigen. Die Übertragung von Toxizitätsendpunkten von Stellvertreter- auf wildlebende Arten erfordert fundierte Kenntnisse in vergleichender Physiologie, Biochemie und Verhaltensbiologie, um Arten mit höherem Gefährdungsgrad als dem der geprüften Stellvertreterart zuverlässig erkennen zu können.

Besondere Herausforderungen stellen in diesem Zusammenhang zeitlich gestaffelte Auswirkungen und Veränderungen im Genpool betroffener Populationen dar. So können reversible Verhaltensstörungen nachgeschaltete Einflüsse auf die reproduktive Leistungsfähigkeit ausüben, und Lebensgemeinschaften eine langfristige Veränderung durch Resistenzbildung oder die Dominanz resilienter Arten erfahren.

Neben Unsicherheiten bei den Toxizitätsendpunkten treten Bewertungsunschärfen auch bei den zugrundegelegten Umweltkonzentrationen auf. Zwischen gemessenen oder modellierten Umweltkonzentrationen und der biologisch verfügbaren Teilmenge können große Unterschiede liegen. Entscheidend für die Wirkungsentfaltung ist die *biologisch wirksame Dosis.* Die analytische Bestimmung dieser Dosis unter Praxisbedingungen würde allerdings einen sehr hohen Aufwand erfordern, da eine exakte Expositionsaussage die Erfassung nahe am Wirkort, d. h. gewebespezifische Messungen, erforderlich machen würde. Eine elegantere Erfassung der biologisch wirksamen Dosis ist die quantitative Erfassung der Auswirkung einer gemessenen Umweltkonzentration durch einen Biomarker-basierten Ansatz [21]. Als Biomarker bezeichnet man substanzspezifische Veränderungen zellulärer, biochemischer, struktureller und funktionaler Art in einem der Substanz exponiertem Organismus. Ein Beispiel für einen Biomarker zur quantitativen Bestimmung des Expositionsprofils ist die Aktivität des Enzyms Acetylcholinesterase, das dosisabhängig durch Phosphorsäureesterverbindungen gehemmt wird, oder die Induktion von Stressproteinen, die im Kontext der Renaturierung geschädigter Proteinverbindungen auftreten.

Für die Risikobewertung finden in der Praxis zwei unterschiedliche Ansätze Anwendung, die sich im Wesentlichen in der Handhabung der genannten Bewertungsunschärfen unterscheiden: die deterministische und die probabilistische Risikobewertung.

11.5.1 Deterministische Risikobewertung

In der deterministischen Risikobewertung werden für den Vergleich der zu erwartenden Umweltkonzentration mit den Wirkungskonzentrationen einer Substanz stark konservative Annahmen zugrunde gelegt. Ein typisches Vorgehen in der deterministischen Risikobewertung ist der Vergleich der höchsten zu erwartenden Anfangskonzentration des zu beurteilenden Stoffes mit der niedrigsten Konzentration, für die in Langzeitversuchen schädigende Auswirkungen beobachtet wurden. Unsicherheiten, die mit der Berechnung der Anfangskonzentration oder der

Übertragung von Toxizitätsendpunkten verbunden sind, werden durch Anwendung sogenannter Unsicherheitsfaktoren berücksichtigt, die den Akzeptanzwert für den ermittelten Risikoindikator entsprechend erhöhen (Tab. 11.2).

11.5.2 Probabilistische Risikobewertung

Eine detailliertere Risikobetrachtung ist durch Anwendung von probabilistischen Bewertungsmodellen möglich, wie sie in der Prognosepraxis der Versicherungs- und Finanzwirtschaft, zur Wettervorhersage und in der Informationstechnologie Anwendung finden. Probabilistische Verfahren in der ökologischen Risikobewertung reichen von der Verwendung von Verteilungshäufigkeiten anstelle konservativer Maximalwerte bei der Ermittlung von Risikoquotienten über die Bestimmung der Schnittmenge von Häufigkeitsverteilungen von Expositions- und Toxizitätsdaten (Abb. 11.2) bis hin zum Einsatz stochastischer Modelle wie die Monte-Carlo-Simulation [22].

11.6 Ökologisches Risikomanagement

Ist auf Grundlage einer vertieften Risikobewertung ein unvertretbares Umweltrisiko nicht auszuschließen, sind vor Erteilung von Genehmigungen oder Anwendungszulassungen geeignete Risikominderungs-Maßnahmen festzulegen. Diese Maßnahmen haben eine wirksame Verminderung der Exposition zum Ziel. So können durch technische Auflagen wie Abluftfilter und Einsatz abdriftmindernder Anwendungstechniken oder durch Beschränkung von Produktions- und Aufwandmengen Einträge in gefährdete Lebensräume und damit das daraus resultierende Risiko auf ein vertretbares Maß vermindert werden [5].

11.7 Schlussbemerkung

Abschließend ist anzumerken, dass die Ökotoxikologie zwar mit einem sich beständig erweiternden und verfeinernden Methodenrepertoire die Risikopotenziale anthropogener Stoffeinträge in die Umwelt zunehmend präziser beschreibt, aber nur sehr zurückhaltend Lösungsbeiträge zur Frage der Akzeptanz derartiger Risiken liefert. Ein wesentlicher Grund ist der fehlende Konsens in der Frage eines geeigneten Vergleichsmaßstabes. So weisen Lebensräume nahe Tschernobyl mit stellenweise extremer radioaktiver Belastung eine höhere Biodiversität und höhere Populationsdichten auf, als vergleichbare Lebensräume mit üblichen anthropogenen Nutzungsmustern und verdeutlichen dadurch den dominierenden Einfluss von nicht stoffbedingten Störfaktoren wie z. B. Verkehr oder nutzungsbedingten Lebensraumveränderungen.

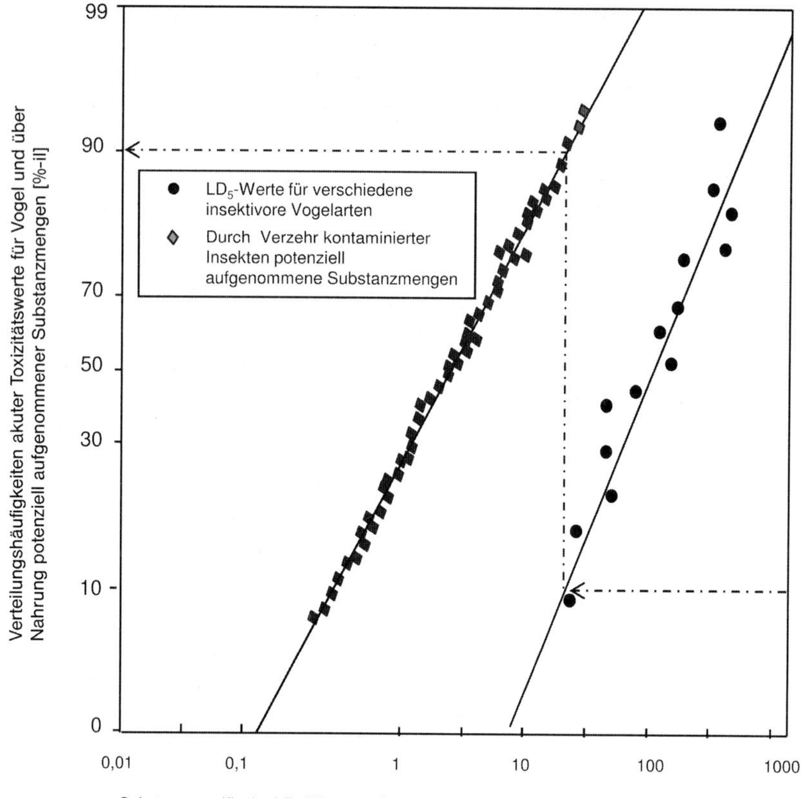

Abb. 11.2 Häufigkeitsverteilung der Giftigkeit einer chemischen Verbindung für verschiedene Vogelarten (angegeben in Dosen, die für 5% der betreffenden Vogelart tödlich wirkt $= LD_5$) im Vergleich zu den Dosen, die ein Vogel durch Verzehr kontaminierter Insekten innerhalb kurzer Zeiträume aufnehmen kann (berechnet aus der durchschnittlichen Rückstandskonzentration des Stoffes in kontaminierten Insekten und dem Fressverhalten der betrachteten Vogelart). Ein Vergleich der beiden Häufigkeitsverteilungen zeigt, dass für 10% der verschiedenen in einem Lebensraum potenziell vorkommenden Vogelarten, die sich u.a. von Insekten ernähren, die Schwellendosis, die für 5% der Individuen dieser Vogelarten tödlich wirkt, in jedem 10. Fall eines Verzehrs von Insekten in einem kontaminierten Lebensraum überschritten werden kann.

11.8 Zusammenfassung

Die Ökotoxikologie verbindet als interdisziplinärer Wissenschaftszweig die Themenfelder der Ökologie und Toxikologie miteinander. Die Ökotoxikologie befasst sich mit dem Abbau- und Verteilungsverhalten chemischer Verbindungen sowie deren Auswirkungen auf Funktionen und Strukturen von Ökosystemen. Chemische Verbindungen sind in der Umwelt unterschiedlichen Abbau- und Verteilungsprozessen unterworfen. Diese Prozesse bestimmen, welchen Dosen einer Substanz die Organismen in den verschiedenen Kompartimenten ihres Lebensraumes ausgesetzt sein können und über welche Zeitdauer eine Substanz wirksam werden kann. Beim Abbau eines Stoffes können auch Zwischenverbindungen entstehen, die ein eigenes, mitunter sogar höheres Gefährdungspotenzial für die Umwelt aufweisen können und daher einer eigenen Gefährdungsbetrachtung unterliegen. In ökotoxikologischen Untersuchungen wird das dosis- und zeitabhängige Wirkungsprofil einer chemischen Verbindung auf verschiedene wasser- und landlebende Organismen bestimmt. Neben direkten Substanzwirkungen müssen in der Ökotoxikologie auch indirekte Auswirkungen über Nahrungsnetze und Lebensraumkonkurrenz berücksichtigt werden. Durch einen Vergleich der Mengen, mit denen ein Stoff in der Umwelt auftreten kann, und den in standardisierten Prüfungen ermittelten Dosis-Wirkungs-Beziehungen lässt sich das Risikopotenzial einer Verbindung für die verschiedenen Organismen bestimmen. Die Genehmigung von Produktionsanlagen, die Zulassung von Substanzen zu gewerblichen Verwendungszwecken, Umweltschutzauflagen oder die Anordnung von Sanierungsmaßnahmen werden aufgrund der Bewertung des damit verbundenen Umweltrisikos, d. h. des Schadenspotenzials eines Stoffes und der Wahrscheinlichkeit eines Schadenseintritts erteilt. Ist auf Grundlage einer vertieften Risikobewertung ein unvertretbares Umweltrisiko nicht auszuschließen, sind vor Erteilung von Genehmigungen oder Anwendungszulassungen geeignete Risikominderungs-Maßnahmen festzulegen. Diese Maßnahmen haben in erster Linie eine wirksame Verminderung der Exposition zum Ziel.

11.9 Fragen zur Selbstkontrolle

1. ***Definieren Sie den Begriff Ökotoxikologie.***
2. ***Welches Ziel verfolgen Ökotoxikologische Untersuchungen im Wesentlichen?***
3. ***Definieren Sie den Begriff Gefährdung.***
4. ***Was bezeichnet man als Risiko?***
5. ***Wovon hängt die Verteilung eines Stoffes in der Umwelt ab? Nennen Sie Beispiele.***
6. ***Welchen überwiegenden Abbauprozessen sind organische Verbindungen in der Luft, im Boden, im Gewässer bzw. im Organismus ausgesetzt?***
7. ***Was versteht man unter biologischer Verfügbarkeit einer chemischen Verbindung?***
8. ***Welche etablierten Prüftypen in der Ökotoxikologie kennen Sie?***
9. ***Wie unterscheiden sich deterministische und probabilistische Risikobewertung?***
10. ***Zu welchem Zweck werden Biomarker in der Ökotoxikologie eingesetzt?***

11.10 Begriffserläuterungen

Biokonzentration: Passive Aufnahme chemischer Substanzen aus dem umgebenden Medium und daraus resultierendem Unterschiedsbetrag in der Stoffkonzentration zwischen Organismen und dem umgebenden Medium, z. B. Gewässer, Sediment, Boden.

Bioakkumulation: Summe aus passiver (Atmung, Dermalpenetration) und aktiver (Nahrungsaufnahme) Aufnahme chemischer Substanzen aus dem umgebenden Medium und daraus resultierendem Unterschiedsbetrag in der Stoffkonzentration zwischen Organismen und dem umgebenden Medium, z. B. Gewässer, Sediment, Boden.

Biomagnifikation: Veränderung der Stoffkonzentration in der Nahrungskette, z. B. Alge, Krebstierchen und Fisch.

Bioverfügbarkeit: Teilmenge der in der Umwelt vorhandenen Gesamtmenge einer chemischen Verbindung, die für einen Organismus verfügbar ist.

Biologisch wirksame Dosis: In einem Organismus befindliche Stoffmenge, die eine Veränderung in diesem Organismus bewirkt.

11.11 Literatur

1 Truhaut R (1977), Ecotoxicology: objectives, principles and perspectives. Ecotoxicol Environ Saf 1:151–173

2 Kendall RJ (1992), Farming with agrochemicals: the response of wildlife. Environ Sci Technol 26:238–245

3 Deutscher Bundestag (1979), 6. Wahlperiode (Hrsg.), Umweltprogramm der Bundesregierung 1971. Umweltplanung. Dt. Bundestag, Drucks. VI/2719, Bonn

4 Boberski C (2007), REACH-Handbuch. Forum Verlag Merching

5 CEU (Council of the European Union) (1991), Council Directive 15 July 1991 concerning the placing of plant protection products on the market (91/414/EEC). Official Journal of the European Communities L230, pp 1–32

6 EC (European Commission) (2002), Guidance Document on risk assessment for birds and mammals under Council Directive 91/414/EEC. EC Directorate E1 – Plant Health, SANCO/4145/2000, Working Document of the EU Expert Group on Higher Tier Risk Assessment for Birds and Mammals

7 Odum EP (1998), Ökologie. Grundlagen – Standorte – Anwendungen. Thieme Verlag, Stuttgart

8 Remmert H (1989), Ökologie. Springer-Verlag Berlin Heidelberg

9 U.S. EPA (Environmental Protection Agency) (1991), Methods for measuring the acte toxicity of effluents to aquatic organisms. EPA-600/4-90-027. Cincinnati, OH: Office of Research and Development

10 ASTM (American Society for Testing and Materials) (1992a), Standard methods for conducting acute toxicity tests on aqueous effluents with fishes, macroinvertebrates, and amphibians. In: Annual Book of ASTM Standards Vol 11. Designation E 1706-95a. Philadelphia: ASTM 403–422

11 Hill IR, Heimbach F, Leeuwangh P, Matthiessen P(1994), Freshwater field tests for hazard assessment of chemicals. Lewis Publishers, Boca Raton Ann Arbor London Tokyo

12 Albers PH, Heinz GH, Ohlendorf HM (2000), Environmental contaminants and

terrestrial vertebrates: effects on populations, communities, and ecosystems. Society of Environmental Toxicology and Chemistry (SETAC) Pensacola FL

13 ASTM (American Society for Testing and Materials) (1992b), Standard methods for conducting acute toxicity tests with fishes, macroinvertebrates, and amphibians. In: Annual Book of ASTM Standards Vol 11. Designation E 729-88a. Philadelphia: ASTM 403–422

14 U.S. EPA (Environmental Protection Agency) (1989), Methods for estimating the chronic toxicity of effluents and receiving waters to freshwater organisms. EPA-600/4-89-001. Cincinnati, OH: Environmental Monitoring Systems Laboratory

15 Finney, DJ(1971), Probit Analysis. University Press London Cambridge

16 Donker MH, Eijsackers H, Heimbach F(1994), Ecotoxicology of soil organisms. Lewis Publishers Boca Raton Ann Arbor London Tokyo

17 Haskell PT, McEwen P(1998), Ecotoxicology: Pesticides and beneficial organisms. Kluwer Academic Publishers Dordrecht Boston London

18 U.S. EPA (Environmental Protection Agency) (1982), Final report. Pesticide assessment guidelines, subdivision E-hazard evaluation: wildlife and aquatic organisms. EPA/540/9-82/024. Washington DC

19 Hayes AW (1994), Principles and methods of toxicology. Raven New York,

20 Kendall RJ, Brewer LW, Lacher TE et al. (1989, The use of starling nest boxes for field reproductive studies. Provisional Guidance Document and technical Support Document. EPA/600/8-89/056. Environmental Protection Agency Washington DC)

21 Klaassen CD. Casarett & Doulĺs Toxicology (2008): The basic science of poisons. The McGraw-Hill Publications Companies

22 ECOFRAM (Ecological Committee on Fifra Risk Assessment Methods) (1999), Terrestrial Draft Report, Washington, DC. U:S: Environmental Protection Agency Washington DC

12
Biozide und Pflanzenschutzmittel

Gabriele Schmuck und Hans-Werner Vohr

12.1
Einleitung

Pflanzenschutzmittel und Biozide sind Substanzen oder Gemische, die eine präventive, tötende, repellierende oder abschwächende Wirkung gegenüber einem Schädling besitzen. Sie können physikalischer, chemischer oder biologischer Art sein. Pflanzenschutzmittel werden vorrangig in der Landwirtschaft eingesetzt, während Biozide vornehmlich in anderen Bereichen verwendet werden. Biozide werden in vier Hauptgruppen eingeteilt:

Biozidgruppen

1. Desinfektionsmittel für den Privat- und Veterinärbereich, Nahrungsmittel, Futtermittel und den öffentlichen Hygienestandard;
2. Holzschutzmittel, Haltbarmachung von Bauprodukten;
3. Schädlingsbekämpfungsmittel: Nagetiere, Schnecken, Insekten und Arthropoden;
4. Antifoulinganstriche, Schutzmittel für Lebensmittel und Futtermittel.

Pflanzenschutzmittel werden in der Regel in drei Gruppen unterteilt:
1. Insektizide, Akarizide, Nematizide,
2. Herbizide und
3. Fungizide.

Während Biozide noch Bakterizide, Algizide, Molluskizide und Rodentizide beinhalten.

Der Wunsch Ernten ohne Verluste oder Einbußen der Qualität zu produzieren und zu lagern beginnt im Prinzip mit der Sesshaftwerdung und der Abhängigkeit wachsender Bevölkerungsschichten von dieser Art von Nahrungsbeschaffung. Eines der ältesten Pflanzenschutzmittel ist der Schwefel, der schon vor mehr als 1000 Jahren in China als Fungizid eingesetzt wurde und auch heute noch verwendet wird. Im späten Mittelalter tauchen Arsen haltige Insektizide auf. Der Einsatz von Pflanzenextrakten wie Nikotin haltige Tabakblätter, Strych-

Toxikologie Band 1: Grundlagen der Toxikologie. Herausgegeben von Hans-Werner Vohr

ISBN: 978-3-527-32319-7

nin haltige Samen oder Rotenon haltige Wurzeln gegen Insekten und Nager sind auch schon im 17. Jahrhundert bekannt. Der eigentliche Aufschwung der Pflanzenschutzmittel erfolgte Anfang des 20. Jahrhunderts mit der Einführung der synthetischen Chemie. Vor dem Zweiten Weltkrieg standen Alkylthiocyanatinsektizide, Dithiocarbamatfungizide oder Ethylenoxid zur Verfügung. Am Beginn und während des Zweiten Weltkrieges gab es Dichlordiphenyltrichlorethan (DDT), Dinitrocresol oder das Herbizid 2,4-Dichlorphenoxyessigsäure (2,4-D). Während und nach dem Krieg kamen die Phosphorsäureester hinzu. Bis heute stehen schon mehrere Generationen zur Verfügung die in Bezug auf Umweltverträglichkeit, Wirksamkeit aber auch Reduktion der Toxizität für den Menschen optimiert wurden [1].

Weltweit wurden bis 1990 ca. 3 Millionen Fälle von akuten schweren Vergiftungen gemeldet, wobei die Dunkelziffer besonders in den Entwicklungsländern hoch ist. Jährlich werden ungefähr 220000 Todesfälle berichtet [2]. Die meisten Unfälle ereignen sich bei der Behandlung von Feldern, dicht gefolgt von Anwendungen im Garten und Haus und im Warenhaus. Die Ursache ist zumeist unsachgemäße Anwendung oder nicht geeignete Schutzmaßnahmen. In den letzten Jahren hat der Einsatz von Pflanzenschutzmitteln in Ländern der Dritten Welt enorm zugenommen, da sie vermehrt Produkte wie Obst, Gemüse oder Schnittblumen zu Zeiten liefern, in denen sie bei uns nicht reifen. Dies führt vermehrt zu Unfällen, weil meist geeignete Schutzkleidung fehlt oder Schulungen für den sicheren Einsatz nicht durchgeführt werden.

Nichtsdestotrotz ist der Einsatz in diesen Ländern schon aus gesundheitlichen Gründen unabdingbar. Die Kontrolle von Malaria, Flussblindheit, Typhus oder anderen parasitären Erkrankungen wären ohne die Bekämpfung der Vektoren nicht möglich. Ernährung und die hygienische Standards, die letztlich ein hohes Maß an Gesundheit gewährleisten, wären ohne den Einsatz von Bioziden und Pflanzenschutzmitteln nicht möglich. Da, wie überall, aber auch ein Lernprozess dabei ist, werden bei der Entwicklung neuer Generationen von Pflanzenschutzmitteln versucht die Fehler der alten wie bei DDT (hochpersistent) oder der Phosphorsäureester, Carbamate (hoch toxisch) nicht zu wiederholen.

12.2 Insektizide

Insektizide sind Substanzen, die Insekten töten, ihre Entwicklung stören oder repellierend wirken. In Abb. 12.1 sind Vertreter der wichtigsten Gruppen dargestellt.

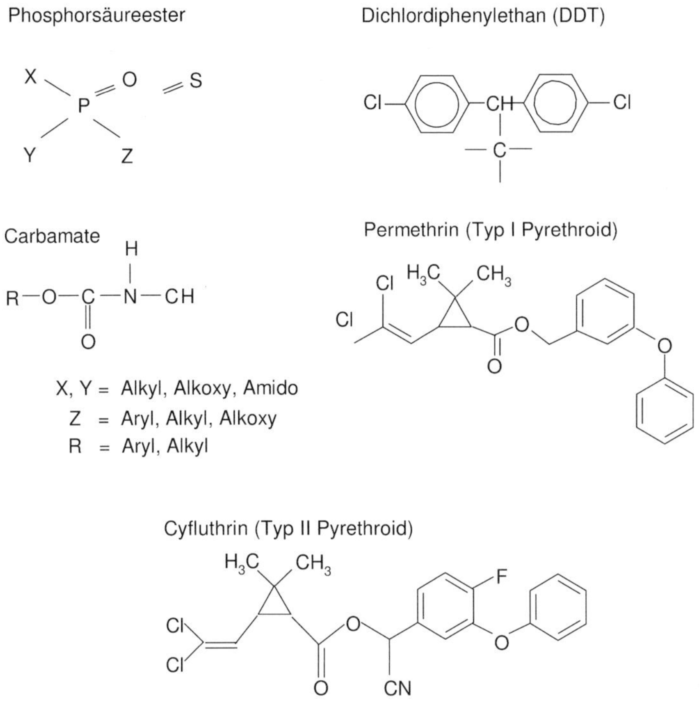

Phosphorsäureester

Dichlordiphenylethan (DDT)

Carbamate

Permethrin (Typ I Pyrethroid)

X, Y = Alkyl, Alkoxy, Amido
Z = Aryl, Alkyl, Alkoxy
R = Aryl, Alkyl

Cyfluthrin (Typ II Pyrethroid)

Abb. 12.1 Strukturformeln der wichtigsten Vertreter der Insektizide: DDT (Organochlorverbindung), Phosphorsäureester und Carbamate sowie Permethrin und Cyfluthrin (Pyrethroide).

12.2.1 Organochlorverbindung

12.2.1.1 Symptome einer Vergiftung

Organochlorverbindungen spielen in Europa und Nordamerika nur noch eine untergeordnete Rolle, während sie in den Tropen unersetzlich sind. Eigenschaften, die zu Ihrer Verbannung im Norden geführt haben, wie niedriger Dampfdruck, chemische Stabilität, hohe Lipophilie und einer langsamen Abbaurate, sind in den Tropen von Vorteil. Organochlorverbindungen sind billige und effektive Insektizide, die in der Landwirtschaft, aber auch für die menschliche Hygiene wie z. B. für die Bekämpfung von Parasiten nötig sind. Andere kurzlebige Insektizide versagen unter diesen Bedingungen. Nichtsdestotrotz ist das Wiederfinden dieser Verbindungen in arktischen Regionen wie in Fischen, Vögeln oder Walen ein Problem.

Die Organochlorverbindungen sind eine diverse Gruppe von Insektiziden und werden von drei chemisch unterschiedlichen Gruppen gebildet. Das prominenteste Beispiel ist das DDT (Dichlordiphenyltrichlorethan) (Abb. 12.1).

Hohe orale Dosen von DDT erzeugen Parästhesien an Zunge, Lippen und Gesicht und führen zu Überempfindlichkeitsreaktionen gegenüber Licht, Berührung und Lautstärke. Höhere Dosen führen zu Übererregungen, Schwindel, Verwirrtheit, Tremor, chronisch-tonischen Krämpfen. Motorische Unruhe und feiner Muskeltremor mit vorsichtigem Gang sind typische Vergiftungserscheinungen. Die Symptome können mehrere Stunden anhalten. DDT ist dermal kaum toxisch, da es sehr schlecht resorbiert wird. Dies bietet eine hohe Anwendersicherheit.

Funktionell sind Effekte am Nervensystem zu beobachten, die sich morphologisch im Tierversuch nicht wiederfinden lassen. In subakuten bis chronischen Versuchen finden sich Effekte an der Leber und an den Reproduktionsorganen. In der Leber findet man eine Hypertrophie der Hepatozyten. Subzellulär finden sich Effekte an Mitochondrien, glatten endoplasmatischen Retikulum und die Bildung von Einschlusskörperchen. Hohe Dosen führen zu einer zentrolobulären Nekrose und einer Steigerung der Inzidenz zu Lebertumoren. Die unterschiedlichen Isomere von DDT besitzen eine östrogene Wirkung in der Maus. Dies führt zu Problemen während der Initiierung und Fortführung der Trächtigkeit und zu Veränderungen an den Reproduktionsorganen [3, 4].

Anders als bei DDT sind Cyclodiene und Hexachlorocyclohexane wesentlich toxischer. Die chlorierten Cyclodiene gehören zu den sehr toxischen und stark umweltpersistierenden Verbindungen. Substanzen wie Lindan oder Aldrin können bei chronischer Exposition zum Tod führen. Patienten zeigten nach ca. 2 Jahren klinische und elektromyographische Zeichen und Symptome einer motorischen Erkrankung, die zu einer Dysphagie führte. Die weitere Mobilisierung der Pestizide durch den Fettabbau erhöhte die Toxizität. Wie bei DDT sind Kopfschmerzen, Schwindel, eine motorische Übererregung und Krämpfe erste Symptome. Ein bedeutender Unterschied zu DDT besteht in der erhöhten Hautpenetration. Eine leichte bis moderate Exposition über die Haut kann zu ZNS-Symptomen führen [5]. Neben der Neurotoxizität führen Aldrin und Dieldrin zu Fertilitätsstörungen und dem Verlust von Föten im Tier und Dieldrin induzierte Teratogenität in der Maus (verzögerte Verknöcherung, steigende Zahl von überzähligen Rippen).

Lindan (γ-Isomer von Hexachlorcyclohexan) erzeugt nach erhöhter Exposition Symptome wie Tremor, Ataxie, Krämpfe und stimulierter Atmung. Bei akuter Vergiftung zeigen sich schwere Krämpfe, degenerative Veränderungen der Leber und der Nierentubuli. γ- und α-Isomere erzeugen Krämpfe wohingegen die β- und δ-Isomere depressiv wirken. Lindan wird heute noch gegen Kopfläuse verwendet.

Arbeiter, die die Insektizide Kepone (Chlordecone) oder Mirex herstellten, zeigten neurologische Symptome wie Tremor, abnormaler Gang, Verhaltensänderungen, Augenflattern, Kopfschmerz, Brustschmerzen, Gewichtsverlust, Vergrößerung der Leber und der Milz und Impotenz. Die Symptome, „*Kepone shakes*" in der Umgangssprache genannt, tauchen mit einer Latenz von ca. 30 Tagen auf und verbleiben monatelang auch ohne weitere Exposition. Biopsien zeigen eine Abnahme der kleinen myelinisierten und nicht myelinisierten Axone. Genauere Untersuchungen finden typische Zeichen einer neurodegenerativen Erkrankung mit Zerstörung der Schwannschen Zellen, Vakuolisierung der Axone, Akkumulationen von Neurotubuli und Neurofilamenten und Auflockerung bis Ablösung der Myelinschichten.

12.2.1.2 **Therapie**

Lebensbedrohliche Situationen bei einer Organochlorinsektizidvergiftung sind verbunden mit Tremor, Muskelkrämpfen und einer Interaktion mit der Respiration (Hypoxie, Azidose) ausgelöst durch eine Dauerstimulation des ZNS. Neben einer generellen Entfernung der Vergiftungsquelle und der Erhaltung der Lebensfunktionen sollte Diazepam (0,3 mg kg^{-1} i.v.; maximal 10 mg) oder Phenobarbital (15 mg kg^{-1} i.v.; maximal 1,0 g) langsam injiziert werden, um die Krämpfe zu kontrollieren. Gegebenenfalls muss die Behandlung wiederholt werden.

12.2.1.3 **Wirkungsmechanismus**

DDT führt zu einer massiven Verzögerung der Repolarisationsphase des Aktionspotenzials und zu mehreren negativen Nachpotenzialen. DDT hat vermutlich 4 Angriffspunkte am Aktionspotenzial:

- Blockierung oder Behinderung der Schließung der Natriumkanäle,
- Verlangsamung des Kaliumeinstroms,
- Hemmung der Na^+K^+-ATPase und der $Ca^{2+}Mg^{2+}$-ATPase sowie
- der Funktion von Calmodulin, das Kalzium für die Neurotransmitterfreisetzung reguliert.

Alles zusammen führt zu einer massiven Störung der normalen Aktionspotenzialausbildung und somit der schnellen Reizweiterleitung [1].

Chlorierte Cyclodiene, Benzene und Cyclohexane unterscheiden sich von DDT indem sie mehr zentralnervös und nicht sensorisch wirken. Sie blockieren den $GABA_A$-Rezeptor indem sie den Einstrom von Chloridionen verhindern. Cyclodiene können ebenfalls Na^+K^+-ATPase und die $Ca^{2+}Mg^{2+}$-ATPase hemmen und führen somit zu einem Ungleichgewicht von Kalzium. Bei Lindan existiert der Verdacht, dass es zusätzlich auch spannungsabhängige Chloridkanäle hemmen kann.

12.2.1.4 **Biotransformation, Verteilung und Speicherung**

Organochlorinsektizide können sich in der Nahrungskette anreichern, da sie hoch lipophil und relativ resistent gegenüber dem Abbau sind. Die aromatische Struktur und die zusätzlichen Chloratome machen einen enzymatischen Abbau schwierig. Die Ausscheidung kann Monate bis zu einigen Jahren dauern. So stieg die Menge an DDT im menschlichen Körper in den 1950er und 1960er Jahren stark an und ist erst in den 1990ern bis auf Spuren wieder gesunken.

12.2.2
Anticholinerge Verbindungen

Anticholinerge Insektizide fassen die chemische Gruppe der Carbamatverbindungen und der Phosphorsäureesterverbindungen zusammen (Abb. 12.1). Die ersten Phosphorsäureesterverbindungen sind Ende der 1930er Jahre synthetisiert worden und sollten während des Zweiten. Weltkrieges als C-Waffen entwickelt werden. Als Kampfstoffe sind heute Sarin, Tabun, Soman und VX bekannt. Anschläge wie in Irak gegen die Kurden (Sarin) und in Japan gingen durch die Presse.

Die heutigen insektiziden Phosphorsäureester stammen zwar von diesen Kampfgasen ab, sind aber inzwischen mindestens 4 Generationen davon entfernt was ihre Giftigkeit betrifft. Das erste kommerziell erhältliche TEPP (Tetraethylpyrophosphat) war zwar hochwirksam, aber auch noch sehr giftig und wenig stabil. Es folgte die Entwicklung von Parathion (E605) einer etwas stabileren Verbindung. Danach folgte eine Vielzahl von anderen Verbindungen, die nach Giftigkeit, Schädlingswirksamkeit und Stabilität optimiert wurden. Im Gegensatz zu DDT sind Phosphorsäureester wenig stabil und führen zu keinerlei Anreicherung im Körper oder in der Umwelt. Dafür sind sie aber wesentlich toxischer.

Carbamate wurden ebenfalls in den 1930er Jahren entwickelt, aber zunächst als Fungizide. Erst in den 1950er Jahren entdeckte man die insektizide Wirkung von Arylestern von Methylcarbamaten. Das natürliche Gift der Calabarbohne, Physostigmine, war schon seit langem für seine insektizide Wirkung bekannt.

12.2.2.1 Symptome einer Vergiftung

Der Mechanismus von Carbamaten und Phosphorsäureestern ist gleich, die Hemmung der Acetylcholinesterase (AChE). Die AChE baut im synaptischen Spalt schnell und effektiv den Neurotransmitter Acetylcholin ab. Geschieht dies nicht, kommt es zu einer Überstimulation cholinerger Nerven. Die Symptome einer Vergiftung lassen sich zum einen von der Überstimulation von muskarinergen Rezeptoren des Parasympathikus (parasympathomimetisch) wie gesteigerte Sekretion (Schweiß, Speichel), Bronchokonstriktion, Miosis, gastrointestinale Krämpfe, Durchfall, vermehrtes Urinieren und Bradykardie herleiten oder von der Stimulation nikotinerger Rezeptoren des autonomen und peripheren Nervensystems wie Tachykardie, Hypertension, Muskelzittern, Tremor, Muskelschwäche bis zur schlaffen Paralyse. Da beide Rezeptortypen auch im ZNS vorkommen, gibt es auch Symptome wie Ruhelosigkeit, emotionale Veränderungen, Ataxien, mentale Verwirrung, Verlust des Gedächtnisses, generalisierte Schwäche, Krämpfe, Cyanose und Koma.

Die meisten klinischen Symptome einer akuten Phosphorsäureestervergiftung klingen nach wenigen Tagen bis Wochen wieder ab und bilden keinen bleibenden Schaden. Bei Arbeitern während der Kriegsjahre und kurz danach, die hochtoxische Organophosphat-Verbindungen herstellten und somit einer chronischen Exposition ausgesetzt waren, wurden vermehrt neuropsychiatrische Symptome wie Depression und allgemeine Antriebsstörungen und eine Reduktion von Funktionen des autonomen Nervensystems wie gastrointestinale und kardiovasculäre Störungen, Reduktion der Potenz und Libido, Intoleranz von Alkohol und Nikotin festgestellt. Bei einer weiteren Gruppe von Arbeitern kam es zu einer massiven Depression vitaler Funktionen zerebral vegetative Attacken, leichte bis mittelschwere Amnesie oder mentale Ausfälle und leichte organneurologische Effekte. Diese Symptome persistierten bis zu 5–10 Jahren. Eine hohe und chronische Exposition mit Phosphorsäureestern kann bei der Anwendung von Tier-Bädern bei der Bekämpfung von Ektoparasiten vorkommen. Diese so genannten *„sheep-dip"* können zu neuropsychologischen und neuropsychiatrischen Veränderungen führen, die man in spezifischen Tests feststellen kann. Diese Symptomatik ist als *„dippers flu"* bekannt und ebenfalls reversibel. Die Reduktion der Toxizität und der Schutz am Arbeitsplatz und bei der Anwendung haben diese Effekte verschwinden lassen.

Eine weitere Symptomatik der Organophosphorsäureester ist das so genannte „intermediäre" Syndrom. Dieses Symptom wurde erstmalig nach Suizid in Sri Lanka beschrieben und taucht ungefähr 24–96 Stunden nach der cholinergen Krise auf. Sie wird mit Muskelschwäche, besonders der Muskel, die von kranialen Nerven innerviert werden und solcher die die Extremitäten innervieren, beschrieben. Dies ist eine gefährliche Situation, da es zu einer massiven Atemdepressionen kommen kann und erfordert künstliche Beatmung, da Atropin und Oxime unwirksam sind. Substanzen, für die dieses Symptom beschrieben wurde, sind Fenthion, Dimethoate, Monocrotophos und Methamidophos. Diese Organophosphate unterscheiden sich in ihrer akuten Symptomatik nicht von anderen Verbindungen.

Ein drittes Syndrom, das *„Organophosphate-Induced Delayed Polyneuropathy"* (OPIDP) wird nur von wenigen Phosphorsäureestern induziert. Historisch gesehen ist dieses Symptom seit mehr als 100 Jahren bekannt und wird assoziiert mit Tri-*ortho*-cresylphosphat (TOCP). Die erste Massenvergiftung trat in USA während der Prohibition auf. Es wurde ein mit TOCP kontaminierter Jamaikanischer Gingerextrakt konsumiert, der mehr als 20 000 Menschen vergiftete. Die Symptomatik ist zunächst Muskelschwäche in Armen und Beinen, der zu einem steifen, hölzernen Gang führt. Es folgen Spastizität, Hyperreflexibilität, Klonus, abnormale Reflexe, Schädigung der Pyramidalbahnen und eine irreversible Schädigung der Motoneurone der Extremitäten. Neben dem TOCP wurden auch Insektizide identifiziert wie Mipafox, Leptophos und EPN. Bei einigen Insektiziden wie Chlorpyriphos wurden diese Symptome nach Überleben einer schweren Vergiftung wie nach einem Suizid beschrieben. Da OPIDP-induzierende Verbindungen sich strukturell nicht von den anderen, die diese Eigenschaften nicht haben, unterscheiden, sind spezifische Tests an sensiblen Spezies wie Hühnern vorgeschrieben. Morphologisch lässt sich eine Degeneration der Axone mit großen Durchmessern beobachten. Die Degeneration verläuft vom distalen Ende der peripheren Nerven und des Rückenmarks her und schließt die Myelinscheiden mit ein. Biochemisch konnte ein Marker-Enzym die *„neurotoxic target esterase"* NTE identifiziert werden [6]. Die NTE ist eine unspezifische Carboxylesterase, deren Funktion bis heute nicht aufgeklärt werden könnte. Eine Hemmung dieses Enzyms von über 70% ist korreliert mit Ataxie, schwerer Muskelschwäche und Paralyse im Tier, die nach 7–14 Tagen beobachtet wird. In weiteren Untersuchungen stellten man fest, dass die Ursache in einem erhöhten Phosphorylierungsgrad der Neurofilamente liegt, die in diesem Zustand ihre Funktion nicht mehr ausführen können [7, 8].

Die klinischen Symptome einer Carbamatvergiftung sind vergleichbar zu denen einer Vergiftung mit Organophosphatverbindung, klingen nur wesentlich schneller ab. Die Ursache liegt in der Reversibilität der Hemmung der AChE, die bei Carbamaten gegeben ist, bei Phosphorsäureestern aber nicht. Auch mit Carbamaten kann es zu schweren Vergiftungen kommen und auch der Missbrauch zum Suizid war nicht selten. Langanhaltende Symptome oder Polyneuropathien tauchen bei Carbamaten selbst bei chronischer Exposition nicht auf.

12.2.2.2 **Therapie**

Unabhängig von einer Carbamat- oder Phosphorsäureestervergiftung sollte der Patient so schnell wie möglich im Krankenhaus versorgt werden. Die Bestimmung der Plasma und Erythrozyten-AChE-Aktivität gibt einen guten Hinweis für die Schwere der Vergiftung, denn Carbamate hemmen nur die Erythrozyten-AChE. Eine Konsequenz des Wirkungsmechanismus ist die Entstehung einer lebensbedrohlichen Lage durch die Blockade der Respiration durch die Blockade der Muskelaktivität und die Hemmung des zentralen Atemzentrums. Daher muss sofort künstlich beatmet werden und die arteriellen Blutgase und die Herzfunktionen überprüft werden.

Bei einer Phosphorsäureestervergiftung entscheidet die Höhe der Pseudocholinesteraseaktivität im Blut über die Therapie:

Tab. 12.1 Behandlungsschema einer Phosphorsäurebehandlung [1].

Enzymaktivität	Atropin	Pralidoxim
20–50	1,0 mg s.c.	1,0 g i.v. über 20–30 min
10–20	1,0 mg i.v. alle 20–30 min bis das Schwitzen und Speicheln verschwindet und eine leichte Rötung und Mydriasis auftaucht	1,0 g i.v. über 20–30 min
10	5,0 mg i.v. alle 20–30 min bis das Schwitzen und Speicheln verschwindet und eine leichte Rötung und Mydriasis auftaucht	1,0 g i.v., wenn das nicht anschlägt, wiederholen. Wenn das auch nicht anschlägt: 0,5 g h^{-1} Infusion

Atropin ist ein Antagonist des muskarinergen Acetylcholinrezeptors (mAChR) und mildert die initialen Effekte einer mAChR Überstimulation vornehmlich des Parasympathikus. Atropin ist selber ein starkes Gift und darf nur kontrolliert eingesetzt werden. Oxime wie Pralidoxim sind in der Lage die Phosphorylierung der AChE vor dem Alterungsprozesses rückgängig zu machen, indem sie den Phosphorsäureester vom Enzym übernehmen. Je nach Alterungsgeschwindigkeit des Organophosphats können Oxime nur bei schneller Rettung hilfreich sein. Bei Kampfgasen verläuft die Alterung so schnell, dass Oxime oft wirkungslos sind.

Die Behandlung einer Carbamatvergiftung verläuft ähnlich nur das die Verwendung von Oximen kontraindiziert ist! Es konnte bei Carbarylvergiftungen festgestellt werden, das Pralidoxim die Intoxikation verstärkt.

Diazepam (10 mg s.c. oder i.v.) kann bei beiden Vergiftungstypen eingesetzt werden, um die mentale Angst und andere zentrale Effekte, die nicht Atropin empfindlich sind, zu mildern. Arzneimittel, die die Atmung reduzieren sollten nicht eingesetzt werden.

Diese Behandlungen verhindern nicht die Entstehung der OPIDP oder die anderen persistierenden sensorischen, mentalen oder motorischen Defekte, die später auftauchen können.

12.2.2.3 **Wirkungsmechanismus**

Obwohl die anticholinergen Insektizide einen gemeinsamen Wirkungsmechanismus haben unterscheiden sie sich doch signifikant. Phosphorsäureester reagieren mit dem Serinrest im aktiven Zentrum der AChE zu einem intermediären Komplex (Abb. 12.2) wobei die so genannte *„leaving-group“* X vom Phosphorsäureester abgespalten wird. Das Enzym ist nun phosphoryliert und somit inaktiv. Bei den insektiziden Verbindungen kommt es nun zu einer weiteren Abspaltung einer Seitenkette vom Phosphatkern. Diese Reaktion führt zu einer irreversiblen Hemmung des Enzyms und man nennt diesen Prozess „Alterung“. Das Enzym kann nur durch Neusynthese regeneriert werden. Die Alterung führt zu einer persistierenden Vergiftung, die eine lange und intensive Behandlung erfordert. Die Regeneration der AChE kann bis zu 20–30 Tagen dauern, bis wieder genügend aktives Enzym vorhanden ist. Modernere Phosphorsäureester, wie Metrifonate, Dichlorvos oder Temephos zeigen eine wesentlich geringere Tendenz zur Alterung und werden zumeist spontan hydrolysiert.

Bei Carbamaten kommt es ebenfalls zu einer Reaktion mit dem Serin-Rest der AChE, wobei das Enzym kurzzeitig carbamyliert wird und eine Aryl- oder Alkylgruppe vom Carbamat abgespalten wird. In einem 2. Schritt wird diese Verbindung wieder hydrolysiert, wobei das Enzym aktiv wird. Das hydrolysierte Carbamat stellt nun kein Substrat für die AChE mehr da und wird weiter verstoffwechselt.

Vergleichbar zur Reaktion mit Phosphorsäureestern und AChE ist die Reaktion mit der NTE, die ebenfalls einen Serinrest im aktiven Zentrum beherbergt. Auch dieses Enzym wird phosphoryliert und später gealtert.

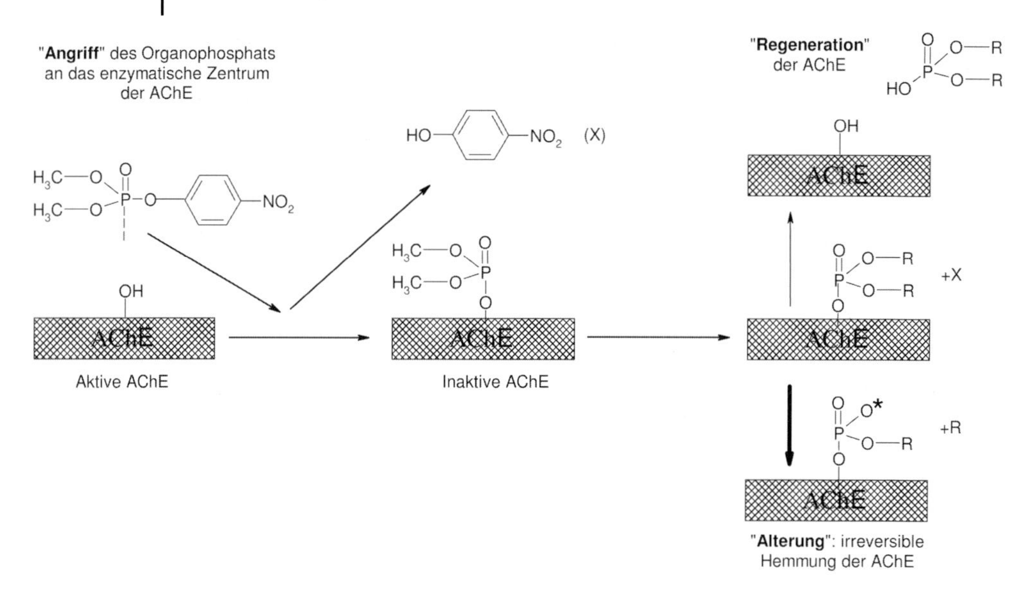

Abb. 12.2 Reaktionsschema von Phosphorsäureestern mit der AChE.

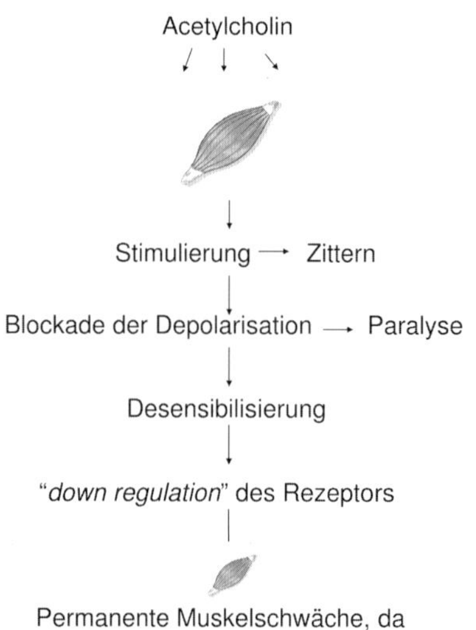

Abb. 12.3 Wirkung einer übermäßigen Acetylcholinmenge an der motorischen Endplatte.

Der Überschuß an Acetylcholin führt zu einer Überstimulation der Rezeptoren. Am Muskel lassen sich zunächst Muskelzittern und später eine schlaffe Ermüdung beobachten. Die verantwortlichen nikotinergen Acetylcholinrezeptoren (nAChR) werden zunächst wiederholt stimuliert und desensibilisieren später. Der Zustand der Desensibilisierung ist eine eigenständige Konformationsänderung des Rezeptors, der einen Zwischenzustand zu aktiv und inaktiv einnimmt. Die Folge ist eine Reduktion der Rezeptordichte (Abb. 12.3). Dies führt zu einer persistierenden Muskelschwäche und kann an abnormalen Elektromyogrammen aufgezeichnet werden. Durch diese reduzierte Stimulation der Muskelfasern kommt es zu Nekrosen an der Muskelendplatte und dem innervierten Muskel. Diese Myopathien lassen sich bei chronischer Exposition oder bei Opfern von Terroranschlägen mit Kampfgasen beobachten. Ähnliche Reaktionen könnten auch bei hohen Konzentrationen von Phosphorsäureestern im Gehirn denkbar sein, wo ebenfalls beide Rezeptortypen des Acetylcholins vorhanden sind. Dies würde die oft lang anhaltenden zerebralen Störungen nach einer Vergiftung erklären.

Auch Carbamate können bei wiederholter Gabe in hohen Dosen Myopathien erzeugen, was für die oben beschriebene Theorie spricht.

12.2.2.4 **Biotranformation, Verteilung und Speicherung**

Sowohl Organophosphate wie auch Carbamate werden extensiv metabolisiert. Die Abbauwege und die entstehenden Metabolite sind stark speziesabhängig und können recht unterschiedlich in Tieren, Pflanzen und Menschen sein. Die Geschwindigkeit der Metabolisierung entscheidet über die Empfindlichkeit einer Spezies.

12.2.3 **Pyrethroide**

Synthetische Pyrethroide wurden ab Anfang der 1980er Jahre vermarktet und stammen von natürlichen Pflanzeninhaltsstoffen der Chrysantheme. Natürliche Pyrethroide sind bei den Chinesen schon seit dem 1. Jahrhundert nach Christus bekannt und werden in China und Japan seit dem 18. Jahrhundert kommerziell genutzt. Die Verwendung von natürlichen Pyrethroiden für die Landwirtschaft ist ungeeignet, da das Pyrethrum keine hohe Stabilität in Verbindung mit Licht und Luft besitzt. Synthetische Pyrethroide besitzen eine genügende Stabilität, eine gewisse Selektivität gegenüber den Zielschädlingen und eine niedrigere Warmblütertoxizität. Aufgrund der geringeren Toxizität im Vergleich zu Phosphorsäureestern werden Pyrethroide auch im Innenraum (Sprays, Verdampferplättchen), bei Pflanzen im Haushalt oder im Treibhaus oder bei Haustieren zur Parasitenbekämpfung eingesetzt. Ein repräsentatives Beispiel ist Permethrin, das sowohl in der Landwirtschaft, in Innenräumen und als Arzneimittel gegen Ektoparasiten bei Mensch und Tier eingesetzt wird (Abb. 12.1).

12.2.3.1 **Symptome einer Vergiftung**

Pyrethroide werden aufgrund ihrer Symptome in zwei Klassen eingeteilt. Die Typ-I-Pyrethroide besitzen keine Cyanogruppe und erzeugen das so genannte „T-Syndrom“ (von Tremor). Dieses ist charakterisiert durch Übererregung, Unkoor-

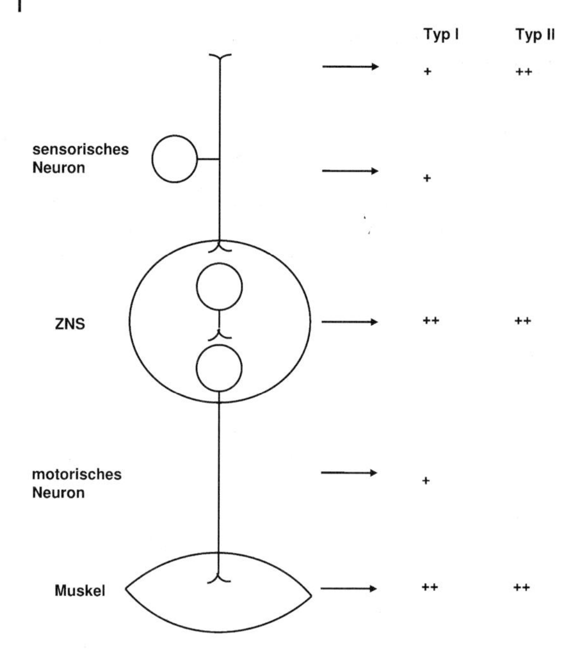

Abb. 12.4 Vergleich von Typ-I- und Typ-II-Pyrethroiden auf verschiedene Teile des Nervensystems.

dination, aggressivem Verhalten und Ganzkörpertremor. Das von dem Typen II induzierten „CS-Syndrom" (Choreoathetosis/Salivation) ist gekennzeichnet durch Grabbewegungen, grobschlägigen Tremor, klonischen Krämpfen, Choreoathetosis und Speicheln. Generell lässt sich sagen, dass Typ-I-Pyrethroide vermehrt auf das periphere Nervensystem wirken, während Typ-II-Pyrethroide verstärkt zentral wirken. Diese These wird gestützt durch höhere Spiegel im ZNS der Typ-II–Verbindungen. Einen Überblick über die Wirkung der beiden Typen von Pyrethroiden auf einzelne Teile des Nervensystems sind in Abb. 12.4 aufgezeigt.

Pyrethroide können von Warmblütern sehr leicht hydrolysiert werden und sind daher nicht so hoch giftig. Eine typische Form der Vergiftung von Typ-II-Pyrethroiden bei Arbeitern und Anwendern sind dermale Parästhesien. Sie entstehen wenige Stunden nach der Kontamination und äußern sich durch Jucken und Brennen der Haut. Dieser Zustand kann äußerst unangenehm sein und bis zu 24 Stunden anhalten. Dieser Effekt ist nicht durch eine reizende oder allergische Reaktion zurückzuführen sondern durch eine Überstimulation der sensorischen C-Fasern in der Haut. Diese Effekte können durch das Waschen mit warmen Wasser oder Schwitzen verstärkt werden. Eine Kontamination des Kopfbereiches (Augen, Gesicht) erzeugt Schmerzen, Tränenfluss, Fotophobie, Stauchung, und Ödeme des Augenlids oder der Konjunktiva.

Die orale Aufnahme von Pyrethroiden erzeugt Magenschmerzen, Erbrechen und Schwindel, Kopfschmerzen, Verwirrtheit, verschwommene Sicht, Anorexia and starke Muskelfaszikulationen der großen Muskel. Bei schwerer Vergiftung können starke Krämpfe mit Bewusstseinverlust auftreten.

12.2.3.2 Therapie

Es gibt nur wenige Erfahrungen mit schweren Pyrethroidvergiftungen, aber zunächst muss die Exposition verringert werden. Pflanzliche und/oder Vitamin E reiche Cremes binden lipophile Pyrethroide und mindern Parästhesien. Systhemische Vergiftungen können nur symptomatisch behandelt werden.

12.2.3.3 Wirkungsmechanismus

Beide, Typ-I- und -II-Pyrethroide, verändern die Natrium-Kanal-Kinetik, indem sie sowohl die Aktivierung (Öffnung) wie auch die Inaktivierung (Schließung) des Kanals beeinflussen. Dies führt zu einer Übererregung und in Konsequenz zu einem langen negativen Nachpotenzial. Dies erreicht die Schwelle des Aktionspotenzials und es kommt zu lang anhaltenden wiederholenden Nachpotenzialen (Abb. 12.5). Diese Entladungen halten bei Typ-I-Pyrethroiden im Millisekundenbereich, während dies bei Typ-II-Pyrethroiden bis in den Sekundenbereich andauern kann. Die Toxizität der Pyrethroide ist stark von Mischung der Isomeren (es gibt acht) abhängig. Die Bindung der cis-Isomere ist kompetitiv, die der trans-Isomere nicht kompetitiv.

Ähnlich wie Organochlorverbindungen beeinflussen Pyrethroide die Calciumhomeostase und die Ca^{2+}-Mg^{2+}-ATPase [1].

Typ-II-Pyrethroide besitzen zusätzlich eine Affinität zu den $GABA_A$ Chloridkanälen und zu spannungsabhängigen Chloridkanälen, welche für die Ausbildung der Krämpfe bei hohen Dosen verantwortlich sind.

12.2.3.3 Biotransformation, Verteilung und Speicherung

Pyrethroide bilden keine chronische Toxizität aus, da sie äußerst schnell verstoffwechselt werden.

12.2.4 Avermectine

Avermectine werden aus Pilzen (*Streptomyces avermitilis*) gewonnen. Avermectine sind macrocyclische Lactone die eine weite Anwendung in der Veterinärmedizin wegen ihrer starken insektiziden, akariziden und anthelmintischen Wirkung besitzen. Sie werden auch in der Tropenmedizin gegen die Flussblindheit eingesetzt.

Avermectine sind hoch lipophil und dermal sehr schlecht penetrierbar. Sie sind akut oral toxisch mit LD_{50} Werten zwischen 25–80 mg kg^{-1} Körpergewicht bilden aber keine chronische Toxizität aus.

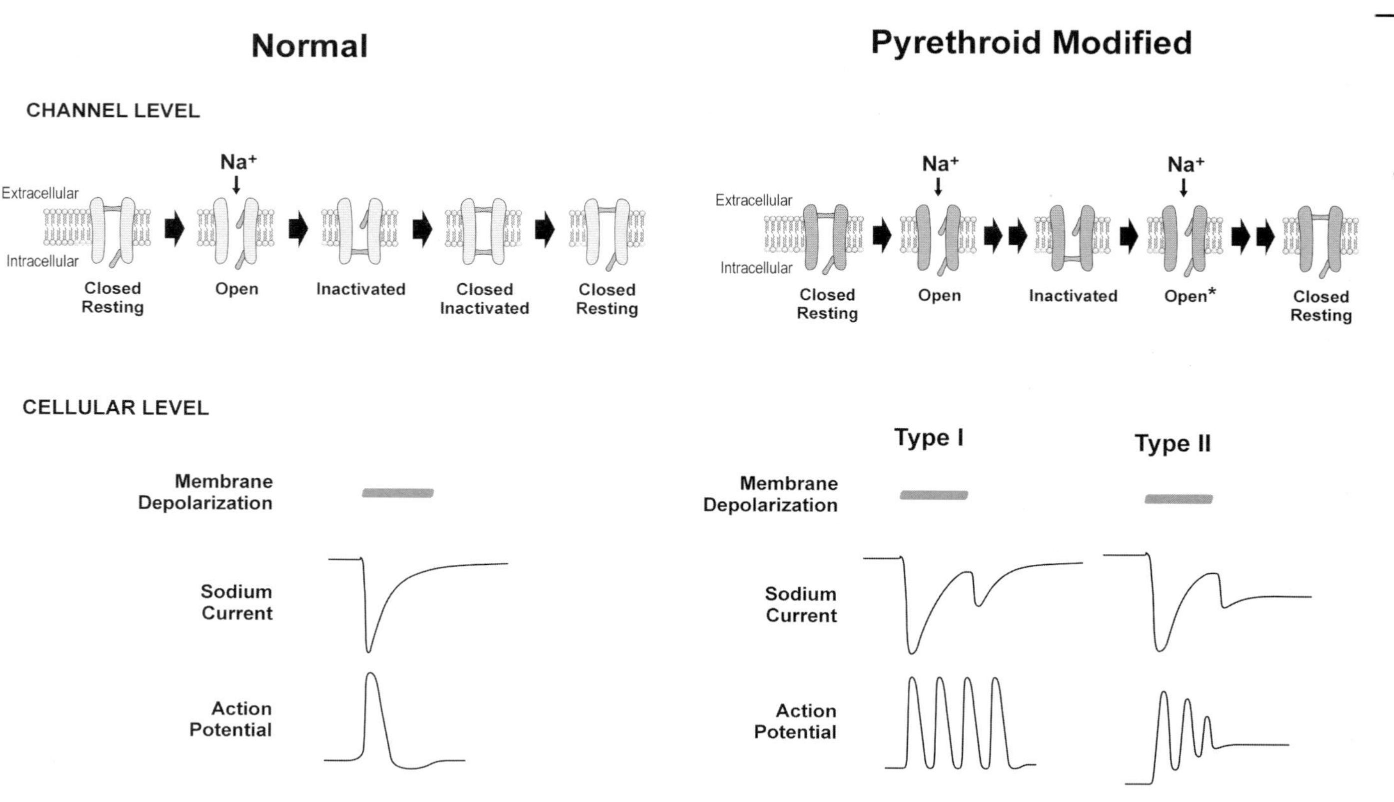

Abb. 12.5 Wirkungsmechanismus von Pyrethroiden. Quelle: [9].

Der Wirkungsmechanismus fokussiert sich auf den Chloridkanal und den GABA-Rezeptorkomplex, welches zum einen die GABAergen Symptome erklärt, zum anderen aber auch die Target-Spezifität.

12.2.5 Moderne Insektizide

Resistenzen bei Schadorganismen, Toxizität und umweltrelevante Probleme haben die Entwicklung neuer Insektizide getriggert.

Weitere makrocyclische Lactone sind *Spinosyne*, die aus Bakterien (*Saccharopolyspora spinosa*) gewonnen werden. Eine Mischung, das Spinosad beeinflusst bei Insekten die nikotinergen und GABAergen Rezeptoren.

Spinosad weist eine geringe akute Toxizität nach dermaler, oraler und inhalativer Aufnahme auf, was auf die schnelle Metabolisierung und Ausscheidung zurückzuführen ist. Spinosad führt zu keiner chronischen Toxizität, wohl aber zu einer Ansammlung von multilaminaren Körperchen, welche bei der intrazellulären Speicherung und Exkretion von Spinosynen eine Rolle spielt. Diese Lysosomen führen bei hohen Dosen zu entzündlichen und degenerativen Erscheinungen, sind aber reversibel.

Chloronikotinyle (Imidacloprid) sind moderne Insektizide, die einen spezifischen Subtyp des nikotinergen Rezeptors hemmt, der nur im Insekt vorkommt. Daher sind Chloronikotinyle nicht neurotoxisch.

Imidacloprid ist moderat akut toxisch und induziert bei chronischer Exposition Effekte auf die Leber und die Schilddrüse.

Phenylpyrazole (Fipronil) hemmt spezifisch den GABA-abhängigen Chloridkanal der Insekten. Anders als beim Imidacloprid ist die Selektivität gegenüber dem Warmblüter GABAergen Chloridkanal nur mäßig ausgeprägt. Deshalb wirkt Fipronil in Säugetieren stark neurotoxisch.

Fipronil ist aufgrund seiner neurotoxischen Wirkung als giftig eingestuft. Daneben hat es bei chronischer Exposition einen Effekt auf die Leber und die Schilddrüse.

12.3 Herbizide

Herbizide sind Substanzen, die Pflanzen von Anbauflächen oder sonstigen Nutzflächen (z. B. Rasen, Bahndämme) entfernen. Dabei können Pflanzenteile entfernt oder die ganze Pflanze zerstört werden. Frühe Chemikalien wie Natriumchlorat, Arsentrioxid, Natriumarsenit, Petroliumöl, Eisen- und Kupfersulfat oder Natriumborat sind schwierig zu handhaben, z. T. sehr giftig und recht unspezifisch, das heißt es wird sowohl das Unkraut als auch die Nutzpflanze abgetötet. Die Entwicklung der Herbizide hat seinen Aufschwung erst Anfang der 1980er Jahre genommen, da Monokulturen ohne Fruchtwechsel und mechanische Bearbeitung der Felder das Überleben bestimmter Unkräuter geför-

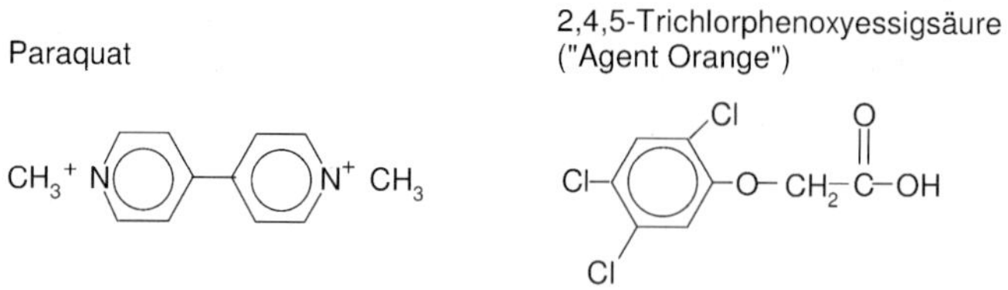

Paraquat

$CH_3^+ \ N\langle\bigcirc\rangle\!-\!\langle\bigcirc\rangle N^+ \ CH_3$

2,4,5-Trichlorphenoxyessigsäure ("Agent Orange")

Cl, Cl, Cl – O – CH_2 – C(=O) – OH

Abb. 12.6 Strukturformeln ausgewählter Herbizide: Paraquat und 2,4,5-Trichlorphenoxyessigsäure (Agent Orange).

dert haben. Bekanntes Beispiel dieser Gruppe sind die 2,4,5-Trichlorphenoxyessigsäure („*Agent Orange*") und das Paraquat (Abb. 12.6).

12.3.1 Chlorophenoxyverbindungen

Chlorophenoxyverbindungen wie die 2,4-Dichlorphenoxyessigsäure und 2,4,5-Trichlorphenoxyessigsäure („Agent Orange") oder deren Salze sind schon während des 2. Weltkriegs entwickelt worden und sind Breitbandherbizide (Abb. 12.6). Sie sind dem Pflanzenwuchsstoff Auxin nachempfunden. Heute werden diese Verbindungen nur noch in Ländern der Dritten Welt zum Entlauben großblättriger Pflanzen eingesetzt, da sich daraus chlorierte Dibenzoiddioxine wie das 2,3,7,8-Tetrachlorodibenzo-p-dioxin bilden kann.

Chlorophenoxyverbindungen sind moderat akut toxisch nach oraler Aufnahme und erzeugen Irritationen an Auge, Haut und Respirationstrakt. Industrielle Unfälle bei der Herbizidproduktion führten zur „Chlorakne", Kopfschmerzen, Schwindel, Verwirrtheit, schweren Muskelschmerzen und erhöhter Nervosität. Untersuchungen zeigten, dass die Chlorakne noch 30 Jahre später bei der Hälfte der Arbeiter persistierte [5].

Öffentliche Bedenken des Militärpersonals bezüglich einer möglichen teratogenen und kanzerogenen Wirkung von mit TCDD verunreinigtem „*Agent Orange*" während des Vietnamkrieges führten zu weitgreifenden epidemiologischen Untersuchungen. Die Exposition mit Dioxinen kann über das Blut bestimmt werden. Die Studien wurden hauptsächlich bei Farmern durchgeführt, die mit den Herbiziden jahrelang umgingen. Die Ergebnisse waren nicht eindeutig, z. T. konnte eine erhöhte Inzidenz für Weichteilsarkome, *no-Hodgkin Lymphome* und Hodgkin Lymphome gefunden werden, aber in anderen Studien zeigte sich eine generell niedrigere Sterbe- und Tumorrate.

12.3.2 Bipyridyliumderivate

Paraquat ist wohl der bekannteste Vertreter dieser Gruppe und wurde schon im 19. Jahrhundert synthetisiert. Als Herbizid wurde es allerdings erst 1959 entdeckt. Paraquat und Diquat sind nicht selektive Kontaktherbizide (Abb. 12.6).

Paraquat ist eines der spezifischsten Lungentoxine, mit einer hohen Mortalitätsrate in Vergiftungsfällen. In den meisten Ländern ist es verboten oder nur für eine sehr begrenzte Anwendung zugelassen. Es ist aber noch in vielen Dritte Weltländern zugelassen und macht da über 50% der Vergiftungen mit Pestiziden aus.

Die orale akute Toxizität von Paraquat reicht von giftig bis moderat giftig je nach Spezies. Typische Symptome sind Lethargie, Hypoxie, Dyspnoe, Tachykardie, Adipsia, Diarrhö, Ataxie, Übererregung und Krämpfe, je nach Dosis und Spezies. Die Sektion zeigt Hämorrhagien und Ödeme in der Lunge, intraalveoläre Blutungen, Stauchung und pulmonale Fibrose. Weiterhin zentrolobuläre Lebernekrose und nierentubuläre Nekrosen. In toxischen Dosen entwickelten sich Lungenschäden innerhalb von 10–14 Tagen. Morphologisch sieht man eine Degeneration und Vakuolisierung der Pneumozyten, Schäden an den Typ-I- und -II-alveolaren-Epithelzellen, eine Zerstörung der epithelialen Membranen und eine Proliferation von Fibroblasten.

Paraquat ist eine hochpolare Substanz und wird nur sehr schlecht oral absorbiert (5–10%), allerdings können über die Hälfte der Dosis über einen längeren Zeitraum im Darm verbleiben. Emulgatoren und Lösungsmittel können die Aufnahme stark erhöhen. Paraquat wird sehr langsam, hauptsächlich über die Niere, wieder ausgeschieden. Paraquat erreicht in der Lunge, vielleicht noch in der Niere, die höchsten Konzentrationen. Die Ursache liegt in einem spezifischen Diamine-Polyamintransportsystem in den Alveolaren [9]. Ist Paraquat dort angekommen, so entstehen durch eine Entkopplung der Atmungskette freie Sauerstoffradikale, die zum Teil über antioxidative Enzyme entgiftet werden. Ist deren Kapazität überschritten, dann reagieren diese Radikale mit allen zellulären Makromolekülen, wie Nukleinsäuren (Abb. 12.7), Eiweiße und Lipidmembranen. Die Folge ist eine massive Zerstörung von Alveolarzellen [11].

Paraquat wird und wurde häufig zum Suizid verwendet. Nach Aufnahme von kommerziell erhältlichen Paraquatkonzentrat, verläuft die Intoxikation über 3–4 Wochen. Initial lässt sich eine Irritation im Mund und Hals feststellen, die zu Nekrosen in der Mundschleimhaut führt. Es kommt zu einer schweren Gastroenteritis mit massiven Schäden im Ösophagus und im Magen. Dies ist begleitet von abdominalen Schmerzen und blutigem Stuhl. Danach folgen die schon beschriebenen Lungenschäden und später kommt es zum Coma und zum Tod. Neben der Lunge kommt es zu massiven Zellschädigungen in der Niere, der Leber und dem Herzmuskel.

Paraquat (PQ^{2+}) → Bipyrimidiniumkationradikal ($PQ^{\cdot+}$)

Abb. 12.7 Entstehung von Radikalen durch Paraquat.

12.3.2.1 Therapie

Die Therapie nach einer Paraquat Vergiftung sollte so schnell wie möglich erfolgen. Die Magenspülung sollte mit mineralischen absorbierenden Substanzen wie Kaolin, Bentonit oder Absorptionskohle durchgeführt werden. Absorbiertes Paraquat kann durch eine intensive und lang anhaltende Hämoperfusion oder Hämodialyse entfernt werden. Die Gabe von Sauerstoff erhöht die Sättigung von Blut und unterstützt den Patienten, wohingegen hyperbarer Sauerstoff die zelluläre Toxizität verstärkt.

Diquat ist weniger toxisch als Paraquat, vermutlich weil es wesentlich schlechter resorbiert wird. Diquat ist ebenfalls in der Lage Sauerstoffradiale zu generieren, aber Affinität zur Lunge ist nicht gegeben.

12.3.3
Chloracetanilid-Verbindungen

Alachlor, Metolachlor und andere sind Anilinherbizide, die eine selektive Wirkung auf Schadgräser und dikotyle Schadpflanzen in Kulturpflanzen haben. Die Herbizide werden vor dem Auflaufen der Kulturpflanzen ausgebracht und wirken systemisch auf die Proteinbiosynthese und die Wurzelverlängerung.

Chloracetanilide sind schwach akut toxisch nach oraler Exposition und schwach bis moderat reizend zur Haut. Nach subchronischer und chronischer Applikation zeigen sich Wirkungen auf die Leber (Erhöhung der γGT [γ-Glutamyltransferase], AP [Alkalische Phosphatase]), aber auch auf die Niere und die Milz. Alachlor ist bei der EPA in Kategorie 2B „mögliches Humankarzinogen" eingestuft, da in Karzinogenesestudien Schilddrüsentumoren, Adenokarzinome im Magen und im Nasengang von Ratten gefunden wurden sowie Lungentumoren in Mäusen. Der karzinogene Metabolit wird nur in Mäusen, Ratten und Affen über eine oxidative und nicht-oxidative Reaktion gebildet, die im Menschen nicht stattfindet. Es kann aber nicht ausgeschlossen werden, dass dieser Metabolit nicht auf anderem Wege entsteht. Die Entstehung der Schilddrüsentumoren ist ebenfalls ein rattenspezifisches Phänomen, da die Schilddrüsenhormone über eine Glucuronidierung in der Leber ausgeschieden werden. Eine Induktion der Leber führt zu einer vermehrten Ausscheidung von Schilddrüsenhormonen, welches in der Schilddrüse nachproduziert werden muss. Dieser Prozess führt bei chronischer Belastung zu Schilddrüsen- und Lebertumoren, die aber für den Menschen keine Relevanz haben.

Das Auffinden von Chloracetaniliden im Trinkwasser, mutagene Effekte von Metaboliten und Veränderungen bei der Metamorphose von Fröschen haben zu einer sehr eingeschränkten Anwendung oder zum Verbot geführt.

12.3.4
Triazinderivate

Zur ersten Generation der Triazine gehören Atrazin und Simazin, zur zweiten Desmetryn and Terbutryn. Letzte werden wesentlich schneller im Boden abgebaut. Triazinderivate sind systemische Herbizide im Mais und in tropischen Anbaugebieten. Sie können aber auch gegen Unterwasserpflanzen und Algen eingesetzt werden. Triazine hemmen die Fotosynthese, indem sie die Elektronentransportkette zwischen dem Elektronenakzeptor des Fotosystems II und dem Plastochinon hemmen.

Atrazin besitzt eine geringe akute orale, inhalative und dermale Toxizität. In Ratten führt eine subchronische bis chronische Applikation zu veränderten hämatologischen und klinisch-chemischen Parametern. Im Hund finden sich ausgeprägte kardiotoxische Effekte.

Atrazin ist ein Ovulationshemmer in Ratten und erzeugt eine höhere Inzidenz von Mammatumoren in Sprague Dawley-Ratten. Mechanistische Untersuchungen zeigten, das Atrazin in diesen Ratten den präovulativen Anstieg der LH-Konzentration unterdrückt und damit die Ovulation hemmt (LH = Luteinisierendes Hormon). Bei anderen Rattenstämmen konnte dieser Effekt nicht gezeigt werden und diese zeigten auch keine erhöhte Tumorinzidenz.

Simazin induziert neben den Tumoren in der Milchdrüse noch Nierentumoren. Terbuthylazin und Terbutryn induzieren Adenokarzinome und Tumoren der Mamma.

12.3.5 Harnstoffderivate

Die wichtigste Gruppe der Harnstoff-Herbizide sind die 3-Aryl-1,1-dimethylharnstoffe mit den Vertretern Diuron und Chlortoluron und die 3-Aryl-1-methoxyl-1-methylharnstoffe wie Linuron, Metobromuron. Diese Verbindungen sind selektive systemische Herbizide mit breiter Anwendung oder auch Totalherbizide wie das Diuron. Sie hemmen die Fotosynthese, indem sie die Elektronentransportkette zwischen dem Elektronenakzeptor des Fotosystems II und dem Plastochinon hemmen.

Das Diuron wird schnell und umfassend absorbiert, metabolisiert und hauptsächlich renal wieder ausgeschieden. Es hat eine moderate bis geringe akute orale, dermale oder inhalative Toxizität. Diuron schädigt bei wiederholter Applikation im Tierversuch die Erythrozyten und die Leber. Es erzeugt in Kanzerogenitätsstudien in der Ratte Harnblasentumoren, die sich vermutlich über die irritierenden und mitogenen Eigenschaften erklären lassen.

12.4 Fungizide

Die Fungizide reichen von anorganischen Salzen wie Schwefel oder Kupfersulfat, Aryl- oder Alkylquecksilberverbindungen zu chlorhaltigen Phenolen und metallhaltigen Derivaten der Thiocarbamatsäure. Fungizide werden im Boden, auf den Früchten nach der Ernte oder auf Pflanzen eingesetzt. Bekannte Vertreter dieser Gruppe sind Zineb und Flusilazol (Abb. 12.8).

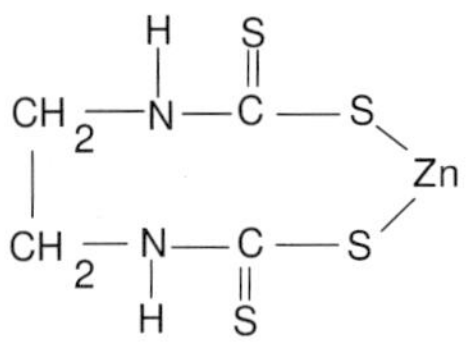

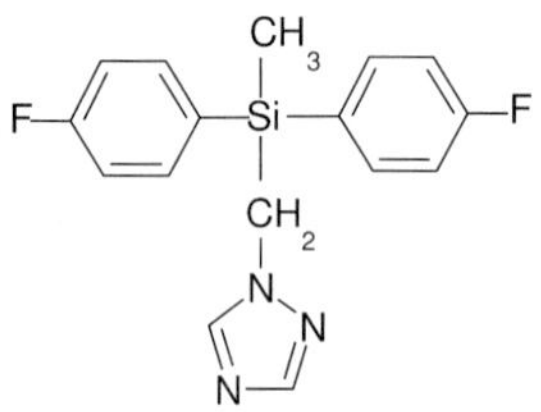

Abb. 12.8 Strukturformeln ausgewählter Fungizide: Zineb und Flusilazol.

Dithiocarbamate werden aus Mono- oder Diaminen, Schwefelkohlenstoff und verschiedenen Metallsalzen (Fe, Na, Mn, Zn) hergestellt. Es sind protektiv wirksame Blattfungizide. Ein Vertreter dieser Gruppe ist das Zineb (Abb. 12.8).

Die Dithiocarbamate können im Säugerorganismus ebenfalls mit SH-Gruppen und Metall enthaltenden Enzymen reagieren. Sie können durch die Hemmung der Alkohol- bzw. der Acetaldehyddehydrogenase eine Alkoholunverträglichkeitsreaktion (Antabus-Effekt) auslösen.

12.4.1 Alkylen-bis-dithiocarbamate

In die Gruppe der Alkylen-bis-dithiocarbamate gehören Wirkstoffe wie Propineb, Zineb, Mancozeb und Maneb. Sie besitzen eine geringe akute Toxizität nach oraler oder dermaler Exposition. Die Ethylen-bis-dithiocarbamate können zu moderaten Haut- und Augenreizungen führen, während für Mancozeb, Maneb, Metiram und Propineb hautsensibilisierende Eigenschaften bekannt sind.

Bei subchronischer oder chronischer Exposition treten über den Metaboliten von Zineb Ethylenthioharnstoff (ETU) Schilddrüsenhyperplasien auf. ETU hemmt die thyreoidale Hormonsynthese, was zu einer Verminderung der Schilddrüsenhormone T_3 und T_4 führt. Daraufhin wird vermehrt TSH (Thyroidea stimulierendes Hormon) ausgeschüttet, die Folge ist eine Hyperplasie der Schilddrüse. Weiterhin finden sich bei einigen Vertretern der Dithiocarbamate nach chronischer Applikation degenerative Veränderungen der peripheren Nerven und Muskeln. Der Grund liegt in Veränderungen der Zytoskelettelemente [12].

Im Kanzerogenitätstest finden sich über das ETU Schilddrüsentumoren bei der Ratte und Lebertumoren in der Maus. Die Lebertumoren hängen ebenfalls mit dem Stress in der Hypothalamus-Hypophyse-Schilddrüsenachse zusammen. Dieser Mechanismus ist für den Menschen nicht relevant, da die Dithiocarbamate als nicht genotoxisch angesehen werden und Ratten sehr leicht mit Tumoren auf erhöhte TSH Spiegel reagieren.

12.4.2
Thiuramdisulfide

Zu den Thiuramderivaten gehört Thiuram und das Disulfiram, das als Arzneimittel zur Alkoholentwöhnung eingesetzt wird.

Thiuram besitzt eine geringe akute Toxizität nach oraler, dermaler oder inhalativer Exposition. Auch bei Thiuram kommt es zu einer massiven Alkoholintoleranz durch die Hemmung des Ethanolmetabolismus. Schon bei geringen Alkoholmengen kommt es zu einem stärkeren Blutandrang im Kopf, Kopfschmerzen, Übelkeit, Erbrechen, Schwitzen, Steigerung der Herz- und Atmungsfrequenz sowie starker Blutdruckabfall, der zum Kreislaufschock führen kann.

Thiuram besitzt keine hautreizenden, aber augenreizende Eigenschaften und es ist hautsensibilisierend. Bei subchronischer Exposition führt es in Ratten zu Erosionen und Hyperplasien der Magenschleimhaut und bei Hunden zu Krämpfen, Abnahme der Erythrozytenzahl und degenerativen Leberveränderungen. Bei chronischer Exposition in der Ratte findet neben einer Reduktion der Erythrozyten, eine Hyperplasie der C-Zellen der Schilddrüse (Calcitonin-produzierend) und der Gallengänge statt. Bei höheren Dosierungen tritt eine Degeneration der Ischiasnerven auf. Bei chronischer Applikation in Mäusen zeigen sich Retinadegenerationen und eine Hyperkeratose der Magenschleimhaut.

Die Genotoxizität von Thiuram kann nicht gänzlich als negativ gewertet werden, allerdings zeigte sich im Tierversuch keine kanzerogene Wirkung. Thiuram ist nicht teratogen.

In spezifischen Neurotoxizitätsstudien an Ratten zeigen sich Verhaltens- und Funktionsstörungen, die jedoch reversibel sind und keine morphologischen Veränderungen mit sich ziehen.

12.4.3
Benzimidazole

Zu den Benzimidazolen gehören die Wirkstoffe Benomyl, Carbendazim und Thiabendazol. Diese Verbindungen sind systemisch-wirkende Blatt- und Bodenfungizide mit einem breiten Wirkspektrum. Der Wirkstoff Fuberidazol kann als Saatbeize im Getreide eingesetzt werden. Die fungizide Wirkung der Benzimidazole beruht im Wesentlichen auf der Hemmung der Mitose, indem sie an die β-Untereinheiten der Mikrotubuli binden und somit den Aufbau des Spindelapparates stören. Thiabendazol hemmt darüber hinaus auch die Nukleinsäure- und Proteinbiosynthese. Diese Eigenschaften erklären auch die toxischen Eigenschaften der Benzimidazole auf proliferierende Gewebe wie Knochenmark und männliche Keimzellen [13].

Carbendazim besitzt eine geringe akute Toxizität nach oraler, dermaler und inhalativer Exposition während Thiophanat moderat akut toxisch ist nach Inhalation. Benzimidazole sind nicht haut- oder augenreizend, einige Vertreter wie Benomyl oder Thiophanat besitzen hautsensibilisierendes Potenzial.

Nach subchronischer und chronischer Verabreichung von Carbendazim findet sich eine Lebervergrößerung mit Zellhyperplasien und Einzelzellnekrosen in Mäusen, Ratten und Hunden. Thiophanat-Methyl führt durch die Reduktion von Schilddrüsenhormonen und einer erhöhten TSH-Konzentration zu Schilddrüsenhyperplasien.

Carbendazim ist nicht mutagen induziert aber Chromosomenaberrationen über die Hemmung des Spindelapparates. Hier wird ein Schwellenwert akzeptiert. Carbendazim ist nicht karzinogen. Carbendazim wirkt auf die Fertilität der Männchen. Die in maternaltoxischen Dosen erzeugten Missbildungen im Nervensystem und im Skelett können nur nach oraler Applikation aber nicht durch Gaben im Futter erzeugt werden.

12.4.4 Azole

Die Gruppe der Di- und Triazole beinhaltet Pflanzenschutzmittel und Antimykotika gegen humanpathogene Pilze. Die fungistatische bzw. fungizide Wirkung beruht auf der Hemmung der Synthese von Ergosterol, einem essentiellen Bestandteil der Zellmembran von Pilzen. Die meisten Azole sind sehr lipophil, was ihnen die Penetration ins endoplasmatische Retikulum der Pilze erleichtert, aber auch für die toxische Wirkung verantwortlich ist. Bei der Biosynthese zu Ergosterol werden Cytochrom-P450-Enzyme des Pilzes gehemmt, aber diese Wirkung ist nicht sehr selektiv, sodass auch Leberenzyme gehemmt werden können. Neben Veränderungen in der Leber findet sich eine Induktion fremdstoffmetabolisierender Enzyme in der Leber [13].

Die Azole gehören zu den wichtigsten Fungiziden in der Landwirtschaft und auch in der Humanmedizin, wobei letztere zumeist weniger toxisch sind.

12.4.4.1 Flusilazol

Flusilazol ist ein typisches Azol, was gut resorbiert und verteilt wird und hauptsächlich zum 1,2,4-Triazol verstoffwechselt wird (Abb. 12.8). Azole können gut über die Haut penetrieren, was man sich beim Tebuconazol therapeutisch zunutze macht.

Flusilazol besitzt eine geringe akute Toxizität nach oraler, dermaler und inhalativer Aufnahme. Es ist leicht augen- und hautreizend, ist aber nicht sensibilisierend.

Nach subchronischer und chronischer Applikation zeigen sich bei Ratten, Mäusen und Hunden Wirkungen auf die Leber und die Harnblase. In der Leber werden eine Enzymaktivitätszunahme, erhöhte Gewichte, Hypertrophie und Degenerationen festgestellt, während in der Blase Hypertrophien und Nekrosen im Blasenepithel gefunden wurden.

Flusilazol ist nicht genotoxisch induziert aber in der Ratte Blasen- und Hodentumoren, während in der Maus Lebertumoren zu verzeichnen sind. Die Tumorentstehung hängt mit dem Wirkungsmechanismus zusammen und daher können Schwellenwerte bei der Risikoabschätzung zugrunde gelegt werden.

In reproduktions- und entwicklungstoxikologischen Studien zeigen Azole in nicht-maternalen Dosen eine verlängerte Trächtigkeitsdauer, verminderte Wurfgrößen, eine Gefäßerweiterung mit Nekrosen in der Plazenta, eine vermehrte Rate von Variationen im Skelett- und Urogenitalbereich und teratogene Effekte. Eine erhöhte Rate von Gaumenspalten konnte in maternaltoxischen Dosen festgestellt werden. Die reproduktionstoxischen Effekte wurden in erster Linie auf Störungen der Östrogensynthese zurückgeführt, da von Flusilazol die Aromatase gehemmt wird, die Östrogen aus androgenen Vorstoffen synthetisiert.

Bei einigen Azolen wurden Schilddrüsentumoren und Tumoren an der Nebenniere gefunden. All diese Effekte sind auf Störungen der Steroidsynthese von Östrogen, Kortikosteron und Aldosteron zurückzuführen.

12.4.5 Strobilurine

Die Strobilurine sind eine neue fungizide Wirkstoffgruppe, die sich chemisch von dem Pilz *Strobilurius tentacellus* ableiten. Strobilurine hemmen die mitochondriale Atmung durch die Blockade des Elektronentransfers zwischen Cytochrom b und Cytochrom c1 und verhindern dadurch die Keimung und Entwicklungen der Sporen. Strobilurine werden im Getreide und Obstanbau verwendet [13].

Azoxystrobilurin wird bei Ratten fast vollständig resorbiert, während andere gar nicht oder nur zum Teil resorbiert werden. Absorbierte Strobilurine werden schnell verteilt und intensiv metabolisiert. Der größte Teil wird über die Fäkalien ausgeschieden.

Azoxystrobilurin ist nur gering akut toxisch nach dermaler, oraler oder inhalativer Exposition. Die Toxizität von Azoxystrobin nach Inhalation ist von der Partikelgröße abhängig. Sind diese klein und gut lungengängig, dann ist die Toxizität hoch (LC_{50} 0,7 mg l^{-1} Luft), sind sie wie unter Praxisbedingungen groß ($\leq$15 µm) dann ist die Toxizität gering. Klinische Symptome sind nach oraler Aufnahme Diarrhöe und Inkontinenz und nach Inhalation erschwerte Atmung und Bewegungsstörungen. Azoxystrobilurin ist nicht haut- oder augenreizend noch sensibilisierend.

Nach subchronischer und chronischer Exposition lassen sich Leberveränderungen, Enzyminduktion und erhöhte Cholesterin- und Triglyceridwerte im Blut feststellen. Weiterhin lassen sich bei Ratten Gallengangsproliferationen und Gallengangserweiterungen mit entzündlichen Veränderungen finden. Beim Hund lässt sich nur Durchfall und Erbrechen feststellen.

Azoxystrobilurin ist nicht genotoxisch und auch nicht kanzerogen.

12.4.6 Dicarboximide

Dicarboximide wie Vinclozolin, Procymidon oder Iprodion sind besonders wirksam gegen Schimmelpilze, sowie gegen *Sclerotinia*- und *Monilia*-Arten. Sie werden daher zumeist im Obst-, Wein- und Getreideanbau eingesetzt. Iprodion und Vinclozolin sind Kontaktfungizide während das Procymidon systemisch wirkt. Dicarboximide hemmen die Sporenkeimung und das Hyphenwachstum indem sie die Triglycerid- und die DNA-Synthese hemmen.

Als ein Beispiel dieser Gruppe wird Vinclozolin gut resorbiert, verteilt und auch umfassend metabolisiert. Es wird zu gleichen Teilen durch Fäkalien und Urin ausgeschieden.

Vinclozolin ist ungiftig nach akuter oraler, dermaler oder inhalativer Aufnahme. Es ist nicht haut- oder augenreizend und nicht sensibilisierend.

Nach subchronischer und chronischer Exposition von Vinclozolin finden sich bei Ratten, Mäusen und Hunden Veränderungen an den Geschlechtsorganen wie eine verminderte Spermiogenese, Hyperplasie der Leydig-Zellen, Prostataatrophie und eine Hyperplasie der Stromazellen im Ovar. Diese Effekte lassen sich auf eine antiandrogene Wirkung zurückführen. Weiterhin finden sich eine Hyperplasie der Nebennieren und der Hypophyse, Lebertoxizität und Linsentrübung. In Kanzerogenitätsstudien führte die antiandrogene Wirkung zum vermehrten Auftreten von Tumoren in Leber, Uterus, Nebennieren und Hoden. Dies ist auf eine dosisabhängige und reversible Störung des Rückkopplungsmechanismus zwischen dem hypothalamisch-hypophysären-System und der Androgenkonzentration im Blut zurückzuführen. Vinclozolin besitzt in der Leber eine tumorpromovierende Wirkung. Da es nicht genotoxisch ist kann für die Tumorentstehung ein Schwellenwert angenommen werden.

Die antiandrogene Wirkung führt zu einer verminderten Fertilität in Mehrgenerationsversuchen und zur Feminisierung der inneren und äußeren Geschlechtsorgane der männlichen Nachkommen. Bei niedrigen nicht maternaltoxischen Dosierungen ist eine Verringerung des Anogenital-Abstandes festzustellen.

Die antiandrogene Wirkung von Vinclozolin und Procymidon ist auf eine antagonisitsche Wirkung am Androgenrezeptor zurückzuführen. Im Gegensatz dazu scheint Iprodion die Androgensynthese zu hemmen.

12.5 Rodentizide

Besonderer Schaden kann von Ratten und Mäusen in der Vorratshaltung und in Lagerräumen ausgehen. Diese Nager sind Vektoren für zahlreiche Erkrankungen und Epidemien, die sie über ihren Kot, Urin oder Haare übertragen.

Ein optimales Rodentizid sollte nur den Zieltieren und nicht anderen Vertebraten schmecken, es sollte nicht sofort fressscheu machen und der Tod sollte so erfolgen, dass er keinen Verdacht bei den Überlebenden erzeugt. Das vergiftete Tier sollte noch die Möglichkeit haben den nahrungsmittelhaltigen Raum zu verlassen, um nicht noch zu einer weiteren Kontamination beizutragen.

Eine Reihe von anorganischen Verbindungen wie Thalliumsulfat, Arsenoxid oder andere Arsenverbindungen, gelber Phosphor und einige Phosphide wurden verwendet. Des Weiteren fanden Cyanid-Gas, DDT und Strychnin Verwendung. Alle diese Verbindungen sind hochtoxisch und völlig unselektiv.

12.5.1
Zinkphosphid

Zinkphosphid ist billig und wird daher häufig in Entwicklungsländern eingesetzt. Die Toxizität geht von sich im Magen bildenden Phosphin (PH_3) aus, das eine hohe zelluläre Toxizität besitzt. Es kommt zu Nekrosen im Gastrointestinaltrakt und anderen Organen wie Leber und Niere.

Vergiftungen spielen nur bei Kindern eine Rolle. In Ägypten ist Zinkphosphid eine populäre Verbindung für einen Selbstmord. Allerdings müssen große Mengen (mehrere Gramm) genommen werden. Die Vergiftungssymptome sind Schwindel, Erbrechen, Durchfall, Cyanose, Kopfschmerzen, Lichtempfindlichkeit, Atemnot, Hypertonie, Lungenödeme, Dysrhythmien und Krämpfe.

12.5.1.1 Therapie
Schnelle Dekontamination und eine unterstützende medizinische Versorgung sind meistens erfolgreich.

12.5.2
Fluoressigsäure und ihre Derivate

Fluoressigsäure und Fluoressigsäureamid sind farb-, geruch- und geschmacklos. Beide sind extrem giftig und können nur in Ködern verwendet werden. Die akute orale Toxizität von Fluoracetat liegt bei 0,2 mg kg^{-1} Körpergewicht. Die Giftigkeit liegt darin, dass Fluoracetat in den Citratcyclus eingeschleust wird und in Form von Fluorcitrat den Cyclus hemmt. Dies blockiert dann die vorgeschaltete Glykolyse und die nachgeschaltete Endatmung. Eine letale Dosis für den Menschen sind 2–10 mg kg^{-1} Körpergewicht. Symptome sind Bauchschmerzen, Sinus- und ventrikuläre Tachykardie, Muskelkrämpfe, Nierenversagen, Krämpfe und Koma.

12.5.2.1 Therapie
Ein Antidot für Fluoressigsäure ist nicht bekannt. Versuche mit Affen haben gezeigt, dass Glycerolmonoacetat eine gewisse Hilfe bieten soll.

12.5.3
α-Naphthylthioharnstoff

Nach der Entwicklung von Phenylthioharnstoff, einer Verbindung, die giftig für Ratten aber nicht für Menschen ist, folgte der α-Naphthylthioharnstoff, ein relativ selektives Rodentizid. Die LD_{50} nach oraler Aufnahme ist sehr unterschiedlich, z. B. bei Ratten 3 mg kg^{-1} Körpergewicht und bei Affen 4 g kg^{-1} Körpergewicht. Der Mechanismus ist nicht klar, aber es wird ein toxischer Metabolit vermutet. Junge Ratten sind unempfindlich und ältere können tolerant werden, was für eine Entgiftung über Monooxigenasen spricht, die bei jungen Ratten vermehrt vorhanden sind. α-Naphthylthioharnstoff bindet an Makromoleküle besonders der Lunge und der Leber und führt zu einem Lungenödem.

12.5.4 Antikoagulantien

Antikoagulantien wie Warfarin antagonisieren die Wirkung von Vitamin K und verhindern die Synthese von Gerinnungsfaktoren (Faktor II, VII, IX und X). Das Einsetzen der Gerinnungshemmung erfolgt verspätet (8–12 Stunden) und ist abhängig von der Halbwertszeit der einzelnen Gerinnungsfaktoren. Die Sicherheit von Warfarin als Rodentizid liegt darin, dass mehrere Dosen aufgenommen werden müssen. Mittlerweile sind eine Reihe von Antikoagulantien als Rodentizide entwickelt worden.

Vergiftungen beim Menschen sind selten, aber es gibt eine Reihe von Berichten, wo Antikoagulantien zum Selbstmord oder Mord verwendet wurden. Nach Vergiftung zeigen sich zunächst Blutungen am Zahnfleisch und der Nase, gefolgt von massiven Hämatomen an Knien und Ellbogen. Es folgen Blutungen des Gastrointestinal- und des Urogenitaltrakts und später zerebrovaskuläre Blutungen.

12.5.4.1 Therapie

Die Gabe von Vitamin K stoppt den Prozess.

12.6 Zusammenfassung

Eine Klassifizierung von Pestiziden nach ihrem Gefährdungspotenzial ist aufgrund der hohen Diversität kaum möglich und auch innerhalb einer Substanzklasse kann die akute Toxizität je nach dem Weg der Exposition sehr unterschiedlich sein. Die WHO hat schon in den 1970er Jahren begonnen, Pflanzenschutzmittel und ihre Formulierung vornehmlich für die Entwicklungsländer nach ihrem Gefährdungspotenzial einzustufen. Dies ist nicht einfach, da es neben den verschiedenen Expositionswegen auch unterschiedliche Daten aus Tierversuchen gibt, die einen zum Teil großen Speziesunterschied aufzeigen. Registrierungs- und Reregistrierungsprozesse vornehmlich der westlichen Staaten haben dazu geführt, dass immer mehr giftige und persistierende Verbindungen verschwinden, allerdings nur dort und nicht in Entwicklungsländern, wo weiterhin die kostengünstigeren Pflanzenschutzmittel eingesetzt werden. Eine zunehmende Globalisierung der Nahrungsmittelproduktion bringt allerdings die Probleme von Rückständen in der Nahrung und im Boden wieder zurück.

12.7
Fragen zur Selbstkontrolle

1. *Was versteht man unter „Kepone shakes"?*
2. *unterscheiden sich DDT und Lindan bezüglich Ihres Wirkungsmechanismus?*
3. *Welche Symptome einer Phosphorsäureestervergiftung sind muskarinerg? Wie äußern sie sich?*
4. *Was versteht man unter „Organophosphate-Induced delayed Polyneuropathy"?*
5. *Wie ist der Wirkungsmechanismus von Carbamaten, und wie unterscheidet sich dieser von Phosphorsäureestern?*
6. *Wie wirken Pyrethroide und wie nennt man das Pyrethroid Typ-II-Syndrom?*
7. *Welches Organ ist bei einer Paraquat-Vergiftung hauptsächlich bedroht?*
8. *Warum haben Schilddrüsentumoren in Ratten nach lebenslanger Chloracetanilide Behandlung für den Menschen keine Bedeutung?*
9. *Warum kommt es bei subchronischer und chronischer Exposition von Zineb zu Schilddrüsenhyperplasien?*
10. *Warum ist Azoxystrobilurin bei den meisten Arten von Expositionen eher untoxisch und nach Inhalation so toxisch?*
11. *Wie wirken Antikoagulantien?*

12.8
Literatur

1 Ecobichon DJ (2001), Toxic effects of pesticides. In: Casarett & Doull's Toxicology – The basic science of poisons (Ed. Klaassen CD). Mac Graw-Hill Companies: 763–810

2 WHO (World Health Organization) (1990), Public health impact of pesticides used in agriculture. Geneva: WHO

3 IARC (1974), Monograph of the evaluation of carcinogenic risk od chemicals to man. Some organochlorine pesticides. Vol. 5 Lyon, France, International Agency for Research on Cancer

4 Hayes WR Jr (1959), The pharmacology and toxicology of DDT. In The insecticide DDT and its importance (Ed. Müller P) Vol. 2. Birkhäuser Verlag, pp 9–247

5 Hayes WR Jr (1982) Pesticides studied in man. Baltimore: Williams Wilkins

6 Johnson MK (1982), The target of initiation of delayed neurotoxicity by organophosphorus esters: biochemical studies and toxicological applications. Rev Biochem Toxicol 4:141–212

7 Abou-Donia (1995), Involvement of cytoskeletal proteins in the mechanisms of organophosphorus ester-induced delayed neurotoxicity. Clin Exp Pharmacol Physiol 22:358–359

8 Schmuck G, Ahr HJ (1997), Improved *in vitro* method for screening organophos-

phate-induced delayed polyneuropathy. Toxicology *in vitro* 11:263–270

9 Shafer et al. Environ, Health Perspectives 113:123–135

10 Smith LL, Lewis CP, Wyatt I, Cohen, GM (1990), The importance of epithelial uptake systems in lung toxicity. Environ Health Perspect., 25–30

11 Smith LL (1987), Mechanism of paraquat toxicity in lung and its relevance to treatment. Hum Toxicol, 31–36

12 Schmuck G, Ahr HJ, Mihail F, Stahl B, Kayser M (2002), Effects of the dithiocarbamate fungicide propineb in primary neuronal cell cultures and skeletal muscle cells of the rat. Archives of Toxicology 76:414–422

13 Soleki R, Pfeil R (2004) Biozide und Pflanzenschutzmittel. In: Lehrbuch der Toxikologie (eds: Markwardt H, Schäfer S) Wissenschaftliche Verlagsgesellschaft mbH, Stuttgart, pp 57–701

13
Innenraum

Elke Roßkamp

13.1
Allgemeines

13.1.1
Einführung

Zu Innenräumen zählen alle Räume in Gebäuden, die nicht nur zum vorübergehenden Aufenthalt von Menschen bestimmt sind. Dazu gehören Wohnungen mit Wohn-, Schlaf-, Bastel-, Sport-, und Kellerräumen, Küche und Badezimmer; öffentliche Gebäude (Bereiche in Krankenhäusern, Schulen, Kindergärten, Sporthallen, Bibliotheken, Gaststätten, Theater, Kinos und andere öffentliche Veranstaltungsräume); Arbeitsräume in Gebäuden, die im Hinblick auf gefährliche Stoffe nicht dem Geltungsbereich der Gefahrstoffverordnung unterliegen (z. B. Büroräume, Verkaufsräume); sowie das Innere von Kraftfahrzeugen und öffentlichen Verkehrsmitteln.

In Deutschland halten sich Erwachsene im Mittel täglich etwa 20 Stunden in Innenräumen auf, davon 14 Stunden in der eigenen Wohnung. Kinder halten sich im Durchschnitt täglich über 15 Stunden in der Wohnung ihrer Eltern auf.

Durch die Verwendung immer neuer Materialien und Produkte nimmt die Zahl der in Innenräumen nachgewiesenen Schadstoffe ständig zu. Im Zuge von Maßnahmen zur Energieeinsparung werden Innenräume in privaten und öffentlichen Gebäuden immer intensiver gegenüber der Außenluft abgedichtet, der Luft- und Schadstoffaustausch nach draußen wird so stark eingeschränkt. Dies kann besonders in Neubauten oder nach Renovierungsarbeiten zu teilweise hohen Schadstoffgehalten in Innenräumen führen, die wiederum Geruchs Belästigungen oder gesundheitliche Beeinträchtigungen bei den Raumnutzern auslösen können. Das öffentliche Interesse an diesen Fragestellungen ist groß, insbesondere wenn es sich um öffentliche Einrichtungen, wie Kindergärten und Schulen handelt. Die toxikologische Bewertung der auftretenden Schadstoffe hat deshalb eine hohe Bedeutung, ist aber schwierig.

Für Arbeitsplätze, an denen mit Gefahrstoffen umgegangen wird, gelten technische Regeln für Gefahrstoffe (TRGS). Für die Außenluft bestehen im Rahmen des Bundesimmissionsschutzgesetzes mit verschiedenen Verordnungen und

Toxikologie Band 1: Grundlagen der Toxikologie. Herausgegeben von Hans-Werner Vohr

ISBN: 978-3-527-32319-7

Verwaltungsvorschriften verbindliche Handlungsanweisungen für das Vorkommen von gefährlichen Substanzen. Doch für den Innenraum gibt es – von ganz wenigen Ausnahmen abgesehen – weder national noch international ein Regelwerk, welches eine einheitliche Bewertung von dort vorkommenden Schadstoffen vorgibt. (Eine dieser Ausnahmen ist das Vorkommen von Perchlorethylen in Innenräumen im Umfeld von Chemisch-Reinigungsanlagen, bitte beibehalten = üblicher Fachausdruck welches über das Bundesimmissionsschutzgesetz geregelt wurde.)

Ein Regelwerk für den Innenraum ist nicht eingeführt, weil es mit einer Zuständigkeit auch für den häuslichen Privatbereich in sehr persönliche und intime Bereiche des Bürgers eingreifen würde. Diese Privatsphäre soll jedoch möglichst vor staatlichen Eingriffen geschützt bleiben.

Gesetzliche Vorgaben für den Innenraum
Für den allgemeinen Innenraum gibt es kein gesetzliches Regelwerk und damit keine verbindlichen Handlungsanweisungen für das Vorkommen von schädlichen Substanzen (keine „TA-Innenraumluft").

13.1.2
Allgemeine raumklimatische Anforderungen

Behaglichkeit und Wohlbefinden beim Aufenthalt in Innenräumen werden nachdrücklich vom Raumklima beeinflusst. Für das Raumklima wesentlich sind Raumlufttemperatur, die sich zusammensetzt aus Luft- und Oberflächentemperaturen im Raum, die relative Luftfeuchtigkeit und die Luftgeschwindigkeit. Für einige Raumarten, wie Schulen, Hochschulen, Kindergärten und Jugendheime, werden in administrativen Regelungen Richtwerte für die Raumklimakomponenten, sogenannte „Normativwerte" angegeben [1]. Diese haben die Aufgabe, gewisse Komfortbedingungen zu gewährleisten; daneben berücksichtigen sie jedoch gesundheitliche Aspekte, da deutliche Abweichungen von den „Normativwerten" einen Leistungsabfall sowie Befindlichkeitsstörungen zur Folge haben können. Darüber hinaus besteht ein Zusammenhang zwischen höheren Innenraumtemperaturen, hoher Luftfeuchte und höheren Schadstoffgehalten.

Empfohlene Temperaturbereiche für die genannten öffentlichen Räume liegen zwischen 17 °C in Turnhallen und 20 °C in Unterrichts- und Aufenthaltsräumen. Wohnphysiologisch optimale Temperaturen im häuslichen Wohnbereich liegen für Schlafzimmer bei 17–20 °C und für Wohnzimmer bei 20–23 °C.

Der Behaglichkeitsbereich für die relative Luftfeuchtigkeit befindet sich zwischen 30 und 65 Prozent. Durch die in Mitteleuropa herrschenden Klimabedingungen wird dieser Bereich im Innenraum meistens eingehalten, jedoch sind auch Unterschreitungen gesundheitlich vertretbar. Eine zu hohe Luftfeuchtigkeit begünstigt das Wachstum von Schimmelpilzen.

Die in Aufenthaltsräumen tolerierbare Luftgeschwindigkeit ist von der Lufttemperatur und dem Turbulenzgrad der Strömung abhängig. Hohe Luftgeschwindigkeiten bewirken geringere Schadstoffkonzentrationen; aus Gründen der thermischen Behaglichkeit sind starken Luftbewegungen jedoch Grenzen gesetzt. Der Luftwechsel sollte bei normaler Wohnraumnutzung 0,5–1,0 h^{-1} betragen. (Eine Luftwechselzahl von eins pro Stunde (1 h^{-1}) bedeutet, dass das Raumvolumen eines Raumes rechnerisch innerhalb einer Stunde einmal ausgetauscht wird.) Die erforderliche Luftwechselzahl ist umso größer, je stärker die Belastung mit Kohlendioxid und anderen Stoffen ist (Klassenzimmer, Sitzungsräume). In modernen Gebäuden mit aufwendiger Wärmeisolierung ist wegen des deutlich reduzierten Luftwechsels besonders darauf zu achten, dass durch ausreichende Lüftung genügend Luft ausgetauscht wird.

Empfohlene Raumklimabedingungen
In Unterrichts- und Gemeinschaftsräumen ist eine Temperatur von 20 °C angemessen; der wohnphysiologisch optimale Bereich liegt für Wohnzimmer bei 20–23 °C und für Schlafzimmer bei 17–20 °C. Der Behaglichkeitsbereich für die relative Luftfeuchtigkeit liegt zwischen 30–65%.

13.2 Innenräume und ihre Schadstoffquellen

Das **Rauchen** ist eine der bedeutendsten Schadstoffquellen im Innenraum. Da seine gesundheitlich negativen Wirkungen allgemein bekannt sind, wird dieses Thema hier nicht weiter vertieft. Ein gravierendes gesundheitliches Innenraumproblem in diesem Zusammenhang ist die Belastung der Kinder durch *Passivrauchen*. Diese Belastung ist in den letzten Jahren nicht gesunken, sondern eher noch gestiegen. Nach den Ergebnissen einer bundesweiten, repräsentativen Studie des Umweltbundesamtes zur allgemeinen Umweltbelastung von Kindern (KUS, Kinder-Umwelt-Survey), erhoben in den Jahren 2003–2006, leben etwa 50% der Heranwachsenden in Haushalten mit mindestens einer rauchenden Person [2]. Die bei den untersuchten Kindern nachgewiesene Menge an Cotinin im Urin – einem Stoffwechselprodukt des Nikotins – deutet darauf hin, dass Kinder heute sogar im Mittel stärker durch Passivrauchen belastet sind, als früher (KUS 1992). Von den Kindern, die in einem Haushalt mit mehr als einem Raucher leben, zeigten 20% eine höhere Infektanfälligkeit, während dies bei Kinder, die in einem Haushalt mit 0–1 Raucher leben, nur bei 13% der Fall war.

Passivrauchen
Etwa 50% der Heranwachsenden leben in Deutschland in Haushalten mit mindestens einer rauchenden Person. Die bei den Kindern nachgewiesene Cotinin-Menge im Urin deutet darauf hin, dass Kinder heute sogar im Mittel stärker durch Passivrauchen belastet sind, als früher.

Tab. 13.1 a Private Innenräume und dort häufig anzutreffende Quellen von Luftverunreinigungen.

Private Wohn- und Aufenthaltsräume	**Emittierende Quellen**
allgemein	Mensch, Bau- und Ausstattungsmaterialien Einrichtungsgegenstände, Renovierungen, Haushaltsmittel, Biozid haltige Produkte
zusätzlich	
Küchen	Gasgeräte, Kochvorgänge, Reinigungsmittel
Wohn-/Schlafzimmer	Rauchen, offener Kamin, Kosmetika, Duftstoffe einschließlich
Badezimmer	Raumbedufter, Desinfektionsmittel
Keller-/Hobbyraum	Hobbyarbeiten, Ausgasungen aus dem Erdreich

Tab. 13.1 b Öffentliche Innenräume und dort häufig anzutreffende Quellen von Luftverunreinigungen.

Private Wohn- und Aufenthaltsräume	**Emittierende Quellen**
allgemein	Mensch, Bau- und Ausstattungsmaterialien, Einrichtungsgegenstände, Renovierungen Reinigungsmittel, Biozid haltige Produkte
zusätzlich	
Büroräume	Bürogeräte und -hilfsmittel, Biozide aus Klimaanlagen und Luftbefeuchtern
Versammlungsräume	Mensch, Rauchen, Klimaanlagen
Krankenhäuser	Desinfektions- und Reinigungsmittel
Schulen	Unterrichtsmaterialien
Badeanstalten	Ausgasungen von Desinfektionsmitteln und -nebenprodukten
Verkehrsmittel	Mensch, Rauchen, Kraftstoff und Verbrennungsmotor, Materialien des Innenausbaus

Die wichtigsten Arten von Innenräumen mit ihren üblichen Schadstoffquellen sind in den Tabellen 13.1 a und 13.1 b aufgeführt.

Zu den emittierten Substanzen gehören sowohl anorganische Gase, als auch flüchtige sowie schwer flüchtige organische Verbindungen.

13.3 Relevante Schadstoffe und Schadstoffgruppen im Innenraum

13.3.1 Anorganische Schadstoffe

Über relevante anorganische Gase sowie ihre wichtigen Quellen gibt Tabelle 13.2 Auskunft.

Der Mensch stellt mit seiner Atmung und seinen Ausdünstungen eine wesentliche Quelle von flüchtigen Verunreinigungen in der Innenraumluft dar. Als End-

Tab. 13.2 Relevante anorganische Gase im Innenraum sowie ihre Quelle.

Verbindung	Quelle
Kohlendioxid (CO_2)	Mensch, offene Flammen, Außenluft
Kohlenmonoxid (CO)	Tabakrauch, Gasherd, Ofenheizung, Außenluft
Stickstoffoxide (NO_x)	Gasherd, Gastherme, Ofenheizung, Kerzen, Außenluft
Ozon (O_3)	Außenluft (Sommer), Kopierer, Laserdrucker

produkt der Atmung spiegelt der *Kohlendioxidgehalt (CO_2)* der Innenraumluft die Intensität seiner Nutzung wider. Der Anstieg der CO_2-Konzentration in der Raumluft korreliert mit dem Anstieg weiterer menschlicher Ausdünstungen.

Kohlenmonoxid (CO) wird bei unvollständigen Verbrennungsprozessen freigesetzt. Eine wesentliche Quelle für Kohlenmonoxid im Innenraum selber stellt das Rauchen dar; auch schlecht ziehende Feuerstellen können zu höheren CO-Konzentrationen führen. Daneben gelangt CO besonders in Ballungsgebieten an verkehrsreichen Kreuzungen von außen beim Lüften in Innenräume.

Stickoxide gelangen von außen, oder durch die Verwendung von Gas (Gasherd) oder kurzzeitig durch eine größere Zahl von abgebrannten Kerzen in die Raumluft.

Ozon wird von Bürogeräten wie Kopierern und Laserdruckern freigesetzt. Neue Geräte emittieren Ozon nur noch in so geringen Mengen, dass auch bei empfindlichen Personen keine Atemwegsbeschwerden oder Beeinträchtigungen eintreten.

13.3.2
Flüchtige organische Verbindungen (VOC)

Die meisten der im Innenraum nachgewiesenen organischen Stoffe gehören zu der Gruppe der VOC (*volatile organic compounds*, flüchtige organische Verbindungen). Sie kommen praktisch immer in der Innenraumluft vor und werden in der öffentlichen Diskussion häufig als Innenraumbelastungen schlechthin gesehen. Die VOC treten üblicherweise in Innenräumen in höheren Konzentrationen als im Außenluftbereich auf, weil sie aus einer Vielzahl von Innenraumquellen freigesetzt werden. Die VOC werden als Gruppe unterschiedlichster Verbindungen durch den Siedepunkt charakterisiert und so nach einer WHO-Definition von 1989 von den leichtflüchtigen (VVOC, *very volatile organic compounds*), den schwerflüchtigen organischen Verbindungen (SVOC, *semivolatile organic compounds*) und den staubgebundenen organischen Verbindungen (POM, *particulate organic matter*) unterschieden [3]. Für die VOC wurde ein Siedebereich zwischen 50–100 °C und 240–260 °C festgelegt. Die Definition darf nicht ohne die jeweils verfügbaren analytischen Möglichkeiten einschließlich der Probenahmetechnik gesehen werden.

Tabelle 13.3 gibt eine Übersicht über häufig im Innenraum analysierte Substanzen sowie ihre wichtigen Quellen.

Tab. 13.3 Im Innenraum häufig gemessene, flüchtige organische Verbindungsgruppen (VOC) und ihre Quellen.

Stoffgruppe	**Quelle**
Alkane und Alkene (n-, iso-und cyclo-Verbindungen)	Lösemittel für Baustoffe und Ausstattungsmaterialien, Einrichtungsgegenstände sowie Haushaltsmittel, chemische Reinigung, Außenluft (Kraftstoffe)
Aromaten	Lösemittel für Baustoffe und Ausstattungsmaterialien (z. B. Phenylcyclohexen in Teppichbodenrücken), Einrichtungsgegenstände sowie Haushaltsmittel, Tabakrauch, Außenluft (Kraftstoffe), Hartschaum (Styrol)
Terpene	Holz, Holzwerkstoffe, „natürliche" Lösemittel, Haushaltsmittel, Duftstoffzusätze
Aldehyde, Säuren (gesättigte und ungesättigte Verbindungen)	Holzwerkstoffe, Ölfarben, Linoleum, Korkfußboden, Biozid haltige Produkte
Alkohole, Ketone	Lösemittel, UV-gehärtete Lackoberflächen; Reiniger
Ester	(schwerflüchtige) Lösemittel und Weichmacher, Heizkostenverteiler (Methylbenzoat)
Glykolether	Lösemittel in wasserlöslichen Farben und Lacken, Reiniger
Halogenierte Verbindungen	Lösemittel, chemische Reinigung (Tetrachlorethen), Tippex, Toilettensteine
Siloxane	Lösemittel (z. B. Cyclopentasiloxan)
Biozide	Konservierungsstoffe in wasserbasierten Bau- und Ausstattungsmaterialien, Haushaltsprodukten und Kosmetika, Insektenbekämpfung, Desinfektionsmaßnahmen

Die verschiedenen Substanzklassen werden ausführlich in Band II vorgestellt, weswegen sie hier nur kurz angesprochen werden.

13.3.2.1 Alkane und Alkene

Alkane sind kettenförmige Verbindungen, die sich durch die Zahl der Kohlenstoff- und Wasserstoffatome im Molekül unterscheiden. Zu den VOC gehören die Verbindungen mit einer Kettenlänge von C6 bis C12. In Neubauten oder nach Renovierungsarbeiten ist besonders häufig die Fraktion von Nonan bis Dodekan (C9 bis C12) in der Innenraumluft erhöht, da die Verbindungen in Baustoffen wie Wandfarben, Klebern oder Lacken eingesetzt werden. Tankanlagen für leichtes Heizöl können Quellen für höher siedende Alkan-Fraktionen (C14–C18) im Innenraum sein; diese gehören jedoch bereits zu den schwerer flüchtigen organischen Verbindungen. Auch cyclische Verbindungen finden Verwendung in Lacken, Harzen und in Haushaltsprodukten. Alkene sind ungesättigte Kohlenwasserstoffverbindungen. Längerkettige ungesättigte Verbindungen können als Reaktions- oder Abbauprodukte aus diversen Bauprodukten ausgasen. In hohen Konzentrationen haben Alkane narkotische, Schleimhaut reizende und teilweise nephrotische Wirkungen.

Aufgrund seiner Wirkung auf das periphere Nervensystem nimmt n-Hexan eine Sonderstellung ein, es wird deshalb in verbrauchernahen Produkten nicht eingesetzt.

13.3.2.2 Aromaten

Die Grundsubstanz der Gruppe der Aromaten ist das wegen seiner krebserzeugenden Wirkung bedeutsame Benzol. Quellen für sein Auftreten im Innenraum sind heute nur noch das Rauchen sowie verkehrsbelastete Innenraumluft. Aus den Ergebnissen des KUS von 2003–2006 ist zu entnehmen, dass in knapp der Hälfte der Haushalte, in denen Kinder leben und in denen täglich geraucht wird, der zukünftige EU-Grenzwert für Benzol in der Außenluft überschritten wird [2].

Auch die Verwendung anderer einkerniger Aromaten – wie z. B. Toluol, Xylole, Ethylbenzol – als Lösemittel in verbrauchernahen Produkten, ist in den letzten Jahren aufgrund der Diskussion um krebserzeugende Wirkungen stark zurückgegangen, sodass sie nur noch selten in relevanten Innenraumkonzentrationen auftreten. So können frische Druckerzeugnisse noch eine Quelle für hohe Toluolkonzentrationen darstellen, oder Styrol kann als Monomer aus Polystyrolprodukten (z. B. Hartschaum) ausgasen. Für beide Substanzen sind Innenraum-Richtwerte abgeleitet (siehe Tab. 13.4).

Heute werden meist höhere aromatische Verbindungen mit acht Kohlenstoffen oder auch einige mehrkernige Aromaten eingesetzt. Besonders gut untersucht ist das Naphthalin. Eine Exposition erfolgt vor allem durch das Rauchen und andere unvollständige Verbrennungsvorgänge, aus teerhaltigen Parkettklebern, die hauptsächlich in den 1950er Jahren und vereinzelt noch bis in die 1970er Jahre verwendet wurden, aus anderen Bauprodukten oder aus Mottenkugeln. Naphthalin ist aufgrund seiner Krebs erzeugenden Eigenschaften im Tierversuch nach Gefahrstoffrecht in EU-Kategorie K3 eingestuft, ein Innenraum-Richtwert ist abgeleitet (siehe Tab. 13.4). Alle aromatischen Kohlenwasserstoffe haben narkotische und Schleimhaut reizende Wirkungen.

Tab. 13.4 Bestehende Innenraumrichtwerte (RW).

Bisher wurden Innenraumrichtwerte abgeleitet für:			
Toluol	(1996*)	Diisocyanate	(1999*)
PCP	(1997*)	TCEP	(2002*)
Dichlormethan	(1997*)	Bicyclische Terpene	(2003*)
Kohlenmonoxid	(1998*)	Naphthalin	(2004*)
Stickstoffdioxid	(1998*)	Aromaten arme	
Styrol	(1998*)	Kohlenwasserstoffe	(2005*)
Quecksilber	(1999*)	Dioxin ähnliche PCB	(2007*)

*Publikation in „Bundesgesundheitsbl – Gesundheitsforsch – Gesundheitsschutz“

13.3.2.3 **Terpene**

Natürliche Emissionen aus Holz oder Holzprodukten, der Gebrauch von Duftstoffen und die Verwendung von natürlichen ätherischen Ölen als Lösemittel für Lacke, Farben, Haushaltsmittel oder in Kosmetika sind die Ursache hoher Monoterpen-Konzentrationen im Innenraum. Gerade in nach ökologischen Gesichtspunkten gebauten und ausgestatten Gebäuden und Räumen, vor allem, wenn Wände und Decken mit Massivnadelholz verkleidet sind, findet man höhere Terpen-Gehalte. Ihr Anteil an den VOC kann hier leicht 50% betragen. Die wichtigsten Monoterpene, die auch in Terpentinöl enthalten sind, sind α- und β-Pinen, Caren und Limonen. Sie wirken reizend auf die Schleimhäute von Augen, Nase und Rachen. In Verbindung mit Holzstaub verursachen die Verbindungen eine Verschlechterung der Lungenfunktionen. Neurotoxische Effekte treten erst bei deutlich höheren Konzentrationen auf. α- und β-Pinen, δ-Caren und racemisches Limonen wirken allergen bei Hautkontakt. Diverse Terpenalkohole und Terpenketone gehören zu den Duftstoffen, die zur Geruchsverbesserung in die Raumluft eingebracht werden. Auch diese gehören zum Teil zu den bedeutenden Kontaktallergenen; ihre inhalationstoxischen Eigenschaften sind kaum untersucht.

13.3.2.4 **Aldehyde**

Innerhalb der Gruppe der Aldehyde nimmt **Formaldehyd**, als zu den VVOC gehörend, eine Sonderstellung ein. Formaldehyd wurde als einer der ersten für den Innenraum relevanten Schadstoffe identifiziert und blieb dies auch über einen langen Zeitraum. Als Formaldehydquellen konnten vor allem Spanplatten identifiziert werden, die in Form von Bauteilen und Akustikdecken sowohl im Fertigbau als auch in der Möbelproduktion Verwendung fanden. Formaldehyd ist einer der Bestandteile von Leimen, die zur Herstellung dieser Holzwerkstoffe eingesetzt werden. Auch die Verwendung als Desinfektionsmittel hat zu Innenraumproblemen geführt (Inkubatoren).

Seit Mitte der 1980er Jahre regelt in Deutschland die Chemikalien-Verbotsverordnung die Formaldehydemissionen aus Spanplatten. Formaldehydgehalte in typischen Büroräumen liegen heute im Mittel bei 20 $\mu g/m^3$, das 90. Perzentil liegt unter 50 $\mu g/m^3$.

Farben und Lacke oder auch andere Bauprodukte, die auf der Basis natürlicher Harze und Öle hergestellt werden, wie z. B. Linoleum, können nach ihrer Ausbringung höhere n-Aldehyde und deren entsprechende Säuren (bis C10) emittieren; vor allem n-Hexanal wird oft in der Innenraumluft nachgewiesen. Die in den Naturstoffen enthaltenen ungesättigten Fettsäuren reagieren mit dem Luftsauerstoff. Die entstehenden längerkettigen Aldehyde fallen durch einen unangenehmen und stechenden Geruch sowie reizende Effekte auf Augen und den oberen Atemtrakt auf.

13.3.2.5 **Alkohole, Ketone**

Diese Verbindungen werden, da sie polarer und wasserlöslicher sind als aliphatische und aromatische Kohlenwasserstoffe, zunehmend als organische Lösemittelkomponenten in Wasser verdünnbaren Produkten (Lacke und Farben, Klebern, Oberflächenbeschichtungen, Bautenschutz, Haushaltsmittel, Körperpflegemittel u. a.) eingesetzt. Auch für diese Stoffgruppen stehen die Schleimhaut reizenden und narkotischen Wirkungen im Vordergrund.

13.3.2.6 **Ester**

Ester, wie Ethylacetat, Butyl- und Isobutylacetat, kommen ebenfalls als Lösemittel in Produkten auf Wasserbasis zusammen mit Alkoholen zum Einsatz. Ester der Phthalsäure und der Adipinsäure werden als Weichmacher in Wandfarben, Fußbodenbelägen und vielen anderen verbrauchernahen Produkten verwendet. Viele der Verbindungen gehören allerdings aufgrund ihres Siedebereiches zu den SVOC oder POM. Einige wichtige Vertreter werden deshalb unter Abschnitt 13.3.2 abgehandelt.

13.3.2.7 **Glykolether**

Glykolether sind viel verwendete technische Lösemittel insbesondere für Lacke, Farbstoffe, Wandfarben (sog. Wasserlacke) Stempel- und Druckerfarben. Sie werden regelmäßig in der Innenraumluft nachgewiesen, da sie als Ersatzstoffe für die klassischen Lösemittel der Aliphaten, Aromaten und chlorierten Verbindungen dienen. Für Glykolether sind reproduktionstoxische und hämatotoxische Eigenschaften beschrieben; die jedoch bei den einzelnen Gruppen aufgrund unterschiedlicher metabolischer Stoffwechselwege sehr unterschiedlich ausgeprägt sind.

13.3.2.8 **Halogenierte organischen Verbindungen**

Wegen ihrer Persistenz und Bioakkumulation sowie ihren kanzerogenen Eigenschaften haben die zu den VOC gehörenden halogenierten organischen Verbindungen ihre technische Bedeutung verloren. Im Innenraum werden meist nur noch sehr geringe Konzentrationen nachgewiesen.

13.3.2.9 **Siloxane**

Aufgrund ihrer zunehmenden Verwendung in einer Vielzahl von Lacken und Beschichtungssystemen werden auch flüchtige Siliziumverbindungen sog. Siloxane zunehmend in der Innenraumluft gefunden. Toxikologische Daten zu den Siloxanen liegen bisher nicht in ausreichendem Maße vor, Untersuchungen zu Emissionen aus verbrauchernahen Produkten sind nur spärlich vorhanden.

VOC Einsatzbereiche
VOC sind aufgrund ihrer vielfältigen Einsatzbereiche praktisch immer im Innenraum zu finden. Die meisten VOC wirken depressorisch auf das Zentralnervensystem und besitzen Schleimhaut reizende Eigenschaften. Im Bereich der im Innenraum anzutreffenden Konzentrationen äußert sich dies häufig in unspezifischen Beschwerden und Befindlichkeitsstörungen. Erhöhte Konzentrationen an VOC nach Renovierungsarbeiten können durch intensives Lüften während und nach den Arbeiten vermindert werden.

13.3.2.10 **Biozide**

Biozide sollen Menschen, Haustiere, Gebrauchsgegenstände, Materialien und technische Einrichtungen vor einem unerwünschten Befall mit Schadorganismen, wie Bakterien, (Schimmel-)Pilzen, Algen oder Schadinsekten schützen. Entsprechend dem zu schützenden Bereich haben sie unterschiedliche chemische Eigenschaften und Wirkpotenziale. Sie gehören sowohl der Gruppe der VOC als auch der Gruppe der SVOC an. Biozide werden *direkt* im Innenraum zur Schädlingsbekämpfung (Auftreten von Schadinsekten, Parasitenbefall von Haustieren, Behandlung von Zimmerpflanzen) eingesetzt, oder sie werden vielen wasserbasierten Produkten, wie Wasch- und Reinigungsmittel, Kosmetika, Kleidung (z. B. Socken gegen Schweißgerüche), Wohntextilien, Bauprodukten und vielen anderen Produkten des täglichen Bedarfs zum Schutz vor Befall durch Bakterien-, Schimmel- oder Algen zugegeben. Da viele dieser Produkte im Innenbereich verwendet werden, ist bei Einsatz dieser Produkte zusätzlich mit einer *indirekten* Belastung der Raumnutzer zu rechnen [4]. Auch dem Befeuchterwasser von Klimaanlagen oder Luftbefeuchtern werden Biozide zugegeben. Die meist flüchtigen Chemikalien gelangen mit dem Luftstrom in die klimatisierten (oder befeuchteten) Räume.

Biozidprodukte unterlagen bis zum Jahr 2002 keinem Zulassungsverfahren und wurden nicht auf Umwelt- und Gesundheitsrisiken geprüft, sofern die Anwendung nicht in den Regelungsbereich von Bundesinfektionsschutzgesetz, Pflanzenschutzmittelgesetz, Bauproduktengesetz oder des Arzneimittelgesetzes zur Bekämpfung von Parasiten fiel. Seit 2002 ist zwar das Biozidgesetz in Kraft, jedoch gelten lange Übergangsregeln für eingeführte Biozidprodukte.

Produkte, die Biozide nicht als Wirkstoff, sondern als Beistoff zur Konservierung enthalten, wie z. B. Heimwerkerprodukte oder flüssige Haushaltsprodukte sind auch weiterhin nicht zulassungspflichtig.

Häufig werden für diesen Bereich mehrere Biozide gemeinsam eingesetzt. Dies ergibt sich zum einen aus den technischen Gegebenheiten des zu konservierenden Produktes zum anderen aus der Toxizität der Biozide. In ökotoxikologischen Untersuchungen an Pflanzenschutzmitteln ist allerdings nachgewiesen worden, dass sich die Wirkungen addieren können, selbst wenn sich die jeweiligen Konzentrationen unterhalb ihrer Wirkschwellen befinden. Da für viele Anwendungen nur eine beschränkte Anzahl von Wirkstoffen zur Verfügung steht und die Zahl der Biozid haltigen Produkte immer noch wächst, ist zu befürchten, dass die Gesamtexposition möglicherweise gesundheitsschädliche Konzentrationen erreichen kann, auch wenn die einzelnen Anwendungen sachgerecht sind.

Zu den wichtigen Wirkstoffen, die zur Konservierung von Haushaltsprodukten oder Bauprodukten, wie wasserbasierten Klebern und Farben eingesetzt werden, gehören Formaldehyd und Formaldehyd-Abspalter, Glutaraldehyd, Isothiazolinone und Pronopol.

Die Kombination von Formaldehyd und Formaldehyd-Abspaltern wird gewählt, um während des Arbeitsprozesses (z. B. Malerarbeiten) die gültigen Arbeitsschutzbestimmungen zuverlässig einhalten zu können. Dies bedeutet jedoch nicht zwingend, dass der für Aufenthaltsräume geltende Richtwert von 0,1 ppm (ml/m^3) eingehalten wird. Dies hat Bedeutung, da Umbau- und Renovierungsarbeiten, insbesondere im häuslichen Bereich, immer mehr von Privatpersonen, die nicht im Hinblick auf Risiken am Arbeitsplätzen geschult und überwacht sind, durchgeführt werden. Werden Biozid haltige Produkte als Spray eingesetzt, so ist mit einer besonders hohen Exposition zu rechnen.

Neben diesen Wirkstoffen wurde den Produkten häufig zusätzlich ein Gemisch von-Methyl-4-isothiazolin-3-on (MIT) und 5-Chlor-2-methyl-4-isothiazolin-3-on (CIT) im Mischungsverhältnis 1:3, (Handelsname Kathon) zugesetzt. Besonders CIT hat stark Haut und Schleimhaut reizende sowie kontaktallergene Eigenschaften. Auch diese Substanzen sind flüchtig.

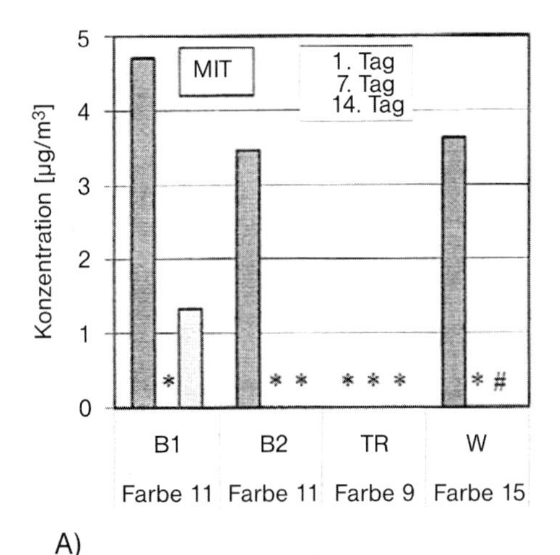

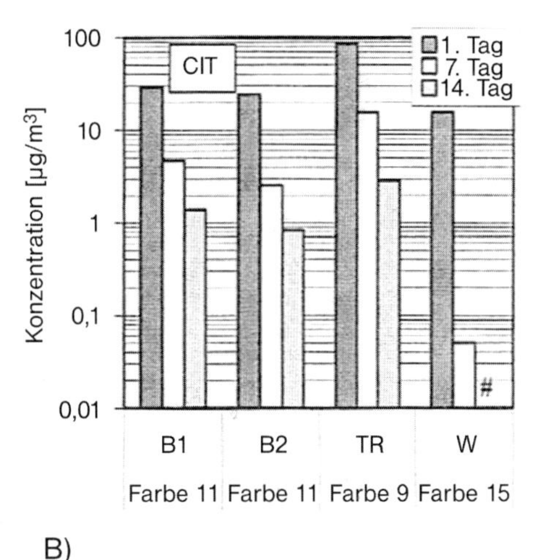

Abb. 13.1 MIT- und CIT-Konzentrationen in verschiedenen Räumen 1, 7 und 14 Tage nach Streicharbeiten mit diversen handelsüblichen Wandfarben.
MIT = Methyl-4-isothiazolin-3-on, CIT = 5-Chlor-2-methyl-4-isothiazolin-3-on
* unter Bestimmungsgrenze (BG < 0,12 µg/m^3); # 14-Tagewert nicht gemessen. B1, B2 = Büroräume; TR = Testraum; W = Wohnung. Quelle: [6].

Direkt nach Malerarbeiten lagen die Konzentrationen bis in den Bereich von 0,08 mg/m^3 (siehe Abb. 13.1). Die maximale Arbeitsplatzkonzentration nach TRGS 900 ist auf 0,05 mg/m^3 festgelegt. Durch Renovierungsarbeiten hervorgerufene Kathongehalte in der Innenraumluft sind in Einzelfällen ausreichend, um bei bereits sensibilisierten Personen ein Kontaktekzem auszulösen [5]. Aufgrund dieser stark sensibilisierenden Eigenschaften müssen heute durch EU-Beschluss bereits Zubereitungen mit einem Gehalt von 20 ppm CIT/MIT auf dem Gebinde deklariert werden. Um dieser Pflicht zu entgehen, wird deshalb MIT alleine oder die verwandten Verbindungen Octyl- und Benzylisothiazolinon neben Chloracetamid, Phenoxyethanol oder Bronopol – Substanzen mit ebenfalls sensibilisierenden Eigenschaften – eingesetzt. Toxikologische Daten liegen primär für eine dermale Applikation (Kosmetika) vor, die Bewertung einer chronischen Exposition über die Atemwege ist somit schwierig.

Zur Schädlings- und Parasitenbekämpfung im häuslichen Bereich (kriechende und fliegende Insekten) werden im Wesentlichen Pyrethroide und Organophosphate eingesetzt. Bei der Insektenbekämpfung mittels Sprays können Belastungen resultieren, bei denen eine unerwünschte Wirkung zu beobachten ist (siehe dazu Abschnitt 13.4.4.2)

Biozidgesetz
Seit dem Jahr 2002 ist das Biozidgesetz in Kraft. Produkte, die Biozide nicht als Wirkstoff, sondern als Beistoff zu Konservierung von Gebinden enthalten, fallen nicht unter dieses Gesetz. Für sie besteht weiterhin kein Zulassungsverfahren und sie werden nicht auf Umwelt- und Gesundheitsgefahren geprüft.

13.3.3 Schwerflüchtige organische Verbindungen (SVOC) und staubgebundene organische Verbindungen (POM)

Der Siedebereich der Gruppe der SVOC im Innenraum liegt mit 250–260 bis 380–500 °C über dem der VOC. Zu ihnen gehören Flammschutzmittel, Weichmacher, Biozide sowie polychlorierte Biphenyle und polycyclische Kohlenwasserstoffe.

Viele der SVOC zeichnet neben ihren toxischen Eigenschaften auch ihre Beständigkeit (Persistenz) und ihre Bioakkumulierung aus. Diese Eigenschaften sind besonders ausgeprägt bei einigen Flammschutzmitteln (polybromierte Biphenyle), Holzschutzmitteln sowie den polychlorierten Biphenylen.

13.3.3.1 Flammschutzmittel

Flammschutzmittel sollen Kunststoffe, Holz und Holzwerkstoffe, Dämmmaterialien und (Heim-)Textilien schwer entflammbar machen. Sie werden den zu schützenden Produkten additiv beigemischt oder reaktiv eingebunden. In Europa werden neben anorganischen Oxiden vor allem die zu der Gruppe der SVOC gehörenden chlorierten Paraffine, polybromierte Diphenylether und halogenierte und nicht halogenierte Phosphorsäureester eingesetzt. Bei Kunststoffen übernehmen Flammschutzmittel häufig auch die Funktion eines Weichmachers (polybromierte Diphenylether, polybromierte Biphenyle).

Für eine Gruppe von halogenierten Phosphorsäureestern sind Innenraumrichtwerte abgeleitet worden (Tab. 13.4).

13.3.3.2 Weichmacher

Polychlorierte Biphenyle (PCB) Produkte, die polychlorierte Biphenyle (PCB) enthalten, werden nicht mehr hergestellt und verwendet. Sie können aber noch als Altlasten Probleme bereiten, insbesondere in Gebäuden, die bis Anfang der 1980er Jahre errichtet wurden. Dort wurden sie in niederchlorierten Gemischen (Clophen A 30 und 40) eingesetzt in dauerelastischen Fugendichtungsmassen, oder höherchloriert (Clophen A 50 und 60) in flammhemmenden oder schallschluckenden Anstrichen für Deckenplatten verwendet.

Phthalsäureester Phthalsäureester werden Kunststoffen wie PVC als Weichmacher in hohen Konzentrationen (> 10–30%) beigegeben. Zur Jahrtausendwende entfielen 42% der europäischen Weichmacherproduktion auf das zu den POM gehörende Di(2-ethylhexyl)phthalat (DEHP). Daneben wird DEHP auch in Dispersionen, Lacken, Bodenbelägen und elektronischen Geräten eingesetzt. Wichtigster Einsatzbereich dieser Produkte ist der Innenraum, sodass auch die Weichmacher großflächig dort eingebracht werden. Da Weichmacher nicht chemisch in der Matrix gebunden sind, werden sie mit der Zeit durch Migration oder Ausdampfen wieder freigesetzt und gelangen in die (Innenraum-)Luft, in Lebensmittel oder direkt in den menschlichen Körper.

Durch die aufgekommene, intensive Diskussion um das toxikologische Profil von DEHP und vermehrten gesetzlichen Einschränkungen kommen heute bevorzugt die schwerer flüchtigen Verbindungen Diiso-nonyl-phthalat (DINP) und Diisodecylphthalat (DIDP) zum Einsatz, für die geringere gesundheitsschädliche Eigenschaften angenommen werden. Diese sind aber bisher nicht ausreichend belegt.

13.3.3.3 Holzschutzmittel

Pentachlorphenol (PCP) Großflächig mit Holz ausgebaute Innenräume wurden bis in die siebziger Jahre in den alten Bundesländern oft mit Holzschutzmitteln behandelt, die das Fungizid Pentachlorphenol (PCP) enthielten, obwohl ein sachgerechtes Bauen den Einsatz von Holzschutzmittel im Innenraum unnötig macht.

Bis heute muss mit deutlich höheren Werten im behandelten als im unbehandelten Holz gerechnet werden und bis heute finden sich höhere PCP-Konzentrationen im Hausstaub und teilweise auch in der Innenraumluft von behandelten Gebäuden.

Pentachlorphenol-haltige Holzschutzmittel enthielten in der Regel auch das Insektizid Lindan (γ-HCH, Gamma-Hexachlorcyclohexan) in einem Verhältnis 10:1. Durch eine PCP-Sanierung entsprechend der PCP-Richtlinie wird auch die Lindan-Belastung geeignet reduziert.

DDT war ein in der DDR bis zur Wiedervereinigung häufig verwendetes Holzschutzmittel. Als „Hylotox 59“, welches 3,5% DDT und 0,5% Lindan enthielt, wurde es intensiv für die Behandlung tragender Holzkonstruktionen der Dächer von Wohngebäuden und selten auch im bewohnten Innenraum verwendet.

13.4
Vorgehen bei der Gesundheitlichen Bewertung von Schadstoffen im Innenraum

13.4.1
Anorganische Schadstoffe

Für die wenigen relevanten anorganischen Luftschadstoffe im Innenraum sind Richtwerte zur gesundheitlichen Bewertung abgeleitet (Tab. 13.4).

13.4.1.1 Kohlendioxid

Max von Pettenkofer hat vor 150 Jahren das Phänomen der schlechten und verbrauchten Luft beim längeren Aufenthalt in Wohnräumen und Lehranstalten beschrieben und das CO_2 als Leitkomponente für die Beurteilung der Raumluftqualität identifiziert. Als Bewertungsmaßstab für die Kohlendioxidkonzentration in der Innenraumluft dient deshalb seit 150 Jahren die sogenannte Pettenkoferzahl von 0,1 Vol.-% (1000 ppm) [7]. Von von Pettenkofer war damals dazu ausgeführt worden: „Der Kohlensäuregehalt allein macht die Luftverderbnis nicht aus, wir benützen ihn bloss als Maßstaab, wonach wir auch noch auf den größern oder geringeren Gehalt an andern Stoffen schließen, welche zur Menge der ausgeschiedenen Kohlensäure sich proportional verhalten ... Aus diesen Versuchen geht zur Evidenz hervor, dass uns keine Luft behaglich ist, welche in Folge der Respiration und Perspiration der Menschen mehr als 1‰ Kohlensäure enthält. Wir haben somit ein Recht, jede Luft als schlecht und für einen beständigen Aufenthalt als untauglich zu erklären, welche in Folge der Respiration und der Perspiration der Menschen mehr als 1‰ Kohlensäure enthält. ... Ich bin auf das lebendigste überzeugt, dass wir die Gesundheit unserer Jugend wesentlich stärken würden, wenn wir in den Schulgebäuden, in denen sie durchschnittlich fast den fünfthen Theil des Tages verbringt, die Luft stets so gut und rein halten würden, dass ihr Kohlensäuregehalt nie über 1‰ anwachsen könnte.“

In neueren Studien meist an Schulkindern durchgeführt, wurde der Frage möglicher gesundheitlicher Beeinträchtigungen bei Kohlendioxid-Konzentratio-

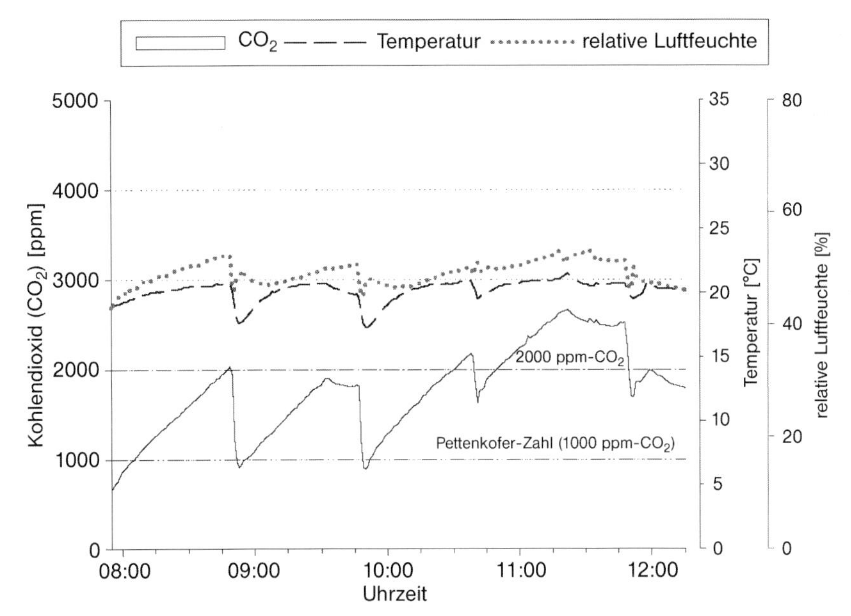

Abb. 13.2 Typischer Verlauf der Kohlendioxid-Konzentration und verschiedener Raumklimaparameter während der Unterrichtszeit in einer Schule, die Pausenzeiten sind klar erkennbar. Quelle: [7].

nen bis etwa 5000 ppm nachgegangen. Ab Konzentrationen von 1500 ppm fand sich in einem Teil der Studien eine deutliche Zunahme von ZNS-Symptomen wie Kopfschmerzen, Müdigkeit, Schwindel und Konzentrationsschwäche. Bei der Bewertung dieser Studien muss allerdings stets an die mit dem erhöhten Kohlensäuregehalt einhergehenden höheren Konzentrationen anderer vom Menschen abgegebenen Schadstoffe gedacht werden.

Auch die Ergebnisse dieser neueren Studien zeigen, dass Konzentrationen unter 1000 ppm Kohlendioxid in der Raumluft als unbedenklich gelten können, Konzentrationen zwischen 1000 ppm und 2000 ppm jedoch als auffällig und Konzentrationen über 2000 ppm als inakzeptabel angesehen werden müssen. Beim Nachweis solcher Kohlendioxidkonzentrationen in Innenräumen ist das gegebene Lüftungsverhalten zu überprüfen und zu verbessern (siehe Abb. 13.2).

Was ist „verbrauchte Luft“?
Wenn sich viele Personen längere Zeit in einem geschlossenen Raum aufhalten, steigt die Konzentration an Kohlendioxid und Wasserdampf an. Zusätzlich geben die Personen Körpergerüche sowie vielleicht auch Parfümgerüche ab und Innenraumtemperatur und Luftfeuchte steigen an. Die Luft wird als „schlecht“ empfunden. „Schlechte“ Luft sollte durch regelmäßiges Lüften vermieden werden.

13.4.1.2 **Kohlenmonoxid**

Kohlenmonoxid ist unter toxikologischen Gesichtspunkten wegen seiner Fähigkeit, den Sauerstofftransport zu beeinträchtigen, von Bedeutung. Personen, bei denen die Sauerstoffversorgung gefährdet ist, sind die wichtigsten Risikogruppen. Auf dieser Grundlage sind für Kohlenmonoxid Innenraumrichtwerte abgeleitet worden (Tab. 13.4).

13.4.1.3 **Stickstoffdioxid**

Im hier zu diskutierenden Zusammenhang spielen nur Wirkungen auf den Atemtrakt eine Rolle. Aus Befunden zur Wirkung auf die bronchiale Reagibilität von Asthmatikern wurden für Stickstoffdioxid Innenraumrichtwerte abgeleitet (Tab. 13.4).

13.4.2 **Flüchtige organische Verbindungen (VOC) – Einzelstoffbewertung**

Nach wie vor ist die gesundheitliche Bewertung von in der Innenraumluft vorkommenden flüchtigen organischen Einzelstoffen schwierig. Zwar liegen für einige dieser Luftschadstoffe ausreichend Daten sowohl zum Vorkommen der Verbindungen in der Innenraumluft als auch zu ihrem toxikologischen Profil vor; sodass die Bewertung bestimmter Innenraumsituationen möglich ist. Für die überwiegende Mehrzahl der im Innenraum gefundenen flüchtigen organischen Substanzen ist dies jedoch nicht gegeben.

Bei der Beurteilung von VOC-Konzentrationen in der Innenraumluft, wie sie in Beschwerdefällen oder bei Übersichtsuntersuchungen analysiert werden, können jedoch in einem ersten Schritt Ergebnisse aus großflächigen, nicht anlassbezogenen Messungen als Vergleichsdaten helfen. Solche Daten wurden erstmals mit den Daten der ersten Umwelt-Surveys 1985/86 repräsentativ für Erwachsene in den alten Bundesländern erhoben [2]. Mit dem Kinder-Umwelt-Survey 2003–2006 liegen nun aktuelle repräsentative Vergleichswerte zur Innenraumluftbelastung von Haushalten in Deutschland vor (Tab. 13.5 und 13.6). Nach diesen Analysen übersteigt in üblichen Wohnungen die Konzentration einzelner VOC nur selten Werte zwischen 10 und 100 $\mu g/m^3$ und liegt im Mittel meist deutlich darunter. Die Gesamtkonzentration von VOC (TVOC) bewegt sich im Mittel in der Größenordnung von wenigen hundert $\mu g/m^3$. In neuen Gebäuden, nach Renovierungs- oder intensiven Reinigungsarbeiten oder nach Einbringen neuer Einrichtungsgegenstände in einen Raum können die Konzentrationen allerdings vorübergehend um den Faktor 10 höher und für einzelne VOC noch weit darüber liegen [3].

Die in den Tabellen 13.5 und 13.6 aufgelisteten Konzentrationswerte sind rein deskriptiv, eine gesundheitliche Bewertung ist damit nicht verbunden.

Bei einer vergleichenden Bewertung wird die in einer Messung analysierte Innenraumkonzentration mit solchen repräsentativ erhobenen Hintergrundsbelastungswerten verglichen. Liegt die gemessene Konzentration im Bereich der

Tab. 13.5 Repräsentative Daten zur Innenraumbelastung in Deutschland – VOC in der Innenraumluft. Ergebnisse des repräsentativen Kinder-Umweltsurvey (KUS) des Umweltbundesamtes (2008) [8].

	BG	n < BG	% ≥ BG	P10	P50	P90	P95	P98	MAX	AM	GM	KI GM
Sauerstoffhaltige Verbindungen (µg/m³)												
Ethylacetat	1,0	12	98	2,3	9,3	47,0	70,8	170	785	22,4	9,78	8,84–10,8
Butylacetat	1,0	64	88	< 1,0	4,1	18,0	30,7	63,2	214	8,74	4,11	3,73–4,52
1-Methoxy-2-propanolacetat	1,0	426	23	< 1,0	< 1,0	2,0	3,6	7,5	93,5	1,36	< 1,0	
Methylethylketon	7,5	519	6	< 7,5	< 7,5	< 7,5	9,2	18,1	139	< 7,5	< 7,5	
Methylisobutylketon	1,0	407	27	< 1,0	< 1,0	1,9	2,6	4,5	17,3	1,12	< 1,0	
1-Butanol	1,0	10	98	2,3	5,4	12,9	17,6	29,1	71,6	6,98	5,35	5,03–5,69
lsobutanol	3,5	505	9	< 3,5	< 3,5	< 3,5	4,9	7,9	40,7	< 3,5	< 3,5	
2-Methoxyethanol	1,0	528	5	< 1,0	< 1,0	< 1,0	1,2	1,4	14,1	< 1,0	< 1,0	
2-Ethoxyethanol	1,0	502	10	< 1,0	< 1,0	< 1,0	1,5	2,4	7,1	< 1,0	< 1,0	
2-Butoxyethanol	1,0	215	61	< 1,0	1,4	5,8	10,3	23,1	117	2,99	1,65	1,53–1,79
2-Butoxyethoxyethanol	1,0	374	33	< 1,0	< 1,0	2,7	6,0	9,6	35,5	1,60	1,03	< 1,0–1,10
2-Phenoxyethanol	1,0	357	36	< 1,0	< 1,0	2,8	3,7	5,6	11,5	1,28	1,01	< 1,0–1,06
1-Methoxy-2-propanol	1,0	198	64	< 1,0	1,5	5,3	8,4	15,5	86,1	2,95	1,70	1,58–1,84
1-Butoxy-2-propanol	1,0	295	47	< 1,0	< 1,0	7,6	12,8	30,6	126	3,69	1,49	1,36–1,63
1-Phenoxy-2-propanol	1,0	544	2	< 1,0	< 1,0	< 1,0	< 1,0	1,1	3,1	< 1,0	< 1,0	
2 Ethyl-1-hexanol	1,0	86	85	< 1,0	2,6	7,5	11,4	20,2	67,0	3,91	2,56	2,38–2,75
Dipropylenglykolmonobutylether	1,0	457	18	< 1,0	< 1,0	1,6	3,2	8,6	35,0	1,37	< 1,0	
Texanol	1,0	407	27	< 1,0	< 1,0	2,0	2,8	5,4	126	1,54	< 1,0	
TXIB	1,0	227	59	< 1,0	1,2	4,0	5,5	10,8	62,1	2,14	1,38	1,29–1,47
Σ 19 sauerstoffhaltige Verbindungen				27,4	52,8	130	194	281	850	73,4	57,8	54,8–60,9

Tab. 13.5 (Fortsetzung)

	BG	n < BG	% ≥ BG	P10	P50	P90	P95	P98	MAX	AM	GM	KI GM
Terpene (µg/m³)												
α-Pinen	1,0	8	99	2,2	9,8	47,0	67,6	98,9	800	19,8	9,90	8,96–10,9
β-Pinen	1,0	240	57	< 1,0	1,2	4,2	8,3	16,5	47,8	2,39	1,40	1,31–1,51
Limonen	1,0	38	93	1,5	11,5	71,4	103	169	400	26,3	10,7	9,52–12,1
λ-3-Caren	1,0	141	75	< 1,0	2,6	14,6	22,7	41,5	336	6,48	2,93	2,65–3,24
Longifolen	1,0	465	16	< 1,0	< 1,0	1,3	1,8	2,2	8,0	< 1,0	< 1,0	
Σ5 Terpene				7,9	34,8	123	184	264	1220	55,8	33,3	30,5–36,3
TVOC mmg/m³)				0,1	0,3	0,8	1,1	1,5	3,0	0,39	0,29	0,27–0,31

N Stichprobenumfang; *n* < *BC* Anzahl der Werte unter der BestImmtingsgrenze (*BG*); % ≥ *BG* Anteil der Werte ab der Bestimmungsgrenze; *P10, P50, P90, P95, P98* = Perzentile; *MAX* Maximalwert; *AM* arithmetisches Mittel; *GM* geometrisches Mittel; *KI GM* approximatives 95%-Konfidenzintervall für GM; Werte unter BG sind als 2/3 BG berücksichtigt; wenn *GM* < *BG*, dann keine Angabe von KI GM; *TVOC* „Total Volatile je Organic Compounds", Summe aller VOC im Bereich von n-Hexan bis n-Hexadecan, in Toluol-Äquivalent-Einheiten. Quelle: Umweltbundesamt; Kinder-Umwelt-Survey 2003–2006

Tab. 13.6 Repräsentative Daten zur Innenraumbelastung in Deutschland – Aldehyde in der Innenraumluft. Ergebnisse des repräsentativen Kinder-Umweltsurvey (KUS) des Umweltbundesamtes (2008) [8]

Aldehyde in der Innenraumluft (µg/m³) – Kinder-Umwelt-Survey 2003–2006 (3- bis 14-jährige Kinder in Deutschland, N=586)

	BG	n<BG	%≥BG	P10	P50	P90	P95	P98	MAX	AM	GM	KI GM
Formaldehyd	1,0	0	100	31,2	23,5	41,0	47,7	58,3	68,9	25,7	23,3	22,4–24,2
Acetaldehyd	2,0	8	99	5,1	15,5	37,2	50,3	60,5	863	21,2	14,7	13,7–15,7
Propanal	0,2	0	100	1,4	2,5	4,8	6,1	9,2	40,9	3,04	2,54	2,43–2,65
Blutanal	0,6	4	99	1,1	2,4	5,9	8,1	10,0	43,2	3,17	2,49	2,35–2,63
Pentanal	0,5	7	99	1,5	3,7	7,2	10,6	13,6	28,4	4,28	3,44	3,25–3,64
Hexanal	0,3	0	100	4,3	9,8	21,2	30,0	40,5	81,7	11,9	9,67	9,17–10,2
Heptanal	0,7	68	88	<0,7	1,3	2,4	3,0	4,1	9,1	1,48	1,27	1,21–1,33
Octanal	0,3	3	99	0,7	1,6	3,2	3,6	4,3	6,8	1,77	1,53	1,46–1,60
Nonanal	0,7	0	100	3,3	7,2	12,5	14,7	17,9	30,2	7,72	6,77	6,47–7,08
Decanal	0,5	17	97	0,9	2,5	4,8	5,5	6,3	9,9	2,66	2,19	2,07–2,31
Undecanal	1,0	327	44	<1,0	<1,0	2,3	3,1	4,9	13,2	1,30	1,06	1,01–1,11
Furfural	0,2	21	96	0,4	0,9	2,0	2,8	4,2	19,3	1,18	0,89	0,84–0,95
Benzaldehyd	0,5	13	98	1,2	2,9	5,6	6,6	8,4	11,9	3,15	2,62	2,48–2,76
lsovaleraldehyd	0,5	384	35	<0,5	<0,5	3,1	3,9	5,2	15,9	1,14	0,61	0,56–0,66
Methylglyoxal	1,0	295	50	<1,0	<1,0	14,1	17,8	26,9	54,1	4,66	2,08	1,88–2,31
Σ 11 Aldehyde (Formaldehyd bis Undecanal)				44,8	75,5	122	155	190	1010	85,0	76,9	74,3–79,6
Σ 15 Aldehyde (Formaldehyd bis Methylglyoxal)				53,1	85,5	135	170	208	1020	95,1	87,3	84,6–90,1

N Stichprobenumfang; *n<BC* Anzahl der Werte unter der BestImmtingsgrenze (*BG*); *%≥BG* Anteil der Werte ab der Bestimmungsgrenze; *P10, P50, P90, P95, P98*=Perzentile; *MAX* Maximalwert; *AM* arithmetisches Mittel; *GM* geometrisches Mittel; *KI GM* approximatives 95%-Konfidenzintervall für GM; Werte unter BG sind als 2/3 BG berücksichtigt. Quelle: Umweltbundesamt; Kinder-Umwelt-Survey 2003–2006

Hintergrundbelastungswerte (häufig wird mit dem 95 Perzentil verglichen), so kann ausgesagt werden, dass der überwiegende Teil der Bevölkerung in einer vergleichbaren Weise exponiert ist. Eine gesundheitliche Bewertung ist damit allerdings nicht verbunden. Trotzdem kann dieses Vorgehen häufig eine erste geeignete Hilfestellung zur Bewertung einer fraglichen Innenraumsituation darstellen.

Zur Beurteilung von Situationen, in denen sich Benutzer von Räumen über Gesundheits- oder Befindlichkeitsstörungen beim Nachweis erhöhter VOC-Konzentrationen im Innenraum beklagen, sollten soweit möglich, toxikologische oder epidemiologische Daten zur Bewertung mit herangezogen werden. Dies ist jedoch häufig schwierig, da die meistens geäußerten Beschwerden unspezifischer Art und im Tierexperiment nicht verifizierbar sind.. Allerdings werden auch schwerwiegende Beeinträchtigungen genannt. Häufig im Zusammenhang mit VOC im Innenraum genannte Beschwerden sind z. B.:

- Missempfindungen an Augen, Nase oder oberen Atemwegen,
- Hautreizungen,
- Erschöpfung, geistige Ermüdung, Kopfschmerzen, Gedächtnis- und Konzentrationsstörungen, Benommenheit,
- unspezifische allergische Symptome,
- Geruchs- und Geschmacksstörungen.

Es besteht also ein dringender Bedarf an abgestimmten Beurteilungsmaßstäben oder Richtwerten, obwohl der Gesetzgeber bisher nicht den gesetzlichen Rahmen geschaffen hat (siehe oben). Der maximale Arbeitsplatzkonzentration-Wert (MAK-Wert) kann, obwohl dies immer wieder vorgeschlagen wird, nicht zur Bewertung der allgemeinen Innenraumluft herangezogen werden, da hier sowohl andere Personengruppen als auch andere Expositionszeiten berücksichtigt werden müssen.

Formaldehyd war nach 1970 als erster Innenraumschadstoff in der Bundesrepublik in die Schlagzeilen geraten und gehörte lange Zeit zu den bedeutendsten Schadstoffen in öffentlichen Gebäuden (Schulen) und Einfamilienhäusern. Anfang der 1970er Jahre waren bei Kindern gesundheitliche Beeinträchtigungen beobachtet worden, die in einem neu in Fertigbauweise errichteten Schulpavillon Unterricht erhielten, in dem Formaldehydkonzentrationen von bis zu 5 ppm (!) (5 ml/m^3) gemessen wurden. Die Kinder klagten über beißende und Schleimhaut reizende Gerüche, Kopfschmerzen, Augenschmerzen, Übelkeit und Erbrechen. In Folge beschäftigte sich eine Kommission des damaligen Bundesgesundheitsamtes (BGA) mit den gesundheitlichen Folgen erhöhter Formaldehydkonzentrationen in Innenräumen. Diese Kommission empfahl 1977 einen Richtwert von 0,1 ppm ($ml/m^3 = 0{,}12\ mg/m^3$) in zum regelmäßigen menschlichen Aufenthalt bestimmten Innenräumen. Dabei waren vor allem Reizwirkungen auf die Schleimhäute von Augen, Nase und Rachen und Geruchsbelästigungen als für die Richtwertableitungen relevant angesehen worden. Als weiterer Bewertungsparameter war die Ausscheidung der Ameisensäure – als Stoffwechselprodukt des Formaldehyd – diskutiert worden. Jedoch führen auch hohe Formaldehyd-Innenraumbelastungen nicht zu einer sicher erkennbaren Erhöhung dieses Human-Biomonitoring-Parameters (HBM).

Eine ausführliche und nachvollziehbare Begründung dieser Bewertung war von der Kommission nicht publiziert worden.

Zwischenzeitlich ist Formaldehyd als Stoff mit Krebs erzeugenden Eigenschaften eingestuft: Die Senatskommission zur Prüfung gesundheitsschädlicher Arbeitsstoffe stufte Formaldehyd im Jahr 2000 in die Kategorie 4 ein („Stoffe mit krebserzeugender Wirkung, bei denen ein nicht genotoxischer Wirkungsmechanismus im Vordergrund steht und genotoxische Effekte bei Einhaltung des MAK- und BAT-Wertes keine oder nur eine untergeordnete Rolle spielen ..."). Die Internationale Krebsforschungsagentur (International Agency for Research on Cancer, IARC) stufte Formaldehyd 2004 in die Gruppe 1 ein („*carcinogenic to humans*"). In einem 2006 vom Bundesinstitut für Risikobewertung (BfR) veröffentlichten Bericht wird als „sichere Konzentration" im Hinblick auf die krebserzeugende Wirkung von Formaldehyd beim Menschen eine Luftkonzentration von 0,1 ppm abgeleitet. Der 1977 abgeleitete Richtwert von 0,1 ppm hat somit weiter Bestand [9].

Krebserzeugende Wirkung von Formaldehyd
Eine Änderung des 1977 abgeleiteten Richtwertes für die Innenraumluft von 0,1 ppm ist nicht erforderlich (Empfehlung des Umweltbundesamtes von 2006).

Da in den darauf folgenden Jahren eine Fülle von interessierenden Stoffen zuverlässig im Innenraum analysiert werden konnte, wurde es erforderlich, einheitliche und nachvollziehbare Kriterien zur gesundheitlichen Bewertung von chemischen Verunreinigungen in der Innenraumluft auf breiter Basis zu erarbeiten. Zur Schaffung einer breiten Basis wurde eine Zusammenarbeit zwischen der Innenraumlufthygiene-Kommission des Umweltbundesamtes und den Obersten Landesgesundheitsbehörden vereinbart. Die Arbeit der Stoffbewertung wird von einer aus Mitgliedern beider Gremien zusammengesetzten *Ad-hoc* Arbeitsgruppe (*Ad-hoc* AG) Innenraumrichtwerte durchgeführt.

Die Ad-hoc AG erarbeitet einheitliche, toxikologisch begründete Richtwerte unter nachvollziehbaren Kriterien für einzelne Stoffe und Stoffgruppen für den Innenraum. Sie werden in einschlägigen Zeitschriften publiziert und zur Diskussion gestellt.

Die Richtwertableitung erfolgt auf der Basis eines 1996 veröffentlichten Basisschemas [10]. Danach werden zwei Richtwerte (RW II und RW I) abgeleitet. Die Richtwerte werden jeweils abgeleitet unter Berücksichtigung der niedrigsten Effektdosen sowie der wichtigsten Risikogruppen.

Definition der Richtwerte für die Luft in Innenräumen
Richtwert II (RW II): Der Richtwert II ist ein wirkungsbezogener, begründeter Wert, der sich auf die gegenwärtigen toxikologischen und epidemiologischen Kenntnisse zur Wirkungsschwelle eines Stoffes unter Einführung von Unsicherheitsfaktoren stützt. Er stellt die Konzentration eines Stoffes dar, bei deren Erreichen bzw. Überschreiten unverzüglich Handlungsbedarf besteht, da diese geeignet ist, insbesondere für empfindliche Personen bei Daueraufenthalt in den Räumen eine gesundheitliche Gefährdung darzustellen. Je nach Wirkungsweise des betrachteten Stoffes kann der Richtwert II als Kurzzeitwert (RW II K) oder als Langzeitwert (RW II L) definiert sein.

Der Handlungsbedarf ist als unverzüglicher Prüfbedarf zu verstehen, z. B. im Hinblick auf Sanierungsentscheidungen zur Verringerung der Exposition. Die Überschreitung des Richtwertes II sollte umgehend mit einer Kontrollmessung unter üblichen Nutzungsbedingungen und – soweit möglich und sinnvoll – einer Bestimmung der internen Belastung der Raumnutzer verbunden werden.

Richtwert I (RW I): Der Richtwert I ist die Konzentration eines Stoffes in der Innenraumluft, bei der im Rahmen einer Einzelstoffbetrachtung nach gegenwärtigem Kenntnisstand auch bei lebenslanger Exposition keine gesundheitlichen Beeinträchtigungen zu erwarten sind. Eine Überschreitung ist mit einer über das übliche Maß hinausgehenden, hygienisch unerwünschten Belastung verbunden. Aus Vorsorgegründen besteht auch im Konzentrationsbereich zwischen RW I und RW II Handlungsbedarf.

Der RW I wird vom RW II durch Einführen eines zusätzlichen Faktors 10 abgeleitet. Dieser Faktor ist eine Konvention.

Bei geruchsintensiven Stoffen muss der RW I auf der Grundlage der Geruchswahrnehmung (Detektionsschwelle) festgelegt werden, auch wenn sich dadurch ein kleinerer Zahlenwert für den RW I ergibt.

Der RW I kann als Sanierungszielwert dienen. Er soll nicht „ausgeschöpft", sondern nach Möglichkeit unterschritten werden.

Das gewählte Vorgehen orientiert sich an den Vorgaben des Baurechtes. Im Baurecht, speziell in den jeweiligen Landesbauordnungen, ist festgeschrieben, dass bauliche Anlagen sowie anderen Anlagen und Einrichtungen so anzuordnen, zu errichten, zu ändern und instand zu halten sind, dass die öffentliche Sicherheit und Ordnung, insbesondere Leben, Gesundheit oder die natürliche Lebensgrundlage, nicht gefährdet werden (Musterbauordnung, Fassung Juni 1996). Dies bedeutet, dass von Bauprodukten, die in Gebäuden verbaut wurden, keine Gesundheitsgefahr ausgehen darf. Das schließt auch ein, dass in Gebäuden wie Wohnhäusern, Schulen, Kindergärten, Bürogebäuden usw. keine luftgetragenen Schadstoffe in gesundheitsgefährdenden Konzentrationen aus den verwendeten Bauprodukten in die Innenraumluft abgegeben werden dürfen.

Da der RW II also als (justitiabler) Eingriffswert, der die *Gefahrenschwelle* im Sinne des Baurechtes definiert, verstanden wird, ist es sinnvoll, vom LO(A)EL auszugehen, der – was Humandaten anbetrifft – in der Regel der Wirkschwelle entspricht. Erfolgt die Richtwertableitung aus Tierdaten, so müssen Speziesunterschiede berücksichtigt werden. Stehen ausreichende Humandaten zur Verfügung, so ist diesen der Vorzug zu geben. Da es in der Gesamtbevölkerung eine beträchtliche Streubreite der Empfindlichkeiten gibt, sollte der LO(A)EL immer durch die empfindlichsten Individuen einer Gruppe bestimmt werden. Meist liegen Humandaten aus Beobachtungen am Arbeitsplatz vor. Dies muss bei einer Übertragung auf Dauerbelastung berücksichtigt werden. Kinder haben zudem ein – bezogen auf das Körpergewicht – höheres Atemvolumen als Erwachsene und nehmen deshalb inhalativ von luftgetragenen Fremdstoffen relativ mehr auf, als Erwachsene. Da für Kinder in aller Regel keine Wirkdaten vorliegen, sie sich jedoch in praktisch allen Innenräumen aufhalten können, sollte prinzipiell zusätzlich ein Faktor zwei vorgesehen werden. Das Schema zur Ableitung von Innenraumrichtwerten ist in Abb. 13.3 dargestellt.

Für Substanzen mit eindeutig krebserzeugenden Eigenschaften und gesichertem gentoxischen Potenzial werden Richtwerte nicht abgeleitet; solche chemischen Verbindungen sollten nach EU-Recht in verbrauchernahen Produkten nicht verwendet werden.

Zur Darstellung des Vorgehens der *Ad-hoc-AG* bei der Richtwertableitung wird in Abb. 13.4 beispielhaft die Bewertung der Bicyclischen Terpene aufgezeigt [11].

Nach dem gleichen Vorgehen wurden für die in Tabelle 13.4 genannten Innenraumschadstoffe Richtwertableitungen vorgelegt, die jeweils im Bundesge-

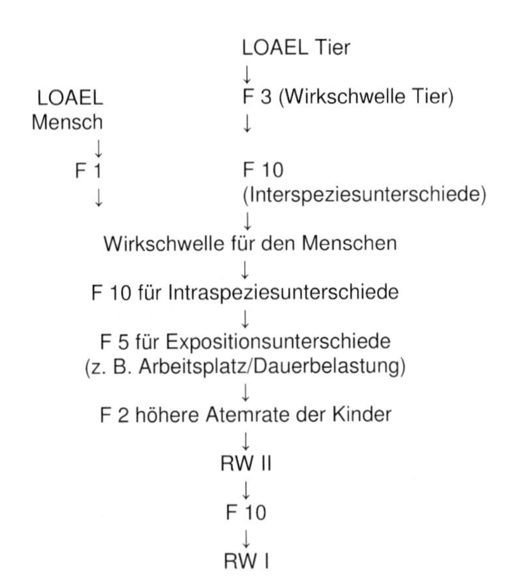

Abb. 13.3 Schema zur Ableitung von Innenraumrichtwerten. F = Faktor.

Bicyclische Terpene

Leitsubstanz α-Pinen

LOAEL (Entzündungsreaktionen im Atemtrakt/Arbeitsplatz, akut)			450 mg/m³
Faktor 12 (Umrechnung auf chron. Exposition (nach AGS)			38 mg/m³
Faktor 10	für interindividuelle Variabilität	gerundet	4 mg/m³
Faktor 2	für höhere Atemrate/Kind		
	Richtwert II		2 mg/m³
	Richtwert I		0,2 mg/m³

Abb. 13.4 Ableitung von Richtwert I und Richtwert II für bicyclische Terpene. LOAEL=*lowest observed adverse effect level.*

sundheitsblatt (Bundesgesundheitsbl-Gesundheitsforsch-Gesundheitsschutz) veröffentlicht wurden. Bewertet wurden bisher anorganische Gase, VOC und SVOC.

13.4.3
Beurteilung der Innenraumluftqualität mit Hilfe der Summe der flüchtigen organischen Verbindungen (TVOC-Wert)

Da die Innenraumluft eine Vielzahl flüchtiger organischer Verbindungen enthält und gesundheitliche Beschwerden oft auch geäußert werden, wenn bestehende Richtwerte für einzelne Innenraumluftverunreinigungen eingehalten werden, ist es sinnvoll die Bewertung der Innenraumluftqualität auch mit Hilfe der Summe der flüchtigen organischen Verbindungen (*Total Organic Volatile Compounds,* TVOC) vorzunehmen [3].

In Dänemark wurden Anfang der 1980er Jahre Probanden in mehreren Testreihen in Versuchskammern unter kontrollierten Bedingungen gegenüber unterschiedlichen Konzentrationen eines Gemisches an VOC, welches auf der Grundlage der damaligen Zusammensetzung der Luft in dänischen Häusern zusammengestellt worden war, kurzzeitig (50 min oder 2,75 h) exponiert. Den Personen wurden mentale Tests aufgegeben, sie wurden nach Befindlichkeitsstörungen und Geruchsbelästigungen gefragt und es wurden Untersuchungen zu Reizwirkungen durchgeführt. Die Ergebnisse sind in Tabelle 13.7 zusammengestellt [12, 13].

Eine Bewertung mit Hilfe des oben vorgestellten Basisschemas lassen die Studien aufgrund der Streubreite der Ergebnisse nicht zu. Zur Verdeutlichung

Tab. 13.7 Kontrollierte Wirkstudien an freiwilligen Probanden: „Konzentrations-Wirkungs-Beziehungen" für Beeinträchtigungen nach kurzzeitiger Exposition.

TVOC-Konzentration (mg/m^3)	Wirkungen
> 0,2	keine Beeinträchtigung des Wohlbefindens
0,2–3,0	Reizung oder Beeinträchtigung des Wohlbefindens möglich
ab 3,0	Exposition führt zu Wirkungen, Geruchswahrnehmungen
ab 8,0	Schleimhautreizungen, unangenehme Geruchswahrnehmungen
ab 25	neurotoxische Wirkungen, Entzündungsreaktionen

der Unsicherheiten, die bei der Bewertung dieser Untersuchungen bestehen, können in Empfehlungen nicht einzelne Zahlenwerte, sondern nur Konzentrationsbereiche angegeben werden.

Da diese Ergebnisse aus Kurzzeituntersuchungen abgeleitet wurden, Innenraumexpositionen jedoch üblicherweise längerfristig bestehen, sollte vor diesem Hintergrund vorsorglich abgeleitet werden: In Räumen mit TVOC-Konzentrationen zwischen 10–25 mg/m^3 ist ein Aufenthalt allenfalls kurzzeitig zumutbar (derartige Konzentrationen können nach Renovierungsarbeiten auftreten). In Räumen, die für einen längerfristigen Aufenthalt bestimmt sind, sollte auf Dauer ein TVOC-Wert im Bereich von 1–3 mg/m^3 nicht überschritten werden. Langfristiges Ziel sollte es sein, eine TVOC-Konzentration von 0,2–0,3 mg/m^3 (Hintergrundskonzentration) zu erreichen oder sogar zu unterschreiten.

13.4.4
Schwerflüchtige organische Verbindungen (SVOC) und staubgebundene organische Verbindungen (POM)

13.4.4.1 Allgemeines

SVOC-Konzentrationen im Innenraum sind aufgrund der im Vergleich geringen Flüchtigkeit, meist deutlich niedriger, als die der VOC. SVOC adsorbieren jedoch an Schwebstaubpartikel oder Oberflächen im Raum und werden in nennenswerten Gehalten im Hausstaub gefunden. Ihre Anwesenheit in Innenräumen wird deshalb häufig durch die Analyse einer Hausstaubprobe nachgewiesen. Dieser Expositionspfad ist primär bedeutsam für Kleinkinder, die durch ihr Spielen auf dem Fußboden intensiv mit Hausstaub in Berührung kommen. Allerdings liegen zur Hausstaubaufnahme (über die Haut oder oral) allenfalls grobe Schätzungen vor, sodass eine innere Schadstoffbelastung nicht direkt aus hohen Schadstoffgehalten im Hausstaub abgeleitet werden kann. Eine vermutete hohe Schadstoffbelastung via Hausstaub sollte – wo immer möglich – durch eine Bestimmung der inneren Exposition (Human-Biomonitoring) verifiziert werden.

Beständigkeit (Persistenz) und Bioakkumulierung sind herausragende Eigenschaften der SVOC. Eine lang anhaltende Exposition in belasteten Innenräumen könnte somit zu einer stetig ansteigenden inneren Belastung führen, die durch einen alleinigen Schadstoffnachweis in der Innenraumluft nicht sicher erfasst werden kann.

Das Human-Biomonitoring (HBM) spielt für die Beurteilung der internen Belastung mit Schadstoffen der Bevölkerung sowie von Personen und Einzelpersonen eine wesentliche Rolle. Das HBM ermöglicht die Bestimmung der individuellen Schadstoffbelastung in menschlichen Materialien (Blut, Muttermilch, Harn, Haare, Organproben usw.). Im Gegensatz zu einer Luft- oder auch Lebensmittelanalyse gibt das HBM Auskunft über die aus verschiedenen Quellen stammende Gesamt-Schadstoffzufuhr (Atemwege, oral, über die Haut). Die individuellen Besonderheiten einer Person hinsichtlich Aufnahme, Metabolismus und Ausscheidung gehen dabei unmittelbar in das Untersuchungsergebnis ein. Im Gegensatz dazu kann durch die Bestimmung der Substanzen in der Raumluft eine innere Belastung von Einzelpersonen und auch Bevölkerungsgruppen schon aufgrund individuell unterschiedlicher Aufenthaltszeiten in belasteten Räumen häufig nicht exakt angeben werden; andere Belastungspfade, wie eine Aufnahme über Nahrungsmittel werden so überhaupt nicht erfasst. Im Hinblick auf die Beurteilung der individuellen Belastungssituation eines Menschen und der Schadstoffbelastung von Bevölkerungsgruppen hat das Human-Biomonitoring somit häufig eine erheblich größere Aussagekraft, als das Ergebnis einer Luftanalyse.

Die Kommission Human-Biomonitoring des Umweltbundesamtes leitet zur Befundbeurteilung Referenz- und Human-Biomonitoring-Werte ab:

Befundbeurteilung im Human-Biomonitoring

Referenzwert: Der Referenzwert beschreibt die Konzentration eines in bestimmten Körpermedien untersuchten Stoffes in dieser Bevölkerungsgruppe unter Berücksichtigung statistischer Verfahren. Er gibt häufig Auskunft über die übliche Hintergrundsbelastung von Bevölkerungen oder Gruppen. Der Referenzwert ist ein rein statistischer Wert, eine gesundheitliche Bedeutung kommt ihm nicht zu.

Human-Biomonitoring-Werte: Der **HBM-I-Wert** ist ein Prüfwert, bei dessen Unterschreitung nach derzeitiger Bewertung kein Handlungsbedarf besteht (unbedenkliche Belastung). Bei seiner Überschreitung können jedoch gesundheitliche Beeinträchtigungen nicht ausreichend sicher ausgeschlossen werden. Es sollte eine Kontrolle der Werte (Analytik, zeitlicher Verlauf) erfolgen und die spezifischen Belastungsquellen gesucht und ggf. eine Verminderung der Belastung mit vertretbarem Aufwand erfolgen.

Der **HBM–II-Wert** entspricht der Konzentration eines Stoffes in einem Körpermedium, bei deren Überschreitung für den Betroffenen eine gesundheitliche Beeinträchtigung möglich ist. In diesem Fall sollte eine umweltmedizinische Betreuung erfolgen und die Belastung reduziert werden [14].

Zur Bewertung von SVOC im Innenraum wird sinnvoller Weise sowohl auf das Instrument Umwelt-Monitoring in Form von Luftanalysen (und ggf. auch Staub oder Lebensmitteluntersuchungen), als auch auf das Instrument Human-Biomonitoring zurückgegriffen. Umwelt-Monitoring und Human-Biomonitoring sind nicht als gegensätzliche, sondern als einander ergänzende Untersuchungsmöglichkeiten anzusehen. Gerade in Situationen, in denen Betroffene mit hohen Schadstoffgehalten in der Innenraumluft konfrontiert werden, können über HBM-Untersuchungen häufig die tatsächliche und relevanten Belastungen und Belastungsquellen erkannt werden.

13.4.4.2 **Bewertung einzelner SVOC**

Flammschutzmittel Aufgrund einer starken Nachfrage nach Bewertungsmaßstäben für das häufig in der Raumluft von Schulen und Kindergärten nachgewiesene *Tris(2-chloroethyl)phosphat (TCEP)* wurden von der *Ad-hoc-AG* trotz der Diskussion um krebserzeugende Eigenschaften der Substanz an Hand des oben vorgestellten Basisschemas Richtwerte für den Innenraum abgeleitet (Tab. 13.4) [10]. Für die neben TCEP für ähnliche Einsatzbereiche eingesetzten weiteren Vertreter dieser Stoffklasse Tris(2-chlor-1-propyl)phosphat (TCPP), Tris(n-butyl)phosphat (TBP), Tris(2-butoxyethyl)phosphat (TBEP), Tris(2-ethylhexxyl)phosphat (TEHP) und Triphenylphosphat (TPP) ist die Datenlage deutlich schlechter als für TCEP. Die *Ad-hoc-AG* schlägt deshalb vor, bis zum Vorliegen geeigneter Daten vereinfachend die für TCEP genannten Richtwerte für die Summe der Konzentrationen von TCEP, TCPP, TBP, TBEP, TEHP und TPP in der Raumluft anzuwenden.

Für Flammschutzmittel aus anderen chemischen Verbindungsklassen liegen Daten nicht in einem Umfang vor, die eine verlässliche Richtwertableitung für den Innenraum derzeit möglich macht.

Weichmacher

Polychlorierte Biphenyle (PCB) Nachdem PCB ab Mitte der 1980er Jahre vermehrt in Schulgebäuden nachgewiesen worden waren, hatte das Bundesgesundheitsamt in Verbindung mit den Oberen Gesundheitsbehörden der Länder eine toxikologische Bewertung auf der Basis der „tolerierbaren täglichen Aufnahmemenge" (*tolerable daily intake*, TDI) von 1 µg kg^{-1} Körpergewicht und Tag durchgeführt. Diese stützte sich auf tierexperimentelle Studien nach oraler Aufnahme technischer PCB-Gemische, die sich allerdings in ihrer Zusammensetzung erheblich von dem Muster derjenigen PCB-Kongenere unterscheiden, welche vom Menschen mit der Nahrung oder über den Luftpfad aufgenommen werden.

Nach dieser Bewertung sollen Raumluftkonzentrationen oberhalb von 3000 ng PCB/m^3 Luft vermieden werden (Interventionswert). Raumluftkonzentrationen unter 300 ng PCB/m^3 Luft sind als langfristig tolerierbar anzusehen (Vorsorgewert). Zwischen nicht-dioxinähnlichen und dioxinähnlichen polychlorierten Biphenylen war in der damaligen Bewertung nicht unterschieden worden.

Die Gesamt-PCB-Belastung wird ermittelt aus der Summe der sechs Indikatorkongenere (PCB 28, PCB 52, PCB 101, PCB 153, PCB 138 und PCB 180) multipliziert mit 5.

Das oben vorgestellte Basisschema zur Ableitung von Richtwerten für Innenraumschadstoffe auf der Basis einer **Gefahrenschwelle** lag zum damaligen Zeitpunkt noch nicht vor, es wurde erst 1996 publiziert (s. Abb. 13.3). Vor allem zur Aufnahme über die Atemwege ist die Datenlage zur toxikologischen Bewertung der vom Menschen aufgenommenen nicht-dioxinähnlichen PCB nach wie vor begrenzt und die Dateninterpretation bei gleichzeitiger Exposition auch gegenüber dioxinähnlichen PCB ungenügend. Jedoch bestätigen neuere Studien die oben vorgestellte toxikologische und biochemische Bewertung im Grundsatz. Beim Nachweis der Verwendung von niederchlorierten PCB kann deshalb auch heute ohne Einschränkung auf die unten angeführten technischen Sanierungsleitlinien zurückgegriffen werden.

Bei der früheren Verwendung von Produkten, die höher chlorierte PCB enthielten, muss auch von höheren Gehalten an dioxinhaltigen PCB im Produkt und in Folge auch der Innenraumluft gerechnet werden. Von dioxinähnlichen PCB gehen primär gentoxische und krebserzeugende Wirkungen aus, während Effekte, wie Entwicklungsstörungen, neurologische Störungen oder Immundefekte vor allem den nicht-dioxinähnlichen PCB zugeschrieben werden.

Deshalb wird von der *Ad-hoc*-AG empfohlen, beim Nachweis hochchlorierter PCB-Quellen zur Bewertung der Innenraumsituation das dioxinähnliche Leitkongener PCB 118 zur TEQ-Abschätzung (TEQ = Toxizitätsäquivalent) mit einzuschließen. PCB 118 weist die durchschnittliche Flüchtigkeit der Verbindungen aus der Gruppe der non-*ortho*- und mono-*ortho*-PCB-Kongenere auf und trägt mit etwa 40% auch relativ am stärksten zum TEQ-Wert (Toxizitätsäquivalenzfaktor) bei.

Human-Biomonitoring-Untersuchungen haben allerdings gezeigt, dass die Zusatzbelastung in Gebäuden, wie Schulen oder Kindergärten, im Vergleich zur überwiegend nahrungsbedingten Hintergrundsbelastung gering ist. Raumluftbelastungen im Bereich des Interventionswertes von 3000 ng PCB/m^3 Luft führen unter den Nutzungsbedingungen einer Schule bei den betroffenen Schülern und Lehrern nur zu einer geringen Zusatzbelastung. Die in der Ableitung für die Richtwerte für PCB in der Innenraumluft getätigten Annahmen (24-stündiger Aufenthalt, 100% Resorption) überschätzen offensichtlich die zusätzliche inkorporale Belastung. Dies muss vor dem Hintergrund einer relativ großen Variabilität der nahrungsbedingten Hintergrundsbelastung gesehen werden. Zur Bewertung von PCB-Innenraumbelastungen sollten deshalb Human-Biomonitoring-Untersuchungen mit eingeschlossen werden, damit Entscheidungen über Sanierungsmaßnahmen angemessen getroffen werden können [14].

Da die PCB-Konzentration in der Raumluft von jahreszeitlichen Schwankungen abhängt, ist eine Einzelmessung nicht unbedingt repräsentativ und sollte nicht in einer Phase extremer Witterungsbedingungen durchgeführt werden.

Zeigen Raumluftmessungen einen Sanierungsbedarf an, so sollte nach der „Richtlinie für die Bewertung und Sanierung PCB-belasteter Baustoffe und Bauteile in Gebäuden (PCB-Richtlinie)" der ARGEBAU von 1995 verfahren werden [15].

Phthalsäureester Aus den genannten im Innenraum oft großflächig eingesetzten Produkten werden die Phthalsäureester in den Innenraum abgegeben und finden sich vor allem im Hausstaub als Senke für schwerflüchtige Substanzen wieder. In Hausstaubproben werden Konzentrationen an DEHP bis zu einigen Gramm pro Kilogramm Hausstaub gefunden. In Hausstaubproben, die im Rahmen des Kinder-Umwelt-Survey 2003–2006 repräsentativ für Haushalte mit Kindern analysiert wurden, lag die DEHP-Konzentration in der 63-µm-Fraktion im Median bei 500 mg kg^{-1} Staub und das 95. Perzentil bei 1700 mg kg^{-1} Staub. Für das erst in den letzten Jahren vermehrt als „Ersatzstoff" eingesetzte DINP lagen die Werte bei 119 mg kg^{-1} Staub (Median) und bei 280 mg kg^{-1} Staub (95. Perzentil) [2]. Die Innenraumluftgehalte sind eher gering.

Studien aus den USA und Deutschland haben gezeigt, dass die Allgemeinbevölkerung ubiquitär gegenüber DEHP exponiert ist. Die Studien lassen auch vermuten, dass die tolerierbaren täglichen Aufnahmemengen (TDI, *tolerable daily intake*) für einen nicht unerheblichen Teil der Bevölkerung überschritten werden. Kinder als empfindliche Gruppe scheinen höher belastet als Erwachsene.

Die hohen DEHP- Gehalte in Hausstaubproben ließen befürchten, dass diese für die Überschreitung des TDI verantwortlich sind. Ergebnisse aus den Untersuchungen zum bereits angesprochenen Kinder-Umwelt-Survey 2003–2006 zeigen jedoch, dass dieser Aufnahmepfad nur einen untergeordneten Anteil an der inneren Belastung von Kindern zu haben scheint. Die DEHP-Gehalte bei den bei den Kindern im Alter von 3–14 Jahren untersuchten Hausstaub- und Urinproben korrelierten nicht. Auch die Innenraumluft-Belastungen scheinen keine relevante Quelle bezogen auf die festgestellte Gesamtbelastung der Bevölkerung zu sein [2].

Phthalsäureester, insbesondere DEHP, werden vor allem aufgrund ihrer reproduktionstoxischen Eigenschaften – speziell der testikulären Toxizität – als kritisch angesehen. Zur Abschätzung der DEHP-Belastung der Allgemeinbevölkerung wurden vor allem in Deutschland Human-Biomonitoring-Untersuchungen zur Ausscheidung der DEHP-Metaboliten 5oxo-MEHP und 5OH-MEHP durchgeführt [14]. Die Median-Werte für 5oxo-MEHP lagen im Bereich von 20–40 µg l^{-1} Urin und für 5OH-MEHP im Bereich von 30–50 µg l^{-1} Urin, die Maximalwerte betrugen für 5oxo-MEHP 544 µg l^{-1} Urin und für 5OH-MEHP 818 µg l^{-1} Urin.

Holzschutzmittel

Pentachlorphenol Besteht der Verdacht auf eine frühere Holzschutzanwendung durch Pentachlorphenol, so ist dies einfach durch eine Hausstaubanalyse zu bestätigen oder auszuschließen. Hausstaubgehalte von mehr als 5 mg PCP kg^{-1} im abgelagerten Staub und von mehr als 1 mg kg^{-1} im frischen Staub deuten fast immer auf eine PCP-Quelle im Innenraumbereich hin. Der Verdacht sollte durch eine Luftanalyse überprüft werden. Liegt die im Jahresmittel zu erwartende PCP-Raumluftkonzentration über 1 µg/m^3 (RW II), so ist nach den toxikologischen Bewertungen der *Ad-hoc AG* eine Sanierung erforderlich mit dem Ziel, langfristig einen Raumluftwert unter 0,1 µg/m^3 (RW I) anzustreben.

Der Verdacht einer erhöhten PCP-Exposition im häuslichen Umfeld oder in öffentlichen Gebäuden kann auch durch die Bestimmung der PCP-Konzentration im Urin oder Serum überprüft werden. Die Kommission Human-Biomonitoring des Umweltbundesamtes veröffentlicht regelmäßig aktualisierte Referenzwerte in Serum und Urin, die als Vergleich herangezogen werden können [14].

Außerdem sind HBM-Werte abgeleitet: Ab Konzentrationen im Serum über 70 µg l^{-1} bzw. im Urin von 40 µg l^{-1} (HBM II-Wert) sind gesundheitliche Beeinträchtigungen möglich. Bei Überschreitungen sind eine umweltmedizinische Beratung zu veranlassen sowie eine umgehende Quellensuche und -eliminierung in Angriff zu nehmen.

Zeigen Raumluftmessungen auch heute noch einen Sanierungsbedarf an, so sollte nach der „Richtlinie für die Bewertung und Sanierung PCP-belasteter Baustoffe und Bauteile in Gebäuden (PCP-Richtlinie)" der ARGEBAU [16] verfahren werden.

PCP-haltige Holzschutzmittel enthielten in der Regel auch Lindan. Nach Bewertungen des früheren Bundesinstituts für gesundheitlichen Verbraucherschutz und Veterinärmedizin (BgVV, heute BfR) kann bei Einhaltung eines Raumluftwertes von 1 µg Lindan/m^3 eine gesundheitliche Beeinträchtigung mit hoher Sicherheit ausgeschlossen werden. Höhere Raumluftwerte werden nach Holzschutzanwendungen nur erreicht, wenn auch die PCP-Gehalte deutlich über 1 µg/m^3 liegen. Die dann nötige PCP-Sanierung minimiert auch die Lindan-Belastung ausreichend.

Die in der ehemaligen DDR vor allem im Dachstuhlbereich verwendeten großen Mengen der Holzschutzmittel DDT und Lindan (Hylotox 59) führten in den darunter liegenden Wohnungen in der Regel nicht zu hohen Belastungen.

Für DDT, ebenso wie für die Metaboliten der unter Abschnitt 13.3.2.10 angesprochenen Schädlingsmittel Pyrethroide und Organophosphate hat die Kommission Human-Biomonitoring ebenfalls Referenzwerte im Urin abgeleitet. Die üblichen inneren Belastungen an Lindan (γ-HCH) liegen seit längerem unter der Bestimmungsgrenze. Bei unklaren, im Zusammenhang mit Innenraumexpositionen bestehenden Fragestellungen kann die Bestimmung des fraglichen Schadstoffes in einem geeigneten Körpermedium über eine über das übliche Maß hinausgehende Belastung Auskunft geben.

13.5 Nachweis von Innenraumschadstoffen

Der Nachweis von Innenraumschadstoffen hängt in hohem Maße von der Qualität der durchgeführten Messung ab. Der Begriff Messung umfasst sowohl den Arbeitsschritt der Probenahme, als auch den der Analyse. Bei Innenraumanalysen erfolgen diese Schritte meist getrennt. Beim Vergleichen von Messergebnissen sind sowohl die verwendeten Probenahme- und Analysenverfahren zu berücksichtigen, als auch die bei der Messung vorliegenden Innenraumbedingungen (z. B. Raumtemperatur, letzte Lüftung usw.). Vor der Durchführung einer Messung ist das Messziel zu definieren. So erfordert die Überprüfung der Einhaltung eines Richtwertes die Messung unter Nutzungsbedingungen. Von Messungen unter Extrembedingungen sollte abgesehen werden.

Die Blätter der Richtlinienreihe VDI 4300 über Probenahmestrategien geben die für die verschiedenen Ziele geeigneten Vorgehensweisen an [17].

Selbstverständlich sollten nur Laboratorien mit Messungen beauftragt werden, die über ein dokumentiertes Qualitätssicherungssystem verfügen und erfolgreich an externen Ringversuchen oder Laborvergleichsuntersuchungen teilnehmen.

13.6 Zusammenfassung

Die meiste Zeit halten sich Personen in industrialisierten Ländern in Innenräumen auf. Aus unterschiedlichen Quellen werden Chemikalien, vor allem flüchtige, aber auch schwerflüchtige organische Verbindungen (VOC, SVOC) in den Innenraum abgegeben und erzeugen dort ein Stoffgemisch, welches in seiner Komplexität und seinen Auswirkungen auf die menschliche Gesundheit nur schwer zu erfassen ist. Zu den Expositionsfolgen gehören unspezifische Reizerscheinungen und Befindlichkeitsstörungen. Aber auch schwerwiegende Auswirkungen werden diskutiert. Ein gesetzliches Regelwerk zur einheitlichen Bewertung von Innenraumschadstoffen existiert nicht, jedoch wurden für relevante Stoffe Innenraum-Richtwerte auf der Grundlage eines 1996 veröffentlichten Basisschemas erarbeitet. Darüber hinaus liegen Bewertungsmaßstäbe vor, die eine Beurteilung der Innenraumluftqualität mit Hilfe der Summe der flüchtigen organischen Verbindungen (TVOC) möglich machten. Mit dem Human-Biomonitoring liegt ein weiteres Instrument zur Bewertung von Schadstoffen im Innenraum vor.

13.7
Fragen zur Selbstkontrolle

1. ***Wie ist der Begriff „Innenraum" definiert?***
2. ***Was ist die Pettenkoferzahl? Welche weiteren raumklimatischen Anforderungen gibt es?***
3. ***Nennen Sie Gruppen von Innenraumschadstoffen. Welches sind wichtige Vertreter dieser Gruppen?***
4. ***Warum müssen heute vielen Innenraum relevanten Produkten Biozide zugesetzt werden?***
5. ***Benennen Sie häufig genannte, durch VOC verursachte gesundheitliche Beeinträchtigungen.***
6. ***Skizzieren Sie ein geeignetes Vorgehen für die Bewertung von Innenraumschadstoffen in Beschwerdefällen.***
7. ***Was versteht man unter dem Begriff „Basisschema zur Bewertung von Innenraumschadstoffen"?***
8. ***Auf welche gesetzlichen Vorgaben kann sich eine Schadstoffbewertung im Innenraum stützen?***
9. ***Was ist beim Nachweis von Schadstoffen im Innenraum zu beachten?***
10. ***Was ist Human-Biomonitoring?***

13.8
Literatur

1 Kommission Innenraumlufthygiene des Bundesgesundheitsamtes (1993), Raumklimabedingungen in Schulen, Kindergärten und Wohnungen und ihre Bedeutung für die Bestimmung von Formaldehydkonzentrationen. Bundesgesundhbl 36:76–78

2 Gesundheit und Umwelthygiene, Umwelt-Survey: http://www.umweltbundesamt.de/gesundheit/monitor/index.htm

3 Seifert B (1999), Richtwerte für die Innenraumluft. Die Beurteilung der Innenraumluftqualität mit Hilfe der Summe der flüchtigen organischen Verbindungen (TVOC). Bundesgesundhbl – Gesundheitsforsch – Gesundheitsschutz 42:270–278

4 Heger W, Hahn S, Schneider K, Gartiser S, Mangelsdorf I, Kolossa-Gehring M (2008), Biozidexposition aus Produkten des täglichen Bedarfs: Arzneimittel-, Therapie-Kritik & Medizin und Umwelt (2008/Folge 2):449–458

5 Schnuch A, Geier J, Lessmann H, Uter U (2004), Untersuchungen zur Verbreitung umweltbedingter Kontaktallergien mit Schwerpunkt im privaten Bereich. Umweltforschungsplan des Bundesministerium für Umwelt, Naturschutz und Reaktorsicherheit. Forschungsbericht 299 61 219. WaBoLu-Heft 01/04

6 Horn W, Roßkamp E, Ullrich D (2002), Biozidemissionen aus Dispersionsfarben. Zum Vorkommen von Isothiazolinonen, Formaldehyd und weiteren Innenraum relevanten Verbindungen. Umweltbundesamt, WaBoLu-Heft 2/02

7 Gesundheitliche Bewertung von Kohlendioxid in der Innenraumluft, Mitteilung der *Ad-hoc-AG* (2008) Bundesgesundheitsbl – Gesundheitsforsch Gesundheitsschutz 51:1358–1369

8 Repräsentative Daten zur Innenraumbelastung in Deutschland. Ergebnisse des repräsentativen Kinder-Umwelt-Survey (KUS) des Umweltbundesamtes (2008). Bundesgesundheitsbl-Gesundheitsforsch-Gesundheitsschutz 51:109–112
9 Ad-hoc-AG aus Mitgliedern der Innenraumlufthygiene-Kommission des Umeltbundesamtes und Vertretern der Arbeitsgemeinschaft der Obersten Landesgesundheitsbehörden (2006) Krebserzeugende Wirkung von Formaldehyd – Änderung des Richtwertes für die Innenraumluft von 0,1 ppm nicht erforderlich
10 Basisschema zur Ableitung von Richtwerten für die Innenraumluft. Mitteilung der *Ad-hoc-AG* (1996), Bundesgesundheitsbl 39:422–426
11 Sagunski H, Heinzow B (2003), Richtwerte für die Innenraumluft: Bicyclische Terpene (Leitsubstanz á-Pinen) Bundesgesundheitsbl. – Gesundheitsforsch. – Gesundheitsschutz 46:346–352
12 Mølhave L, Bach B, Pedersen OF (1986), Human reaction to low concentrations of volatile organic compounds. Environ Internat 12:167–175
13 Mølhave L, Grøukjr Jensen J, Larsen S (1991), Subjective reactions to volatile organic compounds as air pollutants. Atmo Environ 25:A1283–1293
14 Kommission Human-Biomonitoring-Publikationen: *www.umweltbundesamt.de/gesundheit//monitor/index.htm*
15 ARGEBAU (Arbeitsgemeinschaft der für das Bau-, Wohnungs- und Siedlungswesen zuständigen Minister der Bundesländer), Projektgruppe Schadstoffe der Fachkommission Baunormung (1995), Richtlinie für die Bewertung und Sanierung PCB-belasteter Baustoffe und Bauteile in Gebäuden (PCB-Richtlinie). DIBt-Mitt. 2:50–59
16 ARGEBAU (Arbeitsgemeinschaft der für das Bau-, Wohnungs- und Siedlungswesen zuständigen Minister der Bundesländer), Projektgruppe Schadstoffe der Fachkommission Baunormung (1997), Richtlinie für die Bewertung und Sanierung PCP-belasteter Baustoffe und Bauteile in Gebäuden (PCP-Richtlinie). DIBt-Mitt. 2:6–15
17 Kommission Reinhaltung der Luft im VDI und DIN, VDI-Richtlinie 4300. Messen von Innenraumluftverunreinigungen, Blatt 1–6

14
Arbeitsplatz

Hermann M. Bolt und Klaus Golka

14.1
Einleitung

Die Anwesenheit chemischer Stoffe am Arbeitsplatz wirft besondere Fragen auf. Das folgende Kapitel soll Zugangsmöglichkeiten zu diesen Problemen eröffnen. Gegenüber akuten Giftwirkungen stehen heute die chronischen gesundheitlichen Effekte von Arbeitsstoffen im Vordergrund. Akute Vergiftungsbilder sollen daher an dieser Stelle nur dort abgehandelt werden, wo sie noch von arbeitsmedizinischem Interesse sind. Der Umgang mit Arbeitsstoffen wird durch eine Anzahl von Regelwerken (Gesetze, Verordnungen, Richtlinien, berufsgenossenschaftliche Grundsätze usw.) erfasst. Da sich aus Gesetzen und Verordnungen ableitende Regelungen ständigen Veränderungen unterworfen sind, sind die jeweils gültigen Regelwerke aktuell zu Rate zu ziehen [1].

14.2
Aufgaben und Ziele der arbeitsmedizinischen Toxikologie

Im Rahmen der gesundheitlichen Bewertung chemischer Stoffe am Arbeitsplatz gilt es einerseits festzulegen, welche Konzentrationen der einzelnen in Frage kommenden Arbeitsstoffe gesundheitlich unbedenklich sind; die Frage der Grenzwertfestsetzungen nimmt derzeit einen weiten Raum in der wissenschaftlichen Diskussion ein. Andererseits sind die Krankheitsbilder zu beschreiben, die durch überhöhte, meist längerfristige, Einwirkungen chemischer Stoffe am Arbeitsplatz hervorgerufen werden können. Beide Aspekte sind heute in ausgedehnten Verordnungswerken geregelt. Diese wurden in den letzten Jahren erheblich ausgebaut. Hand in Hand damit gingen Fortschritte in der arbeitsmedizinisch-toxikologischen Spurenanalytik von Stoffen sowohl in der Luft des Arbeitsplatzes als auch im biologischen Material.

In der Bundesrepublik Deutschland wird der Umgang mit gefährlichen Arbeitsstoffen zunächst in der *Gefahrstoffverordnung* geregelt (einschließlich ihrer Anhänge und Technischen Regeln). Die Anerkennung von Berufskrankheiten ist in der *Berufskrankheitenverordnung* (BKV) geregelt [2].

Toxikologie Band 1: Grundlagen der Toxikologie. Herausgegeben von Hans-Werner Vohr

ISBN: 978-3-527-32319-7

14.2.1
Festlegung von Grenzwerten für Arbeitsstoffe

Bei der Bearbeitung von Fragen der Grenzwertfestsetzung für Arbeitsstoffe wurde das Konzept von *„Belastung“* und *„Beanspruchung“* aus den physiologischen Teilgebieten der Arbeitsmedizin auch auf die arbeitsmedizinische Toxikologie übertragen. Als *„äußere Belastung“* ist die Konzentration des zu betrachtenden Stoffes in der Luft des Arbeitsplatzes definiert. Als Grenzwertvorschläge wird hierzu jährlich eine überarbeitete Liste der maximalen Arbeitsplatzkonzentrationen (MAK-Werte) von der Senatskommission der Deutschen Forschungsgemeinschaft zur Prüfung gesundheitsschädlicher Arbeitsstoffe („MAK-Kommission“) vorgelegt. Als *„innere Belastung“* sieht man die unter Arbeitsplatzbedingungen auftretende Konzentration des Arbeitsstoffes bzw. eines biologisch wirksamen Metaboliten in dem für die jeweilige Wirkung in Frage kommenden kritischen Organ an. Messparameter für die innere Belastung sind Konzentrationen des Arbeitsstoffes bzw. seiner Metaboliten in biologischen Medien, z. B. Blut, Urin, Ausatemluft. Für eine Reihe wichtiger Arbeitsstoffe kann eine Kontrolle des Ausmaßes der inneren Belastung anhand der biologischen Arbeitsstofftoleranzwerte (BAT-Werte) erfolgen, die als biologische Grenzwerte ebenfalls jährlich seitens der MAK-Kommission überarbeitet und vorgeschlagen werden.

Physiologische oder klinische Parameter, die im Gefolge einer Arbeitsstoffbelastung verändert werden, werden *Beanspruchungsparameter* genannt. Beanspruchungsparameter müssen im Hinblick auf den toxikologischen Prozess, der durch den Arbeitsstoff bzw. einen seiner Metaboliten ausgelöst wird, von biologischer Relevanz sein und unmittelbar mit diesem Prozess zusammenhängen. Im Rahmen der Erarbeitung von BAT-Werten wurden für wenige Arbeitsstoffe auch Grenzwerte für Beanspruchungsparameter vorgeschlagen (z. B. Ausscheidung von Delta-Aminolävulinsäure bei beruflich gegenüber Blei Exponierten). Mit der Überarbeitung der Gefahrstoffverordnung (GefStoffV) vom 23. 12. 2004 wurde für Luftgrenzwerte am Arbeitsplatz der Begriff *„Arbeitsplatzgrenzwert“* eingeführt, welcher u. a. auch Grenzwerte der Europäischen Union einschließt. Gleiches gilt für den dort benutzten Begriff *„Biologischer Grenzwert“* (§ 3, Nr. 6/7 GefStoffV).

14.2.2
Maximale Arbeitsplatzkonzentrationen (MAK-Werte)

Definiert ist der MAK-Wert als „die höchstzulässige Konzentration eines Arbeitsstoffes als Gas, Dampf oder Schwebstoff in der Luft am Arbeitsplatz, die nach dem gegenwärtigen Stand der Kenntnis auch bei wiederholter und langfristiger, in der Regel täglich achtstündiger Exposition... im allgemeinen die Gesundheit der Beschäftigten und deren Nachkommen nicht beeinträchtigt und diese nicht unangemessen belästigt“. Andere Länder benutzen im Sinn ähnliche Definitionen; auf internationaler Ebene sind die EU-Werte (*Occupational Exposure Limits,* OEL) und die amerikanischen TLV-Werte *(Threshold Limit Values)* wichtig. Für die meisten Arbeitsstoffe liegen MAK-Werte, OEL und TLV-Werte in sehr ähnlichen Größenordnungsbereichen. Die Festsetzung der MAK-Werte in der Bundesrepublik Deutschland und der OEL-Werte in der EU erfolgt unter dem Verständnis, dass jeder Grenzwert individuell begründet und begründbar sein muss, und zwar ausschließlich unter wissenschaftlichen arbeitsmedizinischen und toxikologischen Gesichtspunkten. Grenzwerte sollen praktisch implementierbar sein.

14.2.3 Biologische Arbeitsstofftoleranzwerte (BAT-Werte)

Zur Handhabung der biologischen Überwachung (*Biological Monitoring*) Arbeitsstoffexponierter wurden für eine Reihe von Stoffen BAT-Werte begründet. Auch auf EU-Ebene wurden bislang einige *„Biological Limit Values“* (BLV) vorgeschlagen. Definiert ist der BAT-Wert als „die beim Menschen höchstzulässige Quantität eines Arbeitsstoffes bzw. Arbeitsstoff-Metaboliten oder die dadurch ausgelöste Abweichung eines biologischen Indikators von der Norm, die nach dem gegenwärtigen Stand der wissenschaftlichen Erkenntnis im allgemeinen die Gesundheit der Beschäftigten auch dann nicht beeinträchtigt, wenn sie durch Einflüsse des Arbeitsplatzes regelhaft erzielt wird“. Wie bei den MAK-Werten wird in der Regel eine Arbeitsstoffbelastung von maximal 8 Stunden täglich und 40 Stunden wöchentlich zugrundegelegt. Die BAT-Werte wurden dazu geschaffen, im Rahmen spezieller ärztlicher Vorsorgeuntersuchungen eine Grundlage für die Beurteilung der Bedenklichkeit oder Unbedenklichkeit vom Organismus aufgenommener Arbeitsstoffmengen abzugeben. Die Beachtung der Toxikokinetik von Arbeitsstoffen ist bei der Aufstellung und Anwendung von BAT-Werten von besonderer Bedeutung. Auf weitere Einzelheiten wird in Abschnitt 14.8 eingegangen.

14.3 Allgemeine Prinzipien der Arbeitsplatz-Toxikologie

Substanzwirkungen von Gefahrstoffen am Arbeitsplatz können auf den Menschen in verschiedener Weise erfolgen; bezüglich der *Toxikodynamik* sind Stoffe mit lokaler Reizwirkung zu unterscheiden von systemisch wirksamen Stoffen.

Erhebliche praktische Bedeutung besitzt die *Toxikokinetik* als Grundlage biologischer Überwachungsmaßnahmen (*Biological Monitoring*, s. o.).

14.3.1 Resorption von Arbeitsstoffen; Toxikokinetik

Die *perorale Aufnahme* von Arbeitsstoffen hat nur selten toxikologische Bedeutung; es handelt sich dabei in der Regel um akute akzidentelle Vergiftungsereignisse. Die *Hautresorption* hat jedoch bei vielen Arbeitsstoffen erhebliche praktische Bedeutung. Bei gut hautgängigen Stoffen mit niedrigem Dampfdruck ist die Vergiftungsgefahr durch diesen Eintrittsweg in den Organismus weitaus größer einzuschätzen als die Gefahr durch Einatmung. Klassische Beispiele sind Pflanzenschutzmittel wie Parathion (E 605) und Salpetersäureester wie Ethylenglykoldinitrat bzw. Nitroglycerin. Bei der Überwachung des Umgangs mit solchen Stoffen sind daher biologische Parameter (soweit verfügbar) ungleich wertvoller als die alleinige Messung der Luftkonzentration am Arbeitsplatz.

Stoffe, bei denen die Gefahr der Hautresorption besteht, sind in der MAK-Werte-Liste mit „H" gekennzeichnet. Auf diese Zusammenstellung sei hier verwiesen.

Fallbeispiel: Gefahr der Hautresorption

Salpetersäureester, insbesondere *Ethylenglykoldinitrat* und *Glyceryltrinitrat* (Nitroglycerin) werden bei der Herstellung von Sprengstoffen verwendet. Sie bewirken eine Gefäßerweiterung und dadurch ein Absinken des Blutdrucks. Die Senkung des venösen „Preloads" durch Glyceryltrinitrat wird bekanntlich in der Therapie koronarer Erkrankungen mit Erfolg ausgenutzt.

Die Aufnahme dieser Stoffe in den Organismus erfolgt durch Inhalation, in einem ganz besonderen Ausmaß aber auch durch Hautresorption. Im Organismus werden die Ester teilweise gespalten. Aus Ethylenglykoldinitrat entsteht so Ethylenglykolmononitrat, das teilweise im Urin ausgeschieden wird.

Nach kurzer Exposition können allgemeine Krankheitserscheinungen wie Kopfschmerzen („Nitrat-Kopfschmerzen"), Schwindel, Brechreiz auftreten. Folgen der Gefäßerweiterung sind Gesichtsrötung, Hitzegefühl, Blutdruckerniedrigung. Durch gegenregulatorische Mechanismen wird später eine Erhöhung des diastolischen Druckes beobachtet.

Charakteristisch ist bei kontinuierlicher Exposition (wobei Hautkontakt die Hauptrolle spielen kann) ein Gewöhnungsphänomen, das die erwähnten Beschwerden geringer werden lässt. Dem Arzt sind diese Phänomene bei der Therapie koronarer Durchblutungsstörungen mit organischem Nitrat bekannt.

Plötzliche Todesfälle nach erfolgter „Gewöhnung" an kontinuierliche organische Nitratexposition wurden früher nach Arbeitsunterbrechungen (Urlaub, Wochenende) beobachtet. Dies führte zum früher bekannten Phänomen des sog. „Montagstodes" bei Sprengstoff-Arbeitern.

Die *inhalatorische Aufnahme* steht bei der Mehrzahl der Arbeitsstoffe im Vordergrund. Für einfache Berechnungen der Stoffaufnahme kann die pulmonale Retentionsrate herangezogen werden, die die Konzentrationsdifferenz zwischen Ausatemluft und Einatemluft in % der eingeatmeten Konzentration angibt:

$$\text{Retentionsrate (\%)} = \frac{\text{Cein} - \text{Caus}}{\text{Cein}} \cdot 100\,. \tag{1}$$

Aus dem Atemminutenvolumen (das von der körperlichen Belastung abhängt) kann dann auf die aufgenommene Stoffmenge geschlossen werden. Dabei wird das Atemzeitvolumen bei leichter körperlicher Arbeit überschlagsmäßig mit 10 m^3, bezogen auf eine Schichtlänge von 8 Stunden, angesetzt. Für viele praktische Belange ist diese überschlagsmäßige Art des Vorgehens ausreichend.

Für wissenschaftliche Fragestellungen, z. B. im Rahmen der Begründung von Grenzwerten im biologischen Material, muss beachtet werden, dass die Retentionsrate konzentrationsabhängig und, da die Konzentration des Arbeitsstoffes im Organismus zeitabhängig ist, auch zeitabhängig sein kann. Dies wird durch eine toxikokinetische Modellierung berücksichtigt

Fallbeispiel: Konzentrationsverlauf von Perchlorethylen
Der nach [3] berechnete Konzentrationsverlauf von *Perchlorethylen (Tetrachlorethen)* im Blut während und nach einer gleichförmigen 8-stündigen Exposition ist in Abb. 14.1 wiedergegeben.

Unter der Exposition erfolgt zunächst ein sehr rascher, nach ca. 1 Stunde ein deutlich langsamerer Konzentrationsanstieg. Nach Abschluss der Exposition fällt die Blutkonzentration erst schnell, dann zunehmend langsamer ab, wobei sich die resultierende Blutspiegelkurve formell in drei bis vier Exponentialfunktionen mit unterschiedlicher Abklinggeschwindigkeit zerlegen lässt. Diese sind in verschiedenen Zeitabschnitten für den Blutspiegelverlauf bestimmend. Sol-

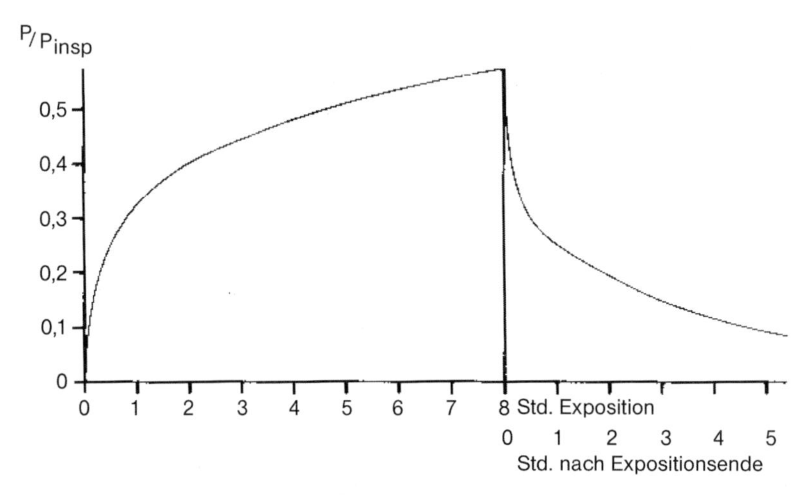

Abb. 14.1 Verlauf der Perchlorethylen-Konzentration im Blut während und nach einer 8-stündigen gleichförmigen Exposition. P/P_{insp} = Verhältnis der Partialdrucke des Fremdstoffes im Blut und in der Umgebungsluft. (Nach den Daten von [3] berechneter Verlauf).

che Gegebenheiten müssen bei der Festsetzung eines BAT-Wertes berücksichtigt werden (s. BAT-Begründung „Tetrachlorethen" [4]).

Bei zahlreichen inhalatorisch aufgenommenen Fremdstoffen wird im Tierexperiment eine dosisabhängige sättigbare Metabolisierung gefunden (sog. „nicht-lineare" Pharmakokinetik). Dies hat große Bedeutung für die Übertragbarkeit tierexperimenteller Befunde, die bei hohen Konzentrationen erhoben wurden, auf die Verhältnisse beim Menschen. Für die Bedingungen der Exposition am Arbeitsplatz (d. h. bei Ausschluss wesentlicher Überschreitungen des MAK-Wertes) kann jedoch meistens von „klassischen" exponentiellen kinetischen Verläufen ausgegangen werden (sog. „lineare" Pharmakokinetik).

14.3.2
Interferierende Variablen: Körperliche Arbeit, wechselnde Expositionsprofile, Exposition gegenüber Gemischen

Verschiedene interferierende Variablen erschweren die Übertragung toxikokinetischer Laboratoriumsdaten auf die Verhältnisse am arbeitenden Menschen. Neben genetisch festgelegten quantitativen Unterschieden im Metabolismus von Fremdstoffen [5] müssen hier arbeitsplatzspezifische Faktoren diskutiert werden.

Gut untersucht ist der Einfluss körperlicher Arbeit auf die Kinetik einer Reihe von Arbeitsstoffen. Bei Stoffen, die im Blut gut löslich sind und relativ schnell metabolisiert werden (z. B. Trichlorethylen, Toluol, Dichlormethan, Styrol, Ethylacetat) steigt die metabolisierte Menge deutlich an, wenn bei stärkerer körperlicher Arbeit eine größere Menge des Arbeitsstoffes ventiliert wird. Wichtig ist dies besonders bei Substanzen, die erst durch gebildete Metabolite toxische Wirkungen verursachen können. Bei der Festsetzung von Grenzwerten muss dies adäquat berücksichtigt werden.

Häufig finden sich in der arbeitsmedizinischen Praxis nicht gleichbleibende Dauerkonzentrationen von Arbeitsstoffen, sondern wechselnde Expositionsprofile mit Konzentrationsspitzen. Vom klassischen Überwachungskonzept der MAK-Werte, das von einem 8-Std-Mittelwert ausgeht, wurden solche Konzentrationsspitzen nicht erfasst. Die pharmakokinetische Betrachtungsweise hat jedoch hier erlaubt, ein Konzept zu entwickeln, das (bei zusätzlicher Begutachtung der Begrenzung durch den Mittelwert) bestimmte Häufigkeiten und Zeitdauern für eine kurzfristige Überschreitung des 8-Std-Mittelwertes (MAK) zulässt. Dieses Konzept wird in der MAK-Liste durch die Angabe sog. „Überschreitungskategorien" (Spitzenbegrenzung von Expositionen am Arbeitsplatz) berücksichtigt. Auf EU-Ebene erfolgt die Festlegung von Kurzzeit-Grenzwerten für die Dauer von 15 Minuten (*„Short-Term Exposure Limit"*, STEL).

14.3.3
Lokal reizende und ätzende Wirkung

Schleimhäute und die Bindehaut der Augen sind gegenüber lokal wirksamen Reizstoffen erheblich empfindlicher als die äußere Haut. Aus diesem Grunde stehen hier konjunktivale Reizerscheinungen und die lokale Wirkung auf den Atemtrakt im Vordergrund.

Der Angriffspunkt eines Reizstoffes wird maßgeblich von seiner Wasser- bzw. Lipidlöslichkeit bestimmt. Wasserlösliche Substanzen wirken in erster Linie an den Konjunktiven und an den Schleimhäuten der oberen Luftwege. Als Beispiele können Ammoniak, Säuredämpfe, Halogene (Fluor, Chlor, Brom), Formaldehyd, Acrolein genannt werden.

Die unteren Abschnitte des Atemtraktes (Bronchiolen, Alveolen) werden durch lipophilere Reizstoffe betroffen. Hier sind Ozon, nitrose Gase (NO/NO_2), Phosgen ($COCl_2$), Dimethylsulfat, Ethylenimin, Nickelcarbonyl zu nennen. Hinzu kommen Aerosole von Feststoffen wie Cadmiumoxid-Rauch oder Kobaltchlorid. Alveolen-gängige Reizstoffe sind besonders gefährlich, weil sie die Kapillarwand als besonders empfindliche Struktur schädigen. Nach einer Latenz von mehreren Stunden besteht die Gefahr eines toxischen Lungenödems, das zum Tode führen kann.

Im Prinzip sind akute Alveolarschädigungen reversibel. Nach Abklingen des Alveolarödems kann jedoch durch proliferative Veränderungen an den Bronchiolen („Bronchiolitis obliterans") eine weitere Gefährdung des Patienten auftreten. Besondere Aufmerksamkeit erfordern die in der Polyurethan-Chemie verwendeten Diisocyanate (Formel: OCN-R-NCO), z. B. das als technisches Isomerengemisch eingesetzte Toluylendiisocyanat („TDI"). Dies sind sehr starke Reizstoffe; sie können, durch die Reaktivität ihrer Isocyanatgruppen bedingt, mit freien Hydroxyl- und Aminogruppen im Gewebe leicht reagieren. Ähnlich wirken Chinone (z. B. Naphthochinon) und Säureanhydride. Typische Symptome einer Vergiftung sind Tracheitis, Bronchitis, Bronchospasmus, Bronchopneumonie und Bronchiolitis obliterans. Wichtig ist, dass bei Asthmatikern bereits geringste Konzentrationen an Diisocyanaten Asthmaanfälle auslösen können. Ferner sind Sensibilisierungen möglich, da bei sensibilisierten Personen zirkulierende Antikörper gegen Toluylendiisocyanat nachgewiesen wurden.

Lokale Ätzwirkungen durch Arbeitsstoffe sind für den Arzt meist unschwer zu erkennen. Säuren, Laugen, Schwermetallsalze und chemisch reaktive Verbindungen sind hier zu nennen. Von arbeitsmedizinischer Relevanz ist ferner eine Reihe organischer Peroxide, die zum Starten von Radikalreaktionen Verwendung finden und die z. T. eine erhebliche entzündliche und ätzende Wirkung zeigen. Als Stoffe mit sehr starker Hautwirkung werden in der MAK-Liste genannt: Dimethylbenzylhydroperoxid, Cyclohexanonperoxidgemische, Dicyclohexylperoxid, Diacetylperoxid, Peroxyessigsäure.

Ein arbeitsmedizinisch relevanter Sonderfall einer lokalen Ätzwirkung ist die Erkrankung der Zähne durch Säuren. Die chronische Einwirkung insbesondere anorganischer, aber auch organischer Säuren führt zu einer Zerstörung des Schmelzes. Das Dentin wird freigelegt; es kommt zur Bildung von Reizdentin in der Pulpahöhle. Seines Schutzes beraubt, wird der Zahn fortschreitend zerstört. Diese Berufskrankheit wird heute jedoch nur noch selten beobachtet.

14.3.4
Narkotische und pränarkotische Wirkungen

Narkotische bzw. pränarkotische Wirkungen werden bei Inhalation vieler flüchtiger lipophiler Verbindungen beobachtet. Die Wirkung ist unspezifisch und nicht an eine definierte chemische Struktur gebunden. Alkane, Alkene, Cycloalkane, aromatische Kohlenwasserstoffe, Alkohole, Äther, Ester, Ketone und viele niedermolekulare halogenierte Verbindungen können narkotisch wirken. Solche Stoffe finden u.a. Anwendung als Lösemittel, Treibstoffe, Treibmittel in Sprühdosen, als Grundchemikalien in Labor und Industrie. Unterschiedliche Verteilungsverhältnisse im Organismus und in den Lipidstrukturen des ZNS bedingen, dass große Wirkungsunterschiede gefunden werden.

Generell wird die narkotische Wirkung eines Kohlenwasserstoffes durch Halogenierung verstärkt.

Ein toxikologischer Sonderfall in der Reihe der Alkane ist n-Hexan wegen seiner speziellen neurotoxischen Wirkung über den Metaboliten 2,5-Hexandion.

Bei einigen Arbeitsstoffen gibt es das Phänomen des „Symptomenwandels“: Im Falle des Trichlorethylen wird die sedative Wirkung, die für die Grenzwertfindung führend ist, durch den Metaboliten Trichlorethanol hervorgerufen. Höhere Konzentrationen an Trichlorethylen bewirken eine pränarkotische und narkotische Wirkung durch den Arbeitsstoff selbst. Im Falle des Dichlormethan (Methylenchlorid) sind für die Grenzwertfindung die Wirkungen des metabolisch entstehenden Kohlenoxids (CO) ausschlaggebend; höhere Konzentrationen an Dichlormethan besitzen auch narkotische Wirkung.

Da pränarkotische und sedative Wirkungen von Arbeitsstoffen mit Einschränkungen der Vigilanz und einer Erhöhung der Unfallgefahr verbunden sind, sind Grenzwerte so ausgelegt, dass solche Wirkungen vermieden werden.

14.3.5
Neurotoxische Wirkungen

Neurotoxische Wirkungen werden durch sehr unterschiedliche Arbeitsstoffe hervorgerufen.

Die Toxikologie organischer Phosphorsäureester, die als Insektizide verwendet werden (z.B. Parathion, Bromophos, Demeton, Dichlorvos, Dimethoat), ist ein klassisches Feld der Pharmakologie und Toxikologie. Auf die Hemmung der Acetylcholinesterase sind die arbeitsmedizinischen Grenzwerte für Cholinesterasehemmer ausgelegt.

Eine Sonderstellung im Rahmen der organischen Phosphorsäureester nimmt die Vergiftung mit Trikresylphosphat ein. Isomere des Trikresylphosphats finden in zahlreichen technischen Ölen Verwendung. Bei Inkorporation solcher Motoröle, Hydraulikflüssigkeiten usw. kommt es nach einer Latenzzeit von 1–3 Wochen zu einer an den Extremitäten aufsteigenden motorischen Lähmung. Diese wird auf eine noch unbekannte Art und Weise durch einen toxischen Metaboliten des *mono-ortho*-Isomeren von Trikresylphosphat erzeugt.

Besondere neurotoxische Wirkung besitzen Alkylverbindungen von Schwermetallen, z. B. Bleialkyle, Quecksilberalkyle, die wegen ihrer hohen Lipidlöslichkeit gut resorbiert werden und die Blut-Hirn-Schranke schnell passieren.

Im arbeitsmedizinischen Bereich sind von spezieller Bedeutung die Neurotoxine Dichloracetylen, 2,5-Hexandion und Acrylamid.

Dichloracetylen entsteht bei Kontakt der Lösungsmittel Trichlorethylen und Tetrachlorethan mit Alkali (HCl-Abspaltung). Neben einer ausgesprochenen Neurotoxizität besitzt es auch nephrotoxische und karzinogene Eigenschaften. Die letzteren stehen für die Risikoabschätzung im Vordergrund.

2,5-Hexandion ist der neurotoxische Metabolit, der im Organismus aus n-Hexan und aus Methylbutylketon („MBK") entsteht. Wegen der Entstehung dieses Metaboliten ist n-Hexan grundsätzlich anders zu beurteilen als andere aliphatische Kohlenwasserstoffe, bei denen erst die bei hohen Konzentrationen auftretenden pränarkotischen und sedativen Wirkungen arbeitsmedizinisch relevant sind.

Acrylamid verursacht Neuropathien, die den durch 2,5-Hexandion ausgelösten recht ähnlich sind.

14.3.6 Schädigung parenchymatöser Organe

Schädigungen von Leber und Niere sind durch eine Vielzahl von Arbeitsstoffen möglich. Die Berufskrankheitenverordnung (BKV) hebt hier besonders auf Erkrankungen durch Phosphor und durch halogenierte Kohlenwasserstoffe ab. Während gewerbliche Phosphorvergiftungen heute sehr selten sind, werden Leber-, seltener auch Nierenschädigungen durch Halogenkohlenwasserstoffe noch häufiger beobachtet. Differenzialdiagnostisch sind diese Ereignisse jedoch oft schwierig abzugrenzen von der leberschädigenden Wirkung durch Arzneimittel und/oder Alkohol.

In der Regel wird die hepato- und nephrotoxische Wirkung halogenierter Kohlenwasserstoffe nicht durch die Stoffe selbst, sondern durch Metabolite hervorgerufen, die durch ihre chemische Reaktivität wirksam werden.

14.3.7 Sensibilisierung

Berufsbedingte Allergien manifestieren sich besonders im dermatologischen und pneumologischen Bereich (Ekzeme, Bronchialasthma).

Hautsensibilisierungen werden häufig durch Schwermetalle bzw. deren Salze (Nickel, Kobalt, Chrom-VI-Verbindungen) und durch solche organischen Stoffe hervorgerufen, die chemisch reaktiv sind. Besonders zu nennen sind Stoffe mit chinoidem Charakter (Chinone, Semichinone, Chinonimine) und Stoffe, die metabolisch in solche chinoide Formen umgewandelt werden können. Hierunter finden sich nicht nur Stoffe, die von vornherein als Arbeitsstoffe imponieren, sondern besonders auch Pflanzeninhaltsstoffe, wie sie beispielsweise bei Blumenzüchtern zu langwierigen Hautallergien führen können.

In der Liste der MAK-Werte sind sensibilisierende Stoffe durch den Zusatz „S" markiert (getrennt für Haut- und Atemwegsallergene).

14.4 Karzinogene und mutagene Wirkungen

Unter den gesundheitlichen Wirkungen von Arbeitsstoffen erfordern karzinogene Wirkungen besondere Aufmerksamkeit. Es ist umstritten, wie hoch der Anteil der an Arbeitsplatz-bedingten Krebserkrankungen an der allgemein beobachteten Krebshäufigkeit ist. Meist wird davon ausgegangen, dass der Berufskrebs einen relativ geringen Anteil an der allgemeinen Tumorrate hat. Dies wird jedoch teilweise bestritten. Nach früheren Extrapolationen von [6] sollen zwischen 2 und 10% der Krebs-Todesfälle in den USA auf berufliche Exposition gegenüber Kanzerogenen zurückzuführen sein. Im Laufe der Jahre wurde eine Reihe von Arbeitsstoffen identifiziert, die bei exponierten Personen ganz eindeutig krebserregend wirken (Klassifizierung nach EU-Vorgaben in Kategorie C1). Herausragende Beispiele hiefür sind die Entstehung von Bronchialkarzinomen und von Mesotheliomen durch Asbest und die Entstehung von Hämangioendotheliomen (Hämangiosarkomen) der Leber nach Vinylchlorid-Exposition, die Induktion myeloischer Leukämien durch Benzol sowie die klassischen sog. „Anilintumoren" der ableitenden Harnwege nach der Einwirkung aromatischer Amine.

Eine Grundschwierigkeit der Identifizierung karzinogener Arbeitsstoffe durch epidemiologische Untersuchungen am Menschen besteht darin, dass es zwar relativ einfach möglich ist, das Auftreten eines beim Menschen sonst sehr seltenen Tumors in einer exponierten Bevölkerungsgruppe nachzuweisen. Es ist aber aus statistischen Gründen extrem schwer, wenn nicht unmöglich, Substanzwirkungen zu belegen, die etwa eine nur geringfügige Steigerung der Häufigkeit eines beim Menschen oft vorkommenden Tumors mit sich bringen. Dies führt dazu, dass man heute in der Lage ist, beispielsweise recht spezielle Aussagen zum Auftreten von Hämangioendotheliomen der Leber nach Vinylchlorid, Arsen oder Thoriumdioxid zu machen, dass wir aber bezüglich der Möglichkeit der Entstehung von Mammatumoren, Magen- oder Kolon-Karzinomen durch krebserzeugende Chemikalien am Arbeitsplatz meist nur auf Vermutungen angewiesen sind.

Der Tatbestand der Latenzzeit ist für die Beurteilung des Berufskrebsgeschehens von allergrößter Bedeutung. In der arbeitsmedizinischen Toxikologie wird allgemein mit Latenzzeiten vom Beginn der Tätigkeit mit einem karzinogenen

Stoff bis zur klinischen Tumorbildung von 10–20 Jahren und mehr gerechnet. Tritt ein Tumor in einem kürzeren Abstand zu der Einwirkung einer fraglichen karzinogenen Substanz auf, so ist die Vermutung eines Kausalzusammenhanges häufig nicht gerechtfertigt.

14.5 Reproduktionstoxikologische Wirkungen

In der Diskussion reproduktionstoxikologischer Wirkungen von Arbeitsstoffen steht die Frage, ob Arbeitsstoffgrenzwerte auch für schwangere Frauen gelten, im Vordergrund. Obwohl die Bedeutung dieses Problems in letzter Zeit zunehmend erkannt wurde, bestehen noch erhebliche Schwierigkeiten, aufgrund der derzeitigen Datenbasis für eine ausreichende Anzahl von Arbeitsstoffen valide Schlüsse zu ziehen. Schwierigkeiten bestehen darin, dass ein Großteil der in der Literatur dokumentierten tierexperimentellen Untersuchungen inadäquat durchgeführt wurde und dass epidemiologische Studien Exponierter zu diesem Thema meist fehlen. Bei solchen Stoffen, bei denen ein teratogener Effekt auf den Menschen klar dokumentiert ist, handelt es sich meist um Ereignisse mit Unfallcharakter, die mit erheblichen Überexpositionen einher gegangen sind.

Angesichts dieser Tatsache wurde ein Abschnitt „MAK-Werte und Schwangerschaft" in die MAK-Liste aufgenommen, in dem betont wird, dass zahlreiche Arbeitsstoffe entweder nicht oder nicht ausreichend auf teratogene Wirkungen untersucht wurden. Es wird davon ausgegangen, dass es für nicht genetisch bedingte teratogene Effekte Schwellendosen gibt, unter denen ein bei höherer Konzentration auftretender teratogener Effekt nicht mehr nachweisbar ist. Als „fruchtschädigend" wird dabei eine Stoffwirkung definiert, die eine gegenüber der physiologischen Norm veränderte Entwicklung des Organismus hervorruft, die prä- oder postnatal zum Tod oder zu einer permanenten anatomischen oder funktionellen Schädigung der Leibesfrucht führt. Wegen des weitgehenden Fehlens relevanter epidemiologischer Untersuchungen zur Frage der fruchtschädigenden Wirkung von Arbeitsstoffen spielt die sachkundige Interpretation von Tierversuchen bei der Entscheidungsfindung eine besonders große Rolle. Hierbei erhebt sich die Schwierigkeit, dass die Speziesunterschiede bezüglich der teratogenen Wirkung individueller Stoffe wegen Unterschieden in der Embryonalentwicklung zwischen Mensch und den einzelnen Versuchstierarten sowie in der Metabolisierung von Arbeitsstoffen besonders schwerwiegend sind. Die Unterschiede im Bau der Plazenta bei verschiedenen Spezies sind dem Mediziner geläufig. Daher ist es notwendig, reproduktionstoxische Prüfungen bei mehreren Spezies durchzuführen, wobei zunächst unterstellt wird, dass menschliche Embryonen bzw. Feten etwa so empfindlich oder empfindlicher reagieren wie die jeweils empfindlichste Tierart. Da die Inhalation als Aufnahmeweg beim Arbeitsplatz von größter Bedeutung ist, wird inhalatorisch durchgeführten Untersuchungen ein höherer Aussagewert beigemessen als Untersuchungen unter anderen Applikationsarten.

Zu den reproduktionstoxikologischen Phänomenen, die durch Arbeitsstoffe hervorgerufen werden können, gehört auch die Erzeugung einer Sterilität beim Manne. In dem gut untersuchten 1,2-Dibrom-3-chlor-propan liegt ein Modell vor, das zu weitergehenden Überlegungen Anlass gab. Es handelt sich hier um ein Nematocid, bei dessen Herstellung Expositionen vorgekommen sind, die zu schweren Störungen der Spermiogenese und entsprechender Infertilität geführt haben. Die Substanz führt zu einer dosisabhängigen Schädigung des Samenepithels, die bis zum völligen Verschwinden der Stammzellen gehen kann. Unabhängig hiervon wurden auch karzinogene Effekte von 1,2-Dibrom-3-chlor-propan im Tierexperiment nachgewiesen.

Quasi ein Gegenbeispiel, das weibliche Geschlecht betreffend, ist die Chemikalie Vinyl-cyclohexen-diepoxid, die eine irreversible Schädigung der Primärfollikel des Ovars hervorrufen kann, wie am Modell der Maus bewiesen wurde.

14.6 Erkrankungen am Arbeitsplatz

Durch Exposition gegen Arbeitsstoffe können sehr unterschiedliche Krankheitsbilder ausgelöst werden. Am augenscheinlichsten sind durch akute Intoxikationen bedingte Krankheitsbilder. Sie sind im Allgemeinen bei Unfallereignissen und bei Verstößen gegen gesetzliche Vorschriften zu erwarten. Häufig besteht ein enger zeitlicher Zusammenhang zwischen der Exposition und den Krankheitssymptomen. Typische Beispiele hierfür sind z. B. Vergiftungen durch Kohlenmonoxid, Schwefelwasserstoff oder hochwirksame Begasungsmittel (Phosphorwasserstoff, Formaldehyd, Methylbromid; Anhang III, Nr. 5 GefStoffV). Es sei jedoch daran erinnert, dass bei einigen Stoffen, wie z. B. bei Lungenödem auslösenden Stoffen wie nitrosen Gasen, eine zeitliche Lücke zwischen der Exposition und dem ersten Auftreten der Symptome besteht.

Wesentlich schwieriger zu erkennen sind Erkrankungen, die durch eine chronische Exposition bedingt sind. Dies gilt insbesondere für Erkrankungen, die, wie beruflich bedingte Krebserkrankungen, erst viele Jahre nach Ende der Exposition auftreten und die, ohne Kenntnis der beruflichen Vorgeschichte, kaum von durch außerberufliche Ursachen verursachten Erkrankungen abgegrenzt werden können.

Von besonderer Bedeutung sind Erkrankungen, die vom Gesetzgeber als Berufskrankheit definiert sind und die, bei Vorliegen der entsprechenden Voraussetzungen, als solche entschädigt werden.

Derzeit gibt es 68 vom Gesetzgeber definierte Berufskrankheiten. Außer den durch chemische Einwirkungen bedingten Berufskrankheiten (siehe Tab. 14.1) sind aus toxikologischer Sicht vor allem auch die (separat vom Gesetzgeber aufgelisteten) durch allergisierende Stoffe ausgelösten Berufskrankheiten von Relevanz.

Aufgrund der Einführung neuer gesetzlicher Vorschriften ist die tatsächliche Belastung der Beschäftigten durch toxische Arbeitsstoffe seit den 1970er Jahren

Tab. 14.1 Durch chemische Einwirkungen verursachte Krankheitsbilder, die als Berufskrankheit entschädigt werden können – Auswahl (Stand April 2008).

1	**Durch chemische Einwirkungen verursachte Krankheiten**
11	**Metalle oder Metalloide**
1101	Erkrankungen durch Blei oder seine Verbindungen
1102	Erkrankungen durch Quecksilber oder seine Verbindungen
1103	Erkrankungen durch Chrom oder seine Verbindungen
1104	Erkrankungen durch Cadmium oder seine Verbindungen
1105	Erkrankungen durch Mangan oder seine Verbindungen
1106	Erkrankungen durch Thallium oder seine Verbindungen
1107	Erkrankungen durch Vanadium oder seine Verbindungen
1108	Erkrankungen durch Arsen oder seine Verbindungen
1109	Erkrankungen durch Phosphor oder seine anorganischen Verbindungen
1110	Erkrankungen durch Beryllium oder seine Verbindungen
12	**Erstickungsgase**
1201	Erkrankungen durch Kohlenmonoxid
1202	Erkrankungen durch Schwefelwasserstoff
13	**Lösemittel, Schädlingsbekämpfungsmittel (Pestizide) und sonstige chemische Stoffe**
1301	Schleimhautveränderung, Krebs oder andere Neubildungen der Harnwege durch aromatische Amine
1302	Erkrankungen durch Halogenkohlenwasserstoffe
1303	Erkrankungen durch Benzol, seine Homologe oder durch Styrol
1304	Erkrankungen durch Nitro- oder Aminoverbindungen des Benzols oder seiner Homologen oder ihrer Abkömmlinge
1305	Erkrankungen durch Schwefelkohlenstoff
1306	Erkrankungen durch Methylalkohol (Methanol)
1307	Erkrankungen durch organische Phosphorverbindungen
1308	Erkrankungen durch Fluor oder seine Verbindungen
1309	Erkrankungen durch Salpetersäure
1310	Erkrankungen durch halogenierte Alkyl-, Aryl- oder Alkylaryloxide
1311	Erkrankungen durch halogenierte Alkyl-, Aryl- oder Alkylarylsulfide
1312	Erkrankungen der Zähne durch Säuren
1313	Hornhautschädigungen des Auges durch Benzochinon
1314	Erkrankungen durch para-tertiär-Butylphenol
1315	Erkrankungen durch Isocyanate, die zur Unterlassung aller Tätigkeiten gezwungen haben, die für die Entstehung, die Verschlimmerung oder das Wiederaufleben der Krankheit ursächlich waren oder sein können
1316	Erkrankungen der Leber durch Dimethylformamid
1317	Polyneuropathie oder Enzephalopathie durch organische Lösungsmittel oder deren Gemische
1318	Erkrankungen des Blutes, des blutbildenden und lymphatischen Systems durch Benzol
	Zu den Nummern 1101 bis 1110, 1201 und 1202, 1303 bis 1309 und 1315: Ausgenommen sind Hauterkrankungen

http://www.gesetze-im-internet.de/bkv/BJNR262300997.html

rückläufig. Auf der anderen Seite hat die Belastung gegen (zum Teil sehr komplexe) Gemische im Niedrig- beziehungsweise Niedrigstdosisbereich zugenommen. Sie können bei einigen Beschäftigten Beschwerden auslösen, ohne dass dies durch toxikologische Mechanismen zu begründen ist. Ein Beispiel hierfür ist das *„Sick Building-Syndrom"* und der Symptomenkomplex der *„Multiple Chemical Sensitivity"* (MCS). Neuere Forschungen haben gezeigt, dass olfaktorischen Wahrnehmungen, unterhalb der Schwelle toxischer Wirkungen, hier eine wesentliche Starter-Funktion zukommt. Voraussetzung ist ferner das Bestehen einer individuellen Prädisposition, die durch Methoden der experimentellen Psychologie diagnostizierbar ist [7]. Im Gegensatz zu den vom Gesetzgeber eng definierten Berufskrankheiten können diese Symptomenkomplexe nicht entschädigt werden. Sie können aber dennoch zu z. T. erheblicher Beeinträchtigung des Befindens des Beschäftigten führen und damit auch seine Leistungsfähigkeit am Arbeitsplatz negativ beeinflussen.

14.7 Individuelle Empfindlichkeit

Aufgrund von Erfahrungen am Arbeitsplatz ist seit Langem bekannt, dass nicht nur Stärke und Dauer der Exposition für das Auslösen einer Erkrankung von Bedeutung sind, sondern auch die individuelle Empfindlichkeit („Suszeptibilität"). Das historische Beispiel ist das Auslösen einer chronischen Berylliose bei Arbeitern in der (früheren) Leuchtröhrenproduktion. Es erkrankten immer nur wenige Prozent der Arbeiter, obwohl die Exposition für alle Beschäftigten gleich war. Die individuelle Suszeptibilität ist jedoch nicht nur bei einigen immunologisch bedingtem Erkrankungen, wie z. B. der chronischen Berylliose, sondern auch bei Krebserkrankung durch Arbeitsstoffe von Bedeutung. Das bekannteste Beispiel hierfür ist das durch Exposition gegen krebserzeugende aromatische Amine und Azofarbstoffe, die im menschlichen Organismus krebserzeugende aromatische Amine freisetzen können, bedingte Harnblasenkarzinom (siehe Abb. 14.2). Bezüglich der Bedeutung genetischer Polymorphismen fremdstoffmetabolisierender Enzyme (siehe Abb. 14.3) für die Arbeitsmedizin kann auf weiterführende Arbeiten verwiesen werden [5, 8].

Hinsichtlich der Auslösung von Tumoren in der Harnblase (auch im ebenfalls von Urothel ausgekleideten Nierenbecken und Harnleiter) ist das Enzym N-Acetyltransferase 2 (NAT2) von entscheidender Bedeutung. Etwa die Hälfte der mitteleuropäischen Bevölkerung weist den langsamen NAT2-Acetyliererstatus auf. Das bedeutet, dass diese Personen weniger Substrat pro Zeiteinheit acetylieren können. Bei diesen Personen wird dann vermehrt der alternative oxidative Stoffwechselweg beschritten, der letztendlich zur Bildung hochreaktiver Arylnitreniumionen führt, die ein Harnblasenkarzinom auszulösen vermögen.

In einer Reihe von Studien konnte beobachtet werden, dass der langsame NAT2-Acetyliererstatus bei Harnblasenkarzinompatienten mit beruflicher Exposition gegen aromatische Amine höher ist als bei Harnblasenkarzinompatienten

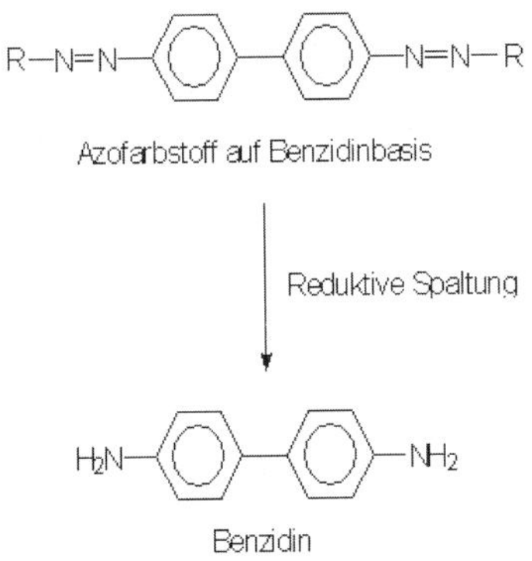

R—N=N—⟨⟩—⟨⟩—N=N—R

Azofarbstoff auf Benzidinbasis

Reduktive Spaltung

H_2N—⟨⟩—⟨⟩—NH_2

Benzidin

Abb. 14.2 Freisetzung eines aromatischen Amins aus einem Azofarbstoff.

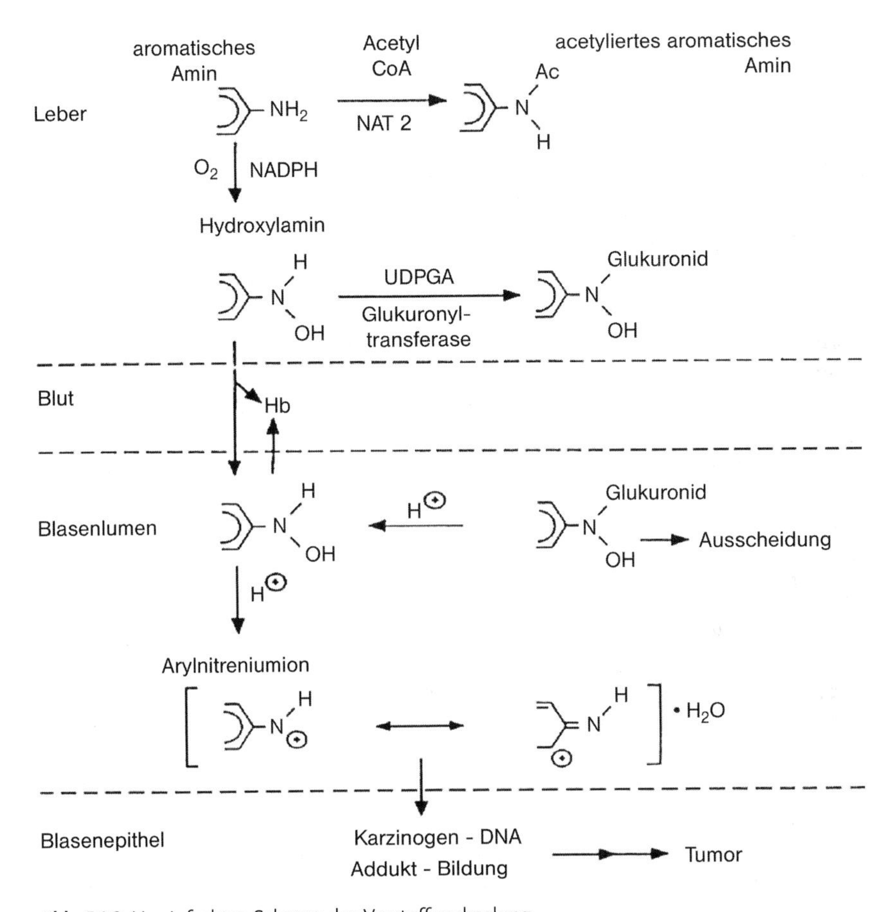

Abb. 14.3 Vereinfachtes Schema der Verstoffwechselung aromatischer Amine im menschlichen Organismus [9].

ohne berufliche Exposition und in der gesunden Normalbevölkerung [10]. Besonders eindrucksvoll sind die Zahlen einer in der Nachkriegszeit in Deutschland betriebenen und bereits in den sechziger Jahren geschlossenen Anlage. Von insgesamt 331 dort Beschäftigten waren Anfang der 1990er Jahre 92 an Harnblasenkarzinom erkrankt. Unter den Erkrankten betrug der Anteil der langsamen NAT2-Acetylierer 82%, im gesamten Kollektiv der 331 Beschäftigten jedoch nur 48%. Solche Beobachtungen können jedoch nicht ohne weiteres auf Personen nichteuropäischer Herkunft übertragen werden. So liegt der Anteil der langsamen NAT2-Acetylierer bei Chinesen bei lediglich 20%; der NAT2-Status ist dort kein Suszeptibilitätsfaktor für das durch Exposition gegen krebserzeugende aromatische Amine bedingte Harnblasenkarzinom.

Die Erkenntnisse zur individuellen Suszeptibilität sind unter Vorsorgeaspekten wichtig, da es gilt, zumindest bei nicht allergisierenden Arbeitsstoffen auch empfindliche Gruppen der Bevölkerung hinreichend zu schützen.

14.8 Expositionsmonitoring und Biomonitoring

Wie einleitend erwähnt (Abschnitt 14.2), sind in der arbeitsmedizinischen Toxikologie die Möglichkeiten einer effektiven Überwachung der Exposition von besonderer Bedeutung. Prinzipiell muss man die Überwachung der Exposition mittels Luft-Expositionsmonitoring vom Biomonitoring unterscheiden. Beim Expositionsmonitoring wird die Belastung des Beschäftigten durch die Konzentration des Stoffes am Arbeitsplatz (i. d. R. in der Raumluft) bestimmt, und die erhobenen Messwerte werden dann hinsichtlich der gegebenen Vorschriften (in Deutschland: TRGS 900) beurteilt. Dabei kann die Messung an einer bestimmten Stelle des Arbeitsraumes (stationäres Monitoring) mittels Pumpen oder (den Schadstoff absorbierenden) Passivsammlern, oder mit ähnlichen Mitteln direkt in Atemhöhe des Beschäftigten gemessen werden. Letzteres Verfahren wird für leicht flüchtige Stoffe gern angewandt.

Davon zu unterscheiden ist das bereits einleitend besprochene Biomonitoring. Es benutzt an Stelle der Raumluft Blut, Harn, oder, in seltenen Fällen, wenn man von der Alkoholbestimmung einmal absieht, die Ausatemluft als Matrix. Der prinzipielle Vorteil ist, dass die Schadstoffaufnahme des Betroffenen in die Messung eingeht. Dabei kann die toxische Substanz selbst (z. B. Blei), oder ein durch die toxische Substanz ausgelöster biologischer Effekt (z. B. der Anstieg der Delta-Aminolävulinsäurekonzentration im Blut bei Bleibelastung), oder ein Metabolit der aufgenommenen Substanz (z. B. Mandelsäure im Harn bei gegen Styrol Exponierten) gemessen werden.

Die Schadstoffaufnahme kann durch die Verhaltensweise des Betroffenen zum Teil erheblich moduliert werden. In der Praxis sind vor allem vier Verhaltensweisen von Relevanz:

1. Hohe Aufnahme des Schadstoffes durch die *Haut*. Bei Stoffen, die über die Haut aufgenommen werden können, kann die Belastung des Beschäftigten

durch die dermale Resorption zum Teil erheblich sein. So reichen z. B. geringe Mengen von Anilin aus, um eine bedrohliche Methämoglobinämie auszulösen.

2. *Orale* Aufnahme infolge mangelnder Hygiene. Es ist eine allgemeine Erfahrung, dass bei einer für alle Exponierten gleichen Belastung durch die Bleikonzentration in der Raumluft die individuellen Blutbleikonzentrationen erheblich schwanken können. Als Ursache ist die orale Aufnahme von Blei durch Berührung des Mundes mit den Blei kontaminierten Fingern, das Aufnehmen von Blei über die Lippen oder durch (verbotenes) Rauchen am Arbeitsplatz und (verbotenes) Essen und Trinken am Arbeitsplatz (oder beides in der Pause mit unzureichend gereinigten Händen).
3. Bei *inhalativ* aufgenommenen und über die Lunge resorbierbaren Arbeitsstoffen spielen auch der Grad der körperlichen Arbeit (und das damit verbundene Atemminutenvolumen) eine erhebliche Rolle.
4. Die Prüfung der Effizienz persönlicher Schutzausrüstung. Persönliche Schutzausrüstung (§ 9, Abs. 3 GefStoffV) kommt erst dann zum Einsatz, wenn die Belastung durch technische Maßnahmen nicht hinreichend verringert werden kann. Durch Biomonitoring kann z. B. die Wirksamkeit des Tragens von Vollschutzanzügen beim Entfernen von Bleimennige an großen Stahlkonstruktionen ermittelt werden.

14.9 Zusammenfassung

Die Anwesenheit potenziell toxischer Stoffe an Arbeitsplätzen wirft besondere Fragen sowohl der Prävention von Erkrankungen, als auch der Kompensation erlittener Schäden als Berufskrankheit(en) auf. Für die Verwendung von Chemikalien am Arbeitsplatz gibt es daher eine Reihe einschlägiger Regelwerke. Dies betrifft beispielsweise die Festlegung und Überwachung von Grenzwerten für Arbeitsstoffe in der Luft (Maximale Arbeitsplatzkonzentrationen bzw. „*Occupational Exposure Limits*“ der EU), sowie im biologischen Material (Biologische Arbeitsstofftoleranzwerte, bzw. „*Biological Limit Values*“ der EU). Die Stoff-Aufnahme erfolgt am Arbeitsplatz in erster Linie entweder inhalativ oder durch die Haut. Bei hautresorptiven Stoffen (Kennzeichnung „H“ in der MAK-Werte-Liste) ist die Möglichkeit eines biologischen Monitoring (Bestimmungen zumeist in Blut oder Urin) besonders wichtig, um wirksame Prävention betreiben zu können. Neben systemischen Wirkungen sind bei Arbeitsstoffen lokale Reizwirkungen an den Schleimhäuten des Auges und der Atemwege, sowie an der äußeren Haut von Bedeutung; etwa $\frac{1}{3}$ der Stoffe der aktuellen MAK-Werte-Liste können solchen „Reizstoffen“ zugerechnet werden. Besondere toxikologische und regulatorische Probleme werfen Stoffe mit sensibilisierenden Wirkungen und solche mit krebserzeugenden Eigenschaften auf, die an Arbeitsplätzen vorkommen.

14.10
Fragen zur Selbstkontrolle

1. ***Was versteht man unter der „Maximalen Arbeitsplatzkonzentration"?***
2. ***Was ist der „Biologische Arbeitsstofftoleranzwert"?***
3. ***Welche Besonderheiten von Chemikalien führen oft zu sensibilisierenden Eigenschaften?***
4. ***Nennen Sie ein Bespiel für einen Arbeitsstoff, der bevorzugt über die Haut aufgenommen wird.***
5. ***Welchen Einfluss hat körperliche Arbeit auf die inhalatorische Stoffaufnahme?***
6. ***Was ist das gemeinsame Zielorgan von Dichloracetylen, 2,5-Hexandion und Acrylamid?***
7. ***Welchen Einfluss können Chrom-VI-Verbindungen auf die Haut ausüben?***
8. ***Was ist in der Berufskrankheiten-Verordnung (BKV) geregelt?***

14.11
Literatur

1 Bundesanstalt für Arbeitsschutz und Arbeitsmedizin: http://www.baua.de
2 Berufskrankheiten: http://www.dgaum.de
3 Guberan E, Fernandez J (1974), Control of industrial exposure to tetrachloroethylene by measuring alveolar concentrations: theoretical approach using a mathematical model. Br J Ind Med 31:159–167
4 Deutsche Forschungsgemeinschaft [DFG] (2009), Tetrachlorethen. In: Arbeitsmedizinisch-toxikologische Begründungen von BAT-Werten. Wiley-VCH, Weinheim
5 Thier R, Brüning T, Roos PH, Rihs HP, Golka K, Ko Y, Bolt HM (2003), Markers of genetic susceptibility in human environmental hygiene and toxicology: the role of selected CYP, NAT and GST genes. Int J Hyg Environ Health 206:49–71
6 Doll R, Peto R (1981), The causes of cancer: quantitative estimates of avoidable risks of cancer in the United States today. J Natl Cancer Inst USA 66:1191–1308
7 Bolt HM, Kiesswetter E (2002), Is multiple chemical sensitivity a clinically defined entity? Toxicol Lett 128:99–106
8 Bolt HM, Roos PH, Thier R (2003), The cytochrome P-450 isoenzyme CYP2E1 in the biological processing of industrial chemicals: consequences for occupational and environmental medicine. Int Arch Occup Environ Health 76:174–185
9 Lang NP, Kadlubar FF (1991), Aromatic and heterocyclic amine metabolism, and phenotyping in humans. Prog Clin Biol Res 372:33–47
10 Golka K, Prior V, Blaszkewicz M, Bolt HM (2002), The enhanced bladder cancer susceptibility of NAT2 slow acetylators towards aromatic amines: a review considering ethnic differences. Toxicol Lett 128:229–241

Weiterführende Adressen im Internet

1 Gesetzestexte und Verordnungstexte: http://bundesrecht.juris.de/GESAMT_index.html
2 Generelle Arbeitsschutz-Regelungen: http://www.baua.de

15
Lebensmittel

Alfonso Lampen

15.1
Grundlagen, Definitionen

Lebensmittel im Sinne des Artikel 2 der Verordnung (EG) Nr. 178/2002 bzw. § 2 des Lebensmittelbedarfsgegenstände- und Futtermittelgesetzbuches sind Stoffe oder Erzeugnisse, die dazu bestimmt sind oder von denen nach vernünftigem Ermessen erwartet werden kann, dass sie in verarbeitetem, teilweise verarbeitetem oder unverarbeitetem Zustand vom Menschen aufgenommen werden.

Ernährung beschreibt die Aufnahme der Nahrungsstoffe für den Aufbau, die Haltung und die Fortpflanzung eines Lebewesens. Dabei werden feste und flüssige Nahrungsmittel in den Organismus aufgenommen und gehen in den Stoffwechsel ein. Dies ermöglicht Aufbau und Erhaltung der Körpersubstanz sowie Aufrechterhaltung der Körperfunktionen.

Die Lebensmitteltoxikologie hat die Aufgabe, gesundheitliche Gefahren, die von unerwünschten Substanzen in Lebensmitteln ausgehen können, zu erkennen, zu quantifizieren und vor allem im Sinne des vorbeugenden Verbraucherschutzes zu verhüten.

Unerwünschte Stoffe sind Rückstände, Kontaminanten und Toxine (Tab. 15.1).

Tab. 15.1 Rückstände, Kontaminanten und Toxine als unerwünschte Stoffe in Lebensmitteln.

Rückstände
Biozide (Insektizide, Herbizide, Fungizide u. a.)
Leistungsförderer (z. B. Inonphore)
Tierarzneimittel
Hormone
Nitrat/Nitrit
Kontaminanten
Umweltkontaminanten, ubiquitär vorkommend: Schwermetalle, persistente Organohalogenverbindungen wie Dioxine, PCBs, Perfluortenside (PFTs) u. a.
Hitzebedingte Kontaminanten: Nitrosamine, PAK, MCPD, Acrylamid, Furan u. a.
Toxine: Mykotoxine, Bakterientoxine, pflanzliche Toxine

Toxikologie Band 1: Grundlagen der Toxikologie. Herausgegeben von Hans-Werner Vohr

ISBN: 978-3-527-32319-7

Kontaminanten sind Verunreinigungen mit Substanzen, die nicht bewusst eingesetzt werden, sondern unabsichtlich in Lebensmittel gelangen und aus der Umwelt oder dem Verarbeitungsprozess stammen können (z. B. Nitrosamine im Bier, Dioxine und Nitrosamine in Räucherwaren und gegrilltem Fleisch). Kontaminanten aus der Umwelt können natürlichen Ursprungs sein (Mykotoxine in Getreide oder Fruchtsäften) oder aufgrund der menschlichen Aktivität in die Umwelt gelangt sein (PCB, Dioxine, Schwermetalle wie zum Beispiel Cadmium etc.). Hierzu zählen auch natürliche Kontaminationen wie Mykotoxine in Getreide, Morphin in Mohnsamen oder Pyrrolizidinalkaloide im Honig. Kontaminationen sind aber auch durch Verpackungschemikalien möglich (Phthalate in Plastikflaschen). Es ist grundsätzlich das Bestreben des gesundheitlichen Verbraucherschutzes, Kontaminanten so weit wie möglich zu minimieren (Minimierungsgebot).

Als *Rückstände* bezeichnet man Reste von Stoffen, die während der Produktion von Lebensmitteln bewusst eingesetzt werden. Dazu zählen Rückstände aus der Tierproduktion wie zum Beispiel Tierarzneimittel, Leistungsförderer oder Biozide, aber auch Rückstände aus der Pflanzenproduktion wie z. B. Herbizide und Insektizide.

Nach erfolgter *Risikobewertung* von Einzelsubstanzen oder Substanzgruppen durch das Bundesinstitut für Risikobewertung (BfR) sind Anwendungsbeschränkungen, Anwendungsverbote sowie die Festsetzung von Wartezeiten gesetzliche Maßnahmen des Verbraucherschutzes (Risikomanagements). Das Risikomanagement (Bundesministerium für Ernährung, Landwirtschaft und Ernährung, BMELV) kann Grenzwerte oder Höchstmengen festlegen, die verbindliche Regelungen über die Belastung von Lebensmitteln mit Rückständen oder Kontaminanten schaffen, um den Verbraucher ausreichend zu schützen.

Einen Überblick über die Belastung von Lebensmitteln mit Rückständen und Kontaminanten in Deutschland bieten das Lebensmittel-Monitoring und der Rückstandskontrollplan des Bundesamtes für Verbraucherschutz und Lebensmittelsicherheit (BVL).

Auf unterschiedlichen Stufen der Nahrungskette sind Einträge, Kontaminationen oder endogene Bildungen von unerwünschten Stoffen/Substanzen möglich, die auf verschiedenen Wegen in die Lebensmittel gelangen können (Abb. 15.1):

- über die Umwelt (Industrieemissionen, Verkehrsemissionen),
- durch die Landwirtschaft und technische Prozesse,
- über Verarbeitungsprozesse,
- endogene Inhaltsstoffe und Zusatzstoffe,
- mikrobielle Kontaminationen, Toxine (Bakterien, Einzeller, Pilze).

Wenn auf einer Produktionsprozessstufe ein Eintrag erfolgt, ist durch einen möglichen *Carry-over* ein Eintrag in die Lebensmittel bzw. in die Ernährung des Menschen möglich und wahrscheinlich. Die Lebensmittelsicherheit muss alle Stationen vom Boden über das Futter, die Tierstallbedingungen bis zum Tisch des Menschen (Nahrungskette) abdecken. Daher ist es für eine Risikoabschätzung wichtig, das Ausmaß des Carry overs (Carry-over-Faktor) von relevanten

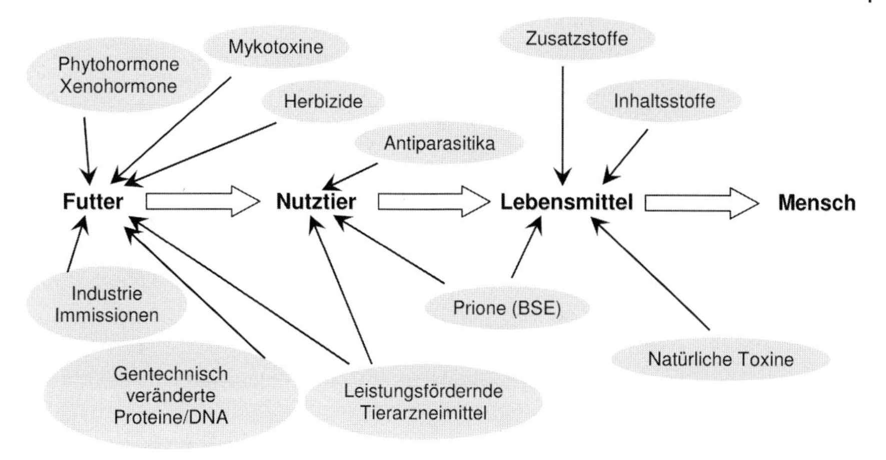

Abb. 15.1 Eintrag von Kontaminanten, Rückständen oder Toxinen in die Nahrungskette.

Lebensmittelkontaminanten experimentell zu bestimmen (Beispiel Perfluorierte Tenside).

Während bakterielle Toxine, Algen- und Fischtoxine, Allergene sowie einige Rückstände, wie z. B. das Pflanzenschutzmittel Phosphorsäureester, mehr akute Wirkungen auf den Menschen haben können, sind von anderen Rückständen (Tierarzneimittel, Biozide, Hormone) und Kontaminanten in der Regel mehr chronische Wirkungen im Zentrum der Risikobetrachtungen.

15.2
Grundlagen der Risikobewertung und Risikoanalyse

„Hazard" bedeutet „Gefahr" oder „Gefährdung". Risiko beinhaltet hingegen eine quantitative Bewertung der Gefährdung als Folge der Realisierung einer Gefahr eines Lebensmittels/Nährstoffs auf einer statistischen Basis und betrachtet somit die Wahrscheinlichkeit, dass eine Gefährdung die menschliche Gesundheit tatsächlich beeinflusst. Risiko ist somit eine Funktion von Gefährdung und Exposition.

Die Gefahr (Hazard) beschreibt ein biologisches, chemisches oder physikalisches Agens in einem Lebensmittel oder Futtermittel oder einen Zustand eines Lebensmittels oder Futtermittels, der eine Gesundheitsbeeinträchtigung verursachen kann.

Die *Risikobewertung* (Risk Assessment) beinhaltet die *Gefahrenidentifizierung* (hazard identification), die *Gefahrenbeschreibung* (hazard characterization), wie z. B.:

Welche Eigenschaften hat die Gefahr?

- Wie verhält sich die Gefahr im Lebensmittel?
- Wie wirkt die Gefahr auf den Verbraucher?

- Gibt es Dosis-Wirkungs-Beziehungen sowie die *Expositionsabschätzung* (exposure assessment) und die finale Risikocharakterisierung?

Hierbei werden Fragen beantwortet wie:
- Wie stark sind die Rohstoffe belastet?
- Wie sicher wird die Gefahr bei Verarbeitung eliminiert?
- Mit welcher Wahrscheinlichkeit wird das Lebensmittel auf dem Weg vom Hersteller zum Teller des Verbrauchers unsachgemäß behandelt?
- Mit welcher Wahrscheinlichkeit wird der Verbraucher nicht durch Verderbniserscheinungen vor dem Verzehr gewarnt?

Gefahrenidentifizierung, Gefahrenbeschreibung und *Expositionsabschätzung* sind integrale Bestandteile einer wissenschaftlichen Risikobeschreibung (risk characterization). Diese ermöglicht dem Risikomanagement Maßnahmen regulativer Art. Der Prozess der Transparenz muss durch geeignete Instrumente der Risikokommunikation begleitet werden, denn viele potenzielle Risiken stofflicher Art werden in der Bevölkerung deutlich anders wahrgenommen als in der Wissenschaft (Risikowahrnehmung). In der Tabelle 15.2 wird beschrieben, wie unterschiedlich das Risiko durch Tierarzneimittel sowie Pestizide (high risk) im Vergleich zu natürlich vorkommenden Substanzen (low risk) in der Bevölkerung eingestuft wird, im Gegensatz zu einer Einstufung nach rein wissenschaftlichen Kriterien, nach denen die Reihenfolge umgekehrt erfolgen müsste.

In Deutschland ist durch die Trennung von Risikobewertung, durchgeführt durch das Bundesinstitut für Risikobewertung (BfR, www.bfr.bund.de), welches die Bundesregierung hinsichtlich aller chemisch-stofflicher und biologischer Risiken in Lebensmitteln berät, und das Bundesamt für Verbraucherschutz und Lebensmittelsicherheit (BVL, www.bvl.bund.de), welches die Aufgaben des Risikomanagements vertritt, die Unabhängigkeit der wissenschaftlichen Risikoabschätzung etabliert. In Europa nimmt die Europäische Lebensmittelsicherheitsbehörde (EFSA) ausschließlich die Funktion der Risikobewertung wahr.

Tab. 15.2 Rückstände und Kontaminanten in der Risikowahrnehmung der Bevölkerung.

Relativ hohes Risiko
Tierarzneimittel
Pestizide
Relativ geringes Risiko
Mykotoxine
TCDD etc.
Natürlich vorkommende Substanzen

15.2.1 Toxikologische Grenzwerte, Definitionen

Eine zentrale Frage für die Lebensmitteltoxikologie ist, welche Mengen von in Lebensmitteln enthaltenen Stoffen gesundheitlich unbedenklich sind. Zur Klärung müssen die Obergrenzen des duldbaren Aufnahmebereiches der betreffenden Stoffe auf der Basis toxikologischer Daten abgeschätzt werden. Dies erfolgt vor allem durch internationale wissenschaftliche Gremien wie das Joint FAO/WHO Expert Committee on Food Additives (JECFA) sowie den Scientific Panels der European Food Safety Authority (EFSA) und national durch das BfR. Die von diesen Gremien abgeleiteten Grenzwerte für die duldbare Aufnahme bilden die Grundlage für zu entwickelnde Rechtsvorschriften durch Risikomanager. Diese Grenzwerte werden auch bei der Aufstellung von internationalen Standards durch den *Codex Alimentarius* berücksichtigt. In einigen Fällen, wie bei Stoffen, die kanzerogen und genotoxisch wirken, kann kein unbedenklicher Aufnahmebereich definiert werden. Dies bedeutet, dass toxikologisch begründete Grenzwerte nicht angegeben werden können und stattdessen eine Minimierung der Aufnahme empfohlen werden muss. Die Ableitung von toxikologischen Grenzwerten für die unbedenkliche Aufnahme erfolgt im Rahmen einer Risikobewertung auf der Grundlage der *Dosis-Wirkungs-Beziehung* der betreffenden Stoffe und nach den Paradigmen der Risikobewertung. Hierbei wird jedoch je nach Art des Stoffes, ob es sich um einen Lebensmittelzusatzstoff oder einen im Lebensmittel natürlich vorkommenden Stoff, einen Aromastoff, eine Kontaminante oder einen Rückstand im Lebensmittel handelt, unterschiedlich vorgegangen. Die Grundlage bilden sogenannte Dosis-Wirkungs-Beziehungen (Abb. 15.2). Darunter versteht man den Zusammenhang zwischen der Exposition (oder Dosis) und dem Ausmaß der toxischen Wirkung. Dosis-Wirkungs-Beziehungen stellen ein grundlegendes Konzept der Toxikologie dar. Das Ausmaß der Wirkung ist abhängig von der Konzentration der Fremdsubstanz am Wirkort, z. B. am Rezeptor, sowie der Intensität der Interaktion zwischen Fremdstoff und biologischem Reaktionspartner.

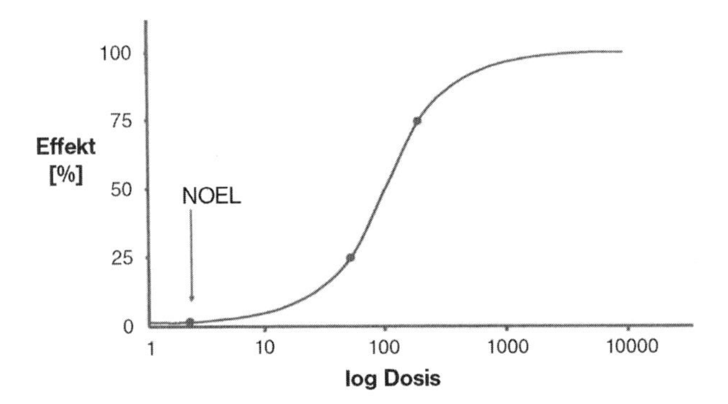

Abb. 15.2 Dosis-Wirkungsbeziehungen und NOEL Ableitung.

Da die Konzentration des Fremdstoffs am Rezeptor proportional der Dosis ist, verlaufen die Dosis-Wirkungs-Kurven ähnlich wie die Rezeptor-Bindungs-Kurven. Grundlage für Dosis-Wirkungs-Beziehungen bilden experimentelle Untersuchungen, i. d. R. chronische oder subchronische Tierversuche, manchmal *In-vitro*-Testverfahren oder *In-vivo*-Biomarker. Die Dosis, bei der keine statistisch signifikante behandlungsbedingte Wirkung beobachtet werden kann, wird als *NOEL* (No Observed Effect Level) bezeichnet. Diejenige, die den geringsten messbaren Effekt induziert, wird als *LOEL* (Lowest Observed Effect Level) bezeichnet. Im Gegensatz dazu bezeichnet der *NOAEL* die Dosis, bei der keine schädigende Wirkung beobachtet wird und *LOAEL* die Dosis bei der erste schädigende Wirkungen beobachtet worden sind.

15.2.2 **ADI-Wert**

Nach der Definition von JECFA ist der *ADI-Wert* diejenige Menge eines Stoffes (z. B. eines Lebensmittelzusatzstoffes) in mg/kg Körpergewicht, die täglich **lebenslang** aufgenommen werden kann, ohne dass damit ein merkliches Gesundheitsrisiko verbunden ist. Entsprechend der Gleichung:

$$\text{ADI-Wert} = \frac{\text{Dosis ohne beobachtete Wirkung}}{\text{Sicherheitsfaktor}}$$

wird er aus der höchsten Dosis in mg/kg Körpergewicht, bei der in Tierversuchen keine Wirkung eines Stoffes beobachtet wurde (NOEL), und einem Sicherheitsfaktor abgeleitet und wird immer als von null beginnender akzeptabler Aufnahmebereich angesehen.

Grundsätzlich soll der ADI-Wert durch den Sicherheitsfaktor alle Gruppen der Bevölkerung einschließlich unterschiedlicher Altersgruppen abdecken. Der *Sicherheitsfaktor* setzt sich in der Regel aus mehreren Faktoren zusammen. Zum einen ein genereller Faktor von 10 für die Extrapolation vom Tier zum Menschen (aufgrund der Unterschiede in der Toxikokinetik, im Metabolismus, im Wirkmechanismus, der höheren Dosierung im Tierexperiment und der begrenzten Anzahl an Tieren im Versuch). Und zum anderen ein genereller Faktor von 10 für die Variationen beim Menschen (Polymorphismus, Geschlechtsunterschiede, Alter, Gesundheitsstatus, Krankheiten, Ernährungsunterschiede). Eine kurzfristige Überschreitung des ADI kann toleriert werden. Das ADI Konzept wird in der Regel nicht für Kinder bis zum Alter von 12 Wochen angewendet. In einigen Fällen gilt der ADI-Wert nicht nur für einen einzelnen Stoff (z. B. Zusatzstoff), sondern für eine ganze Gruppe von Verbindungen, um die kumulative Aufnahme der zur Gruppe gehörenden Verbindungen zu begrenzen. Dies ist sinnvoll bei Stoffen mit ähnlichen Wirkungen, oder wenn Stoffe zu demselben toxischen Stoffwechselprodukt metabolisiert werden können. Das ADI-Wert-Konzept wird für Lebensmittelzusatzstoffe und Rückstände (z. B. Pestizidrückstände) angewendet.

15.2.3 UL-Wert

Für Vitamine und Mineralstoffe ist aufgrund neuer toxikologischer Erkenntnisse in den letzten Jahren begonnen worden, Grenzwerte für einige dieser Stoffe nach lebensmittel-toxikologischen Gesichtspunkten abzuleiten: sogenannte *„tolerable upper intake level"* (UL). Darunter wird die höchste chronische tägliche Gesamtzufuhr eines Nährstoffs (aus allen Quellen), die als unwahrscheinlich beurteilt wird, ein Risiko für schädliche Wirkungen auf die Gesundheit darzustellen, verstanden. So ist z. B. der UL für Vitamin A 3 mg/Tag und für Vitamin D 0,05 mg/Tag.

$$\text{UL} = \frac{\text{NOAEL}}{\text{Unsicherheitsfaktor (UF)}}$$

Wenn der Sicherheitsabstand zwischen den Dosen ohne schädliche Wirkung und dem notwendigen Bedarf sehr gering ist, können nur relativ kleine Unsicherheitsfaktoren angewendet werden. Für Vitamine ohne Hinweise auf toxische Wirkungen werden auch keine UL abgeleitet. Besonders schwierig ist die Einschätzung, wenn der Dosisabstand zwischen dem Bereich, in dem toxische oder unerwünschte Wirkungen auftreten, und den mit Lebensmitteln normalerweise aufgenommenen Mengen gering ist, wie z. B. beim β-Carotin.

Grenzwerte für die tägliche Aufnahmemenge von Kontaminanten werden als tolerable Aufnahmemengen bezeichnet, weil diese Stoffe grundsätzlich unerwünscht sind. In Abhängigkeit von den kumulativen Eigenschaften der Kontaminanten werden für Grenzwerte unterschiedliche Begriffe verwendet.

$$\text{TDI (tolerable daily intake)} = \frac{\text{NOEL oder LOAEL}}{\text{UF}}$$

TDI ist die tolerable tägliche Dosis, die lebenslang ohne zu erwartende gesundheitliche Schäden aufgenommen werden kann. Dieser Begriff wird bei nicht akkumulierenden Stoffen generell verwendet (z. B. 3-Monochlorpropandiol (3-MCPD), Desoxynivalenol etc.). Der *PTWI-Wert* (provisional tolerable weekly intake) bezeichnet die wöchentlich tolerable Dosis, der *PTMI-Wert* (provisional tolerable monthly intake) bezeichnet die monatliche tolerable Dosis. Die beiden letzten Begriffe werden für Kontaminanten mit kumulativen Eigenschaften wie z. B. Cadmium (PTWI-Wert 2,5 µg/kg Körpergewicht/Woche) verwendet. Wenn die Datenlage es erlaubt, werden epidemiologische Human-Studien für die Ableitung von tolerablen Grenzwerten für Kontaminanten eher als Tierversuche verwendet. Wenn neue Daten bzw. humanrelevante Auswertungen hierzu vorliegen, werden die tolerablen Grenzwerte entsprechend von den Gremien (z. B. EFSA, JECFA) korrigiert (Beispiel: Änderung des PTWI-Wertes für Cadmium durch die EFSA in 2009).

15.2.4
ARfD (acute reference dose)

Zur Bewertung von Pflanzenschutzmittelwirkstoffen, die eine hohe akute Toxizität aufweisen und schon bei einmaliger oder kurzzeitiger Aufnahme gesundheitsschädliche Wirkungen auslösen können, wird neben dem ADI-Wert, der häufig aus längerfristigen Studien abgeleitet wird, die *akute Referenzdosis*, ARfD abgeleitet. Für Rückstände in Lebensmitteln ist der ARfD als diejenige Substanzmenge definiert, die mit der Nahrung innerhalb eines Tages oder einer kürzeren Zeitspanne ohne merkliches Gesundheitsrisiko aufgenommen werden kann. Dieser Grenzwert charakterisiert vor allem *das akute potenzielle Risiko*. Unter Anwendung eines Sicherheitsfaktors wird er aus dem NOAEL abgeleitet. Da vor allem akute Wirkungen beurteilt werden, werden häufig kleinere Sicherheitsfaktoren als bei der ADI-Ableitung verwendet.

15.2.5
MRL (maximum residue limits)

Rückstandshöchstmengen (z. B. von Tierarzneimitteln, Pestiziden) sind vom Risikomanagement so festgesetzt, wie sie auf Basis der Risikobewertung (Toxikologie, Rückstandsverhalten, Gute Landwirtschaftliche Praxis) akzeptabel sind. Ziel ist es, dass unter Berücksichtigung durchschnittlicher Verzehrsmengen der betreffenden Lebensmittel und üblicher Verarbeitungsweisen Rückstände in Höhe der *MRL-Werte* nicht zu Aufnahmemengen führen dürfen, die die ADI-Werte und/oder ARfD-Werte überschreiten.

Zudem ist es das Ziel der Bewertung im Rahmen der Zulassung, einen Sicherheitsabstand zwischen der maximal erlaubten Höchstmenge und der Konzentration, bei der eine Gesundheitsgefährdung möglich ist, anzuwenden. Daher führt eine Überschreitung einer Höchstmenge in der Regel nicht sogleich zu einem Risiko für den Konsumenten.

15.2.6
ALARA-Prinzip

Kontaminanten wie polycyclische aromatische Kohlenwasserstoffe, N-Nitroso-Verbindungen, Aflatoxin, Acrylamid und weitere besitzen genotoxische und karzinogene Eigenschaften. Das sind Beispiele, bei denen keine Schwellendosis hinsichtlich ihrer genotoxischen Wirkung abgeleitet werden kann. Daher kann in solchen Fällen kein tolerabler Grenzwert bestimmt, sondern nur empfohlen werden, die Exposition des Menschen auf das technologisch mögliche zu minimieren (ALARA-Prinzip: as low as reasonable achievable). Die kontinuierliche Verbesserung von Analysemethoden führt zu immer niedrigeren Nachweisgrenzen und erhöht dadurch die Wahrscheinlichkeit, dass solche Substanzen in Lebensmitteln nachgewiesen werden. Obgleich in gewissen Fällen ein brauchbares Instrument, ist das ALARA-Prinzip für Risikomanager oft nicht anwendbar

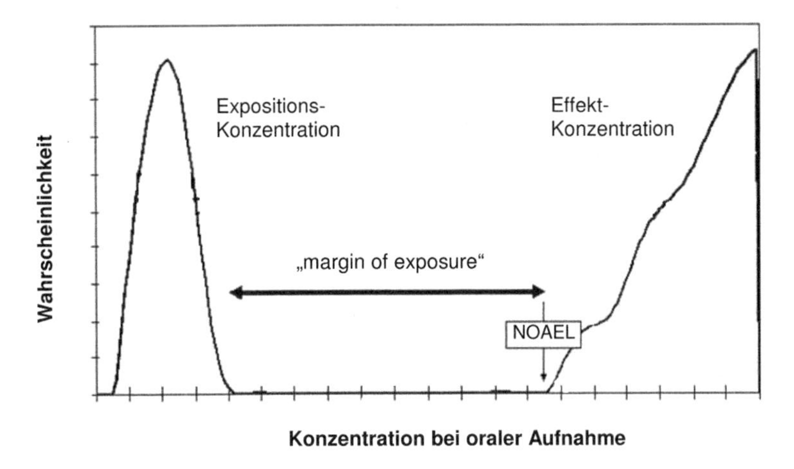

Abb. 15.3 Margin of Exposure.

(Beispiel: 3-MCPD-Fettsäureester in Säuglingsmilch), weil es keine verlässliche Grundlage zur Prioritätensetzung von Maßnahmen bietet.

15.2.7 Margin of exposure (MOE)

Daher wurde ein neues Vorgehen zur Risikoabschätzung von genotoxischen und kanzerogenen Substanzen, das *Margin of exposure* (MOE, Abb. 15.3) entwickelt.

Der MOE-Wert ist der Quotient aus der Dosis, die bei Tieren zu Tumoren führt, durch die abgeschätzte menschliche Aufnahme (Exposition) oder anders ausgedrückt: der Quotient aus NOAEL oder BMDL und der Exposition. Als geeigneter Bezugspunkt auf der Dosis-Wirkungskurve sieht die EFSA die Dosis, die eine Tumorinzidenz von 10% bewirkt. Dieser wird als Benchmark Dose lower limit (BMDL) bezeichnet [1].

Für die Interpretation des MOE ergibt sich: Liegt der MOE bei 10.000 oder höher, schätzt die EFSA das vorliegende kanzerogene Risiko eher niedrig ein und schlägt vor, diese Substanzen mit geringer Priorität zu behandeln. Je weiter der MOE dagegen unter 10.000 liegt, desto größer scheint das Risiko und desto dringlicher werden Minimierungsmaßnahmen.

15.3 Umweltkontaminanten

Stoffe, die unbeabsichtigt in Lebensmittel gelangen, werden als Kontaminanten bezeichnet. Dabei wird grundsätzlich unterschieden zwischen Kontaminanten, die während des Herstellungs-, Verarbeitungs- und Verpackungsprozesses entstehen (z. B. Acrylamid) und Kontaminanten, die aus der Umwelt (also über Luft, Boden oder Niederschlag) in die Nahrungskette gelangen. Letztere werden als Umweltkontaminanten bezeichnet; dazu zählen u. a. Schwermetalle wie Blei, Cadmium und Quecksilber sowie Dioxine und dioxinähnliche polychlorierte Biphenyle (PCBs). Eine Verunreinigung der Lebensmittel mit Umweltkontaminanten kann nicht vollständig verhindert werden, da diese natürlicherweise in der Umwelt vorkommen oder in der Vergangenheit bereits durch industrielle Prozesse in die Umwelt eingetragen wurden und dort nicht abgebaut, sondern teilweise angereichert werden. Jedoch ist eine Reduzierung der Belastung möglich, indem der gegenwärtige und zukünftige industrielle Eintrag der Kontaminanten vermindert bzw. verhindert wird. Zum Schutz des Verbrauchers vor einer unerwünscht hohen Belastung mit Kontaminanten gelten nationale und internationale Regelungen zum Umgang mit Lebensmitteln. In der Verordnung (EWG) Nr. 315/93 ist festgelegt, dass Lebensmittel, die Kontaminanten in nicht vertretbaren Mengen enthalten, nicht in den Verkehr gebracht werden dürfen. Bei der Feststellung der nicht vertretbaren Mengen kommt das ALARA-Prinzip (as low as reasonably achievable) als Minimierungsgebot zur Anwendung. Dieses sieht vor, dass die Kontamination der Lebensmittel während der Herstellung und bis zum Inverkehrbringen auf ein so niedriges Maß begrenzt werden muss, wie technisch möglich. Für die Überwachung der Verkehrsfähigkeit der Lebensmittel und den Minimierungsprozess werden Höchstgehalte für Kontaminanten gesetzlich festgeschrieben. Für bestimmte Kontaminanten in Lebensmitteln sind Höchstgehalte in der europäisch harmonisierten Verordnung (EG) Nr. 1881/2006 und ihren Ergänzungs- bzw. Änderungsverordnungen geregelt. Darüber hinaus sind derzeit einige Höchstgehalte speziell für den deutschen Markt in der nationalen Schadstoffhöchstmengenverordnung geregelt. Des Weiteren gelten ab 2009 europaweit Höchstgehalte für Cadmium, Blei und Quecksilber in Nahrungsergänzungsmitteln. Die Einhaltung dieser gesetzlich festgesetzten Höchstgehalte wird durch regelmäßige und gezielte Kontrollen überwacht. Diese Aufgaben werden u. a. von der amtlichen Lebensmittelüberwachung und dem darin eingebetteten Lebensmittel-Monitoring wahrgenommen.

15.3.1 Cadmium

Cadmium ist ein toxisches Schwermetall, das natürlicherweise in der Erdkruste vorkommt. In der Umwelt tritt es selten als reines Metall auf, stattdessen ist Cadmium vor allem in anorganischen Verbindungen (z. B. Cadmiumchlorid, -bromid, -sulfat, -oxid, -sulfit) zu finden. In Säugetieren, Vögeln und Fischen sowie Pflanzen liegt Cadmium an Proteine gebunden vor. Cadmium gelangt vor allem durch seine Verwendung in Batterien und Legierungen sowie als Verunreinigung von Phosphatdünger oder Klärschlamm in die Umwelt und die Nahrungskette. Pflanzen nehmen es hauptsächlich mit den Wurzeln aus dem Boden auf. Die Nahrung gilt für den Nichtraucher als Hauptaufnahmequelle für Cadmium. Der Cadmiumgehalt in Pflanzen ist abhängig von der Aufnahme aus dem Boden, die entscheidend von den physikalisch-chemischen Eigenschaften des Bodens und der Pflanzenart beeinflusst wird. Ölsaaten, Kakaobohnen, Wildpilze, Nüsse, Getreide und einige Gemüse zählen zu den pflanzlichen Lebensmitteln mit den stärksten Cadmiumbelastungen. Innereien und Meeresfrüchte sowie einige Fische sind ebenfalls stark mit Cadmium kontaminiert. Milch und Trinkwasser sind am wenigsten belastet. Um den Einfluss der einzelnen Lebensmittel bzw. Lebensmittelgruppen für die Cadmiumaufnahme abzuschätzen, müssen allerdings die Verzehrsmengen berücksichtigt werden. So werden beispielsweise die stark belasteten Innereien in der Regel nur in einem geringen Maße verzehrt und tragen weniger zur Exposition bei als geringer kontaminiertes Fleisch, welches allerdings in höheren Mengen konsumiert wird. Entscheidend für die Belastung sind dementsprechend die Verzehrsgewohnheiten. Insbesondere Vegetarier können durch den vermehrten Verzehr von höher belasteten Lebensmitteln, wie Getreide und Hülsenfrüchten, eine Risikogruppe für eine erhöhte Cadmiumexposition darstellen.

Neben der Aufnahme von Cadmium über Lebensmittel, stellen Nahrungsergänzungsmittel, wie Algenpräparate oder Pflanzenextrakte, eine weitere orale Quelle für Cadmium dar.

Die enterale Resorption von Cadmium ist mit 3–5% relativ gering. Jedoch werden bei Kalzium- oder Eisenmangel bis zu 10% des Cadmiums im Darm resorbiert, weil Cadmium die Transportsysteme, die bei der Aufnahme von Kalzium und Eisen verwendet werden, mitbenutzt. Das Cadmium reichert sich zunächst in der Leber an und stimuliert dort die Metallothionin-Synthese. Das an Metallothionin gebundene Cadmium reichert sich in den Zellen der proximalen Nierentubuli an. Der Mechanismus der nephrotoxischen Wirkung ist in Abb. 15.4 dargestellt. Aufgrund der Proteinbindung wird Cadmium nur sehr lang-

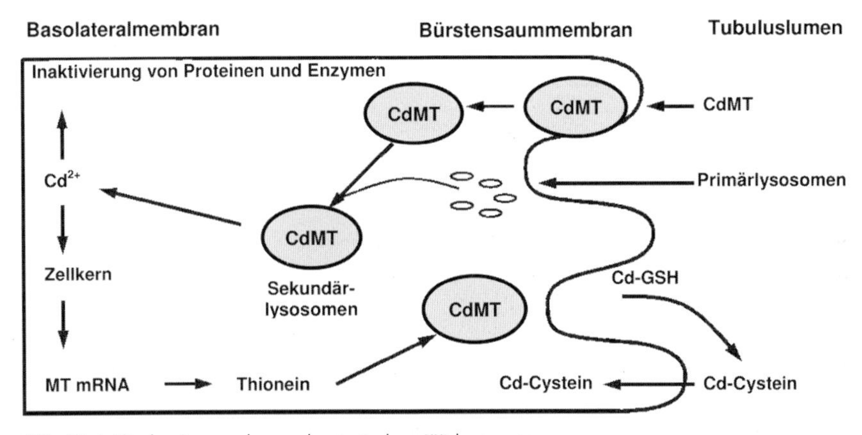

Abb. 15.4 Mechanismus der nephrotoxischen Wirkung von Cadmium (Cd = Cadmium, CdMT = Cadmiummetallothionin; MT= Metallothionin).

sam ausgeschieden (biologische Halbwertzeit: etwa 10 bis 30 Jahre). Neben der direkten Wirkung von Kalzium auf den Knochen, können die cadmiumbedingten Nierenfunktionsstörungen zu einer Schädigung des Knochens durch eine verminderte Rückresorption von Kalzium in den Nierentubuli und einer erhöhten Kalziumausscheidung mit dem Harn führen. Um die Kalziumverluste zu kompensieren, wird vermehrt Kalzium aus dem Knochengewebe mobilisiert.

Im Jahre 1993 klassifizierte die International Agency for Research and Cancer (IARC) Cadmium und Cadmiumverbindungen als kanzerogen für den Menschen. Grundlage hierfür waren Humanstudien zu Lungenkarzinomen nach inhalativer Cadmiumaufnahme. Die Europäische Kommission stufte 2007 einige Verbindungen nur als potenziell kanzerogen ein, da gegenwärtig keine wissenschaftlichen Beweise dafür existieren, dass Cadmium nach oraler Aufnahme eine kanzerogene Wirkung aufweist. Das Joint FAO/WHO Expert Committee on Food Additives (JECFA) postulierte 1993 den vorläufigen toxikologischen Grenzwert PTWI (Provisional Tolerable Weekly Intake) von 0,007 mg/kg Körpergewicht pro Woche. Die European Food Safety Authority (EFSA) wurde von der Europäischen Kommission beauftragt den PTWI zu überprüfen. In dem Bericht leitete die EFSA aufgrund von neuen Erkenntnissen eine tolerierbare wöchentliche Cadmiumaufnahme (TWI) von 0,0025 mg/kg Körpergewicht ab (EFSA, 2009).

Unter den Schwermetallen hat Cadmium die größte toxikologische Bedeutung. Normalverzehrer schöpfen den TWI-Wert um ca. 60% aus, Vielverzehrer wie Vegetarier, Schwangere und Jugendliche im Alter zwischen 14 und 18 Jahren, schöpfen den TWI-Wert um fast 90% aus. Das macht deutlich, dass Maßnahmen zur Verhütung einer weiter steigenden Umweltkontamination mit Cadmium unbedingt erforderlich sind.

15.3.2
Blei

Blei wird hauptsächlich zur Herstellung von Batterien und Kabelmaterial verwendet, aber auch als gerolltes, gepresstes Blei für Munition, Legierungen und Pigmente sowie als Benzinzusatz. Das bedeutet, Blei gelangt infolge industrieller Emissionen in die Atmosphäre und von dort aus mit Staub und Niederschlägen auf die Oberfläche von Pflanzen, die den Menschen als Nahrung bzw. den Nutztieren als Futter dienen. Dementsprechend höher kontaminiert sind Blattgemüsesorten mit großer rauer Oberfläche. Durch küchenübliches Reinigen der Pflanzen kann die Kontamination allerdings um bis zu 70% gemindert werden.

Entsprechend den Lebensmittel-Monitoring-Berichten gibt es kein generelles Kontaminationsproblem bei Blei. Vergleichsweise stark belastet sind Muscheln, bei denen in 98% aller untersuchten Proben Blei nachgewiesen werden konnte, wenn auch eine Überschreitung der Höchstmenge selten auftritt. Typische Bleikonzentrationen in Nahrungsmitteln liegen zwischen 10 und 200 µg/kg. Durchschnittlich werden etwa 60% des Bleis inhalativ als Partikel und 40% oral durch

Lebensmittel und Getränke aufgenommen. Oral aufgenommenes Blei wird bei Erwachsenen zu etwa 10% resorbiert, bei Kindern bis zu 50%. Im Blut ist Blei hauptsächlich an das Hämoglobin der Leukozyten gebunden und wird in einer ersten Phase in Leber, Nieren und Gehirn angereichert. Die Halbwertzeit im Weichgewebe beträgt etwa 20 Tage. Danach kommt es zu einer Umverteilung in Knochen und Zähne, wo es sogenannte Bleidepots bildet (Halbwertzeit in Knochen mehr als 20 Jahre). Das resorbierte Blei wird hauptsächlich (etwa zu 75%) über die Niere ausgeschieden. Blei ist plazentagängig. Die akute Bleivergiftung ist relativ selten und gekennzeichnet durch schwere Koliken (Bleikolik). Darüber hinaus kann eine akute Bleienzephalopathie sowie eine Kontraktion der glatten Muskulatur und Nierenschädigung vorkommen. Bei einer chronischen Intoxikation mit anorganischen Bleiverbindungen sind vor allem die Hämoglobin-Biosynthese im roten Knochenmark des Nervensystems, die Nieren und der gastrointestinale Trakt betroffen. Organische Bleiverbindungen sind sehr lipophil und werden dementsprechend gut durch die Haut, aus der Lunge und dem Darm resorbiert. Sie führen auch zu Störungen im zentralen Nervensystem. Weiterhin induziert Blei DNA-Schäden und ist im Tierversuch karzinogen. Letzteres ist beim Menschen noch nicht abschließend geklärt. Von der EU wurden einheitliche Höchstgehalte von Blei in Lebensmitteln festgelegt; für Trinkwasser gilt 25 µg/l als Grenzwert.

15.3.3 **Arsen**

Arsen ist ein aus natürlichen Quellen ubiquitär verbreiteter Bestandteil unserer Umwelt. Der Hauptteil des über die Nahrung aufgenommenen Arsens stammt in Deutschland aus Fisch und Fischprodukten, wobei Salzwasserfische sowie Krusten- und Schalentiere durchschnittlich höhere Arsenkonzentrationen aufweisen als Süßwasserfische. Aber auch mit Fischmehl gefütterte Schweine und Geflügel können höhere Arsengehalte aufweisen. Pflanzliche Lebensmittel weisen höhere Arsengehalte auf, wenn sie auf arsenbelasteten Böden wachsen. Das dreiwertige Arsen ist die toxikologisch wirksame Form, wobei fünfwertiges Arsen im Organismus zum dreiwertigen Arsen reduziert wird. Akute toxische Wirkungen von anorganischem Arsen, die sehr selten vorkommen, sind gastrointestinale, kardiovaskuläre, neurologische und hämatologische Wirkungen. Bei langfristiger chronischer Arsenexposition kann Arsen nahezu alle Organe schädigen. So führt es z. B. in der Haut zu Hyperpigmentierung und Hyperkeratose, Melanose, im Nervensystem zu Sensibilitätsstörungen, Kopfschmerzen, Enzephalopathien, in der Leber zu Hepatomegalie, Zirrhosen und in der Niere zur Nierenentzündung und Proteinurie. Zudem sind anorganische Arsenverbindungen nach oraler Aufnahme im Tierversuch fetotoxisch und embryotoxisch sowie genotoxisch und kanzerogen. Arsen und anorganische Arsenverbindungen sind als humankanzerogen eingestuft worden. Der PTWI-Wert wurde von der WHO auf 15 µg/kg Körpergewicht und Woche für anorganisches Arsen festgelegt.

15.4 Erhitzungsbedingte Kontaminanten in Lebensmitteln

Bei der Produktion, Verarbeitung, Zubereitung und Verpackung von Lebensmitteln können eine Vielzahl von Substanzen beabsichtigt oder unbeabsichtigt in Lebensmitteln übergehen oder aus ihnen neu gebildet werden. Aus toxikologischer Sicht von besonderem Interesse sind dabei erhitzungsbedingte Kontaminanten wie Acrylamid, Furan, Chlorpropanole, polycyclische aromatische Kohlenwasserstoffe, heterocyclische aromatische Amine, aromatische Amine sowie Trans-Fettsäuren zu nennen. Acrylamid kann beim Backen, Rösten und Frittieren von Lebensmitteln entstehen. Besonders in Kartoffelprodukten (z. B. Pommes Frites, Bratkartoffeln, Kartoffelchips), Getreideprodukten (z. B. geröstete Zerealien, Brot, Backwaren), Kaffee und Kakao. Die Bildung erfolgt beim Erhitzen von Lebensmitteln über 120 °C im Zuge der Maillard-Reaktion, im Wesentlichen durch Kondensation der Aminosäure Asparagin mit reduzierenden Zuckern wie Fruktose und Glukose. Acrylamid kann jedoch auch ohne Anwesenheit von reduzierenden Zuckern auf enzymatischem Weg gebildet werden. Acrylamid gilt als wahrscheinliches Kanzerogen für Menschen (IARC Gruppe 2 A, MAC-Kommission krebserregend Kategorie 2), wobei sein Metabolit Epoxypropanamid (Glycidamid) als eigentlich genotoxische Wirkform anzusehen ist (Abb. 15.5). Glycidamid-DNA-Addukte wurden im Tierversuch an Nagern bei entsprechend hoher Dosierung in allen untersuchten Geweben gefunden. Darüber hinaus wirkt Acrylamid im Tierversuch toxisch auf das Nervensystem und die Reproduktionsorgane. Der Abstand der im Tierversuch kanzerogenen

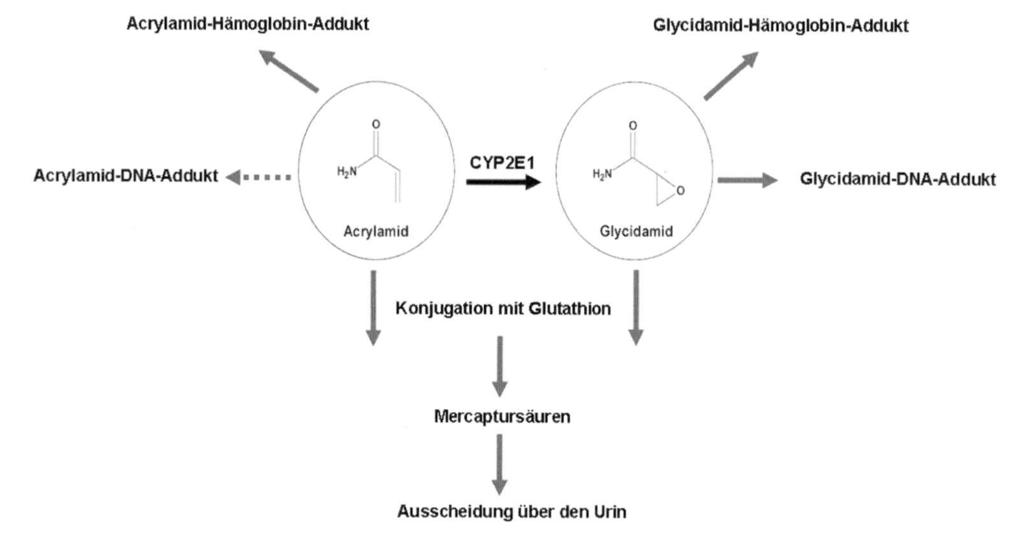

Abb. 15.5 Metabolismus von Acrylamid im Menschen.

Dosis zur höchsten geschätzten mittleren Acrylamid-Aufnahme beim Menschen ist verhältnismäßig gering, daher ist der MOE-Wert ebenfalls niedrig.

Bislang vorliegende epidemiologische Studien geben keinen Hinweis auf eine Korrelation zwischen Acrylamid-Aufnahme und Krebsinsistenz, sind aber in ihrer Aussagekraft limitiert. Acrylamid kann einerseits direkt, ohne vorangegangene Umsetzung mit einem toxischen Metaboliten mit der DNA reagieren, allerdings verläuft diese Reaktion sehr langsam. Auf der anderen Seite kann Acrylamid durch Epoxidierung zum Glycidamid umgesetzt werden, das dann durch Konjugation mit Glutathion detoxifiziert werden kann. Es wird postuliert, dass bei Einnahme von hohen Konzentrationen an Acrylamid die genannte Detoxifizierungsreaktion nicht schnell genug abläuft, um das Glycidamid vollständig abzufangen und somit kommt es zur Reaktion des Glycidamids mit der DNA. Acrylamid wirkt sowohl in somatischen Zellen als auch in Keimzellen genotoxisch.

15.4.1 Heterocyclische aromatische Amine

Heterocyclische aromatische Amine (HAA) werden beim Braten oder Grillen bzw. vergleichbaren Erhitzungsverfahren von Fleisch und Fisch in Abhängigkeit von Proteintyp, Temperatur und Erhitzungsdauer in unterschiedlichen Konzentrationen gebildet. Die Bildung von HAAs lässt sich bei Einhaltung entsprechender Bedingungen aber weitgehend vermeiden. Es werden zwei maßgebliche Klassen von HAAs unterschieden, die je nach Temperaturbedingungen und Vorläuferbedingungen in unterschiedlichem Maße entstehen: Isochinolin- (sogenannte IQ-Verbindungen, Beispiel: 3-Methyl-3H-imidazol[4,5–f]chinolin-2-amin (IQ)) und Carbolin-Derivate. Viele HAAs zeigen mutagenes Potenzial in bakteriellen und säugerzellbasierten Testsystemen und sind kanzerogen im Tierversuch. Die Bioaktivierung der HAAs zu krebsauslösenden Metaboliten unterliegt beim Menschen starken individuellen Unterschieden. Zwischen einzelnen Spezies können ebenfalls große Unterschiede bestehen. In erhitztem Fleisch und Fisch ist 1-Methyl-6-phenyl-1H-imidazol[4,5b]pyridin-2amin (PhIP, Abb. 15.6) gefolgt von 2-Amino-a-carbolin (AaC) und 3,8-Dimethyl-3H-imidazol[4,5-f]-chinoxalin-2-amin (MeIQx), am stärksten vertreten.

Stark durchgebratenes bzw. überhitztes rotes Fleisch kann zusätzlich zu den HAAs auch weitere kanzerogene Substanzen in vergleichbaren Konzentrationen

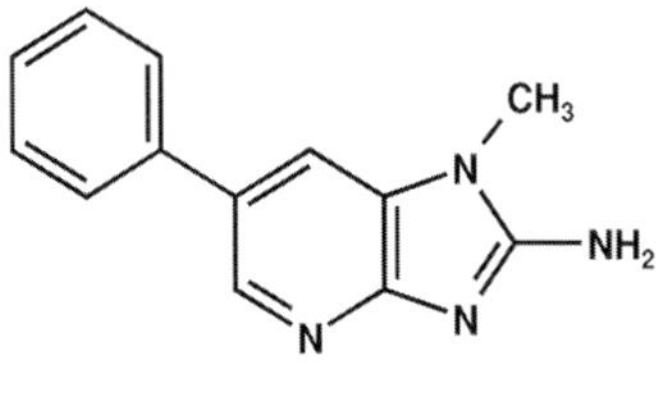

Abb. 15.6 Struktur von PhIP.

enthalten. Nicht eindeutig geklärt ist bisher, ob nur HAAs oder eher ein komplexes Gemisch thermisch induzierter genotoxischer Verbindungen als Krebsrisikofaktoren anzusehen sind.

15.4.2 Aromatische Amine

Aromatische Amine sind eine bekannte chemische Stoffklasse, aus welcher eine Reihe von Vertretern, z. B. o-Toluidin (Abb. 15.7), 2-Aminonaphthalin, 4-Aminobiphenyl oder auch Benzidin, beim Menschen Blasenkrebs verursachen können. Neuere Untersuchungen zeigen, dass nicht nur bestimmte Nahrungsmittel wie Pflanzenöle und verschiedene Gemüsesorten mit dieser Stoffgruppe kontaminiert sein können, sondern dass auch gegrilltes Fleisch mit aromatischen Aminen belastet sein kann.

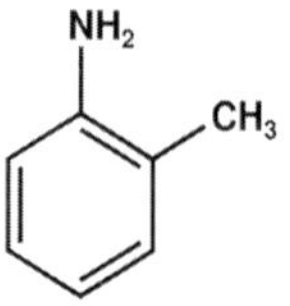

Abb. 15.7 Struktur von o-Toluidin.

15.4.3 Furan

Furan (Abb. 15.8) ist eine flüchtige Verbindung, die in einer Vielzahl erhitzter Lebensmittel wie Kaffee, Brot sowie Gemüse- und Fleischkonserven und in Gläschennahrung für Kleinkinder nachgewiesen wurde. Das Vorkommen in den unterschiedlichsten Lebensmitteln lässt verschiedene Bildungswege vermuten. Aufgrund der unzureichenden Datenlage kann die Exposition zurzeit nicht zuverlässig abgeschätzt werden.

Nach oraler Gabe von Furan wurden in Ratten und Mäusen unterschiedliche Tumormuster gefunden. In Ratten traten dosisabhängig hepatozelluläre Karzinome, ein hoher Anteil cholangiozellulärer Karzinome und Leukämien auf, in Mäusen hepatozelluläre Adenome und Karzinome. Es wird vermutet, dass die kanzerogene Wirkung zumindest anteilig über einen genotoxischen Mechanismus ausgelöst wird, wobei vor allem der Metabolit Cis-2-Buten-1,4-Dial als genotoxisch wirkendes Mutagen in Frage kommt. Auf der Basis der bisher vorlie-

Abb. 15.8 Struktur von Furan.

genden begrenzten Daten zu Toxizität, Stoffwechsel und Exposition ist eine adäquate Sicherheitsbewertung zurzeit noch nicht möglich.

15.4.4
3-Monochlor-1,2-propandiol (3-MCPD)

3-Monochlor-1,2-propandiol (3-MCPD, Abb. 15.9) gilt als Leitsubstanz für eine Reihe unerwünschter Verbindungen, die sogenannten Chlorpropanole. 3-MCPD kann im µg/kg-(ppb) Bereich bei der Herstellung von Würzsoßen aus Pflanzenproteinhydrolysat, aber auch beim Backen oder Rösten von Brot bzw. Toast, Getreide und Kaffeebohnen gebildet werden.

Die Entstehung von 3-MCPD setzt bei Temperaturen ein, die deutlich über 100 °C liegen, wobei verschiedene Bildungsmechanismen diskutiert werden. Neuere Studien zeigen, dass neben Chlorpropanol auch deren Ester (3-MCPD-Fettsäureester in Babyanfangsnahrung, in Margarinen v.a. aus Palmölen) in Mengen vorkommen können, die in manchen Lebensmitteln um das 50- bis 150-Fache höher liegen als jene an 3-MCPD. Daher wird hier Handlungsbedarf hinsichtlich einer Minimierung der Gehalte an 3-MCPD-Fettsäureestern gesehen. Untersuchungen zeigten, dass alle raffinierten Pflanzenöle und -fette erhebliche Mengen an 3-MCPD-Fettsäureestern enthalten. Lediglich Öl, das keinerlei Hitzebehandlung unterzogen wurde (z.B. natives Olivenöl), war frei von dieser Substanz. Der Stoff bildet sich unter hohen Temperaturen bei der sogenannten Desodorierung von Speisefetten und Speiseölen, dem letzten Schritt der Raffination, bei dem unerwünschte Geruchs- und Geschmacksstoffe abgetrennt werden. Säuglingsanfangs- und -folgenahrung auf Basis von Trockenpulver enthält pflanzliche, teilweise auch tierische Öle. Dies ist notwendig, um Säuglinge mit essenziellen Fettsäuren zu versorgen. Da die zugesetzten Öle geschmacksneutral sein sollen, sind sie fast immer raffiniert.

3-MCPD hat im Tierversuch zu einer Zunahme der Zellzahl (Hyperplasie) in den Nierentubuli geführt und in höheren Mengen gutartige Tumoren ausgelöst. Eine erbgutschädigende Wirkung wurde nicht nachgewiesen. Da jedoch bei Wertung aller Daten ein genotoxischer Wirkmechanismus nicht anzunehmen ist, wurde sowohl vom SCF als auch von der JECFA eine tolerable tägliche Aufnahmemenge von 2 µg/kg Körpergewicht für den Menschen abgeleitet. Die Bildung von 3-MCPD in Würzen lässt sich durch Variation der Prozessbedingungen steuern und minimieren.

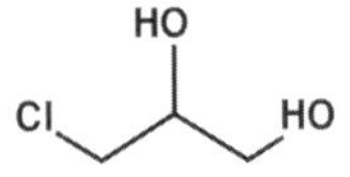

Abb. 15.9 Struktur von 3-MCPD.

15.4.5
Polycyclische aromatische Kohlenwasserstoffe (PAK)

Nach dem Scientific Committee on Food der Europäischen Kommission sind für Nichtraucher die Lebensmittel als Hauptkontaminationsquelle für PAK anzusehen, insbesondere geräucherte und anderweitig mit Hitze behandelte Produkte. In der Regel entstehen die PAK erst bei der Zubereitung z. B. durch das Grillen, Rösten, Braten und Backen, aber auch bei der Herstellung und Verarbeitung durch Darren bzw. Trocknen im direkten Kontakt mit offener Flamme oder Rauchgasen. Leitsubstanz dieser Gruppe von Kohlenwasserstoffen ist das kanzerogene Benzo[*a*]pyren. Ausgehend von den derzeit der EFSA vorliegenden Daten über das Vorkommen und die Toxizität von PAK in Lebensmitteln ist davon auszugehen, dass die Gruppe der PAK4 (Benzo[*a*]pyren, Benzo[*a*]-anthracen, Chrysen und Benzo[*b*]fluoranthen) die geeignetsten Indikatoren für PAK in Lebensmitteln darstellen.

Die Gesamtgehalte an PAKs in Fleisch, Früchten, Gemüse und Milchprodukten bewegen sich zwischen 0,01 µg/kg und 10 µg/kg. Gehalte von mehr als 100 µg/kg konnten in geräuchertem Fleisch gemessen werden, bis zu 86 µg/kg in geräuchertem Fisch und bis zu 160 µg/kg in gerösteten Zerealien.

15.4.6
Trans-Fettsäuren

Trans-Fettsäuren (*trans* fatty acids, TFA, Abb. 15.10) sind ungesättigte Fettsäuren mit mindestens einer Doppelbindung in der *trans*-Konfiguration. Sie beeinflusst die Eigenschaften der jeweiligen Fettsäure und deren biologische Wirkung. Trans-Fettsäuren entstehen in unterschiedlichem Ausmaß bei der industriellen Härtung von Ölen zur Herstellung von halbfesten und festen Speisefetten wie

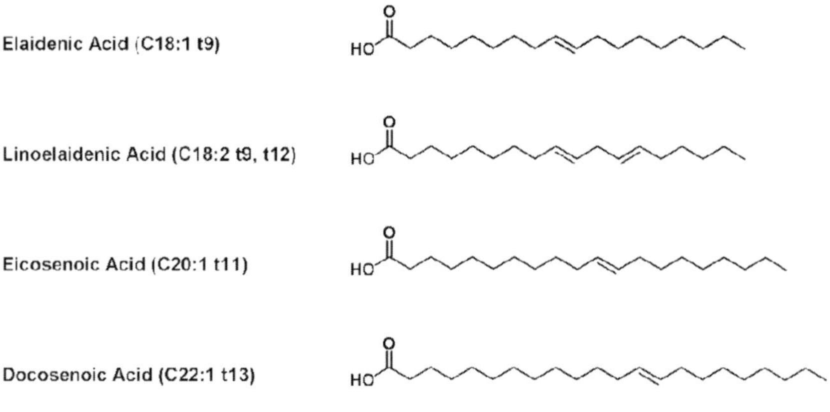

Elaidenic Acid (C18:1 t9)

Linoelaidenic Acid (C18:2 t9, t12)

Eicosenoic Acid (C20:1 t11)

Docosenoic Acid (C22:1 t13)

Abb. 15.10 Struktur von *trans*-Fettsäuren.

Margarinen und Back- und Streichfetten; sie können sich aber auch durch das Erhitzen und Braten von Ölen bei hohen Temperaturen bilden.

Trans-Fettsäuren kommen aber auch natürlich vor, z. B. durch bakterielle Transformation von ungesättigten Fettsäuren im Pansen von Wiederkäuern. Viele beliebte Lebensmittel wie Backwaren, Fast-Food-Produkte, Snacks, Kekse, frittierte Speisen und fette Brotaufstriche können Trans-Fettsäuren enthalten.

Trans-Fettsäuren zählen aus ernährungsphysiologischer Sicht zu den unerwünschten Bestandteilen unserer Nahrung. Ebenso wie die gesättigten Fettsäuren können Trans-Fettsäuren den Gehalt an Low Density Lipoprotein (LDL-Cholesterin) im Blut und damit das Risiko für Herz-Kreislauf-Erkrankungen erhöhen. Es gibt Hinweise darauf, dass sich die gleiche Menge an Trans-Fettsäuren im Vergleich zu gesättigten Fettsäuren ungünstiger auswirken kann, weil Trans-Fettsäuren zusätzliche den Blutspiegel von High Density Lipoprotein (HDL-Cholesterin) senken und den der Triglyzeride steigern können. Dies sind Faktoren, die das Risiko für das Auftreten einer koronaren Herzkrankheit bzw. für Herz-Kreislauf-Erkrankungen zusätzlich erhöhen.

15.4.7 Perfluorierte Tenside

Perfluorierte Alkylverbindungen sind organische Verbindungen, an deren Kohlenstoffgerüst die Wasseratome vollständig durch Fluoratome ersetzt sind. Wegen ihrer hohen thermischen und chemischen Stabilität, die sie aufgrund der extrem stabilen Kohlenstoff-Fluor-Verbindung besitzen, finden perfluorierte Alkylverbindungen Anwendung in zahlreichen Industrie- und Verbraucherprodukten.

Perfluorierte Tenside (Abb. 15.11) bestehen aus einer hydrophoben perfluorierten Kohlenstoffkette unterschiedlicher Länge und einer hydrophilen Kopfgruppe. Üblicherweise werden unter dem Begriff „PFT“ perfluorierte Alkylsulfonsäuren, perfluorierte Alkylcarbonsäuren und Fluortelomeralkohole zusammengefasst. Da besonders die PFT-Carboxylate (Beispiel Perfluoroktansäure, PFOA) und die PFT-Sulfonate (Beispiel Perfluoroktansulfonat, PFOS) die Ober-

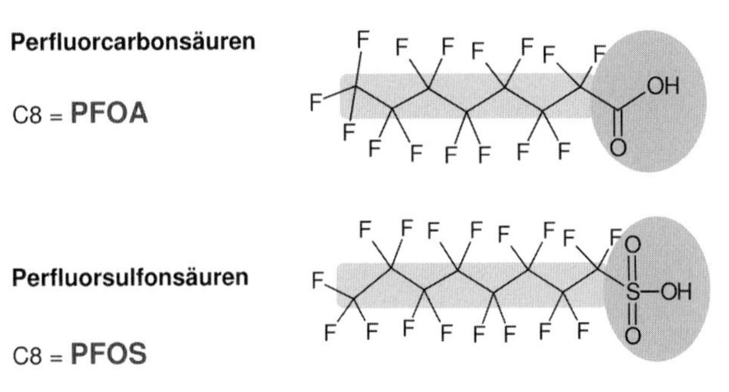

Abb. 15.11 Perfluorierte Tenside in Lebensmitteln.

flächenspannung von Wasser effektiv senken können, gehören sie zu den wirkungsvollsten Tensiden und werden häufig zur Imprägnierung von Papier, Verpackungsmaterialien, Textilien oder Teppichen verwendet und seit 50 Jahren hergestellt.

Anders als die nicht vollständig fluorierten Verbindungen, die sich teilweise abbauen, gelten die PFTs als weitgehend resistent gegenüber abiotischen und biotischen Abbauprozessen. Wegen der zahlreichen Verwendungsmöglichkeiten und ihrer Stabilität gehören die PFT inzwischen zu den ubiquitären Kontaminanten und werden bereits weltweit in Abwasser, Grundwasser, Trinkwasser, Eis, in der Luft, im menschlichen Blut, in der Muttermilch und sogar in der Leber von Eisbären nachgewiesen. Zudem wurden PFTs in Lebensmitteln tierischer Herkunft nachgewiesen und neuerdings auch in auf PFT-haltigen Böden wachsenden Nutzpflanzen (Getreide). Somit ist der Kreislauf des Eintrages von PFTs über Umwelt, Boden, Nutzpflanze, Futter, Nutztier, tierische Lebensmitteln bis hin zum Menschen geschlossen.

Die Abflüsse der Klärwerke sind einer der prinzipiellen Eintragswege in die Umwelt, wie in zahlreichen Studien aus den Vereinigten Staaten berichtet wird. Es konnte gezeigt werden, dass die Klärwerke nicht in der Lage sind, PFT vollständig zu entfernen und andererseits, dass das im Klärschlamm akkumulierende PFT über die Zeit abgegeben wird, so dass eine Anreicherung des Ablaufs stattfindet. Über die Einleitung der Klärwerksabläufe in die angrenzenden Vorfluter ist auch die Aufnahme der Verbindungen durch die in diesen Habitaten lebenden aquatischen Organismen, einschließlich der dort lebenden Speisefische, möglich.

Die Perfluoroktansulfonsäure gilt als Leitsubstanz für die perfluorierten Alkylsulfonsäuren. Sie wird seit über 50 Jahren industriell hergestellt. Das Inverkehrbringen wurde jedoch innerhalb der EU ab 2006 stark eingeschränkt, bis auf einige Spezialanwendungen.

Die Perfluoroktansäure (PFOA) gilt als Hauptvertreter der Gruppe der perfluorierten Alkylcarbonsäuren. PFOA wird hauptsächlich als Hilfsstoff (Emulgator) bei der Herstellung von hochmolekularen Fluorpolymeren (z. B. Polytetrafluorethylen, PTFE) eingesetzt.

Die akute Toxizität beider Stoffe ist gering. Beide Stoffe wirken in Untersuchungen *in vitro* und *in vivo* nicht genotoxisch, jedoch sind in verschiedenen Studien bei wiederholter Gabe von PFOS und PFOA bei verschiedenen Spezies die primären Effekte Hypertrophie und Vakuolisierung der Leber, Abnahme des Serumcholesterols, Abnahme der Triglyzeride im Serum, Verringerung der Körpergewichtszunahme oder der Körpergewichte und erhöhte Mortalität aufgetreten. Beide Stoffe induzieren nach chronischer Gabe beim Nager Tumore der Leber. Für beide Substanzen wird von einem nicht genotoxischen Mechanismus der Kanzerogenese ausgegangen und angenommen, dass die kanzerogene Wirkung auf einen Schwellenwert basierten Mechanismus zurückzuführen ist.

PFOS und PFOA wirken bei Exposition von Muttertieren (Nagetieren) während der Schwangerschaft entwicklungstoxisch und führen in erster Linie zu einer Verminderung der Körpergewichtzunahme nach der Geburt und einer dras-

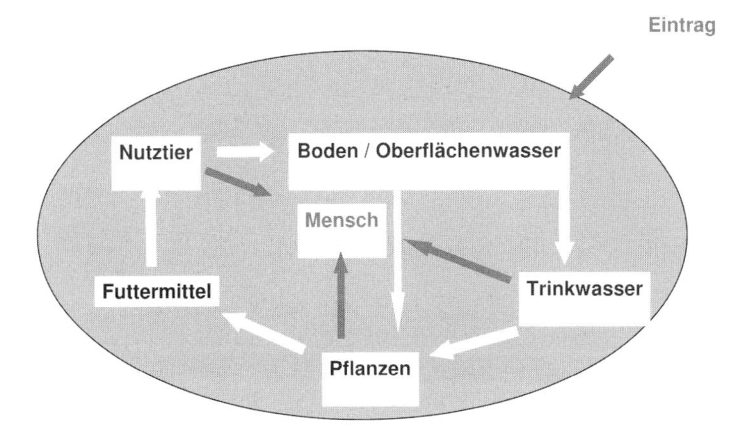

Abb. 15.12 Perfluorierte Tenside (PFTs) in der Nahrungskette.

tischen Verringerung der Lebendgeburten und der Lebensfähigkeit der Nachkommen in den ersten fünf Tagen nach der Geburt.

Die EFSA hat 2008 ein NOAEL von 0,06 mg/kg Körpergewicht und Tag für PFOA abgeleitet und einen TDI-Wert von 1,5 µg/kg Körpergewicht und Tag für PFOA errechnet. Bei der Ausschöpfung des TDI-Wertes von PFOS zeigte sich, dass der Seefisch mit 53% und der Süßwasserfisch mit 38% die Hauptexpositionsquellen sind, während bei der Expositionsabschätzung von PFOA Hühnereier ca. 68% ausmachen, Seefisch 13% Geflügelfleisch 7% und Süßwasserfisch 6%. Den bislang ausgewerteten Daten zufolge wird der TDI-Wert in Deutschland zu etwa 25% ausgeschöpft; ein gesundheitliches Risiko ist daher unwahrscheinlich. In anderen europäischen Ländern, etwa Großbritannien, ist die Situation kritischer. Dass sich insgesamt PFTs in der Nahrungskette anreichern, zeigen die Daten des nationalen Monitorings. Über die Bodenkontamination (z. B. über Klärschlamm) gelangen die Stoffe in Futterpflanzen (z. B. Maispflanzen), von dort in unsere Haustiere und somit in die Lebensmittel (Abb. 15.12); lediglich das Maß des Carry-overs muss noch bestimmt werden.

15.5 Lebensmittelzusatzstoffe

Gemäß Artikel 1 der Richtlinie 89/107/EWG der EU sind Lebensmittelzusatzstoffe Stoffe, die als Zutaten bei der Herstellung oder Zubereitung eines Lebensmittels verwendet werden oder werden sollen und in gleicher oder veränderter Form noch im Enderzeugnis enthalten sind. Im Sinne dieser Richtlinie ist ein „Lebensmittelzusatzstoff" ein Stoff mit oder ohne Nährwert, der in der Regel weder selbst als Lebensmittel verzehrt noch als charakteristische Lebensmittelzutat verwendet wird und einem Lebensmittel aus technologischen Gründen bei der Herstellung, Verarbeitung, Zubereitung, Behandlung, Verpackung, Beförderung oder Lagerung zugesetzt wird, wodurch er selbst oder seine Nebenprodukte (mittelbar oder unmittelbar) zu einem Bestandteil des Lebensmittels werden oder werden können. Beispiele hierfür sind künstliche Süßstoffe, Farbstoffe, Konservierungsstoffe, Antioxidationsmittel, Säuerungsmittel, Emulgatoren, Stabilisatoren oder Backtreibmittel.

Im Sinne dieser Richtlinie sind Verarbeitungsstoffe sowie Stoffe, die für den Schutz von Pflanzen verwendet werden, und Aromen sowie Stoffe, die Lebensmitteln zu Ernährungszwecken beigefügt werden, keine Lebensmittelzusatzstoffe. Lebensmittelzusatzstoffe müssen gemäß Lebensmittelkennzeichnungs-Verordnung auf verpackten Lebensmitteln entweder mit Namen oder E-Nummern aufgeführt werden. Nur an die von den zuständigen EU-Gremien zugelassenen und bewerteten Zusatzstoffe werden E-Nummern vergeben. Sie können dann mit dieser Nummer deklariert werden.

Für die zugelassenen Zusatzstoffe wurden Verwendungshöchstmengen für verschiedene Lebensmittelkategorien abgeleitet. Mit den Höchstmengen sollte sichergestellt werden, dass die akzeptable tägliche Aufnahmemenge (ADI) eingehalten wird. Einige Zusatzstoffe, die für Lebensmittel „quantum satis“ zugelassen sind, dürfen nach der „Guten Herstellungspraxis“ nur in der Menge verwendet werden, die erforderlich ist, um die gewünschte Wirkung zu erzielen. Es gibt keine definierte Mengenbeschränkung. In Deutschland ist die Verwendung von Lebensmittelzusatzstoffen im Lebensmittel- und Futtermittelgesetzbuch (LFGB) sowie in mehreren Verordnungen gesetzlich geregelt. Die Verwendung für verschiedene Lebensmittelkategorien in den jeweils zulässigen Höchstmengen ist in der Zusatzstoff-Zulassungsverordnung geregelt, während Einheitskriterien in der Zusatzstoff-Verkehrsverordnung genannt sind. Zu beachten ist auch die Lebensmittel-Kennzeichnungsverordnung.

Anträge auf Zulassungen neuer Zusatzstoffe sind in der Regel direkt an die Kommission der EU (Health and Consumer Protection Directorate General (DG SANCO)) und parallel in Kopie an die Europäische Lebensmittelbehörde EFSA zu richten oder können ggf. auch über das Bundesministerium für Ernährung, Landwirtschaft und Verbraucherschutz weitergeleitet werden. Grundsätzlich dürfen in der EU nur zugelassene Zusatzstoffe verwendet werden, es gilt also das Verbotsprinzip mit Erlaubnisvorbehalt. Nach Anhang II der EU-Richtlinie 89/107/EWG dürfen Lebensmittelzusatzstoffe nur dann genehmigt werden, wenn

- eine hinreichende technische Notwendigkeit nachgewiesen werden kann und wenn das angestrebte Ziel nicht mit anderen, wirtschaftlich und technisch brauchbaren Methoden erreicht werden kann;
- sie bei der vorgeschlagenen Dosis für den Verbraucher gesundheitlich unbedenklich sind, soweit die verfügbaren wissenschaftlichen Daten ein Urteil hierüber erlauben;
- der Verbraucher durch ihre Verwendung nicht irregeführt wird.

Tab. 15.3 Hauptpunkte der Prüfanforderungen an Lebensmittelzusatzstoffe (nach SCF/EFSA).

Metabolismus/Toxikokinetik
Subchronische Toxizität
in einer Nager- und Nichtnagerspezies über mindestens 90 Tage
Genotoxizität
Test auf Induktion von Genmutationen in Bakterien
Test auf Induktion von Genmutationen in Säugerzellen *in vitro*
Test auf Induktion von Chromosomenaberrationen in Säugerzellen *in vitro*
(bei positivem Ausgang eines der Tests Prüfung auf Genotoxizität *in vivo*)
Reproduktionstoxizität
Multigenerationsstudien
Entwicklungstoxizitätin einer Nager- und Nichtnagerspezies

Hinsichtlich der Prüfanforderungen gibt es für Lebensmittelzusatzstoffe keine zwingend vorgeschriebene Regelung. Allerdings gibt es dazu Empfehlungen verschiedener Expertengremien, beispielsweise von JECFA, der US Food and Drug Administration und dem SCF. Nach den Empfehlungen des SCF (Guardians of the submission for food additive evaluations by the Scientific Committee on Food) sind in der Regel zumindest Studien zu den in Tabelle 15.3 aufgelisteten notwendigen toxikologischen Aspekten durchzuführen.

Im Einzelfall können zusätzliche Studien erforderlich sein. Die Studien sollten entsprechend der „Guten Laborpraxis (GLP)" und nach internationalen Test-Guidelines (OECD- oder EU-Guidelines) durchgeführt werden. Die offizielle Liste der E-Nummern (E-Nummern, unter denen die Lebensmittelzusatzstoffe EU-einheitlich klassifiziert und beschrieben sind) steht im Internet zur Verfügung, beispielsweise auf der Website des Ministeriums für Ernährung, Landwirtschaft und Verbraucherschutz (www.bmelv.de).

15.5.1 Toxikologisch relevante Nebenwirkungen von Zusatzstoffen

Zusatzstoffe können bei einigen Menschen Unverträglichkeitsreaktionen auslösen. Über die Häufigkeit von Unverträglichkeitsreaktionen gegenüber Zusatzstoffen gibt es unterschiedliche Angaben. Schätzungen in den verschiedenen europäischen Ländern gehen von 0,03–1% der Bevölkerung aus. Unverträglichkeitsreaktionen müssen hinsichtlich ihrer Pathogenese unterschieden werden in immunologisch und nicht immunologisch bedingte Reaktionen. Während bei den immunologischen Reaktionen spezifische Wechselwirkungen zwischen Allergen- und Immunsystem sofort (IgE-vermittelt) oder verzögert (IgG-, IgM-, T-Zell-vermittelt) auftreten, sind nicht immunologische Reaktionen auf andere Mechanismen zurückzuführen. Zu den nicht immunologischen Reaktionen zählen pseudoallergische Reaktionen und Reaktionen, die durch biogene Amine hervorgerufen werden oder aufgrund von Enzymdefekten auftreten. Der Mechanismus der nicht immunologischen Reaktionen ist in den meisten Fällen unbekannt.

Das klinische Erscheinungsbild der pseudoallergischen Reaktionen gleicht den immunvermittelten Reaktionen. Auch hier können massive, z. T. lebensbedrohliche Symptome auftreten. In beiden Fällen sind die gleichen Mediatorsysteme, z. B. Mediatoren aus Mastzellen wie Histamin und Leukotriene beteiligt. Während die Mediator-Freisetzung bei der immunvermittelten Reaktion durch eine Antigen-Antikörper-Reaktion an der Mastzellmembran ausgelöst wird, werden die Mediatoren bei der pseudoallergischen Reaktion durch pharmakologische Mechanismen freigesetzt. Die Pseudo-Allergie ist für das auslösende Agens nicht spezifisch. Sie kann bereits bei der ersten Exposition ohne vorhergehende Sensibilisierung auftreten. Auslöser pseudoallergischer Reaktionen sind in der Regel niedermolekulare Stoffe, die in Lebensmitteln natürlich vorkommen oder auch zugesetzt sein können. Für den Nachweis von Pseudoallergien stehen, anders als für einen Nachweis von echten Allergien, keine einfachen Blut- oder Hauttests zur Verfügung.

Beispiele für Zusatzstoffe, für die pseudoallergische Reaktionen beschrieben wurden, sind die Konservierungsstoffe Sorbinsäure, Sorbate, Kalzium-Benzoat, Sulfite sowie Antioxidantien und die Farbstoffe Tartrazin, Gelborange, Amaranth sowie der Geschmacksverstärker Mononatriumglutamat.

IgE-vermittelte Immunreaktionen gegenüber Zusatzstoffen sind seltener. Ein Beispiel wäre das Cochenille-Extrakt (E 120, Karminsäure) als Farbstoff für Lebensmittel.

Es gibt in der Literatur deutliche Hinweise auf einen möglichen Zusammenhang zwischen der Aufnahme bestimmter Lebensmittelzusatzstoffe (den Farbstoffen E 102, E 104, E110, E 122, E 124, E 129 und dem Konservierungsstoff Natriumbenzoat E 211) und dem Auftreten des Aufmerksamkeitsdefizit-Hyperaktivitäts-Syndroms (ADHS) bei Kindern.

15.6 Lebensmittelallergene

Unter einer Allergie versteht man eine Überempfindlichkeitsreaktion, die durch immunologische Mechanismen ausgelöst wird. Allergische Reaktionen können sich als Allergien des Typs I bis IV manifestieren. Typ I-Reaktionen sind IgE-vermittelte Reaktionen mit Freisetzung von gespeicherten Mediatoren (z. B. Histamin) aus Mastzellen sowie Freisetzung von neu gebildeten Mediatoren, z. B. Leukotriene, Prostagladine und plättchenaktivierender Faktor, Freisetzung von Zytokininen, z. B. IL-3, IL-4, IL-5, IL-6. Klinische Manifestation sind Rhinitis, Asthma, Urticaria, Diarrhö, anaphylaktischer Schock. Typ-II-Reaktionen sind Antikörper vermittelte zytotoxische Reaktionen; die zytotoxische Wirkung resultiert aus der Aktivierung von Komplement, Bindung an Fc-Rezeptoren von Killerzellen und/oder Förderung der Immunphagozytose. Allergien des Typs III äußeren sich in Glomerulonephritis, Athralgien, Urticaria, gelegentlich auch in

Zytopenien. Allergien des Typs IV sind keine Antikörper vermittelten Reaktionen. Diese Reaktionen werden durch T-Zellen unterhalten, auf deren Oberfläche Antigen spezifische Rezeptoren gebunden sind. Die Kontaktdermatitis ist das bekannteste und wichtigste Beispiel einer Typ-IV-Reaktion.

Allergene sind Antigene, welche die monologisch ausgelöste Überempfindlichkeit stimulieren. Meist handelt es sich um Proteine, die oft eine Kohlenhydratseitenkette besitzen. Die Prävalenz von Lebensmittel bedingten Allergien in der allgemeinen Bevölkerung wird auf etwa 1–3% der Erwachsenen und 4–8% der Kinder geschätzt. Obwohl grundsätzlich fast alle Lebensmittel im Einzelfall eine Nahrungsmittelallergie auslösen können, sind klinisch nur relativ wenige Lebensmittel besonders bedeutsam. So stehen 75% der Lebensmittel allergischen Reaktionen bei Kindern im Zusammenhang mit dem Verzehr von Ei, Kuhmilch, Fisch, Erdnuss und bestimmten anderen Nüssen, während etwa 50% derartiger Allergien bei Erwachsenen auf Früchte wie Kiwi, Banane, Apfel, Birne, Pflaume und Gemüse wie Karotte und Sellerie sowie bestimmte Nüsse und Erdnüsse zurückzuführen sind (EFSA, 2004).

Lebensmittel, die am häufigsten Allergien und bestimmte Unverträglichkeiten auslösen, wurden in Richtlinie 2000/13/EG zur Kennzeichnung von Lebensmitteln bzw. im Anhang IIIa aufgeführt. Diese sogenannten Hauptallergene (die Allergenen „14") decken zahlenmäßig die häufigsten Allergien auf Nahrungsmittel ab und sind auf der Etikettierung von (vorverpackten bzw. überwiegend verarbeiteten) Lebensmitteln aufzuführen: glutinhaltiges Getreide (d.h. Weizen, Roggen, Gerste, Hafer, Dinkel, Kamut oder Hybridstämme davon), Krebstiere, Eier, Fisch, Erdnüsse, Soja, Milch, Schalenfrüchte (d.h. Mandel, Haselnuss, Walnuss, Kaschunuss, Pekannuss, Paranuss, Pistazie, Macadamianuss, Queenslandnuss), Sellerie, Senf, Sesam und jeweils daraus hergestellte Erzeugnisse sowie Schwefeldioxid und Sulfite in einer Konzentration von mehr als 20 mg/kg oder 10 mg/l als SO_2 angegeben (EU-Richtlinie 2003/89/EC).

Grenzwerte, die zu der Angabe der kennzeichnungspflichtigen Allergenenbestandteile auf dem Etikett verpflichten, existieren in Deutschland und der EU zurzeit noch nicht; unbeabsichtigt in Lebensmittel gelangte Allergene müssen nicht gekennzeichnet werden. Deshalb verwenden Hersteller aus Gründen der Produkthaftung mitunter in der Kennzeichnung ihrer Produkte die Angabe „kann Spuren von XYZ (XYZ = Allergen, z.B. Haselnüsse) enthalten". Wird die Angabe in „kann ... enthalten" lediglich prophylaktisch verwendet, weil ungeeignete Maßnahmen zur Einschränkung oder sogar Verhinderung von Kreuzkontaminationen die Produktion verteuern würden, ist dem Verbraucherschutz nur bedingt gedient, da eine zunehmende Verwendung dieses Vorsichtshinweises die Wahlmöglichkeit des Allergiekranken weiter einschränkt. Um hier Abhilfe zu schaffen, wird zurzeit die Festlegung von Schwellenwerten national und international diskutiert. Grundlage hierzu sind die Erkenntnisse, dass Lebensmittelallergien dosisabhängig sind, d.h. unter einer bestimmten Dosis und einer bestimmten Schwelle ist mit keiner allergenen Reaktion zu rechnen. Die genauen Schwellen zur Auslösung der Reaktionen sind unbekannt, sie liegen in einem unbestimmten Bereich zwischen LOAEL und NOAEL. Daher müssen

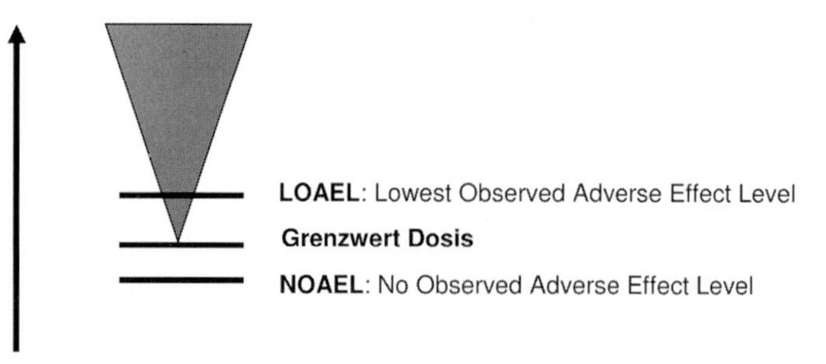

Abb. 15.13 Ableitung von Schwellenwerten für Nahrungsmittelallergene: Wie viel ist zu viel?

Schwellenwerte so festgelegt werden, dass sie die Nahrungsmittelallergiker genügend schützen und auch analytisch nachweisbar sind (Abb. 15.13).

15.7
Novel Foods

„Novel Foods" sind Lebensmittel und Lebensmittelzutaten, die vor dem Inkrafttreten der Verordnung (EG Nr. 258/97) über neuartige Lebensmittel und neuartige Lebensmittelzutaten (Novel-Foods-Verordnung) vom 15. Mai 1997 in der Europäischen Gemeinschaft noch nicht in nennenswertem Umfang für den menschlichen Verzehr verwendet wurden und einer der folgenden Kategorien zuzuordnen sind:

- aus Mikroorganismen, Pilzen oder Algen bestehend oder isoliert worden (z. B. Öl aus Mikroalgen);
- mit neuer oder gezielt modifizierter primärer Molekülstruktur (z. B. Fettersatzstoffe);
- aus Pflanzen bestehend oder isoliert worden (z. B. Phytosterole);
- aus Tieren isolierte Lebensmittelzutaten (ausgenommen sind Erzeugnisse, die mit herkömmlichen Vermehrungs- oder Zuchtmethoden gewonnen wurden und erfahrungsgemäß als unbedenklich gelten);
- Herstellung über ein nicht übliches Verfahren; wenn das Verfahren eine bedeutende Veränderung der Zusammensetzung oder Struktur bewirkt hat, die sich auf den Nährwert, den Stoffwechsel oder die Menge unerwünschter Stoffe im Lebensmittel auswirkt (z. B. enzymatische Konversionsverfahren).

Lebensmittel und Lebensmittelzutaten, die gentechnisch veränderte Organismen (GVO) enthalten (z. B. Joghurt mit gentechnisch veränderten Lebendkulturen), die aus GVO bestehen (gentechnisch veränderter Gemüsemais) oder aus GVO hergestellt wurden, diese aber nicht mehr enthalten (z. B. Püree aus gentechnisch veränderten Tomaten, aus gentechnisch verändertem Raps gewonnenes Öl), gehören nicht mehr zum Geltungsbereich der Novel-Foods-Verordnung.

Sie wurden durch die ab 2004 anwendbare Verordnung (EG Nr. 1829/2003) über gentechnisch veränderte Lebensmittel und Futtermittel sowie die Verordnung (EG Nr. 1830/2003) über die Rückverfolgbarkeit und Kennzeichnung von gentechnisch veränderten Organismen und über die Richtlinie 2001/18/EG zur Prüfung der Umweltverträglichkeit, absichtliche Freisetzung genetisch veränderter Organismen in die Umwelt geregelt.

Eine besondere Kategorie von Erzeugnissen bilden *funktionelle Lebensmittel*. Ein Lebensmittel kann als funktionell angesehen werden, wenn es über adäquate ernährungsphysiologische Effekte hinaus einen nachweisbaren positiven Effekt auf eine oder mehrere Zielfunktionen im Körper ausübt, so dass ein verbesserter Gesundheitsstatus oder gesteigertes Wohlbefinden und/oder eine Reduktion von Krankheitsrisiken erzielt wird. Bisher existieren keine spezifischen gesetzlichen Regelungen für diese Erzeugnisse, sofern sie aber den Definitionen eines neuartigen Lebensmittels entsprechen, fallen sie in den Geltungsbereich der Novel-Foods-Verordnung.

Bestimmte funktionelle Lebensmittelinhaltsstoffe, wie manche Fettsäuren (*cis*-konjugierte Linolsäuren, Omega-3 Fettsäuren), Vitamine, Spurenelements oder Pflanzeninhaltsstoffe werden Lebensmittel zugesetzt mit dem Ziel, die Gesundheit der Menschen zu verbessern bzw. Krankheiten vorzubeugen.

Als Beispiele sind zu nennen Phytosterinester in Margarinen zum Zwecke der Cholesterinsenkung, Lycopin aus *Blakeslea trispora* als Lebensmittelzutat mit der Funktion als Antioxydans und Radikalfänger, Algenöl als Docosahexaensäure (DHA)-reiches Öl als Zutat oder konjugierte Linolsäuren (CLA) als Lebensmittelzutat zur Prävention von koronaren Herzkrankheiten.

Neuartige Lebensmittel und neuartige Lebensmittelzutaten, kurz Novel Foods, werden einer einheitlichen Sicherheitsprüfung unterzogen. Will ein Hersteller oder Importeur ein neuartiges Lebensmittel auf den Markt bringen, kommen in Abhängigkeit von der Art des Erzeugnisses zwei Verfahren in Frage:

1. Das Genehmigungsverfahren nach Artikel 4 der Verordnung. Dabei ist vom Hersteller in dem Mitgliedstaat, in dem das Erzeugnis erstmals in den Verkehr gebracht werden soll, ein Antrag zu stellen. Dieser muss u.a. die für eine Sicherheitsbewertung erforderlichen Informationen enthalten. Die zuständige Lebensmittelprüfstelle des Mitgliedsstaats führt die Sicherheitsprüfung des Antrages durch, dessen Ergebnis an die Europäische Kommission übermittelt wird. Gibt es keine Einwände und erheben die übrigen Mitgliedsstaaten ebenfalls keine Einwände, so wird die Genehmigung für die Vermarktung des neuartigen Erzeugnisses in der gesamten EU erteilt.
2. Ein vereinfachtes Anmeldeverfahren (Notifizierung) nach Artikel 5 der Verordnung ist vorgesehen für neuartige Lebensmittel und Lebensmittelzutaten, die traditionellen Erzeugnissen hinsichtlich ihrer Zusammensetzung, ihres Nährwerts, ihres Stoffwechsels, ihres Verwendungszwecks und ihres Gehalts an unerwünschten Stoffen im Wesentlichen gleichwertig sind. In Deutschland ist das Bundesamt für Verbraucherschutz und Lebensmittelsicherheit (BVL) für die Antragsbearbeitung in beiden Verfahren zuständig.

15.7.1
Sicherheitsbewertung neuartiger Lebensmittel und neuartiger Lebensmittelzutaten

Neuartige Lebensmittel dürfen nur in den Verkehr gebracht werden, wenn sie:
- keine Gefahr für den Verbraucher darstellen,
- den Verbraucher nicht irreführen,
- keine Ernährungsmängel für den Verbraucher mit sich bringen.

Aufgrund der Heterogenität neuartiger Lebensmittel und Lebensmittelzutaten erfolgt die Sicherheitsbewertung grundsätzlich in Form von Einzelfallbetrachtungen. Dabei sind folgende Informationen erforderlich:
- Spezifikation,
- Herstellungsverfahren und Auswirkung auf das Produkt,
- frühere Verwendung und dabei gewonnene Erfahrungen,
- voraussichtlicher Konsum/Ausmaß der Nutzung,
- ernährungswissenschaftliche Aspekte,
- mikrobiologische Aspekte,
- toxikologische Aspekte.

Zu all diesen Punkten müssen Informationen bzw. Studienergebnisse vorgelegt werden, die unter Anwendung der Prinzipien der Guten Laborpraxis (GLP) durchgeführt wurden. Hinsichtlich der toxikologischen Informationen sind Studien zu Metabolismus und Toxikokinetik, zur Genotoxizität, subchronischen Toxizität, chronischen Toxizität und Kanzerogenität sowie Reproduktions- und Entwicklungstoxizität vorzulegen. In Abhängigkeit der in Tierstudien beobachteten Effekte sowie der sonstigen Erfahrung können auch Studien an Menschen erforderlich sein. In dieser Art und Weise wurden beispielsweise Phytosterine, die Lebensmitteln zur Cholesterinsenkung zugesetzt werden können, geprüft. Lebensmittel und Lebensmittelzutaten, die mit neuartigen Technologien, beispielsweise neuartigen thermischen Verfahren wie die Hochfrequenzerhitzung oder Hochdruckbehandlung oder elektrische Hochspannungsimpulsverfahren hergestellt werden, gehören nur dann in den Geltungsbereich der Novel-Foods-Verordnung, wenn das Verfahren eine bedeutende Veränderung ihrer Zusammensetzung oder Struktur bewirkt, was sich auf ihren Nährwert und Stoffwechsel oder auf die Menge unerwünschter Stoffe im Lebensmittel auswirkt.

15.8
Zusammenfassung

Auf unterschiedlichen Stufen der Nahrungskette sind Einträge, Rückstände, Kontaminationen oder endogene Bildungen von unerwünschten Substanzen möglich, die auf verschiedenen Wegen in die Lebensmittel gelangen können. Die Risikobewertung (risk assessment) beinhaltet die Gefahrenidentifizierung (hazard identification), die Gefahrenbeschreibung (hazard characterization) sowie die Expositionsabschätzung (exposure assessment) und die finale Risikocharakterisierung (risk characterization). Die Ableitung von toxikologischen Grenzwerten für die unbedenkliche Aufnahme erfolgt im Rahmen einer Risikobewertung auf der Grundlage der Dosis-Wirkungs-Beziehung der betreffenden Stoffe und nach den Paradigmen der Risikobewertung. Hierbei wird jedoch je nach Art des Stoffes unterschiedlich vorgegangen.

Zu den Stoffen, die unbeabsichtigt in Lebensmittel gelangen, gehören die Kontaminanten, inklusive denen, die während des Herstellungs-, Verarbeitungs- und Verpackungsprozesses entstehen. EU-Verordnungen legen fest, dass Lebensmittel, die Kontaminanten in nicht vertretbaren Mengen enthalten, nicht in den Verkehr gebracht werden dürfen. Für bestimmte Kontaminanten sind Höchstgehalte festgelegt worden, die von der Lebensmittelkontrolle überwacht werden.

Unter den Schwermetallen hat Cadmium die größte toxikologische Bedeutung. Normalverzehrer schöpfen den TWI-Wert um ca. 60% aus, Vielverzehrer, wie Vegetarier, Schwangere und Jugendliche, schöpfen den TWI-Wert um fast 90% aus. Hier sind Maßnahmen zur Reduktion des Eintrages erforderlich.

Erhitzungsbedingte Kontaminanten wie Acrylamid, Furan, Chlorpropanole, polycyclische aromatische Kohlenwasserstoffe, heterocyclische Amine, aromatische Amine und Trans-Fettsäuren können bei der Produktion, Verarbeitung, Zubereitung oder Verpackung in Lebensmittel übergehen. Die Bildung erfolgt v. a. beim Erhitzen von Lebensmitteln über 120 °C. Aufgrund ihres potentiell kanzerogenen Potenzials stellen sie eine besondere Herausforderung des Verbraucherschutzes dar.

Erst seit Kurzem ist klar, dass eine neue Klasse von Kontaminanten, die industriell hergestellten perfluorierten Alkylverbindungen (perfluorierte Tenside), die ein reprotoxisches und ein potentiell kanzerogenes Potential aufweisen, sich ebenfalls in unserer Nahrungskette anreichern und damit neue Risikomanagement-Maßnahmen erforderlich machen.

Die Verwendung von Lebensmittelzusatzstoffen, wie z. B. künstliche Süßstoffe, Farbstoffe, Konservierungsstoffe etc., ist in der Europäischen Union einheitlich geregelt (Richtlinie 89/107/EWG). Hinsichtlich ihrer Zulassung gilt das Verbotsprinzip mit Erlaubnisvorbehalt.

In Europa wird die Prävalenz von Lebensmittel bedingten Allergien in der allgemeinen Bevölkerung auf etwa 1–3% der Erwachsenen und 4–8% der Kinder geschätzt. Da neue Erkenntnisse zeigen, dass Lebensmittelallergien dosisabhängig sind, wird die Festlegung von Schwellenwerten national und international diskutiert und in Zukunft sicher etabliert werden.

Neuartige Lebensmittel, wie z. B. „funktionelle Lebensmittel“, haben das Potenzial, unsere Ernährung in der Zukunft erheblich zu verändern. Daher erfolgt die Sicherheitsbewertung entsprechend der Novel-Foods-Verordnung (EG Nr. 258/97) in einem europäisch abgestimmten Netzwerk.

15.9
Fragen zur Selbstkontrolle

1. *Definieren Sie Kontaminanten und Rückstände.*
2. *Aus welchen vier Elementen setzt sich die Risikobewertung zusammen?*
3. *Was ist der NOEL, LOEL, NOAEL, LOAEL?*
4. *Wie wird der ADI-Wert berechnet?*
5. *Was ist der UL-Wert und wie wird er bestimmt?*
6. *Für welche Substanzen wird der ARfD-Wert verwendet?*
7. *Was besagt der MRL-Wert, für welche Substanzgruppen wird er verwendet?*
8. *Nennen Sie zwei Prinzipien der Risikoabschätzung von genotoxischen und kanzerogenen Substanzen, die in Lebensmitteln vorkommen können.*
9. *Welche Verbrauchergruppen sind hinsichtlich einer Cadmium-Kontamination mehr gefährdet?*
10. *Was ist das toxikologische Prinzip der Acrylamid-Wirkung?*
11. *Warum stellen 3-MCPD-Fettsäureester ein potenzielles Risiko für Babies dar?*
12. *Warum haben PFT eine so lange Halbwertszeit?*
13. *Welche potenziellen Nebenwirkungen können einige Zusatzstoffe haben?*
14. *Warum sind Schwellenwerte für Lebensmittelallergene erwünscht?*
15. *Was ist ein Novel Food? Wie wird ein Novel Food hinsichtlich der Sicherheit bewertet?*

15.10
Literatur

1 http://www.efsa.europa.eu/EFSA/Scientifi_Opinion/sc°p_ef282_gentox_en3,2.pdf
2 EFSA (2009), Cadmium in food; Scientific Opinion of the Panel on Contaminants in the Food Chain, The EFSA Journal 980: 1–139
3 EFSA (2004), Opinion of the Scientific Panel on Dietetic Products, Nutrition and Allergies on a request from the Commission relating to the evaluation of allergenic foods for labelling purposes, The EFSA Journal 32:1–197
4 EFSA (2005), Opinion of the Scientific Committee on a request from EFSA related to A Harmonised Approach for Risk Assessment of Substances which are both Genotoxic and Carcinogenic, The EFSA Journal 282:1–31

15.11
Weiterführende Literatur

1 Dunkelberg H, Gebel T, Hartwig A (2007), Handbuch der Lebensmitteltoxikologie, Wiley-VCH, Weinheim

16
Arzneimittel

Eckhard von Keutz

16.1
Aufgaben und Ziele der Arzneimitteltoxikologie

Unerwünschte Wirkungen (Nebenwirkungen) spielen in der Diskussion um die Sicherheit von Arzneimitteln seit jeher eine große Rolle. Bereits das alte Wort für Arzneimittel, das „Pharmakon“, bedeutete in der griechischen Denkweise sowohl Heilmittel als auch Gift und Paracelsus (1493–1541) stellte im Hinblick auf Arzneimittel fest: „All' Ding sin' Gift und nichts ohn' Gift. Allein die Dosis macht, dass ein Ding kein Gift ist.“

Grundsätzlich gilt, dass jede therapeutisch wirksame Substanz auch unerwünschte Nebenwirkungen haben kann. Deshalb muss der Begriff „Sicherheit“, unter dem im allgemeinen Sprachgebrauch die absolute Abwesenheit von „Risiko“ verstanden wird, für Arzneimittel anders gefasst werden. Die Konzentration der Betrachtung nur auf den Nutzen oder nur auf die Risiken birgt die große Gefahr der Fehlbeurteilung in sich. Beide – der Nutzen eines Medikamentes und seine Risiken – müssen gemeinsam betrachtet und bewertet werden. Mit anderen Worten, an die Stelle einer 100%igen Sicherheitsgarantie muss stets die Abwägung treten, ob der beabsichtigte therapeutische Nutzen des Medikamentes in einem vernünftigen Verhältnis zu einem möglichen Schaden steht. Diese Nutzen-Risiko-Überlegung muss für jedes Arzneimittel immer wieder neu und unter Wichtung aller vorhandenen Erkenntnisse durchgeführt werden. In diesem Zusammenhang fällt der Toxikologie eine wichtige Rolle zu. Sie versucht die Frage zu beantworten, wie groß die Wahrscheinlichkeit eines Schadenseintritts und wie schwer der zu erwartende Schaden sein könnte. Damit stellt die Arzneimitteltoxikologie den wichtigsten nicht-klinischen Teil der Arzneimittelsicherheit dar. Toxikologische Untersuchungen begleiten ein Arzneimittel von der chemischen Synthese bis zur Zulassung.

Bereits in einem frühen Stadium können toxikologische Untersuchungsergebnisse das Aus für eine Substanz bedeuten, wenn sich herausstellt, dass das Risiko für eine Anwendung am Menschen zu hoch ist. In diesem Fall wird die Entwicklung eines potenziellen Arzneimittels abgebrochen, bevor es die Phase der klinischen Anwendung am Menschen erreicht. In den Fällen, in denen die Ergebnisse toxikologischer Untersuchungen nicht *a priori* gegen die Anwendung

Toxikologie Band 1: Grundlagen der Toxikologie. Herausgegeben von Hans-Werner Vohr

ISBN: 978-3-527-32319-7

Tab. 16.1 Aufgaben der Toxikologie während der Forschung und Entwicklung neuer Arzneimittel.

Substanzfindung	Präklinische Phase	Klinische Phase
Unterstützung bei der Substanzoptimierung und bei der Auswahl des am besten geeigneten Entwicklungskandidaten	Schaffung der Voraussetzungen für die sichere (Erst)Anwendung der Substanz beim Menschen	Schaffung der Voraussetzungen für die Ausdehnung der klinischen Prüfung und für den Zulassungsantrag
Eliminierung von Kandidaten, die für eine Entwicklung nicht in Frage kommen	Festlegung der Erstanwendungsdosis für den Menschen Aufdeckung möglicher Risiken	Identifizierung von Langzeiteffekten

eines neuen Pharmakons am Menschen sprechen, liefern sie die ersten und zugleich wesentlichen Hinweise auf mögliche Risiken.

Auf der Grundlage toxikologischer Untersuchungen wird die Erstanwendungsdosis für den Menschen festgelegt. Daneben versetzen die in den präklinischen Studien identifizierten Zielorgane und Schädigungsmuster den klinischen Untersucher in die Lage, ganz gezielt auf mögliche Nebenwirkungen bzw. Unverträglichkeiten zu achten und bestimmte Patientenkollektive, die ein erhöhtes Risiko aufweisen, von vornherein von der Behandlung auszuschließen. Die besondere Bedeutung toxikologischer Untersuchungen liegt zudem in der Abklärung von Risiken, die klinisch nicht erfassbar sind oder aus naheliegenden Gründen nicht geprüft werden dürfen, wie die Abklärung möglicher fruchtschädigender, erbgutverändernder oder krebsauslösender Eigenschaften.

16.2 Gesetzliche Regelungen

In Deutschland muss nach dem geltenden Arzneimittelgesetz (AMG) die Unbedenklichkeit eines Medikaments nachgewiesen werden. Das Gesetz selbst sagt dabei nichts über den Umfang der Untersuchungen aus, sondern fordert nur, dass entsprechende pharmakologisch-toxikologische Prüfungen durchgeführt werden müssen (AMG § 26). Art und Umfang der toxikologischen Untersuchungen sind in der Arzneimittelprüfrichtlinie festgelegt.

Im Rahmen des internationalen Harmonisierungsverfahrens, des sogenannten ICH-Prozesses (*International Conference on Harmonization*), ist mittlerweile eine weitgehende Angleichung der weltweiten Prüfstandards erreicht worden, was nicht zuletzt aus Gründen des Tierschutzes (keine unnötigen Doppelversuche) sehr zu begrüßen ist. Die internationale Harmonisierung der Prüfvorschriften, an der jeweils ein Vertreter aus der pharmazeutischen Industrie und aus der Zulassungsbehörde der drei Regionen (Europa, Japan, USA) beteiligt ist, erfolgt in einem schrittweisen Prozess. Es beginnt mit einer technischen Diskussion auf Expertenebene (Stufe 1) und endet mit der Implementation der Prüfvorschriften (Stufe 5) in den Regionen.

Alle nicht-klinischen Studien, die zum Nachweis der Sicherheit des Arzneimittels für die Anwendung am Menschen dienen, müssen nach den Grundsätzen der „Guten Laborpraxis“ (GLP) durchgeführt werden. Dies bedeutet, dass jeder Arbeitsgang, jede Beobachtung, jedes einzelne Resultat, kurz alles, was für den Versuch und sein Ergebnis von Bedeutung sein könnte, peinlichst genau schriftlich niedergelegt und vom Verantwortlichen abgezeichnet werden muss. Auf diese Weise soll die bestmögliche Qualität der Versuche gewährleistet und insbesondere sichergestellt sein, dass die Versuchsergebnisse als verlässlich angesehen werden können. Es muss jede bewusste oder unbewusste Verfälschung der Versuchsergebnisse ausgeschlossen sein. Die Einhaltung der GLP-Bedingungen wird in regelmäßigen Abständen durch staatliche Stellen – in Deutschland durch Landesbehörden – überprüft.

16.3 Grundprinzipien nicht klinischer Sicherheitsstudien

Im Rahmen toxikologischer Prüfung von Arzneimitteln kommen *In-vitro-* und *In-vivo*-Verfahren zur Anwendung.

16.3.1 *In-vitro*-Prüfungen

Die Bedeutung von *In-vitro*-Testsystemen hat in den letzten Jahren zugenommen. Während lange Zeit die *In-vitro*-Prüfung auf die Untersuchung möglicher genotoxischer Eigenschaften einer Substanz beschränkt war, haben sich mittlerweile weitere toxikologische Fragestellungen ergeben, bei denen die *In-vitro*-Prüfung wesentliche Antworten liefern kann. Zu erwähnen ist hierbei insbesondere der Einsatz von Zell- oder Gewebekulturverfahren zur frühzeitigen toxikologischen Einschätzung neuer Substanzen im Rahmen von *Screenings* sowie deren Anwendung bei der Abklärung mechanistischer Fragestellungen. In diesem Zusammenhang stellen *In-vitro*-Methoden eine wertvolle Ergänzung zum Tierversuch dar, ohne diesen zum gegenwärtigen Zeitpunkt ersetzen zu können.

Die *In-vitro*-Prüfung umfasst Untersuchungen an isolierten Organen oder Geweben, Zellen, Zellorganellen, Rezeptoren oder Kanälen. Die Kultur von Zellen aus unterschiedlichen Organen ist die am häufigsten in der Toxikologie eingesetzte *In-vitro*-Methode. Zu unterscheiden ist dabei zwischen Primärzellkulturen und permanenten Zelllinien (siehe Abb. 16.1). Primärzellkulturen werden aus frisch isolierten Zellen angelegt, die beispielsweise im Rahmen einer Sektion gewonnen werden oder als Operationsmaterial anfallen. Permanente Zelllinien, wie zum Beispiel Tumorzelllinien, werden aus Zellen gewonnen, die spontan oder gezielt so transformiert worden sind, dass sie unbegrenzt passagierbar

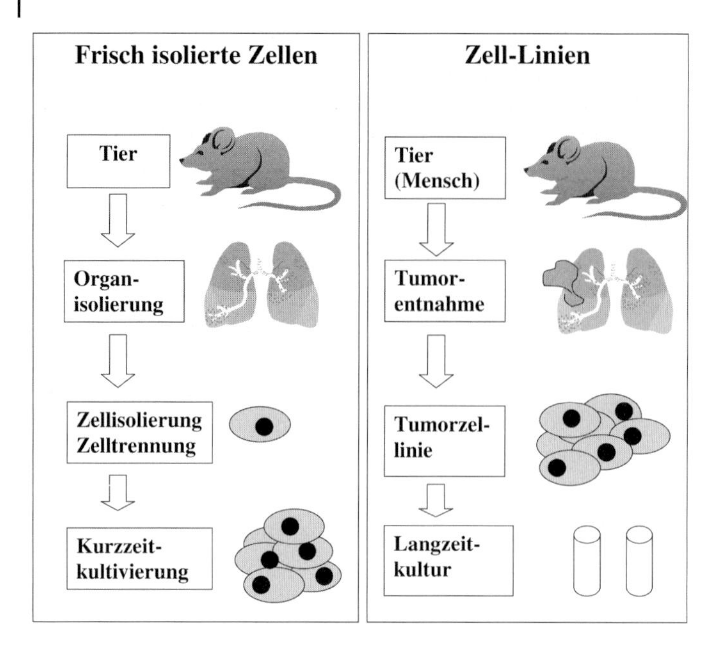

Abb. 16.1 Arbeiten mit isolierten Zellen.

sind und auf Vorrat gehalten werden können. Sie sind mittlerweile problemlos von Zellbanken zu beziehen. In den letzten Jahren werden zunehmend auch einfache dreidimensionale „organoide" Strukturen aus humanen Primärzellen angeboten, wie z. B. Epidermis- und Schleimhaut-Modelle. Welche der Kultursysteme zu verwenden sind, muss im Einzelfall entschieden werden und hängt von der spezifischen Fragestellung ab.

Im Hinblick auf ihre Zielsetzung können *In-vitro*-Prüfungen unter zwei Gesichtspunkten gesehen werden. Zum einen als *Screening*-Methode, zum andern im Rahmen mechanistischer Fragestellungen. Während die pharmakologische Forschung bei der Wirkungsprüfung neuer Arzneimittel bereits seit langem auf Zell- und Gewebekulturen zurückgreift, war der Einsatz derartiger Systeme in der Toxikologie auf wenige Fragestellungen begrenzt. Mittlerweile stellen *In-vitro*-Methoden aber ein unverzichtbares Instrument im Rahmen der frühen toxikologischen Charakterisierung neuer Substanzen dar. Dies lässt sich aufgrund der deutlich gestiegenen Effizienz der Pharma-Forschung (höherer Output) und der daraus resultierenden Notwendigkeit, potenzielle Entwicklungskandidaten toxikologisch frühzeitig zu bewerten und Hilfestellung bei der Optimierung zu geben, erklären. Es liegt auf der Hand, dass konventionelle toxikologische Methoden, insbesondere tierexperimentelle Untersuchungen, aufgrund ihres geringen Durchsatzes und der benötigten großen Substanzmengen die Anforderungen, die an ein *Screening* gestellt werden, nicht leisten können. *In-vitro*-Methoden benötigen hingegen einen geringen Substanzbedarf, sie sind schnell durchzuführen und sie sind preiswert. Allerdings sind die relativ einfachen

In-vitro-Systeme häufig überfordert, wenn es um die Generierung von Informationen zu einer Substanz geht, über die keine oder nur wenige Vorinformationen vorliegen. Derartige Aussagen können im Regelfall nur von Methoden geliefert werden, die ein hohes Maß an Komplexität aufweisen. Dies können die *In-vitro*-Verfahren naturgemäß nicht leisten. Der besondere Stellenwert von *In–vitro*-Methoden liegt deshalb bei der Abklärung von Fragestellungen, die sich aufgrund konkreter Hinweise aus einem Tierversuch ergeben haben. In diesem Zusammenhang ist das frühe *Screening* immer als „*Screening* via *knowledge*", also auf der Grundlage von Vorinformationen, zu verstehen. Liegt erst einmal eine unter *In-vivo*-Bedingungen generierte Datenlage vor, so kann dieser mit Hilfe von Zell- oder Gewebekulturverfahren gezielt nachgegangen werden. Der besondere Vorteil der *In–vitro*-Verfahren liegt zudem in der Möglichkeit, auf humanes Material (zum Beispiel Operationsmaterial) zurückgreifen zu können und damit die Grundlage für die Risikoabschätzung zu verbessern. Somit können *In-vitro*-Methoden eine sinnvolle Ergänzung zum Tierversuch darstellen mit der Möglichkeit, die Übertragbarkeit der im Tier erhobenen Befunde auf den Menschen zu erhöhen.

16.3.2
Tierexperimentelle Prüfungen

Die ersten Daten zur Sicherheit bzw. Verträglichkeit eines potenziellen Arzneimittels werden üblicherweise an Tieren ermittelt. Wissenschaftlich sinnvoll ist die Tierspezies, die auf das Pharmakon ähnlich reagiert wie der Mensch. Es liegt in der Natur der Sache, dass diese Information vor der ersten Anwendung am Menschen nicht vorliegt. Aus diesem Grund werden in der Regel die toxikologischen Untersuchungen zunächst an zwei Tierspezies durchgeführt, die auf-

Tab. 16.2 Übersicht über gebräuchliche Tierspezies in toxikologischen Studien.

Studientyp	Nager	Nichtnager
Prüfung auf allgemeine Verträglichkeit	Ratte, Maus	Hund, Minischwein, Affe
Prüfung auf fruchtschädigende Eigenschaften	Ratte, Maus	Kaninchen, Affe
Prüfung auf erbgutverändernde Eigenschaften	Ratte, Maus, Hamster	
Prüfung auf krebserzeugende Eigenschaften	Ratte, Maus, Hamster	
Prüfung auf Pyrogenität		Kaninchen
Prüfung auf lokale Verträglichkeit		Kaninchen
Prüfung auf Fototoxizität	(haarlose) Maus, Meerschweinchen	
Prüfung auf Immuntoxizität	Ratte, Maus, Meerschweinchen	

grund ihrer genetischen Unterschiedlichkeit gewährleisten, dass ein breites Spektrum an toxikologischen Befunden erhoben werden kann. Bewährt haben sich dabei eine Nager-Spezies und eine Nichtnager-Spezies (siehe Tab. 16.2).

16.3.2.1 **Auswahl der Spezies**

Die Wahl der „richtigen" Tierspezies, der sogenannten *„most human-like animal species"*, erfolgt auf der Grundlage kinetischer und metabolischer Überlegungen, wobei *In-vitro*-Untersuchungen, die zum Beispiel an isolierten Leberzellen verschiedener Spezies einschließlich humaner Hepatozyten durchgeführt werden, bereits vor der ersten Anwendung einer neuen Substanz am Menschen wertvolle Hinweise geben können. Die Substanz sollte in den eingesetzten Tierspezies ein vergleichbares kinetisches Verhalten aufweisen wie im Menschen. Wichtige Bezugsgrößen sind dabei die Bioverfügbarkeit sowie die Halbwertszeit der Substanz im Organismus. Auch die Verstoffwechselung der Substanz sollte in den für die toxikologischen Prüfungen ausgewählten Tierspezies gleich oder zumindest ähnlich erfolgen wie im Menschen. Im Rahmen der Risikoabschätzung kann neben der *„most human-like animal species"* auch die *„most sensitive animal species"*, also die Tierspezies, die auf das Arzneimittel am empfindlichsten reagiert, von Bedeutung sein.

Eine grundsätzliche andere Betrachtungsweise ergibt sich bei der toxikologischen Charakterisierung von Proteinen oder Antikörpern (Biopharmazeutika). Hier muss der Nachweis erbracht werden, dass die verwendete Tierspezies im Hinblick auf die Risikoabschätzung für den Menschen relevant ist. Im Unterschied zu den kleinen Molekülen spielt bei den zumeist körpereigenen Proteinen oder Antikörpern das kinetische Verhalten und die Verstoffwechselung nämlich nicht die entscheidende Rolle, sondern wichtiger ist die Fragestellung, ob die zu prüfende Substanz in der verwendeten Tierspezies eine dem Menschen vergleichbare pharmakologische oder biologische Wirkung zeigt.

16.3.2.2 **Anzahl der Tiere**

Die Anzahl der Versuchstiere pro Studie richtet sich nach der Tierspezies und nach dem Versuchstyp. Grundsätzlich gilt, dass die Versuchsergebnisse repräsentativ und – bei Nagern – statistisch auswertbar sein müssen. Bei Nagern steht die Beurteilung der Gruppe im Vordergrund. Dazu genügen bei Untersuchungen zur allgemeinen (systemischen) Verträglichkeit in der Regel 10 Ratten oder Mäuse pro Geschlecht und Gruppe. Für besondere Fragestellungen, zum Beispiel Untersuchungen auf krebsauslösende Wirkungen, muss die eingesetzte Tierzahl aus Gründen der Auswertbarkeit des Versuches höher sein (50 Tiere pro Gruppe und Geschlecht). Versuche an Nichtnagern werden mit wesentlich geringeren Tierzahlen durchgeführt, da bei diesen Tierspezies die individuelle Beurteilung des einzelnen Tieres im Vordergrund aller Untersuchungen steht. Es werden im Regelfall 4 Nichtnager pro Geschlecht und Gruppe eingesetzt. Zusätzliche Untersuchungen oder Fragestellungen, wie Blutentnahmen für toxikokinetische Bestimmungen oder die Prüfung auf Reversibilität, erhöhen die Anzahl der Tiere.

16.3.2.3 **Verabreichungsart**

Die Verabreichungsart und die galenische Formulierung der Prüfsubstanz sollten möglichst der für den Menschen vorgesehenen entsprechen. Die gebräuchlichsten Applikationsarten sind *per os* (Verabreichung per Schlundsonde, Kapsel oder über das Futter), intravenös (Injektion oder Infusion), intramuskulär, subkutan, dermal sowie *per inhalationem.*

16.3.2.4 **Verabreichungsdauer**

Die Dauer der toxikologischen Studien steht in unmittelbarem Zusammenhang mit der Dauer der klinischen Prüfung und der späteren therapeutischen Anwendungsdauer (siehe Tab. 16.3). Grundsätzlich gilt: Je länger die klinische Anwendung, desto länger müssen die toxikologischen Untersuchungen angelegt sein. In klinisch gut überwachten frühen Phasen beträgt das Verhältnis zwischen der Dauer der durchgeführten toxikologischen Studien und der erlaubten klinischen Prüfdauer 1:1.

Darüber hinaus gibt es Ansätze, die die einmalige oder kurzzeitige Verabreichung einer Substanz an wenige Probanden auf der Grundlage eines verkürzten nicht klinischen Prüfprogramms erlauben. Darunter fällt zum Beispiel die Einmalverabreichung einer sehr geringen Dosis (maximal 100 µg pro Mensch). Hierfür sind im Unterschied zu dem klassischen Programm keine toxikologischen Studien mit Mehrfachverabreichung an einer Nager und einer Nichtnager-Spezies nötig, sondern in diesem Fall reicht die Durchführung einer erweiterten toxikologischen Studie mit Einmalverabreichung an einer Tierspezies aus, die aufgrund kinetischer und pharmakologischer Überlegungen ausgewählt worden ist. Die Verabreichung einer Mikrodosis kann unter Umstän-

Tab. 16.3 Zusammenhang zwischen toxikologischer Prüfdauer und klinischer Anwendungsdauer für Phase-I- und -II-Studien in Europa und Phase-I-, -II- und -III-Studien in den USA und Japan.

Klinische Anwendungsdauer	**Minimale toxikologische Prüfdauer**	
	Nager	**Nichtnager**
Einmalverabreichung	2 Wochen	2 Wochen
bis zu 2 Wochen	2 Wochen	2 Wochen
bis zu 1 Monat	1 Monat	1 Monat
bis zu 3 Monaten	3 Monate	3 Monate
bis zu 6 Monaten	6 Monate	6 Monate
>6 Monate	6 Monate	6–12 Monate

den erste Aussagen zum kinetischen Verhalten einer neuen Substanz im Menschen liefern und damit ein wesentliches Entscheidungskriterium für deren Entwicklungsfähigkeit sein. Derzeit gehen die Überlegungen aber noch weiter, und zwar dahingehend, auf der Grundlage eines verkürzten toxikologischen Programms auch höhere klinische Dosen zuzulassen, um außer kinetische Fragestellungen auch andere für die Entwicklung entscheidende Kriterien, zum Beispiel erste Hinweise auf den Wirkmechanismus, möglichst frühzeitig im Menschen prüfen zu können (*Proof of Concept*).

16.3.2.5 **Wahl der Dosis**

Potenzielle Risiken für den Menschen können nur erfasst werden, wenn in den toxikologischen Studien ausreichend hohe Dosen geprüft werden. Dabei reicht die Verabreichung hoher nomineller Dosen (ausgedrückt in mg kg^{-1} Körpergewicht) alleine nicht aus, es muss auch eine hohe systemische Substanzbelastung (Exposition) der Tiere erreicht werden. Diese wird im Rahmen toxikokinetischer Untersuchungen ermittelt und als Spitzenkonzentration (c_{max}) und Fläche unter der Kurve (AUC) im Plasma beschrieben.

Im Regelfall werden drei Dosierungen – eine niedrige, eine mittlere und eine hohe Dosis – gegen eine unbehandelte Kontrollgruppe getestet. Dabei soll mit der niedrigen Dosis der Bereich ermittelt werden, in dem die Tiere keine unerwünschten Wirkungen zeigen (schädigungsfreie Dosis, *„no-observed-adverse-effect-level“*, NOAEL). Pharmakodynamische, also die therapeutisch erwünschten, Effekte können in der niedrigen Dosis auftreten und müssen auch erwartet werden. Die mittlere Dosis sollte im Idealfall die Verträglichkeitsgrenze darstellen, d.h. es sollten die ersten Erscheinungen der Unverträglichkeit nachzuweisen sein. Mit der Höchstdosis schließlich sollten Art und Ausmaß unerwünschter und somit toxischer Effekte auf Organe oder Organsysteme und die Organfunktion erfasst werden.

Der Vergleich der im Tierexperiment ermittelten schädigungsfreien Dosis mit der humantherapeutischen Dosis ergibt die Sicherheitsmarge oder therapeutische Breite der Substanz. Sind die therapeutischen Dosen beim Menschen wesentlich kleiner als diejenigen, die beim Tier toxisch wirken, hat das Präparat eine große Sicherheitsmarge. Liegen die Dosen aber nahe beieinander, dann ist die Sicherheitsmarge gering. Sobald kinetische Daten vom Menschen vorliegen, muss die Abschätzung der Sicherheitsfaktoren auf der Grundlage Exposition, also durch Vergleich der beim Menschen erreichten Plasmaspiegel mit den im Tier erzielten, erfolgen.

16.4 Studientypen

Die nicht klinischen Sicherheitsstudien lassen sich in zwei große Gruppen aufteilen:

- sicherheitspharmakologische Studien und
- toxikologische Studien.

Das Wesen der Sicherheitspharmakologie besteht in einer umfassenden Untersuchung von Organfunktionen. Damit unterscheiden sich diese Untersuchungen wesentlich von den toxikologischen Studien, in denen insbesondere Schädigungen von Organen oder Organsystemen erfasst werden.

Die toxikologischen Studien lassen sich in Prüfungen auf allgemeine Verträglichkeit und in spezielle Prüfungen einteilen.

Toxikologische Studien
Allgemeine (systemische) Verträglichkeitsprüfungen
- nach einmaliger Verabreichung (akute Toxizität)
- nach wiederholter Verabreichung (subakute, subchronische, chronische Toxizität)

Spezielle Untersuchungen auf
- Störungen der Fortpflanzung (Reproduktionstoxizität)
- erbgutverändernde Eigenschaften (Genotoxizität)
- krebsauslösende Eigenschaften (Kanzerogenität)

16.4.1 Sicherheitspharmakologie

Die Sicherheitspharmakologie beschäftigt sich mit der Fragestellung, ob wesentliche Organfunktionen durch die Substanz beeinträchtigt sein können. Diese Untersuchungen haben mittlerweile einen hohen Stellenwert und sind in einer international gültigen spezifischen Prüfrichtlinie beschrieben (ICH S7A: *Safety Pharmacology Studies for Human Pharmaceuticals* [1]).

In einem ersten Schritt, der sogenannten *Core battery*, werden zunächst die als besonders wichtig angesehenen Funktionen der Atmung, des Herz-Kreislaufsystems und des zentralen Nervensystems überprüft. Dafür stehen verschiedene Modelle zur Verfügung. Sollten sich aus diesen Studien Verdachtsmomente ergeben, so muss die Untersuchung ausgedehnt und den Befunden in sogenannten *Follow-up*-Studien in größerer Tiefe nachgegangen werden. In Ergänzung zu den in dem Basisprogramm untersuchten Organfunktionen müssen in sogenannten *supplemental studies* weitere Organe im Hinblick auf eine mögliche Funktionsstörung überprüft werden. Dazu zählen die Niere, das autonome Nervensystem, der Gastrointestinaltrakt und andere Organe wie der Muskel, das Immunsystem oder das endokrine System. Die Untersuchung dieser Organfunktionen wird insbesondere wichtig bei vorgeschädigten Patienten. So muss bei Patienten, die an Morbus Crohn leiden oder bei Patienten, deren Immunsystem geschwächt ist, ein besonderes Augenmerk auf die Untersuchung der Darmfunktion bzw. des Immunsystems gelegt werden.

Einen breiten Raum nimmt die Untersuchung auf eine mögliche Verlängerung des QT-Intervalls im Elektrokardiogramm (EKG) und des damit verbundenen Risikos von potenziell lebensbedrohlichen Herzrhythmusstörungen vom Typ der Torsade-de-Pointes ein. Diesem Aspekt wird mittlerweile eine so hohe Bedeutung beigemessen, dass er in einer speziellen international gültigen Prüfrichtlinie (ICH S7B: Non-Clinical Evaluation of the Potential for Delayed Ventricular Repolarization (QT Interval Prolongation) by Human Pharmaceuticals) verankert ist [1].

QT-Intervall

Das QT-Intervall entspricht der Dauer vom Beginn bis zum Ende der Erregung der Herzkammer. Die Repolarisation der Herzkammer wird vor allem durch Aktivierung des *delayed rectifier* k^+-Stroms (I_K) bestimmt, der aus einer schnellen (I_{Kr}) und einer langsamen Komponente (I_{Ks}) besteht. Die schnelle Komponente (I_{Kr}) wird durch HERG (*human ether-a-go-go-related gene*) kodiert. Arzneimittel die den I_{Kr} blockieren, verlängern die Aktionspotenzialdauer des Herzens.

Im Rahmen nicht klinischer Studien wird zunächst überprüft, ob die Substanz eine Hemmwirkung an HERG kodierten K^+ Kanälen zeigt und ob unter *In-vivo*-Bedingungen – getestet wird im Regelfall am Hund – Veränderungen im EKG auftreten. Je nach Ergebnis werden weitergehende Untersuchungen, zum Beispiel Aktionspotenzialmessungen an isolierten Herzmuskelzellen oder an Purkinje Fäden des Herzens durchgeführt. Wenn alle Daten vorliegen, erfolgt ein „integriertes *risk assessment*". Dabei wird beurteilt, ob die Substanz „kein Risiko", ein „geringes Risiko" oder ein „hohes Risiko" für eine QT-Intervallverlängerung aufweist (Abb. 16.2).

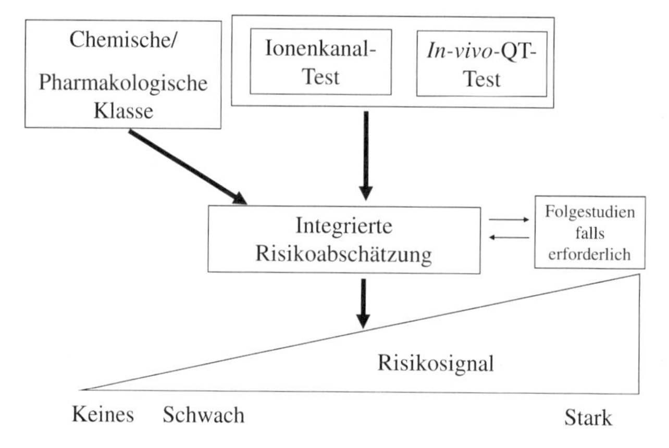

Abb. 16.2 Nicht klinische Teststrategie für die Prüfung auf QT-Intervall-Verlängerung im EKG.

Bei Arzneimitteln, die eine Verlängerung des QT-Intervalls im EKG verursachen, ist eine sorgfältige Nutzen-Risikoabwägung durchzuführen. Zu berücksichtigen sind hierbei insbesondere die beabsichtigte Indikation, die für die Behandlung vorgesehene Patientenpopulation, die Möglichkeit von Arzneimittel-Interaktionen sowie insbesondere die therapeutische Wertigkeit der Substanz und der Vergleich zu anderen Arzneimitteln mit ähnlicher oder gleichwertiger Indikation.

16.4.2
Prüfung auf allgemeine Verträglichkeit

16.4.2.1 Toxizität nach einmaliger Verabreichung

Das Ziel einer akuten Toxizitätsprüfung ist die Feststellung und Beschreibung des Vergiftungsbildes nach einmaliger Applikation. Im Vordergrund steht die sorgfältige Beobachtung der Vergiftungssymptome. Wichtig sind die Art der Symptomatik, der Zeitpunkt des Auftretens und die Dauer der Symptome sowie deren Reversibilität. Auf die genaue Bestimmung der tödlichen Dosis (LD_{50} = Dosis, bei welcher 50% der Versuchstiere sterben) wird heute kein Wert mehr gelegt.

Aus den Ergebnissen der Verabreichung einer einmalig hohen Dosis lassen sich Rückschlüsse auf das Risiko ableiten, das beim Menschen nach akuter wissentlicher oder unwissentlicher Überdosierung auftreten kann. Darüber hinaus ergeben sich erste Hinweise für die sich anschließenden länger dauernden toxikologischen Studien. Die Prüfungen zur akuten Toxizität sollten so gestaltet sein, dass bei Verwendung der kleinsten Anzahl Tiere ein Höchstmaß an Information erzielt wird. Als quantitatives Kriterium genügt heute die ungefähre, sogenannte approximative Bestimmung der tödlichen Dosis. Dies ist aus Gründen des Tierschutzes sehr zu begrüßen, da die Bestimmung des exakten LD_{50}-Wertes, so wie er in der Vergangenheit ermittelt wurde, den Einsatz wesentlich größerer Tierzahlen zur Voraussetzung hatte.

Die Prüfungen zur akuten Toxizität werden in der Regel an Ratten und Mäusen durchgeführt. Die Verabreichung des Wirkstoffs erfolgt meistens auf zwei Arten, *per os* und intravenös. Auf jeden Fall muss mindestens eine der Verabreichungsarten der für den Menschen vorgesehenen entsprechen. Die Nachbeobachtungszeit beträgt normalerweise 14 Tage. Sie kann verlängert werden, wenn entsprechende Symptome oder späte Todesfälle dies erfordern. Wenn Tiere während der Beobachtungszeit sterben, muss der Zeitpunkt des Todes für jedes Tier einzeln erfasst werden. Die während des Versuches gestorbenen und am Ende der Beobachtungszeit getöteten Tiere werden obduziert, die makroskopischen Veränderungen protokolliert und – falls makroskopisch Hinweise dafür bestehen – die toxikologisch relevanten Zielorgane histopathologisch untersucht.

Die Prüfung auf akute Toxizität liefert bei Arzneimitteln insgesamt nur geringe Erkenntnisse, da die Frage einer Überdosierung auch aus den toxikologischen Studien mit Mehrfachverabreichung beantwortet werden kann. Insofern ist abzusehen, dass die Bedeutung toxikologischer Studien mit Einmalverabreichung im Rahmen der Arzneimittelentwicklung zukünftig keine Rolle mehr spielen wird. Entsprechende Änderungen der Prüfrichtlinien werden derzeit vorbereitet [2].

16.4.2.2 Toxizität nach wiederholter Verabreichung

Ziel dieser Prüfungen ist es, die Wirkung eines über unterschiedlich lange Zeiträume verabreichten Arzneimittels auf den Organismus zu untersuchen. Die Behandlungsdauer hängt von der beabsichtigten Dauer der klinischen Prüfung und der späteren therapeutischen Anwendungsdauer ab. Aufgrund der Behandlungsdauer lassen sich folgende Typen toxikologischer Studien unterscheiden:

- subakut (2 oder 4 Wochen),
- subchronisch (13 Wochen),
- chronisch (6 Monate Ratte, 9 oder 12 Monate Hund).

Die Untersuchungen werden an einer Nager- und einer Nichtnager-Spezies durchgeführt. Die Verabreichungsart entspricht der beim Menschen vorgesehenen. Es werden in der Regel drei Dosierungen geprüft und mit einer unbehandelten Kontrollgruppe verglichen. Während eines solchen Versuches werden die Tiere täglich beobachtet und in regelmäßigen Abständen klinisch untersucht. Dabei werden die gleichen diagnostischen Maßnahmen ergriffen, die auch in der Humanmedizin verwendet werden, um Art und Ausmaß von Erkrankungen festzustellen. Wesentliche Untersuchungskriterien sind die Futter- und Wasseraufnahme, die Körpergewichtsentwicklung, Untersuchungen der Augen, EKG- und Blutdruckmessungen sowie Blut- und Harnuntersuchungen.

Jede Veränderung im Vergleich zu den unbehandelten Kontrolltieren wird erfasst. Bei den größeren Versuchstierspezies wie dem Hund besteht zudem die Möglichkeit, eine individuelle Verlaufsuntersuchung durchzuführen, da auf Voruntersuchungswerte, also Werte die vor Beginn der Behandlung erfasst wurden, zurückgegriffen werden kann. Oftmals liefern allein die Blutuntersuchungen bei klinisch ansonsten völlig unauffälligen Tieren Hinweise auf diskrete Veränderungen. Der Aussagewert der hämatologischen und klinisch-chemischen Ergebnisse wird erhöht durch die richtige Wahl der Untersuchungszeitpunkte. Deren Festlegung sollte flexibel sein und sich am toxikologischen Wirkprofil der Substanz orientieren.

Am Versuchsende werden die Tiere in tiefer Narkose getötet und anschließend obduziert. Alle Organe bzw. Organsysteme werden zunächst auf makroskopische Veränderungen untersucht. Wichtige Organe werden gewogen. Unterscheidet sich das Gewicht eines Organs der mit der Substanz behandelten Tiere von denen der Kontrolltiere, so kann dies ein erster Hinweis darauf sein, dass das betreffende Organ auf die Substanz reagiert haben könnte. Die endgültige Diagnose ist aber erst durch die histopathologische Beurteilung möglich. Dabei ist es von entscheidender Bedeutung, dass mögliche Organveränderungen immer im Zusammenhang mit allen anderen Untersuchungsergebnissen gesehen und bewertet werden. Nur wenn es gelingt, das Auftreten von Organschäden rechtzeitig durch sogenannte Frühindikatoren (Biomarker) im Tier zu erkennen, kann eine Prüfung am Menschen verantwortet werden. Nur dann ist es möglich, dass der klinische Prüfarzt mit Hilfe der vom Toxikologen vorgegebenen Untersuchungskriterien das Entstehen entsprechender Organschädigungen beim Probanden oder Patienten rechtzeitig erkennt bzw. sicher ausschließen kann. Die Nichterfassbarkeit morphologischer Veränderungen durch nicht invasive Untersuchungsmethoden stellt einen häufigen Abbruchgrund für die Entwicklung neuer Arzneimittel dar.

16.4.3 Prüfung auf Störungen der Fortpflanzung

Die Bedeutung der Reproduktionstoxikologie im Rahmen der Sicherheitsabschätzung hat durch die Contergan (Thalidomid)-Tragödie eine traurige Berühmtheit erlangt. Zum damaligen Zeitpunkt wurde noch nicht systematisch nach möglichen teratogenen (Missbildungen auslösenden) Eigenschaften einer Substanz gesucht, weil man aufgrund des damaligen Stands der wissenschaftlichen Erkenntnisse nicht mit einer solchen Möglichkeit rechnete. Heute weiß man, dass chemische Substanzen prinzipiell in allen Reproduktionsphasen zu Schädigungen führen können (siehe Abb. 16.3). So kann die Keimzellreifung bei der Frau oder dem Mann gestört sein. Weiter können aber auch die Freisetzung der reifen Keimzellen, die Befruchtung, die Zellteilung, die Einnistung des Eies in die Gebärmutter, die intrauterine Entwicklung, das heißt die Ausbildung der Organe in der Embryonalphase und die fetale Reifung sowie die Entwicklung nach der Geburt (postnatale Phase) gestört werden.

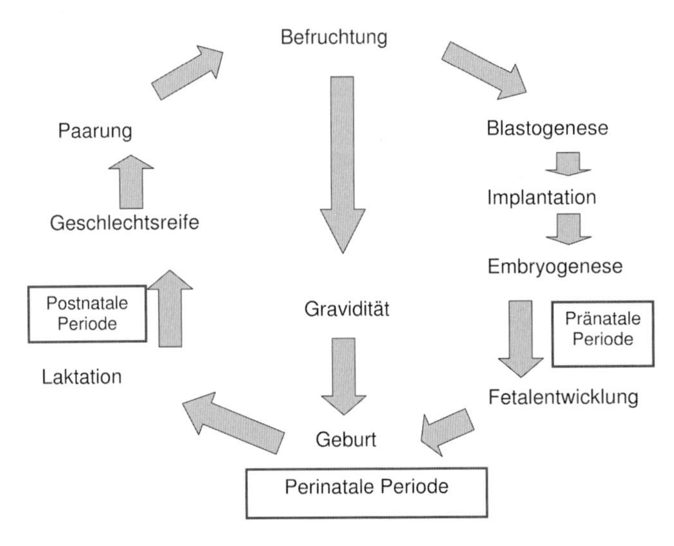

Abb. 16.3 Fortpflanzungskreislauf bei Säugern.

Um zu klären, ob und zu welchem Zeitpunkt Störungen der Fortpflanzung ausgelöst werden, müssen Behandlungen während bestimmter Zeiträume durchgeführt werden:

- Prüfung auf Störung der männlichen und weiblichen Fruchtbarkeit (von der Spermatogenese bzw. Follikelreifung bis zur Implantation) an Ratten,
- Prüfung auf Störung der intrauterinen Entwicklung (während der Organogenese) an Ratten und Kaninchen,
- Prüfung auf Störungen der peri- und postnatalen Entwicklung (von der Fetalentwicklung bis zum Ende der Säugeperiode) an Ratten.

Die Ergebnisse der reproduktionstoxikologischen Studien werden für die Frage benötigt, ob Arzneimittel die männliche oder weibliche Fertilität beeinträchtigen können und ob die Einnahme während der Schwangerschaft und der Stillzeit zu Risiken für das ungeborene oder neugeborene Kind führen kann. Bei Frauen im gebärfähigen Alter dürfen bestimmte Medikamente, zum Beispiel Zytostatika, nur verabreicht werden, wenn sichergestellt ist, dass eine ausreichende Kontrazeption betrieben wird. Ob ein Arzneimittel während der Schwangerschaft oder während der Stillzeit verabreicht werden darf, hängt neben den Ergebnissen der reproduktionstoxikologischen Studien auch davon ab, ob bzw. in welchem Umfang das Arzneimittel die Plazentaschranke passieren oder in die Milch gelangen kann. Die Verabreichung von Arzneimitteln an schwangere Frauen muss in jedem Fall mit äußerster Vorsicht und unter Abwägung des Nutzens und der Risiken erfolgen. In der Anfangsphase, wenn es noch keine Humanerfahrung gibt, stellen die tierexperimentellen Befunde die einzige Information über mögliche Risiken dar. Aus diesem Grund werden in den Packungsbeilagen der Arzneimittel die Befunde der reproduktionstoxikologischen Studien aufgeführt und gegebenenfalls entsprechende Warnhinweise und Vorsichtsmaßnahmen für die Anwendung ausgesprochen.

16.4.4
Prüfung an juvenilen Tieren

In Zusammenhang mit der berechtigten Forderung, Arzneimittel auch für pädiatrische Indikationen zu entwickeln, können Studien an juvenilen Tieren notwendig werden. Erste Überlegungen zu Art und Umfang derartiger Versuche sind in einer Prüfrichtlinie der FDA [3] bzw. in einer europäischen Prüfrichtlinie [4] festgehalten. Grundsätzlich gilt, dass Studien an neugeborenen bzw. juvenilen Tieren umso größere Bedeutung zukommt, je weniger Daten über die Anwendung des Arzneimittels beim Erwachsenen vorliegen bzw. je ungewisser die Übertragbarkeit vom Erwachsenen auf den kindlichen Organismus ist. Dabei ist zu berücksichtigen, dass in pädiatrischen Indikationen sehr unterschiedliche Alterspopulationen betroffen sein können. Die Spanne reicht vom Neugeborenen bis zum Jugendlichen. Der wachsende Organismus geht mit einem Arzneimittel anders um als der ausgewachsene und vollständig entwickelte Organismus. Dies ist insbesondere bei der Dosierung zu berücksichtigen. Kinder sind keine kleinen Erwachsenen, sondern sie verstoffwechseln Arzneimittel in Abhängigkeit von ihrem Entwicklungsstadium. Neben der Kenntnis über die Kinetik und den Stoffwechsel, ist die Frage wichtig, ob ein Arzneimittel den sich entwickelnden Organismus nachhaltig schädigen kann. Besondere Aufmerksamkeit muss Organen und Organsystemen geschenkt werden, die nach der Geburt noch nicht ausgereift sind und sich erst im Laufe der Zeit entwickeln, wie z. B. das Immun- und das Nervensystem. Entsprechend dieser Phasen muss das Alter der Versuchstiere und die Behandlungsdauer angepasst werden, wenn das Design toxikologischer Studien festgelegt wird.

Toxikologische Studien an juvenilen Tieren
Besonders gefährdet sind Organsysteme, die während der postnatalen Phase ausgebildet werden:
- Gehirn: neuronale Entwicklung bis zur Geschlechtsreife,
- Niere: vollständige Funktion wird mit etwa 1 Jahr erreicht,
- Lunge: vollständige Funktion wird mit etwa 2 Jahren erreicht,
- Immunsystem: vollständige Funktion (inkl. IgA) wird mit etwa 12 Jahren erreicht,
- Skelettsystem: vollständig entwickelt bei Geschlechtsreife,
- Geschlechtsorgane: nach Abschluss der Pubertät.

16.4.5 Prüfung auf erbgutverändernde Eigenschaften

Die Prüfung auf erbgutverändernde (mutagene) Eigenschaften ist für jedes neue Arzneimittel bindend vorgeschrieben. Dafür steht eine Vielzahl von Testmethoden (*in vitro* und *in vivo*) zur Verfügung, mit deren Hilfe die unterschiedlichen Schädigungsmöglichkeiten (z. B. Genmutationen oder Chromosomenaberrationen) erfasst werden können. Eine gängige Testbatterie stellt heute die Kombination aus einem bakteriellen Test, z. B. Ames-Test an verschiedenen *Salmonella typhimurium* Stämmen, einem *In-vitro*-Test an Säugerzellen, z. B. zytogenetische Untersuchungen an Zellen des Chinesischen Hamsters und einem *In-vivo*-Versuch, z. B. dem Mikrokerntest an der Maus, dar. Wurde eine Substanz in ausreichendem Maß auf erbgutverändernde Effekte geprüft, ohne dass sich ein Hinweis auf eine mutagene Wirkung ergab, so kann davon ausgegangen werden, dass die Gefahr für den Menschen vernachlässigbar gering ist. Schwierige Probleme ergeben sich jedoch häufig aus positiven Befunden in niedrigen Organismen (z. B. Bakterien), die sich nicht mit relevanten Methoden an Säugerorganismen bestätigen lassen. In vielen Fällen wird den Befunden an niederen Organismen mehr Bedeutung zugemessen als ihnen bei sachlicher Betrachtung zukommen kann. Andererseits gewinnt für das Gefährdungspotenzial der Prüfsubstanz für den Menschen eine Methode umso mehr Bedeutung, je mehr das Prüfsystem den Verhältnissen beim Säuger entspricht. Wenn sich aus Untersuchungen am Säuger *in vivo* positive Befunde ergeben, muss dies als deutlicher Hinweis auf eine mutagene Gefährdung des Menschen gesehen werden. Da positive Mutagenitätsbefunde immer auch in Zusammenhang mit Krebsrisiken gesehen werden müssen, fällt ihnen eine prädiktive Bedeutung bei der Beurteilung eines möglichen krebsauslösenden Potenzials eines neuen Arzneimittels zu. Hierin liegt vielleicht der eigentliche Wert dieser schnell und einfach durchzuführenden Untersuchungen. Positive Befunde in Mutagenitätstesten sind in jedem Fall ernst zu nehmen und bedürfen der sorgfältigen weitergehenden Abklärung – bis hin zur Prüfung des Pharmakons in aufwändigen Kanzerogeneseversuchen.

16.4.6 Prüfung auf krebsauslösende Eigenschaften

Tierexperimentelle Untersuchungen zur Prüfung eines Pharmakons auf mögliche krebsauslösende (kanzerogene) Eigenschaften sind notwendig, wenn das Arzneimittel:

- beim Menschen über einen langen Zeitraum verabreicht wird,
- in den Untersuchungen zur Mutagenität belastet war oder
- einer chemischen oder pharmakologischen Wirkklasse angehört, deren Vertreter als kanzerogen bekannt sind.

Die Ergebnisse der Studien sind in der Regel erst mit dem Zulassungsantrag vorzulegen. Bei Verdachtsmomenten, die sich zum Beispiel aus anderen Versuchen ergeben können oder bei chemischen oder pharmakologischen Wirkklassen, deren Vertreter als kanzerogen bekannt sind, kann jedoch auch die Auflage ausgesprochen werden, die Ergebnisse bereits vor Beginn länger dauernder klinischer Studien (> 6 Monate) vorzulegen.

Die Kanzerogenesestudien werden üblicherweise an zwei Nager-Spezies, nämlich Ratten und Mäusen, seltener an Hamstern, durchgeführt. Idealerweise sollte die zu prüfende Substanz in den verwendeten Tierspezies ähnlich wie beim Menschen metabolisiert werden. Die Versuchsdauer beträgt je nach verwendetem Tierstamm bei Ratten in der Regel 24 Monate, bei Mäusen und Hamstern 21–24 Monate und deckt damit den größten Teil der Lebenserwartung der Versuchstiere ab. Damit wird quasi im Zeitraffer die lebenslange Exposition des Menschen gegenüber einer Substanz imitiert. Die Verabreichung der zu prüfenden Substanz orientiert sich an den Gegebenheiten beim Menschen (Verabreichung mit der Nahrung, dem Trinkwasser, mit der Schlundsonde, als Inhalation usw.). Die Prüfung umfasst drei Dosisgruppen und eine unbehandelte Kontrollgruppe. Es werden im Regelfall 50 Tiere pro Dosis und Geschlecht eingesetzt. Die Dosierungen sind so gewählt, dass sie zueinander deutliche Abstände haben. Dabei sollte die höchste Dosis im Bereich der maximal tolerierbaren Dosis (MTD) liegen. Ginge man über diese Dosis hinaus, so würden die Tiere an der Substanz sterben, bevor eine Krebsentstehung überhaupt möglich ist. Die Verabreichung der maximal tolerierbaren Dosis macht den Kanzerogenese-Versuch besonders empfindlich. Dies ist auch nötig, weil die Substanz immer nur an einer begrenzten Tierzahl untersucht werden kann, andererseits das Risiko aber für eine große Zahl exponierter Menschen abgeschätzt werden muss. Bei untoxischen Substanzen besteht die Möglichkeit, die hohe Dosis unter Berücksichtigung pharmakokinetischer Überlegungen festzulegen. Ein Faktor von 25 zwischen der mit der hohen Dosis im Tier erreichten Plasmakonzentration (AUC) und der entsprechenden Plasmakonzentration im Menschen nach Verabreichung der höchsten therapeutischen Dosis wird dabei als ausreichend angesehen.

Mittlerweile besteht die Möglichkeit, den Langzeitversuch an der Maus durch einen aussagekräftigen Kurzzeitversuch zu ersetzen. Hierfür kommen verschiedene transgene Tiermodelle in Frage. Welches Modell am geeignetsten ist, muss in Abhängigkeit von der Substanz und der jeweiligen Fragestellung entschieden werden. Am besten erfolgt dies in enger Abstimmung mit den zuständigen Behörden.

Einsetzbarkeit transgener Mausmodelle zur Prüfung auf Kanzerogenität
- P53 Modell: aus regulatorischer Sicht einsetzbar,
- TgrasH2 Modell: aus regulatorischer Sicht einsetzbar,
- TG.AC Modell: aus regulatorischer Sicht für dermale Arzneimittel einsetzbar ,
- XPA –/– knockout oder XPA/P53 Modell: derzeit nicht einsetzbar, mehr Erfahrung erforderlich.

Die entscheidende Aussage über den Ausgang der Kanzerogeneseversuche liefert die Sektion der Versuchstiere und die nachfolgende histopathologische Untersuchung. Es gibt keine festen Regeln, wie die Ergebnisse von Kanzerogenesestudien, seien sie nun positiv oder negativ, zu bewerten sind. Eine Bewertung des Risikos kann nur auf der Basis gut geplanter und gut durchgeführter Versuche vorgenommen werden, und zwar von einem Gremium hervorragender, erfahrener Fachleute.

16.4.7
Prüfung auf lokale Verträglichkeit

Während sich die Prüfung auf allgemeine oder systemische Verträglichkeit mit der Frage beschäftigt, was passiert, nachdem das Arzneimittel über den Blutkreislauf im Körper verteilt worden ist, wird im Rahmen der Prüfung auf lokale Verträglichkeit untersucht, ob das Arzneimittel zu Veränderungen an der Auftragsstelle oder am Eintrittsort geführt hat. Die Applikationsstelle kann dabei identisch mit dem Wirkort sein – dies ist zum Beispiel bei dermatologisch wirksamen Präparaten oder Augen- bzw. Ohrentropfen der Fall – oder die Eintrittsstelle und der Wirkort sind unterschiedlich, wie zum Beispiel bei intravenös verabreichten Arzneimitteln. Überprüft werden muss auch die Möglichkeit einer unbeabsichtigter Applikation. Zu denken ist zum Beispiel daran, dass ein zur intravenösen Verabreichung vorgesehenes Arzneimittel versehentlich paravenös oder statt in die Vene in die Arterie injiziert wird.

Im Unterschied zur Prüfung auf systemische Toxizität findet die Prüfung auf lokale Verträglichkeit nur an einer Tierspezies statt. Bewährt hat sich insbesondere das Kaninchen. In der Prüfung auf lokale Verträglichkeit muss die Belastung der Tiere gering gehalten werden. Wenn validierte Alternativmethoden existieren, müssen diese angewandt werden. Bei der lokalen Verträglichkeitsprüfung gilt insbesondere, dass die maximale Information mit möglichst wenigen Tieren gewonnen werden muss. Sobald ein mit Schmerzen verbundenes lokales Schädigungspotenzial nachgewiesen ist, muss der Versuch – um den Tieren weitere Qualen zu ersparen – abgebrochen werden. Die Prüfung auf lokale Verträglichkeit ist auf maximal 4 Wochen begrenzt. Die versehentliche Applikation eines Arzneimittels wird in Studien mit Einmalverabreichung nachgestellt. Die Prüfung auf lokale Verträglichkeit muss mit der Formulierung und mit der Konzentration des Wirkstoffs in der Formulierung durchgeführt werden, die auch beim Menschen verwendet werden soll.

Studientypen bei Prüfung auf lokale Verträglichkeit
- Dermale Toxizitätsstudien mit einmaliger und wiederholter Verabreichung,
- Sensibilisierungsstudien,
- Fototoxizitätsstudien,
- Studien zur Überprüfung der Venenverträglichkeit.

16.5
Extrapolation auf den Menschen und Abschätzung des Risikos

Vor dem Beginn klinischer Studien muss die Sicherheit einer neuen Substanz in einem genau vorgeschriebenen Programm sicherheitspharmakologischer und toxikologischer Studien *in vitro* und am Tier nachgewiesen werden. Nach der ICH-Prüfrichtlinie M3 (*Non-Clinical Safety Studies for the Conduct of Human Clinical Trials for Pharmaceuticals*) sind für die erstmalige Anwendung einer Substanz am Menschen mindestens folgende Prüfungen durchzuführen:
- sicherheitspharmakologische Studien (Basisprogramm),
- Studien mit Einmalverabreichung der Substanz an zwei Säuger-Spezies,
- Studien mit wiederholter Verabreichung der Substanz an einer Nager- und einer Nichtnager-Spezies,
- zwei *In-vitro*-Studien zur Abklärung möglicher genotoxischer Substanzeigenschaften,
- je nach Formulierung Studien zur Prüfung auf lokale Verträglichkeit.

Dieses Programm muss erweitert werden, sobald bestimmte Patientenpopulationen, zum Beispiel Frauen im gebärfähigen Alter oder Kinder, in klinische Studien eingeschlossen werden oder die Behandlungsdauer ausgedehnt wird.

Mit der Durchführung der experimentellen Untersuchungen und der Auswertung der Ergebnisse ist der Entscheid über das weitere Schicksal eines neuen Arzneimittels noch keineswegs gefällt. Was jetzt noch notwendig ist, ist die Übertragung der in den Tierversuchen erhobenen Befunde auf den Menschen. Zu der Diskussion steuert der Toxikologe seine Beurteilung des mutmaßlichen Risikos bei. Dazu müssen verschiedene Fragen beantwortet werden.

Schritte zur Risikoermittlung
Was kann im schlimmsten Fall passieren (Identifizierung der Gefahr)?
Mit welcher Wahrscheinlichkeit kann die Gefahr auftreten (Ermittlung des Risikos)?
Ist das Risiko beherrschbar (Risikomanagement)?

Im ersten Schritt, der die Frage des maximalen Schadenseintrittes betrifft, werden die Veränderungen beschrieben, welche die Substanz in den einzelnen Tierspezies verursacht hat, nachdem sie in hohen Dosen verabreicht worden ist. Wichtig sind dabei der Schweregrad der beobachteten Effekte sowie die Frage, ob die Toxizität nach Kurzzeit- oder Langzeitbehandlung auftrat und ob sie nach Absetzen der Behandlung abgeklungen ist.

Für die Abschätzung der Auftretenswahrscheinlichkeit, also für die Risikoermittlung, wird zunächst überprüft, ob die in den Tieren beobachteten Effekte für den Menschen relevant sein könnten. Dazu werden die eingesetzten Tierspezies im Hinblick auf ihre Vergleichbarkeit mit dem Menschen bewertet. Befunde, die an der *most-human-like animal species* erhoben worden sind, wiegen besonders schwer. Wenn sich die in den toxikologischen Studien eingesetzten Tierspezies hinsichtlich ihres kinetischen und metabolischen Verhaltens gegenüber der Substanz nicht unterscheiden, erfolgt die Risikoabschätzung an der *most sensitive animal species*. Hierzu wird der Sicherheitsabstand herangezogen. Man versteht darunter den Vergleich der im Tier schädigungsfrei vertragenen Dosis mit der beim Menschen maximal verabreichten Dosis. Die Aussage ist verlässlicher, wenn die Exposition, also die tatsächliche systemische Belastung des Körpers mit Substanz (c_{max}, AUC) berücksichtigt wird. Ob die beobachteten Effekte bzw. Schädigungen durch c_{max} oder AUC ausgelöst worden sind, lässt sich nicht generell beantworten. Die Erfahrung zeigt aber, dass viele funktionelle Effekte, wie zum Beispiel temporär aufgetretene zentralnervöse Symptomatiken oder Effekte auf den Blutdruck und die Herzfrequenz, wohl eher mit Peakkonzentrationen (c_{max}) zu korrelieren sind, während morphologisch fassbare Organveränderungen eher auf die Gesamtbelastung des Organismus mit Substanz (AUC) zurückgeführt werden können. Die Frage nach der Höhe der Sicherheitsabstände hängt von verschiedenen Faktoren ab. Zunächst einmal natürlich von Art und Schweregrad der beobachteten Toxizität – je gravierender die Veränderungen, desto höher muss der Sicherheitsabstand sein. Eine wichtige Rolle spielt auch die Steilheit der Dosis-Nebenwirkungsbeziehung – je steiler die Dosis-Nebenwirkungskurve, desto höher müssen die Sicherheitsfaktoren sein.

Schließlich muss auch die Verfügbarkeit von Frühindikatoren für die Erfassung möglicher Toxizitäten berücksichtigt werden. Das Fehlen von ausreichend empfindlichen Biomarkern führt dazu, dass hohe Sicherheitsfaktoren benötigt werden, um das Auftreten von Toxizität hinreichend sicher ausschließen zu können.

Für die Risikoabschätzung wichtig sind auch Aspekte wie, zeigen alle untersuchten Tierspezies die gleichen Veränderungen oder wenn nicht, warum reagiert die eine Tierart anders als die andere und was bedeutet das für den Menschen? In diesem Zusammenhang kommt mechanistischen Untersuchungen, die in Ergänzung zu dem toxikologischen Standardprogramm durchgeführt werden, eine entscheidende Bedeutung zu. Grundsätzlich gilt, dass die Verlässlichkeit toxikologischer Aussagen bezüglich möglicher Risiken für den Menschen umso höher ist, je genauer die Kenntnisse über die der Toxizität zugrundeliegenden Mechanismen sind.

Nachdem die möglichen Risiken identifiziert worden sind, werden sie hinsichtlich ihrer Auswirkungen beurteilt. Dazu gehört zum Beispiel die Frage, ob bestimmte Patientenpopulationen, zum Beispiel Kinder, von der Behandlung ausgeschlossen und welche Auflagen bzw. Anwendungsbeschränkungen gegebenenfalls ausgesprochen werden müssen.

Im Rahmen der Arzneimittelentwicklung führt der Toxikologe einen kontinuierlichen Dialog mit dem Kliniker. Jeder neue präklinische Befund muss im Hinblick auf die Frage bewertet werden, ob sich die Nutzen-Risikoabschätzung für den Patienten dadurch verändert hat. Umgekehrt müssen beim Menschen aufgetretene Nebenwirkungen immer auch im Licht der toxikologischen Untersuchungsergebnisse gesehen werden. Das umfangreiche toxikologische Untersuchungsprogramm, die daraus abgeleiteten Schlussfolgerungen und der permanente Informationsaustausch zwischen Präklinik und Klinik sind entscheidende Faktoren bei der Entwicklung sicherer Arzneimittel.

16.6 Zusammenfassung

Die Aufgabe der Arzneimitteltoxikologie besteht in dem Aufdecken und in der Beurteilung möglicher Risiken. Dazu steht eine breite Palette an unterschiedlichen Untersuchungen zur Verfügung. Toxikologische Befunde haben unmittelbare Auswirkungen auf das Design und die Durchführung klinischer Studien. In toxikologischen Studien werden Risiken aufgedeckt (Reproduktionstoxizität, Genotoxizität, Kanzerogenität), die klinisch nicht oder kaum erfassbar sind. Im Rahmen der Nutzen-Risikoabwägung wird beurteilt, ob der beabsichtigte therapeutische Nutzen des Medikamentes in einem vernünftigen Verhältnis zu einem möglichen Schaden steht.

16.7 Fragen zur Selbstkontrolle

1. ***Was sind die Hauptaufgaben der Arzneimitteltoxikologie?***
2. ***Welche gesetzlichen Grundlagen müssen in Deutschland beim Nachweis der Unbedenklichkeit eines Arzneimittels beachtet werden?***
3. ***Worin bestehen die Vor- und Nachteile einer In-vitro-Prüfung?***
4. ***Aufgrund welcher Kriterien erfolgt die Auswahl der Tierspezies in den toxikologischen Versuchen?***
5. ***Nach welchen Gesichtspunkten erfolgt die Dosiswahl in den toxikologischen Versuchen?***
6. ***Welche grundsätzlichen Studientypen finden bei der toxikologischen Prüfung von Arzneimitteln Anwendung?***
7. ***Was versteht man unter einer sicherheitspharmakologischen Prüfung?***
8. ***Welche Untersuchungen werden im Rahmen der Prüfung auf allgemeine Verträglichkeit durchgeführt?***
9. ***Welche möglichen Schädigungen werden im Rahmen der reproduktionstoxikologischen Untersuchung erfasst?***
10. ***Welche grundsätzlichen Schritte umfasst die toxikologische Risikoabschätzung?***

16.8 Literatur

1 International Conferences on Harmonization of Technical Requirements for Registration of Pharmaceuticals for Human Use (ICH): http://www.ich.org

2 Guidance on Nonclinical Safety Studies for the Conduct of Human Clinical Trials and marketing authorization for Pharmaceuticals, Draft ICH Consensus Guideline, 2008

3 Guidance for Industry, Non-clinical Safety Evaluation of Pediatric Drugs, Draft February 2003

4 Guideline on the need for non-clinical testing in juvenile animals on human pharmaceuticals for pediatric indications (EMEA/CHMP/SWP/169215/2005), 2008

16.9 Weiterführende Literatur

1 Stötzer H (1995), Toxische Arzneimittelwirkungen. Grundlagen, Systematik, Experiment. 2. Auflage, Gustav Fischer Verlag, Stuttgart

2 Reichel FX, Schwenk M (2004), Regulatorische Toxikologie. Springer Verlag, Berlin Heidelberg New York

3 Klaasen CD, Amdur MO, Doul J (1996), Casarett and Doull's Toxicology. The Basic Science if Poisons. 5th edition. Macmillon Publishing Company

4 Olejniczak K, Günzel P, Bass R (2001), Preclinical Testing Strategies. Drug Inf J 35; Issue 2, 321–336

Sachregister

Toxikologie Band 1: Grundlagen der Toxikologie. Herausgegeben von Hans-Werner Vohr

ISBN: 978-3-527-32319-7

b

C

d

e

f

n

t

u

v